소방공무원 소방승진 시리즈

소방전술

3

구조

소방승진연구소 편저
데위원 허종만 교수 감수

북스케치
합격을 스케치하다

소방공무원 승진시험 필기시험 과목 · 출제범위

필기시험 과목

소방공무원 승진임용 규정 시행규칙(제28조 별표 8 관련)

구분	과목 수	필기시험 과목
소방령 및 소방경 승진시험	3	행정법, 소방법령 I · II · III, 선택1(행정학, 조직학, 재정학)
소방위 승진시험	3	행정법, 소방법령IV, 소방전술
소방장 승진시험	3	소방법령II, 소방법령III, 소방전술
소방교 승진시험	3	소방법령I, 소방법령II, 소방전술

비고

1. 소방법령 I : 소방공무원법(같은 법 시행령 및 시행규칙을 포함한다. 이하 같다)
2. 소방법령 II : 소방기본법, 화재예방, 소방시설 설치 · 유지 및 안전관리에 관한 법률
3. 소방법령 III : 위험물안전관리법, 다중이용업소의 안전관리에 관한 특별법
4. 소방법령 IV : 소방공무원법, 위험물안전관리법
5. 소방전술 : 화재진압 · 구조 · 구급 관련 업무수행을 위한 지식 · 기술 및 기법 등

필기시험 출제범위

소방공무원 승진시험 시행요강(제9조 제3항 별표 1 관련)

분야	출제범위	비고
구조 분야	– 구조개론	
	– 구조활동의 전개요령	
	– 군중통제, 구조장비개론, 구조장비 조작	
	– 기본구조훈련(로프, 확보, 하강, 등반, 도하 등)	
	– 응용구조훈련	
	– 일반(전문) 구조활동(기술)	
	– 재난현장 표준작전 절차(구조분야)	소방교 · 소방장 승진시험에서는 제외
	– 안전관리의 기본 및 현장활동 안전관리	
	– 119구조구급에관한 법률(시행령 및 시행규칙 포함)	
	– 재난 및 안전관리 기본법(시행령 및 시행규칙 포함)	소방교 · 소방장 승진시험에서는 제외

소방전술 [구조] 부문 기출문제 분석

분야		세부 출제범위	소방위	소방장	소방교
구조분야	구조개론등	• 119구조 · 구급에 관한 법률	• 위급상황 과태료 • 연도별 빚행계획	• 항공구조구급대 업무 • 119구조 · 구급 평가자료 제출 • 중앙119구조대 발대연혁	• 기본 및 집행계획수립 • 구조요청 거절 사유 • 구조대지원 요청사항
		• 구조개론, 구조활동 전개, 군중통제	• 구조활동 기본순서 • 붕괴 시 잔해 제거 • UIAA 확보방법	• 구조활동 우선순위 • 확보요령 설명 • 사다리이용 응급하강 • 캔틸레버형 붕괴	• 구조활동 상황기록 • 잠수물리, 열의 전달 25배 • 수심과 공기소모량 관계 • 구조대 초기대응절차
		• 전문구조활동	• 수중탐색 • 건물붕괴징후 • 수중구조요령 • 미국(DOT)표지색상 • 어깨걸어내리기 • 수직맨홀 요구조자 구조매듭 • 수중인명구조 물의특성 • 수중탐색방법 • 방호복(보호복)의 성능 • 잠수병 • 방호복 구분, ABCD • 캔틸레버형 붕괴	• 수중잠수병 종류 • 자동차사고 구조활동 • DOT표시 및 종류 • 수상구조 (의식이 있는 자) • 곡선도로구조 차량주차 • 원형탐색 • 위험물질의 표시방법 • 잠수병(질소마취) • 건축물붕괴구조 • 산악의 기상특성 • 붕괴사고 (중락목구조) • 교통사고 최단시간 경로	• 구조 확보요령 • 수중잠수병 • 붕괴안전지역 설정방법 • 소용돌이 검색요령 • 위험물질 표시 (인화성, 자극성) • 감압병 증상
		• 구조장비개론 및 조작	• 기본 로프매듭 • 콘크리트 화재 열손상 • 마취총 사용시 주의사항 • 에어백 작동 • 엘리베이터 과주행 방지 • 공기호흡기 압력조정기 • Z형, 정지형 도르래 • 구조로프 관리	• 측정용 구조장비 특성 • 로프매듭 방법 • 로프와 슬링 사용법 • 에어백 압력조정 • 도르래 무게 산정 • 유압전개기 작동요령 • 로프매듭 마디 짓기 • 로프 설치요령	• 인양구조장비 • 암벽구조장비 • 에어백 사용능력 • 도르래 무게 계산 • 공기호흡기 산소용량 계산 • 로프관리 및 활용
		• 생활안전구조	• 현장물품 접촉금지 • 119생활안전대 주요활동	• 생활안전구조의 범위	• 생활안전대원 자격요건
		• 현장안전관리		• 안전관리 대책수립	• 위험예지능력

📢 책의 차례

🚨 책의 차례

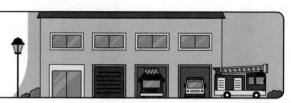

권두부록

소방전술 구조 최근 기출문제

※ 실제 기출문제와 유사하게 복원된 문제입니다.

01 구조활동의 순서를 바르게 나타낸 것은? 〔소방교〕

> ㉠ 구출활동을 개시한다.
> ㉡ 요구조자의 상태 악화 방지에 필요한 조치를 취한다.
> ㉢ 요구조자의 구명에 필요한 조치를 취한다.
> ㉣ 2차 재해의 발생위험을 제거한다.
> ㉤ 현장활동에 방해되는 각종 장해요인을 제거한다.

① ㉤ - ㉢ - ㉣ - ㉠ - ㉡
② ㉠ - ㉢ - ㉤ - ㉡ - ㉣
③ ㉠ - ㉤ - ㉢ - ㉣ - ㉡
④ ㉤ - ㉣ - ㉢ - ㉡ - ㉠

해설

구조활동의 순서
① 현장활동에 방해되는 각종 장해요인을 제거한다.
② 2차 재해의 발생위험을 제거한다.
③ 요구조자의 구명에 필요한 조치를 취한다.
④ 요구조자의 상태 악화 방지에 필요한 조치를 취한다.
⑤ 구출활동을 개시한다.
[참고] 현 - 이 - 구 - 악 - 개(암기)

정답 ④

02 대원의 임무부여 및 현장에서 명령 시의 유의사항으로 옳지 않은 것은? 〔소방교〕

① 중요한 장비의 조작은 해당 장비의 조작법을 숙달한 대원에게 부여한다.
② 명령을 하달할 때에는 모든 대원을 집합시켜 재해현장 전반의 상황, 활동방침, 대원 각 자의 구체적 임무 및 활동상 유의사항을 포함한 내용을 전달한다.
③ 대원별 임무분담은 현장에 도착 후 대원 개개인별로 명확히 지정한다.
④ 구출작업 도중에 현장 상황의 변화에 따라 명령을 수정할 필요가 있는 경우에도 가능 하면 모든 대원에게 변화된 상황과 수정된 명령내용을 전달한다.

해설

임무부여
– **대원 선정상 유의사항**
  • 중요한 장비의 조작은 해당 장비의 조작법을 숙달한 대원에게 부여한다.
  • 위험이 따르는 작업은 책임감이 있고 확실하게 임무를 수행할 수 있다고 확신할 수 있는 대원을 지정한다.
  • 대원에게는 다양한 요소로부터 자신감을 주면서 임무를 부여하도록 한다.
– **현장에서 명령 시의 유의사항**
  • 대원별 임무분담은 현장을 확인하여 구출방법 순서를 결정한 시점에서 대원 개개인별로 명확히 지정한다.
  • 명령을 하달할 때에는 모든 대원을 집합시켜 재해현장 전반의 상황, 활동방침(전술), 대원 각자의 구체적 임무 및 활동상 유의사항을 포함한 내용을 전달한다.
  • 구출작업 도중에 현장 상황의 변화에 따라 명령을 수정할 필요가 있는 경우에도 가능하면 모든 대원에게 변화된 상황과 수정된 명령내용을 전달하여 불필요한 오해의 소지를 제거한다.

➲ **정답 ③**

03 구조활동의 최우선 순위로 옳은 것은?　　　소방위

① 요구조자의 구명에 필요한 조치를 취한다.
② 현장활동에 방해되는 각종 장해요인을 제거한다.
③ 요구조자의 상태 악화 방지에 필요한 조치를 취한다.
④ 2차 재해의 발생위험을 제거한다.

해설

구조활동의 순서
① 현장활동에 방해되는 각종 장해요인을 제거한다.
② 2차 재해의 발생위험을 제거한다.
③ 요구조자의 구명에 필요한 조치를 취한다.
④ 요구조자의 상태 악화 방지에 필요한 조치를 취한다.
⑤ 구출활동을 개시한다.

➲ **정답 ②**

04 구조대 출동 도중의 조치사항이 아닌 것은?　　　소방위

① 교통사고 방지에 각별히 주의하여야 한다.
② 사용할 장비를 선정하고 필요한 장비가 있으면 추가로 적재한다.
③ 필요한 응원요청을 한다.
④ 무선통신을 유지하여 현장상황에 관한 정보를 청취한다.

해설

> **출동 도중의 조치**
> 차고에서 벗어나 출동하는 도중에는 교통사고 방지에 각별히 주의하여야 한다. 또한 출동 도중에도 지휘부와 계속 무선통신을 유지하여 현장상황에 관한 정보를 청취하고, 최초 상황판단의 수정·보완과 필요한 응원요청을 한다.

정답 ②

---

05 방사선 계측기 중 방사선 피폭량을 측정하기 위한 검출기로 옳은 것은? [소방교]

① 개인 선량계 ② 방사선 측정기
③ 핵종분석기 ④ 방사성 오염감시기

 해설

> **방사선 계측기**
> • 개인 선량계 : 개인의 방사선 피폭량을 측정하기 위한 검출기
> • 방사선 측정기 : 개인이 휴대하여 실시간으로 방사선율 및 선량 등을 측정하며 기준선량(률) 초과 시 경보하여 구조대원의 안전을 확보하기 위한 장비
> • 핵종 분석기 : 개인이 휴대하여 실시간으로 방사선량 측정 및 핵종을 분석하는 장비로서 감마선 스펙트럼을 분석하여 감마 방사성 핵종의 종류 파악
> • 방사성 오염감시기 : 방사능 오염이 예상되는 보행자 또는 차량을 탐지하여 피폭 여부를 검사하는 장비로서 주로 알파, 베타 방출 핵종의 유출 시 사용

정답 ①

---

06 유압장비의 커플링이 연결되지 않을 때 해결방안으로 옳지 않은 것은? [소방교]

① Lock ling을 풀고 다시 시도한다.
② 엔진작동을 중지하고 밸브를 여러 번 변환 조작한다.
③ 압력제거기를 사용하여 강제로 압력을 빼 주어야 한다.
④ 유압 오일을 확인하고 양이 부족하면 보충한다.

 해설

> **커플링이 잘 연결되지 않을 때**
> • Lock ling을 풀고 다시 시도한다.
> • 유압호스에 압력이 존재하는지 점검한다. 엔진작동을 중지하고 밸브를 여러 번 변환 조작한다.
> (만일 이것이 안 될 때에는 압력제거기를 사용하거나 A/S를 요청하여 강제로 압력을 빼 주어야 한다.)

정답 ④

07 화학보호복(레벨 A) 착용방법을 바르게 나타낸 것은? 소방장

> ㉠ 면체를 착용하고 양압호흡으로 전환한다.
> ㉡ 공기호흡기 실린더를 개방한다.
> ㉢ 무전기를 착용한다.
> ㉣ 화학보호복 하의를 착용한다.
> ㉤ 공기호흡기 면체를 목에 걸고 등지게를 착용한다.
> ㉥ 화학보호복 안면창에 성에방지제를 도포한다.
> ㉦ 공기조절밸브에 호스를 연결한다.
> ㉧ 공기조절밸브 호스를 공기호흡기에 연결한다.
> ㉨ 헬멧과 장갑을 착용한다.
> ㉩ 보조자를 통해 상의를 착용 후 지퍼를 닫고 공기조절밸브의 작동상태를 확인한다.

① ㉧ → ㉠ → ㉥ → ㉣ → ㉤ → ㉢ → ㉦ → ㉡ → ㉨ → ㉩
② ㉧ → ㉡ → ㉥ → ㉣ → ㉤ → ㉢ → ㉦ → ㉠ → ㉨ → ㉩
③ ㉦ → ㉡ → ㉠ → ㉤ → ㉧ → ㉢ → ㉣ → ㉥ → ㉨ → ㉩
④ ㉦ → ㉠ → ㉤ → ㉧ → ㉢ → ㉣ → ㉥ → ㉨ → ㉡ → ㉩

해설

화학보호복(레벨 A) 착용방법
화학보호복의 착용은 적절한 크기의 화학보호복을 선택하여 제품에 이상이 없는지 반드시 검사를 하고 착용 시 다른 사람의 도움을 받아 깨끗한 장소에서 실행한다.
① 공기조절밸브 호스를 공기호흡기에 연결한다.
② 공기호흡기 실린더를 개방한다.
③ 화학보호복 안면창에 성에방지제를 도포한다.
④ 화학보호복 하의를 착용한다.
⑤ 공기호흡기 면체를 목에 걸고 등지게를 착용한다.
⑥ 무전기를 착용한다.
⑦ 공기조절밸브에 호스를 연결한다.
⑧ 면체를 착용하고 양압호흡으로 전환한다.
⑨ 헬멧과 장갑을 착용한다.
⑩ 보조자를 통해 상의를 착용 후 지퍼를 닫고 공기조절밸브의 작동상태를 확인한다.

정답 ②

08 동력절단기에 관한 설명으로 옳은 것은? 소방장

① 대상물에 절단날을 먼저 접촉 후에 절단날을 회전시키도록 한다.
② 목재용 절단날을 보관할 때에는 기름을 엷게 발라둔다.

③ 절단 시 조작원은 자기 발의 위치나 자세에 신경을 써야 하며, 절단날의 후방 직선상에 발을 위치하여 중심을 잃지 않도록 주의한다.

④ 연료의 주입 여부와 엔진오일 혼합 비율은 16:1이다.

 해설

동력절단기
- 대상물에 날을 먼저 댄 후에 절단날을 회전시키지 않도록 한다.
- 목재용 절단날을 보관할 때에는 기름을 엷게 발라둔다.
- 절단 시 조작원은 자기 발의 위치나 자세에 신경을 써야 하며, 절단날의 후방 직선상에 발을 위치하지 않도록 주의한다.
- 연료의 주입 여부와 엔진오일 혼합 비율은 모델에 따라 16:1, 20:1, 25:1 등 혼합 비율이 다르다.

⊖ **정답** ②

---

09 일반적 로프의 수명에서 시간 경과에 따른 강도 저하에 관한 내용으로 아래의 빈칸에 들어갈 내용을 바르게 나타낸 것은? `소방장`

> - 로프는 사용 횟수와 무관하게 강도가 저하된다. 특히 ( )년 경과 시부터 강도가 급속히 저하된다.
> - ( )년 이상 경과된 로프는 폐기한다. (UIAA 권고사항)
> - 로프의 교체 시기(관리 잘된 로프 기준, 대한산악연맹 권고사항)
>   - 가끔 사용하는 로프 : ( )년
>   - 매주 사용하는 로프 : ( )년
>   - 매일 사용하는 로프 : ( )년

① 4 − 5 − 4 − 2 − 1   ② 4 − 6 − 3 − 2 − 1

③ 5 − 4 − 4 − 3 − 1   ④ 5 − 6 − 3 − 1.5 − 1

 해설

일반적인 로프의 수명(시간 경과에 따른 강도 저하)
로프는 사용 횟수와 무관하게 강도가 저하된다. 특히 4년 경과 시부터 강도가 급속히 저하된다.
- 5년 이상 경과된 로프는 폐기한다. (UIAA 권고사항)
- 로프의 교체 시기(관리 잘된 로프 기준, 대한산악연맹 권고사항)
  - 가끔 사용하는 로프 : 4년
  - 매주 사용하는 로프 : 2년
  - 매일 사용하는 로프 : 1년

⊖ **정답** ①

10 로프 재료에 따른 성능 비교에서 내열성이 가장 높은 것은? <small>소방장</small>

① 폴리에틸렌 ② 케브랄 아라미드

③ 나일론 ④ 마닐라삼

> 🪦 **해설**

로프 재료에 따른 성능 비교

성능 ＼ 종류	마닐라삼	면	나일론	폴리에틸렌	H. Spectra® Polyethylene	폴리에스터	Kevlar® Aramid
비중	1.38	1.54	1.14	0.95	0.97	1.38	1.45
신장률	10~15%	5~10%	20~34%	10~15%	4% 이하	15~20%	2~4%
인장강도*	7	8	3	6	1	4	2
내충격력*	5	6	1	4	7	3	7
내마모성*	4	8	3	6	1	2	5
전기저항	약	약	약	강	강	강	약
내열성	117℃ 탄화	149℃ 탄화	249℃ 용융	166℃ 용융	135℃ 용융	249℃ 용융	427℃ 탄화
저항력 －햇빛 －부패 －산 －알칼리 －오일, 가스	중 약 약 약 약	중 약 약 약 약	중 강 약 중 중	최약 강 중 중 중	중 강 강 강 강	강 강 중 약 중	중 강 약 중 중

* Scale : Best=1, Poorest=8

➡️ **정답 ②**

11 유압 엔진펌프와 관련한 내용을 바르게 나타낸 것은? <small>소방위</small>

① 가압할 때에는 커플링 측면에 서 있지 않는다.

② 작동 중에는 진동이 심하여 미끄러질 우려가 있으므로 기울기가 40° 이상이거나 바닥이 견고하지 않은 장소에서는 사용하지 않는다.

③ 유압장비는 완전하게 고정 또는 지지하고 바로 잡아 작업하여야 한다.

④ 펌프의 압력이나 장비의 이상 유무를 점검할 때에는 반드시 유압호스에 장비를 연결하고 확인한다.

해설

유압 엔진펌프
- 가압할 때에는 커플링 정면에 서 있지 않는다.
- 작동 중에는 진동이 심하여 미끄러질 우려가 있으므로 기울기가 30° 이상이거나 바닥이 견고하지 않은 장소에서는 사용하지 않는다.
- 유압장비에는 사람이 감당할 수 없는 큰 힘이 작용하므로 무리하게 장비를 바로 잡으려 하지 말고 잠시 전개 · 절단 작업을 중지하고 대상물의 상태를 확인한 후에 다시 작업하도록 한다.
- 펌프의 압력이나 장비의 이상 유무를 점검할 때에는 반드시 유압호스에 장비를 연결하고 확인한다.

정답 ④

12 아래 그림에서 로프 중간에 고리를 만들 필요가 있을 때 사용하는 나비 매듭을 바르게 나타낸 것은? [소방교]

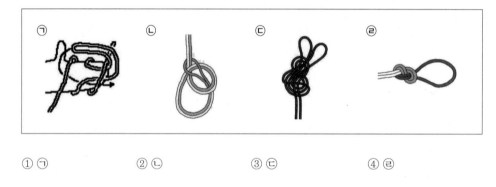

① ㉠   ② ㉡   ③ ㉢   ④ ㉣

 해설

나비 매듭
- 로프 중간에 고리를 만들 필요가 있을 경우에 사용한다.
- 다른 매듭에 비하여 충격을 받은 경우에도 풀기가 쉬운 것이 장점이다.
- 중간 부분이 손상된 로프를 임시로 사용하고자 하는 경우에 손상된 부분이 가운데로 오도록 하여 매듭을 만들면 손상된 부분에 힘이 가해지지 않아 응급대처가 가능하다.

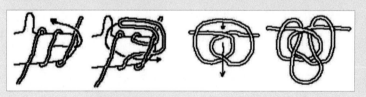

정답 ①

13 신체감기 하강과 관련한 내용으로 옳지 않은 것은? 소방위

① 듈퍼식 하강은 경사가 아닌 수직 하강 시 활용도가 높다.

② 기구를 사용하지 않고 신체에 직접 현수로프를 감고 그 마찰로 하강하는 방법이다.

③ 압자일렌, S자 하강법 등으로 부른다.

④ 현수로프에 서서히 체중을 건 다음 허리를 얕게 구부려 상체를 로프와 평행하게 유지하고 착지점을 확인하면서 하강한다.

해설

신체감기 하강
- 독일의 한스 듈퍼(Hans Dulfer)가 개발한 하강법으로 듈퍼식 하강, 압자일렌(Abseilen), S자 하강법 등으로 부른다.
- 기구를 사용하지 않고 신체에 직접 현수로프를 감고 그 마찰로 하강하는 방법으로 숙달되지 않은 경우 매우 위험하므로 긴급한 경우 이외에는 활용하지 않는다.
- 수직 하강보다는 경사면에서 하강할 경우에 활용도가 높은 방법이다.
- 먼저 상의 옷깃을 세우고 다리 사이로 로프를 넣은 후 뒤쪽의 로프를 오른쪽 엉덩이 부분에서 앞으로 돌려 가슴 부분으로 대각선이 되도록 한다. 다시 왼쪽 어깨에서 목을 걸쳐 오른쪽으로 내리고 왼손은 현수점측 로프를 잡고 오른손으로 제동을 조정한다.
- 현수로프에 서서히 체중을 건 다음 허리를 얕게 구부려 상체를 로프와 평행하게 유지하고 착지점을 확인하면서 하강한다.
- 노출된 피부에 로프가 직접 닿으면 심한 부상을 입을 수 있으므로 주의하여야 한다.

정답 ①

14 유해물질사고 대응 절차에서 경계구역 설정과 관련된 내용으로 옳지 않은 것은? 소방교

① 경계구역은 현장 상황을 고려하여 유동적으로 결정할 문제이며 도로를 차단할 수 있다면 차단하고 그것이 여의치 못하면 최소한 100m를 유지하여야 한다.

② 경고지역 안에 구조활동에 필요한 각종 장비를 설치하고 필요한 지원을 수행한다.

③ 안전지역에서는 보호복을 완전히 탈의하고 충분한 휴식을 취한다.

④ 경고지역에는 제독 · 제염소를 설치하고 모든 인원은 이곳을 통하여 출입하도록 해야 한다.

해설

유해물질사고 대응 절차(경계구역 설정)
- 경계구역은 현장 상황을 고려하여 유동적으로 결정할 문제이며 도로를 차단할 수 있다면 차단하고 그것이 여의치 못하면 최소한 100m를 유지하여야 한다.
- 경계구역은 위험지역(Hot Zone), 경고지역(Worm Zone), 안전지역(Cold Zone)으로 구분한다.

위험지역 (Hot Zone)	– 사고가 발생한 장소와 그 부근으로서 누출된 물질로 오염된 지역을 말하며 붉은색으로 표시한다. – 구조와 오염제거 활동에 직접 관계되는 인원 이외에는 출입을 엄격히 금지하고 구조대원들도 위험지역에 머무는 시간을 최소화하여야 한다.
경고지역 (Worm Zone)	– 요구조자를 구조하고 안전조치를 취하는 등 구조활동을 위한 공간으로 노란색으로 표시한다. 이 지역 안에 구조활동에 필요한 각종 장비를 설치하고 필요한 지원을 수행한다. – 경고지역에는 제독·제염소를 설치하고 모든 인원은 이곳을 통하여 출입하도록 해야 한다. 제독·제염을 마치기 전에는 어떠한 인원이나 장비도 경고지역을 벗어나서는 안 된다
안전지역 (Cold Zone)	– 지원인력과 장비가 머무를 수 있는 공간으로 녹색으로 표시한다. – 이곳에 대기하는 인원들도 오염의 확산에 대비하여 개인보호장구를 소지하고 풍향이나 상황의 변화를 주시하여야 한다

⊖ **정답** ③

---

15 화재에서 경계하여야 할 건물 붕괴 징후로 적절하지 않은 것은? 소방교

① 벽이나 바닥, 천장 그리고 지붕 구조물에 금이 가거나 틈이 있다.
② 벽에 버팀목을 대 놓는 등 구조를 보강한 흔적이 있다.
③ 건축 구조물이 벽으로부터 물러나 있다.
④ 건물이 오래되었다.

해설

건물의 붕괴 징후
- 벽이나 바닥, 천장 그리고 지붕 구조물에 금이 가거나 틈이 있을 때
- 벽에 버팀목을 대 놓는 등 불안정한 구조를 보강한 흔적이 있을 때
- 엉성한 벽돌이나 블록, 건물에서 석재가 떨어져 내릴 때
- 석조 벽 사이의 모르타르가 약화되어 기울어질 때
- 건축 구조물이 기울거나 비틀어져 보일 때
- 대형 기계장비나 집기 등 무거운 물체가 있는 아래층의 화재
- 건축 구조물이 화재에 오랫동안 노출되었을 때
- 비정상적인 소음(삐걱거리거나 갈라지는 소리 등)이 날 때
- 건축 구조물이 벽으로부터 물러났을 때

⊖ **정답** ④

16 인명탐색 시 구조의 4단계를 바르게 나타낸 것은? 소방교

> ㉠ 일반적인 잔해 제거   ㉡ 부분 잔해 제거   ㉢ 정찰   ㉣ 신속한 구조

① ㉠-㉡-㉢-㉣   ② ㉣-㉢-㉡-㉠
③ ㉢-㉠-㉡-㉣   ④ ㉡-㉣-㉢-㉠

해설

인명탐색 시 구조의 4단계
단계 1 : 신속한 구조
단계 2 : 정찰
단계 3 : 부분 잔해 제거
단계 4 : 일반적인 잔해 제거

정답 ②

17 엘리베이터가 최상층 및 최하층에 근접할 때에, 자동적으로 엘리베이터를 정지시켜 과주행을 방지하는 안전장치로 옳은 것은? 소방교

① 전자브레이크   ② 비상정지장치
③ 리미트 스위치   ④ 파이널 리미트 스위치

해설

엘리베이터의 안전장치
• 전자브레이크 : 엘리베이터의 운전 중에는 브레이크슈를 전자력에 의해 개방시키고 정지 시에는 전동기 주회로를 차단시킴과 동시에 스프링 압력에 의해 브레이크슈로 브레이크 휠을 조여서 엘리베이터가 확실히 정지하도록 한다.
• 비상정지장치 : 만일 로프가 절단된 경우라든가, 그 외 예측할 수 없는 원인으로 카의 하강 속도가 현저히 증가한 경우에, 그 하강을 멈추기 위해 가이드레일을 강한 힘으로 붙잡아 엘리베이터 몸체의 강하를 정지시키는 장치로 조속기에 의해 작동된다.
• 리미트 스위치 : 최상층 및 최하층에 근접할 때에, 자동적으로 엘리베이터를 정지시켜 과주행을 방지한다.
• 파이널 리미트 스위치 : 리미트 스위치가 어떤 원인에 의해서 작동하지 않을 경우, 안전확보를 위해 모든 전기회로를 끊고 엘리베이터를 정지시킨다.

정답 ③

18 잠수 물리와 관련된 내용으로 옳지 않은 것은?　소방교

① 물은 공기보다 약 25배 빨리 열을 전달한다.

② 물속에서는 빛의 굴절로 인하여 물체가 실제보다 25% 정도 가깝고 크게 보인다.

③ 수중에서는 대기보다 소리가 4배 정도 빠르게 전달되기 때문에 소리의 방향을 판단하기 어렵다.

④ 공기 소모량이 수면에서 1분에 15L의 공기가 필요하다면 수심 20m에서는 30L의 공기가 필요하다.

 해설

잠수 물리
– 공기 소모
바닷물에서는 수심 매 10m(33피트)마다 수압이 1기압씩 증가되며 다이버는 물속의 압력과 같은 압력의 공기로 호흡을 하게 된다. 이것은 수심 20m에서 다이버는 수면에서보다 3배나 많은 공기를 호흡에 사용한다는 뜻이다. 즉 다이버가 수면에서 1분에 15L의 공기가 필요하다면 20m에서는 45L의 공기가 필요하다.

정답 ④

19 자동차 전면 유리창 파괴 방법으로 옳지 않은 것은?　소방장

① 차 유리 절단기의 끝부분으로 전면 유리창의 양쪽 모서리를 내려쳐서 구멍을 뚫는다.

② 차 유리 절단기를 이용해서 유리창의 세로면 한쪽을 아래로 길게 절단한다.

③ 유리창을 떼어 안전한 곳에 치우고 창틀에 붙은 파편도 완전히 제거한다.

④ 유리창 절단이 완료되면 유리창의 밑 부분을 부드럽게 잡아당겨 위로 젖힌다.

해설

전면 유리 제거하기
전면의 안전유리는 깨어져 흩어지지 않기 때문에 파괴 도구로 내려치는 것만으로는 유리창을 파괴할 수 없다. 가장 좋은 방법은 차 유리 절단기를 이용해서 유리창을 톱으로 썰어내듯 절단하는 것이다. 만약 이 장비가 없다면 손도끼를 이용해서 유리창을 차근차근 절단해 낸다.
① 차 유리 절단기의 끝부분으로 전면 유리창의 양쪽 모서리를 내려쳐서 구멍을 뚫는다.
② 차 유리 절단기를 이용해서 유리창의 세로면 양쪽을 아래로 길게 절단한다. 그런 다음 절단된 세로면에 연결된 맨 아래쪽을 절단한다. 절대로 절단 과정에서 차 위에 올라서거나 손으로 유리창을 누르지 않도록 주의한다.
③ 유리창 절단이 완료되면 유리창의 밑 부분을 부드럽게 잡아당겨 위로 젖힌다. 그러면 유리창은 자연스럽게 벌어지기 시작하고 결국 차 지붕 위로 젖혀 올릴 수 있게 된다.
④ 유리창을 떼어 안전한 곳에 치우고 창틀에 붙은 파편도 완전히 제거한다.

정답 ②

20 자동차 사고 구조와 관련하여 옳지 않은 내용은?

① 차량이 평평한 지면 위에 있다면 바퀴의 양쪽 부분에 고임목을 댄다.
② 가스가 완전히 배출될 때까지 구조작업을 실시하지 않도록 한다.
③ 배터리의 전원을 차단할 때에는 −선부터 차단한다.
④ 경사면에 놓인 차량은 바퀴가 하중을 받는 부분에 고임목을 댄다.

 해설

자동차 사고 구조(누출된 연료의 처리)
가스가 누출되는 것이 확인되면 주변에서 화기 사용을 금지하고 사람들을 대피시킨다. 가스가 완전히 배출될 때까지 구조작업을 연기하는 것이 좋지만 긴급한 경우라면 고압 분무 방수를 활용해서 가스를 바람 부는 방향으로 희석시키면서 작업하도록 한다.

정답 ②

21 잠수에 대한 설명으로 틀린 것은?

① 재잠수 : 스쿠버 잠수 후 5분 이후에서부터 12시간 내에 실행되는 스쿠버 잠수를 말한다.
② 최대 잠수 가능 조정시간 : 최대 잠수 가능 조정시간은 최대 잠수 가능시간에서 잔류 질소시간을 뺀 나머지 시간이다.
③ 감압정지 : 실제 잠수시간이 최대 잠수 가능시간을 초과했을 때에 상승 도중 감압표상에 지시된 수심에서 지시된 시간만큼 머무르는 것이다.
④ 총 잠수시간 : 재잠수 때에 적용할 잠수시간의 결정은 총 잠수시간으로 전 잠수로 인해 줄어든 시간(잔류 질소시간)과 실제 재잠수 시간을 합하여 나타낸다.

해설

잠수에 사용되는 용어
• 실제 잠수시간 : 수면에서 하강하여 최대 수심에서 활동하다가 상승을 시작할 때까지의 시간을 말한다.
• 잠수계획 도표 : 잠수 진행 과정을 일종의 도표로 나타내어 보는 것이다. 이 잠수계획 도표를 사용하게 되면 보다 계획적이고 효율적인 잠수를 할 수 있다.
• 잔류 질소군 : 잠수 후 체내에 녹아 있는 질소의 양(잔류 질소)의 표시를 영문 알파벳으로 표기한 것을 말한다. 가장 작은 양의 질소가 녹아 있음을 나타내는 기호는 A이다.
• 감압정지와 감압시간 : 실제 잠수시간이 최대 잠수 가능시간을 초과했을 때에 상승 도중 감압표상에 지시된 수심에서 지시된 시간만큼 머무르는 것을 "감압정지"라 하고, 머무르는 시간을 "감압시간"이라 한다. 그리고 감압은 가슴 정중앙이 지시된 수심에 위치하여야 한다.
• 재잠수 : 스쿠버 잠수 후 10분 이후에서부터 12시간 내에 실행되는 스쿠버 잠수를 말한다.
• 총 잠수시간 : 재잠수 때에 적용할 잠수시간의 결정은 총 잠수시간으로 전 잠수로 인해 줄어든 시간(잔류 질소시간)과 실제 재잠수 시간을 합하여 나타낸다.

정답 ①

22 붕괴건물 구조에서 지주 설치 시의 내용으로 옳지 않은 것은?

① 같은 단면을 가지는 정방형 기둥보다는 직사각형 기둥이 더 큰 하중을 견딘다.

② 같은 크기의 나무기둥은 지주가 짧을수록 더 큰 하중을 견딜 수 있다.

③ 기둥의 끝이 깨끗하게 절단되어 고정판과 상부 조각에 꼭 맞게 끼워진다면 더 많은 힘을 받을 수 있다.

④ 지주 아래에는 쐐기를 박아 넣되 기둥이 건물의 무게를 지탱할 수 있을 때까지 박아 넣어야 한다.

 해설

지주 설치 기본요소
- 같은 크기의 나무기둥은 지주가 짧을수록 더 큰 하중을 견딜 수 있다.
- 같은 단면을 가지는 직사각형 기둥보다는 정방형 기둥이 더 큰 하중을 견딘다.
- 만일 기둥의 끝이 깨끗하게 절단되어 고정판과 상부 조각에 꼭 맞게 끼워진다면 더 많은 힘을 받을 수 있다.

정답 ①

23 수중탐색에서 줄을 이용하지 않는 탐색 형태로 옳은 것은?

① 원형 탐색   ② 왕복 탐색

③ 등고선 탐색   ④ 직선 탐색

 해설

줄을 이용하지 않는 탐색
- 등고선 탐색, U자 탐색, 소용돌이 탐색

줄을 이용한 탐색
- 원형 탐색, 반원 탐색, 왕복 탐색, 직선 탐색

정답 ③

24 기체가 액체 속으로 용해되는 압력이 다시 환원되는 압력의 2배를 넘지 않는 한 신체는 감압병으로부터 안전하다는 이론으로 옳은 것은?

① 할덴의 이론   ② 헨리의 법칙

③ 질소 마취   ④ 산소 중독

🚨 **해설**

할덴의 이론
- 용해되는 압력이 다시 환원되는 압력의 2배를 넘지 않는 한 신체는 감압병으로부터 안전하다는 이론이다.
- 오늘날 사용되는 미해군 잠수표(테이블)는 이러한 이론에 기초를 둔 것이다.
- 제한된 시간과 수심으로 정리된 테이블에 따르면 감압병을 일으키는 거품이 형성되지 않는다. 상승 속도는 유입되는 질소의 부분압력이 지나치지 않을 정도의 수준에서 지켜져야 한다.

➡ **정답 ①**

25 안전관리 10대 원칙의 내용으로 옳지 않은 것은?   소방위

① 자신보다 구조대 전체를 먼저 생각하라.
② 안전관리는 임무수행을 전제로 하는 적극적 행동대책이다.
③ 지휘자의 장악으로부터 벗어난다는 것은 중대한 사고에 연결되는 것이므로 독단적 행동을 삼가고 적극적으로 지휘자의 장악 안에 들어가도록 하라.
④ 위험에 관한 정보는 현장 전원에게 신속하고 철저하게 주지시키도록 하라. 위험을 먼저 안 사람은 즉시 지휘본부에 보고하고 긴급 시는 주위에 전파하여 위험을 사전 방지토록 하라.

📢 **해설**

안전관리 10대 원칙
① 안전관리는 임무수행을 전제로 하는 적극적 행동대책이다.
② 화재현장은 위험성이 잠재하고 있으므로 안일한 태도를 버리고 경계심을 게을리하지 말라.
③ 지휘자의 장악으로부터 벗어난다는 것은 중대한 사고에 연결되는 것이므로 독단적 행동을 삼가고 적극적으로 지휘자의 장악 안에 들어가도록 하라.
④ 위험에 관한 정보는 현장 전원에게 신속하고 철저하게 주지시키도록 하라. 위험을 먼저 안 사람은 즉시 지휘본부에 보고하고 긴급 시는 주위에 전파하여 위험을 사전 방지토록 하라.
⑤ 흥분, 당황한 행동은 사고의 원인이 되므로 어떠한 상황에서도 냉정, 침착성을 잃지 않도록 하라.
⑥ 기계, 장비에 대한 기능, 성능 한계를 명확히 알고 안전조작에 숙달토록 하라.
⑦ 안전확보의 기본은 자기방어이므로 자기 안전은 자기 스스로 확보하라.
⑧ 안전확보의 첫걸음은 완벽한 준비에서 시작된다. 완전한 복장과 장비를 갖추고 안정된 마음으로 정확히 행동에 옮겨라.
⑨ 안전확보의 전제는 강인한 체력, 기력에 있으므로 평소 체력, 기력 연마에 힘쓰라.
⑩ 사고 사례는 생생한 산 교훈이므로 심층 분석하여 행동지침으로 생활화시키도록 하라.

➡ **정답 ①**

26 현장안전점검관의 역할이 아닌 것은?

소방위

① 현장안전을 유지하고, 위험요소 인지 시 지휘관·대원에게 전파 및 안전조치
② 감전, 유독가스, 낙하물, 붕괴, 전락 등 위험요소에 대한 안전평가 실시
③ 현장투입 대원의 개인안전장비 착용사항 점검 후 안전조치
④ 경계구역 및 안전거리 설정

 해설

SSG 2 임무별 안전관리 표준지침
1. **현장지휘관**
   - (현장안전평가) 현장도착 시 건축물 붕괴 및 낙하물 등 위험성 현장안전평가 후 대응방법 결정
   - (상황판단) 재난현장의 종합적 정보를 취득하고 대원과 요구조자 안전을 고려하여 대응방법 결정
   - 경계구역 및 안전거리 설정(Fire-Line 등 통제선 설치), 재난현장 출입통제
   - 방사능사고나 유해화학물질사고, 기타 특이사고 발생 시, 관계자 및 관련 전문가, 관계기관의 정보를 확보하여 활동하고 특수구조대 및 관계기관 대응부서 자원 활용
2. **현장안전점검관**
   - (현장지휘관 보좌) 현장 소방활동 중 보건안전관리 업무이행
     - 현장안전을 유지하고, 위험요소 인지 시 지휘관·대원에게 전파 및 안전조치
     - 활동에 방해되거나 현장대원에 위험요소가 되는 장애물 확인 및 제거(복합적인 위험요인이 혼재하는 경우 위험이 큰 장애물부터 순차적 제거)
     - 감전, 유독가스, 낙하물, 붕괴, 전락 등 위험요소에 대한 안전평가 실시
     - 현장활동 중 교통사고 등 잠재된 2차 재해요인 파악
   - 현장투입 대원의 개인안전장비 착용사항 점검 후 안전조치

정답 ④

PART 1

구조개론
(소방교, 소방장, 소방위)

구조개론

01 | 119구조대의 법적 근거 및 역사 ★★★

1 구조활동의 법적 근거

(1) 「119구조·구급에 관한 법률」 제2조(정의) : 구조란 『화재, 재난·재해 및 테러, 그 밖의 위급한 상황(이하 "위급 상황"이라 한다)에서 외부의 도움을 필요로 하는 사람(이하 "요구조자"라 한다)의 생명, 신체 및 재산을 보호하기 위하여 수행하는 모든 활동』으로 정의할 수 있다.

(2) 「인명구조사 교육 및 시험에 관한 규정」 제2조(정의) : 인명구조란 『급박한 신체적 위험 상황 또는 위급한 상황에서 스스로의 힘으로 벗어날 수 없는 사람을 지식·기술·체력 및 각종 장비를 활용하여 생명·신체를 보호하고 안전한 장소로 구출하는 일체의 활동』으로 정의하고 있다.

(3) 소방기관의 구조활동

소방기관의 구조활동은 다음의 규정에 근거를 두고 있다.

① 「소방기본법」 제1조(목적) : 화재, 재난·재해, 그 밖의 위급한 상황에서의 구조·구급 활동 등을 통하여 국민의 생명·신체 및 재산을 보호한다.

② 「119구조·구급에 관한 법률」 제1조(목적) : 화재, 재난·재해 및 테러, 그 밖의 위급한 상황에서 국민의 생명·신체 및 재산을 보호한다.

③ 「119구조·구급에 관한 법률」 제8조(119구조대의 편성과 운영) : 소방청장·소방본부장 또는 소방서장은 위급상황에서 요구조자의 생명 등을 신속하고 안전하게 구조하는 업무를 수행하기 위하여 대통령령으로 정하는 바에 따라 119구조대를 편성하여 운영하여야 한다.

2 소방구조업무의 연혁

① 우리나라 소방서에서 인명구조활동을 업무로 하게 된 것은 1958년 3월 11일 법률 제

485호로 소방법이 제정되면서부터이다. 당시 화재와 함께 풍·수해, 설해에 의한 인명구조업무가 소방업무에 포함되었으나 1967년 4월 14일 법률 제1955호로 소방법을 개정함에 따라 화재만을 담당하게 되었다. 이때에 비록 인명구조업무가 법률에 의한 보장이 되어있지 않았지만 각 소방서 단위로 신체 건강하고 희생정신이 강한 직원을 선발하여 인명구조특공대를 운영하면서 인명구조업무는 계속해 왔다.

② 경제성장과 더불어 삶의 질이 향상되면서 안전에 대한 국민의 관심도 크게 높아졌으며, 복잡한 사회구조만큼이나 각종 사고가 빈발하고 그 유형도 다양해짐에 따라 높은 수준의 전문성을 갖추고 고도로 훈련된 구조대원이 필요하게 되었다.

1988년 제24회 서울올림픽 대회를 완벽히 개최하기 위하여 우발사태, 교통사고, 테러 등에 의한 화재 등 각종 사고가 발생했을 때 인명구조를 전담할 수 있는 고도로 전문화된 구조기술과 장비를 갖춘 구조대의 설치가 절실히 요구되었다.

이러한 시대적 추세에 따라 1987년 9월 4일 「119특별구조대 설치운영계획」을 수립하고 1988년 8월 1일 올림픽이 개최되는 7개 도시에 119특별구조대 9개 대(서울3·부산·대구·인천·광주·대전·수원)를 설치하여 구조대원 114명과 구조공작차 9대로 화재 및 각종 사고 시의 인명구조 활동을 수행하게 되었다.

이때의 구조대원은 소방관으로서 군 특수훈련 이수자와 특수부대 출신자를 중심으로 선발하여 내무부 및 서울소방학교에서 6주간의 인명구조교육을 이수시킴으로서 인명구조 전문요원으로 양성되어 활동하게 되었다.

③ 1989년도에 소방법을 개정(1989. 12. 30. 법률 제4155호)하여 소방업무에 구조활동을 명문화하였다.

이후 청주 우암아파트 상가 붕괴사고(1993. 1. 7.), 아시아나 항공기 추락사고(1993. 7. 26.), 성수대교 붕괴사고(1994. 10. 21.), 충주호 유람선 화재사고(1994. 10. 24.), 대구상인동 가스폭발사고(1995. 4. 28.), 삼풍백화점 붕괴사고(1995. 6. 29.) 등 각종 대형재난·사고가 빈발함에 따라 구조기능의 보강이 추진되어 각종 재난현장에서 긴급구조구난 활동능력을 보강하기 위하여 행정자치부(2008. 2. 29. 행정안전부)와 시·도 및 소방서에 구조구급과를 설치하였다.

④ 행정자치부장관 직속의 중앙119구조대(2011. 1. 28. 중앙119구조단, 2013. 9. 17. 중앙119구조본부로 승격)를 설치하고 각 시·도에는 수난구조대, 산악구조대, 화학구조대 등을 설치하여 지역적 특성에 맞는 구조활동을 전개할 수 있는 체계를 구축하였다. 특히 2011년 9월 9일부터 「119구조·구급에 관한 법률」의 시행으로 구조업무를 효과적으로 수행하기 위한 체계의 구축 등 구조활동에 필요한 기반을 마련하였다.

3 구조대의 편성·운영

(1) 구조대의 편성 · 운영

119구조대의 편성과 운영에 대하여는 「119구조・구급에 관한 법령」에서 정하고 있다. 소방청장 등은 위급 상황에서 요구조자의 생명 등을 신속하고 안전하게 구조하기 위하여 119구조대를 편성하여 운영하여야 하고, 소방청장은 국외에서 대형 재난 등이 발생한 경우 구조활동을 위하여 국제구조대를 편성하여 운영할 수 있다. 또한 소방청장 또는 소방본부장은 초고층 건축물 등에서 요구조자의 생명을 안전하게 구조하기 위하여 항공구조구급대를 편성하여 운영한다.

1) 일반구조대

시・도의 규칙으로 정하는 바에 따라 소방서마다 1개 대(隊) 이상 설치하되, 소방서가 없는 시・군・구의 경우에는 해당 지역 중심지의 119안전센터에 설치할 수 있다.

2) 특수구조대

소방대상물, 지역 특성, 재난 발생 유형 및 빈도 등을 고려하여 시・도의 규칙으로 정하는 바에 따라 지역을 관할하는 소방서에 설치한다. 다만, 고속국도구조대는 직할구조대에 설치할 수 있다.

① 화학구조대 : 화학공장이 밀집한 지역
② 수난구조대 : 「내수면어업법」 제2조 제1호에 따른 내수면 지역 [하천, 댐, 호수, 늪, 저수지와 그 밖에 인공적으로 조성된 담수(淡水)나 기수(기수: 바닷물과 민물이 섞인 물)의 물 흐름 또는 수면]
③ 산악구조대 : 「자연공원법」 제2조 제1호에 따른 자연공원 등 산악지역
④ 고속국도구조대 : 「도로법」 제10조 제1호 따른 고속국도 ['고속국도'라 함은 도로교통 망의 중요한 축을 이루며 주요 도시를 연결하는 도로]
⑤ 지하철구조대 : 「도시철도법」 제2조 제3호 가목에 따른 도시철도의 역사(驛舍) 및 역 시설

3) 직할구조대

대형・특수 재난사고의 구조, 현장 지휘 및 지원 등을 위하여 소방청 또는 소방본부에 설치하되, 소방본부에 설치하는 경우에는 시・도의 규칙으로 정하는 바에 따른다.

4) 테러대응구조대(비상설 구조대)

테러 및 특수재난에 전문적으로 대응하기 위하여 필요한 경우 소방청 또는 소방본부에 설치하는 것을 원칙으로 하되, 구조대의 효율적 운영을 위하여 필요한 경우에는 화학구조대와 직할구조대를 테러대응구조대로 지정할 수 있다.

5) 국제구조대(비상설 구조대)

소방청장은 국외에서 대형 재난 등이 발생한 경우 재외국민의 보호 또는 재난 발생국의 국민에 대한 인도주의적 구조활동을 위하여 국제구조대를 편성하여 운영할 수 있다. 현재 소방청에 설치하는 직할구조대인 중앙119구조본부에서 업무를 담당하고 있다.

6) 항공구조구급대

소방청장 또는 소방본부장은 초고층 건축물 등에서 요구조자의 생명을 안전하게 구조하거나 도서·벽지에서 발생한 응급환자를 의료기관에 긴급히 이송하기 위하여 항공구조구급대를 편성하여 운영한다.

(2) 구조대원의 자격 기준

구조대원은 소방공무원으로서 다음 어느 하나에 해당하는 사람 중에서 소방청장·소방본부장 또는 소방서장이 임명한다. 다만 항공구조구급대원은 구조대원의 자격 기준 또는 구급대원의 자격 기준을 갖추고, 소방청장이 실시하는 항공 구조·구급과 관련된 교육을 마친 사람으로 한다.

① 소방청장이 실시하는 인명구조사 교육을 받았거나 인명구조사 시험에 합격한 사람
② 국가·지방자치단체 및 「공공기관의 운영에 관한 법률」 제4조에 따른 공공기관의 구조 관련 분야에서 근무한 경력이 2년 이상인 사람
③ 「응급의료에 관한 법률」 제36조에 따른 응급구조사 자격을 가진 사람으로서 소방청장이 실시하는 구조업무에 관한 교육을 받은 사람

02 구조활동의 기본 ★★★

1 구조활동의 원칙

구조대원은 강인한 체력과 함께 전문적인 구조지식과 기술을 갖추고 반드시 요구조자를 구조하겠다는 정신력이 있어야 하지만 그것만으로는 완전하다 할 수 없다. 사고현장에서 구조활동을 할 때에는 반드시 지켜야 할 원칙이 있다.

(1) 현장의 안전 확보

① 재난·사고가 발생한 현장은 대부분의 경우 추가적인 사고가 발생할 위험이 도사리고 있다. 자칫 주의를 소홀히 하면 요구조자는 물론 구조대원 자신에게도 심각한 위험이 발생할 수 있으므로 구조대원은 행동에 들어가기 전에 자기 자신의 안전을 먼저 확인해야 한다.

② 현장의 안전을 확보하고 자신의 안전을 지키는 일은 구조현장에서 절대적으로 지켜야 할 가장 중요한 원칙이다.

③ 구조대원들은 자신이 사고를 발생시킨 것이 아니라는 사실을 기억하고 불필요한 위험을 감수하지 않도록 한다. 적절한 훈련을 받지 않았거나 개인 능력의 한계를 초과하는 상황에서 무리하게 활동하면 결국 구조대원 자신이 위험에 빠지게 되어 사고현장에 요구조자 숫자를 하나 추가하는 결과를 초래한다.

④ 사고의 양상과 주변의 위험요인을 파악하고 자신의 능력이 감당할 수 있는 한계 내에서 구조활동에 임하도록 한다.

⑤ 구조대원에게 위험한 일이 발생하면 구조대원 자신과 가족에게 불행한 일이 되는 것은 물론이고 재난현장에서 구조대의 힘을 분산시켜 구조활동을 원활하게 실시하지 못하는 요인으로 작용한다.

(2) 명령통일

① 구조활동은 현장을 장악한 현장지휘관의 판단하에 엄정한 규율을 바탕으로 조직적인 부대활동을 기본원칙으로 하며 자의적인 단독행동은 절대로 해서는 안 된다.

② 명령통일은 '한 대원은 오직 한 사람의 지휘관에게만 보고하고 한 사람의 지휘만을 받는다'는 것이다.

③ 계급이 높다고 자신의 직접 명령계통에 있지 않은 대원에게 지시 · 명령을 내리는 것은 현장의 혼란을 가중시킬 뿐이므로 절대적으로 피해야 한다.

④ 대원의 안전에 위협이 되는 심각한 위험 상황이 발생하여 현장에서 긴급히 대원을 철수시킨다든가 하는 급박한 경우 외에는 반드시 명령통일의 원칙을 준수하여야 한다.

(3) 현장 활동의 우선순위 준수

① 모든 사고현장에 있어서 가장 우선하여 고려할 사항은 인명의 안전(Life safety)

② 사고의 안정화(Incident stabilization)

③ 재산가치의 보존(Property conservation)

어떠한 경우라도 위험 속에서 인명을 구조하는 조치가 가장 우선적으로 고려되어야 한다. 구조 가능한 모든 요구조자가 구출되면 더이상 사고가 확대되지 않도록 안전조치를 취하고 이 과정에서 가능한 한 재산 손실이 최소화되도록 노력을 기울여야 한다.

2 구조활동의 성패를 좌우하는 요인

(1) 구조대원의 능력

① 구조활동을 실시할 때 구조대원의 지식과 기술, 체력은 요구조자를 구조하는데 매우 필수적인 요인이며 이러한 요인들의 수준이 높고 각 요소가 밀접하게 결합될수록 구조활동의 성공 가능성이 높아진다.

② 구조활동에 필요한 지식이란 요구조자에게 닥친 위험과 상황을 냉철하게 분석하고 예측하여 효과적인 구조대책을 찾아내는 힘을 말한다. 기술은 구조활동에 이용하는 숙달된 방법이나 능력을 말하며 지식을 바탕으로 다양한 훈련과 현장활동 경험을 통해서 얻을 수 있다.

③ 결국 구조대원의 능력은 다양한 구조상황에서 '성공적으로 요구조자를 구출할 수 있게 하는 힘'으로서 지식과 기술, 체력에 더하여 요구조자를 꼭 구출하겠다는 강인한 책임감과 정신력이 작용할 때 최고의 능력을 발휘할 수 있게 되는 것이다.

(2) 신속한 대응

① 사고가 발생한 초기대응 현장에서는 구조활동이나 응급처치 등 모든 것이 시간과의 싸움이며 초기대응 시간을 놓치면 상황은 심각하게 악화될 수 있다. 구조현장에서 시간이 경과할수록 요구조자에게 미치는 위험이 증가하므로 신속하게 구조활동이 이루어져야 한다.

② 대부분의 경우 재난에서 생존한 사람들은 3일 이내에 구출된 사람이며 3일 이상이 경과하면 생존 확률은 급격히 낮아진다. 신속한 구출은 요구조자의 생존을 좌우하는 매우 중요한 요인으로 작용한다.

③ 구조대원이 쉽고 자신 있게 할 수 있는 방법을 선택해야만 준비가 빠르고 성공 가능성도 높아진다. 가장 손쉽고 간단하게 대처할 수 있는 방법이 무엇인지를 찾아내는 것이 구조대원의 능력이다.

④ 구조기술 개발과 교육에 관하여 세계적 권위를 인정받는 조직인 레스큐3(Rescue Three)에서는 '항상 단순한 방법을 선택하라(Always Keep It Simple)'의 머리글자를 따서 'AKIS'로 표현한다. 복잡할수록 귀중한 시간이 소모되고 위험성은 증가된다는 사실을 명심해야 한다. 다만 이 신속함이 무작정 서두르라는 의미인 것은 아니다. 자신의 안전이 확보되는지를 확인하고 '이제는 괜찮다'는 확신이 있어야 한다.

(3) 구조활동의 우선순위

① 인명을 구조하는 과정에 있어서는 요구조자의 생명을 보전하는 것이 가장 중요하므로, 다음과 같은 순서로 구조활동의 우선순위를 결정한다.

ⓐ 구명(救命)

    ⓑ 신체 구출

    ⓒ 정신적, 육체적 고통 경감

    ⓓ 피해의 최소화

② 구조작업에 임하여서 최우선적으로 취할 조치는 요구조자의 생명을 보전하기 위하여 긴급히 필요한 조치로서 현장 상황과 요구조자의 상태에 따라 요구조자 주변의 고압선이나 인화물질 등 위험요인을 제거 · 차단하는 조치와 생명 유지에 직접적으로 관련되는 기도확보 및 산소공급, 심폐소생술 등의 응급처치이다.

③ 요구조자가 붕괴 직전의 건물 내부에 있는 경우이거나 사고 현장 가까이 폭발 직전의 유류탱크가 있는 등 목전에 급박한 위험이 있다면 신속히 현장에서 구출하는 것이 더 나은 선택이라 할 것이다.

④ 요구조자를 구출할 때에는 요구조자의 신체적 고통을 덜어주고 심리적 안정을 도모하여야 하며 가능한 한 파괴 부분을 최소화하면서 신속한 방법을 선택하여 재산피해 경감에도 노력해야 한다.

3 초기대응 절차(LAST)

구조현장의 초기대응 단계에서 지켜야 할 절차가 있다. LAST는 이 대응 절차를 간단히 설명하고 기억하기 쉽도록 한 것이다. 이 절차를 지키지 않으면 구조현장에 혼란이 발생하고 2차 사고 등으로 인하여 초기대응에 실패할 가능성이 높아진다.

(1) 1단계 – 현장 확인(Locate)

① 재난 · 사고가 발생하면 먼저 사고 장소와 현장 상황을 정확히 파악해야 한다.

   ⓐ 사고 원인은 무엇이고 어떻게 진행되고 있는가

   ⓑ 그 상황에 대응하는 방법과 인력, 장비는 무엇인가

   ⓒ 우리가 적절한 대응능력을 갖추고 있는가

② 현장의 지형적 조건(접근로, 지형), 일출이나 일몰시간, 기후 및 수온 등을 고려해서 구조대의 활동에 예상되는 어려움과 유의해야 할 사항을 판단한다.

③ 이 'L'의 단계에서 필요한 인력과 장비, 지원을 받아야 할 부서 등을 정확히 파악하는 것이 이후 전개되는 구조활동의 성패를 좌우한다.

(2) 2단계 – 접근(Access)

구조활동의 실행 단계로 안전하고 신속하게 요구조자에게 접근하는 단계이다. 사고 장소가 바다나 강이라면 구조대원 자신이 물에 들어가지 않아도 되는 안전한 구조 방법을 우선 선택하고 산악사고라면 실족이나 추락, 낙석 등의 위험성이 있는지 주의하며 접근한다.

(3) 3단계 – 상황의 안정화(Stabilization)

현장을 장악하여 상황이 더 이상 악화되지 않고 안전이 유지될 수 있도록 조치하는 단계이다. 요구조자를 위험 상황에서 구출하고 부상이 있으면 적절한 응급처치를 한다. 이후 주변의 위험요인을 제거하여 더 이상 사고가 확대되지 않도록 조치한다.

(4) 4단계 – 후송(Transport)

① 요구조자가 아무런 부상 없이 안전하게 구출되는 것이 최선의 구조활동이지만 사고의 종류나 현장 상황에 따라 심각한 손상을 입은 요구조자를 구출할 수도 있다.

② 이 경우 현장에서 제공할 수 있는 응급처치는 상당히 제한적이다. 또한 외관상 아무런 부상이 없거나 경상으로 보이는 경우에도 심각한 손상이 있거나 후유증이 발생할 수 있기 때문에 요구조자는 일단 의료기관으로 후송하는 것을 원칙으로 한다.

③ 'T'는 마지막 후송단계로서 사고의 긴급성에 따라 적절한 이동수단을 사용하여 의료기관에 후송하는 것으로 초기대응이 마무리된다.

4 수색구조

조난자를 구조할 때 적용하는 수색구조에 있어서 구조활동은 ① **위험평가** → ② **수색** → ③ **구조** → ④ **응급의료의 순서로 진행된다.** 위험평가는 구조활동이 진행되는 재난현장을 정찰한 다음 수집된 정보를 바탕으로 상황 판단을 하여 재난 현장과 구조활동의 안정성을 평가하는 것이다. 이렇게 위험평가를 하고 위험요소를 제거하여 안전을 확보하고 본격적으로 수색과 구조를 실시하는 것이다.

(1) 초기수색과 정밀수색

① 수색은 요구조자를 발견하기 위한 활동으로 초기수색과 정밀수색으로 구분한다. 초기수색은 구조대원이나 구조견을 활용해 수색하는 것인데 주로 현장에 있던 주민으로부터 필요한 정보를 얻어 요구조자가 생존할 가능성이 가장 큰 곳부터 실시한다.

② 초기수색을 통하여 요구조자가 있을 가능성이 가장 높은 장소가 파악되면 수색 장비를 활용해 정밀하게 수색하는데 이를 정밀수색이라고 한다. 수색팀은 요구조자가 발견되면 즉시 구조팀을 요청할 수 있도록 항상 구조팀과 통신상태를 유지해야 한다.

(2) 육안 수색과 장비를 이용한 수색

요구조자를 수색하는 방법은 육안 수색과 장비를 이용한 수색으로 나눌 수 있다. 육안 수색은 구조대원이 도보나 차량 또는 헬기를 이용해 전반적으로 현장을 조사하는 것이며 장비를 이용한 수색은 구조견과 음향탐지장비, 투시경 등 각종 장비를 이용하여 요구조자를 수색하는 것이다.

5 응급의료

① 구조현장에서는 요구조자에게 응급의료서비스를 제공하여 소중한 생명을 구하고 부상의 악화를 방지한다.

② 응급의료체계와 응급처치는 크게 병원 전 응급처치(Prehospital emergency care)와 병원처치(Hospital emergency care)로 나눌 수 있으며, 유럽을 제외한 대부분의 국가에서는 의사가 아닌 응급구조사(EMT ; Emergency medical technician)가 출동하여 환자의 응급처치, 구조 및 이송 등에 관여한다.

③ 대규모 사상자가 발생한 재해 현장에서 가장 먼저 해야 할 사항은 중증도 분류이다. 중증도 분류는 한정된 인원으로 최대의 환자에게 최선의 의료를 제공하기 위하여 처치 및 이송의 우선순위를 부여하는 것이다.

④ 중증도 분류는 현장에 출동한 구급대나 응급의학전문의 혹은 경험이 많은 외과 전문의가 시행한다.

6 구조활동의 전개

(1) 현장지휘소와 경계구역의 설치

1) 현장지휘소

일반적으로 하나 또는 둘 정도의 구조대가 출동하는 경우에는 지휘차 또는 구조대차가 도착한 장소가 현장지휘소의 역할을 담당하지만 사고의 규모가 크거나 상황이 복잡한 경우에는 별도의 구조현장지휘소를 설치해야 한다.

현장지휘소 위치를 정하는 기준은 상황판단이 용이하고 안전한 장소를 택하는 것으로 '3UP'의 기준을 적용한다. '3UP'이란 'up hill, up wind, up stream'을 말하는 것으로 상황판단이 용이하도록 ① 높은 곳, ② 풍상 측, ③ 상류 측에 위치하여 위험물질의 누출이나 오염 등에 의한 영향을 최소화하려는 것이다.

(2) 경계구역의 설정과 활동공간의 확보

① 사고 현장의 적절한 통제는 혼잡과 혼란을 감소시키며 불필요한 인원을 감소시킴으로서 안전관리에 크게 도움을 준다.

② 사고 현장에서 구조활동에 임하는 대원이 활동에 불필요한 제약을 받지 않고 2차 재해를 방지하기 위하여 구조활동 및 안전확보에 필요한 범위를 경계구역으로서 설정하고 안전선(Fire line)이나 로프 등 즉시 이용할 수 있는 물품을 이용하여 일반인의 출입을 차단하는 지역임을 표시한다.

③ 경계구역을 설정할 때에는 인원뿐만 아니라 각종 장비 활용에 장애가 되지 않도록 기자재 운반 및 차량 정지 위치 등에 주의하여 유효한 활동공간을 확보하여야 한다.

④ 특히 유독가스가 누출되었거나 폭발 또는 건축물 붕괴 등 대량 피해의 위험성이 있다고 판단되는 경우에는 인근 주민을 대피시키는 등 안전조치에 만전을 기해야 하며 필요에 따라 경찰 등 유관기관과 협조하여 경계 요원을 배치하고 주변의 교통을 통제하거나 통행을 차단한다.

그림 1-1 경계구역의 설정

(3) 현장 활동

현장 활동은 현장을 장악한 지휘자의 판단하에 엄정한 규율을 바탕으로 조직적인 부대 활동을 기본원칙으로 하므로 자의적인 단독행동은 절대로 해서는 안 된다. 사고 현장에서 자의적인 판단과 돌출행동은 해당 대원 자신은 물론이고 현장에서 활동하는 모든 대원과 요구조자까지도 위험에 빠지게 할 수 있다.

지휘자는 현장의 상황에서 즉시 판단하여 그 판단에 기인하는 ① 구출방법, ② 구출순서의 결정, ③ 대원의 임무 부여 후 구출행동을 이행하도록 한다.

사고 현장 범위 내에서 각종 구조활동에 방해되거나 대원에게 위험요소가 되는 장애물은 모두 확인 및 제거하여 현장활동 시 안전사고가 발생되지 않도록 하여야 하고 사고현장에 위험물, 전기, 가스 등 복합적인 위험요인이 혼재하는 경우에는 위험이 큰 장애로부터 순차적으로 제거하면서 구조활동을 전개한다.

(4) 장비의 현장 조달과 관계자의 활용

① 구조활동에 필요한 장비는 대부분 소방관서에서 확보하고 있지만 대형 사고가 발생한 경우 필요한 장비가 부족할 수도 있고 특이한 사고의 경우 적합한 장비를 확보하지 못했을 수도 있다.

② 현장 또는 현장 부근에 활용할 수 있는 장비가 있는 경우 그 장비를 단독으로 또는 조작 요원과 함께 조달하여 활용하는 방안을 고려한다. 다만 그러한 경우에는 사전에 관계자와 비용 보상의 방법 등에 대하여 협의를 해두어야 한다.

③ 특히 방사성 물질이나 독극물의 누출, 기타 평소에 접해보지 않은 특이한 사고가 발생하여 구조활동에 임하는 경우 독단적인 판단으로 활동하지 말고 현장 관계자 및 관련 전문가, 유경험자 등의 지식과 기술을 적극적으로 활용한다.

④ 현장에서 타 기관이나 관련 전문가들과 함께 활동을 할 경우에는 명령지휘체계의 수립과 각각의 임무 분담, 통신수단의 확보 등에 각별히 유의하여야 한다.

(5) 프라이버시 보호

① 구조활동 시에는 요구조자와 그 가족 등의 심리상태를 고려하여 필요에 따라서 현장 주변에 있는 관계자 또는 군중의 접근을 차단하거나 주위의 시선으로부터 보호할 수 있는 조치를 강구하여 요구조자의 프라이버시 보호에 주의한다.

② 무선통신은 보안에 취약하므로 요구조자의 자세한 신상을 송신하지 않도록 한다.

③ 요구조자가 유명인사이거나 기타 사회적인 영향이 예측되는 경우에는 상급 지휘관에게 보고하고 지시를 따르도록 한다.

7 구조대원의 임무

구조대원은 재해 또는 각종 사고에 있어서 생명 · 신체에 위험이 절박해 있는 사람을 안전하고 신속하게 구출하여야 하는 임무를 가지고 있다. 이를 위해 평소에 끊임없는 훈련을 실시하고 각종 재해 사례 등의 연구를 통하여 체력 · 기력의 강화와 지식 · 기술향상에 노력하여야 한다.

(1) 구조대장(현장 지휘관)의 임무

1) 신속한 상황판단

① 현장 지휘관은 폭넓은 시각을 가지고 종합적으로 정보를 받아들여 대원과 요구조자의 안전을 확보할 수 있도록 정확하고 빠른 판단을 내려야 하며 취하여야 할 조치가 결정되면 의도하는 바를 전 대원에게 명확히 알려 구조활동에 차질이 없도록 하여야 한다.

② 구출활동을 진행하는 과정에 있어서는 사고의 형태 및 현장 여건과 구조활동 능력 등을 종합적으로 고려하여 요구조자는 물론 대원과 관계자 등의 2차 재해방지에 만전을 기하여 진행한다.

2) 대원의 안전확보

① 현장 지휘관의 최우선 임무는 구조활동에 임하는 대원들의 안전을 확보하는 것이다. 그러므로 절대로 대원들이 불필요한 위험을 감수하게 되는 구조방법을 선택하여서

는 안 된다.

② 사고 현장에 도착한 구조대장은 어디가 안전하고 구조작전을 펼치기에 적합한지를 판단하고 요구조자의 안전한 구출과 재산상의 손실을 최소화하는 구조방법을 결정하여야 한다.

③ 절대로 대원들에게 불필요한 위험을 강요하지 말아야 한다. 따라서 구조대장은 사고 현장에서 구조대원과 요구조자에게 위험을 미칠 수 있는 모든 요소들과 2차적 위험 요인을 파악하여 사전에 제거하는 등 안전조치를 강구하고 대원 및 기자재를 적절히 활용하여 구출할 수 있도록 최선을 다하여야 한다.

3) 구조작업의 지휘

① 구조대장은 특별한 경우가 아니면 직접 구조작업에 뛰어들지 말고 구조대 전체를 감독해야 한다. 구조작업을 적절히 지휘·통솔하는 것이 한 사람의 일손을 구조작업에 더 투입하는 것보다 훨씬 중요한 일이다.

② 구조활동 현장에 복수의 부대가 출동하고 관할 소방서에서 아직 도착하지 않은 경우에는 선착 구조대의 대장이 구조활동 전반을 지휘한다. 이것은 먼저 도착한 구조대가 현장의 상황을 가장 정확히 파악하고 있기 때문이다. 이후 현장을 관할하는 소방서 또는 소방본부의 구조대가 도착하면 관할 소방본부 또는 소방서장의 지휘·통제를 받는다.

4) 유관기관과의 협조 유지

사고 현장의 관계자 및 관계 기관과 연락을 긴밀히 하여 사고 실태를 정확히 파악하고 대원을 지휘함으로써 효율적인 구조활동이 되도록 하는 것도 구조대장의 임무 중 하나이다.

(2) 대원의 임무

① 구조대원은 평소에 체력과 기술을 단련하고 모든 장비가 제 성능을 발휘할 수 있도록 점검·정비를 하여야 한다.

② 현장활동에 임할 때에는 지휘명령을 준수하여 각자에게 부여된 임무를 수행한다.

③ 자의적인 행동을 하지 않는다. 사고 현장에서 자의적인 판단과 돌출행동은 해당 대원 자신은 물론이고 현장에서 활동하는 모든 대원과 요구조자까지도 위험에 빠지게 할 수 있다.

④ 구조활동 중에는 현장의 위험요인 및 상황변화에 주목하고 인지된 정보를 구조작업의 진전 상황과 함께 시기적절하게 구조대장에게 보고하고 대원 자신의 안전은 물론 다른 대원의 안전에도 주의한다.

구조활동의 전개요령

01 | 출동 ★★★★

구조활동이 개시되는 것은 사고의 각지(事故 覺知), 즉 소방서에서 사고가 발생했다는 것을 인지한 시점으로서 출동을 지령하는 행위 자체가 구조활동 속에 포함된다. 그러나 구조대원의 입장에서는 출동지령이 있어야 비로소 사고가 발생했다는 것을 알 수 있다. 따라서 청내 방송이나 유·무선 통신을 통하여 현장 상황을 확실하게 청취하고 출동하여야 한다.

1 출동 시의 조치

(1) 출동지령을 통하여 확인할 사항

① 사고발생 장소
② 사고의 종류 및 개요
③ 도로상황과 건물상황
④ 요구조자의 숫자와 상태
⑤ 사고의 확대 등 위험요인과 구조활동 장애요인 여부

(2) 현장의 환경 판단과 출동 전에 조치할 사항

① 사고정보를 통하여 구출방법을 검토한다.
② 사용할 장비를 선정하고 필요한 장비가 있으면 추가로 적재한다.
③ 출동경로와 현장 진입로를 결정한다. 이때의 출동경로는 지도상의 최단거리가 아니라 현장에 도착하는 시간이 가장 적게 소요되는 경로이다.
④ 필요 시 진입로 확보를 위한 조치를 요청한다.(유관기관의 교통·인파 통제 및 특수장비의 지원요청 등)

2 출동 도중의 조치

차고에서 벗어나 출동하는 도중에는 교통사고 방지에 각별히 주의하여야 한다. 또한 출동 도중에도 지휘부와 계속 무선통신을 유지하여 현장 상황에 관한 정보를 청취하고 최초 상황판단의 수정 · 보완과 필요한 응원요청을 한다.

(1) 무선 정보를 통해 확인할 사항

① 사고발생 장소와 무선정보 등에 의한 출동지령 장소에 변경이 없는가를 확인
② 추가 정보에 의해 파악된 사고개요 및 규모 등이 초기에 판단하였던 구출방법 및 임무분담 등 결정에 부합되는지를 재확인
③ 선착대(사고 현장에 최초로 도착한 소방대)의 활동내용 및 사용기자재 등을 파악하여 자기대의 임무와 활동요령을 검토
④ 관계기관 등에 연락을 취하였는지와 이에 따른 조치 상황을 확인

(2) 정보의 재검토 및 대응

출동지령 이후 장소의 변경이 있는 경우 또는 사고의 영향에 의한 교통폭주 등이 있는 경우에는 출동경로, 진입로 등을 재검토하여 조기에 현장에 도착하도록 노력한다.
① 출동 시 결정한 판단의 변경 또는 수정을 요하는 정보를 입수한 경우 즉시 전 대원에게 상황을 전파하여 주지토록 하고 이에 따라 구출방법, 사용기자재의 변경 등 필요한 조치를 취한다.
② 청취한 정보에서 관계기관 또는 의료진 등이 대응하고 있는 경우에는 해당 부서와의 연계 활동요령에 대하여 미리 대원에게 주지시킨다.
③ 도로나 교통사정 등으로 현장에 신속히 도착하기 곤란할 것으로 예상되면 유 · 무선 통신망을 활용하여 상부에 보고하고 우회도로를 선택할 수 있도록 상황을 전파한다.
④ 선착대로부터 취득하는 정보는 가장 신뢰할 수 있는 최신 정보임을 인식하여 사고개요, 규모 등을 확실히 청취하고 선착대의 활동내용 등으로부터 자기 임무 등을 확인한 후 대원에게 필요한 임무를 부여한다. 또한 상황에 따라 자기대의 현장도착 예정시간 및 사용 가능한 기자재 보유상황 등 정보를 선착대에 제공한다.

3 현장도착 시의 조치

지휘자는 현장에 도착하면 사고 상황과 인명구조에 필요한 활동 여건을 신속히 파악하여 구출방법을 결정하고 필요한 지시를 내린다.

(1) 차량부서 선정

① 사고가 발생한 장소가 도로 또는 도로변인 경우 적색회전등 또는 비상정지등 기타

등화를 유효하게 활용하여 주행하고 있는 일반차량의 주의를 촉구하여 교통사고를 방지한다.

② 현장 상황에 눈을 떼지 않고 안전운전에 주의하여 부서한다.

③ 부서 위치는 가스폭발 또는 붕괴 등 2차 사고의 영향을 받지 않는 장소로 한다. 특히 교통사고의 경우 후속 차량들이 연쇄추돌할 위험이 있으므로 현장에 출동한 구조차량은 원칙적으로 사고 차량의 후미 측에 부서토록 하여 작업 중인 대원들의 안전을 확보한다.

④ 구조활동을 안전하고 원활하게 실시할 수 있는 작업공간을 확보한다.

⑤ 구급대를 비롯하여 나중에 도착하는 특수차의 부서 위치를 고려한다.

(2) 현장 홍보활동 실시

차량에 설치된 방송설비나 핸드마이크를 활용하여 구조대가 도착한 취지를 알려 사고 당사자와 인근 주민이 안심할 수 있도록 조치한다.

① 사고와 관련된 관계자를 호출한다.

② 일반인과 관계자에게 위험이 있다고 예측될 경우 안전한 장소로 대피시킨다.

③ 경계구역으로 설정된 범위 내에는 필요한 관계자 이외의 출입을 통제한다.

(3) 장비 관리

① 현장에 휴대하는 장비의 종류 및 수량을 정확히 파악하고 통제한다.

② 출동 대원 전원이 차량으로부터 이탈하는 경우 지령실로 상황을 보고하고 차량 및 기자재의 보안에 필요한 조치를 취한다.

02 현장의 실태 파악 ★★

소방이 존립하는 근본 목적은 화재를 진압하고 인명을 구출하는 것이다. 그러나 최근 들어 소방의 업무가 모든 재난과 사고로부터 인명의 안전을 확보하는 방향으로 확대되고 있다. 화재를 포함하여 모든 재난과 사고 현장은 항상 생명에 위협이 되는 위험이 도사리고 있기 때문에 현장의 상황을 정확히 파악하려는 노력은 필수적인 것이며 특히 구조대원들을 현장에 진입시키기 전에 가능한 모든 정보를 입수하여 실태를 파악하여야 한다.

1 상황확인

아무리 경미한 사고라 할지라도 사고 현장과 주변부를 철저히 수색하고 필요한 정보를 파악하여야 한다. 경미한 사고로 판단하고 인명검색을 소홀히 한 결과 사고처리가 끝난 후에, 심지어는 소방대가 철수한 후에야 사상자가 발견되는 상황은 어떠한 경우에도 용납될 수 없다.

(1) 사고 장소의 확인

① 발생장소 소재지, 건물의 규모, 사고가 발생한 위치
② 사고의 규모, 현장에 잠재된 위험성과 진입상의 장애유무
③ 현장 진입수단과 경로의 확인

(2) 요구조자

① 요구조자의 유무와 숫자
② 요구조자의 위치, 부상 부위, 상태 등
③ 요구조자에게 가해지는 장애요인(형상, 재질, 구조, 중량 등)

(3) 활동 중 장해와 2차 재해 위험

① 감전, 유독가스, 낙하물, 붕괴, 전락 등 눈에 보이는 위험성
② 현장에 잠재된 2차 재해요인의 파악

(4) 기타 사항

① 요구조자 확인 및 구출에 필요한 기자재의 추가 여부 확인 및 점검
② 관계 기관의 대응상황(내용, 인원수, 시간) 파악

2 관계자 등으로부터 정보 청취

사고가 발생한 시설물의 소유자나 관리자, 거주자 등 관계자는 그 시설물의 관리 현황이나 잠재된 위험성, 평소 거주자 등에 대한 정보를 가지고 있다. 따라서 대상물의 관계자를 찾아 그들이 보고 들은 모든 사항과 기타 필요한 정보를 알아내야 한다.

(1) 사고 발생 원인

① 사고 발생과 직접 관련되는 정보
② 추가적인 위험요인 등

(2) 구조대 도착 전까지 관계자와 관계 기관이 취한 조치

(3) 요구조자의 상황

① 요구조자 숫자 및 그 위치
② 요구조자의 용태와 상태(부상 정도, 구출장애물 등)

03 현장 보고 ★★

재난 현장은 사고의 성격에 따라 환경이 고정되는 경우도 있지만 시간의 경과에 따라 유기적으로 변화하는 경우도 많다. 사고의 확대, 부상자의 발생, 요구조자의 추가 발견, 필요한 장비의 추가 등 변화하는 현장 상황에 따라 미리 정해진 통신요령에 따라 신속히 상급 지휘관에게 상황을 보고하고 필요한 지시를 받아야 한다.

1 도착 시 보고

구조대가 현장에 도착한 즉시 육안 관찰 사항 및 관계자로부터 청취된 사항을 보고하며 가능한 범위에서 다음 내용을 부가한다. 보고내용이 신속하게 전파되도록 무선을 활용한다.

① 사고 발생 장소
② 사고개요
③ 요구조자의 상태와 숫자
④ 확인된 부상자 수와 그 정도
⑤ 주위의 위험 상태
⑥ 응원대의 필요성
⑦ 기타 구조활동상 필요한 사항

2 현장 보고 (상황 또는 활동 보고)

(1) 보고내용

사고의 실태가 대략 판명된 시점 또는 현장 상황과 활동내용이 변화된 경우 보고하며 다음과 같은 사항을 부가하도록 한다.

① 사고 발생 장소 (도착 시 보고에 변경이 있는 때)
② 사고 발생의 원인과 사고 형태 및 현장 상황
③ 요구조자 및 부상자의 상태와 그 주요내용 (무선 통신은 보안성이 취약하므로 성별이나 연령 등 자세한 인적사항은 개인정보 보호를 위하여 무선으로 통신하지 않도록 주의한다.)
④ 구조대 및 기타 관련 부서별 대응상황과 현 상황에 있어서 구조활동의 수행 여부 확인 · 수색 · 구조 작업이 완료된 곳과 진행 중인 곳, 수색 · 구조 작업이 불가능한 곳이 있으면 그 사유
⑤ 교통상황과 일반상황, 관계 기관의 대응 및 필요한 주위 상황
⑥ 기타 필요한 사항

(2) 보고 시의 주의사항

보고를 할 때에는 추측에 의한 내용은 가급적 피하고 보이는 그대로의 상황과 확인된 내용을 보고하며 정보가 있으면 그 정보원을 부가한다.

① 개인의 프라이버시에 관한 내용이나 사회적인 파장이 예측되는 내용이 있을 때는 상급 지휘관에게 보고하고 지시를 따른다.

② 보고는 간결, 명료하게 하고 전문적인 용어에는 설명을 붙인다.

③ 무선에 의한 보고 시 혼선을 방지하기 위하여 통신담당자를 지정하고 보고내용의 우선순위를 정하여 보고한다.

04 구조 활동 ★★★★

정확한 사고의 실태가 파악되기 전까지는 수집된 정보를 바탕으로 사전에 구출방법을 검토하고 사용 장비를 결정하여 대원별로 임무를 부여한다. 정확한 사고 실태가 판명되면 사고내용, 규모 및 곤란성과 구조대의 활동 능력을 비교하여 종합적으로 분석한 후에 구출 우선순위와 구출방법을 결정하고 사용할 장비 및 대원의 임무를 수정·변경한다. 또한 구조 활동에 임할 때에는 현장에 출동한 구조대의 대원과 장비에만 한정하여 구조활동을 전개하려 하지 말고 유관기관 응원요청과 관계 전문가의 활용 등을 다각적으로 검토한다.

1 구조방법의 결정

(1) 구출방법의 결정 원칙

① 가장 안전하고 신속한 방법

② 상태의 긴급성에 맞는 방법

③ 현장의 상황 및 특성을 고려한 방법

④ 실패의 가능성이 가장 적은 방법

⑤ 재산 피해가 적은 방법

(2) 구출방법 결정 시 피해야 할 요인

① 일반인에게 피해가 예측되는 방법

② 2차 재해의 발생이 예측되는 방법

③ 개인적인 추측에 의한 현장 판단

④ 전체를 파악하지 않고 일면의 확인에 의해 결정한 방법

(3) 구조활동의 순서

① 현장활동에 방해되는 각종 장해요인을 제거한다.

② 2차 재해의 발생위험을 제거한다.

③ 요구조자의 구명에 필요한 조치를 취한다.

④ 요구조자의 상태 악화 방지에 필요한 조치를 취한다.

⑤ 구출활동을 개시한다.

(4) 장애물 제거 시의 유의사항

① 필요한 기자재를 준비한다.

② 대원의 안전을 확보한다.

③ 요구조자의 생명 · 신체에 영향이 있는 장애를 우선 제거한다.

④ 위험이 큰 장애부터 제거한다.

⑤ 장애는 주위에서 중심부로 향하여 순차적으로 제거한다.

2 임무 부여

(1) 대원 선정상 유의사항

대원에게 임무를 부여할 때는 각 대원의 경험, 능력, 성격 및 체력 등을 종합적으로 고려하고 다음 사항을 유의한다.

① 중요한 장비의 조작은 해당 장비의 조작법을 숙달한 대원에게 부여한다.

② 위험이 따르는 작업은 책임감이 있고 확실하게 임무를 수행할 수 있다고 확신할 수 있는 대원을 지정한다.

③ 대원에게는 다양한 요소로부터 자신감을 주면서 임무를 부여하도록 한다.

(2) 현장에서 명령 시의 유의사항

현장명령은 구조대장이 결심한 수단과 순서 등을 대원에게 주지시켜 목적을 달성하기 위한 의사 표시이다. 따라서 명령이 대장의 의도대로 실행되지 않으면 그것은 적절한 명령으로 볼 수 없다. 대장은 이것을 인식하여 다음 사항에 유의하여야 한다.

① 대원별 임무 분담은 현장을 확인하여 구출방법 순서를 결정한 시점에서 대원 개개인별로 명확히 지정한다.

② 명령을 하달할 때에는 모든 대원을 집합시켜 재해현장 전반의 상황, 활동방침(전술), 대원 각자의 구체적 임무 및 활동상 유의사항을 포함한 내용을 전달한다.

③ 구출작업 도중에 상황의 변화에 따라 명령을 수정할 필요가 있는 경우에도 가능하면 모든 대원에게 변화된 상황과 수정된 내용을 전달하여 불필요한 오해의 소지를 제거한다.

3 구조장비 활용

구조활동에 있어서 장비의 적절한 활용은 중요한 요소이다. 요구조자가 처한 상황과 구조활동의 장애요인을 면밀히 검토하고 활용 가능한 장비를 정확히 판단하여 적절히 활용할 수 있어야 한다.

(1) 기자재 선택 시 유의사항

① 사용 목적에 맞는 것을 선택한다. 절단 또는 파괴, 잡아당기거나 끌어올리는 등의 구조활동을 펼치기에 적합한 장비를 선택한다.

② 활동공간이 협소하거나 인화물질의 존재, 감전 위험성, 환기 등 현장 상황을 고려하여 특성에 맞는 것을 선택한다.

③ 긴급 상황에 맞는 것을 선택한다. 급할 때는 가장 능력이 높은 것을 선택한다.

④ 동등의 효과가 얻어지는 경우는 조작이 간단한 것을 선택한다.

⑤ 확실하게 효과를 기대할 수 있는 것을 선택한다.

⑥ 위험이 적은 안전한 장비를 선택한다.

⑦ 다른 기관이나 현장 관계자 등이 보유하는 것과 현장에서 조달이 가능한 것으로 효과가 기대되는 것이 있으면 활용을 적극적으로 검토한다.

(2) 장비 활용상 유의사항

① 장비는 숙달된 대원이 조작하도록 한다.

② 장비가 발휘할 수 있는 최대성능을 고려하여 안전작동 한계 내에서 활용한다.

③ 무거운 장비를 설치할 때에는 현장의 안전을 각별히 고려하여 튼튼하게 고정하고 안전사고가 발생하지 않도록 한다.

④ 장비를 작동시키는 경우 현장 전체의 상황을 확인하면서 한다. 가동 범위 내의 안전상황, 반대측 상황, 오작동에 의한 위험성 등에 유의한다.

⑤ 장비의 작동에 의한 반작용에 주의한다. 필요에 따라 받침목을 활용하거나, 로프로 고정하는 등의 조치를 취한다.

⑥ 장비 작동에 의한 2차 사고에 유의한다. 위험 구역에 대한 경계관창 배치나 출입 제한 등은 담당자를 명확히 지정하여 확실하게 하고 요구조자의 신체를 모포, 들것 등으로 보호하여 2차 손상을 입지 않도록 한다.

4 요구조자 응급처치

① 구조활동의 최우선 목적은 요구조자의 생명을 구하는 것이다. 따라서 요구조자가 심각한 손상을 입은 것으로 판단되는 경우, 구출작업에 우선하거나 구출작업과 병행하여 응급처치를 취할 필요가 있다.

② 요구조자가 의식을 잃은 상태인 경우 우선 기도를 확보한 후 즉시 호흡과 맥박을 확인하여 심폐소생술의 시행 여부를 결정하여야 한다.

③ 추락이나 교통사고 등 환자에게 물리적 충격이 가해진 경우 경추 및 요추의 보호조치와 대량 출혈이 있는 환자의 경우 출혈조절도 구출에 우선해서 시행해야 할 사항이다.

(1) 응급처치 내용

1) 응급처치 시 유의사항

사고 또는 재난의 현장에서 구조대원은 환자의 상태를 면밀히 파악하고 필요한 응급처치를 행하여야 한다. 현장에서 구조대원이 행할 수 있는 응급처치의 범위에 관하여 명확한 한계를 설정하기는 곤란하지만 요구조자의 응급 상태와 현장 상황을 고려하여 합리적인 범위 내에서 판단하여 시행하며 무엇보다 환자의 생명 보호와 증상 악화의 방지를 우선적으로 고려하여야 한다.

2) 현장 응급처치

① 의식 · 호흡 및 순환 장해 시 : 기도확보, 인공호흡, 심폐소생술

② 외부출혈의 지혈

③ 쇼크 시 : 쇼크체위, 신체적 · 심리적 안정 유도

④ 골절 : 부목사용 환부 고정

⑤ 체위 : 요구조자의 증상 악화 방지 및 고통 경감 등에 적응한 체위

⑥ 체온 유지(담요, 모포, 방화복 등을 활용)

⑦ 기타 요구조자의 생명 유지 또는 증상 악화를 방지하기 위하여 필요하다고 인정되는 처치 및 응급의료전문가의 지시에 의한 처치

(2) 기타 유의사항

1) 요구조자의 안정 조치

① 사고 현장에 있어서 요구조자의 심리상태와 쇼크 등에 주의하고 요구조자를 안심시켜 안정시킬 필요가 있다. 히스테리나 패닉 등의 상황에 빠지면 구출작업의 지연은 물론이고 경우에 따라 환자 자신과 구조대원의 안전도 위협받을 수 있다.

② 요구조자가 자신이 심각한 신체적 손상을 입은 상황을 인지하거나 출혈의 목격 또는 사고 현장의 인명피해 상황 등을 인지하는 경우에도 정신적 동요의 우려가 있으므로 언어 · 행동 등에 충분한 주의를 요한다.

2) 구출활동 시의 주의사항

① 구출작업의 진전과 병행하여 환자의 상태를 지속적으로 관찰한다.

② 요구조자의 움직임은 최소한으로 하고 증상의 악화 방지와 고통 경감을 도모한다.

③ 상처 부위에 구조장비, 오염된 피복 등이 닿지 않도록 하여 환부보호에 주의하고 상황에 따라 구조대원의 위생도 배려하여 처치한다.

④ 유독가스 중에 노출되어 있는 요구조자는 보조호흡기를 착용시킨다.

⑤ 구출 작업에 의한 부상이 예상되는 경우 모포 등으로 부상 방지를 위한 조치를 취한다.

⑥ 작업이 장시간 소요되어 요구조자가 물이나 음식물을 요구하는 경우 반드시 전문가의 자문을 구한다. 의식이 없는 환자에게는 절대로 음식물 투여를 금지하고 복부 손상이나 대량 출혈이 있는 환자에게도 음식물 제공은 금기 사항이다.

⑦ 요구조자를 일반인이나 매스컴 등에 지나치게 노출되지 않도록 주의한다.

05 응원 요청 ★★

현장에 도착한 구조대원과 장비만으로 구조활동에 부족하다고 판단되면 즉시 필요한 인원과 장비의 응원 출동을 요청하며 응원 요청 판단기준과 내용은 다음과 같다.

1 응원 요청 | 2012 전북 소방장, 2013 경남 소방장

(1) 구조대 요청

1) 사고개요, 요구조자의 숫자, 필요한 구조대의 수와 장비를 조기에 판단하여 요청한다.

2) 요청 판단기준

① 요구조자가 많거나 현장이 광범위하여 추가 인원이 필요한 경우

② 특수차량 또는 특수장비를 필요로 하는 경우

③ 특수한 지식, 기술을 필요로 하는 경우

④ 기타 행정적, 사회적 영향으로부터 필요하다고 생각되는 경우

(2) 구급대 요청

구급대가 도착한 경우에는 구급대의 지휘자가 판단하여 요청할 사항이지만 구급대가 도착하지 않은 때에는 다음에 의한다.

① 사고개요, 부상자 수, 상태 및 정도를 부가하여 필요한 구급차 수를 요청한다.

② 필요한 구급차의 대수는 구급대 1대당 중증 또는 심각한 경우는 1인, 중증은 2인, 경증은 정원을 대략의 기준으로 한다.

(3) 지휘대 요청

일반적으로 지휘대가 출동하여야 하는 기준은 다음과 같다.

① 사고양상이 2개 대 이상의 구조대의 대처를 필요로 하는 경우

② 다수의 사상자가 발생한 경우

③ 구급대를 2대 이상 필요로 하는 경우

④ 기타 관계 기관과 연계하여 활동할 경우

⑤ 사고양상의 광범위 등으로 정보수집에 곤란을 수반하는 경우

⑥ 사고양상이 특이하고 고도의 판단을 필요로 하는 경우

⑦ 경계구역 설정이 필요하다고 판단되는 경우

⑧ 소방홍보상 필요하다고 판단되는 경우 (사고의 특이성, 구조활동의 형태, 기타 특별한 홍보상황이 있는 경우)

⑨ 소방대원, 의용소방대원, 일반인 및 관계자 등의 부상사고가 발생한 경우

⑩ 제3자의 행위에 의한 중대한 활동장애 및 활동에 따르는 고통 등이 있는 경우

⑪ 행정적, 사회적 영향이 예상되는 경우

⑫ 기타 구조활동상 필요하다고 판단되는 경우

2 전문의료진 요청

전문 의료진의 지원 여부는 구급대가 도착한 때에는 구급대 지휘자의 판단에 의하는 것이 바람직하지만 구급대의 도착이 지연되거나 기타 곤란한 상황인 경우 다음과 같은 상황을 기준으로 판단하여 상급부서에 의료진의 지원을 요청한다.

(1) 의료인에 의한 전문 응급처치가 필요하다고 판단되는 경우

① 요구조자의 이송 가부(可否) 판단이 곤란한 경우

② 요구조자의 상태 그대로 이송하면 생명에 위험이 있다고 판단되는 경우

③ 다수의 요구조자가 있는 경우

④ 다량 출혈, 가스 중독 등이 있다고 판단되는 경우

⑤ 요구조자가 병자, 노인, 유아 등 체력이 저하된 상태인 경우

⑥ 구출에 장시간을 요한다고 판단되는 경우

⑦ 기타 필요하다고 인정되는 경우

(2) 구조대원의 안전관리상 필요한 경우

① 활동상 의학적 조언을 필요로 하는 경우

② 구조작업 중 부상 또는 약품 등에 의한 오염 등이 예상되는 경우

3 관계기관과의 연계

구조활동 및 안전확보 등을 위해 관계 기관의 협력이 필요하다고 판단되는 때에는 구조활동 현장의 총괄지휘자가 관계 기관에 대해 요청한다. 이 경우 다음 사항을 유의한다.

① 교통규제와 일반인의 유도 등이 필요하다고 판단되는 때에는 경찰관 등에게 규제 범위와 그 이유 등을 명시하여 요청한다.

② 가스누설 등으로 대원, 요구조자 및 일반인 등의 안전확보를 위해 필요한 경우 가스 관계자에게 조치를 의뢰한다.

③ 급수 차단 등이 필요하다고 판단되면 수도관계자에게 조치를 의뢰한다.

④ 감전 위험이 있는 경우는 전력회사에 전원차단 조치를 의뢰한다.

⑤ 현장에 의사가 있는 경우에, 필요한 때는 요구조자 부상 정도, 증상 등 의학적 판단 및 구조 활동상의 조언 등을 구한다.

⑥ 여타의 관계 기관 등에서 보유한 장비, 차량 및 기술 등의 활용이 구출수단으로서 가장 효과적이라고 판단된 때는 지원 협조를 요청한다.

06 사전 대비 ★★

구조활동은 항상 만반의 준비를 갖추고 대비하는 것이다. 따라서 구조대원은 항상 체력을 단련하고 전문 구조기술 훈련과 재해 사례에 대한 연구 등을 통하여 구조기법의 향상을 도모하여 유사시에 대비하여야 한다.

① 과거의 사례, 예상되는 사고내용, 다른 지역에서 발생한 사례 등을 검토하고 지역특성에 맞는 대응책을 강구한다.

② 효과적인 재해 대비 훈련을 실시하고 어떠한 상황에서도 방심하지 않도록 노력한다.

③ 구조활동은 부대에 의한 조직활동으로서 구조대원 상호 간 굳건한 신뢰를 바탕으로 몸을 의탁하여 행동하는 것이다. 따라서 모든 대원은 상호 신뢰관계의 토대 위에서 확실한 활동을 할 수 있음을 인식하고 원만한 인간관계를 유지한다.

④ 체력, 기술을 연마하고 사기진작에 노력한다.

⑤ 장비는 항상 확실하게 점검, 정비하여 둔다.

⑥ 관할 출동구역 내의 도로상황, 지형, 구획의 구성 등을 사전에 조사 파악하여 재난·사고 발생이 예상되는 경우 미리 필요한 대책을 강구하여 둔다.

구조현장의 통제

대부분의 사람들은 호기심이나 걱정 때문에 사고 현장에 가까이 접근하려는 경향이 있으며, 그중에는 사고에 관련되었으나 부상을 입지 않은 사람도 있고 요구조자의 가족이나 친지도 있다. 사고 현장 주변의 모든 구경꾼은 요구조자와 구조대원, 그리고 보조요원들의 안전을 위하여 적절히 통제할 필요가 있다.

01 군중 통제 ★★★

가장 중요한 것은 현장 주변에서 일반 대중을 차단하는 것이다. 일반적으로 이러한 통제는 경찰이 담당하지만 때로는 구조대원들이 직접 통제에 나서야 할 경우도 있다. 현장의 안전을 확보하고 적절히 통제하는 것은 현장 지휘관의 몫이다.

1 통제구역 설정

① 구조작업과 관련이 없는 사람들은 구조대원과 요구조자의 안전을 위하여 현장에서 차단하여야 한다.
② 구경꾼의 현장 출입을 통제하면 그들이 일정 거리까지 떨어져 있게 되어 구조대원들이 방해를 받지 않고 구조활동을 할 수 있다.
③ 통제구역의 경계는 구조대원들이 작업하는 데 필요한 공간과 현장의 위험도, 지형을 고려하여 설정한다.
④ 통제구역이 결정되면 Fire Line이나 밧줄, 수관, 기타 주변의 물품을 이용하여 표시하고 사람들이 넘어오지 못하도록 통제요원을 배치한다.

2 관계자 등에 대한 배려 2011 부산 소방장, 2012 경북 소방장, 2016 서울 소방교

① 사고 현장에 있는 사람은 감정이 격해져 있는 경우가 많다. 요구조자의 가족이거나 친구, 친지 등은 물론이고 특히 사망자의 유가족일 경우에 더욱 그러하다. 구조대원들은 이들의 심정을 잘 헤아려 조심해서 응대하도록 한다. 이들이 사고 현장 가까이

접근하는 것은 확실히 저지하여야 하지만 구조활동과 안전사고 방지에 불가피한 일임을 설득하여 반감을 사지 않도록 한다.

② 가능하다면 그들을 위로해주고 구조활동의 진전 상황을 설명해줄 수 있도록 전담 직원을 배치하는 것이 좋다.

③ 구조작업에 대한 회의나 브리핑은 대원들이 자유롭게 이야기할 수 있도록 가족이 없는 곳에서 진행하고 전담 요원이 그 결과만을 설명해주는 것이 좋다.

④ 일몰이나 기상악화 등으로 일시 구조작업을 중단하게 되는 경우에도 가족들은 사고 현장을 떠나지 않으려는 반응을 보이므로 언제부터 구조작업이 재개된다는 것을 명확히 알려줄 필요가 있다. 또한 구조작업을 재개할 때에는 가급적 예정된 시간보다 조금 빨리 시작하는 것이 조바심을 달래줄 수 있는 방법이 된다.

⑤ 가족들의 심리상태는 매우 불안정하기 때문에 공손하고 협조적이던 태도가 특별한 이유도 없이 극단적으로 비판적이 되거나 심지어 적대적으로까지 돌변할 수 있다. 이런 태도는 대부분 수색 2일째에 나타난다. 구조대원들도 심신이 매우 피로해진 상황이므로 구조대원과의 개별적인 접촉은 충돌을 일으킬 수 있으므로 유의해야 한다.

⑥ 특히 구조현장에서 소리 내어 웃거나 자극적인 농담을 하는 것은 절대로 삼가야 한다. 희생자의 유족이나 친지들의 감정에 신경 쓰지 않는 대원은 구조팀에서 제외시키도록 한다. 다른 대원들의 노고를 수포로 만들기 때문이다.

3 이해관계자의 설득

① 구조활동은 최우선적으로 요구조자의 안전한 구명에 중점을 두어 진행되어야 한다.

② 사고 현장에 있는 관계자의 심정을 감안하여 대처하여야 한다. 특히 요구조자의 부모·형제·친척 등의 경우 무엇보다 신속한 구출작업을 기대할 것이므로 구출과정에 대한 적절한 설명으로 오해의 소지가 없도록 하여야 한다.

③ 건물주 등 이해관계인의 경우 재산 가치의 보호에도 매우 관심을 기울이므로 긴급한 상황이 아니면 재산상의 손실을 최소화할 수 있는 방법을 강구하여야 할 것이다.

ⓐ 사고발생의 원인 및 구조활동에 착수할 때까지의 경과와 조치 등을 가능한 한 자세히 청취한다.

ⓑ 구조활동에 효과적인 조언, 기술, 기자재 등이 있으면 그 조언이나 기술을 활용한다.

ⓒ 반드시 필요한 구출활동을 위하여 재산적 가치가 높은 물체를 파괴해야 하는 경우에는 그 소유자 또는 권원자에게 그 뜻(취지), 내용 등을 잘 설명하고 승낙을 얻어야 한다. 물론 「소방기본법」 제25조에 강제 처분에 관한 규정이 있으나 이는 현장 상황이 급박하여 관계자의 승낙을 얻을 수 없는 불가피한 상황에 한정하여야 한다.

ⓓ 요구조자의 과거 질병, 건강 상태, 기타 정신·신체상의 이상 여부를 파악하여 필요한

조치를 취한다.

ⓔ 필요한 경우 구출활동 내용과 그 목적 등을 설명하여 이해를 얻는다.

02 요구조자와의 상호관계 ★★

구조 활동을 전개함에 있어서 요구조자와의 의사소통은 그 구조의 성공 여부에 상당히 중요한 영향을 미칠 수 있다. 흥분, 공포상황에 빠진 요구조자를 진정시키고 구조활동에 필요한 조치에 순응하도록 하며 구조대원에게는 보이지 않는 위험요인을 파악할 수도 있기 때문에 효과적인 의사전달에 노력하여야 한다.

1 효과적인 의사전달 2016 경북 소방교

① 요구조자와 대화할 때 구조대원의 시선은 요구조자를 향하여야 한다.
  ⓐ 시선을 외면하면 진실성이 없어 보인다.
  ⓑ 가능한 한 요구조자와 눈높이를 맞추는 것이 좋다.
  ⓒ 눈을 바라보는 것이 민망하다고 생각되면 눈썹에서 턱 사이를 보는 것이 무난하다.
  ⓓ 중요한 부분을 이야기할 때에는 꼭 눈을 맞춰야 한다.
② 대화 시에는 전문용어를 피하고 상대방이 이해할 수 있는 표현을 쓴다.
  ⓐ 비속어나 사투리를 사용하지 말고 정중하고 친절하게 응대한다.
  ⓑ 호칭은 가능한 한 요구조자의 이름을 부르는 것이 좋다. 이름을 부르면 요구조자는 자신이 존중받고 있다는 느낌을 받게 되며 또한 이름을 알아내기 위해 질문하면서 인적사항을 파악하는 효과를 얻을 수 있다.
  ⓒ 요구조자가 자신의 부상 정도나 사고 상황에 대하여 궁금해하는 내용이 있으면 사실대로 말해주는 것이 원칙이나 요구조자가 충격을 받을 수 있는 표현을 피하여야 한다.
  ⓓ 구조대원 개인의 의학적 예단을 말하는 것은 절대 금지한다.

2 특수상황의 배려

(1) 요구조자가 고령이거나 어린이인 경우

① 요구조자가 고령이거나 어린이인 경우, 또는 정서적으로 예민한 사람은 현장 상황에 대하여 심한 불안감을 느끼고 구조대원의 지시에 잘 따르지 않을 수가 있다.
② 현장이 위험한 경우가 아니라면 보호자가 곁에 있도록 하고 차분히 현장 상황을 설명하여 안심시킨 후 구조작업을 진행한다.

(2) 장애인을 구조하는 경우

장애인을 구출하는 경우에 가장 중요한 것은 요구조자가 장애인이라는 선입견, 고정관념을 버리고 대하는 것이다.

1) 청각장애인

① 청각장애인을 구조하게 되는 경우에 대비하여 평소에 관련된 기초 수화를 익혀둔다.

② 요구조자가 큰 부상을 입지 않았다면 필기도구를 준비하여 필담을 할 수 있도록 준비하는 것이 좋다.

③ 대화에 앞서 요구조자를 주목시키기 위해서 그의 앞에 서서 이름을 부르거나 팔, 어깨 등을 가볍게 건드리거나 책상, 벽을 두드리는 방법으로 주목을 끈다.

④ 너무 큰 소리를 낼 필요는 없다.

⑤ 일부 청각장애인들은 입 모양을 보고도 대화하고자 하는 내용을 알 수 있으므로 입 모양을 크고 정확히 하여 말하도록 한다.

⑥ 이를 **구순독법**(tip reading)이라 하는데, 일부러 너무 크게 입을 벌리는 것도 불쾌하게 느낄 수 있으므로 한 글자 한 글자씩 또박또박 말하듯 하는 게 가장 좋다.

⑦ 혼잣말을 하는 경우 공연한 의혹을 살 가능성이 있으므로 주의한다.

2) 시각장애인

① 시각장애인의 경우에는 일반인에 비하여 청각과 촉각이 매우 발달되어 있다.

② 큰소리를 내지 않도록 하고 상황을 차분하고 자세하게 설명하여 안심시키도록 한다.

③ 구조대원이 팔을 붙잡거나 어깨에 손을 올리는 등 신체적 접촉을 통해 요구조자를 안심시킬 수 있다.

④ 요구조자가 여성인 경우 과도한 관심과 신체 접촉은 불필요한 오해를 불러올 수 있으므로 주의하여야 한다.

3) 장애인 보조견

① 장애인 보조견은 환자의 눈이나 귀를 대신할 정도로 매우 중요하다.

② 장애인 보조견은 일반적인 애완견의 출입이 금지된 공공장소에도 동행할 수 있으므로 상황에 따라 요구조자와 동행할 수 있도록 조치한다.

 장애인 보조견과 마주했을 때

① 현재 장애인 보조견은 시각장애인 안내견(盲導犬)과 청각장애인 보조견이 있다.
② 특히 시각장애인 안내견은 덩치가 큰 편이지만 물거나 짖지 않으므로 안심해도 된다.
③ 친근감을 표시하는 것은 좋지만 주인에게 양해를 구하지 않고 함부로 만지는 행위는 금물이다. 안내견의 반응이 달라지므로 영문을 모르는 주인이 당황하기 때문이다.

④ 안내견에게 먹을 것을 주는 행위도 해서는 안 된다. 정해진 먹이 외에는 눈길도 주지 않도록 훈련을 받았기 때문에 받아먹지도 않을 뿐더러 만약 먹이를 따라 안내견이 움직일 경우 주인인 장애인이 곤란을 겪게 된다.

⑤ 장애인 보조견은 버스나 택시 등 대중교통 수단에 탑승할 수 있도록 법률(「장애인복지법」 제40조)에 명시돼 있다.

⑥ 장애인 보조견은 버스는 물론 승용차에 탑승할 때도 주인의 발과 의자 사이에 얌전히 엎드려 있기 때문에 택시 이용에도 아무런 문제가 없다.

3 가족 · 관계 기관에 연락

① 보호자가 없는 요구조자를 구조한 경우에는 가족이나 관계자를 파악하여 구조 경위, 요구조자의 상태 등을 알려주어야 한다.

② 요구조자의 가족이나 관계자의 연락처를 알 수 없을 때에는 요구조자가 발생한 지역의 기초자치단체장(시장 · 군수 · 구청장 등)에게 그 사실을 통보하여 보호에 필요한 적절한 조치가 이루어지도록 한다.

③ 요구조자가 의식이 없고 인적사항을 파악할 수 있는 자료가 없는 등 신원 확인이 불가능한 경우에는 관할 경찰관서에 신원 확인을 의뢰할 수 있다.

03 구조요청의 거절 ★★★

① 구조대원은 요구조자의 상태 및 현장 상황을 종합적으로 검토하여 인명구조 · 응급처치 등 구조활동을 수행하여야 한다. 이 경우 긴급한 상황이 아닌 것으로 판단되면 구조요청을 거절할 수 있다.

② 비긴급상황일지라도 구조요청을 무조건 거절하는 것이 아니고 다른 수단에 의한 조치가 불가능한 경우에는 필요한 안전조치를 취하여야 한다.

③ 구조요청을 거절할 수 있는 범위는 다음과 같지만 이러한 경우라도 현장의 상황을 종합적으로 고려하여 거절하는 범위를 최소화하는 것이 옳다.

ⓐ 단순히 잠긴 문의 개방을 요청한 경우에도 실내에 갇힌 사람이 있거나 가스레인지를 켜놓은 경우에는 안전조치를 취해야 하고, 시설물의 파손이나 낙하 등으로 피해가 예상되는 경우에도 필요한 조치를 취해야 한다.

ⓑ 요구조자가 구조대원에게 폭력을 행사하는 등 구조활동을 방해하는 경우에도 구조활동을 거절할 수 있지만 위급한 경우에는 구조활동을 하여야 한다.

(1) 구조요청을 거절할 수 있는 범위 2015 전북 소방장, 2018 소방교

① 단순 잠긴 문 개방의 요청을 받은 경우

② 시설물에 대한 단순 안전조치 및 장애물 단순 제거의 요청을 받은 경우

③ 동물의 단순 처리·포획·구조 요청을 받은 경우

④ 주민생활 불편해소 차원의 단순민원 등 구조활동의 필요성이 없다고 인정되는 경우

(2) 구조거절 확인서 `2018 소방교`

① 구조요청을 거절하는 경우에 자칫하면 책임을 회피하거나 구조활동에 성의가 없는 것으로 비춰질 수 있으므로 구조를 요청한 주민에 대하여 현장의 상황과 구조대의 활동범위, 다른 중요한 상황에 대한 대비 등을 충분히 설명하고 이해를 구하여야 한다.

② 구조요청을 거절한 경우에는 구조를 요청한 사람이나 목격자에게 알리고, '구조거절 확인서'를 작성하여 소속 소방관서장에게 보고하고 소속 소방관서에 3년간 보관하여야 한다. 이 구조거절 확인서는 소송 등 분쟁 발생 시 근거자료로 활용될 수 있으므로 현장 상황과 조치내용을 자세하게 기재하여야 한다.

04 구조활동 상황의 기록 등 ★

1 구조활동 일지 기록

① 구조활동에 대한 평가 및 분석을 통해 업무능력을 향상시킬 뿐만 아니라 제도개선의 자료로 활용하고 사후 민원 제기, 구조증명서 발급 등에 대비하기 위해 구조활동 상황을 작성·관리한다.

② 구조대원은 '구조활동 일지'에 구조활동 상황을 상세히 기록하여야 한다.

③ 구조활동 일지는 소속 소방관서에 3년간 보관하여야 한다.

④ 구조차에 이동단말기가 설치된 경우 이동단말기로 구조활동 일지를 작성할 수 있다.

2 위험물·유독물 및 방사성 물질에 노출, 감염성 질병 접촉 보고서 작성

① 구조대원은 근무 중에 위험물·유독물 및 방사성 물질에 노출되거나 감염성 질병에 걸린 요구조자와 접촉한 경우에는 그 사실을 안 때부터 48시간 이내에 소방청장 등에게 보고하여야 한다.

② 감염성 질병 및 유해물질 등 접촉 보고서를 작성하여 보고하고, '감염성 질병·유해물질 등 접촉 보고서' 및 유해물질 등 접촉 관련 '진료 기록부' 등은 구조대원이 퇴직할 때까지 소방공무원 인사기록철에 함께 보관하여야 한다.

PART 1 구조개론

적중예상문제

01 다음 중 특수구조대에 속하지 않는 것은?

2017 소방교

① 지하철구조대　　　　　　　　　② 산악구조대
③ 테러대응구조대　　　　　　　　④ 고속국도구조대

 해설

구조대의 편성 · 운영
1) 일반구조대
2) 특수구조대
　소방대상물, 지역 특성, 재난 발생 유형 및 빈도 등을 고려하여 시 · 도의 규칙으로 정하는 바에 따라 지역을 관할하는 소방서에 설치한다. 다만, 고속국도구조대는 직할구조대에 설치할 수 있다.
　① 화학구조대 : 화학공장이 밀집한 지역
　② 수난구조대 : 「내수면어업법」 제2조 제1호에 따른 내수면 지역 [하천, 댐, 호수, 늪, 저수지와 그 밖에 인공적으로 조성된 담수(淡水)나 기수(기수: 바닷물과 민물이 섞인 물)의 물 흐름 또는 수면]
　③ 산악구조대 : 「자연공원법」 제2조 제1호에 따른 자연공원 등 산악지역
　④ 고속국도구조대 : 「도로법」 제10조 제1호 따른 고속국도 ['고속국도'라 함은 도로교통망의 중요한 축을 이루며 주요 도시를 연결하는 도로]
　⑤ 지하철구조대 : 「도시철도법」 제2조 제3호 가목에 따른 도시철도의 역사(驛舍) 및 역 시설
3) 직할구조대
4) 테러대응구조대(비상설 구조대)
5) 국제구조대(비상설 구조대)
6) 항공구조구급대

02 다음 중 구조활동의 원칙과 관계가 적은 것은?

2015 울산 소방장

① 현장의 안전 확보　　　　　　　② 명령통일
③ 신속한 대응　　　　　　　　　④ 현장활동의 우선순위 준수

 해설

구조활동의 원칙	구조활동의 성패를 좌우하는 요인
(1) 현장의 안전 확보	(1) 구조대원의 능력
(2) 명령통일	(2) 신속한 대응
(3) 현장 활동의 우선순위 준수	(3) 구조활동의 우선순위

03 구조활동의 우선순위로 알맞게 나열된 것은?

2015 울산 소방장

Ⓐ 정신적, 육체적 고통 경감   Ⓑ 신체 구출   Ⓒ 구명   Ⓓ 피해의 최소화

① Ⓒ → Ⓑ → Ⓐ → Ⓓ

② Ⓒ → Ⓑ → Ⓓ → Ⓐ

③ Ⓑ → Ⓒ → Ⓐ → Ⓓ

④ Ⓑ → Ⓒ → Ⓓ → Ⓐ

 해설

구조활동의 우선순위
인명을 구조하는 과정에 있어서는 요구조자의 생명을 보전하는 것이 가장 중요하므로,
ⓐ『구명(救命)』
ⓑ『신체 구출』
ⓒ『정신적, 육체적 고통 경감』
ⓓ『피해의 최소화』 순으로 구조활동의 우선순위를 결정한다.

04 초기대응 절차(LAST) 단계별 진행 상황을 바르게 나열한 것은?

2015 소방교, 2017 소방장, 2018 소방위

Ⓐ 접근   Ⓑ 상황의 안정화   Ⓒ 현장 확인   Ⓓ 후송

① Ⓐ → Ⓒ → Ⓑ → Ⓓ

② Ⓐ → Ⓒ → Ⓓ → Ⓑ

③ Ⓒ → Ⓐ → Ⓑ → Ⓓ

④ Ⓒ → Ⓐ → Ⓓ → Ⓑ

해설

초기대응 절차(LAST)
(1) 1단계 – 현장 확인(Locate)
(2) 2단계 – 접근(Access)
(3) 3단계 – 상황의 안정화(Stabilization)
(4) 4단계 – 후송(Transport)

정답   01 ③   02 ③   03 ①   04 ③

05 재난 현장에서 현장지휘소 위치를 정하는 기준인 '3UP'과 관계가 적은 것은?

① 현장의 전면   ② 높은 곳

③ 풍상 측   ④ 상류 측

 해설

현장지휘소와 경계구역의 설치

– 현장지휘소

일반적으로 하나 또는 둘 정도의 구조대가 출동하는 경우에는 지휘차 또는 구조대차가 도착한 장소가 현장지휘소의 역할을 담당하지만 사고의 규모가 크거나 상황이 복잡한 경우에는 별도의 구조 현장지휘소를 설치해야 한다.

현장지휘소 위치를 정하는 기준은 상황판단이 용이하고 안전한 장소를 택하는 것으로 '3UP'의 기준을 적용한다. '3UP'이란 'up hill, up wind, up stream'을 말하는 것으로 상황판단이 용이하도록 ① 높은 곳에 위치하고, ② 풍상 측, ③ 상류 측에 위치하여 위험물질의 누출이나 오염 등에 의한 영향을 최소화하려는 것이다.

06 재난현장에서 지휘자는 현장의 상황에서 즉시 판단함에 있어 판단에 기인하는 순서로 알맞은 것은?

Ⓐ 대원의 임무 부여   Ⓑ 구출순서의 결정   Ⓒ 구출행동   Ⓓ 구출방법

① Ⓑ → Ⓓ → Ⓐ → Ⓒ   ② Ⓑ → Ⓐ → Ⓓ → Ⓒ

③ Ⓓ → Ⓐ → Ⓑ → Ⓒ   ④ Ⓓ → Ⓑ → Ⓐ → Ⓒ

 해설

현장 활동

현장 활동은 현장을 장악한 지휘자의 판단하에 엄정한 규율을 바탕으로 조직적인 부대활동을 기본원칙으로 하며 자의적인 단독행동은 절대로 해서는 안 된다. 사고 현장에서 자의적인 판단과 돌출행동은 해당 대원 자신은 물론이고 현장에서 활동하는 모든 대원과 요구조자까지도 위험에 빠지게할 수 있다.

지휘자는 현장의 상황에서 즉시 판단하여 그 판단에 기인하는 ① 구출방법, ② 구출순서의 결정, ③ 대원의 임무 부여 후 구출행동을 이행하도록 한다.

07 현장 지휘관의 최우선 임무와 가장 관계 깊은 것은?

① 대원들의 안전 확보   ② 신속한 상황판단

③ 유관기관과의 협조 유지   ④ 구조작업의 지휘

해설

> **구조대장(현장 지휘관)의 임무**
> 1) 신속한 상황판단
> 2) 대원의 안전확보
>   현장 지휘관의 최우선 임무는 구조활동에 임하는 대원들의 안전을 확보하는 것이다. 그러므로 절대로 대원들이 불필요한 위험을 감수하게 되는 구조방법을 선택하여서는 안 된다.
> 3) 구조작업의 지휘
> 4) 유관기관과의 협조 유지

08 구조활동의 개시 시점으로 알맞은 것은?

① 차고에 탈출하는 시점　　　　　② 출동을 지령하는 시점
③ 현장에 진입하는 시점　　　　　④ 현장에 도착하는 시점

해설

> **출동**
> 구조활동이 개시되는 것은 사고의 각지(事故 覺知), 즉 소방서에서 사고가 발생했다는 것을 인지한 시점으로서 출동을 지령하는 행위 자체가 구조활동 속에 포함된다. 그러나 구조대원의 입장에서는 출동지령이 있어야 비로소 사고가 발생했다는 것을 알 수 있다. 따라서 청내 방송이나 유ㆍ무선 통신을 통하여 현장 상황을 확실하게 청취하고 출동하여야 한다.

09 현장 출동 시 출동지령을 통하여 확인할 사항과 관계가 적은 것은?

① 요구조자의 숫자와 상태
② 사고 확대 등 위험요인과 장애요인 여부
③ 사고의 종류 및 개요
④ 출동분대 확대 여부

해설

> **출동지령을 통하여 확인할 사항**
> ① 사고발생 장소
> ② 사고의 종류 및 개요
> ③ 도로상황과 건물상황
> ④ 요구조자의 숫자와 상태
> ⑤ 사고의 확대 등 위험요인과 구조활동 장애요인 여부

정답　　　　　**05** ①　**06** ④　**07** ①　**08** ②　**09** ④

10 교통사고 현장도착 시 차량부서 위치로 가장 알맞은 것은?

① 사고 차량의 후면측   ② 사고 차량의 전면측

③ 사고 차량의 우측   ④ 사고 차량의 좌측

 해설

> **현장도착 시의 조치**
> **– 차량부서 선정**
> 부서 위치는 가스폭발 또는 붕괴 등 2차 사고의 영향을 받지 않는 장소로 한다. 특히 교통사고의 경우 후속 차량들이 연쇄추돌할 위험이 있으므로 현장에 출동한 구조차량은 원칙적으로 사고 차량의 후미 측에 부서토록 하여 작업 중인 대원들의 안전을 확보한다.

11 재난현장의 실태파악 중 상황확인과 관계가 적은 것은?

① 현장 진입수단과 경로의 확인

② 요구조자의 위치, 부상 부위, 상태 등

③ 관계자 등으로부터 정보 청취

④ 현장에 잠재된 2차 재해요인의 파악

해설

> **현장의 실태파악**
> **– 상황확인**
> (1) 사고 장소의 확인
>   ① 발생장소 소재지, 건물의 규모, 사고가 발생한 위치
>   ② 사고의 규모, 현장에 잠재된 위험성과 진입상의 장애유무
>   ③ 현장 진입수단과 경로의 확인
> (2) 요구조자
>   ① 요구조자의 유무와 숫자
>   ② 요구조자의 위치, 부상 부위, 상태 등
>   ③ 요구조자에게 가해지는 장애요인(형상, 재질, 구조, 중량 등)
> (3) 활동 중 장해와 2차 재해 위험
>   ① 감전, 유독가스, 낙하물, 붕괴, 전락 등 눈에 보이는 위험성
>   ② 현장에 잠재된 2차 재해요인의 파악
> (4) 기타 사항
>   ① 요구조자 확인 및 구출에 필요한 기자재의 추가 여부 확인 및 점검
>   ② 관계 기관의 대응상황(내용, 인원수, 시간) 파악
>   ※ 현장실태 파악은 1, 상황확인 2. 관계자 등으로부터 정보 청취로 나누고 있다.

12 현장 무선보고 내용으로 적절치 못한 것은?

① 요구조자 및 부상자의 상태와 자세한 인적사항

② 교통상황과 일반상황, 관계 기관의 대응 및 필요한 주위 상황

③ 수색·구조작업이 완료된 곳과 진행 중인 곳, 수색·구조 작업이 불가능한 곳이 있으면
   그 사유

④ 사고 발생의 원인과 사고 형태 및 현장 상황

 해설

> **현장 보고 (상황 또는 활동 보고)**
> **– 보고내용**
> 사고의 실태가 대략 판명된 시점 또는 현장 상황과 활동내용이 변화된 경우 보고하며 다음과 같은
> 사항을 부가하도록 한다.
> ① 사고 발생 장소 (도착 시 보고에 변경이 있는 때)
> ② 사고 발생의 원인과 사고 형태 및 현장 상황
> ③ 요구조자 및 부상자의 상태와 그 주요내용(무선 통신은 보안성이 취약하므로 성별이나 연령 등
>   자세한 인적사항은 개인정보 보호를 위하여 무선으로 통신하지 않도록 주의한다.)
> ④ 구조대 및 기타 관련 부서별 대응상황과 현 상황에 있어서 구조활동의 수행 여부 확인·수색·
>   구조 작업이 완료된 곳과 진행 중인 곳, 수색·구조 작업이 불가능한 곳이 있으면 그 사유
> ⑤ 교통상황과 일반상황, 관계 기관의 대응 및 필요한 주위 상황
> ⑥ 기타 필요한 사항

13 재난 현장의 구출방법 결정 원칙과 관계가 적은 것은?   2012 서울 소방장

① 상태의 긴급성에 맞는 방법

② 개인적인 추측에 의한 현장 판단

③ 실패의 가능성이 가장 적은 방법

④ 재산 피해가 적은 방법

해설

> **구조방법의 결정**
> **– 구출방법의 결정 원칙**
> ① 가장 안전하고 신속한 방법
> ② 상태의 긴급성에 맞는 방법
> ③ 현장의 상황 및 특성을 고려한 방법
> ④ 실패의 가능성이 가장 적은 방법
> ⑤ 재산 피해가 적은 방법

정답   **10** ① **11** ③ **12** ①

- **구출방법 결정 시 피해야 할 요인**
① 일반인에게 피해가 예측되는 방법
② 2차 재해의 발생이 예측되는 방법
③ 개인적인 추측에 의한 현장 판단
④ 전체를 파악하지 않고 일면의 확인에 의해 결정한 방법

14 재난현장 구조활동의 순서와 관계가 적은 것은?

① 2차 재해의 발생위험을 제거한다.
② 요구조자의 상태 악화 방지에 필요한 조치를 취한다.
③ 필요한 기자재를 준비한다.
④ 현장활동에 방해되는 각종 장해요인을 제거한다.

 해설

구조활동의 순서
① 현장활동에 방해되는 각종 장해요인을 제거한다.
② 2차 재해의 발생위험을 제거한다.
③ 요구조자의 구명에 필요한 조치를 취한다.
④ 요구조자의 상태 악화 방지에 필요한 조치를 취한다.
⑤ 구출활동을 개시한다.

장애물 제거 시의 유의사항
① 필요한 기자재를 준비한다.
② 대원의 안전을 확보한다.
③ 요구조자의 생명 · 신체에 영향이 있는 장애를 우선 제거한다.
④ 위험이 큰 장애부터 제거한다.
⑤ 장애는 주위에서 중심부로 향하여 순차적으로 제거한다.
※ 구조활동 순서와 장애물 제거 시 유의사항으로 구분되어 있다.

15 재난현장 장애물 제거 시 유의사항과 관계가 적은 것은?   기출문제 복원

① 대원의 안전을 확보한다.
② 요구조자의 생명 · 신체에 영향이 있는 장애를 우선 제거한다.
③ 필요한 기자재를 준비한다.
④ 장애는 중심에서 주위로 향하여 순차적으로 제거한다.

16 재난현장에서 대원의 선정 및 현장에서 명령 시 유의사항 내용으로 적절치 못한 것은?

① 중요한 장비의 조작은 책임감이 강한 대원에게 부여한다.

② 명령을 하달할 때에는 모든 대원을 집합시켜 재해현장 전반의 상황, 활동방침(전술), 대원 각자의 구체적 임무 및 활동상 유의사항을 포함한 내용을 전달한다.

③ 구출작업 도중에 현장 상황의 변화에 따라 명령을 수정할 필요가 있는 경우에도 가능하면 모든 대원에게 변화된 상황과 수정된 명령내용을 전달하여 불필요한 오해의 소지를 제거한다.

④ 대원에게는 다양한 요소로부터 자신감을 주면서 임무를 부여하도록 한다.

해설

임무 부여

– 대원 선정상 유의사항

대원에게 임무를 부여할 때는 각 대원의 경험, 능력, 성격 및 체력 등을 종합적으로 고려하고 다음 사항을 유의한다.

① 중요한 장비의 조작은 해당 장비의 조작법을 숙달한 대원에게 부여한다.

② 위험이 따르는 작업은 책임감이 있고 확실하게 임무를 수행할 수 있다고 확신할 수 있는 대원을 지정한다.

③ 대원에게는 다양한 요소로부터 자신감을 주면서 임무를 부여하도록 한다.

– 현장에서 명령 시의 유의사항

현장명령은 구조대장이 결심한 수단과 순서 등을 대원에게 주지시켜 목적을 달성하기 위한 의사표시이다. 따라서 명령이 대장의 의도대로 실행되지 않으면 그것은 적절한 명령으로 볼 수 없다. 대장은 이것을 인식하여 다음 사항에 유의하여야 한다.

① 대원별 임무 분담은 현장을 확인하여 구출방법 순서를 결정한 시점에서 대원 개개인별로 명확히 지정한다.

② 명령을 하달할 때에는 모든 대원을 집합시켜 재해현장 전반의 상황, 활동방침(전술), 대원 각자의 구체적 임무 및 활동상 유의사항을 포함한 내용을 전달한다.

③ 구출작업 도중에 현장 상황의 변화에 따라 명령을 수정할 필요가 있는 경우에도 가능하면 모든 대원에게 변화된 상황과 수정된 명령내용을 전달하여 불필요한 오해의 소지를 제거한다.

17 재난현장 구조활동 시 대원 개인별 임무분담 시점으로 옳은 것은?

① 출동 중
② 현장 상황을 확인한 시점
③ 신고가 접수된 시점
④ 구출방법 순서를 결정한 시점

해설

> 대원별 임무 분담은 현장 확인 후 구출방법 순서를 결정한 시점에서 대원 개인별로 지정한다.

18 재난현장 장비 활용상 유의사항으로 적절치 못한 것은?

① 장비가 발휘할 수 있는 최대성능을 고려하여 안전작동 한계 내에서 활용한다.
② 장비는 근무경력이 많은 대원이 조작하도록 한다.
③ 현장의 안전을 각별히 고려하여 튼튼하게 고정하고 안전사고가 발생하지 않도록 한다.
④ 가동 범위 내의 안전 상황, 반대측 상황, 오작동에 의한 위험성 등에 유의한다.

해설

> **구조장비 활용**
> **– 장비 활용상 유의사항**
> ① 장비는 숙달된 대원이 조작하도록 한다.
> ② 장비가 발휘할 수 있는 최대성능을 고려하여 안전작동 한계 내에서 활용한다.
> ③ 무거운 장비를 설치할 때에는 현장의 안전을 각별히 고려하여 튼튼하게 고정하고 안전사고가 발생하지 않도록 한다.
> ④ 장비를 작동시키는 경우 현장 전체의 상황을 확인하면서 한다. 가동 범위 내의 안전 상황, 반대측 상황, 오작동에 의한 위험성 등에 유의한다.
> ⑤ 장비의 작동에 의한 반작용에 주의한다. 필요에 따라 받침목을 활용하거나, 로프로 고정하는 등의 조치를 취한다.
> ⑥ 장비 작동에 의한 2차 사고에 유의한다. 위험 구역에 대한 경계관창 배치나 출입 제한 등은 담당자를 명확히 지정하여 확실하게 하고 요구조자의 신체를 모포, 들것 등으로 보호하여 2차 손상을 입지 않도록 한다.

19 구조대원의 현장 응급처치 사항 중 연결 상황이 바르지 않은 것은?

① 쇼크 시 → 기도확보
② 의식 · 호흡 및 순환 장해 시 → 심폐소생술
③ 체위 → 요구조자의 증상 악화 방지 체위
④ 체온 유지 → 방화복 등을 활용

 해설

응급처치 내용

– 현장 응급처치

① 의식 · 호흡 및 순환 장해 시 : 기도확보, 인공호흡, 심폐소생술
② 외부출혈의 지혈
③ 쇼크 시 : 쇼크체위, 신체적 · 심리적 안정 유도
④ 골절 : 부목사용 환부 고정
⑤ 체위 : 요구조자의 증상 악화 방지 및 고통 경감 등에 적응한 체위
⑥ 체온 유지(담요, 모포, 방화복 등을 활용)
⑦ 기타 요구조자의 생명 유지 또는 증상 악화를 방지하기 위하여 필요하다고 인정되는 처치 및
  응급의료전문가의 지시에 의한 처치

20 사고 현장에 지휘대 요청 기준으로 적절치 못한 것은?

① 소방홍보상 필요하다고 판단되는 경우
② 소방대원, 의용소방대원, 일반인 및 관계자 등의 부상사고가 발생한 경우
③ 구급대를 3대 이상 필요로 하는 경우
④ 사고양상의 광범위 등으로 정보수집에 곤란을 수반하는 경우

해설

응원 요청

– 지휘대 요청

일반적으로 지휘대가 출동하여야 하는 기준은 다음과 같다.
① 사고양상이 2개 대 이상의 구조대의 대처를 필요로 하는 경우
② 다수의 사상자가 발생한 경우
③ 구급대를 2대 이상 필요로 하는 경우
④ 기타 관계 기관과 연계하여 활동할 경우
⑤ 사고양상의 광범위 등으로 정보수집에 곤란을 수반하는 경우
⑥ 사고양상이 특이하고 고도의 판단을 필요로 하는 경우
⑦ 경계구역 설정이 필요하다고 판단되는 경우
⑧ 소방홍보상 필요하다고 판단되는 경우 (사고의 특이성, 구조활동의 형태, 기타 특별한 홍보상황
  이 있는 경우)
⑨ 소방대원, 의용소방대원, 일반인 및 관계자 등의 부상사고가 발생한 경우
⑩ 제3자의 행위에 의한 중대한 활동장애 및 활동에 따르는 고통 등이 있는 경우
⑪ 행정적, 사회적 영향이 예상되는 경우
⑫ 기타 구조활동상 필요하다고 판단되는 경우

정답 17 ④ 18 ② 19 ① 20 ③

21 재난현장에서의 군중 통제 시 관계자 등에 대한 배려 내용으로 옳은 것은?

2011 부산 소방장, 2012 경북 소방장, 2016 서울 소방교

① 관계자들이 사고 현장 가까이 접근하는 것은 최소범위를 정하여 한정적으로 허용하되 구조활동과 안전사고 방지에 불가피한 일임을 설득하여 반감을 사지 않도록 한다.
② 가족들의 심리상태는 매우 불안정하기 때문에 공손하고 협조적이던 태도가 특별한 이유도 없이 극단적으로 비판적이 되거나 심지어 적대적으로까지 돌변할 수 있다. 이런 태도는 대부분 수색 2일째에 나타난다.
③ 구조작업에 대한 회의나 브리핑은 대원들이 자유롭게 이야기할 수 있도록 가족이 없는 곳에서 진행하고 그 결과을 설명해주지 않는 것이 좋다.
④ 언제부터 구조작업이 재개된다는 것을 명확히 알려줄 필요가 있다. 또한 구조작업을 재개할 때에는 가급적 예정된 시간보다 조금 늦게 시작하여 관계자의 참여도를 높인다.

 해설

관계자 등에 대한 배려
① 사고 현장에 있는 사람은 감정이 격해져 있는 경우가 많다. 요구조자의 가족이거나 친구, 친지 등은 물론이고 특히 사망자의 유가족일 경우에 더욱 그러하다. 구조대원들은 이들의 심정을 잘 헤아려 조심해서 응대하도록 한다. 이들이 사고 현장 가까이 접근하는 것은 확실히 저지하여야 하지만 구조활동과 안전사고 방지에 불가피한 일임을 설득하여 반감을 사지 않도록 한다.
② 가능하다면 그들을 위로해주고 구조활동의 진전 상황을 설명해줄 수 있도록 전담 직원을 배치하는 것이 좋다.
③ 구조작업에 대한 회의나 브리핑은 대원들이 자유롭게 이야기할 수 있도록 가족이 없는 곳에서 진행하고 전담 요원이 그 결과만을 설명해주는 것이 좋다.
④ 일몰이나 기상악화 등으로 일시 구조작업을 중단하게 되는 경우에도 가족들은 사고현장을 떠나지 않으려는 반응을 보이므로 언제부터 구조작업이 재개된다는 것을 명확히 알려줄 필요가 있다. 또한 구조작업을 재개할 때에는 가급적 예정된 시간보다 조금 빨리 시작하는 것이 조바심을 달래줄 수 있는 방법이 된다.
⑤ 가족들의 심리상태는 매우 불안정하기 때문에 공손하고 협조적이던 태도가 특별한 이유도 없이 극단적으로 비판적이 되거나 심지어 적대적으로까지 돌변할 수 있다. 이런 태도는 대부분 수색 2일째에 나타난다. 구조대원들도 심신이 매우 피로해진 상황이므로 구조대원과의 개별적인 접촉은 충돌을 일으킬 수 있으므로 유의해야 한다.
⑥ 특히 구조현장에서 소리 내어 웃거나 자극적인 농담을 하는 것은 절대로 삼가야 한다. 희생자의 유족이나 친지들의 감정에 신경 쓰지 않는 대원은 구조팀에서 제외시키도록 한다. 다른 대원들의 노고를 수포로 만들기 때문이다.

22 재난현장에서 요구조자 구조 시 효과적인 의사전달 방법으로 옳지 않은 것은?

2016 경북 소방교

① 호칭은 가능한 한 요구조자의 이름을 부르는 것이 좋다.

② 가능한 한 요구조자와 눈높이를 맞추는 것이 좋다.

③ 중요한 부분을 이야기할 때에는 꼭 눈을 맞춰야 한다.

④ 어떠한 경우라도 사실대로 말해 주어야 한다.

해설

요구조자와의 상호관계

– 효과적인 의사전달

① 요구조자와 대화할 때 구조대원의 시선은 요구조자를 향하여야 한다.
  ⓐ 시선을 외면하면 진실성이 없어 보인다.
  ⓑ 가능한 한 요구조자와 눈높이를 맞추는 것이 좋다.
  ⓒ 눈을 빤히 바라보는 것이 민망하다고 생각되면 눈썹 부위에서 턱 사이를 보는 것이 무난하다.
  ⓓ 중요한 부분을 이야기할 때에는 꼭 눈을 맞춰야 한다.
② 대화 시에는 전문용어를 피하고 상대방이 이해할 수 있는 표현을 쓴다.
  ⓐ 비속어나 사투리를 사용하지 말고 정중하고 친절하게 응대한다.
  ⓑ 호칭은 가능한 한 요구조자의 이름을 부르는 것이 좋다. 이름을 부르면 요구조자는 자신이 존중받고 있다는 느낌을 받게 되며 또한 이름을 알아내기 위해 질문하면서 인적사항을 파악하는 효과를 얻을 수 있다.
  ⓒ 요구조자가 자신의 부상 정도나 사고 상황에 대하여 궁금해하는 내용이 있으면 사실대로 말해주는 것이 원칙이나 요구조자가 충격을 받을 수 있는 표현을 피하여야 한다.
  ⓓ 구조대원 개인의 의학적 예단을 말하는 것은 절대 금지한다.

23 요구조자가 특수한 상황인 경우 구조활동으로 옳지 않은 것은?

① 현장이 긴박한 위험이 있는 경우 보호자가 곁에 있도록 하고 차분히 현장 상황을 설명하여 안심시킨 후 구조작업을 진행한다.

② 청각장애인인 경우 대화에 앞서 요구조자를 주목시키기 위해서 그의 앞에 서서 이름을 부르거나 팔, 어깨 등을 가볍게 건드리거나 책상, 벽을 두드리는 방법으로 주목을 끈다.

③ 청각장애인인 경우 구순독법에 의해 입모양을 보고 대화가 가능하므로 한 글자 한 글자씩 또박또박 말하면서 대화를 시도한다.

④ 장애인 보조견은 일반적인 애완견의 출입이 금지된 공공장소에도 동행할 수 있으므로 상황에 따라 요구조자와 동행할 수 있도록 조치한다.

정답

21 ② **22** ④

🔔 **해설**

특수상황의 배려

– 요구조자가 고령이거나 어린이인 경우

① 요구조자가 고령이거나 어린이인 경우, 또는 정서적으로 예민한 사람은 현장 상황에 대하여 심한 불안감을 느끼고 구조대원의 지시에 잘 따르지 않을 수가 있다.

② 현장이 위험한 경우가 아니라면 보호자가 곁에 있도록 하고 차분히 현장 상황을 설명하여 안심시킨 후 구조작업을 진행한다.

– 장애인을 구조하는 경우

장애인을 구출하는 경우에 가장 중요한 것은 요구조자가 장애인이라는 선입견, 고정관념을 버리고 대하는 것이다.

1) 청각장애인

① 청각장애인을 구조하게 되는 경우에 대비하여 평소에 관련된 기초 수화를 익혀둔다.

② 요구조자가 큰 부상을 입지 않았다면 필기도구를 준비하여 필담을 할 수 있도록 준비하는 것이 좋다.

③ 대화에 앞서 요구조자를 주목시키기 위해서 그의 앞에 서서 이름을 부르거나 팔, 어깨 등을 가볍게 건드리거나 책상, 벽을 두드리는 방법으로 주목을 끈다.

④ 너무 큰 소리를 낼 필요는 없다.

⑤ 일부 청각장애인들은 입 모양을 보고도 대화하고자 하는 내용을 알 수 있으므로 입 모양을 크고 정확히 하여 말하도록 한다.

⑥ 이를 구순독법(tip reading)이라 하는데, 일부러 너무 크게 입을 벌리는 것도 불쾌하게 느낄 수 있으므로 한 글자 한 글자씩 또박또박 말하듯 하는 게 가장 좋다.

⑦ 혼잣말을 하는 경우 공연한 의혹을 살 가능성이 있으므로 주의한다.

2) 시각장애인

① 시각장애인의 경우에는 일반인에 비하여 청각과 촉각이 매우 발달되어 있다.

② 큰소리를 내지 않도록 하고 상황을 차분하고 자세하게 설명하여 안심시키도록 한다.

③ 구조대원이 팔을 붙잡거나 어깨에 손을 올리는 등 신체적 접촉을 통해 요구조자를 안심시킬 수 있다.

④ 요구조자가 여성인 경우 과도한 관심과 신체 접촉은 불필요한 오해를 불러올 수 있으므로 주의하여야 한다.

3) 장애인 보조견

① 장애인 보조견은 환자의 눈이나 귀를 대신할 정도로 매우 중요하다.

② 장애인 보조견은 일반적인 애완견의 출입이 금지된 공공장소에도 동행할 수 있으므로 상황에 따라 요구조자와 동행할 수 있도록 조치한다.

24 구조요청을 거절할 수 있는 범위가 아닌 것은?   2015 전북 소방장, 2018 소방교

① 주민생활 불편 해소 차원의 단순 민원 등 구조활동의 필요성이 없다고 인정되는 경우

② 동물의 단순 처리 · 포획 · 구조 요청을 받은 경우

③ 시설물에 대한 안전조치

④ 단순 잠긴 문 개방의 요청을 받은 경우

해설

> **구조요청의 거절**
> **– 구조요청을 거절할 수 있는 범위**
> ① 단순 잠긴 문 개방의 요청을 받은 경우
> ② 시설물에 대한 단순 안전조치 및 장애물 단순 제거의 요청을 받은 경우
> ③ 동물의 단순 처리 · 포획 · 구조 요청을 받은 경우
> ④ 그 밖에 주민생활 불편 해소 차원의 단순 민원 등 구조활동의 필요성이 없다고 인정되는 경우

25 구조요청 거절과 관련한 내용으로 옳지 않은 것은? `2018 소방교`

① 구조 요청을 거절한 경우에는 구조를 요청한 사람이나 목격자에게 알려야 한다.

② '구조거절 확인서'를 작성하여 소속 소방관서장에게 보고하여야 한다.

③ 소속 소방관서에 2년간 보관하여야 한다.

④ 구조거절 확인서는 소송 등 분쟁 발생 시 근거자료로 활용될 수 있으므로 현장 상황과 조치 내용을 자세하게 기재하여야 한다.

해설

> **구조요청의 거절**
> **– 구조 거절 확인서**
> ① 구조요청을 거절하는 경우에 자칫하면 책임을 회피하거나 구조활동에 성의가 없는 것으로 비춰질 수 있으므로 구조를 요청한 주민에 대하여 현장의 상황과 구조대의 활동범위, 다른 중요한 상황에 대한 대비 등을 충분히 설명하고 이해를 구하여야 한다.
> ② 구조요청을 거절한 경우에는 구조를 요청한 사람이나 목격자에게 알리고, '구조거절 확인서'를 작성하여 소속 소방관서장에게 보고하고 소속 소방관서에 3년간 보관하여야 한다. 이 구조거절 확인서는 소송 등 분쟁 발생 시 근거자료로 활용될 수 있으므로 현장 상황과 조치내용을 자세하게 기재하여야 한다.

26 구조활동 상황의 기록과 관련한 내용으로 옳은 것은?

① '감염성 질병 · 유해물질 등 접촉 보고서' 및 유해물질 등 접촉 관련 '진료 기록부' 등은 구조대원이 퇴직할 때까지 소방공무원 인사기록철에 함께 보관하여야 한다.

② 구조대원은 구조활동 일지에 구조활동 상황을 상세히 기록하고 소속 소방관서에 2년간 보관하여야 한다.

③ 구조대원은 근무 중에 위험물 · 유독물 및 방사성 물질에 노출된 경우 24시간 이내에 소방서장에게 보고하여야 한다.

④ 구조대원은 근무 중에 감염성 질병에 걸린 요구조자와 접촉한 경우에는 그 사실을 안 때부터 24시간 이내에 소방서장 등에게 보고하여야 한다.

정답 **23** ① **24** ③ **25** ③

해설

– 구조활동 일지 기록

① 구조활동에 대한 평가 및 분석을 통해 업무능력을 향상시킬 뿐만 아니라 제도개선의 자료로 활용하고 사후 민원 제기, 구조증명서 발급 등에 대비하기 위해 구조활동 상황을 작성 · 관리한다.

② 구조대원은 '구조활동 일지'에 구조활동 상황을 상세히 기록하여야 한다.

③ 소속 소방관서에 3년간 보관하여야 한다.

④ 구조차에 이동단말기가 설치되어 있는 경우에는 이동단말기로 구조활동 일지를 작성할 수 있다.

– 위험물 · 유독물 및 방사성 물질에 노출, 감염성 질병 접촉 보고서 작성

① 구조대원은 근무 중에 위험물 · 유독물 및 방사성 물질에 노출되거나 감염성 질병에 걸린 요구조자와 접촉한 경우에는 그 사실을 안 때부터 48시간 이내에 소방청장 등에게 보고하여야 한다.

② 감염성 질병 및 유해물질 등 접촉 보고서를 작성하여 보고하고, '감염성 질병 · 유해물질 등 접촉 보고서' 및 유해물질 등 접촉 관련 '진료 기록부' 등은 구조대원이 퇴직할 때까지 소방공무원 인사기록철에 함께 보관하여야 한다.

27 요구조자의 의식이 없고 인적사항을 파악할 수 있는 자료가 없는 경우, 우선 연락을 취해야 하는 기관으로 관계가 깊은 곳은?

① 관할 시장   ② 관할 경찰관서

③ 관할 구청장   ④ 관할 시 · 도립병원

 해설

요구조자와의 상호관계

– 가족 · 관계 기관에 연락

① 보호자가 없는 요구조자를 구조한 경우에는 가족이나 관계자를 파악하여 구조 경위, 요구조자의 상태 등을 알려주어야 한다.

② 요구조자의 가족이나 관계자의 연락처를 알 수 없을 때에는 요구조자가 발생한 지역의 기초자치단체장(시장 · 군수 · 구청장 등)에게 그 사실을 통보하여 보호에 필요한 적절한 조치가 이루어지도록 한다.

③ 요구조자가 의식이 없고 인적사항을 파악할 수 있는 자료가 없는 등 신원 확인이 불가능한 경우에는 관할 경찰관서에 신원 확인을 의뢰할 수 있다.

⊖ **정답**   **26** ①   **27** ②

PART 2

구조장비
(소방교, 소방장, 소방위)

CHAPTER 01

구조장비 개론

01 구조장비 보유기준

　인명구조 활동에 있어서 다양한 장비를 보유하고 이를 적절히 활용하는 것은 구조활동의 중요한 요인이다. 따라서 119구조・구급에 관한 법률 시행규칙 제3조(119구조대에서 갖추어야 할 장비의 기준)으로 119구조대에서 갖추어야 할 장비와 구조대원이 휴대하여야 할 장비 기준을 정하고 있다. 그러나 이는 반드시 보유하여야 할 장비의 최소 보유기준으로서 현장에서 이 장비만을 활용해야 하는 것은 아니다. 평소 다양한 구조장비의 특성과 사용법을 알아두고, 구조활동을 전개할 때는 현장 상황을 자세히 살펴서 신속하고 안전하게 작업할 수 있는 장비를 선택하도록 하여야 한다.

02 장비조작의 일반원칙 ★★★

1 장비의 성능과 조작방법의 파악

① 구조현장에서 활용되는 장비는 항상 최고의 성능을 발휘할 수 있도록 평소 점검과 정비를 게을리 하여서는 안 되며 사용 중에도 요구조자와 대원의 안전에 주의를 기울여야 한다. 특히 같은 종류의 장비라도 제작회사에 따라 제원 및 특성과 조작방법이 다르므로 무리한 조작은 절대 금지하여야 한다.

② 장비별 특성과 조작방법을 익히기 위해서는 반드시 제작회사에서 제공하는 사용설명서(manual)를 숙지하여야 하며 사용설명서에서 명시적으로 금지하는 무리한 조작이나 허가받지 않고 개조한 장비로 고장이나 안전사고가 발생하는 경우 보상이나 A/S를 받지 못할 수도 있으므로 각별히 주의해야 한다.

③ 일반적으로 소홀히 다루게 되는 부분이 기록이다. 장비의 구입과 사용, 정비에 관하여 꼼꼼히 기록하여 두면 장비의 노후나 취급 또는 정비 불량 등으로 인한 사고를 방지할 수 있다. 수리 기록을 정확히 보존하면 장비의 이상이나 잘못된 취급으로 발생하는 안전사고의 원인을 밝혀낼 수 있으므로 매우 중요하다.

2 장비조작 시의 주의사항 [출제 빈도가 높음]

어느 경우에나 가장 중요한 것은 대원의 안전임을 명심하고 작업에 적합한 보호장구를 착용해야 한다.

보호장비를 착용하는 것이 작업능률을 올려주거나 성능을 향상시켜 주지는 않지만 안전사고로부터 대원을 보호하여 결과적으로 신속하고 원활한 작업이 이루어지게 한다.

(1) 작업 전의 준비

① 헬멧, 안전화, 보안경 등 적절한 보호장비를 착용한다.

    ⓐ 옷깃이나 벨트 등이 기계의 동작 부분에 말려 들어갈 수 있으므로 각별히 주의한다. 특히 체인톱이나, 헤머드릴 등 고속 회전 부분이 있는 장비의 경우 실밥이 말려들어갈 수 있으므로 면장갑은 착용하지 않는 것이 원칙이다.

    ⓑ 고압전류를 사용하는 전동 장비나 고온이 발생하는 용접기 등의 경우에는 반드시 규정된 보호장갑을 착용해야 한다.

    ⓒ 반지나 시계, 목걸이 등 장신구는 안전사고를 유발할 수 있고 부상을 악화시킬 수 있으므로 신체에서 제거한다.

    ⓓ 분진이나 작은 파편이 발생하는 작업을 수행할 때에는 반드시 보호안경을 착용한다. 헬멧(또는 방수모)의 실드만으로는 충분히 보호되지 않는다.

② 구조장비는 사용하기 전에 이상 유무를 확실히 점검해야 한다.

    ⓐ 장비 자체의 이상 유무

    ⓑ 연료의 주입 여부, 윤활유의 양 및 상태

    ⓒ 전선 피복의 상태, 접지 여부 등

③ 엔진동력 장비의 경우 엔진오일의 점검에 특히 주의한다.

    ⓐ 4행정기관(유압펌프, 이동식 펌프 등)의 경우 엔진오일을 별도로 주입하므로 오일의 양이 적거나 변질되지 않았는지 수시로 점검한다.

    ⓑ 일반적인 2행정기관(동력절단기, 체인톱, 발전기 등)의 경우 엔진오일과 연료를 혼합하여 주입하므로 반드시 2행정기관 전용의 엔진오일을 사용하며, 정확한 혼합 비율을 지키는 것이 매우 중요하다. 오일의 혼합량이 너무 많으면 시동이 잘 걸리지 않고 시동 후에도 매연이 심하다. 반면 오일의 양이 적으면 엔진에 손상을 입어 기기의 수명이 단축될 수 있으므로 항상 혼합점검을 철저히 하고 사용 전에 기기를 흔들어 잘 혼합되도록 한 후 시동을 걸도록 한다.

④ 충분한 작업공간을 확보하고 화재, 감전, 붕괴 등 위험요인을 제거한다.

⑤ 장비는 견고한 바닥에 설치하고 확실히 고정하여 움직임을 방지한다.

⑥ 보조요원을 확보하여 우발 상황에 대처할 수 있도록 하고 작업반경 내에는 장비조작에 관여하지 않는 대원과 일반인의 접근을 통제한다.

⑦ 톱날을 비롯하여 각종 절단 날은 항상 잘 연마되어야 한다. 날이 무딘 경우에 안전사고의 확률이 더욱 높다.

(2) 수공구 사용 시 주의사항

① 모든 장비는 사용하기 전에 상태가 좋은지 확실히 점검해야 한다.

② 꼼꼼한 정비는 장비의 파손과 이로 인한 부상을 예방할 수 있다.

③ 만약 조임 부분이 노후되어 헐거워지거나 파손된 부분이 있으면 즉시 교체한다.

④ 스패너나 렌치에 파이프를 끼워 길이를 연장시켜 사용하는 경우가 있는데 이는 그 공구의 설계능력을 넘어서는 과부하를 걸리게 하여 갑작스러운 파손을 초래하거나 장비의 고장을 유발할 수 있다.

(3) 동력장비 사용 시 주의사항

① 공기 중에 인화성 가스가 있거나 인화성 액체가 근처에 있을 때에는 동력장비의 사용을 피한다. 마찰 또는 타격 시 발생하는 불꽃과 뜨거운 배기구는 발화원이 된다.

② 지하실이나 맨홀 등 환기가 불충분한 장소에서는 장시간 작업하지 않도록 하고 배기가스에 의한 질식의 위험이 있으므로 엔진장비를 활용하지 않는 것을 원칙으로 한다.

③ 엔진장비에 연료를 보충할 때에는 반드시 시동을 끄고 엔진이 충분히 냉각된 후에 주유한다.

④ 장비를 이동시킬 때에는 작동을 중지시킨다. 엔진장비의 경우에는 시동을 끄고 전동장비는 플러그를 뽑는다.

⑤ 전동장비는 반드시 접지가 되는 3극 플러그를 이용한다. 접지단자를 제거하면 감전사고의 위험이 있다.

⑥ 장비를 무리하게 작동시키지 말고, 이상이 발견되면 즉시 작동을 중지하고 전문가의 점검을 받는다.

⑦ 작업종료 후에는 장비의 이상 유무를 재확인하여 오물과 분진 등을 제거한 후 잘 정비하여 다음 사용에 지장이 없도록 한다. 이상이 있는 경우 즉시 수리하고, 정비 및 수리를 마친 후에는 항상 기록을 정확히 남긴다.

03 장비의 점검과 관리

점검 정비는 장비의 제원을 정확히 파악한 후에 규정과 절차를 준수하여 실시하며 장비 조작이 미숙한 대원의 독단적인 판단으로 작업하지 않도록 한다. 서툴게 정비된 장비는 오히려 위험을 초래하여 인명의 피해와 재산 손실을 유발할 수 있다. 따라서 점검·정비 방법이 명확하지 않거나 중요한 고장발생, 기타 관리 및 조작상의 의문이 있는 경우 제작회사나 납품자에게 문의 또는 수리를 요청하고 무리한 분해, 정비를 삼가하는 것이 올바른 장비관리 방법이다.

그러나 현재 각 구조대에서 보유하고 있는 장비가 매우 다양하고 동일한 성능의 장비라도 제작회사나 모델에 따라 조작방법과 주의사항이 모두 다르므로 모두 파악하는 것은 사실상 불가능하다. 세부적인 조작법이나 주의사항은 제작회사에서 제공하는 사용설명서를 참고하고, 조작에 특별한 주의가 필요하거나 안전사고 발생 위험이 높은 장비를 대상으로 일반적으로 요구되는 주의사항은 알아두는 것이 좋다.

구조장비 조작

01 일반 구조용 장비 ★★★★

1 로프총(Line Throwing Gun) 2013 울산 소방교

로프총은 로프발사총 또는 송선기(送線機)로 부르며 고층건물이나 해상, 계곡 등 구조대원의 접근이 불가능한 상황에서 로프 또는 메시지 전달 등의 수단으로 사용할 수 있는 장비이다. 압축공기를 이용한 공압식과 추진탄을 이용한 화약식이 있으며 현장 여건에 따라 공압식 또는 화약식 장비를 사용한다.

그림 2-1 공압식 로프총(STR 300), 화약식 로프총(SG101)

(1) 사용방법

1) 유효 사거리

① 화약식 로프총에 20GA 추진탄을 사용하면 최대 사거리는 200m, 유효 사거리는 150m

② 공압식의 경우 15MPa 압력에서 최대 사거리 120m, 유효 사거리 60m 내외

2) 사격각도

① 수평각도 65°가 이상적이다.

② 목표물을 정조준하는 것이 불가능할 경우에는 목측으로 조준하여 견인탄이 목표물 위로 넘어가도록 발사하면 요구조자가 견인로프를 회수하기 용이하다.

③ 굴절사다리차나 고가사다리차, 헬기 등 높은 곳에서 하향으로 발사할 때에는 정확히 목표물에 도달할 수 있으므로 목표물 지점을 정조준한다.

(2) 주의사항

로프총은 탄두를 고속으로 발사하므로 총기에 준하여 관리하며 반드시 보안경과 귀마개 등 보호장비를 착용하고 사용해야 한다. 로프총을 사용할 때에는 특히 다음과 같은 점을 유의한다.

① 즉시 발사할 것이 아니면 장전하여 두지 말아야 하며, 만약 장전 후 잠시 기다리게 될 경우에는 반드시 안전핀을 눌러둔다.

② 장전 후에는 총구를 수평면 기준으로 45° 이상의 각도를 유지해야 격발이 된다. 총구를 내려서 격발이 되지 않으면 노리쇠만 뒤로 당겨준다. 45° 이하의 각도를 유지하고 있는 경우에도 갑작스러운 충격을 받으면 발사될 수도 있음을 유의한다. 부득이 45° 이하의 각도로 발사할 필요가 있는 경우에는 총을 뒤집으면 격발이 가능하다.

③ 발사하기 전에 요구조자에게 안내 방송을 하고 착탄 예상지점 주변의 인원을 대피시켜 안전사고가 발생하지 않도록 한다.

④ 견인탄을 장전하지 않았더라도 사람을 향해 공포를 발사하면 안 된다. 추진탄의 압력이나 고압공기에 의해 부상을 입을 우려가 있다. 장기간 사용한 총은 안전핀을 눌러 놓아도 격발장치가 풀려 자동 격발될 수 있다.

⑤ 견인탄은 탄두와 날개를 완전하게 결합하고 견인로프가 풀리지 않도록 결착한다. 사용한 견인탄은 탄두에 이상이 없는 경우에 날개를 교환하면 재사용할 수 있다.

⑥ 공압식과 화약식에 사용하는 견인탄은 내경은 같으나 재질과 중량에 차이가 있으므로 교환 사용하지 않도록 한다.

⑦ 견인로프의 길이는 120m로서 원거리 발사 시에는 로프 끝부분이 로프 홀더에서 이탈하여 견인탄과 함께 끌려갈 우려가 있으므로 로프를 홀더에 집어넣고, 바깥쪽 로프 끝을 홀더 뚜껑에 끼워서 견인로프가 빠지지 않도록 한다.

⑧ 발사 후에는 탄피를 제거하고 총기 손질에 준하여 약실을 청소한다.

2 마취총(Tranquilizer gun) [2018 소방위]

마취총은 주택가에 멧돼지 등의 위협적인 야생동물이 나타났을 경우 장거리에서 안전하게 마취를 하기 위해 주사기의 원리를 응용한 마취탄을 발사하는 장비이다.

동물에 의한 인명피해의 우려가 있는 동물을 생포하기 위해 사용하며 블로우건에 비하여 마취총은 사정거리가 길고 비교적 정확성도 있으나 유효 사거리는 1단은 15~20m, 2단은 25~30m 정도이다. 파괴력이 강해서 자칫 동물에 상해를 줄 우려가 있다.

장총

단총

그림 2-2 마취총

(1) 사용방법

① 마취가 필요한 경우는 난폭하거나 예민한 동물의 포획 또는 접근이 불가능한 동물을 포획할 경우이다.

② 동물에 대한 마취총 사격 부위는 피하지방이 얇은 쪽에 쏘는 것이 효과적이지만 다리의 근육이 많은 부분을 조준하여야 하며 중요 부위에 맞아 장애가 발생하는 것에 주의한다.

③ 마취총, 마취석궁, 블로우건(Blowgun) 모두 주사기에 마취약을 넣어 사용하고, 동물에 주사기가 적중했을 때 마취약이 분사된다.

④ 마취약은 주사기에 약제 주입 후 2~3일이 지나면 효과가 다소 떨어지므로 약제는 현장에서 조제해 쓰는 것이 좋다.

⑤ 마취효과가 나타나려면 5분 정도가 걸리므로 주사기 명중 후 천천히 따라가 마취효과가 나타나면 포획한다.

⑥ 구성품은 마취총, 금속주사기, 추진제, 어댑터, 오일, 막대 등이 있으며 구조를 완전히 이해하여야 하고, 총기이므로 사용 후에는 손질은 물론 보관과 취급에 주의해야 한다.

⑦ 총기에 따라 사용법이 다양하므로 구조대원들의 사격능력 향상을 위한 훈련 및 동물별 적정용량의 마취약 사용법 숙달을 통해 대원 개개인의 전문능력을 강화해야 한다.

(2) 주의사항

① 마취에 필요한 마취제의 농도와 양이 동물과 체중에 따라 다르므로 동물 마취 주사제를 사용할 경우에는 반드시 제품 설명서를 읽어보아야 하며, 필요 시 수의사와 상의하여야 한다.

② 마취제 주사량을 정확히 사용 못해 쇼크로 죽는 동물이 있는데 이건 노련한 수의사들도 있을 수 있는 실수라고 한다. 영구적 피해를 주지 않고 정확히 마취시키는 것은 상당한 난이도가 있는 일이다.

③ 마취총을 써야 하는 급박한 상황에서는 정확한 사용량에 대한 판단을 내리기 어렵고, 부작용에 대한 조치를 취하기가 쉽지 않으므로 의도하지 않은 사고를 일으킬 우려가 매우 높다는 것을 알아야 한다.

PLUS TIPS 마취하여 포획된 동물에 대한 보호조치 사항

① 호흡이 원활히 이루어질 수 있도록 목을 펴주고 콧구멍의 이물질 등을 제거한다.
② 눈가리개나 귀마개를 하여 일광 및 소음 노출을 방지한다.
③ 지속적으로 호흡을 관찰한다.
④ 43℃ 이상에서는 스스로 생존하기 어려우므로 수시로 체온을 측정하여 정상체온(37~40℃)을 유지하도록 한다.

02 산악구조용 장비 ★★★★

1 로프(Rope)와 슬링 | 2016 대구 소방교, 2014 인천 소방장, 2013 소방위

밧줄 또는 자일(독, SEIL)이라고 불리는 로프는 가장 기본적인 구조용 도구로서 구조대원의 진입, 탈출, 요구조자 구출은 물론 각종 장비를 끌어올리거나 고정시키는 등 그 쓰임새가 많고 가장 이용도가 높은 장비이다.

(1) 로프의 재질

과거에는 로프를 마닐라 삼이나 면 등의 천연재료를 사용하여 만들었으나 현재 이러한 천연섬유는 거의 사용되지 않으며 합성섬유, 특히 폴리에스터나 나일론 또는 케블러 등 여러 재료를 혼합하여 직조한 것이 대부분이다. 로프 재료의 특성은 아래 표와 같다.

표 2-1 로프 재료에 따른 성능 비교

성능＼종류	마닐라삼	면	나일론	폴리에틸렌	H. Spectra® Polyethylene	폴리에스터	Kevlar® Aramid
비중	1.38	1.54	1.14	0.95	0.97	1.38	1.45
신장률	10~15%	5~10%	20~34%	10~15%	4% 이하	15~20%	2~4%
인장강도*	7	8	3	6	1	4	2
내충격력*	5	6	1	4	7	3	7

성능 \ 종류	마닐라삼	면	나일론	폴리에틸렌	H. Spectra® Polyethylene	폴리에스터	Kevlar® Aramid
내마모성*	4	8	3	6	1	2	5
전기저항	약	약	약	강	강	강	약
내열성	117℃ 탄화	149℃ 탄화	249℃ 용융	166℃ 용융	135℃ 용융	249℃ 용융	427℃ 탄화
저항력 −햇빛 −부패 −산 −알칼리 −오일, 가스	중 약 약 약 약	중 약 약 약 약	중 강 약 중 중	최약 강 중 중 중	중 강 강 강 강	강 강 중 약 중	중 강 약 중 중

* Scale : Best=1, Poorest=8

(2) 로프의 형태

① 1950년대 유럽에서 꼬는 방식이 아닌 짜는 방식의 로프가 개발된 이래 등산이나 구조활동에 사용되는 로프는 대부분 내·외피의 이중 구조를 가지고 있는 로프로서 현재 구조대에서 사용하는 로프는 대부분 세밀하게 직조된 외피 안에 섬유를 꼬아서 만든 여러 가닥의 심지가 들어 있는 케른만텔(Kern mantel-일반적으로 영어발음인 '컨먼틀'로 부른다) 로프이다.

② 로프는 용도에 따라 8~13mm의 지름을 가진 것이 많이 사용되며 구조대에서는 지름 10.5~12mm 내외의 로프를 주로 사용한다.

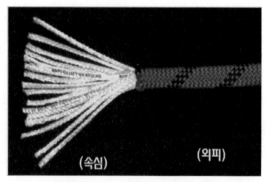

(속심) (외피)

그림 2-3 컨먼틀 로프의 구조

(3) 로프의 성능

① 산악용 로프는 UIAA(국제산악연맹), 국내에서는 한국원사직물시험연구원에서 규격과 성능을 측정한다.

② UIAA에서는 로프, 카라비너, 안전벨트 헬멧 등 중요한 장비에 대하여 엄격한 안전도

검사를 하고 인증마크를 부여하므로 가급적 UIAA 표시가 된 장비를 사용하는 것이 안전하다.

③ 로프의 성능은 인장력과 충격력으로 표시된다. 추락 사고를 당했을 때 추락하는 동안 생긴 운동량과 같은 양의 충격량을 받는다. 이때 로프가 팽팽하게 되면서 로프가 늘어나는 동안 몸에 가해지는 시간이 길어지게 되므로 충격력이 줄어들게 되어 몸을 보호하게 되는 것이다.

④ 로프의 충격력은 추락물체가 정지하는 데 필요한 힘으로 이 힘을 받을 때 충격이 발생하고 충격이 작을수록 안전하다.

⑤ 구조활동에 있어서 로프에 대원 1인이 매달릴 때 대원의 몸무게와 흔들림에 따른 충격력을 감안하면 130kg 정도의 하중이 걸리며, 두 명의 대원이 활동하면 260kg 정도가 된다.

⑥ 현재 판매되는 산악용 11mm 로프의 경우 대부분 3,000kg 내외의 인장강도를 가지며 충격력은 80kg에 대하여 700~900daN 정도이다.

⑦ 로프의 강도는 제품별로 규격에 표시되므로 쉽게 확인할 수 있으나 로프에 매듭을 하는 경우 매듭 부분의 마찰에 의하여 강도가 저하되는 점도 감안하여 사용하여야 한다. 일반적으로 매듭에 의한 강도 저하율은 대체로 다음 표와 같은 것으로 알려져 있다.

표 2-2 매듭과 꺾임에 의한 로프의 장력 변화

매듭의 종류	매듭의 강도(%)
매듭하지 않은 상태	100
8자 매듭	75~80
한 겹 고정 매듭	70~75
이중 피셔맨 매듭	65~70
피셔맨 매듭	60~65
테이프 매듭	60~70
말뚝 매듭	60~65
옭매듭(엄지 매듭)	60~65

(4) 구조로프

1) 구조용 로프

'구조장비 보유기준'에서는 로프를 ① 일반 구조용 장비인 개인용 로프, ② 산악구조용 장비인 등반용 로프(Climbing rope) 등으로 구분하고 있으며 각각의 성능기준은 [표 2-3]과 같다.

표 2-3	로프의 성능기준
구분	성능기준
개인용 로프	제원 : 9mm 이하×(20m 이상) 구성 : 보관 가방 포함
정적로프	내용 : 11mm 이상 구성 : 보관 가방 포함
동적로프	내용 : 10.2mm 이상 구성 : 보관 가방 포함
수난구조로프	내용 : 11mm 이하 구성 : 보관 가방 포함

2) 정적로프와 동적로프

① 구조활동에 사용하는 로프는 신축성에 따라 크게 동적로프(Dynamic rope)와 정적로프(Static rope)로 구분할 수 있다.

② 정적로프는 신장률이 5% 미만 정도로 하중을 받아도 잘 늘어나지 않으며 마모 내구성이 강하고 파괴력에 견디는 힘이 높은 반면 유연성이 낮아 조작이 불편하고 추락 시의 하중이 그대로 전달되는 결점이 있다.

③ 동적로프는 신장률이 7% 이상 정도로서 신축성이 높아 충격을 흡수하는 데 유리하므로 자유낙하가 발생할 수 있는 암벽등반에 유리하다.

④ 일반 구조활동용으로는 정적로프나 세미스태틱(Semi-static rope) 로프가 적합하고 산악 구조활동과 장비의 고정 등에는 동적로프가 적합하다.

⑤ 보통 동적로프는 부드러우면서 여러 가지 색상이 섞인 화려한 문양이고 정적로프는 뻣뻣하며 검정이나 흰색, 노란색 등 단일 색상으로 만들어져 외형만으로도 비교적 쉽게 구분이 가능하다.

(5) 로프 관리 및 사용상의 주의점 `2011 부산 소방교, 2013 울산 소방교, 2016 소방교`

1) 로프의 관리

① 로프는 언제든지 사용할 수 있도록 철저히 관리하여야 한다.

② 중점을 두어야 하는 부분은 적절한 점검과 청결유지, 그리고 보관이다.

③ 로프는 그늘지고 통풍이 잘되는 곳에 보관하도록 한다.

④ 로프를 사리고 끝처리로 너무 단단히 묶어두지 않도록 한다.

⑤ 로프에 계속적으로 하중을 가하여 로프가 늘어나 있는 상태이므로 노화가 빨리 오게 된다.

⑥ 부피를 줄이기 위해 좁은 상자나 자루에 오래 방치하는 것도 좋지 않다.

PLUS TIPS 로프를 오래 사용하기 위하여 관리상 주의할 점

㉠ 열이나 화학약품, 유류 등 로프를 손상시킬 수 있는 어떤 요인과도 접촉하지 않도록 한다. 대부분의 로프는 석유화학제품이므로 산이나 알칼리 등의 화학약품과 각종 연료유, 엔진오일 등에 부식·용해된다.

㉡ 로프를 밟거나 깔고 앉지 않는다. 로프의 외형이 급속히 마모되고 무게를 지탱하는 능력이 저하된다.

㉢ 로프를 설치할 때 건물이나 장비의 모서리에 직접 닿지 않도록 한다. 로프보호대나 천, 종이박스 등을 깔아서 마찰로부터 로프를 보호한다.

㉣ 대부분의 로프는 장시간 햇볕(특히 자외선)을 받으면 변색, 강도 저하 등을 일으킨다.

㉤ 정기적으로 로프를 세척하여 이물질을 제거하도록 한다. 로프의 섬유 사이에 끼는 먼지나 모래가루는 로프 자체를 상하게 하고 카라비너나 하강기 등 관련 장비의 마모를 촉진시킨다.

㉥ 세척할 때에는 미지근한 물에 중성 세제를 알맞게 풀어 로프를 충분히 적시고 흔들어 모래나 먼지가 빠져나가도록 한다. 부드러운 솔이 있으면 가볍게 문질러 주면 좋다. 물이 어느 정도 빠지면 그늘지고 통풍이 잘되는 곳에 말린다. 일반적인 세탁기는 세탁 과정에서 로프가 꼬이고 마찰을 발생시키기 때문에 사용하지 않도록 한다.

2) 로프의 사용

① 끊어지지 않는 로프는 존재하지 않는다. 따라서 모든 로프는 사용 전·후에 세심한 주의를 기울여 관리하는 것은 물론이고 사용 중에도 각별한 주의를 기울여야 한다. 사용 전·중·후에 시각과 촉각을 이용하여 계속적으로 점검한다.

② 일반적으로 로프를 사용한 후에 사리는 과정에서 로프의 외형을 확인하고 일일이 손으로 만져보며 응어리, 얼룩, 눌림 등이 있는지 확인하고 보풀이나 변색, 마모 정도 등도 유의해서 점검한다. 조금이라도 의심이 간다면 그 로프는 폐기하여야 한다. 폐기대상인 로프는 절대로 인명구조용으로 재사용되지 않도록 확실히 조치한다.

- 직경 9mm 이하의 로프를 사용할 때에는 반드시 2줄로 설치하여 안전을 확보한다.
- 로프를 설치하기 전에 세심하게 살펴보고 조금이라도 의심이 가는 부분이 있으면 사용하지 않는다.

| 표 2-4 | 일반적인 로프의 수명 [2015 소방교]

로프의 수명

※ 시간 경과에 따른 강도 저하
 • 로프는 사용 횟수와 무관하게 강도가 저하된다.
 • 특히 4년 경과 시부터 강도가 급속히 저하된다.
 • 5년 이상 경과된 로프는 폐기한다. (UIAA 권고사항)
 ※ 로프의 교체 시기(관리 잘된 로프 기준, 대한산악연맹 권고사항)
 • 가끔 사용하는 로프 : 4년
 • 매주 사용하는 로프 : 2년
 • 매일 사용하는 로프 : 1년
 • 스포츠 클라이밍 : 6개월
 • 즉시 교체하여야 하는 로프
   − 큰 충격을 받은 로프 (추락, 낙석, 아이젠)
   − 납작하게 눌린 로프
   − 손상된 부분이 있는 로프

(6) 슬링(Sling) 2017 소방장

① 런너(Runner)라고도 부르는 슬링은 평평한 띠처럼 생긴 일종의 로프이다.

② 일반적인 로프에 비해 유연성이 높으면서도 다루기 쉬우며 신체에 고정하는 경우 접촉 면적이 높아 안정감 있게 사용할 수 있다.

③ 슬링은 보통 20~25mm 내외의 폭으로 제조되며 형태에 따라 판형슬링(Tape Sling)과 관형슬링(Tube Sling)으로 구분한다.

④ 로프에 비해 상대적으로 값이 싸기 때문에 짧게 잘라서 등반 시의 확보, 고정용 또는 안전벨트의 대용 등으로 다양하게 활용한다.

⑤ 슬링은 같은 굵기의 로프보다 강도는 우수하지만 충격을 받았을 때 잘 늘어나지 않기 때문에 슬링을 등반 또는 하강 시에 로프 대용으로 사용하는 것은 매우 위험하다.

그림 2-4) 여러 가지 슬링

2 안전벨트(Harness)

안전벨트는 거의 모든 구조활동에서 대원의 안전을 지켜주는 필수 장비 중 하나이다. 형태와 용도에 따라 상단용, 하단용, 허리용, 상·하단용(X 벨트) 등이 있지만 UIAA에서는 상·하단 벨트만을 인정한다.

상·하단 벨트가 착용이 다소 번거롭기는 하지만 추락 시 충격을 몸 전체로 분산하여 부상 위험을 줄여주기 때문에 구조활동 시에는 반드시 상·하단 벨트를 사용해야 한다.

(1) 안전벨트 착용법

① 안전벨트는 우선 몸에 잘 맞는 것을 선택해야 한다. 너무 크거나 작으면 안전벨트의 중심과 신체 중심이 일치하지 않아 추락할 때 안정된 자세를 유지할 수 없다.

② 안전벨트는 제조회사에 따라 조금씩 구조가 다르기 때문에 정확한 사용법을 따라야 한다.

③ 대부분 안전벨트의 허리 벨트 버클을 한 번 통과시키고 난 다음 다시 거꾸로 통과시

켜야 안전하며, 끝을 5cm 이상 남겨야 한다. 버클을 한 번만 통과시켜도 튼튼할 것처럼 느껴질 수 있으나 강한 충격을 받으면 쉽게 빠진다.

④ 허리 부분에 달려있는 장비걸이는 보통 10kg 내외의 하중을 지탱하므로 절대로 로프나 자기확보줄을 장비걸이에 연결하지 않도록 한다.

그림 2-5 안전벨트의 버클 채우는 방법

(2) 수명과 관리

① 안전벨트를 구입할 때에는 모양이 필요 이상으로 복잡한 것을 피하고 벨트를 만든 웨빙의 재질, 박음질 상태, 허리벨트를 조이는 버클이나 장식의 강도를 꼼꼼하게 살펴야 한다. 또한 체중이 실리는 부분이 부드럽게 처리되어 충격을 고르게 분산시킬 수 있는 것을 선택한다.

② 안전벨트는 우수한 탄력과 복원성을 가지며 강도와 내구성이 뛰어나지만 안전을 위하여 5년 정도 사용하면 외관상 이상이 없어도 교체하는 것이 좋다. 특히 추락 충격을 받은 다음에는 안전벨트의 여러 부분을 꼼꼼하게 점검해 보고 박음질 부분이 뜯어졌다면 수리하지 말고 폐기하는 것이 좋다.

3 하강기구

(1) 8자 하강기(Descension 8 Clamp)

로프를 이용해서 하강해야 하는 경우 사용한다. 작고 가벼우면서도 견고하고 사용이 간편하다. 전형적인 하강기는 8자 형태이지만 이를 약간 변형시킨 구조용 하강기(Big 8)나 튜브형 하강기도 많이 사용된다. 구조용 하강기는 일반적인 8자 하강기에 비하여 제동 및 고정이 용이한 것이 장점이다.

그림 2-6 여러 가지 하강기(왼쪽부터 8자 하강기, 구조용 하강기, 튜브)

(2) 그리그리(GriGri)

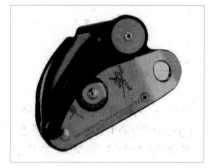

그림 2-7 그리그리

① 그리그리는 스토퍼와 같이 로프의 역회전을 방지할 수 있는 구조로 주로 확보용 장비이다.
② 주로 암벽 등에서 확보(belay)하는 장비로 사용되며 짧은 거리를 하강할 때 이용하기도 한다.
③ 8자 하강기나 스톱, 그리그리 등 각종 하강기를 사용하여 선등자를 확보하는 경우 확보자는 본인의 몸을 견고히 고정하여 추락 등 사고에 대비하고 로프의 끝부분이 기구에서 빠지지 않도록 매듭 처리하여 안전을 확보토록 한다.

(3) 스톱 하강기(Stopper) 2014 경기 소방장

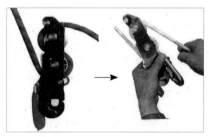

그림 2-8 스톱 하강기 사용법

① 스톱은 로프 한 가닥을 이용하여 제동을 걸어주는 장비이다.
② 하강 스피드의 조절이 용이하고 우발적인 급강하 사고를 방지할 수 있기 때문에 최근 구조대에서 사용이 증가하고 있는 추세이다.
③ 스톱의 한 면을 열어 로프를 삽입하고 아래쪽은 안전벨트의 카라비너에 연결한다.
④ 오른손으로 아랫줄을 잡고 왼손으로 레버를 조작하면 쉽게 하강 속도를 조절할 수 있다. 손잡이를 꽉 잡으면 급속히 하강하므로 주의한다.

(4) 아이디 하강기

다기능 핸들을 사용하여 하강 조절 및 작업 현장에서 위치잡기가 용이하며, 고소작업 및 로프엑세스 작업용으로 제작된 개인 하강용 장비이다.

그림 2-9 아이디 하강기

4 카라비너(Carabiner)

그림 2-10 여러 가지 형태의 카라비너

① 각종 기구와 로프, 또는 기구와 기구를 연결할 때 빼놓을 수 없는 장비로서 현장에서는 간단히 비나 또는 스냅링(snap ring)으로도 부른다.

② D형과 O형의 두 가지 형태가 있으며 재질은 알루미늄 합금이나 스테인리스 스틸이다.

③ 강도는 제품별로 몸체에 표시되며 일반적으로 종 방향으로 25~30kN, 횡 방향으로는 8~10kN 정도이다.

④ 사용 전에 점검하여 심한 마모, 변형, 또는 균열이 있거나 큰 충격을 받은 것은 절대 사용하지 않도록 한다.

⑤ 구조활동 시에는 잠금장치가 있는 카라비너를 사용하는 것을 원칙으로 하고 횡 방향으로 충격이 걸리지 않도록 설치해야 한다.

⑥ 부득이 잠금장치가 없는 카라비너를 사용할 때에는 로프나 다른 물체에 의해 개폐구가 열리는 일이 없도록 주의해야 한다.

5 등강기(Ascension Clamp, Jumar) 2011 부산 소방교, 2013 부산 소방장

① 로프를 활용하여 등반할 때 보조장치로 사용되며 로프에 결착하여 수직 또는 수평으로 이동할 수 있도록 고안된 기구이다.

② 톱니가 나 있는 캠이 로프를 물고 역회전을 하지 못하도록 함으로서 한 방향으로만 움직이게 된다.

③ 등반기, 쥬마, 유마르 등으로도 불리며 등반뿐만 아니라 로프를 이용하여 물건을 당기는 경우 손잡이 역할도 할 수 있어 사용범위가 매우 넓다.

④ 손잡이 부분을 제거하여 소형화하고 간편히 사용할 수 있도록 변형된 크롤(Croll), 베이직(Basic) 등 유사한 장비도 있다.

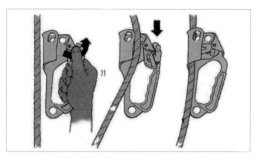

그림 2-11 등강기 사용방법

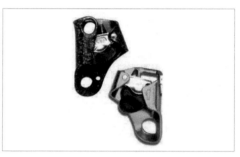

그림 2-12 베이직(상), 크롤(하)

6 도르래(Pulley) 2012 서울 소방장, 2013 서울 소방장

(1) 도르래의 사용

계곡의 하천이 범람하여 고립된 요구조자나 추락한 요구조자를 구출하는 경우 등 힘의 작용 방향을 바꾸거나 적은 힘으로 물체를 이동시키기 위해서 도르래를 사용하게 된다.

① 도르래를 사용하는 경우 지지점으로 설정되는 부분의 강도를 면밀히 검토하여 하중을 이길 수 있는지 살펴보고 힘의 균형이 맞도록 설치하여야 한다. 또한 로프가 꼬이지 않도록 주의하여 작업한다.

② 고정도르래는 힘의 방향만을 바꾸어 주지만 움직도르래를 함께 설치하면 힘의 이득을 얻을 수 있다. 고정도르래 1개와 움직도르래 1개를 설치하면 소요되는 힘은 1/2로 줄어들고 움직도르래의 숫자가 증가함에 따라 더욱 작은 힘으로 물체를 이동시킬 수 있다.

물체의 중량을 W, 필요한 힘을 F로 했을 때, F는 물체가 매달려 있는 줄의 가닥수에 반비례하며 물체가 움직인 거리에도 반비례한다. 즉 로프를 3m 당겼을 때 물체가 1m 이동하도록 도르래가 설치되었다면 필요한 힘은 1/3로 줄어든다.

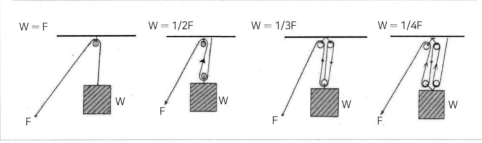

W = F W = 1/2F W = 1/3F W = 1/4F

그림 2-13 도르래 숫자와 힘의 이득 관계

③ [그림 2-12]와 같이 도르래를 설치하여 80kg의 무게를 들어 올린다고 가정하면 필요한 힘의 1/3인 약 26.7kg으로 물체를 이동시킬 수 있다. 물론 장비 자체의 무게 및 마찰력을 제외한 것이다. 2014 경기 소방교, 2014 서울 소방장

④ 이 방법은 특히 『Z자형 도르래 배치법』이라 하여 현장에서 많이 활용하는 방법이다. 도르래는 종류가 많고 활용 방법도 비교적 간단하므로 평소 힘의 소모를 막을 수 있는 다양한 설치 방법을 익혀 구조 현장에서 즉시 응용할 수 있도록 하여야 한다.

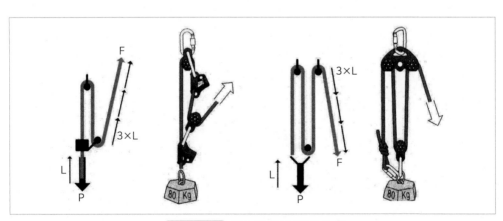

그림 2-14 도르래 설치 방법의 예

(2) 특수 도르래

1) 로프꼬임 방지기(SWIVEL)

로프로 물체를 인양하거나 하강시킬 때 로프가 꼬여 장비나 요구조자가 회전하는 것을 방지하는 장비이다. 카라비너에 도르래가 걸린 상태에서 360° 회전이 가능하다.

2) 수평 2단 도르래(TANDEM)

도르래 하나에 걸리는 하중을 2개의 도르래로 분산시켜주므로 외줄 선상의 로프나 케이블 상에서 수평 이동할 때 용이하고 다른 도르래를 적절히 추가하여 쉽게 중량물을 이동시킬 수 있다. 로프의 굵기와 홈의 크기가 맞아야 안전하게 사용할 수 있으며 크기와 재질, 구조가 다양하므로 용도에 적합한 장비를 이용하도록 한다.

3) 정지형 도르래(WALL HAULER)

도르래와 쥬마를 결합한 형태의 장비로 도르래의 역회전을 방지할 수 있어 안전하게 작업이 가능하고 힘의 소모를 막을 수 있다. 도르래 부분만 사용할 수도 있고 쥬마, 베이직의 대체 장비로도 사용이 가능하다.

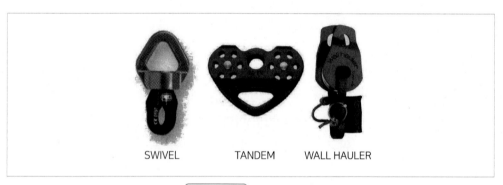

SWIVEL   TANDEM   WALL HAULER

그림 2-15 특수 도르래

7 퀵 드로(Quick draw) 세트

그림 2-16 퀵 드로 세트

① 퀵 드로는 웨빙슬링으로 만든 고리 양쪽에 카라비너를 끼운 것으로 이름에서도 알 수 있듯이 로프를 확보물에 빨리 연결하기 위해서 사용하는 장비이다.

② 퀵 드로는 웨빙의 길이에 따라 5cm부터 20cm까지 다양하게 세트로 구성된다.

③ 퀵 드로의 카라비너는 열리는 곳이 서로 반대 방향 또는 같은 방향으로 향하도록 끼우고 개폐 부분이 끝을 향하도록 하는 것이 편리하고 안전하다.

03 | 측정용 ★★

1 방사선 계측기 [2018 소방교]

① 방사선은 에너지를 가진 입자나 전자기파로 물질과 상호작용을 통해 에너지를 물질에 전달하여 물질의 특성을 변화시킬 수 있다. 방사선의 에너지가 클수록 물질에 주는 영향은 커진다. 특히 방사선에 인체가 노출(피폭)되면 세포가 변형 또는 손상되어 위해를 받을 수 있으므로 산업·의료·연구시설 등의 방사선 환경에서 방사선의 종류, 양, 세기 등은 정확하게 측정되고 관리되어야 한다. 방사선의 종류와 에너지에 따라 방사선을 검출·측정하는 방법 및 장치는 매우 다양하다.

② 측정·관리해야 하는 주요 대상 방사선은 하전입자(α선, β선), 전자기파(γ선, X선) 및 중성자이다. 그러나 이들 방사선을 직접 측정(검출)해서 식별할 수 있는 계측기(검출기)는 없다. 측정방법으로 계측기에 걸린 전기장과 방사선의 전리작용으로 발생하는 전류를 측정하는 간접적인 방법이 대표적이며, 일부 특정 방사선 경우 필름을 감광시키는 현상을 이용하기도 한다.

(1) 개인 선량계(Personal dosimeter) [개인의 방사선 피폭량을 측정하기 위한 검출기]

① 필름뱃지 : 방사선의 사진작용을 이용하여 필름의 흑화도로 피폭선량을 측정
② 열형광선량계(TLD) : 방사선을 받은 물질에 일정한 열을 가하여 물질 밖으로 나오는 빛의 양으로 피폭선량을 측정
③ 포켓선량계 : 방사선이 공기를 이온화시키는 원리를 이용, 이온화된 전하량과 비례하여 눈금선이 이동되도록 하여 현장에서 바로 피폭된 방사선량을 측정
④ 포켓이온함(포켓 알람미터, 전자 개인 선량계) : 전하량을 별도의 기구로 측정하여 피폭된 방사선량을 측정

그림 2-17 개인 선량계

(2) 방사선 측정기(Radioscope)

① 개인이 휴대하여 실시간으로 방사선율 및 선량 등을 측정하며 기준선량(율) 초과 시 경보하여 구조대원의 안전을 확보하기 위한 장비이다.

② 가장 보편적으로 사용되는 장비이며, 주로 GM관, 비례계수관, 무기섬광체를 많이 사용한다.

③ 방사선 측정기는 연 1회 이상 교정하여 사용하여야 한다.

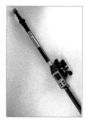

그림 2-18) 방사선 측정기 및 원거리 측정 세트

(3) 핵종 분석기(Radionuclide Analyzer)

① 개인이 휴대하여 실시간으로 방사선량 측정 및 핵종을 분석하는 장비로서 감마선 스펙트럼을 분석하여 감마 방사성 핵종의 종류를 파악한다.

② 주로 무기 섬광물질 또는 반도체를 사용하여 제작되며 핵종 분석기능 이외에도 방사선량률, 오염측정과 같은 다양한 기능을 탑재하는 경우가 일반적이다.

③ 다른 휴대용 장비들에 비해 상대적으로 무게와 부피가 크므로 항시 휴대 운용은 제한적이다.

그림 2-19) 핵종 분석기

(4) 방사성 오염감시기(Radiation Contamination Monitor)

① 방사능 오염이 예상되는 보행자 또는 차량을 탐지하여 피폭 여부를 검사하는 장비로서 주로 알파, 베타 방출 핵종의 유출 시 사용한다.

② 일반적으로 선량률 값을 제공하지 않고, 시간당 계수율 정보를 제공한다. 따라서 측정하고자 하는 물체 및 인원에 대한 방사성 오염 여부 판단용으로 사용되며, 미치는 영향에 대해서는 추후 정밀검사가 필요하다.

그림 2-20 방사성 오염감시기

(5) 동작 전 점검사항

사용할 서베이미터가 결정되면 측정을 수행하기에 앞서 다음의 사항을 점검함으로써 장비의 정상적인 동작 여부를 확인해야 한다.

1) 교정상태

서베이미터에 부착된 교정 필증을 통해 장비가 교정되었고 유효기간 중에 있음을 확인한다.

2) 배터리 상태

서베이미터는 배터리 점검용 버튼을 이용하여 배터리 상태를 확인한 후 필요하면 배터리를 교체한다. 디지털 장비는 LCD 화면에 배터리의 상태가 나타나고, 아날로그 장비의 경우에 배터리가 정상적인 상태라면 지시 바늘이 이에 대응하는 범위에 위치한다.

3) 체크선원을 통한 동작상태 점검

기지의 선원을 이용하여 검출기의 반응 여부를 점검한다. 위의 사항들 외에 측정을 수행하기 전 작업자는 측정치를 읽는 방법을 숙지하고 있어야 한다.

2 잔류전류 검지기(Electric Current Detector)

화재 또는 각종 재난현장에서 누전되는 부분을 찾아 전원 차단 등의 안전조치를 취할 수 있도록 하는 측정용 장비이다.

그림 2-21 잔류전류 검지기

(1) 제원

- 전원 : 1.5V 건전지(AA) 4개, 300시간 사용
- 크기 : 521cm (570g)

● 감지능력

전압	고감도	저감도	초점감지
120V	5m	1m	7.5cm
120V (지중선)	1m	0.3m	2.5cm
7,200V	65m	21m	6m

(2) 사용방법

① 상단의 링 스위치를 오른쪽으로 1단 돌리면 경보음과 함께 약 3초간 기기 자체 테스트를 실시한다. 자체 테스트가 끝나면 고감도 감지가 가능하다. 스위치를 계속 돌리면 고감도 → 저감도 → 초점감지 → off의 순서로 작동한다.

② 처음에는 고감도로 조정하여 개략적인 위치를 파악하고 이후 단계를 낮춰가면서 누전 부위를 확인한다.

③ 전기가 통하는 부위에 기기가 직접 닿지 않도록 주의한다.

④ 장기간 사용하지 않을 때에는 건전지를 빼놓는다.

04 | 절단구조용 장비 ★★★

1 동력절단기(Power Cutter)

그림 2-22) 동력절단기와 절단날

동력절단기는 소형엔진을 동력으로 원형 절단날(디스크)을 회전시켜 철, 콘크리트, 목재 등을 절단하여 장애물을 제거하고 구조행동을 용이하게 하기 위해 사용하는 기동성이 높은 절단장비이다. 대부분 2행정기관으로 엔진오일과 연료를 혼합하여 주입한다는 점을 염두에 두어야 한다.

(1) 작동방법

철재, 목재, 콘크리트 등 절단 대상물에 따라 사용되는 절단날이 각각 다르므로 적정한 절단날이 장착되어 있는지 확인하고 정확히 고정한다. 최근 '만능 절단날'이라 하여 재질에 관계없이 절단이 가능한 절단날도 보급되어 있다.

① 연료의 주입 여부와 엔진오일 혼합 비율을 확인한다. 모델에 따라 16:1, 20:1, 25:1 등 혼합 비율이 다르므로 각별히 유의하여야 한다.

② 스로틀레버 고정핀을 눌러 고정시킨 다음 손잡이 하단을 오른발로 밟아 움직이지 않도록 한 후 왼손으로 상단 손잡이를 잡고 오른손으로 시동줄을 당긴다. 무리한 힘을 가하지 말고 자연스럽게 시동을 건다.

③ 왼손으로 상단 손잡이를, 오른손으로 엑셀레이터 손잡이(스로틀 레버)를 단단히 잡고 절단날을 회전시켜 대상물을 절단한다. 대상물에 날을 먼저 댄 후에 절단날을 회전시키지 않도록 한다.

④ 절단기의 진동이 심하므로 작업자는 손잡이 및 장비를 단단히 잡아야 한다.

(2) 작업 중 주의사항

① 비산되는 불꽃에 의한 피해가 없도록 보호커버를 잘 조정하고 주변 여건에 따라 관창이나 소화기를 준비하여 화재를 방지한다.

② 주위의 안전을 확인한다.

ⓐ 작업 장소 전·후방에 사람이 없고 작업원의 자세는 안전한가

ⓑ 절단에 의해 물건이 쓰러지거나 절단날에 외력이 가해지지는 않는가

ⓒ 절단된 물체가 쓰러지면서 2차 재해가 발생할 염려는 없는가

③ 절단날에 충격이 가해지지 않도록 하고 날의 측면을 이용하여 작업하지 않도록 한다. 특히 철재 절단날은 측면 충격에 약하므로 주의하여야 한다.

④ 석재나 콘크리트를 절단할 때에는 많은 분진이 발생하므로 절단 부위에 물을 뿌려가며 작업한다.

⑤ 엔진이 작동 중인 장비를 로프로 묶어 올리거나 들고 옮기지 않도록 한다.

⑥ 절단 시 발생하는 불꽃으로 요구조자에게 상해를 입힐 우려가 있을 경우에는 모포 등으로 가려 안전조치 시킨 후 작업에 임한다.

⑦ 절단 시 조작원은 자기 발의 위치나 자세에 신경을 써야 하며, 절단날의 후방 직선상에 발을 위치하지 않도록 주의한다.

(3) 일상점검

① 목재용 절단날을 보관할 때에는 기름을 엷게 발라둔다.

② 철재용, 콘크리트용 절단날에 심하게 물이 묻어 있는 경우에는 폐기하고 너무 장기간 보관하지 않도록 한다. 절단날에 이상 마모현상이 있을 때는 즉시 교환한다.

③ 철재 절단날은 휘발유, 석유 등에 접촉되지 않도록 하고 유증기가 발생하는 곳에 보관해서도 안 된다. 접착제가 용해되어 강도가 크게 저하될 수 있다.

2 체인톱(Chain Saw) 2012 경북 소방장, 2016 대구 소방교

체인톱은 동력에 의해 구동되는 톱날로 목재를 절단하는 장비이다. 엔진식과 전동식이 있으나 구조장비로는 엔진식이 많이 보급되어 있다. 이 체인톱은 작동 중은 물론이고 일상점검 중에도 안전사고의 위험성이 높으므로 각별한 주의가 필요하다.

그림 2-23 체인톱

(1) 작동방법

① 작업을 시작하기 전에 안전점검을 철저히 한다. 엔진오일 혼합비율과 윤활유의 양, 체인 브레이크, 가이드바의 올바른 장착, 체인의 유격상태 등을 빠짐없이 점검한다. 체인은 손으로 돌려보아 무리 없이 돌아갈 수 있는 정도면 적당하다. 이때 맨손으로 톱날을 잡지 않도록 한다. 체인톱날의 연마 상태를 점검하고 무뎌진 톱날은 즉시 교환한다.

② 체인톱에 시동을 걸기 전에 안전한 기반을 확보하고 작업영역 내에 불필요한 인원이 없도록 한다.

③ 체인톱을 시동할 때에는 확고하게 지지 및 고정하여야 한다. 가이드바와 체인은 어떠한 물체에도 닿지 않도록 한다.

④ 체인톱은 항상 두 손으로 잡는다. 왼손으로 앞 핸들을, 오른손으로 뒤의 핸들을 잡고 절단작업에 임한다. 긴급한 경우에는 즉시 앞 핸들을 잡고 있는 상태에서 왼 손목을 앞으로 꺾어 체인브레이크를 작동시킬 수 있도록 한다.

⑤ 수직으로 서 있는 물체를 절단하는 경우 절단 물체가 쓰러질 것에 대비하여 후방의 안전거리를 확보하고 주위에서 다른 팀이 작업하고 있을 경우는 작업물체의 2배 이상의 간격을 유지한다.

(2) 주의사항

반드시 보안경과 안전모, 작업복, 두꺼운 가죽장갑, 안전화 등 절단작업에 필요한 복장을 갖추고 작업을 시작하여야 한다. 작업 시에는 절단날을 절단물에 가까이 댄 후 가능한 한 직각으로 절단할 수 있도록 하며 한 번에 많은 양을 절단하려 하지 말고 특히 다음과 같은 사항을 주의하여야 한다.

① 체인톱으로 작업할 때는 혼자 작업을 해서는 안 된다. 비상시를 대비하여 반드시 1명 이상의 보조인원이 부근에 있어야 한다.

② 엔진이 작동 중일 때는 절대로 들고 이동하지 않도록 한다. 운반할 때에는 시동을 끄는 것을 원칙으로 한다. 스로틀 레버를 놓아도 잠깐 동안은 체인이 회전을 유지하므로 주의해야 한다.

③ 찢어진 나무를 자를 때에는 나무 조각이 날리지 않도록 주의한다.

④ 이상한 소리 또는 진동이 있을 때는 즉시 엔진을 정지시킨다.

⑤ 킥백(kick back)에 유의한다. 2013 울산 소방교

ⓐ 킥백은 장비가 갑자기 작업자 방향으로 튀어 오르는 현상을 말하며 주로 톱날의 상단 부분이 딱딱한 물체에 닿을 때 발생한다.

ⓑ 절단 시에는 정확한 자세를 취한다. 정확한 자세로 핸들을 잡고 있으면 킥백 현상이 발생할 때 자동적으로 왼손이 체인브레이크를 작동시키게 된다.

ⓒ 조작법이 완전히 숙달되지 않은 대원은 절대로 톱날의 끝부분을 이용한 절단작업을 하지 않도록 한다.

ⓓ 반드시 체인이 작동하는 상태에서 절단을 시작한다.

ⓔ 여러 개의 나뭇가지를 동시에 절단하지 않는다.

그림 2-24) Kick Back 현상

3 공기톱(Pneumatic Saw)

공기톱은 압축공기를 동력원으로 하여 절단 톱날을 작동시켜 안전하게 철재나 스테인리스, 비철금속 등을 절단할 수 있다.

공기호흡기의 실린더를 이용하여 압축공기를 공급하고 별도의 동력이 필요하지 않으므로 수중이나 위험물질이 누출된 장소에서도 안전하게 사용할 수 있으며 구조도 간단하여 안전사고 위험이 적고 손쉽게 작업이 가능하다.

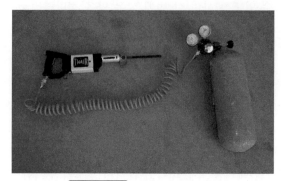

그림 2-25 공기톱과 구성품

(1) 조작방법

① 작업 전에 장비의 이상 유무와 안전점검을 철저히 하고 방진안경과 장갑을 착용한다.

  ⓐ 지정된 오일을 핸들 밑의 플라스틱 캡을 열고 가득 넣는다.

  ⓑ 호스 접합부에 먼지나 물 등이 묻어있지 않는가를 확인하고 용기에 결합한다.

  ⓒ 사이렌서를 돌려 6각 스페너로 3개의 나사를 풀고 노즈가이드를 통해 절단 톱날을 넣은 후 나사를 조여 고정한다. 일반적으로 쇠톱날은 전진 시 절단되도록 장착하지만 공기톱의 경우 톱날 보호를 위해 후진 시 절단되도록 장착한다.

② 본체에 호스를 접속하고 용기 등 밸브를 전부 연다. 작업 시의 공기압력은 1MPa 이하를 준수한다. 적정압력은 0.7MPa 정도이다.

③ 절단할 때 대상물에 본체 선단 부분을 밀착시켜 작업한다. 절단면에는 2개 이상의 톱니가 닿도록 하여 절단한다.

(2) 일상 점검 정비

① 톱날의 이상 유무를 확인하여 녹이 심하거나 변형 또는 마모된 경우 교체한다. 톱날은 일반 쇠톱에 사용하는 날을 사용한다.

② 각 연결부에서 공기가 새지 않는지, 본체의 나사부에 이완은 없는지 점검한다.

③ 오일이 1/3 이하가 되면 보충한다.

④ 공기압력의 저하 없이 절단 톱날의 작동이 늦어진다거나 정지하는 경우의 원인은 오일에 물이 들어간 경우 또는 본체 내에 먼지가 들어간 경우에 일어난다. 수분이 들어간 오일은 완전히 제거하고 새로 주입하여야 한다.

4 유압 절단기(Hydraulic Cutter) 2016 대구 소방교

유압 절단기 역시 엔진 펌프에서 발생시킨 유압을 활용하여 물체를 절단하는 장비이다. 구조대에서 많이 사용하는 중간크기의 모델인 경우 중량은 13kg 전후이고 절단력은 35t 내외이다.

구조장비 보유기준에서는 절단구조용 장비로 중분류 하였으나 유압 엔진 펌프를 활용하는 장비이므로 편의상 이곳에서 설명한다.

(1) 사용법

① 절단기의 손잡이를 잡고 절단하고자 하는 부분에 옮겨 칼날을 벌려 대고 작동밸브를 조작한다.

② 절단 대상물에 날이 수직으로 접촉되지 않으면 절단 중에 장비가 비틀어진다. 이때에는 무리하게 힘을 주어 바로잡으려 하지 말고 일단 작동을 중지하고 자세를 바로잡은 후 작업을 계속한다.

③ 절단날이 하향 10~15° 각도를 유지하도록 절단하여야 날이 미끄러지지 않고 절단이 용이하다.

(2) 주의사항

① 스프링이나 샤프트 등 열처리된 강철은 절단날이 손상될 우려가 높으므로 각별한 주의가 필요하다.

② 절단된 물체가 주변으로 튀어 안전사고가 발생할 우려가 있으므로 구조대원은 반드시 장갑과 헬멧, 보안경을 착용하고 요구조자의 신체 가까이에서 작업할 때에는 별도의 보호조치를 강구하여야 한다.

③ 기타 사용 및 관리상의 주의사항은 유압 전개기에 준한다.

05 중량물 작업용 장비 ★★★

1 맨홀구조기구

맨홀과 같이 깊고 좁은 곳에 추락한 요구조자를 구조할 때 수직으로 로프를 내리고 올려 인명 구조, 장비 인양 등의 작업을 할 수 있으며 고층이나 절벽 등에서도 활용할 수 있다.

(1) 제원

• 무게 : 10kg

- 받침대 최대 높이 : 2.13m
- 최대 인양 무게 : 1,700kg

그림 2-26 맨홀 구조기구

(2) 사용법

① 삼각 받침대를 펴서, 맨홀의 중심부에 정삼각형이 되도록 설치한다.

② 도르래 걸이에 도르래를 건 후 로프정지 쥬마를 로프에 끼우고 카라비너를 이용하여 사용자의 허리띠와 로프정지 쥬마를 연결한다.

③ 구조걸이에 요구조자 또는 작업자를 안전하게 내리고 올릴 수 있도록 안전벨트를 결착하고 로프정지 핸들의 손잡이를 누르면 로프는 서서히 풀려 도르래가 돌아가며 구조걸이가 아래로 내려가게 된다.

④ 필요한 만큼 로프가 내려갔을 때 로프정지 핸들의 손잡이를 놓아주면 로프가 풀리는 것이 정지된다. 이 상태에서 작업이 끝나거나 요구조자를 연결하였으면 로프정지 핸들의 손잡이를 다시 누르고 로프를 잡아당긴다.

⑤ 사용 전에 로프 및 안전벨트의 이상 유무를 확인하고 정확히 결합하여야 하며 특히 삼각받침대를 완전히 펴고 고정하지 않으면 작업 도중 쓰러질 위험이 있으므로 각별히 주의하여야 한다.

2 에어백(Lifting Air Bag) 2015 부산 소방교, 2016 대구 소방교

(1) 구조 및 제원

그림 2-27 에어백 세트(압력조절기, 고압 호스, 에어백)

① 에어백은 중량물체를 들어 올리고자 할 때 공간이 협소해서 잭(jack)이나 유압 구조기구 등을 넣을 수 없는 경우에 압축공기로 백을 부풀려 중량물을 들어 올리는 장비이다. 저압 에어백과 고압 에어백이 있으나 본 교재에서는 자주 사용되는 고압 에어백에 관하여 설명한다.

② 고압 에어백은 강철 와이어나 케블러, 아라미드 등의 복합 재료에 외피는 질긴 네오프렌 내유성 고무를 사용하여 파열 및 마모에 매우 강한 재료로 제작되어 있다. 외형의 평판 두께는 2.0~2.5cm이고 표면은 미끄럼 방지를 위해 랩이 부착되어 있고 내열성이 좋아 80℃에서 단시간 사용할 수 있다.

③ 보통 3개의 에어백이 1세트로 구성되며 장비의 종류에 따라 약간의 차이가 있지만 부양 능력과 규격은 대체로 다음과 같다.

    ⓐ 소형 : 부양 능력 17t 이상 (381mm×22mm, 3.6kg), 부양 높이 20cm 내외

    ⓑ 중형 : 부양 능력 25t 이상 (511mm×22mm, 6.5kg), 부양 높이 30cm 내외

    ⓒ 대형 : 부양 능력 40t 이상 (611mm×22mm, 8.5kg), 부양 높이 35cm 내외

(2) 사용법 및 주의사항 [2013 부산 소방장, 2014 소방위]

1) 사용법

그림 2-28 버팀목을 충분히 준비

① 커플링으로 공기용기와 압력조절기, 에어백을 연결한다. 이때 스패너나 렌치 등으로 나사를 조이면 나사산이 손상되므로 가능하면 손으로 연결하도록 한다.

② 에어백을 들어 올릴 대상물 밑에 끼워 넣는다. 이때 바닥이 단단한지 확인한다.

③ 공기용기 메인밸브를 열어 압축공기를 압력조절기로 보낸다. 이때 1차 압력계에 공기압이 표시된다.

④ 에어백을 부풀리기 전에 버팀목을 준비해 둔다. 대상물이 들어 올려지는 것과 동시에 버팀목을 넣고 높이가 높아짐에 따라 버팀목을 추가한다.

⑤ 압력조절기 밸브를 열어 압축공기를 호스를 통하여 에어백으로 보내준다. 에어백이 부풀어 오르면서 물체를 올려주게 된다. 이때 2차 압력계를 보면서 밸브를 천천히 조작하고 에어백의 균형이 유지되는지를 살핀다. 필요한 높이까지 올라가면 밸브를 닫

아 멈추게 한다.

⑥ 2개의 백을 사용하는 경우 작은 백을 위에 놓는다. 아래의 백을 먼저 부풀려 위치를 잡고 균형 유지에 주의하면서 두 개의 백을 교대로 부풀게 한다. 공기를 제거할 때에는 반대로 한다.

2) 주의사항

① 에어백은 단단하고 평탄한 곳에 설치하고 날카롭거나 고온인 물체(100℃ 이상)가 직접 닿지 않도록 한다.

② 에어백은 둥글게 부풀어 오르므로 들어 올리고자 하는 물체가 넘어질 수 있다. 따라서 버팀목 사용은 필수이다. 버팀목은 나무 블록이 적합하며 여러 개의 블록을 쌓아 가며 높이를 조절할 수 있도록 만든다.

③ 절대로 에어백만으로 지탱되는 물체 밑에서 작업하지 않도록 한다. 에어백이 필요한 높이까지 부풀어 오르면 공기를 조금 빼내서 에어백과 버팀목으로 하중이 분산되도록 해야 안전하다.

④ 버팀목을 설치할 때 대상물 밑으로 손을 깊이 넣지 않도록 주의한다. 에어백의 양 옆으로 버팀목을 대 주는 것이 안전하며 한쪽에만 버팀목을 대는 경우 균형 유지에 충분한 넓이가 되어야 한다.

⑤ 2개의 에어백을 겹쳐 사용하면 들어올리는 높이는 높아지지만 능력이 증가하지는 않는다. 즉, 소형 에어백과 대형 에어백을 겹쳐서 사용하여도 최대 부양 능력이 소형 에어백의 능력을 초과하지 못하는 것이다. **들어올리는 물체가 쓰러질 위험이 높기 때문에 3개 이상을 겹쳐서 사용하지 않는다.** 에어백의 팽창 능력 이상의 높이로 들어올려야 하는 경우에는 [그림 2-29]와 같이 받침목을 활용한다.

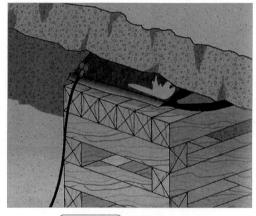

그림 2-29 받침목을 이용

3 유압 엔진펌프(Hydraulic Pump)

엔진을 이용하여 유압 전개기나 유압 절단기, 유압 램 등 유압 장비에 필요한 압력을 발생시키는 펌프이다. 대부분의 유압 장비는 상당히 무거우므로 운반 시 허리나 관절에 무리가 가지 않도록 주의를 기하고 작동 중에는 정확한 자세를 취하여 신체를 보호하여야 한다.

엔진펌프를 제작한 회사 및 모델별로 약간의 차이점이 있지만 대체로 사용방법은 다음과 같다.

(1) 사용방법

시동을 걸기 전에 연료와 엔진오일의 상태를 확인한다. 4행정 엔진은 연료와 엔진오일을 별도로 주입하므로 엔진펌프의 종류를 확인해 두어야 한다. 중형 이상의 엔진은 대부분 4행정 엔진이다.

그림 2-30 호스릴이 부착된 유압 엔진펌프

① 유압오일의 양을 확인하고 부족하면 즉시 보충한다. 또한 1년마다 오일을 완전히 교환하여 주는 것이 좋다.
② 작동 중에는 진동이 심하여 미끄러질 우려가 있으므로 기울기가 30° 이상이거나 바닥이 견고하지 않은 장소에서는 사용하지 않는다.
③ 연료밸브를 열고 시동 레버를 왼쪽으로 놓은 후 줄을 당겨 시동을 건다.
④ 사용 후에는 유압밸브를 잠그고 시동을 끈다.
⑤ 유압호스를 연결, 해제하면 반드시 커플링에 캡을 씌워 이물질이 들어가지 않도록 한다. 유압호스는 압력호스와 회송호스로 구분된 2줄 호스릴을 사용하였지만 최근에는 호스를 이중으로 만들어 외형상 하나의 호스처럼 보이는 것도 사용하고 있다.

(2) 유압 장비 사용상의 주의사항

유압 장비에는 일반인이 상상하는 것 이상의 큰 압력이 걸려 있다는 점을 인지하고 평소 규정된 매뉴얼에 따라서 점검·정비하고 이상이 있다고 판단되면 자의적인 수리를 하지 말고 즉시 A/S를 요청하도록 한다.

① 펌프의 압력이나 장비의 이상 유무를 점검할 때에는 반드시 유압호스에 장비를 연결하고 확인한다. 커플링의 체크벨브에 이상이 있을 수 있어 파손 시에는 큰 사고로 이어질 수 있기 때문이다.

② 가압할 때에는 커플링 정면에 서 있지 않는다.

③ 호스를 강제로 구부리지 않는다. 고압이 걸려 작은 손상에도 파열되어 큰 사고가 발생할 위험이 있다.

④ 전개기나 절단기를 작동시킬 때 대상물의 구조나 형태를 따라서 장비가 비틀어지기도 한다. 유압 장비에는 사람이 감당할 수 없는 큰 힘이 작용하므로 무리하게 장비를 바로 잡으려 하지 말고 잠시 전개 · 절단 작업을 중지하고 대상물의 상태를 확인한 후에 다시 작업하도록 한다.

4 유압 전개기(Hydraulic Spreader) 2016 대구 소방교

그림 2-31 유압 전개기와 부속 기구들

유압 엔진펌프에서 발생시킨 유압을 활용하여 물체의 틈을 벌리거나 압착할 수 있는 장비로 특히 차량사고 현장에서 유압 절단기와 함께 매우 활용도가 높은 장비이다. 유압펌프와 마찬가지로 제작사별로 제원 및 작동방법에는 약간의 차이점이 있지만 많이 사용되는 모델의 경우 중량은 20kg 내외이고 전개력은 20t, 압축력은 5t 전후이다. 작업할 때에는 다음과 같은 사항에 유의한다.

(1) 사용방법

유압펌프와 전개기는 평소에 휴대하기 편리하도록 분리하여 보관하며 사용할 때에는 양쪽 커플링을 연결하여야 한다.

① 전개기의 손잡이를 잡고 사용할 장소까지 옮겨 팁을 벌리고자 하는 부분에 찔러 넣는다. (유압 장비는 수중에서도 사용 가능함)

② 전개기 후면의 밸브를 조작하면 전개기가 작동된다.

③ 사용 후에는 전개기의 팁을 완전히 닫지 말고 벌려서 약간의 틈새를 두어야 한다. 이는 모든 유압 장비에 공통되는 사항으로서 날이 완전히 닫힌 상태에서 닫히는 방향으로 밸브를 작동하면 날이 파손될 수 있기 때문이다. 또한 날을 완전히 닫아두면 유압이 해제되지 않아 나중에 작동하지 못하게 되는 경우가 발생할 수도 있다.

(2) 주요 문제점 및 해결 방안

문제점	조치 방법
커플링이 잘 연결되지 않을 때	• Lock ling을 풀고 다시 시도한다. • 유압호스에 압력이 존재하는지 점검한다. 엔진작동을 중지하고 밸브를 여러 번 변환 조작한다. (만일 이것이 안 될 때에는 압력제거기를 사용하거나 A/S를 요청하여 강제로 압력을 빼 주어야 한다.)
컨트롤 밸브를 조작하여도 전개기가 작동하지 않을 때	• 펌프를 테스트 한다(펌핑이 되고, 매뉴얼 밸브가 오픈포지션에 있어야 함). • 유압 오일을 확인하고 양이 부족하면 보충한다.
전개기가 압력을 유지하지 못할 때	• 시스템에 에어가 유입되었을 때이다. • 핸들의 밸브가 잠겨 있는지 확인한다. • 실린더 바닥의 밸브를 재조립한다.
컨트롤 밸브 사이에서 오일이 샐 때	• 커플링의 풀림 여부를 확인한다. • 안전스크류를 조인다. • 계속 오일이 새면 씰을 교환한다.

5 유압 절단기(Hydraulic Cutter) [2016 경기 소방교]

유압 절단기 역시 엔진펌프에서 발생시킨 유압을 활용하여 물체를 절단하는 장비이다. 구조대에서 많이 사용하는 중간크기의 모델인 경우 중량은 13kg 전후이고 절단력은 35t 내외이다.

기본적인 조작방법과 작업상의 유의사항은 다음과 같다.

그림 2-32 유압 절단기

(1) 사용법

① 절단기의 손잡이를 잡고 절단하고자 하는 부분에 옮겨 칼날을 벌려 대고 작동밸브를 조작한다.

② 절단 대상물에 날이 수직으로 접촉되지 않으면 절단 중에 장비가 비틀어진다. 이때에는 무리하게 힘을 주어 바로잡으려 하지 말고 일단 작동을 중지하고 자세를 바로잡은 후 작업을 계속한다.

③ 절단날이 하향 10~15° 각도를 유지하도록 절단하여야 날이 미끄러지지 않고 절단이 용이하다.

(2) 주의사항

① 스프링이나 샤프트 등 열처리된 강철은 절단날이 손상될 우려가 높으므로 각별한 주의가 필요하다.

② 절단된 물체가 주변으로 튀어 안전사고가 발생할 우려가 있으므로 구조대원은 반드시 장갑과 헬멧, 보안경을 착용하고 요구조자의 신체 가까이에서 작업할 때에는 별도의 보호조치를 강구하여야 한다.

③ 기타 사용 및 관리상의 주의사항은 유압 전개기에 준한다.

6 유압 램(Extension Ram)

① 일직선으로 확장되는 유압 램은 물체의 간격을 벌려 넓히거나 중량물을 지지하는데 사용하는 일종의 확장 막대이다.

② 가장 큰 장비의 경우 접은 상태에서 90cm 전후이지만 최대한으로 펼치면 160cm까지도 확장된다. 확장력은 대략 100,000kPa 내외이다.

③ 유압 램을 사용할 때는 램이나 대상물이 미끄러지거나 튕겨 나가지 않도록 버팀목을 대주고, 얇은 플라스틱이나 합판 등인 경우에는 램이 뚫고 들어갈 수 있으므로 압력 분산을 위하여 받침목을 대주어야 한다.

[그림 2-33] 유압 램을 확장시켜 차체를 밀어냄

06 | 탐색구조용 장비 ★★★

1 매몰자 영상탐지기(Collapsed Space Victim Visual Detector)

써치탭(Search TAP)으로 불리는 매몰자 영상탐지기는 지진과 건물 붕괴 등 인명 피해가 큰 재난 상황에서 구조자가 생존자를 찾을 수 있도록 돕는 장비로 작은 틈새 또는 구멍으로 카메라와 마이크, 스피커가 부착된 신축봉을 투입하여 공간 내부를 편리하게 보기 위해 사용할 수 있다. 본 교재에서는 ST-5C 모델을 주로 설명하고 참고로 다른 모델을 아래와 같이 비교표로 나타냈다.

표 2-5 영상탐지기 성능 비교표

모델	모니터	특징
ST-5B	B/W	• 헤드 직경 최소형 • 전력 소모 절약형 • 최저 조도 : 0.05Lux
ST-5C	Color	• 헤드부가 커진 반면 칼라 색상 구별 탐색 • 최저 조도 : 5Lux
ST-5A	B/W	• 손잡이 부위가 권총 모양이고 4인치 모니터 부착

PLUS TIPS 장비 운용 시 일반적인 주의사항

① 관절로 이루어진 접합 부분은 손으로 움직이지 말고 가급적 컨트롤 스위치에 의해서만 움직여져야 한다.
② 헤드를 꼼짝할 수 없는 위치에 두지 말아야 한다. 의심되는 점이 발견되면 작업을 멈추고 주의 깊게 검사하여야 한다. 관절 부분을 한계점까지(오른쪽, 왼쪽) 작동하는 것을 피해야 한다.
③ 신축봉은 완전 방수가 된 장비가 아니므로 주의하고, 선이나 연결기를 밟지 않아야 한다.
④ 선이 꼬이지 않도록 하고 선을 직경 4인치 이하의 고리 안에 두지 말아야 한다.
⑤ 선을 연결할 때 연결기 지시 부호를 일렬로 정리할 시간을 가져야 한다. 또한 조정 손잡이의 스위치들을 중립 지점에 일렬로 놓는 시간을 가져야 한다.
⑥ 지시 부호들이 일렬로 정렬될 때까지 어떤 힘도 연결이 되도록 허용되지 않아야 한다. 또 연결 부위나 주장치 부위에 충격이 가해지지 않도록 한다.

2 매몰자 음향탐지기(Collapsed Space Victim Acoustic Detector)

① 매몰, 고립된 사람의 고함이나 신음, 두드림 등의 신호를 보낼 수 있는 생존자를 찾아 내기 위한 장비이다.
② 흙 속에서 나오는 극히 작은 음파(진동)는 지진과 유사한 파동으로 전파된다.
③ 이들 파동의 전파는 콘크리트 바닥의 경우 두드리는 신호에 의해 생성된 파동은 약 5,000m/초의 속도와 100Hz 이상의 주파수로 전파된다.
④ 탐지기는 수백 미터 떨어진 이러한 진동을 감지할 수 있다. 부서진 잔해에서 전파속

도와 주파수는 1/10가량 줄어든다.

⑤ 이러한 지중음을 들을 수 있도록 하기 위해 고도로 음파(진동)에 민감한 동적 변환기 인 지오폰이 사용된다.

⑥ 이들 변환기에 의해 생성된 전기 신호는 증폭기에 의해 증폭되고 헤드폰(가청범위의 주파수), 마이크로폰인 공중음 센서에 의해 수신할 수 있으며 좁은 공간을 통해 넣을 수 있다면 인터콤 시스템을 통해 갇힌 사람과 대화가 가능하다.

[그림 2-34] 매몰자 음향탐지기

PLUS TIPS 정비 및 보관 시 주의사항

① 청취 작업 후에 각각의 센서와 케이블은 물에 적신 헝겊 조각으로 먼지를 청소해야 한다. 또한 지중 음센서에 있는 잭이 더러울 경우, 가능하면 압축공기로 청소한다(긴급 시 물로 세척).
② 건전지를 삽입하여도 레벨지시기에 표시가 되지 않을 경우 건전지를 새것으로 교체하고 그래도 나타나지 않을 경우 수리를 의뢰한다.
③ 탐지기를 장시간 사용하지 않을 경우 건전지는 반드시 증폭기에서 꺼내어 별도 보관하며, 월 1회 이상 작동 기능 점검을 실시하여야 한다.

3 매몰자 전파탐지기(Collapsed Space Victim Electromagnetic Detector)

[그림 2-35] 매몰자 전파탐지기

① 붕괴된 건물의 잔해나 붕괴물 속에 마이크로파대의 전파를 방사하여 매몰한 생존자의 호흡에 의한 움직임을 반사파로부터 검출하는 것으로 그 생존을 탐사하는 장비이다.

② 송신기(TX)를 사람이 살아서 묻혀 있을 것으로 예상되는 방향으로 향하게 하고 여기서 연속적인 RF(Radio Frequency, 직접변환 주파수) 신호를 송출하며, 송출된 신호는 묻혀 있는 사람의 호흡 및 심장 박동에 의한 가슴의 움직임에 따라 검출에 충분한 신호로 변조된 후 반사된다.

③ 이 변조된 신호는 수신기(RX)에 의해 수신된다. 수신된 신호는 다시 복조(변조파에서 신호를 끌어내는 현상)되어 보다 세밀한 분석을 위해 컴퓨터로 전송되고, 처리된 신호의 변조 내용은 신호를 주파수 스펙트럼으로 변환시켜 측정 컴퓨터의 모니터에 표시함으로써 일정한 스펙트럼 부분에 의해 매몰 생존자의 존재 여부가 표시된다.

④ 살아있는 사람의 정보는 백분 확률과 안테나와 생존자의 거리를 추산하여 나타낼 수도 있다. 확률 또는 생존자의 거리는 붕괴된 물질에 크게 영향을 미친다. 시스템 자체는 신호를 감쇄시키는 물질을 알 수 없기 때문에 사용자에 의해서만 이 범위의 최적화가 가능해진다. 따라서 신호의 분석과 해석은 충분한 교육을 받고 경험이 많은 대원이 수행하여야 한다.

⑤ 만약 실제로는 생존자가 없을 것으로 추정되는 곳에서 생존자 표시가 나온다면 적극적으로 생존 가능성을 검토하고 구조작업을 진행하여야 한다.

조작상 주의사항

① 탐사 중 안테나, 케이블, 본체 등을 절대로 움직이지 말고 될 수 있는 한 안테나, 케이블로부터 주변 사람들을 떨어지게 한다. 탐사 현장 주위에 휴대전화 등 전파를 발생하는 기기와는 최소 20m 이상 떨어져 있어야 한다.

② 탐지기를 사용할 때는 그 성능, 사용법을 잘 알고 충분히 사용 훈련을 받아야 한다. 탐지기도 다른 일반 탐색 장비와 마찬가지로 탐지능력에 제한이 있고 생존자의 탐지를 100% 보장할 수 있는 것도 아니다.

③ 이 장비의 효율성은 조작자의 전파나 재해에 관한 지식, 이해력에 따라 좌우된다. 그 이유는 재해 현장은 복잡하고 다양한 변수가 존재하기 때문에 적정한 탐사기법을 선택하는 데 있어서 지식과 경험에 의한 판단이 필요하기 때문이다. 특히 다음과 같은 점에 충분한 이해와 훈련이 필요하다.
ⓐ 전파의 특성에 관한 이해 → ⓑ 재해 현장의 특성에 관한 이해 → ⓒ 장비의 취급 훈련

(1) 탐사의 판단

① 생존자의 유무 판단은 탐사파형 및 소리로 변환된 신호로 한다. 탐사 대상 구역 내의 전파의 도달 범위 내로 피해자 등이 존재하면 전형적으로는 3~4초에 한 번씩 정기적인 호흡에 따른 파형이 검지된다. 이 검지 파형을 사전에 훈련 등으로 잘 알고 있어야 한다.

② 호흡에 따른 변동은 피해자의 쇠약의 정도, 의식의 유무, 그리고 어떻게 매몰되어 있는가에 따라서 달라진다. 따라서 이런 변화에 대해서도 사전에 훈련 등으로 잘 알고

있어야 한다.

③ 이 기기는 계측기이며, 판단은 어디까지나 조작자가 하는 것이란 점에 대해서 충분히 유의하여 기계를 과신하지 말고 생존자의 존재 여부를 판단할 때에는 가능한 한 긍정적으로 하도록 한다.

07 보호 장비 ★★★★★

1 공기호흡기(SCBA ; Self Contained Breathing Apparatus)

보호용 장비인 공기호흡기는 담당 업무를 막론하고 모든 소방대원에게 가장 중요한 장비이다. 건물 내 진입이든 건물 밖에서의 활동이든 화재 또는 유독물질이 존재하는 곳에서는 항상 호흡기를 착용해야 한다.

(1) 호흡과 산소 요구량

1) 호흡량

① 사람의 호흡운동은 보통 분당 14~20회로, 1회에 들이마시는 공기량은 성인 남성의 경우 약 500cc 정도이며 심호흡을 할 때에는 약 2,000cc, 표준 폐활량은 3,500cc이다.

② 운동이나 노동을 하는 경우 호흡 횟수가 늘고 깊은 호흡을 하게 된다. 이것은 몸에 다량의 산소가 필요하게 되고 몸에 있는 이산화탄소를 급히 배출해야 하기 때문이다.

③ 특히 소방활동 시에는 무거운 장비를 장착하고 긴장도가 극히 높은 작업을 하기 때문에 평상시의 작업에 비해 공기소모량이 많다. 호흡량은 개개인의 체력, 경험, 작업량, 긴장도 등에 따라 다르지만 일반적으로 다음과 같다.

㉠ 평균 작업 : 30~40 ℓ /분 ㉡ 격한 작업 : 50~60 ℓ /분 ㉢ 최고의 격한 작업 : 80 ℓ /분

2) 용기 내 압력과 호흡량의 한계

① 고압조정기(regulator)에서 보급되는 흡기유량은 한계가 있고 이 수치는 용기 내 압력의 감소에 따라 계속 저하되는 경향이 있다. 용기 내 압력이 높은 경우는 호흡에 충분한 공기량이 보급되지만 압력이 낮아짐에 따라 흡기량도 계속 줄어들어 어느 압력 이하에서는 호흡에 필요한 공기량의 보급이 곤란하게 된다.

② 이 한계압력은 개개인의 호흡량과 공기호흡기의 종류에 따라 차이가 있지만 일반적으로 용기 내의 압력이 1~1.5MPa 이하가 되면 소방활동 시의 호흡량에 대응할 수 없게 된다. 이 때문에 사용 가능 시간 및 탈출 개시 압력을 결정할 때에는 이 압력을 여유압력으로 제외하고 계산한다.

 조작상 주의사항

- 사용 가능 시간(분) = $\dfrac{[\text{용기 내 압력(MPa)} - \text{여유 압력(MPa)}] \times \text{용기 용량(ℓ)}}{\text{매분당 호흡량(ℓ)}}$

- 탈출 개시 압력 = $\dfrac{\text{탈출 소요 시간(min)} \times \text{매분당 호흡량(ℓ)}}{\text{용기 용량(ℓ)}} + \text{여유 압력(MPa)}$

※ 현재 법령에서 공식적으로 사용되는 압력 단위는 파스칼(Pa)이다. 1파스칼(Pa)은 $1m^2$에 1N의 힘이 가해졌을 때(N/m^2)의 압력이다. 아직 대부분 kg/cm^2을 사용하고 있지만 국제단위체계(SI 단위)에 맞는 Pa 단위로 환산해야 할 경우가 있으므로 아래의 환산 방법을 기억해 두어야 한다.
$1kg/cm^2 = 98,066.5Pa = 98.0665kPa = 0.0980665MPa ≒ 100kPa ≒ 0.1MPa$

(2) 공기호흡기의 제원 및 성능

종전에는 15MPa 압력으로 충전하여 30분 정도 사용가능한 8ℓ형이 많이 보급되어 있었으나 최근에는 30MPa으로 충전하는 6.8ℓ형이 보급되어 작업 가능 시간이 50분 정도까지 연장되었다.

표 2-6 공기호흡기의 제원

구분	제원
	SCA680 WX
형식	압축공기 2단 감압 양압식
실린더 내용적	6.8ℓ
재질	Carbon Fiber
중량	약 3.6kg (총중량 5.2kg)
충전공기량	2,040ℓ
최고충전압력	30MPa
내압시험압력	75MPa
경보개시압력	5.5MPa
정지압력	1MPa

(3) 사용법 및 주의사항★★★★★

1) 공기호흡기 사용 시의 문제점

공기호흡기를 착용하면 신체적 제약을 받게 된다. 따라서 안전을 위하여 단독으로 행동하지 말고 항상 1조에 2인 이상으로 팀을 편성하여 행동한다.

① 체력 소모 : 공기호흡기는 그 자체로 적지 않은 중량이 나가며 방화복, 헬멧, 방수화 등의 장비까지 착용하면 대원의 육체적 피로가 가중된다. 여기에 공기의 원활한 공급이 제한되기 때문에 체력이 심하게 소모된다. 피로가 심해질수록 공기도 빨리 소모된다.

② 감각의 제한 : 면체를 착용하면 시야각이 협소해지고 면체 내부에 습기가 차면 앞이 잘 보이지 않게 된다. 또한 공기가 공급되면서 발생하는 소음으로 청각도 제한된다.

2) 사용방법

① 100% 유독가스 중에서도 사용할 수 있지만 암모니아나 시안화수소 등과 같이 피부에 염증을 일으키는 가스와 방사성 물질이 누출된 장소에 진입하는 경우에는 별도의 보호장비를 착용하여야 한다.

② 장착 전 개폐 밸브를 완전히 연 후, 반대 방향으로 반 바퀴 정도 돌려 나중에 용기의 개폐 여부를 쉽게 확인할 수 있도록 한다.

③ 용기의 압력을 확인하고 큰 소리로 복창한 후, 면체의 기밀을 충분히 점검하고 신체에 밀착시키도록 한다. 면체의 기밀이 나쁜 것은 사용하지 않는다.

④ 가급적 현장에 진입하기 직전에 면체를 장착하고 현장에서 완전히 벗어난 후에 면체를 벗는다. 시야가 좋아졌다고 오염되지 않은 곳이라는 보장은 없다. **장착 후에는 불필요하게 뛰는 것을 피하며 호흡을 깊고 느리게 하면 사용 가능 시간을 연장할 수 있다.**

⑤ 고압호스는 꼬인 상태로 취급하지 말고, 개폐 밸브가 다른 물체에 부딪히거나 충격을 받지 않도록 한다.

⑥ 면체 내부에 김이 서려도 활동 중에는 벗어서 닦지 않는 것이 좋다. 유독가스를 흡입할 가능성이 높기 때문이다. 면체 착용 시 코틀(nose cap)을 완전히 밀착시키면 면체 내부의 공기 흐름을 차단하여 김 서림을 방지할 수 있다.

⑦ 활동 중 수시로 압력계를 점검하여 활동 가능 시간을 확인하고 경보가 울리면 즉시 안전한 곳으로 탈출한다. 이때 같은 팀으로 활동하는 다른 대원들과 같이 탈출하여야 한다. 대부분 충전된 공기량이 거의 동일하기 때문에 활동 가능 시간도 비슷하다. 따라서 한 대원의 경보가 울리면 다른 대원들도 함께 탈출하여야 한다.

3) 압력조정기의 고장

양압조정기에 갑작스런 충격이 가해지거나 이물질로 인해서 고장이 발생할 수 있다. 이때에는 면체 좌측의 바이패스 밸브를 열어 공기를 직접 공급해 줄 수 있다. 바이패스 밸브는 평소에는 쉽게 열리지 않지만 압력이 걸리면 개폐가 용이하다. 바이패스 밸브를 사용할 때에는 숨 쉰 후에 닫아주고 다음번 숨 쉴 때마다 다시 열어준다.

4) 유지·관리상 주의

① 용기와 고압도관, 등받이 등을 결합할 때에는 공구를 사용하는 부분인지 정확히 판단한다. 대부분의 부품은 손으로 완전히 결합할 수 있다.

② 용기는 고온 직사광선을 피하여 보관하고 충격을 받지 않도록 조심스럽게 다룬다. 특히 개폐 밸브의 보호에 유의하고 개폐는 가볍게 한다.

③ 공기의 누설을 점검할 때는 개폐 밸브를 서서히 열어 압력계 지침이 가장 높이 상승하는 것을 기다려 개폐 밸브를 잠근다. 이 경우 압력계 지침이 1분당 1MPa 이내로 변

화할 때에는 사용상에 큰 지장은 없다.

④ 사용 후 고압도관에 남은 공기를 제거하고, 안면 렌즈에 이물질이 닿지 않도록 한다.

⑤ 고압조정기와 경보기 부분은 분해조정하지 않는다.

⑥ 실린더는 고온 직사광선을 피하여 보관하고 충격을 받지 않도록 조심스럽게 다룬다. 특히 개폐 밸브의 보호에 유의하고 개폐는 가볍게 한다. 사용한 후에는 깨끗이 청소하고 잘 닦은 후 고온 및 습기가 많은 장소를 피해서 보관한다. 최근에 보급되는 면체에는 김 서림 방지(Anti-Fog) 코팅이 되어 있어 물로 세척하면 코팅이 벗겨질 수 있다. 젖은 수건으로 세척한 후에는 즉시 마른 수건으로 잘 닦고 그늘에서 건조시킨다.

⑦ 실린더 내의 공기는 공기호흡기를 사용하는 안전에 직접적인 영향을 미치므로 항상 청결하게 유지되어야 한다. 따라서 충전되는 공기는 산소농도 20~22% 이내, 이산화탄소는 1,000ppm 이하, 일산화탄소는 10ppm 이하, 수분은 25mg/m³ 이내, 오일 미스트는 5mg/m³(단, 측정값이 표시되지 않는 방식의 분석기를 사용하는 경우에는 색상의 변화가 없을 것) 이내, 총 탄화수소는 25ppm 이하, 총 휘발성 유기화합물은 500μg/m³ 이하를 유지하도록 규정하고 있다. 또한 공기가 충전된 용기를 90일 이상 보관하였을 때에는 공기를 배출한 후 다시 새로운 공기를 충전하여 보관한다.

2 방사능 보호복

방사능 보호복은 방사능이 누출되거나 동위원소를 이용하는 기기가 손상되는 경우 방사선(알파선 · 베타선 또는 감마선, 중성자, X-ray 등을 말한다.)의 선원으로부터 인체를 보호하기 위한 보호복을 말한다(소방용 특수보호복 등의 성능과 유지관리기준(소방청 고시 제2017-1호)).

소방기관의 장은 특수보호복을 담당하는 전담자를 지정하여야 한다.

특수보호복 전담자는 다음 각 호의 기준에 적합한 사람이어야 함

① 119안전센터 또는 119구조대에서 근무한 경력이 5년 이상일 것
② 중앙소방학교 · 지방소방학교 또는 전문교육기관에서 실시한 화생방사고 대처 요령 등 관련 과목을 이수할 것

(1) 구성

방사능 보호복의 세트는 방사능 보호복(밀폐식 공기호흡기 착용형, NBC 마스크 착용형 등), 개인선량경보계로 구성된다.

(2) 방사능 보호복의 성능조건

1) 일반조건

방사능 보호복은 호흡기 또는 신체 일부・전부를 방사선으로부터 차폐할 수 있는 기능의 특수원단(납 또는 특수재질)으로 제작하고 개인선량계를 착용할 수 있는 구조일 것

2) 특수조건

① 알파, 베타 또는 알파, 베타, 감마, 중성자, X-ray로부터 보호될 수 있는 것
② 밀폐식 공기호흡기 착용형 또는 NBC 마스크 착용형
③ 방사선 방호에 대한 인증기관 인증서를 반드시 첨부할 것

(3) 주의사항

① 방사선 관련된 활동 시 방사선 차단도 중요하지만 올바른 보호복 착용으로 방사선에 오염된 물질의 침입을 최소화함으로써 피부 및 내의와의 접촉을 최소화해야 한다.
② 사용한 보호복은 다른 지역까지 오염시키는 것을 방지하기 위해 잠재적 노출 지역에서의 착용 후 즉시 폐기되어야 한다.
③ 방사선 방호복의 방사선 차폐 자재는 납 등 원자 번호가 큰 원소로 이루어지는 소재를 흡수체로서 이용하여 방사선의 투과를 감소시키는 것이다. 납 시트가 차폐 성능이 뛰어나기 때문에 종래부터 사용되고 있지만, 납은 착용자의 피부 오염 및 소각할 때나 폐기 후에도 발생되는 환경오염 문제가 있다.
④ 최근 신소재 개발에 의한 방사능 보호복이 개발되고 있지만 납 시트 보호복을 포함하여 현재까지 개발된 어떠한 방사선 보호복도 γ선이나 중성자선에 대한 차단 능력은 25%를 넘지 못할 정도로 매우 미흡하다.

그림 2-36 방사능 보호복

3 화학보호복

화학보호복은 신경・수포・혈액・질식 등의 화학작용제 및 유해물질로부터 인체를 보호하기 위하여 공기호흡기가 내장된 완전 밀폐형으로 제작되는 보호복을 말한다.

(1) 구성

① 화학보호복의 세트는 화학보호복·공기호흡기·쿨링시스템·통신장비·비상탈출
보조호흡장비·검사장비(테스트킷)·착용보조용 의자·휴대용 화학작용제 탐지기
및 소방용 헬멧으로 구성한다.

② 화학보호복은 그 수명 및 제작사의 일반적 기준에 따라 일회용·재사용으로 구분되
며 수요기관의 예산범위, 소방대원의 선호도에 따라 결정될 수 있으나, 일회용 화학
보호복이라 할지라도 제독 등 관리상 철저를 기하면 재사용할 수 있고, 재사용할 수
있는 화학보호복이라 할지라도 유독물질에 장시간 노출되어 오염되었을 경우에는
폐기를 권장한다.

(2) 화학보호복의 성능

그림 2-37 화학보호복

화학보호복은 NFPA1994에서 정한 화학보호복 등급 중 LEVEL A급(또는 CLASS 1급)
의 화학보호복 일반적 성능 기준을 준용하며 과학적 실험결과 각종 유해물질에 의하여 변
성·침투 및 누설이 되지 아니하는 특수재질의 원단으로 제작되었음이 국내외 공인 인증
서로 증명되어야 한다.

(3) 화학보호복의 검사

① 화학보호복을 사용하기 전, 전체적인 육안검사(원단, 솔기, 지퍼, 렌즈, 장갑, 배기밸
브 및 주입밸브 등) 및 압력시험검사를 통하여 화학보호복의 이상 유무를 확인한다.

② 압력시험검사는 다양한 액체 또는 가스에 노출된 작업 현장에서 작업자를 보호하기
위하여 화학보호복 내부로 액체 또는 가스가 유입되는지의 여부를 확인하는 것으로
육안검사를 대체할 수 있으며 무엇보다 중요하므로 사용 전 필히 수행되어야 한다.

PLUS TIPS 다음과 같은 때에는 보호복의 결함 상태를 확인하기 위하여 검사를 실시

① 공급업체로부터 수령 시 　② 보호복 착용 전 　③ 매년 1회 이상
④ 보호복 사용 후 다시 착용하기 전(오염, 손상 또는 변형된 보호복은 다시 사용해서는 안 된다.)

Part 2 구조장비

(4) 화학보호복(레벨 A) 착용방법

화학보호복의 착용은 적절한 크기의 화학보호복을 선택하여 제품에 이상이 없는지 반드시 검사를 하고 착용 시 다른 사람의 도움을 받아 깨끗한 장소에서 실행한다.

① 공기조절밸브 호스를 공기호흡기에 연결한다.

② 공기호흡기 실린더를 개방한다.

③ 화학보호복 안면창에 성에방지제를 도포한다. (손수건과 함께 휴대하는 것이 좋음)

④ 화학보호복 하의를 착용한다.

⑤ 공기호흡기 면체를 목에 걸고 등지게를 착용한다.

⑥ 무전기를 착용한다.

⑦ 공기조절밸브에 호스를 연결한다.

⑧ 면체를 착용하고 양압호흡으로 전환한다.

⑨ 헬멧과 장갑을 착용한다.

⑩ 보조자를 통해 상의를 착용 후 지퍼를 닫고 공기조절밸브의 작동상태를 확인한다.

그림 2-38 화학보호복(레벨 A) 착용방법

08 보조장비 및 화재진압장비 ★★★

1 공기안전매트(Air Mat)

공기매트는 높은 곳에서 뛰어내렸을 때 공기의 탄력성을 이용하여 인체에 가해지는 충격을 완화시킴으로서 부상을 방지하는 장비이다.

『인명구조매트의 KFI 인정기준』에 의하면 "공기주입형 구조매트"라 하고, 15m 이하의 높이에서 뛰어내리는 사람의 부상 등을 줄이기 위하여 공기 등을 매트 또는 지지장치 등에 주입하는 인명구조매트로 한정하고 있어 실제 구조대에서 사용하고 있는 공기매트의 사용 높이와는 많은 차이가 있다.

(1) 규격 및 제원

1) 구조 및 외관 등

① 신속하게 설치·철거할 수 있고 연속하여 사용할 수 있어야 한다.

② 낙하면은 눈에 잘 띄는 색상으로서 낙하 목표 위치를 쉽게 알 수 있도록 반사띠 등으로 표시하여야 한다.

③ 구조매트에 뛰어내리는 사람에게 낙하 충격을 현저히 줄일 수 있는 구조로서 낙하면과의 접촉 시 반동에 의하여 튕기거나 구조매트 외부로 미끄러지지 않아야 한다.

④ 구조매트 내부의 압력이 일정하게 유지될 수 있도록 설정 압력을 초과하면 자동 배출되는 구조이어야 한다.

2) 설치 및 복원 시간

① 제조사가 제시한 방법에 따라 구조매트를 보관하고 있는 상태에서 낙하자가 낙하

할 수 있는 사용 상태로 설치하는 데 걸리는 시간은 30초를 초과하지 않아야 한다.

② 120kg의 모래주머니(800×500mm)를 사용 높이에서 연속하여 2회 떨어뜨린 후 모래주머니를 낙하면에서 제거한 시점부터 최초 사용 대기 상태로 복원되는 시간은 10초를 초과하지 않아야 한다. 이 경우, 모래주머니를 떨어뜨리는 간격은 제조사가 제시하는 시간으로서 최소한 10초를 초과하지 않아야 한다.

3) 총 질량

① 구조매트는 부속품(공기압력용기 등)을 포함하여 50kg을 초과하지 않아야 한다.

② 구조매트의 보관상태 크기는 $0.3m^3$ 이하이어야 한다.

(2) 낙하 요령

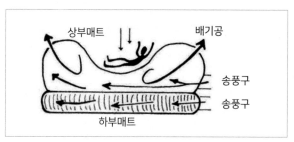

상부매트　배기공
송풍구
송풍구
하부매트

그림 2-39 공기매트의 구조

① 매트 중앙 부분을 착지점으로 겨냥하고 뛰어내리면서 다리를 약간 들어주면서 고개를 앞으로 숙여서 엉덩이 부분이 먼저 닿도록 하는 것이 안전하다.

② 매트 내의 압력이 지나치게 높으면 강한 반발력을 받아 부상의 위험이 있으므로 매트가 팽창한 후에는 압력을 약간 낮춰주는 것이 좋다.

③ 에어매트는 다른 방법의 구조가 불가능하거나 응급상황에만 사용해야 한다.

④ 훈련이나 시범 시에는 더미나 샌드백을 사용하되 부득이 직접 사람이 훈련이나 시범을 보일 때에라도 4m 이상 높이에서는 뛰어내려서는 안 된다.

2 열화상 카메라(Thermal Imaging Camera)

야간 또는 농연 등으로 시계가 불량한 지역에서 물체의 온도 차이를 감지하여 화면상에 표시함으로서 화점 탐지, 인명구조 등에 활용하는 장비이다.

(1) 야간투시경(Night Vision)

카메라에서 적외선 파장을 발산하여 측정하거나 달빛을 증폭하여 물체를 화면에 표시하는 것으로 다큐멘터리에서 동물의 움직임을 촬영할 때의 야시경과 같이 초록색 화면으로 보는 것이 그 예이다.

(2) 열화상 카메라(Infrared Thermal Camera)

IR 카메라라고 부르기도 하는데 적외선을 방사하지 않고 동물 등이 방사하는 적외선을 이용한다. 피사체가 물체나 동물인 경우 물체의 온도에 따라 일정한 파장의 빛이 방출되는 원리를 이용한 것이다.

> 야간투시경은 적외선의 반사를 이용한 것이고, 열화상 카메라는 적외선 방사를 이용한 것이다.

그림 2-40) 열화상 카메라

(3) 주의사항

① 열화상 카메라 사용 시 카메라의 뷰파인더 화면에 표시되지 않는 사각이 많아 시야가 협소하고, 원근감이 달라서 안전사고의 위험이 높다.
② 반드시 헬멧을 착용하고 이동할 때에는 뷰파인더에서 눈을 떼고 주변을 확인한 후 발을 높이 들지 말고 바닥에 끌듯이 옮겨서 장애물을 피하도록 한다.

PART 2 구조장비
적중예상문제

01 엔진동력 장비의 경우 엔진오일의 점검에 특히 주의해야 할 사항으로 옳은 것은?

2011 부산 소방장, 유사 문제 다수 출제

① 2행정기관의 경우 엔진오일의 양이 적으면 엔진에 손상을 입어 기기의 수명이 단축될 수 있다.
② 2행정기관의 경우 엔진오일과 연료를 별도로 주입한다.
③ 4행정기관의 경우 엔진오일을 혼합하여 주입한다.
④ 4행정기관의 경우 사용 전에 기기를 흔들어 잘 혼합되도록 한 후 시동을 걸도록 한다.

 해설

장비조작 시의 주의사항
엔진동력 장비의 경우 엔진오일의 점검에 특히 주의한다.
ⓐ 4행정기관(유압펌프, 이동식 펌프 등)의 경우 엔진오일을 별도로 주입하므로 오일의 양이 적거나 변질되지 않았는지 수시로 점검한다.
ⓑ 일반적인 2행정기관(동력절단기, 체인톱, 발전기 등)의 경우 엔진오일과 연료를 혼합하여 주입하므로 반드시 2행정기관 전용의 엔진오일을 사용하며, 정확한 혼합 비율을 지키는 것이 매우 중요하다. 오일의 혼합량이 너무 많으면 시동이 잘 걸리지 않고 시동 후에도 매연이 심하다. 반면 오일의 양이 적으면 엔진에 손상을 입어 기기의 수명이 단축될 수 있으므로 항상 혼합점검을 철저히 하고 사용 전에 기기를 흔들어 잘 혼합되도록 한 후 시동을 걸도록 한다.

02 재난현장 동력장비 사용 시 주의사항으로 옳지 않은 것은?

① 맨홀 등 환기가 불충분한 장소에서는 엔진장비를 활용하지 않는 것을 원칙으로 한다.
② 전동장비는 반드시 접지가 되는 2극 플러그를 이용한다.
③ 장비를 이동시킬 때에는 작동을 중지시킨다.
④ 지하실에서는 엔진장비를 활용하지 않는 것을 원칙으로 한다.

해설

장비조작 시의 주의사항

– 동력장비 사용 시 주의사항

① 공기 중에 인화성 가스가 있거나 인화성 액체가 근처에 있을 때에는 동력장비의 사용을 피한다. 마찰 또는 타격 시 발생하는 불꽃과 뜨거운 배기구는 발화원이 된다.

② 지하실이나 맨홀 등 환기가 불충분한 장소에서는 장시간 작업하지 않도록 하고 배기가스에 의한 질식의 위험이 있으므로 엔진장비를 활용하지 않는 것을 원칙으로 한다.

③ 엔진장비에 연료를 보충할 때에는 반드시 시동을 끄고 엔진이 충분히 냉각된 후에 주유한다.

④ 장비를 이동시킬 때에는 작동을 중지시킨다. 엔진장비의 경우에는 시동을 끄고 전동장비는 플러그를 뽑는다.

⑤ 전동장비는 반드시 접지가 되는 3극 플러그를 이용한다. 접지단자를 제거하면 감전사고의 위험이 있다.

⑥ 장비를 무리하게 작동시키지 말고, 이상이 발견되면 작동을 중지하고 전문가의 점검을 받는다.

⑦ 작업종료 후에는 장비의 이상 유무를 재확인하여 오물과 분진 등을 제거한 후 잘 정비하여 다음 사용에 지장이 없도록 한다. 이상이 있는 경우 즉시 수리하고, 정비 및 수리를 마친 후에는 항상 기록을 정확히 남긴다.

---

03 인명구조 현장에서 로프총 사용방법과 관련한 내용으로 옳지 않은 것은?

2013 울산 소방교

① 공압식의 경우 15MPa 압력에서 최대 사거리는 120m, 유효 사거리 60m 내외이다.

② 수평각도 75°가 이상적이다.

③ 화약식 로프총에 20GA 추진탄을 사용하면 최대 사거리는 200m, 유효 사거리는 150m이다.

④ 굴절사다리차나 고가사다리차, 헬기 등 높은 곳에서 하향으로 발사할 때에는 정확히 목표물에 도달할 수 있으므로 목표물 지점을 정조준토록 한다.

 해설

로프총 사용방법

– 유효 사거리

① 화약식 로프총에 20GA 추진탄을 사용하면 <u>최대 사거리는 200m, 유효 사거리는 150m</u>

② 공압식의 경우 15MPa 압력에서 <u>최대 사거리 120m, 유효 사거리 60m 내외</u>

– 사격각도

① 수평각도 65°가 이상적이다.

② 목표물을 정조준하는 것이 불가능할 경우에는 목측으로 조준하여 견인탄이 목표물 위로 넘어가도록 발사하면 요구조자가 견인로프를 회수하기 용이하다.

③ 굴절사다리차나 고가사다리차, 헬기 등 높은 곳에서 하향으로 발사할 때에는 정확히 목표물에 도달할 수 있으므로 목표물 지점을 정조준토록 한다.

정답 **01** ① **02** ② **03** ②

04 마취총에 관한 내용으로 옳지 않은 것은?

2018 소방위

① 동물에 대한 마취총 사격 부위는 피하지방이 얇은 쪽에 쏘는 것이 효과적이다.

② 마취효과가 나타나려면 5분 정도가 걸리므로 주사기 명중 후 천천히 따라가 마취효과가 나타나면 포획한다.

③ 마취약은 주사기에 약제 주입 후 2~3일이 지나면 효과가 다소 떨어지므로 약제는 현장에서 조제해 쓰는 것이 좋다.

④ 유효 사거리 30m 이내에서는 파괴력이 강해서 자칫 동물에 상해를 줄 우려가 있다.

🔔 해설

마취총(Tranquilizer gun)
동물에 의한 인명피해의 우려가 있는 동물을 생포하기 위해 사용하며 블로우건에 비하여 마취총은 사정거리가 길고 비교적 정확성도 있으나 유효 사거리 20m 이내에서는 파괴력이 강해서 자칫 동물에 상해를 줄 우려가 있다.

– 사용방법
① 마취가 필요한 경우는 난폭하거나 예민한 동물의 포획 또는 접근이 불가능한 동물을 포획할 경우이다.
② 동물에 대한 마취총 사격 부위는 피하지방이 얇은 쪽에 쏘는 것이 효과적이지만 다리의 근육이 많은 부분을 조준하여야 하며 중요 부위에 맞아 장애가 발생하는 것에 주의한다.
③ 마취총, 마취석궁, 블로우건(Blowgun) 모두 주사기에 마취약을 넣어 사용하고, 동물에 주사기가 적중했을 때 마취약이 분사된다.
④ 마취약은 주사기에 약제 주입 후 2~3일이 지나면 효과가 다소 떨어지므로 약제는 현장에서 조제해 쓰는 것이 좋다.
⑤ 마취효과가 나타나려면 5분 정도가 걸리므로 주사기 명중 후 천천히 따라가 마취효과가 나타나면 포획한다.
⑥ 구성품은 마취총, 금속주사기, 추진제, 어댑터, 오일, 막대 등이 있으며 구조를 완전히 이해하여야 하고, 총기이므로 사용 후에는 손질은 물론 보관과 취급에 주의해야 한다.
⑦ 총기에 따라 사용법이 다양하므로 119 구조대원들의 사격능력 향상을 위한 훈련 및 동물별 적정용량의 마취약 사용법 숙달을 통해 대원 개개인의 전문능력을 강화해야 한다.

05 동적로프에 대한 설명으로 옳은 것은?

2016 서울 소방교

① 동적로프는 신장률이 5% 미만 정도로 하중을 받아도 잘 늘어나지 않는다.

② 동적로프는 신장률이 7% 이상 정도로서 신축성이 높아 충격을 흡수하는 데 유리하다.

③ 산악 구조활동과 장비의 고정 등에는 정적로프가 적합하다.

④ 보통 정적로프는 부드러우면서 여러 가지 색상이 섞인 화려한 문양이다.

> **해설**
>
> **정적로프와 동적로프**
> ① 구조활동에 사용하는 로프는 신축성에 따라 크게 동적로프(Dynamic rope)와 정적로프(Static rope)로 구분할 수 있다.
> ② 정적로프는 신장률이 5% 미만 정도로 하중을 받아도 잘 늘어나지 않으며 마모 내구성이 강하고 파괴력에 견디는 힘이 높은 반면 유연성이 낮아 조작이 불편하고 추락 시의 하중이 그대로 전달되는 결점이 있다.
> ③ 동적로프는 신장률이 7% 이상 정도로서 신축성이 높아 충격을 흡수하는 데 유리하므로 자유낙하가 발생할 수 있는 암벽등반에 유리하다.
> ④ 일반 구조활동용으로는 정적로프나 세미스태틱(Semi-static rope) 로프가 적합하고 산악 구조활동과 장비의 고정 등에는 동적로프가 적합하다.
> ⑤ 보통 동적로프는 부드러우면서 여러 가지 색상이 섞인 화려한 문양이고 정적로프는 뻣뻣하며 검정이나 흰색, 노란색 등 단일 색상으로 만들어져 외형만으로도 비교적 쉽게 구분이 가능하다.

06 로프 관리 및 사용상의 주의점으로 옳지 않은 것은?

> 2011 부산 소방교, 2013 울산 소방교, 2016 소방교

① 그늘지고 통풍이 잘되는 곳에 보관하도록 한다.
② 로프는 자루에 넣어 보관한다.
③ 중점을 두어야 하는 부분은 적절한 점검과 청결유지, 그리고 보관이다.
④ 로프를 사리고 끝처리로 너무 단단히 묶어두지 않도록 한다.

> **해설**
>
> **로프 관리 및 사용상의 주의점**
> **- 로프의 관리**
> ① 로프는 언제든지 사용할 수 있도록 철저히 관리하여야 한다.
> ② 중점을 두어야 하는 부분은 적절한 점검과 청결유지, 그리고 보관이다.
> ③ 로프는 그늘지고 통풍이 잘되는 곳에 보관하도록 한다.
> ④ 로프를 사리고 끝처리로 너무 단단히 묶어두지 않도록 한다.
> ⑤ 로프에 계속적으로 하중을 가하여 로프가 늘어나 있는 상태이므로 노화가 빨리 오게 된다.
> ⑥ 부피를 줄이기 위해 좁은 상자나 자루에 오래 방치하는 것도 좋지 않다.

07 로프의 사용 시 반드시 2줄로 설치하여 안전을 확보해야 되는 것은?

① 직경 6mm 이하   ② 직경 8mm 이하
③ 직경 9mm 이하   ④ 직경 10mm 이하

정답   **04** ④   **05** ②   **06** ②

해설

로프의 사용

① 끊어지지 않는 로프는 존재하지 않는다. 따라서 모든 로프는 사용 전 · 후에 세심한 주의를 기울여 관리하는 것은 물론이고 사용 중에도 각별한 주의를 기울여야 한다. 사용 전 · 중 · 후에 시각과 촉각을 이용하여 계속적으로 점검한다.

② 일반적으로 로프를 사용한 후에 사리는 과정에서 로프의 외형을 확인하고 일일이 손으로 만져보며 응어리, 얼룩, 눌림 등이 있는지 확인하고 보풀이나 변색, 마모 정도 등도 유의해서 점검한다. 조금이라도 의심이 간다면 그 로프는 폐기하여야 한다. 폐기대상인 로프는 절대로 인명구조용으로 재사용되지 않도록 확실히 조치한다.
  • 직경 9mm 이하의 로프를 사용할 때에는 반드시 2줄로 설치하여 안전을 확보한다.
  • 로프를 설치하기 전에 세심하게 살펴보고 조금이라도 의심이 가는 부분이 있으면 사용하지 않는다.

08 슬링(Sling)에 관한 설명으로 옳지 않은 것은?

2017 소방장

① 슬링은 같은 굵기의 로프보다 강도도 우수하고 충격을 받았을 때 잘 늘어나기 때문에 슬링을 등반 또는 하강 시에 로프 대용으로 폭넓게 사용할 수 있다.

② 짧게 잘라서 등반 시의 확보, 고정용 또는 안전벨트의 대용 등으로 다양하게 활용한다.

③ 슬링은 보통 20~25mm 내외의 폭으로 제조되며 형태에 따라 판형슬링(Tape Sling)과 관형슬링(Tube Sling)으로 구분한다.

④ 일반적인 로프에 비해 유연성이 높으면서도 다루기 쉽다.

 해설

슬링(Sling)

① 런너(Runner)라고도 부르는 슬링은 평평한 띠처럼 생긴 일종의 로프이다.

② 일반적인 로프에 비해 유연성이 높으면서도 다루기 쉬우며 신체에 고정하는 경우 접촉 면적이 높아 안정감 있게 사용할 수 있다.

③ 슬링은 보통 20~25mm 내외의 폭으로 제조되며 형태에 따라 판형슬링(Tape Sling)과 관형슬링(Tube Sling)으로 구분한다.

④ 로프에 비해 상대적으로 값이 싸기 때문에 짧게 잘라서 등반 시의 확보, 고정용 또는 안전벨트의 대용 등으로 다양하게 활용한다.

⑤ 슬링은 같은 굵기의 로프보다 강도는 우수하지만 충격을 받았을 때 잘 늘어나지 않기 때문에 슬링을 등반 또는 하강 시에 로프 대용으로 사용하는 것은 매우 위험하다.

09 구조활동에 사용되는 로프를 신축성에 따라 구분한 것은?

① 개인용 로프 – 산악용 로프   ② 정적 로프 – 동적 로프

③ 산악용 로프 – 구조용 로프   ④ 개인용 로프 – 구조용 로프

 해설

정적로프와 동적로프
구조활동에 사용하는 로프는 신축성에 따라 크게 동적로프(Dynamic rope)와 정적로프(Static rope)로 구분할 수 있다.

10 하강 스피드의 조절이 용이하고 우발적인 급강하 사고를 방지할 수 있기 때문에 최근 구조대에서 사용이 증가하고 있는 하강기는?

2014 경기 소방장

① 튜브형 하강기   ② 그리그리

③ 스톱 하강기   ④ 구조용 하강기

해설

스톱 하강기(Stopper)
① 스톱은 로프 한 가닥을 이용하여 제동을 걸어주는 장비이다.
② 하강 스피드의 조절이 용이하고 우발적인 급강하 사고를 방지할 수 있기 때문에 최근 구조대에서 사용이 증가하고 있는 추세이다.
③ 스톱의 한 면을 열어 로프를 삽입하고 아래쪽은 안전벨트의 카라비너에 연결한다.
④ 오른손으로 아랫줄을 잡고 왼손으로 레버를 조작하면 쉽게 하강 속도를 조절할 수 있다. 손잡이를 꽉 잡으면 급속히 하강하므로 주의한다.

11 아래의 설명과 관계 깊은 것은?

- 각종 기구와 로프, 또는 기구와 기구를 연결할 때 빼놓을 수 없는 장비이다.
- D형과 O형의 두 가지 형태가 있으며 재질은 알루미늄 합금이나 스테인리스 스틸이다.
- 강도는 제품별로 몸체에 표시되며 일반적으로 종 방향으로 25~30kN, 횡 방향으로는 8~10kN 정도이다.

① 카라비너   ② 그리그리

③ 쥬마   ④ 베이직

⊖ **정답**   **07** ③   **08** ①   **09** ②   **10** ③

해설

카라비너(Carabiner)
① 각종 기구와 로프, 또는 기구와 기구를 연결할 때 빼놓을 수 없는 장비로서 현장에서는 간단히 비나 또는 스냅링(snap ring)으로도 부른다.
② D형과 O형의 두 가지 형태가 있으며 재질은 알루미늄 합금이나 스테인리스 스틸이다.
③ 강도는 제품별로 몸체에 표시되며 일반적으로 종 방향으로 25~30kN, 횡 방향으로는 8~10kN 정도이다.
④ 사용 전에 점검하여 심한 마모, 변형, 또는 균열이 있거나 큰 충격을 받은 것은 절대 사용하지 않도록 한다.
⑤ 구조활동 시에는 잠금장치가 있는 카라비너를 사용하는 것을 원칙으로 하고 횡 방향으로 충격이 걸리지 않도록 설치해야 한다.
⑥ 부득이 잠금장치가 없는 카라비너를 사용할 때에는 로프나 다른 물체에 의해 개폐구가 열리는 일이 없도록 주의해야 한다.

12 다음 중 사용 용도 또는 성질이 다른 것은?

2011 부산 소방교, 2013 부산 소방장

① 쥬마   ② 크롤   ③ 베이직   ④ 튜브

 해설

등강기(Ascension Clamp, Jumar)
① 로프를 활용하여 등반할 때 보조장치로 사용되며 로프에 결착하여 수직 또는 수평으로 이동할 수 있도록 고안된 기구이다.
② 톱니가 나 있는 캠이 로프를 물고 역회전을 하지 못하도록 함으로서 한 방향으로만 움직이게 된다.
③ 등반기, 쥬마, 유마르 등으로도 불리며 등반뿐만 아니라 로프를 이용하여 물건을 당기는 경우 손잡이 역도도 할 수 있어 사용범위가 매우 넓다.
④ 손잡이 부분을 제거하여 소형화하고 간편히 사용할 수 있도록 변형된 크롤(Croll), 베이직(Basic) 등 유사한 장비도 있다.

13 로프를 3m 당겼을 때 물체가 1m 이동하도록 도르래가 설치되었다면 필요한 힘은 얼마인가?

① 1/2   ② 1/3   ③ 1/4   ④ 1/6

 해설

도르래의 사용
물체의 중량을 W, 필요한 힘을 F로 했을 때, F는 물체가 매달려 있는 줄의 가닥수에 반비례하며 물체가 움직인 거리에도 반비례한다. 즉 로프를 3m 당겼을 때 물체가 1m 이동하도록 도르래가 설치되었다면 필요한 힘은 1/3로 줄어든다.

14 아래의 설명을 읽고 알맞은 것을 고르면?

> 도르래와 쥬마를 결합한 형태의 장비로 도르래의 역회전을 방지할 수 있어 안전하게 작업이 가능하고 힘의 소모를 막을 수 있다. 도르래 부분만 사용할 수도 있고 쥬마, 베이직의 대체 장비로도 사용이 가능하다.

① 정지형 도르래   ② 수평 2단 도르래   ③ 스위벨   ④ 퀴드로 세트

 해설

> **정지형 도르래(WALL HAULER)**
> 도르래와 쥬마를 결합한 형태의 장비로 도르래의 역회전을 방지할 수 있어 안전하게 작업이 가능하고 힘의 소모를 막을 수 있다. 도르래 부분만 사용할 수도 있고 쥬마, 베이직의 대체 장비로도 사용이 가능하다.

15 개인의 방사선 피폭량을 측정하기 위한 검출기로 필름뱃지, 포켓이온함 등이 포함되는 검출기의 옳은 명칭은?   2018 소방교

① 방사선 측정기   ② 개인 선량계   ③ 핵종 분석기   ④ 방사성 오염감지기

 해설

> **방사선 계측기**
> – 개인 선량계(Personal dosimeter) [개인의 방사선 피폭량을 측정하기 위한 검출기]
> ① 필름뱃지 : 방사선의 사진작용을 이용하여 필름의 흑화도로 피폭선량을 측정
> ② 열형광선량계(TLD) : 방사선을 받은 물질에 일정한 열을 가하여 물질 밖으로 나오는 빛의 양으로 피폭선량을 측정
> ③ 포켓선량계 : 방사선이 공기를 이온화시키는 원리를 이용, 이온화된 전하량과 비례하여 눈금선이 이동되도록 하여 현장에서 바로 피폭된 방사선량을 측정
> ④ 포켓이온함(포켓 알람미터, 전자 개인 선량계) : 전하량을 별도의 기구로 측정하여 피폭된 방사선량을 측정

16 개인이 휴대하여 실시간 방사선량 측정과 감마선 스펙트럼을 분석하는 방사선 계측기의 명칭은 무엇인가?

① 열형광 선량계   ② 전자 개인 선량계
③ 방사선 측정기   ④ 핵종 분석기

⊙ **정답**   **11** ①   **12** ④   **13** ②   **14** ①   **15** ②

해설

방사선 계측기

– 핵종 분석기(Radionuclide Analyzer)
① 개인이 휴대하여 실시간으로 방사선량 측정 및 핵종을 분석하는 장비로서 감마선 스펙트럼을 분석하여 감마 방사성 핵종의 종류를 파악한다.
② 주로 무기 섬광물질 또는 반도체를 사용하여 제작되며 핵종 분석기능 이외에도 방사선량률, 오염측정과 같은 다양한 기능을 탑재하는 경우가 일반적이다.
③ 다른 휴대용 장비들에 비해 상대적으로 무게와 부피가 크므로 항시 휴대 운용은 제한적이다.

17 체인톱 사용 시 톱날의 상단 부분이 딱딱한 물체에 닿을 때 장비가 갑자기 작업자 방향으로 튀어 오르는 현상을 무엇이라 하는가? 2013년 울산 소방교 등 유사 문제 다수 출제

① 킥백 현상   ② 스프링 업 현상
③ 바운스 현상   ④ 고잉 업 현상

 해설

체인톱(Chain Saw)
반드시 보안경과 안전모, 작업복, 두꺼운 가죽장갑, 안전화 등 절단작업에 필요한 복장을 갖추고 작업을 시작하여야 한다. 작업 시에는 절단날을 절단물에 가까이 댄 후 가능한 한 직각으로 절단할 수 있도록 하며 한 번에 많은 양을 절단하려 하지 말고 특히 다음과 같은 사항을 주의하여야 한다.
① 체인톱으로 작업할 때는 혼자 작업을 해서는 안 된다. 비상시를 대비하여 반드시 1명 이상의 보조인원이 부근에 있어야 한다.
② 엔진이 작동 중일 때는 절대로 들고 이동하지 않도록 한다. 운반할 때에는 시동을 끄는 것을 원칙으로 한다. 스로틀 레버를 놓아도 잠깐 동안은 체인이 회전을 유지하므로 주의해야 한다.
③ 찢어진 나무를 자를 때에는 나무 조각이 날리지 않도록 주의한다.
④ 이상한 소리 또는 진동이 있을 때는 즉시 엔진을 정지시킨다.
⑤ 킥백(kick back)에 유의한다.
  ⓐ 킥백은 장비가 갑자기 작업자 방향으로 튀어 오르는 현상을 말하며 주로 톱날의 상단 부분이 딱딱한 물체에 닿을 때 발생한다.
  ⓑ 절단 시에는 정확한 자세를 취한다. 정확한 자세로 핸들을 잡고 있으면 킥백 현상이 발생할 때 자동적으로 왼손이 체인브레이크를 작동시키게 된다.
  ⓒ 조작법이 완전히 숙달되지 않은 대원은 절대로 톱날의 끝부분을 이용한 절단작업을 하지 않도록 한다.
  ⓓ 반드시 체인이 작동하는 상태에서 절단을 시작한다.
  ⓔ 여러 개의 나뭇가지를 동시에 절단하지 않는다.

[Kick Back 현상]

Part 2

구조장비

18 공기톱 사용과 관련된 내용으로 옳지 않은 것은?

① 작업 시의 공기압력은 1MPa 이하를 준수한다. 적정압력은 0.7MPa 정도이다.

② 절단할 때 대상물에 본체 선단 부분을 밀착시켜 작업한다.

③ 오일이 1/2 이하가 되면 보급한다.

④ 절단면에는 2개 이상의 톱니가 닿도록 하여 절단한다.

해설

공기톱(Pneumatic Saw)

– 조작방법

① 작업 전에 장비의 이상 유무와 안전점검을 철저히 하고 방진안경과 장갑을 착용한다.

ⓐ 지정된 오일을 핸들 밑의 플라스틱 캡을 열고 가득 넣는다.

ⓑ 호스 접합부에 먼지나 물 등이 묻어있지 않는가를 확인하고 용기에 결합한다.

ⓒ 사이렌서를 돌려 6각 스페너로 3개의 나사를 풀고 노즈가이드를 통해 절단 톱날을 넣은 후 나사를 조여 고정한다. 일반적으로 쇠톱날은 전진 시 절단되도록 장착하지만 공기톱의 경우 톱날 보호를 위해 후진 시 절단되도록 장착한다.

② 본체에 호스를 접속하고 용기 등 밸브를 전부 연다. 작업 시의 공기압력은 1MPa 이하를 준수한다. 적정압력은 0.7MPa 정도이다.

③ 절단할 때 대상물에 본체 선단 부분을 밀착시켜 작업한다. 절단면에는 2개 이상의 톱니가 닿도록 하여 절단한다.

– 일상 점검 정비

① 톱날의 이상 유무를 확인하여 녹이 심하거나 변형 또는 마모된 경우 교체한다. 톱날은 일반 쇠톱에 사용하는 날을 사용한다.

② 각 연결부에서 공기가 새지 않는지, 본체의 나사부에 이완은 없는지 점검한다.

③ 오일이 1/3 이하가 되면 보급한다.

④ 공기압력의 저하 없이 절단 톱날의 작동이 늦어진다거나 정지하는 경우의 원인은 오일에 물이 들어간 경우 또는 본체 내에 먼지가 들어간 경우에 일어난다. 수분이 들어간 오일은 완전히 제거하고 새로 주입하여야 한다.

19 에어백 사용과 관련된 내용으로 옳지 않은 것은? | 2013 부산 소방장, 2014 소방위 |

① 공기용기 메인밸브를 열어 압축공기를 압력조절기로 보낸다. 이때 1차 압력계에 공기 압이 표시된다.

② 에어백을 부풀리기 전에 버팀목을 준비해 둔다. 대상물이 들어올려지는 것과 동시에 버팀목을 넣고 높이가 높아짐에 따라 버팀목을 추가한다.

③ 2차 압력계를 보면서 밸브를 천천히 조작하고 에어백의 균형이 유지되는지를 살핀다. 필요한 높이까지 올라가면 밸브를 닫아 멈추게 한다.

④ 2개의 백을 사용하는 경우 작은 백을 위에 놓는다. 아래의 백을 먼저 부풀려 위치를 잡고 균형 유지에 주의하면서 두개의 백을 교대로 부풀게 한다. 공기를 제거할 때는 큰 백의 공기를 먼저 뺀다.

> 🔦 **해설**
>
> **에어백(Lifting Air Bag) 사용법**
> ① 커플링으로 공기용기와 압력조절기, 에어백을 연결한다. 이때 스패너나 렌치 등으로 나사를 조이면 나사산이 손상되므로 가능하면 손으로 연결하도록 한다.
> ② 에어백을 들어 올릴 대상물 밑에 끼워 넣는다. 이때 바닥이 단단한지 확인한다.
> ③ 공기용기 메인밸브를 열어 압축공기를 압력조절기로 보낸다. 이때 1차 압력계에 공기압이 표시된다.
> ④ 에어백을 부풀리기 전에 버팀목을 준비해 둔다. 대상물이 들어 올려지는 것과 동시에 버팀목을 넣고 높이가 높아짐에 따라 버팀목을 추가한다.
> ⑤ 압력조절기 밸브를 열어 압축공기를 호스를 통하여 에어백으로 보내준다. 에어백이 부풀어 오르면서 물체를 올려주게 된다. 이때 2차 압력계를 보면서 밸브를 천천히 조작하고 에어백의 균형이 유지되는지를 살핀다. 필요한 높이까지 올라가면 밸브를 닫아 멈추게 한다.
> ⑥ 2개의 백을 사용하는 경우 작은 백을 위에 놓는다. 아래의 백을 먼저 부풀려 위치를 잡고 균형 유지에 주의하면서 두 개의 백을 교대로 부풀게 한다. 공기를 제거할 때에는 반대로 한다.

20 유압 절단기의 사용과 관련한 내용으로 옳지 않은 것은? | 2016년 대구 소방교 |

① 스프링이나 샤프트 등 열처리된 강철은 절단날이 손상될 우려가 높으므로 각별한 주의가 필요하다.

② 절단날이 하향 10~15° 각도를 유지하도록 절단하여야 날이 미끄러지지 않고 절단이 용이하다.

③ 절단 대상물에 날이 수평으로 접촉되지 않으면 절단 중에 장비가 비틀어진다.

④ 절단기의 손잡이를 잡고 절단하고자 하는 부분에 옮겨 칼날을 벌려 대고 작동밸브를 조작한다.

해설

유압 절단기(Hydraulic Cutter)

– 사용법
① 절단기의 손잡이를 잡고 절단하고자 하는 부분에 옮겨 칼날을 벌려 대고 작동밸브를 조작한다.
② 절단 대상물에 날이 수직으로 접촉되지 않으면 절단 중에 장비가 비틀어진다. 이때에는 무리하게 힘을 주어 바로잡으려 하지 말고 일단 작동을 중지하고 자세를 바로잡은 후 작업을 계속한다.
③ 절단날이 하향 10~15° 각도를 유지하도록 절단하여야 날이 미끄러지지 않고 절단이 용이하다.

– 주의사항
① 스프링이나 샤프트 등 열처리된 강철은 절단날이 손상될 우려가 높으므로 각별한 주의가 필요하다.
② 절단된 물체가 주변으로 튀어 안전사고가 발생할 우려가 있으므로 구조대원은 반드시 장갑과 헬멧, 보안경을 착용하고 요구조자의 신체 가까이에서 작업할 때에는 별도의 보호조치를 강구하여야 한다.
③ 기타 사용 및 관리상의 주의사항은 유압 전개기에 준한다.

---

21 유압 전개기가 압력을 유지하지 못할 때의 조치 방법으로 가장 적절한 것은?

① 유압호스에 압력이 존재하는지 점검한다.
② 유압 오일을 확인하고 양이 부족하면 보충한다.
③ 핸들의 밸브가 잠겨 있는지 확인한다.
④ 안전스크류를 조인다.

해설

유압 전개기(Hydraulic Spreader) 주요 문제점 및 해결 방안

문제점	조치 방법
커플링이 잘 연결되지 않을 때	• Lock ling을 풀고 다시 시도한다. • 유압호스에 압력이 존재하는지 점검한다. 엔진작동을 중지하고 밸브를 여러 번 변환 조작한다. (만일 이것이 안 될 때에는 입력제거기를 사용하거나 A/S를 요청하여 강제로 압력을 빼 주어야 한다.)
컨트롤 밸브를 조작하여도 전개기가 작동하지 않을 때	• 펌프를 테스트 한다(펌핑이 되고, 매뉴얼 밸브가 오픈포지션에 있어야 함). • 유압 오일을 확인하고 양이 부족하면 보충한다.
전개기가 압력을 유지하지 못할 때	• 시스템에 에어가 유입되었을 때이다. • 핸들의 밸브가 잠겨 있는지 확인한다. • 실린더 바닥의 밸브를 재조립한다.
컨트롤 밸브 사이에서 오일이 샐 때	• 커플링의 풀림 여부를 확인한다. • 안전스크류를 조인다. • 계속 오일이 새면 씰을 교환한다.

정답

19 ④ **20** ③ **21** ③

22 매몰자 음향탐지기에 관한 내용으로 옳지 않은 것은?

① 두드리는 신호에 의해 생성된 파동은 약 5,000m/초의 속도와 100Hz 이상의 주파수로 전파된다.

② 흙 속에서 나오는 극히 작은 음파(진동)는 지진과 유사한 파동으로 전파된다.

③ 탐지기는 약 100m 이내에 떨어진 진동을 감지할 수 있다.

④ 부서진 잔해에서 전파속도와 주파수는 1/10가량 줄어든다.

 해설

매몰자 음향탐지기(Collapsed Space Victim Acoustic Detector)

① 매몰, 고립된 사람의 고함이나 신음, 두드림 등의 신호를 보낼 수 있는 생존자를 찾아내기 위한 장비이다.

② 흙 속에서 나오는 극히 작은 음파(진동)는 지진과 유사한 파동으로 전파된다.

③ 이들 파동의 전파는 콘크리트 바닥의 경우 두드리는 신호에 의해 생성된 파동은 <u>약 5,000m/초 의 속도와 100Hz 이상의 주파수로 전파된다.</u>

④ 탐지기는 수백 미터 떨어진 이러한 진동을 감지할 수 있다. 부서진 잔해에서 전파속도와 주파수 는 1/10가량 줄어든다.

⑤ 이러한 지중음을 들을 수 있도록 하기 위해 고도로 음파(진동)에 민감한 <u>동적 변환기인 지오폰 이 사용된다.</u>

⑥ 이들 변환기에 의해 생성된 전기 신호는 증폭기에 의해 증폭되고 헤드폰(가청범위의 주파수), 마이크로폰인 공중음 센서에 의해 수신할 수 있으며 좁은 공간을 통해 넣을 수 있다면 인터콤 시스템을 통해 갇힌 사람과 대화가 가능하다.

23 성인 남성의 호흡운동과 관련된 것으로 옳은 것은?

① 보통 분당 20~30회 호흡한다.

② 성인 남성의 경우 1회에 들이마시는 공기량은 약 800cc이다.

③ 성인 남성이 심호흡을 할 경우 1회에 들이마시는 공기량은 약 1,500cc이다.

④ 성인 남성의 경우 표준 폐활량은 약 3,500cc이다.

해설

호흡과 산소 요구량

– 호흡량

① 사람의 호흡운동은 보통 <u>분당 14~20회</u>로, 1회에 들이마시는 공기량은 성인 남성의 경우 약 500cc 정도이며 심호흡을 할 때에는 약 2,000cc, 표준 폐활량은 3,500cc이다.

② 운동이나 노동을 하는 경우 호흡 횟수가 늘고 깊은 호흡을 하게 된다. 이것은 몸에 다량의 산소 가 필요하게 되고 몸에 있는 이산화탄소를 급히 배출해야 하기 때문이다.

③ 특히 소방활동 시에는 무거운 장비를 장착하고 긴장도가 극히 높은 작업을 하기 때문에 평상시 의 작업에 비해 공기소모량이 많다. 호흡량은 개개인의 체력, 경험, 작업량, 긴장도 등에 따라 다르지만 일반적으로 다음과 같다.

㉠ 평균 작업 : 30~40ℓ/분 ㉡ 격한 작업 : 50~60ℓ/분 ㉢ <u>최고의 격한 작업 : 80ℓ/분</u>

24 공기호흡기 사용 가능 시간의 계산식에서 여유 압력으로 옳은 것은?

$$\text{사용 가능 시간} = \frac{[\text{용기 내 압력(MPa)} - \text{여유 압력(MPa)}] \times \text{용기 용량(}\ell\text{)}}{\text{매분당 호흡량(}\ell\text{)}}$$

① 0.5~1MPa   ② 1~1.5MPa   ③ 1.5~1.8MPa   ④ 1.8~2MPa

해설

공기호흡기 용기 내 압력과 호흡량의 한계
한계압력은 개개인의 호흡량과 공기호흡기의 종류에 따라 차이가 있지만 일반적으로 용기 내의 압력이 1~1.5MPa 이하가 되면 소방활동 시의 호흡량에 대응할 수 없게 된다. 이 때문에 사용 가능 시간 및 탈출 개시 압력을 결정할 때에는 이 압력을 여유압력으로 제외하고 계산한다.

25 공기호흡기의 유지관리상 주의 사항으로 옳지 않은 것은?   기출문제 복원

① 개폐 밸브의 보호에 유의하고 개폐는 가볍게 한다.
② 고압조정기와 경보기 부분은 세밀히 분해조정하여 정비한다.
③ 공기호흡기 부품의 대부분은 손으로 완전히 결합할 수 있다.
④ 공기가 충전된 용기를 90일 이상 보관하였을 때에는 공기를 배출한 후 다시 새로운 공기를 충전하여 보관한다.

해설

공기호흡기 유지·관리상 주의
① 용기와 고압도관, 등받이 등을 결합할 때에는 공구를 사용하는 부분인지 정확히 판단한다. 대부분의 부품은 손으로 완전히 결합할 수 있다.
② 용기는 고온 직사광선을 피하여 보관하고 충격을 받지 않도록 조심스럽게 다룬다. 특히 개폐 밸브의 보호에 유의하고 개폐는 가볍게 한다.
③ 공기의 누설을 점검할 때는 개폐 밸브를 서서히 열어 압력계 지침이 가장 높이 상승하는 것을 기다려 개폐 밸브를 잠근다. 이 경우 압력계 지침이 1분당 1MPa 이내로 변화할 때에는 사용상에 큰 지장은 없다.
④ 사용 후 고압도관에 남아있는 공기를 제거하고, 안면 렌즈에 이물질이 닿지 않도록 한다.
⑤ 고압조정기와 경보기 부분은 분해조정하지 않는다.
⑥ 실린더는 고온 직사광선을 피하여 보관하고 충격을 받지 않도록 조심스럽게 다룬다. 특히 개폐 밸브의 보호에 유의하고 개폐는 가볍게 한다. 사용한 후에는 깨끗이 청소하고 잘 닦은 후 고온 및 습기가 많은 장소를 피해서 보관한다. 최근에 보급되는 면체에는 김 서림 방지(Anti-Fog) 코팅이 되어 있어 물로 세척하면 코팅이 벗겨질 수 있다. 젖은 수건으로 세척한 후에는 즉시 마른 수건으로 잘 닦고 그늘에서 건조시킨다.

정답

22 ③   **23** ④   **24** ②

⑦ 실린더 내의 공기는 공기호흡기를 사용하는 안전에 직접적인 영향을 미치므로 항상 청결하게 유지되어야 한다. 따라서 충전되는 공기는 산소농도 20~22% 이내, 이산화탄소는 1,000ppm 이하, 일산화탄소는 10ppm 이하, 수분은 25mg/m³ 이내, 오일 미스트는 5mg/m³(단, 측정값이 표시되지 않는 방식의 분석기를 사용하는 경우에는 색상의 변화가 없을 것) 이내, 총 탄화수소는 25ppm 이하, 총 휘발성 유기화합물은 500μg/m³ 이하를 유지하도록 규정하고 있다.
⑧ <u>공기가 충전된 용기를 90일 이상 보관하였을 때에는 공기를 배출한 후 다시 새로운 공기를 충전하여 보관한다.</u>

26 방사능 보호복의 일반 및 특수 성능조건으로 적절치 못한 것은?

① 호흡기 또는 신체 일부 · 전부를 방사선으로부터 차폐할 수 있는 기능을 가진 특수원단으로 제작된 것이며 개인선량계를 착용할 수 있는 구조일 것
② 알파, 베타 또는 알파, 베타, 감마선으로부터 보호될 수 있는 것
③ 밀폐식 공기호흡기 착용형 또는 NBC 마스크 착용형일 것
④ 방사선 방호에 대한 인증기관 인증서를 반드시 첨부할 것

 해설

방사능 보호복의 성능조건
- 일반조건
방사능 보호복은 호흡기 또는 신체 일부 · 전부를 방사선으로부터 차폐할 수 있는 기능을 가진 특수원단(납 또는 특수재질)으로 제작된 것이며 개인선량계를 착용할 수 있는 구조일 것
- 특수조건
① 알파, 베타 또는 알파, 베타, 감마, 중성자, X-ray로부터 보호될 수 있는 것
② 밀폐식 공기호흡기 착용형 또는 NBC 마스크 착용형
③ 방사선 방호에 대한 인증기관 인증서를 반드시 첨부할 것

27 공기안전매트의 설치 시간으로 몇 초를 초과하지 않아야 하는가?

① 30초   ② 40초   ③ 50초   ④ 60초

 해설

공기안전매트(Air Mat) 설치 및 복원 시간
① 제조사가 제시하는 설치방법에 따라 구조매트를 보관하고 있는 상태에서 낙하자가 낙하할 수 있는 사용 상태로 설치하는 데 걸리는 시간은 30초를 초과하지 않아야 한다.
② 120kg의 모래주머니(800×500mm)를 사용 높이에서 연속하여 2회 떨어뜨린 후 모래주머니를 낙하면에서 제거한 시점부터 최초 사용 대기 상태로 복원되는 시간은 10초를 초과하지 않아야 한다. 이 경우, 모래주머니를 떨어뜨리는 간격은 제조사가 제시하는 시간으로서 최소한 10초를 초과하지 않아야 한다.

28 아래 표의 빈칸에 알맞은 것으로 짝지어진 것은?

공기안전매트의 총 질량
① 구조매트는 부속품(공기압력용기 등)을 포함하여 (　　　)kg을 초과하지 않아야 한다.
② 구조매트의 보관상태 크기는 (　　　)m³ 이하이어야 한다.

① 50, 0.3　　　　　　　　　　　② 50, 0.4
③ 60, 0.3　　　　　　　　　　　④ 60, 0.4

 해설

공기안전매트 총 질량
① 구조매트는 부속품(공기압력용기 등)을 포함하여 50kg을 초과하지 않아야 한다.
② 구조매트의 보관상태 크기는 0.3m³ 이하이어야 한다.

29 야간 또는 농연 속에서 인명구조 시 활용하는 열화상 카메라의 정의와 가장 관계 깊은 것은?

① 달빛을 증폭하여 물체를 화면에 표시하는 것으로 초록색 화면으로 보인다.
② 카메라에서 적외선 파장을 발산하여 측정한다.
③ 사람 또는 동물 등이 방사하는 적외선을 이용한다.
④ 약한 자외선을 증폭하여 화면으로 구성한다.

해설

열화상 카메라(Thermal Imaging Camera)
야간 또는 농연 등으로 시계가 불량한 지역에서 물체의 온도 차이를 감지하여 화면상에 표시함으로서 화점 탐지, 인명구조 등에 활용하는 장비로 열화상 카메라는 두 가지로 분류된다.
① **야간투시경(Night Vision)**
　카메라에서 적외선 파장을 발산하여 측정하거나 달빛을 증폭하여 물체를 화면에 표시하는 것으로 다큐멘터리에서 동물의 움직임을 촬영할 때의 야시경과 같이 초록색 화면으로 보는 것이 그 예이다.
② **열화상 카메라(Infrared Thermal Camera)**
　IR 카메라라고 부르기도 하는데 적외선을 방사하지 않고 동물 등이 방사하는 적외선을 이용한다. 피사체가 물체나 동물인 경우 물체의 온도에 따라 일정한 파장의 빛이 방출되는 원리를 이용한 것이다.

소방 전술
Firefighting Tactics

북스케치
www.booksk.co.kr

PART 3

기본구조훈련
(소방교, 소방장, 소방위)

CHAPTER 01
로프 매듭법

01 로프 매듭의 개요

① 로프는 구조활동 및 훈련에 있어 대원의 진입 및 탈출, 요구조자의 구출, 각종 장비의 운반 및 고정, 장애물의 견인 제거 등 다양한 용도로 활용할 수 있어 구조장비 중에서도 가장 활용도가 높다. 그러나 적절한 관리를 하지 못했을 경우 인명구조 현장에서 이를 사용하지 못 하게 되는 것은 물론이고 요구조자와 대원의 안전을 보장할 수도 없다.

② 평소 관리에 세심한 주의를 기울여야 하는 것은 물론이고 구조현장에서 사용되는 다양한 로프 매듭법과 구조기구의 사용법을 잘 익혀두어 야간이나 악천후 등 최악의 상황에서도 신속하고 정확하게 로프를 설치할 수 있는 능력을 갖추어야 한다.

02 매듭의 기본원칙 ★★★★

1 좋은 매듭의 조건 2018 소방장

(1) 좋은 매듭의 가장 중요한 조건

① 묶기 쉽고, 연결이 튼튼하여야 한다.

② 자연적으로 풀리지 않아야 한다.

③ 사용 후 간편하게 해체할 수 있는 매듭이어야 한다.

위의 세 가지를 모두 만족시키는 것은 매우 곤란하고 모순적이다. 따라서 구조활동 현장의 상황에 따라서 쓰이는 매듭을 결정하여야 한다. 즉, 그러한 상황에 적응되는 매듭 중 가장 널리 쓰이고 또한 해당 대원이 가장 잘 할 수 있는 매듭법을 사용하는 것이다.

(2) 로프 매듭을 할 때의 주의사항

① 매듭법을 많이 아는 것보다는 잘 쓰이는 매듭을 정확히 숙지하는 것이 더욱 중요하다. 야간이나 악천후에도 능숙히 설치할 수 있어야 하고 다른 사람에게도 안전하게 해줄 수 있어야 한다.

② 매듭은 정확한 형태를 만들고 단단하게 조여야 풀어지지 않고 하중을 지탱할 수 있다.

③ 될 수 있으면 매듭의 크기가 작은 방법을 선택한다. 매듭 부분으로 기구, 장비 등을 통과시켜야 하는 경우가 있기 때문이다.

④ 매듭의 끝부분이 빠지지 않도록 주매듭을 묶은 후 옭매듭 등으로 다시 마감해 준다. 이때 끝부분이 빠지지 않도록 충분한 길이를 남겨두어야 하는데 매듭에서 로프 끝까지 11~20cm 정도 남겨 두도록 한다.

⑤ 끊어지지 않는 로프는 존재하지 않고 풀어지지 않는 매듭도 없다. 따라서 사용 중에 로프와 매듭 부분에 이상이 없는지 수시로 확인한다.

⑥ 로프는 매듭 부분의 강도가 저하된다는 사실을 기억한다.

❷ 매듭의 종류

① 매듭은 로프와 로프의 연결이나 기구 또는 신체를 묶을 때, 또는 현수점(懸垂點, 로프를 수직으로 설치할 때 로프를 묶어 고정하는 부분)을 설정할 때 등 다양하게 활용된다.

② 매듭을 할 때에는 목적에 맞는 매듭을 선택하여 정확하게 묶어야 하며 사용 중에도 풀리거나 느슨해지지 않는지 수시로 재확인하도록 한다.

③ 로프 매듭(knot)은 일반적으로 형태 및 용도에 따라 stopper(마디), bend(잇기), noose(올가미, 움직이는 고리), loop(크기가 고정된 고리), hitch(얽어매기) 등으로 구분한다.

④ 우리 전통매듭에서도 결절(結節), 결합(結合), 결착(結着), 결축(結縮), 결문(結紋), 결속(結束) 등으로 구분하여 각각에 수많은 매듭법이 있다. 그러나 이러한 매듭법은 교재나 가르치는 사람에 따라 여러 가지 다른 명칭으로 불리는 경우가 많으므로 혼동하지 않도록 유의해야 한다.

⑤ 우리 소방에서는 용도에 따라 크게 다음과 같이 3가지 형태로 매듭을 분류한다.

ⓐ 마디짓기(結節) – 로프의 끝이나 중간에 마디나 매듭·고리를 만드는 방법

ⓑ 이어매기(連結·結合·結束) – 한 로프를 다른 로프와 서로 연결하는 방법

ⓒ 움켜매기(結着) – 로프를 지지물 또는 특정 물건에 묶는 방법

3 매듭 각 부분의 명칭

매듭의 각 부분에는 각각의 명칭이 있다. 매듭법을 배우거나 다른 사람에게 가르쳐 줄 때 그 명칭을 알고 있으면 편리하다. 각 부분의 명칭은 아래 그림과 같다.

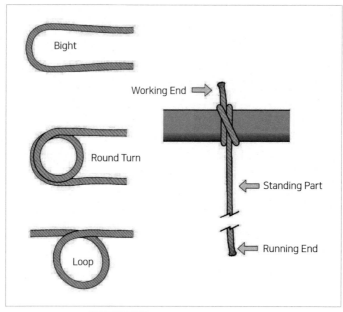

그림 3-1 매듭 각 부분의 명칭

03 기본 매듭 ★★★★★

1 마디짓기(결절) 매듭 2015 경기 소방장, 2018 소방위 등 반복 출제

(1) 옭매듭(엄지 매듭, overhand knot)

① 로프에 마디를 만들어 도르래나 구멍으로부터 로프가 빠지는 것을 방지한다.

② 절단한 로프의 끝에서 꼬임이 풀어지는 것을 방지할 때 사용하는 가장 단순한 형태의 매듭이다.

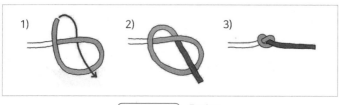

그림 3-2 옭매듭

(2) 두겹 옭매듭(고리 옭매듭) 2018 소방위

① 두겹 옭매듭은 로프의 중간에 고리를 만들 필요가 있을 때 사용한다.

② 간편하게 매듭할 수 있는 방법이지만 힘을 받으면 고리가 계속 조이므로 풀기가 힘들다.

그림 3-3 두겹 옭매듭

(3) 8자 매듭(figure 8) 2018 소방위

매듭이 8자 모양을 닮아서 '8자 매듭'이라고 한다. 옭매듭보다 매듭 부분이 커서 다루기 편하고 풀기도 쉽다.

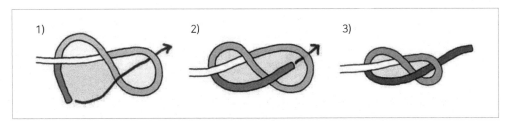

그림 3-4 8자 매듭

(4) 두겹 8자 매듭(figure 8 on a bight) 2018 소방위

① 두겹 8자 매듭은 간편하고 튼튼하기 때문에 로프에 고리를 만드는 경우 가장 많이 활용된다.

② 로프에 고리를 만들어 카라비너에 걸거나 나무, 기둥 등에 확보하고자 하는 경우 등에 폭넓게 활용한다.

③ 로프를 두겹으로 겹쳐서 8자 매듭으로 묶는 방법과 한겹으로 되감기 하는 방식이 있다.

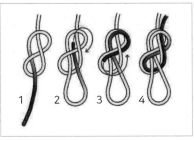

그림 3-5 (되감기) 두겹 8자 매듭

그림 3-6 두겹 8자 매듭

(5) 이중 8자 매듭(double figure 8) 2018 소방위

로프 끝에 두 개의 고리를 만들 수 있어 두 개의 확보물에 로프를 고정하는 경우에 매우 유용하다.

그림 3-7 이중 8자 매듭

(6) 줄사다리 매듭

이 매듭은 로프에 일정한 간격을 두고 여러 개의 옭매듭을 만들어 로프를 타고 오르거나 내릴 때에 지지점으로 이용할 수 있도록 하는 매듭이다.

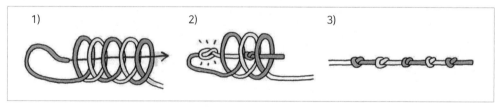

그림 3-8 줄사다리 매듭

(7) 고정 매듭(bowline)

① 로프의 굵기에 관계없이 묶고 풀기가 쉽다.

② 조여지지 않으므로 로프를 물체에 묶어 지지점을 만들거나 유도 로프를 결착하는 경우 등에 활용한다.

③ 구조활동은 물론이고 어디서든 자주 사용되는 중요한 매듭이어서 '매듭의 왕(king of knots)'이라고까지 부른다.

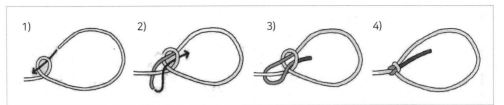

그림 3-9 고정 매듭

(8) 두겹 고정 매듭(bowline on a bight) 2013 소방위, 2016 전북 소방장

① 로프의 끝에 두 개의 고리를 만들어 활용하는 매듭이다.

② 수직 맨홀 등 좁은 공간으로 진입하거나 요구조자를 구출하는 경우 유용하게 활용한다.

③ 완만한 경사면에서 확보물 없이 3명 이상이 한 줄 로프를 잡고 등반하는 경우 중간에 위치한 사람들이 이 매듭을 만들어 어깨와 허리에 걸면 로프가 벗겨지지 않고 활동이 용이하다.

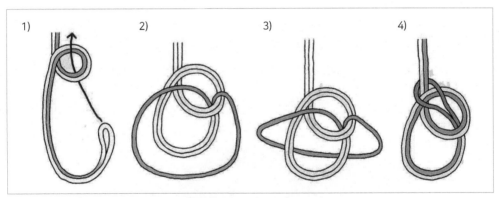

그림 3-10 두겹 고정 매듭

(9) 나비 매듭 2013 경기 소방장

① 로프 중간에 고리를 만들 필요가 있을 경우에 사용한다.

② 다른 매듭에 비하여 충격을 받은 경우에도 풀기가 쉬운 것이 장점이다.

③ 중간 부분이 손상된 로프를 임시로 사용하고자 하는 경우에 손상된 부분이 가운데로 오도록 하여 매듭을 만들면 손상된 부분에 힘이 가해지지 않아 응급대처가 가능하다.

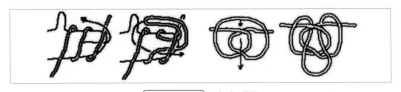

그림 3-11 나비 매듭

2 이어매기(연결) 매듭 2013 울산 소방교

(1) 바른 매듭(맞매듭, square knot)

① 바른 매듭은 묶고 풀기가 쉬우며 같은 굵기의 로프를 연결하기에 적합한 매듭이다.

② 로프 연결의 기본이 되는 매듭이며 힘을 많이 받지 않는 곳에 사용한다.

③ 굵기 또는 재질이 서로 다른 로프를 연결할 때에는 미끄러져 빠질 염려가 있어 직접 안전을 확보하는 매듭에는 적합하지 않다.

④ 반드시 매듭 부분을 완전히 조이고 끝부분은 옭매듭으로 마감하여야 한다.

⑤ 짧은 로프가 서로 다른 방향으로 묶이면 로프가 미끄러져 빠지게 되므로 주의해야 한다.

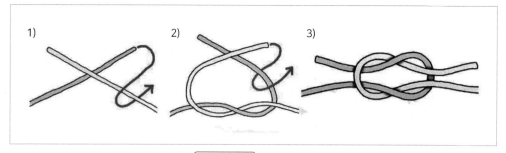

그림 3-12 바른 매듭

그림 3-13 잘못된 매듭

(2) 한겹 매듭(backet bend), 두겹 매듭(double backet bend) 2018 소방위

① 한겹 매듭은 굵기가 다른 로프를 결합할 때에 사용한다.

② 주 로프는 접어둔 채 가는 로프를 묶는 것이 좋으며 로프 끝을 너무 짧게 묶으면 쉽게 빠지므로 주의한다.

③ 두겹 매듭은 한겹 매듭에서 가는 로프를 한 번 더 돌려 감은 것으로 한겹 매듭보다 더 튼튼하게 연결할 때에 사용한다.

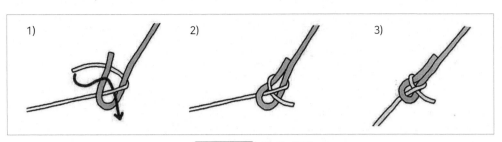

그림 3-14 한겹 매듭

그림 3-15 두겹 매듭

(3) 8자 연결 매듭(figure 8 follow through) 2016 경기 소방장

① 많은 힘을 받을 수 있고 힘이 가해진 경우에도 풀기가 쉬워 로프를 연결하거나 안전을 확보하기 위한 매듭으로 자주 사용된다.

② 주 로프로 8자 형태의 매듭을 만든 다음 연결하는 로프를 반대 방향에서 역순으로 진입시켜 이중 8자의 형태를 만든다.

③ 매듭이 이루어지면 양쪽 끝의 로프를 당겨 완전한 형태의 매듭을 완성하고 옭매듭으로 마무리한다.

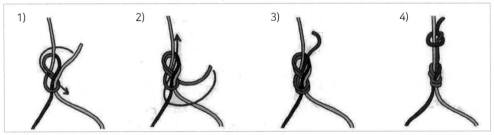

그림 3-16 옭매듭은 8자 연결 매듭에 바짝 붙이는 것이 좋다.

(4) 피셔맨 매듭(fisherman's knot) 2018 소방장, 소방위

① 두 로프가 서로 다른 로프를 묶고 당겨서 매듭 부분이 맞물리도록 하는 방법이다.

② 신속하고 간편하게 묶을 수 있으며 매듭의 크기도 작다.

③ 두 줄을 이을 때 연결 매듭으로 많이 활용되는 매듭이지만 힘을 받은 후에는 풀기가 매우 어려워 장시간 고정시켜 두는 경우에 주로 사용한다.

④ 매듭 부분을 이중으로 하면(이중 피셔맨 매듭) 매듭이 더욱 단단하고 쉽사리 느슨해지지 않는다.

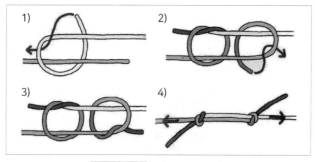

[그림 3-17] 피셔맨 매듭법

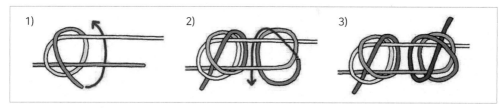

[그림 3-18] 이중 피셔맨 매듭

3 움켜매기(결착) 매듭

(1) 말뚝매기(clove hitch) 매듭

① 로프의 한쪽 끝을 지지점에 묶는 매듭으로 구조활동을 위해 로프로 지지점을 설정하는 경우 많이 사용한다.

② 묶고 풀기는 쉬우나 반복적인 충격을 받는 경우에는 매듭이 자연적으로 풀릴 수 있으므로 매듭의 끝을 안전하게 처리하여야 한다.

③ 말뚝매기가 풀리지 않도록 끝부분을 옭매듭하여 마감하는 방법을 많이 활용하고 주 로프에 2회 이상의 절반 매듭을 하는 방법도 사용한다.

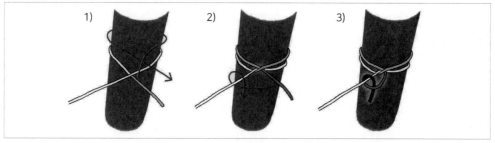

[그림 3-19] 말뚝매기의 로프 끝 처리법. 두 번 이상 절반 매듭을 한다.

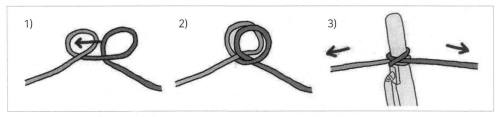

그림 3-20 말뚝매기의 다른 방법. 로프 끝을 둥글게 겹쳐서 끼운다.

(2) 절반 매듭(half hitch) 2013 서울 소방장

① 로프를 물체에 묶을 때 간편하게 사용하는 매듭이다.

② 묶고 풀기는 쉬우나 결속력이 매우 약하기 때문에 절반 매듭 단독으로는 사용하지 않는다.

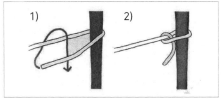

그림 3-21 절반 매듭

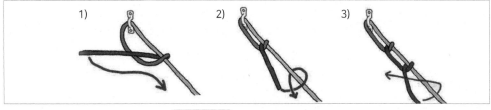

그림 3-22 절반 매듭의 응용

(3) 잡아매기 매듭 2013 서울 소방장

① 안전밸트가 없을 때 요구조자의 신체에 로프를 직접 결착하는 고정 매듭의 일종이다.

② 요구조자의 구출이나 낙하 훈련 등과 같이 충격이 심한 훈련이나, 신체에 주는 고통을 완화하기 위하여 사용된다.

③ 긴급한 경우 이외에는 사용하지 않도록 한다.

그림 3-23 잡아매기

Part 3

기본구조훈련

(4) 감아매기 매듭(prussik knot)

① 굵은 로프에 가는 로프를 감아매어 당기는 방법이다.

② 고리 부분을 당기면 매듭이 고정되고 매듭 부분을 잡고 움직이면 주 로프의 상하로 이동시킬 수 있으므로 로프 등반이나 고정 등에 많이 활용한다.

③ 감는 로프는 주 로프의 절반 정도 굵기일 때 가장 효과적이며 3회 이상 돌려 감아야 한다.

(5) 클렘하이스트 매듭(klemheist knot) 2014 소방위

① 감아매기와 같이 자기 제동(self locking)이 되는 매듭으로 주 로프에 보조로프를 3~5회 감고 로프 끝을 고리 안으로 통과시켜 완성한다.

② 하중이 걸리면 매듭이 고정되고 하중이 걸리지 않으면 매듭을 위아래로 움직일 수 있다.

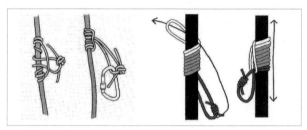

[그림 3-24] 감아매기(좌)와 클렘하이스트 매듭(우)

---

04 응용 매듭 ★★★

1 신체 묶기

과거 구조기술이 확립되어 있지 못하고 구조장비도 부족했을 때에는 로프에 직접 요구조자를 결착하여 구출하는 경우가 많았다. 즉 의식이 분명하고 큰 부상이 없는 요구조자를 두겹고정매듭을 만들어 수직으로 이동시키거나 의식이 없는 요구조자를 세겹고정매듭으로 구출하는 경우 등이다. 그러나 이러한 구조방법은 요구조자의 신체를 보호하지 못하고 예기치 못한 손상을 입힐 수도 있기 때문에 현재는 거의 사용되지 않는다. 요구조자를 구출할 때에는 반드시 안전벨트를 착용시키거나 들것을 이용하여 요구조자의 보호에 최선을 다해야 한다.

(1) 두겹 고정 매듭 활용 2014 부산 소방교, 2016 전북 소방장, 2017 소방위

① 맨홀 등 협소한 수직 공간에 구조대원이 진입하거나 요구조자를 구출할 때 사용한다.

② 두겹 고정 매듭을 만들어 고리 부분에 양다리를 넣고 손으로는 로프를 잡고 지지하도록 한다.

③ 로프의 끝을 길게 하여 가슴 부분에 고정 매듭을 만들면 두 손을 자유롭게 쓸 수 있다.

④ 한 줄 로프를 잡고 여러 사람이 등반할 때 중간에 있는 사람이 [그림 3-26]과 같은 방법을 사용하면 고리가 벗겨지지 않고 안전하게 활동할 수 있다.

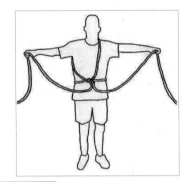

그림 3-25 한쪽 고리를 허리에 끼우고 크기를 조절하여 어깨에 건다.

그림 3-26 두 개의 고리가 몸에 걸려 있기 때문에 안전하다.

(2) 세겹 고정 매듭 활용

① 들것을 사용할 수 없는 장소에서 안전벨트 없이 요구조자의 끌어올리거나 매달아 내려 구출할 때 사용하는 방법이다.

② 경추나 척추 손상이 의심되는 요구조자 또는 다발성 골절환자에게는 사용하면 안 된다.

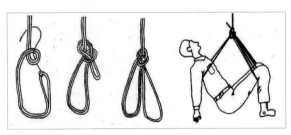

그림 3-27 세겹 고정 매듭을 이용한 구출

(3) 앉아매기(간이 안전벨트) 2014 서울 소방장

① 안전벨트 대용으로 하강 또는 수평 도하 등에 사용할 수 있는 매듭이다.

② 3m 정도 길이의 로프나 슬링의 끝을 서로 묶어 큰 원을 만들고 허리에 감은 다음, 등 뒤의 로프를 다리 사이로 빼내어 카라비너로 연결한다.

③ 로프보다는 슬링을 이용하는 것이 신체에 가해지는 충격을 줄일 수 있다.

그림 3-28 슬링을 이용한 간이 안전벨트

2 기구묶기

← 절반 매듭

← 절반 매듭

← 절반 매듭

← 말뚝 매듭 + 옭매듭(하단)

← 두겹 8자 매듭 + 옭매듭

← 개폐밸브 통과 후 노즐에 씌운다

← 말뚝 매듭 + 옭매듭

← 말뚝 매듭 + 옭매듭

← 손잡이 통과

그림 3-29 여러 가지 기구(장비) 묶기

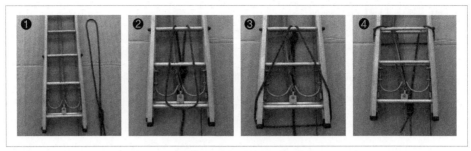

그림 3-30 사다리 묶기

05 로프 정리 ★

1 둥글게 사리기

① 비교적 짧은 로프를 신속하게 사릴 때 사용한다. 무릎이나 팔뚝을 이용하여 로프를 신속히 감아 나간다.

② 무릎감기를 할 때에는 왼쪽 무릎을 세우고 앉은 자세를 취한 후 왼손으로 로프의 한 쪽 끝을 잡아 무릎 위에 놓고 오른손으로 긴 로프를 왼발의 밖에서 안으로 발밑을 통하게 하여 돌리고 무릎 위에서 왼손으로 로프를 누르며 차례로 감아간다.

③ 이렇게 정리하면 로프를 풀 때 엉킬 가능성이 높기 때문에 나중에 로프를 풀어 다시 정리해 두는 것이 좋다.

1) 로프를 둥글게 사린다.   2) 5~10번 정도 감는다.   3) 로프 끝을 고리에 끼우고 다른 쪽 로프를 당긴다.   4) 로프 끝을 매듭한다.

그림 3-31 둥글게 사리기

2 나비 모양 사리기

(1) 한발 감기

① 50~60m 정도의 비교적 긴 로프를 사릴 때 사용하는 방법이다.

② 왼손으로 로프의 한 쪽 끝을, 오른손으로 긴 로프를 잡고 양팔을 벌려 한 발의 길이가 되게 한 다음 꼬이지 않도록 주의하면서 왼손으로 로프를 잡는다. 다시 양팔을 벌려 로프가 한 발이 되게 한 다음 로프를 왼손으로 잡아나간다. 마지막에 [그림 3-33]과 같이 마무리하면 된다.

③ 이 방법으로 로프를 사리면 로프가 지그재그 형태로 차례로 쌓이므로 풀 때에도 엉키지 않는 장점이 있다.

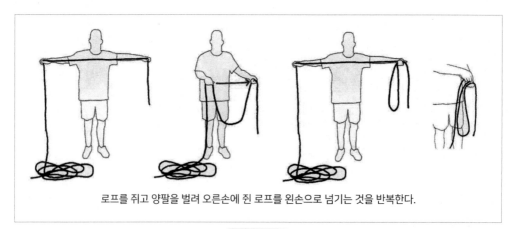

로프를 쥐고 양팔을 벌려 오른손에 쥔 로프를 왼손으로 넘기는 것을 반복한다.

그림 3-32

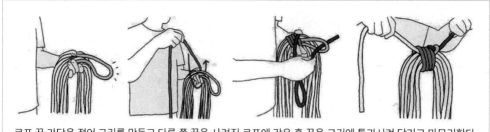

로프 끝 가닥을 접어 고리를 만들고 다른 쪽 끝을 사려진 로프에 감은 후 끝을 고리에 통과시켜 당기고 마무리한다.

그림 3-33

(2) 어깨 감기

① 로프의 길이가 60m 이상이 되면 사리면서 한 손으로 잡고 있을 수 없게 된다. 이때에는 로프를 어깨로 올려서 사리게 된다.

② 왼손으로 로프의 끝을 잡고 오른손으로 로프를 잡아 목 뒤로 돌려 어깨에 걸친다. 오른손으로 로프를 잡은 상태에서 왼손의 로프를 놓고 오른쪽의 로프를 잡아 다시 목 뒤로 돌린다.

③ 같은 방법으로 로프를 어깨 위에 쌓고 마지막에 두 손을 로프 안쪽에 넣어 조심스럽게 들어내고 한발 감기와 같은 방법으로 끝을 마무리한다.

④ 로프를 두 겹으로 잡고 정리하면 긴 로프라도 신속하게 사릴 수 있다.

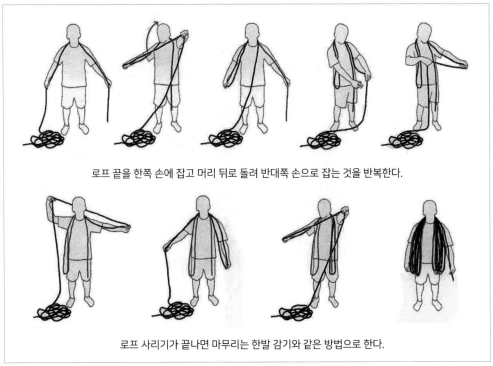

로프 끝을 한쪽 손에 잡고 머리 뒤로 돌려 반대쪽 손으로 잡는 것을 반복한다.

로프 사리기가 끝나면 마무리는 한발 감기와 같은 방법으로 한다.

그림 3-34 어깨 감기와 마무리하기

3 8자 모양 사리기

나비 모양 사리기와 함께 로프가 꼬이지 않게 사리는 방법으로 풀 때 꼬이지 않는 장점이 있다. 굵고 뻣뻣한 로프나 와이어로프 등을 정리할 때 편리하다.

그림 3-35 8자 모양 사리기

4 사슬 사리기

① 과거에는 주로 화물차 기사들이 사용한 방법이지만 원형이나 8자 모양 사리기보다 꼬이거나 엉키는 확률이 현저히 낮다.

② 이 방법은 마지막 끝처리가 잘 되어야 하는데, 잘못될 경우 푸는 방법도 잘 익혀 두어야 한다.

③ 마지막 1m 정도의 여유줄을 남겨 놓고 마지막 사슬을 여유줄에 묶는데 절대로 여유줄이 매듭 안으로 들어가서는 안 되며 고리를 작게 사리는 것이 좋다.

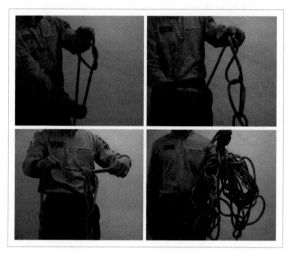

그림 3-36　사슬 사리기

5 어깨 매기

로프를 휴대하고 장거리를 이동하기 위한 방법이다. 먼저 로프를 나비모양으로 사리고 [그림 3-37]과 같이 마무리하여 어깨에 맨다.

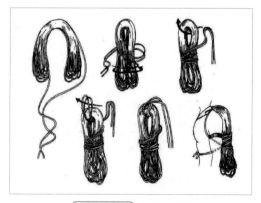

그림 3-37　어깨 매기

로프 설치

01 | 지지점 만들기 ★★★

① 로프를 활용하여 구조활동을 전개하는 경우 로프를 공작물이나 수목 등 일정한 지지물에 묶어 하중을 받을 수 있도록 설치하고 카라비너 또는 도르래 등의 기구를 이용하여 힘의 작용 방향을 바꾸기도 한다.

② 이와 같이 로프를 직접 묶어 하중을 받게 되는 곳을 '지지점(支持點)' 또는 '확보점(確保點)'이라고 하며 특히 수직 방향으로 설치하는 로프가 묶이는 곳은 '현수점(懸垂點)'이라고 따로 구분하기도 한다.

③ 연장된 로프에 카라비너, 도르래 등을 넣어 로프의 연장 방향(결국 '힘'의 방향)을 바꾸는 장소를 '지점(支點)'이라 부르며 지점에서는 카라비너 등의 장비와 로프의 마찰에 의해 저항력이 발생한다.

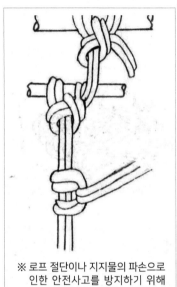

※ 로프 절단이나 지지물의 파손으로 인한 안전사고를 방지하기 위해 로프는 2개소 이상에 결착한다.

그림 3-38 지지점 만들기

④ 확보점, 지지점, 현수점, 지점 등이 명확히 구분되는 것은 아니며 대부분의 경우 특별히 구분하여야 할 필요성도 크지 않다.

⑤ 지지점과 현수점, 지점 등을 통칭하여 단순히 앵커(anchor)라 부르는 경우도 많다.

1 지지물 선정 2015 소방장

① 확보점이든 지점이든 로프를 설치하기 위해서는 적당한 지지물(충분한 강도를 가진 구조물, 공작물, 수목 등), 로프(지지물에 결착), 활용 기구(카라비너, 도르래 등)가 필요하다.

② 주변에 전신주, 철탑, 견고한 수목 등이 있을 경우 용이하게 지지물을 선정할 수 있으나 구조활동 현장에 항상 그러한 물체가 있으리라고 기대할 수는 없다. 따라서 이러한 경우 주변의 지형지물이나 물체를 잘 활용하여 확보점 등을 설정하고 지지물의 형태에 따라 알맞은 매듭법을 활용해서 확보점·지점을 만들게 된다.

③ 지지물은 고정된 공작물이나 수목 등 하중을 충분히 견딜 수 있는 물체를 선택하여야 하며 특히 주의해야 할 것으로 설치하는 로프는 반드시 2겹 이상으로 하고 2개소 이상을 서로 다른 지지물에 묶어 지지물의 파손, 로프의 절단 등으로 발생할 수 있는 안전사고에 대비하여야 한다.

④ 로프가 묶이는 부분이 날카롭거나 거친 물체인 경우와 설치된 구조기구가 지지물에 닿아 마찰이 발생하면 로프 보호기구나 담요, 종이상자 등을 이용하여 마찰을 최소화하도록 한다.

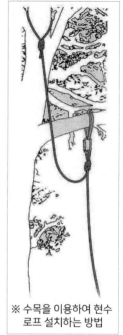

※ 수목을 이용하여 현수
로프 설치하는 방법

그림 3-39 지지점 선정

⑤ 현장에 적당한 지지물이 없는 경우에도 다양한 방법으로 활용할 수 있도록 특정한 형식에 얽매이기보다는 평소 연습을 통해 다양한 방법을 연습하고 안전한 설치 방법을 익혀야 당황하지 않고 신속히 설치할 수 있다.

수목이나 전신주, 철탑 등 수직 물체의 이용	보편적으로 많이 활용하는 방법이지만 항상 지지물이 견고히 고정되어 있는지를 확인하고 2개소 이상을 확보하여 안전에 지장이 없도록 조치한다.
창틀의 이용	목재나 파이프 등 창틀보다 긴 물체를 이용한다. 이때 지지물이 되는 파이프 등이 충분한 강도를 가지는지 확인하고, 별도의 로프로 고정하여 움직이지 않도록 하여야 한다.
건물 내의 집기를 이용하는 방법	건물 내의 옷장, 책상, 캐비넷 등 대형 집기를 이용하는 방법이다. 집기의 유동을 방지할 수 있도록 집기 자체를 고정하는 것을 잊지 않도록 한다.
매몰 방법	적당한 지지물이 없는 하천변에서는 둑에 지지물을 묻어 지지점으로 활용할 수 있다. 또한 눈사태 등이 발생한 지역에서는 지지물을 눈 속에 묻어 임시로 지점을 설정할 수도 있다. 이러한 경우에는 과도한 중량이 걸리지 않도록 각별한 주의가 필요하다
기타 지형지물 이용법	차량이나 사다리, 건물 난간이나 국기계양대 등의 옥상 시설물도 활용하기에 따라서 훌륭한 지지물이 될 수 있다.

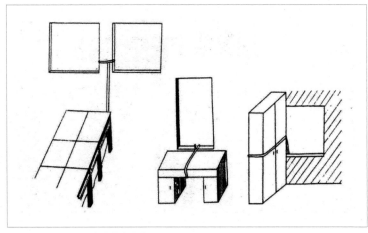

그림 3-40 실내 집기를 이용하는 방법

2 지점 만들기

① 지점을 설정할 때에도 설정 부분의 강도를 면밀히 살펴 충분한 하중을 견딜 수 있는 물체를 선정하여야 한다.

② 로프의 유동에 의한 마찰이 많이 발생하므로 로프와 로프가 직접 마찰하지 않도록 주의를 기울이고 안전을 위해서 로프는 2겹으로 사용하는 것이 바람직하다.

③ 지점에서는 힘의 작용 방향이 바뀔 수도 있으므로 다양한 방향에서 지지가 가능한지를 면밀히 살펴야 할 것이다.

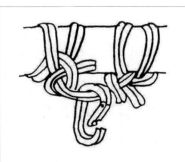

※ 기둥에 말뚝 매듭을 하고 카라비너를 끼웠다. 매듭의 끝부분은 풀리지 않도록 옭매듭으로 확실히 고정한다.

그림 3-41 지점의 설치 예시

02 | 현수로프 설치 ★★★★

현수(懸垂)로프란 요구조자의 구조 혹은 대원 진입, 탈출을 목적으로 지지점에서 아래로 수직으로 설치하는 로프를 말하며 등반 및 하강, 요구조자의 구출 및 장비의 수직 이동, 수직 맨홀 진입 등 다양한 경우에 활용된다.

1 현수로프 설치 원칙 2013 인천 소방장, 2016 경기 소방장, 전북 소방장

① 지지점은 완전한 고정물체를 택하여야 하며 하중이 걸렸을 때 충분히 지탱할 수 있는 강도를 가져야 하므로 파손이나 균열 부분이 있는지 면밀히 살펴보고 두드리거나 흔들어보는 등의 다양한 방법으로 안전성을 철저히 확인한다.

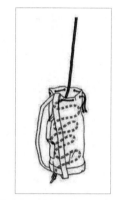

② 로프는 안전을 위하여 두 겹으로 사용하는 것을 원칙으로 하고 특히 직경 9mm 이하의 로프는 충격력과 인장강도가 떨어지고 손에 잡기도 곤란하므로 반드시 두 겹으로 한다.

그림 3-42 로프 가방의 활용

③ 하강 로프의 길이는 현수점에서 하강 지점(지표면)까지 로프가 완전히 닿고 1~2m 정도의 여유가 있어야 한다. 로프가 지나치게 길면 하강 지점에 도달한 후에 신속히 이탈하기가 곤란하고 로프가 지면에 닿지 않을 정도로 짧으면 로프 끝에서 이탈하여 추락할 위험이 있다.

④ 하강 지점의 안전을 확인하고 로프를 투하한다. 로프 가방(rope bag)을 사용하면 로프가 엉키지 않고 손상을 방지할 수 있다.

⑤ 필요하면 현수로프를 보조로프로 고정하여 움직이지 않도록 한다.

2 현수로프의 설치 방법

(1) 로프 묶기

1) 지지물에 직접 묶기

① 이중 말뚝 매듭이나 고정 매듭 등을 이용하여 로프를 지지물에 직접 묶는다.

② 고정이 확실하지만 숙달된 사람이 아니면 매듭에 시간이 걸리며 매듭 후 남는 로프의 뒤처리에 주의하여야 한다.

③ 일반적으로 지지물에 로프를 말뚝매기로 묶고 그 끝을 연장된 로프에 다시 옭매듭하거나 두겹 말뚝매기를 하여 풀리지 않도록 한다.

④ 매듭 후에는 다시 주 로프에 보조로프를 감아매기 한 후 다른 곳에 고정하여 주 로프가 움직이지 않도록 한다.

2) 간접 고정하기 2016 부산 소방교

① 지지물이 크거나 틈새가 좁아 지지물에 직접 로프를 묶기 곤란한 경우 또는 신속히 설치하여야 할 필요가 있는 경우에 사용하는 방법이다.

② 지지점에 슬링이나 보조로프를 감아 확보 지점을 만들고 카라비너를 설치한 다음 8
자 매듭이나 고정 매듭을 하여 카라비너에 로프를 건다. 건물의 모서리나 기타 장애
물에 로프가 직접 닿지 않도록 로프를 보호한다.

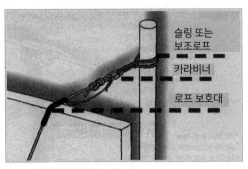

말뚝 매듭 + 옭매듭

로프 보호대

슬링 또는
보조로프

카라비너

로프 보호대

[그림 3-43] 지지물에 직접 고정하기 　[그림 3-44] 현수로프의 간접 고정

3) 카라비너를 이용한 방법

카라비너를 걸 수 있는 고리가 있으면 [그림 3-45]와 같은 방법으로 로프를 신속하게 설
치할 수 있다. 고리가 없을 경우 보조로프나 슬링 등으로 대용할 수도 있다.

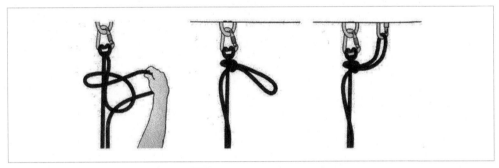

[그림 3-45] 카라비너에 로프 결착하기

(2) 회수 로프 설치

구조현장에 따라 설치된 로프를 회수하기 곤란한 장소가 있다. 이러한 경우 최후에 하
강 또는 도하하는 대원이 로프를 회수하기 쉽게 설치하는 방법이다. 안전사고 발생의 위
험이 있으므로 극히 신중을 기하여야 하고, 회수 시에는 암벽 틈새나 수목 등 장애물에 로
프가 걸리지 않도록 주의하여야 한다.

1) 로프감기

① 수목이나 전신주 등 지지물에 로프를 감아 사용하고 하강 또는 도하 후에는 매듭의
반대 방향으로 당겨 회수하는 가장 간단한 방법이다.

Part 3

기본구조훈련

② 반드시 로프의 두 줄을 동시에 활용하여야
　한다.

③ 사용 후에는 매듭 부분의 반대 방향으로 로
　프를 당겨 회수하며 이때 로프가 마찰에 의
　해 훼손되지 않도록 주의를 기울인다.

④ 횡단로프를 설치하는 경우에 많이 활용한다.

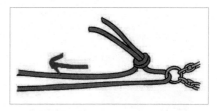

그림 3-46 로프감기 설치 방법

2) 회수 설치

최종 하강자가 로프 설치를 바꾸어 쉽게 회수하도록 하는 방법이다. 안전사고의 위험은
비교적 적으나 별도의 지지물이 필요하다. 확보물이 설치되어 있는 암벽에서 하강할 때
많이 활용한다.

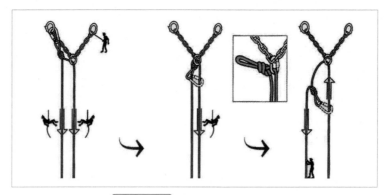

그림 3-47 회수로프 설치 방법

3) 회수 매듭법(Blocking loop)을 이용하는 방법

① 하강 지점에서 풀 수 있는 회수 매듭법이다.

② 3번 이상 교차 매듭하고 풀리는 로프를 잘 기억해야 한다.

③ 푸는 로프를 착각하여 잘못 당기거나 하강 도중 공포감으로 인하여 매듭을 당기면
　추락의 위험성이 있으므로 숙달되지 않은 사람은 사용하지 않도록 한다.

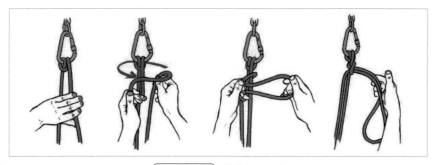

그림 3-48 회수 매듭법

03 | 연장로프(횡단로프) 설치 ★★★

연장로프는 수평 또는 비스듬히 연장하는 로프, 즉 횡방향으로 설치하는 로프를 말하며 도하 훈련, 계곡 등에서의 수평 구조, 경사 하강(비상탈출)등의 경우에 활용하는 설치 방법이다.

연장로프는 팽팽하게 당겨야 활동이 용이하지만 지나치게 당겨지면 로프에 가해지는 장력(張力, tension)도 급격히 증가되므로 로프의 인장강도 이상으로 사용하지 않도록 주의한다.

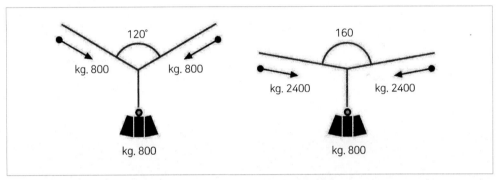

그림 3-49 수평으로 연장된 로프에 가해지는 장력

1 연장로프 설치 방법 2013 서울 소방교

(1) 인력에 의한 로프 연장

아무런 장비나 도구 없이 로프와 사람의 힘만으로 로프를 연장하는 방법으로 연장 로프에 걸리는 하중이 많지 않은 경우에 사용한다. 당김줄 매듭(trucker's hitch)을 이용하면 작업이 끝난 후에도 매듭을 풀기가 용이하다.

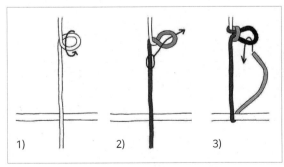

그림 3-50 당김줄 매듭을 이용하여 로프를 당기는 방법

그림 3-51 당김줄 매듭을 만들고 카라비너를 건다.

① 수평으로 연장된 로프의 중간을 비틀어 고리를 만들고 한번 꼬아준다.

② 고리 속으로 로프의 중간을 통과시켜 또 다른 고리를 만든다.

③ 로프의 끝 가닥을 지지물에 감고 ②에서 만든 고리를 통과시킨 후 당겨서 지지물에 결착한다. 이때 고리에 직접 로프를 거는 것보다는 [그림 3-51]과 같이 카라비너를 연결하고 로프를 통과시키면 마찰로 인한 로프 손상을 최소화할 수 있다.

(2) Z자형 도르래 배치법

로프에 걸리는 하중이 큰 경우에 사용하는 방법으로 감아매기로 고정한 로프를 2개의 도르래로 당겨서 팽팽하게 유지한다.

① 주 로프를 지지물에 결착하고 고정한다. 이때 2개소 이상의 지지점을 설정하여 하중을 분산시키고 안전을 도모한다. [그림 3-52]는 지지물에 말뚝매기 방법으로 직접 주 로프를 결착하고 감아매기로 하중을 분산시킨 방법이고, [그림 3-53]은 지지물에 2개소의 확보물을 설치하고 8자 매듭과 카라비너를 이용하여 주 로프를 간접 고정한 것이다.

그림 3-52 직접 묶기

그림 3-53 간접 고정

② 반대쪽 지지물에 확보지점을 설치하고 도르래를 건 다음, 주 로프를 통과시키고 감아매기로 고정한다.

③ 주 로프의 당겨지는 지점에 보조로프를 감아 매고 두 번째 도르래를 건 다음 주 로프를 통과시키고 당긴다. 이는 본 교재 제2편 '구조장비'에서 설명한 'Z자형 도르래 배치법'을 응용한 것으로 1/3의 힘만으로 로프를 당길 수 있다. 단, 당겨지는 거리 역시 3배가 되어 1m를 당기고자 한다면 3m를 당겨야 한다.

(3) 2단 도르래를 이용하는 방법

2단 도르래를 이용하여 강력한 힘으로 로프를 연장하는 방법이다. 연장로프에 구조대원이나 요구조자가 직접 매달리는 도하로프를 설치할 때 이용한다.

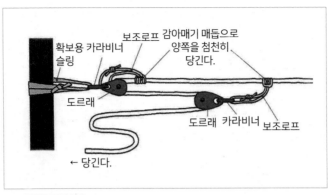

그림 3-54 Z자형 도르래 배치법을 응용한 로프 연장법

① 2개소 이상의 지지물에 주 로프를 확실히 고정한다.

② 주 로프의 반대쪽 끝부분에 당김줄 매듭을 만들고 카라비너를 결착한다. 이 카라비너에 도르래 ④를 건다. 도르래는 모두 2단 도르래를 사용하고 당김줄 매듭의 위치는 로프가 당겨지는 것을 고려하여 정한다.

③ 반대쪽 지지물에 슬링이나 로프로 지점을 만들고 카라비너를 결착한다. 이 카라비너에 도르래 ⑧를 걸고 주 로프를 통과시킨 후 다시 도르래 ④를 통과시킨다. 로프가 꼬이지 않도록 주의하면서 도르래 ⑧, ④를 다시 한번 통과시킨다.

④ 당기는 힘을 늦추어도 로프가 느슨해지지 않도록 다른 지지물에 확보점을 만들고 베이직이나 크롤, 그리그리 등 역회전 방지 기구를 설치한다. 주 로프를 충분히 당겨 팽팽하게 유지하고 지지물에 결착한다.

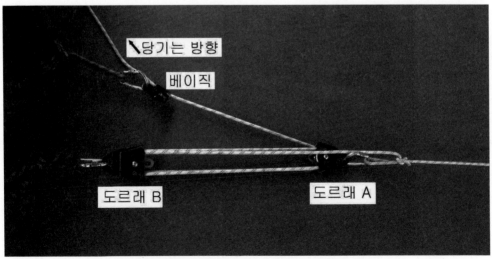

그림 3-55 2단 도르래를 이용한 로프 연장 방법

(4) 차량을 이용한 로프 연장

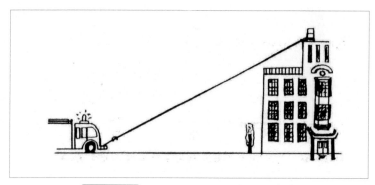

그림 3-56) 차량을 이용한 로프 연장 방법

① 연장된 로프의 끝에 두겹 8자 매듭이나 이중 8자 매듭을 하고 카라비너를 건다.

② 차량용 훅(hook)에 로프를 연결한다.

③ 차량을 후진시켜 로프를 당긴다. 이때 보조요원은 로프에 가해지는 장력을 주의 깊게 살펴 지나치게 당겨지지 않도록 주의한다.

④ 구조활동에 적합한 정도로 로프가 당겨지면 사이드브레이크를 채우고 바퀴에 고임목을 대어 차량이 전진하지 않도록 조치한다.

CHAPTER 03

확보

01 확보의 개념

① 높은 곳에서 작업하는 경우 구조대원과 요구조자의 행동을 용이하게 하고 추락이나
   장비의 이탈을 방지하기 위하여 로프로 묶는 안전조치를 취하는데 이를 확보(belay)
   라 한다.
② 구조활동에 있어서 확보는 그 어떤 작업보다 중요하고 신중하게 다루어져야 할 부분
   이다.
③ 안전한 확보가 이루어지지 않은 상태에서는 요구조자의 구출은 물론이고 구조대원
   자신의 안전까지 위협하는 상황이 발생할 수 있기 때문이다.
④ 서로가 서로의 신뢰성과 믿음을 줄 수 있는 확보가 되어야 하며, 상대방이 확보를 얼
   마나 잘 봐주고 믿음을 주느냐에 따라서 원활한 구조활동으로 이어질 수 있다.

직접확보	확보 기구를 사용하든, 사용하지 않든 확보자의 신체에 직접 하중이 걸리도록 하는 방법을 말한다.
간접확보	확보 기구 등을 이용하여 자기 몸이 아닌 다른 어떤 지형지물과 확보물에 의지하는 것을 말한다.

※ 등반자가 추락하였을 때 추락 충격이 1차적으로 확보자에게 전달되는가(직접확보), 아니면 확보
지점에 전달되는가(간접확보)에 따른 구분이다.

직접확보   간접확보

그림 3-57 직접확보와 간접확보

02 확보 기법 ★★★★

확보를 보는 방법에 따라 자기 확보, 선등자 확보, 후등자 확보 등 세 가지로 구분한다. 선등자가 등반할 때 후등자가 확보해주는 경우를 '선등자 확보', 선등자가 후등자를 확보해주는 경우를 '후등자 확보', 등반자 자신이 스스로 확보하는 경우를 '자기 확보'라 한다. 이러한 등반기술에 관하여는 별도로 산악사고 구조기술에서 설명하고 여기서는 구조활동 중의 안전확보에 관하여만 다루도록 한다.

1 자기 확보

① 자기 확보란 작업자 자신의 안전을 확보하기 위하여 신체를 어떠한 물체에 묶어 고정하는 것을 말한다.

② 구조활동을 하고자 할 때에는 가장 먼저 자기 확보부터 해야 한다.

③ 자기 확보가 불확실하면 그 어떠한 행위도 불안하기 때문이며 나 자신의 안전도 중요하지만 내가 확실하게 확보되어 있어야 상대방의 안전을 도모할 수 있기 때문이다.

④ 작업장소의 상황과 이동범위를 고려하여 1~2m 내외의 로프를 물체에 묶고 끝에 매듭한 후 카라비너를 이용하여 작업자의 안전벨트에 거는 방법을 사용한다. 움직임이 많은 경우에는 미리 안전벨트에 확보줄을 묶어두었다가 카라비너를 이용해서 필요한 지점에 고정한다.

⑤ 안전벨트와 확보로프 없이 작업하는 것은 매우 위험한 상황을 초래할 수 있으므로 절대로 피하여야 한다. 만약 안전벨트나 카라비너 등의 보조 장비가 없는 상황에서 직접 자신의 신체에 확보 로프를 묶으면 추락 시 큰 충격을 받게 되어 부상의 위험이 높으므로 이러한 상황은 피해야 한다.

⑥ 상황이 급박하여 불가피하게 작업을 진행해야 하는 경우라면 로프를 이용해서 간이 안전벨트를 만들고 확보로프를 결착하도록 한다.

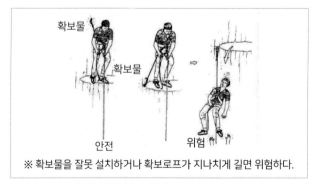

※ 확보물을 잘못 설치하거나 확보로프가 지나치게 길면 위험하다.

그림 3-58 자기 확보

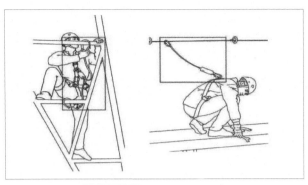

그림 3-59 자기확보 취하기

2 타인의 확보

확보자가 등반, 하강 또는 높은 곳에서 작업 중인 대원의 안전을 확보해 주는 방법이다. 확보 기구를 이용하거나 신체를 이용해서 로프의 마찰력을 증가시켜 추락을 방지하며 어느 경우에나 확보자 자신의 안전을 확보하기 위하여 별도의 자기 확보 조치를 취하고 작업자에게서 시선을 떼지 않도록 한다. 이때 확보물의 위치를 잘못 선택하거나 확보로프가 지나치게 길면 추락할 위험이 있으므로 주의한다.

(1) 장비를 이용한 확보

① 8자 하강기, 그리그리, 스톱 등 각종의 확보 기구에 로프를 통과시켜 마찰을 일으키도록 하는 방법으로 신체를 이용한 확보에 비해 보다 확실하고 안전한 확보를 할 수 있다.

② 확보자는 우선 자기 확보를 한 후 확보 기구에 로프를 통과시켜 풀어주거나 당기면서 확보한다. 당겨진 로프는 엉키지 않도록 잘 사려 놓아야 하며 특히 로프를 풀어주면서 확보하는 경우에는 반드시 로프의 끝부분을 매듭으로 표시하여 로프 길이를 착각하고 모두 풀어 주는 사고를 방지한다.

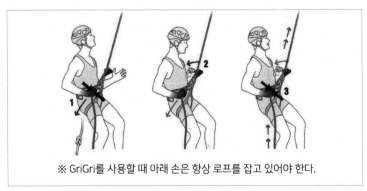

※ GriGri를 사용할 때 아래 손은 항상 로프를 잡고 있어야 한다.

그림 3-60 그리그리를 이용한 확보

(2) 신체를 이용하는 확보(Body Belay)

① 신체를 이용한 확보 방법은 로프와 몸의 마찰로 로프를 제동하는 방법인데, 허리, 어깨, 허벅지를 이용한 확보 등이 있다.

② 안전한 확보를 위해서는 확보 기구를 사용하는 것이 바람직하지만 확보에 필요한 기구가 구조현장에 없는 경우에는 부득이 신체를 이용하여 확보하여야만 한다.

③ UIAA(국제산악연맹)에서 권장하는 가장 좋은 신체 확보 방법은 허리 확보(Hip Belay)이다.

④ 확보자가 위치하는 지점의 안정성을 확인하고 바른 자세를 취하여 균형을 잘 유지하여야 한다. 확보자의 자세가 바르지 못하면 작업자의 추락 등 돌발사고 발생 시 올바로 대처할 수 없다.

1) 허리 확보

① 하중을 확보자의 허리로 지탱하는 방법이다. 서거나 앉아서 확보할 수 있지만 선 자세는 균형 유지가 어려우므로 특별한 경우가 아니면 실시하지 않도록 한다.

② 허리 확보도 어깨 확보와 같이 확보로프의 힘의 중심이 아래쪽에 있으면 실시하기 쉽다.

③ 앉은 확보 자세에 있어서는 발로 밟고 지탱할 수 있는 지지물이 있으면 한층 강하게 확보할 수 있다.

그림 3-61 허리 확보 자세

2) 어깨 확보

어깨 확보는 힘이 걸리는 측의 로프가 왼쪽 겨드랑이 밑으로 나오도록 확보로프를 설정한다. (왼손잡이의 경우 오른쪽 겨드랑이)

① 왼발을 앞으로 내어 하중을 지탱하고 오른발을 약간 구부린다.

② 로프를 등 뒤로 돌리고 오른쪽 어깨에 로프를 건다.

③ 등을 똑바로 펴서 약간 뒤쪽으로 체중을 건다. 등을 굽히면 하중이 앞쪽에 걸려 자세가 흐트러지고 균형을 잃는다.

④ 왼손으로 로프를 당기고 오른손으로 보조한다. 무릎을 굽히거나 펴면서 신체 전체를 사용하는 것이 좋다. 잠시 멈추거나 제동할 때에는 오른손 로프를 왼쪽으로 꺾어 두 줄을 겹쳐 잡아 제동한다.

그림 3-62 어깨 확보 자세

(3) 지지물을 이용한 확보

① 지지물을 잘 활용하면 확보로프의 당기는 방향을 바꾸고 마찰력을 증가시킬 수 있다.

② 확보 장소에 있는 지지물을 이용하여 더욱 안전하고 용이하게 확보할 수 있다.

③ 지지물을 이용하여 확보한 경우에는 낙하 충격은 지지점을 통해 그 위쪽 방향에서 나타나므로 지지점을 향하여 확보 자세를 취한다.

④ 지지물이 추락 충격에 견딜 수 없을 것으로 판단되면 개인 로프, 카라비너 등을 이용하여 지지점을 늘려 충격이 분산되도록 한다.

그림 3-63 지지물 이용하기

그림 3-64 확보로프 당기기

하강

01 | 기본 하강 ★★★

현수로프를 사용하여 높은 곳으로부터 하강하는 방법으로 비교적 긴 거리를 하강할 수 있다. 하강로프는 반드시 2줄로 설치하여 안전을 확보하고 헬멧, 안전벨트, 장갑, 하강기 등 필수 장비의 안전점검과 착용 상태를 확인한다.

1 하강기의 준비

(1) 하강 기구 이용 하강

① 가장 기본적인 하강 기구인 8자 하강기는 크기가 작아 휴대 및 활용이 용이한 반면 약간의 숙달을 요하고 제동 및 정지가 불편하다. 이런 단점을 보완한 것으로 8자 하강기의 변형인 구조용 하강기, 로봇 하강기 등도 널리 활용되고 있다.

② 반면 스톱 하강기(stopper)나 랙(rack) 등 제동이 용이한 하강기도 사용이 증가하는 추세이므로 다양한 장비의 활용법을 익혀두도록 한다.

(2) 카라비너 이용

① [그림 3-65]는 카라비너와 로프의 마찰력을 이용하여 제동을 거는 방법이다.

② 하강기가 없을 때 대용할 수 있는 방법이긴 하지만 마찰이 심하게 발생하여 로프가 꼬이고 손상률도 높다. 따라서 긴급한 경우가 아니면 카라비너 하강을 피하고 하강한 후에는 로프의 손상 여부를 잘 확인해 두어야 한다.

그림 3-65 카라비너와
로프의 마찰력을 이용하는 방법

2 하강기에 로프 걸기

(1) 8자 하강기

1) 두줄 걸기

두줄의 로프를 모두 8자 하강기에 넣고 카라비너에 건다. 하강 속도가 느리고 제동이 용이하므로 요구조자 구출 활동에 많이 활용한다.

그림 3-66 두줄 걸기

2) 한줄 걸기

① 일반적인 하강 시에 많이 활용하는 방법이다. 한 줄은 하강 및 제동, 다른 줄은 안전확보용이다.

② 먼저 카라비너에 한 줄의 로프를 통과시키고 다른 로프를 8자 하강기에 넣어 다시 카라비너에 건다. 이때 8자 하강기를 통과한 하강측 로프가 오른쪽(왼손잡이일 경우 왼쪽)으로 가도록 주의하여야 한다.

그림 3-67 한줄 걸기

3) 안전하게 로프 걸기

장갑을 끼고 있거나 날씨가 추운 경우 하강기에 로프를 걸다가 놓치는 경우가 자주 발생한다. 하강기가 없다면 더 이상 구조활동을 진행하기 곤란하고 떨어뜨린 하강기에 의한 안전사고가 발생할 우려가 있으므로 각별한 주의가 필요하다. 이런 경우 [그림 3-68]과 같이 먼저 카라비너에 하강기를 반대로 넣고 로프를 건 다음 하강기를 바꾸어 걸면 하강기를 놓치는 안전사고를 방지할 수 있다.

그림 3-68 하강기를 놓치지 않고 안전하게 로프를 거는 방법

(2) 스톱(STOP) 하강기

사용이 간편하고 제동이 용이한 스톱 하강기는 최근 많이 사용하는 추세이다. 스톱 하강기는 체중이 걸리면 자동으로 로프에 제동이 가해진다. 손잡이를 누르면 제동이 풀리면서 하강할 수 있고 놓으면 다시 제동이 걸리는 구조이므로 안전성이 높다.

① 먼저 스톱을 열고 아래쪽을 카라비너에 건 후 [그림 3-65]와 같이 로프를 넣는다.

② 로프의 삽입 방향은 몸체에 표시되어 있으므로 제대로 삽입되어 있는지 다시 한번 확인하고 스톱을 닫은 후 위쪽도 카라비너에 건다.

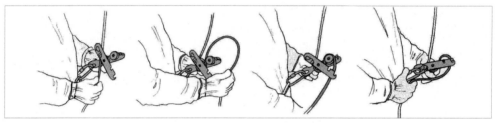

그림 3-69 스톱 하강기에 로프 삽입하기

3 하강 방법

(1) 일반 하강

1) 하강 전의 안전점검

① 하강 전에 반드시 로프의 설치 상태와 착지점의 상황 등 안전점검을 실시하고 착지지점에 안전요원(일명 줄잡이)을 배치한다.

② 하강하는 대원 자신이 직접 안전벨트와 카라비너의 결합 상태, 하강기의 고정과 로프의 삽입 등을 점검하고 안전요원이 다시 확인한다.

③ 하강하는 대원이 제동을 걸지 못하여 지나치게 하강 속도가 빠른 경우에는 안전요원이 하강로프를 당겨 제동을 걸어주어야 한다. 따라서 안전요원은 하강하는 대원에게서 절대로 시선을 떼어서는 안 된다.

2) 하강요령

그림 3-70 로프하강 준비 자세

① 하강기에 로프를 넣고 카라비너를 이용하여 안전벨트에 결합한다.

② 현수점 측 로프를 풀고 왼손 팔꿈치를 펴서 가볍게 잡는다. 오른손은 현수로프를 허리 부분에 돌려서 잡는다. 오른손목을 돌려서 제동하고 현수로프로 체중을 걸면서 벽면으로 이동한다.

③ 상체를 로프와 평형으로 유지하고 다리는 상체와 대략 직각이 되도록 하여 어깨폭 정도로 벌리고, 발을 벽면에 대고 하강 지점을 확인한다.

④ 하강 준비가 완료되면 안전요원에게 "하강 준비 완료"라고 외친다.

⑤ 안전요원의 "하강" 신호에 의해 제동을 풀고 하강 지점을 계속 확인하면서 벽면을 발로 붙이고 서서히 하강한다. 하강 중에는 시선을 아래로 향하여 장애물에 주의한다. (이때 과도하게 몸을 틀지 않고 시선만 아래로 향한다.)

⑥ 하강 도중 벽면을 발로 차서 반동을 주며 하강하는 동작은 금물이다. 실제 구조활동 중에는 요구조자나 들것이 벽면에 부딪혀 부상을 입을 수 있고 유리창 등 건물의 취약 부분이 파손될 우려도 있기 때문이다.

⑦ 착지할 때에는 무릎을 가볍게 굽혀 충격을 완화한다.

⑧ 상층에서 파손된 유리창이나 카라비너, 하강기 등의 장비가 낙하하는 경우가 있으므로 하강을 마친 대원은 즉시 하강 지점에서 뒤로 물러서야 한다.

⑨ 하강기에서 로프를 뺄 때에 하강기가 로프와의 마찰열로 의하여 뜨거울 수 있으므로 주의하고 로프에서 완전히 이탈한 후에 "하강 완료"라고 외친다.

(2) 오버행(over hang) 하강

오버행(over hang)은 암벽의 일부가 처마처럼 튀어나온 부분을 말하는 것으로 오버행 부분에서 하강하는 것처럼 발 닿을 곳이 없는 상태로 하강하는 것은 일반 하강과 다른 하강 기법이 필요하다.

1) 수직으로 하강한다.

① 오버행 하강에서 제일 중요한 점은 우선 로프가 떨어진 중력 방향으로 내려가는 것이다.

② 출발지점과 도착지점이 좌우로 멀리 차이가 난다고 해도 우선은 중력 방향으로 내려와 도착지점에 가까이 접근한 다음에 옆으로 이동하는 것이 좋다.

③ 출발할 때부터 도착지점을 향해서 비스듬히 가게 되면 로프가 당기는 힘에 의해서 옆으로 날아갈 수 있기 때문이다.

그림 3-71 오버행 지역의 통과 자세

2) 오버행 하강 시 자세

① 오버행 하강 시에는 오버행이 시작하는 턱 끝까지 발이 내려온다.

② 다음에 발을 어깨넓이로 펴고 서서 균형을 잡은 상태로 체중을 실어 상체를 뒤로 젖히면서 로프를 먼저 빼서 몸이 쭉 펴진 상태가 되도록 한다.

③ 조금이라도 오버행 아래에 먼저 닫는 발을 내리고 다음 발을 똑같이 내려 균형을 잡으면서 로프가 턱에 걸리도록 하면 된다.

④ 이때 로프를 충분히 빼지 않고 하강을 시작하면 로프를 잡은 왼손바닥이 턱과 줄에 걸쳐져 낄 수 있으니 주의해야 한다.

3) 암반 등 심하게 튀어나온 경우의 오버행

① 오버행 턱 아래로 한발이라도 걸치지 못하는 심한 오버행에서 하강을 시작할 때는 위와 같이 하는 동작에서 상체를 쭉 펴지 말고 약간 웅크린 상태에서 로프를 먼저 뺀 다음에 균형을 잡으면서 부드럽게 몸을 아래로 던져 하강을 시작하면 된다.

② 이때 상체를 너무 뒤로 젖히면 뒤집어질 수가 있기 때문에 주의해야 한다. 이때에도 제동손은 놓지 말아야 한다.

4) 장비를 메고 오버행하는 경우

① 큰 배낭이나 무거운 장비를 메고 오버행 하강을 할 경우에 무게에 의해 갑자기 뒤로 뒤집어질 수가 있다.

② 무거운 배낭을 자신의 안전벨트에 걸려있는 자기확보줄에 달아서 먼저 오버행 아래로 내려 보내고 하강을 하는 것이 안전하다.

4 일시정지

하강 도중에 일시 정지하여 작업하는 방법이다. 스톱이나 그리그리 등의 하강기는 손잡이에서 손을 떼는 것만으로도 정지가 가능하고 8자 하강기에 [그림 3-72]와 같이 로프를 교차시켜서 간단히 고정할 수 있지만 장시간 고정하여 작업하기 위해서는 보다 확실히 고정할 필요가 있다.

(1) 8자 하강기의 완전 고정

① 작업할 곳 약간 위에서 제동하여 정지한 후 [그림 3-73]과 같은 방법으로 로프를 하강기에 고정한다.

② 매듭을 할 때는 로프의 탄성으로 정지 위치 보다 약간 내려가게 되므로 위치를 잘 선택하고 고정하는 과정에서 균형을 잃지 않도록 주의한다.

그림 3-72
8자 하강기의 고정

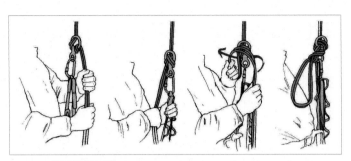

그림 3-73 8자 하강기를 완전히 고정하는 방법

(2) 구조용 하강기의 고정

그림 3-74 구조용 하강기를 고정하는 방법

(3) 스톱 하강기 고정

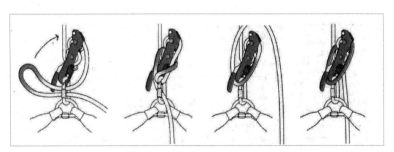

그림 3-75 스톱 하강기를 고정하는 방법

CHAPTER 04 하강　161

02 | 신체감기 하강 ★

① 기구를 사용하지 않고 신체에 직접 현수로프를 감고 그 마찰로 하강하는 방법으로 숙달되지 않은 경우 매우 위험하므로 긴급한 경우 이외에는 활용하지 않는다.

그림 3-76 │ 신체를 이용한 하강 자세

② 수직 하강보다는 경사면에서 하강할 경우에 활용도가 높은 방법이다.

③ 먼저 상의 옷깃을 세우고 다리 사이로 로프를 넣은 후 뒤쪽의 로프를 오른쪽 엉덩이 부분에서 앞으로 돌려 가슴 부분으로 대각선이 되도록 한다. 다시 왼쪽 어깨에서 목을 걸쳐 오른쪽으로 내리고 왼손은 현수점측 로프를 잡고 오른손으로 제동을 조정한다.

④ 현수로프에 서서히 체중을 건 다음 허리를 얕게 구부려 상체를 로프와 평행하게 유지하고 착지점을 확인하면서 하강한다.

⑤ 노출된 피부에 로프가 직접 닿으면 심한 부상을 입을 수 있으므로 주의하여야 한다.

03 | 헬리콥터 하강 ★

헬리콥터는 수직 이착륙 및 공중 정지, 제자리 선회가 가능하여 인명구조 활동에 활용도가 매우 높다. 헬리콥터 인명구조 기술에 관하여는 구조기술에서 자세히 살펴보기로 하고 여기서는 헬리콥터에서 로프 하강 시 주의해야 할 점에 대하여만 살펴본다.

1 헬기 탑승

헬리콥터에 다가갈 때에는 기체의 전면으로 접근하며 기장 또는 기내 안전원의 신호에 따라 탑승한다. 꼬리날개(Tail rotor)는 고속으로 회전하여 매우 위험하므로 절대 기체의 뒤쪽으로 접근하지 않도록 한다.

2 하강 준비

① 헬기 하강을 위하여 공중에서 로프를 투하하는 경우에는 로터의 하향풍에 로프가 휘말릴 수 있기 때문에 반드시 로프백에 수납하여 투하한다.

② 투하된 로프가 지면에 완전히 닿았는지를 반드시 확인해야 한다.

③ 하강 위치에 접근하면 기내 안전요원의 지시로 현수로프의 카라비너를 기체에 설치된 지지점에 건다.

④ 하강 준비 신호에 의해 왼손은 현수점측 로프를 잡고, 오른손은 하강측 로프를 허리 위치까지 잡아 제동하며 현수로프에 서서히 체중을 실어 헬리콥터의 바깥으로 이동하여 하강 자세를 한다.

⑤ 헬기의 구조에 따라 스키드 또는 문턱에서 하강 자세를 취한다.

⑥ 발을 헬기에 붙인 채 최대한 몸을 뒤로 기울여 하늘을 보는 자세를 취한 후 안전원의 '하강 개시' 신호에 따라 발바닥으로 헬기를 살짝 밀며 제동을 풀고 한번에 하강한다.

⑦ 착지점 약 10m 상공에서 서서히 제동을 걸기 시작하고, 지상 약 3m 위치에서는 반드시 정지할 수 있는 스피드까지 낮추어 지상에 천천히 착지한다.

⑧ 이때 로프가 접지된 것을 반드시 재확인하여야 한다.

⑨ 착지 후에는 신속히 현수로프를 제거하고 안전원에게 이탈 완료 신호를 보낸다.

그림 3-77 하강 준비 자세

3 하강 시 주의사항

① 헬기 하강은 하강 도중 지지물이 없다는 점에서 오버행 하강 요령과 유사하다.

② 헬기는 공중에서 정지하고 있으므로 급격한 중량 변화에 민감하게 반응한다. 즉 하강 자세에서 강하게 헬기를 차거나 하강 도중 급제동을 걸면 헬기가 흔들리게 되어 위험한 상황이 발생할 수도 있음을 유의하여야 한다.

Part 3

기본구조훈련

등반

01 쥬마 등반 ★

1 현수로프 설치

등반을 위하여 현수로프를 설치할 때에는 견고한 지지점을 택하여 확실히 결착하고 반드시 별도의 안전로프를 설치하여 추락에 대비하여야 한다.

2 쥬마 등반 요령

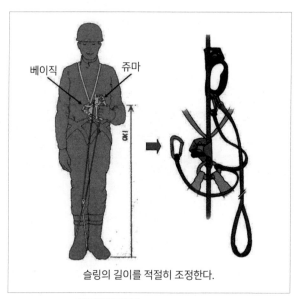

베이직   쥬마

슬링의 길이를 적절히 조정한다.

그림 3-78 쥬마 등반 준비

(1) 쥬마를 이용한 상승

① 크롤(또는 베이직)에 슬링이나 로프를 넣어 고리 모양으로 묶고 목에 건 다음 안전벨트에 결착한다.

② 쥬마에도 슬링을 연결하고 끝에는 발이 들어갈 수 있는 크기로 고리를 만든다. 이때

슬링의 길이는 가슴과 배 사이에 닿을 정도로 하는 것이 적당하다.

③ 현수로프에 쥬마를 끼우고 그 아랫부분에 크롤을 끼운다.

④ 쥬마의 고리에 오른발을 넣고 쥬마를 최대한 위쪽으로 밀어올린다.

⑤ 오른발을 펴서 몸을 일으켜 세운 후 힘을 빼면 크롤이 로프를 물고 있기 때문에 몸이 아래로 내려오지 않고 로프에 고정된다

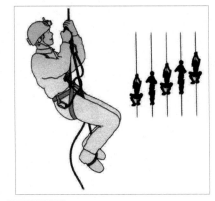

그림 3-79 쥬마를 이용한 수직 상승 방법

⑥ 다시 손으로 쥬마를 밀어 올리고 다리를 펴서 몸을 세우는 동작을 반복하면 로프를 따라 상승하게 된다.

⑦ 쥬마 상승 중에 로프가 따라 올라오는 경우가 많다. 이것을 방지하기 위해 보조자가 밑에서 로프를 팽팽하게 잡아주거나 배낭 등 무거운 물체를 로프 끝에 매달아 놓는다.

⑧ 상승을 끝내고 쥬마에서 로프를 빼려고 하면 캠이 로프를 꽉 물고 있어 쉽게 빠지지 않는다. 이때에는 쥬마를 위로 올려주면서 레버를 젖히면 된다.

⑨ 쥬마를 이용하여 작업할 때 로프 설치 방향을 따라 똑바로 이동시키지 않으면 로프에서 벗겨질 위험이 있다. [그림 3-80]과 같이 쥬마에 카라비너를 끼워두면 로프에서 이탈하지 않는다.

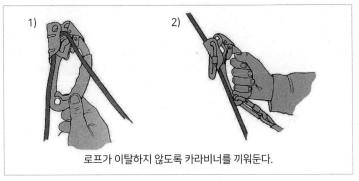

로프가 이탈하지 않도록 카라비너를 끼워둔다.

그림 3-80 쥬마 이용 등반

(2) 그리그리와 쥬마를 이용한 등·하강기술

구조 작업 현장에서는 상황에 따라서 상승이나 하강, 어느 하나의 방법이 아니라 하강과 정지, 상승을 반복해야 하는 경우도 있다. 이러한 상황에서 그리그리나 스톱 등의 확보·하강 기구와 쥬마, 베이직 등의 등반 기구를 적절히 조합하면 상승과 하강을 반복하면서 작업이 가능하다.

① 안전벨트에 그리그리를 결합하고 현수로프를 삽입한다.

② 슬링의 한쪽 끝에 발을 넣을 수 있는 고리를 만들고 쥬마 결착한다. 슬링의 길이는 쥬마가 가슴과 배 사이에 오도록 하는 것이 좋으며 데이지 체인을 이용하면 작업이 용이하다.

③ 쥬마에 현수로프를 삽입하고 쥬마 상단의 구멍에 카라비너를 끼워서 로프가 이탈하지 않도록 한다.

④ 슬링의 고리에 발을 넣고 한 손으로 쥬마를 최대한 밀어올린 후 고리를 밟고 몸을 일으켜 세운다. 동시에 반대쪽 손으로 그리그리 하단의 로프를 잡고 힘차게 위로 뽑아올린다. 그리그리 하단의 로프를 쥬마에 결착한 카라비너에 넣으면 상승할 때 로프를 당기기가 좀 더 용이하다.

⑤ 몸을 낮추어 체중이 현수로프에 걸리도록 한 후에 다시 쥬마를 밀어올리며 상승을 반복한다.

그리그리와 쥬마에 현수로프를 삽입한다.
슬링의 고리에 발을 넣고 힘차게 일어선다.

그림 3-81 그리그리를 이용한 등반

⑥ 필요한 위치까지 상승하면 쥬마를 빼서 안전벨트에 걸고 그리그리에 현수로프를 묶어서 완전히 고정한다.

⑦ 작업이 끝나면 고정한 로프를 풀고 그리그리를 이용하여 하강한다. 필요하면 정지한 후 쥬마를 끼우고 다시 상승할 수 있다.

고리를 밟고 몸을 일으켜 세우면서 상승하고 로프를 당겨 올린다. 로프를 쥬마의 카라비너에 넣으면 로프를 당기기 쉽다. 작업이 끝나면 쥬마를 빼고 그리그리를 이용해서 하강한다.

그림 3-82 쥬마의 제거

02 풋록(Foot Lock) 등반 ★

1 등반 준비

풋록 등반기술은 아무런 장비 없이 신체만을 이용해서 로프를 오르는 방법이다. 익숙해지기 위해서는 많은 훈련이 필요하며 고층을 오르기에는 무리가 따르기 때문에 현재는 많이 이용되지 않는다. 쥬마 등반과 마찬가지로 견고한 지지점을 택하여 현수로프를 확실히 결착하고 반드시 별도의 안전로프를 설치한 후에 등반하도록 한다.

2 등반 요령

(1) 한줄 등반법

① 현수로프에 면하여 양손으로 현수로프를 잡는다. (높은 위치를 잡는다.)
② 상체를 당겨 올려 양손을 조여서 왼발등 위에 로프를 올려 오른발을 바깥에서 돌려서 발바닥으로 로프를 끼운다.
③ 발을 로프에 고정시켜 발로 안전하게 신체를 확보하여 놓고 몸을 펴면서 위쪽으로 편다.

ⓐ 양손을 위쪽으로 펼 때는 발로 완전하게 신체를 확보하면서 한다.

ⓑ 발등을 벽면으로 향하고 발꿈치에 힘을 가하면 록이 걸린다.

ⓒ 등반 시에는 확보원이 현수로프를 잡아당기면 용이하다.

ⓓ 확보원은 등반원과 호흡을 맞춘다.

ⓔ 등반은 진입 수단이므로 힘을 남겨 놓도록 한다.

ⓕ 확보원은 등반 중은 물론 등반 완료 신호에 있어서도 등반원이 안전한 장소에 이르기까지는 절대로 눈을 떼지 않는다.

ⓖ 확보로프는 등반원의 추락을 방지하고 현수로프를 중심으로서 회전하는 것을 막기 위하여 느슨하지 않도록 항상 유지되도록 한다.

그림 3-83 Foot Lock 등반 자세

(2) 두줄 등반법

① 양손으로 등반로프를 지지 양발로 바깥 측에서 1회 또는 2회 감는다.

② 등반원은 보조원의 로프 조작 도움을 받아 양손으로 2본의 로프를 함께 잡아 신체를 당겨 올려 발을 교대로 하여 위쪽으로 움직여 등반한다.

③ 당겨 올린 발뒤꿈치에 힘을 가해 발등을 벽면으로 향한다.

④ 보조원은 등반원의 아래쪽에서 양손으로 1본씩 로프를 잡고, 등반원의 구령에 맞춰 이동하는 쪽의 로프를 느슨하게 고정시키는 발의 로프를 당겨서 보조한다.

ⓐ 손은 2본 로프를 함께 잡고 손과 발은 교대로 이동시킨다.

ⓑ 등반원은 '우 · 좌' 소리를 지르면서 등반한다. 보조원은 이것에 의해 등반원의 발 이동에 맞추어 로프를 조작한다.

ⓒ 등반 속도가 빠르면 확보로프가 느슨해지므로 충분히 주의하여 항상 느슨하지 않은 상태를 유지하도록 한다.

ⓓ 확보원은 등반 중은 물론 등반 완료 신호가 있어도 등반원이 안전한 위치에 이르기까지 등반원에서 눈을 떼지 않는다.

ⓔ 벽면을 등반하는 경우에는 등반원의 몸이 돌아가는 것을 막기 위하여 등반로프를 가

능한 한 벽면에 가까이 댄다.

ⓕ 등반은 진입 수단이므로 힘을 남겨 놓도록 한다.

ⓖ 하강 시는 확보원에게 확보시킨 후 풋록 등반 제1법의 자세를 취하고 양발로 눌러 약간 느슨하게 하강한다. 양손은 교대로 아래쪽을 잡고 바꾸어 로프와의 마찰에 의한 손의 부상을 방지한다.

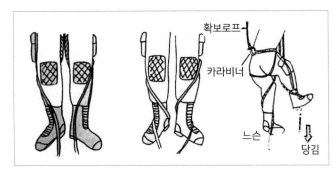

그림 3-84 두줄 로프 등반

03 감아매기 등반 ★

로프를 이용하여 등반할 때는 쥬마를 이용하는 것이 가장 안전하고 체력적인 부담이 적은 방법이지만 필요한 장비가 없는 경우에는 감아매기를 이용하여 등반할 수 있다.

1 등반 요령

(1) 로프 설치

개인 로프 3본을 사용하여 현수로프에 감아매기를 한다. 이 중 1본은 가슴걸이 로프용, 다른 2본은 발걸이용으로 사용하므로 각각 크기를 잘 조정한다.

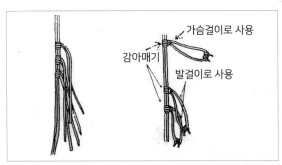

그림 3-85 감아매기 등반 로프 만들기

(2) 등반

① 등반원은 가슴걸이의 개인 로프를 상체 양 겨드랑이까지 통하고 다른 2본의 발걸이용 개인 로프에 제각기 발을 건다.

② 양발을 벌려 발걸이 개인 로프에 체중을 걸침과 동시에 현수로프 위쪽을 잡아 떠 있는 가슴걸이용의 개인 로프 감아매기의 매듭을 위로 올린다.

③ 가슴걸이용 개인 로프와 아래의 발걸이용 개인 로프에 전체 체중을 걸고 떠 있는 위 가슴걸이용의 개인 로프 감아매기 매듭을 위로 올린다.

④ 가슴걸이용 개인 로프와 위 발걸이용 개인 로프에 전체 체중을 걸고 떠 있는 발걸이용의 개인 로프 감아매기의 매듭을 위로 올린다. 이상 ①~④의 요령을 반복하여 순차 등반한다.

⑤ 감아매기의 매듭을 위로 올릴 때는 한쪽 손으로 매듭 아래쪽의 현수로프를 잡아 당기면 미끄러지기 쉽다. 또한 보조원을 두고 등반원 아래쪽에서 현수로프를 당기면 등반이 용이하다.

그림 3-86 감아매기 등반 제1(우측), 제2(좌측) 방법

(3) 하강

① 감아매기의 매듭을 1개소 정한다.

② 가슴걸이용 감아매기 매듭에 양손을 걸어 양손에 전체 체중을 걸도록 하여 한 번에 하강한다.

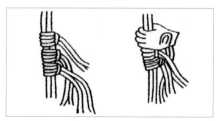

그림 3-87 하강 시의 손 위치

04 | 시설물 이용 등반 ★

건물의 옥내계단, 옥외계단 또는 건물의 각종 시설을 이용하여 혹은 인접 건물을 활용하여 진입하는 방법이다. 이 방법은 기술적으로도 어렵고 체력도 필요하므로 시설물의 상황, 강도를 충분히 확인하고 필요한 안전조치를 취하여야 한다.

1 좁은 벽 사이 등반 진입

손발·등 부분을 양 벽면에 대고 무릎·허리·팔꿈치 등 탄력을 사용 신체와 벽면의 마찰을 이용하여 등반한다.

2 수직 시설물 이용에 의한 진입

손으로 시설물을 잡고, 발은 벽에 대고, 팔은 당기며 발을 억누르며 등반한다.

CHAPTER 06

도하

01 | 도하로프 설치 ★

① 도하(渡河)는 하천을 건넌다는 뜻이지만 꼭 하천만이 아니고 협곡이나 크레바스 또는 봉우리와 봉우리 사이를 건널 때 이용하는 기술로 로프를 양쪽 견고한 지점에 고정시켜 공중에 걸어 놓고 한 쪽에서 다른 쪽으로 이 로프를 타고 건너가는 공중 횡단법이다.

② 급류가 흐르는 계곡을 공중으로 건널 때 쓰이는 아주 중요한 기술이며 그만큼 위험성을 내포하고 있기 때문에 평소 철저한 체력단련과 반복된 훈련이 필요하다.

③ 도하용 로프에는 수평 장력과 함께 도하 대원의 체중이 더하여지므로 지지점은 튼튼한 곳을 설정한다.

④ 로프는 반드시 2겹으로 설치하고 감아매기로 고정하여 별도의 지지점에 묶어둔다.

⑤ 어느 경우에나 도하하는 사람의 안전을 위해서 로프를 2줄로 설치하고 도하하는 대원은 반드시 헬멧과 안전벨트를 착용한다. 카라비너를 이용하여 로프와 대원의 안전벨트 간에는 1~2m 내외의 보조로프를 걸어서 체중을 분산시키고 안전을 도모한다.

02 | 도하 기법

도하 방법에는 수평 도하, 원숭이 도하, 티롤리언 도하 등의 기법이 있으나 각 기법 간에 우열 차이가 있는 것은 아니므로 등반 시에 많이 활용되는 티롤리언 도하를 중점으로 살펴보도록 하겠다.

1 매달려 건너는 방법

① 티롤리안 브리지(tyrolean bridge) 또는 티롤리안 트래버스(tyrolean traverse)라고 불리우며 협곡 양쪽을 연결한 로프에 매달려 건너가는 방법을 말한다.

② 안전벨트에 카라비너를 이용해서 도르래를 연결하고 주 로프에 매달려서 자신의 손

으로 로프를 당기며 도하하는 방법과 다른 사람의 도움을 받아서 도하하는 방법이 있다.

그림 3-88 티롤리언 도하 (직접 건너는 방법)

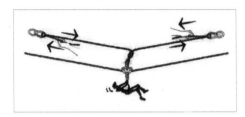

그림 3-89 다른 사람의 도움을 받아 이동하는 방법

2 쥬마를 이용해서 건너기

쥬마 등반법을 응용해서 수평으로 이동하는 방법이다. 장비 없이 맨손으로 이동하는 방법에 비해 힘과 시간을 절약할 수 있다.

① 쥬마에 슬링을 결착하고 슬링의 반대쪽 끝에는 발을 넣을 수 있도록 고리를 만든다. 슬링의 길이가 너무 길거나 짧으면 활동이 불편하다. 고리에 발을 넣었을 때 쥬마 위치가 가슴에 오는 정도가 적당하다.

② 카라비너를 이용해서 도하 로프에 도르래와 크롤 또는 베이직, 미니트랙션 등 역회전 방지 기구를 연결하고 크롤의 끝에 카라비너를 연결한다. 도르래는 1단 도르래보다는 수평 2단 도르래(텐덤)를 사용하는 것이 로프의 꺾임을 완화시킬 수 있어서 이동하기 용이하다.

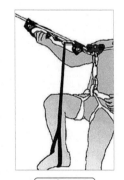

그림 3-90
도하 장비 결착

③ 쥬마를 로프에 물리고 슬링의 끝을 크롤에 결착한 카라비너를 통과시킨다.

④ 카라비너 또는 퀵드로를 이용해서 도르래와 안전벨트를 연결하고 로프에 매달린 다음 슬링 끝의 고리에 발을 넣는다.

⑤ 다리를 올리면서 쥬마를 앞으로 밀고 다시 다리를 펴는 동작을 반복하면 수평으로 전진하게 된다.

그림 3-91 쥬마를 이용한 도하 기술

3 엎드려서 건너는 방법

엎드린 자세로 건널 때에는 로프에 엎드려서 배를 줄에 붙이고 진행 방향에 머리를 두고 한 발은 뒤로 한 쪽 줄에 끼고 꼬아서 건넌다. 이러한 자세를 특히 '수병도하'라 부르기도 한다.

그림 3-92 수병도하 자세

① 도하로프가 몸 중심에 오도록 한 다음 로프에 엎드려 균형을 잡고 상체는 가능한 한 도하로프에 붙이지 않도록 가슴을 뒤로 젖힌다.
② 오른발 등을 로프에 가볍게 올려놓고 허리 부분으로 잡아당기며 왼발은 밑으로 내리고 얼굴은 들어 앞쪽을 본 자세에서 양손을 교대로 로프를 당겨 전진하는 방법이다.
③ 도하로프의 손상을 방지하고 도하하는 대원의 복부에 가해지는 통증을 감소시키기 위하여 복부에는 가죽이나 천 등을 대어 보호한다.
④ 이 방법은 숙달되지 않으면 균형을 잡기 곤란하여 도하 도중에 로프에서 떨어지는 경우가 많다. 이때에는 로프에 좌(우)측발 뒤꿈치를 걸어 허리를 도하로프로 잡아 당겨 우(좌)측발로 반동을 주어 원을 그리면서 몸을 로프에 걸쳐 오른다.

그림 3-93 로프 복귀 요령

PART 3 기본구조훈련
적중예상문제

01 로프 매듭을 할 때의 주의사항으로 옳지 않은 것은?

① 매듭의 끝부분이 빠지지 않도록 주매듭을 묶은 후 옭매듭 등으로 다시 마감해 준다.
② 매듭법을 많이 아는 것보다는 잘 쓰이는 매듭을 정확히 숙지하는 것이 더욱 중요하다.
③ 될 수 있으면 매듭의 크기가 작은 방법을 선택한다.
④ 매듭에서 로프 끝까지 5~10cm 정도 남겨 두도록 한다.

 해설

로프 매듭을 할 때의 주의사항
① 매듭법을 많이 아는 것보다는 잘 쓰이는 매듭을 정확히 숙지하는 것이 더욱 중요하다. 야간이나 악천후에도 능숙히 설치할 수 있어야 하고 다른 사람에게도 안전하게 해줄 수 있어야 한다.
② 매듭은 정확한 형태를 만들고 단단하게 조여야 풀어지지 않고 하중을 지탱할 수 있다.
③ 될 수 있으면 매듭의 크기가 작은 방법을 선택한다. 매듭 부분으로 기구, 장비 등을 통과시켜야 하는 경우가 있기 때문이다.
④ 매듭의 끝부분이 빠지지 않도록 주매듭을 묶은 후 옭매듭 등으로 다시 마감해 준다. 이때 끝부분이 빠지지 않도록 매듭에서 로프 끝까지 11~20cm 정도 남겨 두도록 한다.
⑤ 끊어지지 않는 로프와 풀어지지 않는 매듭은 없다. 사용 중 이상이 없는지 수시로 확인한다.
⑥ 로프는 매듭 부분의 강도가 저하된다는 사실을 기억한다.

02 아래에서 설명하는 로프 매듭으로 알맞은 것은? 2015 경기 소방장, 2018 소방위 등 유사 문제 다수 출제

간편하게 매듭할 수 있는 방법이지만 힘을 받으면 고리가 계속 조이므로 풀기가 힘들다.

① 8자 매듭   ② 옭매듭   ③ 두겹 옭매듭   ④ 두겹 8자 매듭

 해설

두겹 옭매듭(고리 옭매듭)
① 두겹 옭매듭은 로프의 중간에 고리를 만들 필요가 있을 때 사용한다.
② 간편하게 매듭할 수 있는 방법이지만 힘을 받으면 고리가 계속 조이므로 풀기가 힘들다.

🙂 **정답**   **01** ④   **02** ③

03 로프의 이어매기와 관련하여 다음과 관계가 깊은 것은? 2018 소방위

> • 굵기가 다른 로프를 결합할 때에 사용한다.
> • 주 로프는 접어둔 채 가는 로프를 묶는 것이 좋으며 로프 끝을 너무 짧게 묶으면 쉽게 빠지므로 주의한다.

① 바른 매듭   ② 한겹 매듭   ③ 8자 연결 매듭   ④ 피셔맨 매듭

 해설

한겹 매듭(backet bend), 두겹 매듭(double backet bend)

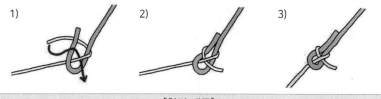

[한겹 매듭]

① 한겹 매듭은 굵기가 다른 로프를 결합할 때에 사용한다.
② 주 로프는 접어둔 채 가는 로프를 묶는 것이 좋으며 로프 끝을 너무 짧게 묶으면 쉽게 빠지므로 주의한다.
③ 두겹 매듭은 한겹 매듭에서 가는 로프를 한 번 더 돌려 감은 것으로 한겹 매듭보다 더 튼튼하게 연결할 때에 사용한다.

[두겹 매듭]

04 두 줄을 이을 때 연결 매듭으로 많이 활용되는 매듭이지만, 힘을 받은 후에는 풀기가 매우 어려워 장시간 고정시켜 두는 경우에 주로 사용하는 매듭의 명칭으로 옳은 것은? 2018 소방장

① 바른 매듭   ② 8자 연결 매듭   ③ 피셔맨 매듭   ④ 두겹 매듭

 해설

이어매기(연결)
– 피셔맨 매듭(fisherman's knot)
① 두 로프가 서로 다른 로프를 묶고 당겨서 매듭 부분이 맞물리도록 하는 방법이다.
② 신속하고 간편하게 묶을 수 있으며 매듭의 크기도 작다.
③ 두 줄을 이을 때 연결 매듭으로 많이 활용되는 매듭이지만 힘을 받은 후에는 풀기가 매우 어려워 장시간 고정시켜 두는 경우에 주로 사용한다.
④ 매듭 부분을 이중으로 하면(이중 피셔맨 매듭) 매듭이 더욱 단단하고 쉽사리 느슨해지지 않는다.

05 로프를 물체에 묶을 때 간편하게 사용하는 매듭으로 묶고 풀기는 쉬우나 결속력이 매우 약하기 때문에 단독으로 사용하지 않는 매듭은?

2013 서울 소방장

① 말뚝매기
② 까베스땅 매듭
③ 잡아매기
④ 절반 매듭

 해설

움켜매기(결착)
– 절반 매듭(half hitch)
① 로프를 물체에 묶을 때 간편하게 사용하는 매듭이다.
② 묶고 풀기는 쉬우나 결속력이 매우 약하기 때문에 절반 매듭 단독으로는 사용하지 않는다.

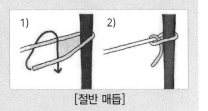
[절반 매듭]

06 아래 움켜매기의 설명과 관계가 깊은 것은?

- 굵은 로프에 가는 로프를 감아 매어 당기는 방법이다.
- 고리 부분을 당기면 매듭이 고정되고 매듭 부분을 잡고 움직이면 주 로프의 상하로 이동시킬 수 있으므로 로프 등반이나 고정 등에 많이 활용한다.
- 감는 로프는 주 로프의 절반정도 굵기일 때 가장 효과적이며 3회 이상 돌려 감아야 한다.

① 까베스땅 매듭
② 클렘하이스트 매듭
③ 감아매기
④ 잡아매기

 해설

움켜매기(결착)
– 감아매기(prussik knot, 비상매듭)
① 굵은 로프에 가는 로프를 감아 매어 당기는 방법이다.
② 고리 부분을 당기면 매듭이 고정되고 매듭 부분을 잡고 움직이면 주 로프의 상하로 이동시킬 수 있으므로 로프등반이나 고정 등에 많이 활용한다.
③ 감는 로프는 주 로프의 절반정도 굵기일 때 가장 효과적이며 3회 이상 돌려 감아야 한다.

⊙ **정답** **03** ② **04** ③ **05** ④ **06** ③

Part 3

기본구조훈련

07 로프 응용매듭의 일종으로 맨홀 등 협소한 수직 공간에 구조대원이 진입하거나 요구조자를 구출할 때 사용하는 매듭의 명칭으로 옳은 것은? 유사 문제 다수 출제

① 두겹 고정 매듭   ② 앉아매기
③ 세겹 고정 매듭   ④ 클렘하이스트 매듭

 해설

신체묶기

– 두겹 고정 매듭 활용

① 맨홀 등 협소한 수직 공간에 구조대원이 진입하거나 요구조자를 구출할 때 사용한다.

② 두겹 고정 매듭을 만들어 고리 부분에 양다리를 넣고 손으로는 로프를 잡고 지지하도록 한다.

③ 로프의 끝을 길게 하여 가슴 부분에 고정 매듭을 만들면 두 손을 자유롭게 쓸 수 있다.

④ 한 줄 로프를 잡고 여러 사람이 등반할 때 중간에 있는 사

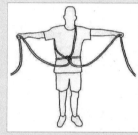
[한쪽 고리를 허리에 끼우고 크기를 조절하여 어깨에 걺]

[두 개의 고리가 몸에 걸려 있기 때문에 안전함]

람이 그림과 같은 방법을 사용하면 고리가 벗겨지지 않고 안전하게 활동할 수 있다.

08 안전벨트 대용으로 하강 또는 수평 도하 등에 사용할 수 있는 매듭으로 옳은 것은?

2014 서울 소방장

① 까베스땅 매듭   ② 세겹 고정 매듭
③ 클렘하이스트 매듭   ④ 앉아매기

 해설

앉아매기(간이 안전벨트)

① 안전벨트 대용으로 하강 또는 수평 도하 등에 사용할 수 있는 매듭이다.

② 3m 정도 길이의 로프나 슬링의 끝을 서로 묶어 큰 원을 만들고 허리에 감은 다음, 등 뒤의 로프를 다리 사이로 빼내어 카라비너로 연결한다.

③ 로프보다는 슬링을 이용하는 것이 신체에 가해지는 충격을 줄일 수 있다.

[슬링을 이용한 간이 안전벨트]

09 도끼의 기구묶기에 사용하는 로프 매듭으로 옳은 것은?

① 말뚝 매듭 - 절반 매듭   ② 두겹 8자 매듭 - 옭매듭

③ 말뚝 매듭 - 한겹 매듭   ④ 옭매듭 - 절반 매듭

> **해설**
>
> **기구(장비)묶기**
>
>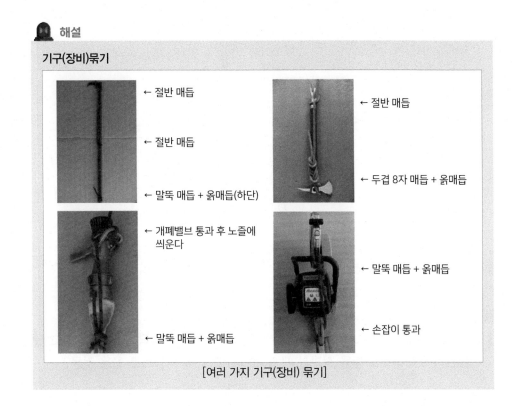
>
> ← 절반 매듭
> ← 절반 매듭
> ← 말뚝 매듭 + 옭매듭(하단)
> ← 절반 매듭
> ← 두겹 8자 매듭 + 옭매듭
> ← 개폐밸브 통과 후 노즐에 씌운다
> ← 말뚝 매듭 + 옭매듭
> ← 말뚝 매듭 + 옭매듭
> ← 손잡이 통과
>
> [여러 가지 기구(장비) 묶기]

10 아래의 로프 정리 설명과 관계 깊은 것으로 옳은 것은?

> • 50~60m 정도의 비교적 긴 로프를 사릴 때 사용하는 방법이다.
> • 왼손으로 로프의 한쪽 끝을, 오른손으로 긴 로프를 잡고 양팔을 벌려 한 발의 길이가 되게 한 다음 꼬이지 않도록 주의하면서 왼손으로 로프를 잡는다. 다시 양팔을 벌려 로프가 한 발이 되게 한 다음 로프를 왼손으로 잡아나간다.
> • 이 방법으로 로프를 사리면 로프가 지그재그 형태로 차례로 쌓이므로 풀 때도 엉키지 않는 장점이 있다.

① 둥글게 사리기   ② 한발 감기

③ 어깨 감기   ④ 8자 모양 사리기

정답   **07** ①   **08** ④   **09** ②

Part 3 / 기본구조훈련

해설

나비 모양 사리기

– 한발 감기

① 50~60m 정도의 비교적 긴 로프를 사릴 때 사용하는 방법이다.

② 왼손으로 로프의 한쪽 끝을, 오른손으로 긴 로프를 잡고 양팔을 벌려 한 발의 길이가 되게 한 다음 꼬이지 않도록 주의하면서 왼손으로 로프를 잡는다. 다시 양팔을 벌려 로프가 한 발이 되게 한 다음 로프를 왼손으로 잡아나간다. 마지막에 그림과 같이 마무리하면 된다.

③ 이 방법으로 로프를 사리면 로프가 지그재그 형태로 차례로 쌓이므로 풀 때에도 엉키지 않는 장점이 있다.

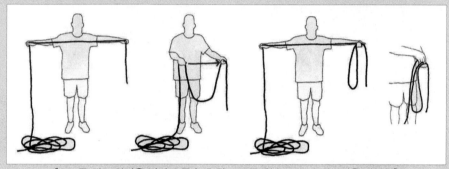

[로프를 쥐고 양팔을 벌려 오른손에 쥔 로프를 왼손으로 넘기는 것을 반복함]

11 로프가 꼬이지 않게 사리는 방법으로 풀 때 꼬이지 않는 장점이 있고, 굵고 뻣뻣한 로프나 와이어로프 등을 정리할 때 편리한 로프 정리 방법으로 옳은 것은?

① 사슬 사리기

② 한발 감기

③ 어깨 감기

④ 8자 모양 사리기

 해설

로프정리

– 8자 모양 사리기

나비 모양 사리기와 함께 로프가 꼬이지 않게 사리는 방법으로 풀 때 꼬이지 않는 장점이 있다. 굵고 뻣뻣한 로프나 와이어로프 등을 정리할 때 편리하다.

12 현수로프 설치 원칙으로 옳은 것은? 2013 인천 소방장, 2016 경기 소방장, 전북 소방장

① 하강 로프의 길이는 현수점에서 하강 지점(지표면)까지 로프가 완전히 닿도록 하여야 한다.

② 현수로프는 안전을 위하여 세 겹으로 사용하는 것을 원칙으로 하고 있다.

③ 직경 9mm 이하의 로프는 충격력과 인장강도가 떨어지고 손에 잡기도 곤란하므로 반드시 두 겹으로 한다.

④ 현수로프에서 자유로운 이탈을 위해 고정하지 않도록 한다.

해설

현수로프 설치 원칙
① 지지점은 완전한 고정물체를 택하여야 하며 하중이 걸렸을 때 충분히 지탱할 수 있는 강도를 가져야 하므로 파손이나 균열 부분이 있는지 면밀히 살펴보고 두드리거나 흔들어보는 등의 다양한 방법으로 안전성을 철저히 확인한다.
② 로프는 안전을 위하여 두 겹으로 사용하는 것을 원칙으로 하고 특히 직경 9mm 이하의 로프는 충격력과 인장강도가 떨어지고 손에 잡기도 곤란하므로 반드시 두 겹으로 한다.
③ 하강 로프의 길이는 현수점에서 하강 지점(지표면)까지 로프가 완전히 닿고 1~2m 정도의 여유가 있어야 한다. 로프가 지나치게 길면 하강 지점에 도달한 후에 신속히 이탈하기가 곤란하고 로프가 지면에 닿지 않을 정도로 짧으면 로프 끝에서 이탈하여 추락할 위험이 있다.
④ 하강 지점의 안전을 확인하고 로프를 투하한다. 로프 가방(rope bag)을 사용하면 로프가 엉키지 않고 손상을 방지할 수 있다.
⑤ 필요하면 현수로프를 보조로프로 고정하여 움직이지 않도록 한다.

13 현수로프의 설치 방법 중 로프 묶기에 관한 내용으로 옳지 않은 것은?

① '간접 고정하기'는 지지물이 크거나 틈새가 좁아 지지물에 직접 로프를 묶기 곤란한 경우 또는 신속히 설치하여야 할 필요가 있는 경우에 사용하는 방법이다.

② 매듭 후에는 다시 주 로프에 보조로프를 감아매기 한 후 다른 곳에 고정하여 주 로프가 움직이지 않도록 한다.

③ 이중 감아매기와 옭매듭 등을 이용하여 로프를 지지물에 직접 묶는다.

④ 일반적으로 지지물에 로프를 말뚝매기로 묶고그 끝을 연장된 로프에 다시 옭매듭하거나 두겹 말뚝매기를 하여 풀리지 않도록 한다.

정답 **10** ② **11** ④ **12** ③

해설

현수로프의 설치 방법(로프 묶기)

1) 지지물에 직접 묶기
① 이중 말뚝 매듭이나 고정 매듭 등을 이용하여 로프를 지지물에 직접 묶는다.
② 고정이 확실하지만 숙달된 사람이 아니면 매듭에 시간이 걸리며 매듭 후 남는 로프의 뒤처리에 주의하여야 한다.
③ 일반적으로 지지물에 로프를 말뚝매기로 묶고 그 끝을 연장된 로프에 다시 옭매듭하거나 두겹 말뚝매기를 하여 풀리지 않도록 한다.
④ 매듭 후에는 다시 주 로프에 보조로프를 감아매기 한 후 다른 곳에 고정하여 주 로프가 움직이지 않도록 한다.

2) 간접 고정하기
① 지지물이 크거나 틈새가 좁아 지지물에 직접 로프를 묶기 곤란한 경우 또는 신속히 설치하여야 할 필요가 있는 경우에 사용하는 방법이다.
② 지지점에 슬링이나 보조로프를 감아 확보 지점을 만들고 카라비너를 설치한 다음 8자 매듭이나 고정 매듭을 하여 카라비너에 로프를 건다. 건물의 모서리나 기타 장애물에 로프가 직접 닿지 않도록 로프를 보호한다.

[지지물에 직접 고정하기]

[현수로프의 간접 고정]

14 연장로프에 요구조자 또는 구조대원이 직접 매달리는 도하로프를 설치할 때 이용하는 방법으로 옳은 것은?

① 차량을 이용한 로프 연장
② Z자형 도르래 배치법
③ 2단 도르래를 이용하는 방법
④ 인력에 의한 로프 연장

 해설

연장로프(횡단로프) 설치
– 2단 도르래를 이용하는 방법
2단 도르래를 이용하여 강력한 힘으로 로프를 연장하는 방법이다. 연장로프에 구조대원이나 요구조자가 직접 매달리는 도하로프를 설치할 때 이용한다.

15 카라비너를 이용한 하강 시의 매듭 명칭으로 옳지 않은 것은?

① 반 까베스땅 매듭
② 절반 말뚝 매듭
③ Italian hitch
④ 두겹 옭매듭

해설

하강

– 카라비너 이용

① 그림은 반 까베스땅 매듭 또는 절반 말뚝 매듭, Italian hitch 등으로 불리는 매듭으로 카라비너와 로프의 마찰력을 이용하여 제동을 거는 방법이다.

② 하강기가 없을 때 대용할 수 있는 방법이긴 하지만 마찰이 심하게 발생하여 로프가 꼬이고 손상률도 높다. 따라서 긴급한 경우가 아니면 카라비너 하강을 피하고 하강한 후에는 로프의 손상 여부를 잘 확인해 두어야 한다.

[카라비너와 로프의 마찰력을 이용하는 방법]

16 아래에서 설명하고 있는 하강기와 관계 깊은 것은?

체중이 걸리면 자동으로 로프에 제동이 가해진다. 손잡이를 누르면 제동이 풀리면서 하강할 수 있고 놓으면 다시 제동이 걸리는 구조이므로 안전성이 높다.

① 구조용 하강기　　② 로봇 하강기　　③ 스톱 하강기　　④ 랙

 해설

스톱(STOP) 하강기

사용이 간편하고 제동이 용이한 스톱 하강기는 최근 많이 사용하는 추세이다. 스톱 하강기는 체중이 걸리면 자동으로 로프에 제동이 가해진다. 손잡이를 누르면 제동이 풀리면서 하강할 수 있고 놓으면 다시 제동이 걸리는 구조이므로 안전성이 높다.

17 하강 전의 안전점검 사항과 관계가 적은 것은?

① 하강 전에 반드시 로프의 설치 상태와 착지점의 상황 등 안전점검을 실시한다.

② 하강하는 대원 자신이 직접 안전벨트와 카라비너의 결합 상태, 하강기의 고정과 로프의 삽입 등을 점검하고 안전요원이 다시 확인한다.

③ 하강하는 대원이 제동을 걸지 못하여 지나치게 하강 속도가 빠른 경우에는 출발 지점의 안전요원이 하강로프를 당겨 제동을 걸어주어야 한다.

④ 착지 지점에 안전요원을 배치한다.

🔄 **정답**　　　　　　　　　　　　**13** ③　**14** ③　**15** ④　**16** ③

해설

하강 전의 안전점검

① 하강 전에 반드시 로프의 설치 상태와 착지점의 상황 등 안전점검을 실시하고 착지 지점에 안전요원(일명 줄잡이)을 배치한다.

② 하강하는 대원 자신이 직접 안전벨트와 카라비너의 결합 상태, 하강기의 고정과 로프의 삽입 등을 점검하고 안전요원이 다시 확인한다.

③ 하강하는 대원이 제동을 걸지 못하여 지나치게 하강 속도가 빠른 경우에는 안전요원이 하강로프를 당겨 제동을 걸어주어야 한다. 따라서 안전요원은 하강하는 대원에게서 절대로 시선을 떼어서는 안 된다.

18 아래에서 설명하고 있는 내용으로 옳은 것은?

> • 독일의 한스 듈퍼(Hans Dulfer)가 개발한 하강법으로 듈퍼식 하강, 압자일렌(Abseilen), S자 하강법 등으로 부른다.
> • 수직 하강보다는 경사면에서 하강할 경우에 활용도가 높은 방법이다.

① 오버행 하강
② 신체감기 하강
③ 일반 하강
④ 경사면 하강

 해설

신체감기 하강

독일의 한스 듈퍼(Hans Dulfer)가 개발한 하강법으로 듈퍼식 하강, 압자일렌(Abseilen), S자 하강법 등으로 부른다.

① 기구를 사용하지 않고 신체에 직접 현수로프를 감고 그 마찰로 하강하는 방법으로 숙달되지 않은 경우 매우 위험하므로 긴급한 경우 이외에는 활용하지 않는다.

② 수직 하강보다는 경사면에서 하강할 경우에 활용도가 높은 방법이다.

[신체를 이용한 하강 자세]

19 다음 중 등반 장비로 옳은 것은?

① 쥬마
② 랙
③ 그리그리
④ 카라비너

해설

쥬마 등반 요령

– 쥬마를 이용한 상승

① 크롤(또는 베이직)에 슬링이나 로프를 넣어 고리 모양으로 묶고 목에 건 다음 안전벨트에 결착한다.

② 쥬마에도 슬링을 연결하고 끝에는 발이 들어갈 수 있는 크기로 고리를 만든다. 이때 슬링의 길이는 가슴과 배 사이에 닿을 정도로 하는 것이 적당하다.

③ 현수로프에 쥬마를 끼우고 그 아랫부분에 크롤을 끼운다.

④ 쥬마의 고리에 오른발을 넣고 쥬마를 최대한 위쪽으로 밀어 올린다.

⑤ 오른발을 펴서 몸을 일으켜 세운 후 힘을 빼면 크롤이 로프를 물고 있기 때문에 몸이 아래로 내려오지 않고 로프에 고정된다.

⑥ 다시 손으로 쥬마를 밀어 올리고 다리를 펴서 몸을 세우는 동작을 반복하면 로프를 따라 상승하게 된다.

⑦ 쥬마 상승 중에 로프가 따라 올라오는 경우가 많다. 이것을 방지하기 위해 보조자가 밑에서 로프를 팽팽하게 잡아주거나 배낭 등 무거운 물체를 로프 끝에 매달아 놓는다.

⑧ 상승을 끝내고 쥬마에서 로프를 빼려고 하면 캠이 로프를 꽉 물고 있어 쉽게 빠지지 않는다. 이때에는 쥬마를 위로 올려주면서 레버를 젖히면 된다.

⑨ 쥬마를 이용하여 작업할 때 로프 설치 방향을 따라 똑바로 이동시키지 않으면 로프에서 벗겨질 위험이 있다. 그림과 같이 쥬마에 카라비너를 끼워두면 로프에서 이탈하지 않는다.

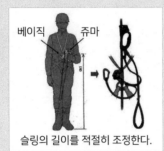

베이직   쥬마

슬링의 길이를 적절히 조정한다.

[쥬마 등반 준비]

[쥬마를 이용한 수직 상승 방법]

20 다음 중 쥬마 등반 요령으로 알맞은 것은?

① 쥬마에도 슬링을 연결하고 끝에는 발이 들어갈 수 있는 크기로 고리를 만든다. 이때 슬링의 길이는 가슴과 배 사이에 닿을 정도로 하는 것이 적당하다.

② 쥬마 상승 중에 로프가 따라 올라오는 경우가 많다. 이것을 방지하기 위해 보조자가 밑에서 로프를 팽팽해지지 않도록 적당히 조절해 준다.

③ 상승을 끝내고 쥬마에서 로프를 빼려고 하면 캠이 로프를 꽉 물고 있어 쉽게 빠지지 않는다. 이때는 쥬마를 아래로 내리면서 레버를 젖히면 된다.

④ 쥬마를 이용하여 작업할 때 로프 설치 방향을 따라 똑바로 이동시키지 않으면 로프에서 벗겨질 위험이 있다. 쥬마에 그리그리를 끼워두면 로프에서 이탈하지 않는다.

해설

19 해설 참조

---

21 도하로프 설치 시 주의사항으로 옳지 않은 것은?

① 도하하는 로프에는 수직 장력과 함께 도하 대원의 체중이 더하여지므로 지지점은 튼튼한 곳을 설정한다.

② 로프는 반드시 2겹으로 설치하여야 한다.

③ 감아매기로 고정하여 별도의 지지점에 묶어둔다.

④ 카라비너를 이용하여 로프와 대원의 안전벨트 간에는 1~2m 내외의 보조로프를 걸어서 체중을 분산시키고 안전을 도모한다.

 해설

도하로프 설치

① 도하(渡河)라는 표현이 가지는 본래의 의미는 하천을 건넌다는 뜻이지만 꼭 하천만이 아니고 협곡이나 크레바스 또는 봉우리와 봉우리 사이를 건널 때 이용하는 기술로 로프를 양쪽 견고한 지점에 고정시켜 공중에 걸어놓고 한쪽에서 다른 쪽으로 이 로프를 타고 건너가는 공중 횡단법이다.

② 도하하는 로프에는 수평 장력과 함께 도하 대원의 체중이 더하여지므로 지지점은 튼튼한 곳을 설정한다.

③ 로프는 반드시 2겹으로 설치하고 감아매기로 고정하여 별도의 지지점에 묶어둔다.

④ 어느 경우에나 도하하는 사람의 안전을 위해서 로프를 2줄로 설치하고 도하하는 대원은 반드시 헬멧과 안전벨트를 착용한다. 카라비너를 이용하여 로프와 대원의 안전벨트 간에는 1~2m 내외의 보조로프를 걸어서 체중을 분산시키고 안전을 도모한다.

정답　　　　　　　　　　　　　　　　　　　　　　　　**20** ①　　**21** ①

PART 4

응용구조훈련
(소방교, 소방장, 소방위)

CHAPTER 01

요구조자 결착

① 응용구조훈련은 기본구조기술을 바탕으로 화재나 붕괴 등의 각종 재난 사고에 신속하고 유연하게 대처할 수 있는 구조 기술을 배양하고 다양한 구조 장비를 능숙히 활용할 수 있도록 하여 인명피해를 최소한으로 경감하고자 실시하는 훈련이다.

② 구조의 대상이 되는 현장의 상황과 대상물의 구조는 복잡 다양한데다 구조대원에게 미치는 위험성과 행동상 장애 요인은 수없이 많다. 그러나 구조에 임하는 각 대원은 인간 생명의 고귀함을 어느 무엇과도 비교할 수 없다는 신념하에 살신성인의 정신으로 각자의 임무에 충실해야 한다.

③ 어느 상황에서도 자신 있게 판단하여 고도의 기술을 충분히 발휘하기 위해서는 철저한 훈련만이 그 효과를 기대할 수 있다. 따라서 좋은 결실을 얻기 위한 밑거름은 내실 있고 강한 훈련뿐임을 명심하여 구조기술의 반복 숙달에 노력하여야 할 것이다.

01 | 들것 결착 ★★

1 개요

요구조자가 공중에 매달려 있거나 좁은 공간 또는 높은 장소에서 부상을 당하여 스스로의 힘으로는 대피할 수 없는 상황에 처한 경우, 구조대원이 현장에 접근하여 매달아 올리거나 내리는 등의 방법으로 구출하는 수밖에 없다. 이런 경우에는 부상자의 상처 부위나 정도, 구출 장소, 상황 등에 따라 묶는 방법도 다양하다. 그러므로 요구조자의 상태와 사고 장소의 상황에 따라 가장 안전하고 확실하게 구출할 수 있는 구조기법을 강구해야 한다.

2 들것 결합 2016 부산 소방장

① 바스켓 들것은 로프에 결착하여 수직이나 수평으로 용이하게 이동시킬 수 있다. 하지만 요구조자의 추락을 방지하기 위해서 적절히 고정되어야 한다.

② 바스켓 들것은 상·하 두 부분으로 분리하여 보관할 수 있다. 요구조자를 운반할 때

에는 분리된 부분을 맞추고 연결핀을 끼워 고정한다. 그러나 이송 중의 충격이나 흔들림으로 인해 간혹 핀이 빠질 수 있다.

③ 요구조자를 이송하는 도중 핀이 빠지면 들것이 분리되는 최악의 결과를 초래할 수 있기 때문에 들것의 연결 부위를 로프로 결착하여 안전조치를 확실히 한다.

※ 결합 상태를 확실히 유지하기 위해 연결핀 부분을 다시 한번 결착한다.

그림 4-1 로프로 결착한 안전조치

3 요구조자 결착

(1) 수평 상태를 유지하는 경우

들것에 요구조자를 누인 상태에서 수직·수평으로 이동시켜 구출할 때 들것의 흔들림이나 요구조자의 동요로 인한 추락을 방지하기 위해 요구조자를 들것에 고정시키는 방법이다.

① 들것 위를 정리하고 요구조자를 조심스럽게 들것 위에 누인다. 들것에는 요구조자의 머리 방향이 표시되어 있다.

② 요구조자의 발에 받침판을 대고 고정시킨다. 들것이 수직으로 기울어지는 경우 요구조자의 추락을 방지하기 위한 조치이다.

③ 들것에 부착된 안전띠를 이용하여 요구조자를 결착한다. 안전띠의 끈이 길어 남는 부분이 있으면 절반 매듭으로 처리하여 바람에 날리지 않도록 한다.

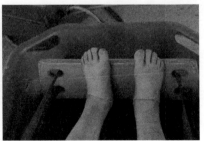

※ 받침판의 길이를 조정하여 요구조자의 발에 맞춘다.

그림 4-2 발판의 위치 조정

④ 안전띠가 요구조자의 목 부분으로 지나지 않도록 각별히 주의한다. 가슴 부분에서 안전띠를 X자 형태로 엇갈려 고정하면 안전띠가 목 부분으로 지나는 것을 방지할 수 있다.

요구조자를 결착할 때에 목 부분으로 안전띠가 지나지 않도록 주의한다.

그림 4-3 목 부분 결착 시 주의사항

⑤ 3~4m의 짧은 로프 두 개를 각각 절반으로 접고 가운데에 두겹 8자 매듭을 만든다.

⑥ 로프의 한쪽 끝을 들것 상단의 구멍에 단단히 결착한 다음, 두겹 8자 매듭을 한 중간 부분으로부터 동일한 길이를 유지하면서 반대쪽 구멍에도 결착한다. 이때 고정 매듭이나 말뚝 매듭을 하는 것이 편리하다.

⑦ 들것의 하단에도 동일한 방법으로 로프를 결착한다. 이때 로프의 길이는 상단과 동일하게 한다.

⑧ 두겹 8자 매듭 부분에 카라비너를 끼워 현수로프에 결착한다.

⑨ 들것의 하단 부분에 유도로프를 결착하고 들것의 상승 또는 하강에 맞추어 당기거나 움직여 줌으로서 들것이 회전하지 않도록 한다.

※ 들것에 결착하는 로프의 길이는 같아야 한다.

그림 4-4 들것 요구조자 결착

※ 들것을 수직으로 유지할 때에는 상단에만 결착한다.

그림 4-5 들것의 수직 상태

(2) 수직 상태를 유지하는 경우

맨홀과 같이 좁은 공간에서 요구조자를 구출하는 경우에는 들것을 수직으로 이동시켜야 한다. 이때 요구조자의 이탈을 방지하기 위해 들것에 결착하는 방법이다.

① 요구조자의 결착 방법은 수평 상태를 유지할 때와 같지만 받침판에 요구조자의 발을 정확히 위치시키는데 더욱 신경을 써야 한다.

② 두겹 8자 매듭 로프는 들것의 상단에만 결착한다.

③ 결착된 들것에는 유도로프를 설치하여 인양 및 하강을 용이하게 한다.

PLUS TIPS 유도로프

끌어올려지는 들것이 바위의 돌출부에 걸리거나 흔들림을 방지하기 위하여 위험지역에서 구조대원이 들것의 안정을 위하여 조작하는 로프이다.

02 로프를 이용한 결착 ★★

사고 장소가 협소하여 들것을 사용할 수 없는 상황에서 가스 중독, 산소 결핍 등 육체적인 손상이 없는 요구조자를 구출하기 위해 결착하는 방법이다. 요구조자에게 손상을 입힐 우려가 높으므로 가능하면 안전벨트를 이용하고 긴급한 경우에만 활용하도록 한다.

1 두겹 고정 매듭 결착 2016 경북 소방교

① 두겹 고정 매듭으로 2개의 고리를 만들어 각각 요구조자의 다리를 넣는다.

② 긴 방향의 로프로 요구조자의 가슴을 감고(절반 매듭) 짧은 쪽의 로프로 결착한다.

2 세겹 고정 매듭 결착

① 로프의 세겹 고정 매듭으로 고리를 3개 만들고 1개의 고리를 가슴에, 나머지 2개의 고리는 양다리에 끼워 무릎에 오게 한다.

② 가슴에 끼운 로프가 늘어나거나 요구조자가 뒤집어지지 않도록 주의한다.

3 앉아매기를 이용한 결착

① 슬링 또는 로프를 이용하여 요구조자를 앉아매기로 결착하고 카라비너를 끼운다.

② 로프가 짧으면 의식이 없는 요구조자는 뒤집어질 수 있으므로 요구조자의 겨드랑이까지 로프를 올릴 수 있도록 충분한 길이가 되어야 한다.

그림 4-6 세겹고정매듭

그림 4-7 앉아매기

진입 및 구출

01 | 요구조자의 구출 ★★★

1 개요

사고 현장에서 요구조자를 구출하는 방법은 사고의 종류나 요구조자의 부상 정도 또는 구조대가 보유하고 있는 장비의 종류에 따라서 변화하므로 일률적으로 적용시킬 수 있는 방법은 없다. 그러므로 구출 방법을 결정할 때에는 현장 상황과 요구조자의 상태를 신속하게 파악하여 필요한 장비를 선택하고 이것을 최대한으로 활용하여 가장 안전하고 확실한 방법으로 구조활동에 임하도록 해야 한다.

2 요구조자와 함께 하강하기

암벽이나 고층 건물과 같이 높은 장소에서 부상자가 발생했거나 건물의 외벽에 요구조자가 매달려 있는 경우 안전한 장소까지 구출하기 위한 훈련으로 직접 요구조자를 업고 하강하는 방법과 로프에 매달아 내리는 방법, 사다리나 들것을 이용하여 구출하는 방법이 있다.

(1) 업고 하강

1) 업는 방법

요구조자에게 착용시킬 수 있는 안전벨트나 들것이 없는 경우에 활용한다. 구조대원의 기술과 체력이 필요하므로 숙달되지 않은 대원은 실시하지 않도록 한다. 폭이 넓은 슬링을 이용하는 것이 안전하고 편하다.

① 구조대원은 사전에 안전벨트를 착용한다.
② 슬링이나 개인 로프를 요구조자의 등에 대고 양팔 밑으로 꺼낸 다음 교차시킨다.
③ 이 로프를 구조대원의 어깨 위로 올린 다음 팔 밑으로 넣는다.
④ 로프를 요구조자의 허벅지 안쪽으로 넣은 다음 바깥쪽으로 꺼내어 구조대원의 복부에서 결착한다. 로프를 당겨서 요구조자를 밀착시키는 것이 구조활동에 용이하다.

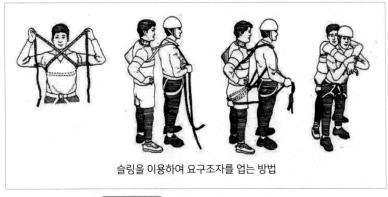

슬링을 이용하여 요구조자를 업는 방법

그림 4-8 슬링을 이용한 업고 하강

2) 하강 요령

① 현수점은 2명의 하중에 견딜 수 있도록 견고한 지지물을 택하고 로프는 확실히 매듭하여야 한다.

② 하강기에 현수로프를 삽입하고 하강 자세를 취한다. 이때 로프는 두줄걸기를 하는 것이 제동에 용이하다.

③ 발 딛음을 주의하면서 하강한다. 최초 하강 자세를 취할 때에 확실히 자세를 취하지 못하면 구조대원이 미끄러지면서 무릎이나 얼굴이 벽에 부딪혀 다치게 된다.

요구조자 업고 하강하기

그림 4-9 하강 준비 자세

④ 요구자가 상체를 뒤로 젖히고 넘어가게 되면 구조대원의 하강 자세가 흔들릴 뿐 아니라 하강 면에서 떨어지게 되므로 요구조자를 구조대원에게 최대한 밀착시키도록 한다.

⑤ 하강 중에 요구조자에게 강한 충격을 주지 않도록 신중하고 조심해서 행동한다.

⑥ 안전요원은 구조대원에게서 절대로 눈을 떼지 않고 주시하며 제동을 잡지 못하고 하강 속도가 빨라지면 즉시 로프를 당겨서 제동을 걸어준다.

3) 요구조자의 체중 분산

① 요구조자를 업고 하강할 때에는 요구조자의 체중을 구조대원이 지탱해야 하기 때문에 체력적인 부담이 크다.

② 경사가 완만한 슬랩(평판)에서는 문제가 되지 않지만 고층 건물의 수직 벽면이나 오버행에서는 몸이 뒤로 젖혀지면서 자세를 잡기가 매우 어렵고 부상을 당할 위험도 높다. 이러한 문제점을 해결하는 방법은 요구조자의 체중을 구조대원이 직접 감당하지 말고 주 로프에 적절히 분산시키는 것이다.

③ 일반적으로 하강기는 안전벨트의 하단 고리에 카라비너를 이용해서 결착하지만 요구조자를 업고 하강할 때에는 퀵드로를 이용하는 것이 좋다. 먼저 안전벨트를 착용

하고 슬링을 이용해서 요구조자를 업는다. 안전벨트의 하단 고리에 퀵드로를 결착하고 하강기를 끼운 다음 구조 대원의 가슴 부분을 지나는 슬링에도 퀵드로를 끼우고 하강기의 고리에 건다. 2개의 퀵드로에 의해 연결지점이 분산되고 요구조자의 체중이 직접 주 로프에 걸리게 돼서 구조대원의 활동이 용이하게 된다.

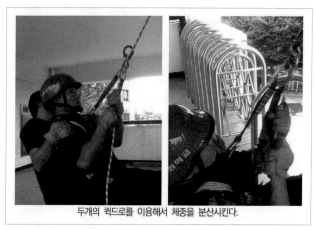

두개의 퀵드로를 이용해서 체중을 분산시킨다.

그림 4-10 퀵드로를 이용한 하강

(2) 들것 이용 하강

부상을 입은 요구조자를 들것에 결착하고 하강시켜 구조하는 방법이다. 들것을 매달고 하강하는 구조대원은 반드시 2인 이상이어야 한다.

① 들것을 구조자에게 연결한다.　② 들것이 기울어지지 않도록 주의　③ 구조대원이 속도를 맞추어 하강
　　　　　　　　　　　　　　　　　한다.　　　　　　　　　　　　한다.

그림 4-11 들것 하강하기

① 먼저 2명의 대원이 요구조자가 있는 층에 진입하여 요구조자를 들것에 결착한다.

② 옥상에서 2인의 구조대원이 개인 로프의 양 끝에 두겹 8자 매듭을 이용하여 고리를 만든 다음 카라비너를 이용하여 안전벨트에 개인 로프를 결착하고 요구조자가 있는 직상층까지 하강하여 정지하고 8자 매듭이 되어 있는 고리를 요구조자측 구조대원에게 내려준다.

③ 요구조자의 들것에 결착된 2개소의 로프에 카라비너를 연결하고 각각을 구조대원의 개인 로프에 연결한다. 이때 들것이 기울어지지 않도록 각별히 주의한다.

④ 구조대원은 들것을 매달고 조심스럽게 하강한다. 하강하는 구조대원 2인은 서로 속도를 맞추어 들것이 유동하지 않도록 한다.

⑤ 들것이 바닥에 닿으면 구조대원은 요구조자 위에 내려서지 않도록 주의하여 하강한다.

(3) 매달고 하강

매달고 하강하기는 1인 하강하기와 2인 하강하기 방법이 있으나 구조기술에 특별한 차이가 있는 것은 아니다.

① 구조대원은 개인 로프의 양 끝에 두겹 8자 매듭을 이용하여 고리를 만든다.

② 구조대원은 카라비너를 이용하여 안전벨트에 개인 로프를 결착하고 요구조자가 있는 직상층까지 하강하여 정지한 다음 두겹 8자 매듭이 되어 있는 고리를 요구조자에게 내려준다.

③ 요구조자에게 안전벨트를 착용시키고 구조대원과 연결된 개인 로프의 끝에 카라비너를 넣어 결착한다.

④ 구조대원이 요구조자의 몸을 매달고 조심스럽게 하강한다. 하강 중에는 요구조자의 몸이 건물 벽면을 향하도록 하여 신체가 부딪히지 않도록 하며 요구조자의 유동에 주의한다.

[그림 4-12] 매달고 하강

3 요구조자 하강

(1) 묶어 내리기

들것이나 안전벨트 등 구조장비가 갖추어지지 않은 상황에서 로프만으로 요구조자를
구출하는 방법이다. 요구조자에게 신체적 고통을 가하고 추가 손상을 입힐 우려가 높으므
로 긴급한 경우 이외에는 활용하지 않도록 한다.

그림 4-13 요구조자 묶어 내리기

① 세겹 고정 매듭으로 요구조자를 결착한다.
② 요구조자 위치에 지지점을 만들어 카라비너를 끼우고 하강기를 결합한다.
③ 요구조자가 결착된 로프를 하강기에 통과시키고 지상으로 내려준다. 지상의 유도원
   은 로프를 당겨 요구조자가 매달릴 수 있도록 한다.
④ 요구조자를 현수로프에 매달리게 한 다음 지상에서 유도원이 로프를 당겼다가 서서
   히 놓아주면서 속도를 조절하여 하강시킨다.
⑤ 지상 유도원은 로프로 확보하여 넘어지지 않도록 하고 로프를 놓치지 않도록 주의해
   야 한다.

(2) 상층에서 수직으로 하강

1) 요구조자 하강

부상이 없거나 경상인 요구조자를 신속히 하강시키는 방법이다.
① 상층에서 하강시키는 대원은 확실하게 자기 확보를 하여 안전을 도모하고 로프가 건
   물과 마찰하는 부분에는 로프 보호대를 댄다.
② 요구조자에게는 안전벨트를 착용시키고 현수로프를 결착하여 수직 방향으로 직접
   하강시킨다.
③ 하강 도중 요구조자가 흔들려 벽에 부딪히지 않도록 지상의 보조요원이 유도로프를
   확실하게 잡아야 한다.

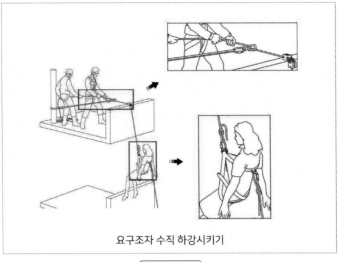

요구조자 수직 하강시키기

그림 4-14

2) 들것 하강

부상을 입은 요구조자가 있을 때 들것을 수직으로 하강시키는 방법이다.

① CHAPTER 01에서 설명한 방법으로 들것에 요구조자를 확실히 결착한다.

② 로프와 카라비너를 이용하여 지지점을 설정하고 하강기를 설치한다.

③ 하강기를 통과한 로프를 들것에 연결하고 들것의 움직임을 방지하기 위하여 별도의 유도로프를 결착한다.

④ 상층의 대원이 제동을 걸며 하강시킨다. 상층에 있는 대원은 들것을 볼 수 없으므로 구조작업 전체를 지휘·통제할 대원을 배치하여야 한다.

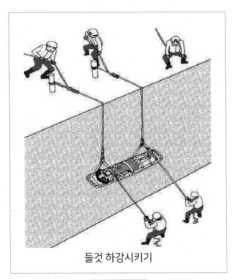

들것 하강시키기

그림 4-15

(3) 경사 하강

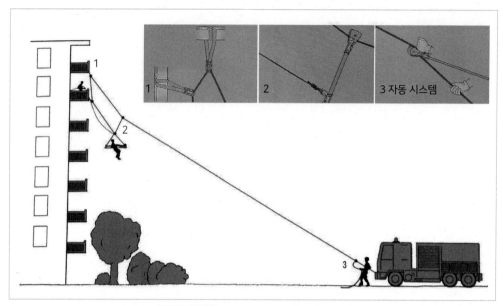

<그림 4-16> 경사 하강으로 구조하기

들것이 하강하는 직하 부분의 지상에 바위나 수목 등 장애물이 있어 수직으로 하강시키기 곤란한 경우에 사용하는 방법이다.

① 상층의 보조요원은 로프의 절단이나 지지점의 파손 등 안전사고에 대비하여 별도의 보조로프를 들것에 결착하고 하강 속도에 맞춰 풀어준다.

② 지상에 위치한 대원이 하강기를 이용하여 로프를 풀어서 하강시킨다. 이 방법을 사용하면 들것이 하강하는 지점은 로프 1/3~1/4 부분, [그림 4-16]에서는 수목을 약간 벗어난 부분이 된다.

③ 지지점([그림 4-16]의 3)과 거리가 너무 멀면 로프가 처지면서 오히려 들것이 직하 방향으로 내려온다. 이 경우 들것에 유도로프를 묶고 당겨서 장애물을 벗어나게 해 준다.

(4) 사다리를 이용한 로프 구출

로프와 사다리를 이용해서 요구조자 또는 들것을 하강시키는 방법이다. 5명의 대원이 필요하며 다음과 같은 순서로 진행한다.

① 요구조자가 있는 창문의 상단 위로 가로대가 5개 정도 올라오도록 사다리를 설치하고 확실히 고정한다.

② 구조로프의 끝에 8자 매듭을 하고 카라비너를 끼운 다음 사다리의 하단 가로대 밑으로 넣어 오른쪽으로 빼낸다.

③ 카라비너에 유도로프를 연결한 다음 카라비너를 잡거나 안전벨트에 결착하고 1명의 대원이 사다리를 오른다.

로프를 설치하고 사다리에 오른다.

그림 4-17 사다리에 로프 설치

④ 요구조자가 있는 층에 다다르면 창문 상단의 가로대 위로 카라비너를 넘겨서 로프와 함께 밑으로 빼낸다.

⑤ 요구조자에게 안전벨트를 착용시킨다. 안전벨트가 없으면 앉아매기로 결착한다. 요구조자의 안전벨트 고리에 카라비너를 연결한다. 유도로프는 사다리에 걸리지 않도록 오른쪽으로 빼서 안전벨트에 결착한다.

가로대 위로 로프를 빼내어 안전벨트에 결착한다.

그림 4-18 사다리를 이용한 로프 구출

요구조자를 조심스럽게 내리고 하강시킨다.

그림 4-19 사다리를 이용한 로프 구출

⑥ 지상의 대원은 안전벨트에 하강기를 연결하고 구조로프를 넣는다. 하강기가 없으면 허리 확보 자세를 취한다. 발로 하단 가로대를 확실히 밟고 로프에 제동을 건다. 다른 대원은 사다리의 균형 유지와 유도로프를 담당한다.

⑦ 상층의 대원들이 요구조자를 들어 창문 밖으로 내리고 지상의 대원은 천천히 요구조자를 하강시킨다.

⑧ 요구조자가 지상에 도달하면 신속히 로프에서 이탈시키고 하강 지점을 벗어나게 한다.

(5) 사다리를 이용한 응급 하강 2018 대구 소방교

8자 매듭

그림 4-20 사다리를 이용한 응급 하강

2~3층 정도의 높이에서 다수의 요구조자를 연속으로 하강시켜 구출하는 방법이다. 요구조자의 안전과 원활한 작업을 하기 위해서는 사다리를 지지하는 대원과 로프를 확보하는 대원, 유도하는 대원이 필요하다.

① 요구조자가 있는 창문의 상단 위로 가로대가 5개 정도 올라오도록 사다리를 설치하고 확실히 고정한다.

② 로프를 사다리 최하부의 가로대를 통하게 하고 사다리를 거쳐 선단보다 2~3개 밑의 가로대 위에서 뒷면을 통해 로프를 내려 양 끝을 바로매기로 연결한다.

③ 로프에 약 2.5m 간격으로 8자 매듭을 만든다.

④ 확보로프의 신축성을 고려하여 안전을 확보하고 1명씩 차례대로 하강시켜 구출한다. 무리한 속도로 하강시키지 말고 차분하고 안전하게 실시한다.

(6) 수평 구출

요구조자를 수평의 상태로 구출할 필요가 있는 경우 사다리, 들것, 로프 등을 이용하여 구출하는 방법이다.

그림 4-21 사다리를 이용한 수평 구출 방법

① 요구조자를 들것에 묶고 사다리를 운반하여 세운다.

② 사다리 선단에 개인 로프를 이용하여 들것을 아래 지주에 결착한다.

③ 들것의 윗부분에는 확보로프를 맨다.

④ 구조대원 1명은 지상에서 서서히 사다리를 뒤로 넘기고 옥내의 사다리 확보자는 서서히 로프를 풀어준다.

⑤ 사다리 확보자는 들것이 수평으로 유지되도록 확보로프를 조작한다.

⑥ 사다리 하부의 안전을 유지한다.

⑦ 들것의 머리 부분을 아래의 발 부분보다 약간 높게 유지하며 하강하도록 한다.

⑧ 확보로프의 조작원은 사다리의 이동이나 지상에 있는 대원의 이동을 고려하여 신중하게 로프를 조작한다.

4 수평이동구조

수평이동은 계곡이나 하천 등 정상적인 방법으로 진입하여 요구조자를 구출할 수 없는 지역에 로프를 설치하고 위험지역 상공을 가로질러 구출하는 기술이다.

(1) 진입

1) 구조대원의 진입

횡단구조에 있어서 가장 중요한 사항은 최초의 로프를 어떻게 도하 지점에 도달시키는 가 하는 문제이다.

① 도하 지점이 하천이고 도움을 줄 수 있는 사람이 없는 상황이라면 최초로 진입하는 구조대원은 수영을 하거나 헬기의 지원을 받아서 진입하여야 한다.

② 수영으로 진입하는 경우 아무리 수영을 잘하는 구조대원이라도 반드시 구명조끼를 착용하고 안전로프를 신체에 결착해야 한다.

③ 진입하는 방향은 물의 흐름을 거스르지 않도록 상류에서 하류로 자연스럽게 진입한 다. 진입에 성공하면 안전로프를 풀고 일단 주변의 지형지물에 묶도록 한다.

④ 건너편에서 대기 중인 대원들이 안전로프에 주 로프를 묶고 신호를 보내면 진입한 대원은 안전로프를 당겨서 주 로프를 가져온다. 이때 자칫 로프를 놓치면 여태까지 의 수고가 무위로 돌아가므로 안전로프를 지형지물에 묶은 상태에서 작업하여야 하 는 것이다.

2) 로프총의 이용

① 만약 도하 지점에 요구조자가 대기하고 있어 진입에 도움을 줄 수 있는 상황이라면 굳이 무리해서 구조대원이 직접 진입하는 것보다는 로프총을 이용하는 것이 좋다.

② 먼저 요구조자에게 로프총을 발사한다는 사실을 알려서 견인탄에 의한 안전사고가 발생하지 않도록 한다. 견인탄을 목표 지점 상공으로 지나칠 수 있도록 조준하여 발 사하면 견인로프를 회수하기가 용이하다.

③ 요구조자 측에서 견인로프를 회수하면 구조대원은 견인로프에 1차 로프를 묶는다. 이때 횡단 거리가 짧다면 견인로프에 직접 구조로프를 묶어도 되겠지만 보다 안전을 기하기 위하여 직경 5~8mm 정도의 보조로프를 1차 로프로 하여 견인줄에 묶고 요구 조자가 견인로프를 당겨 1차 로프를 회수하도록 한다.

④ 1차 로프를 회수하면 주변의 지형지물에 1차 로프를 묶도록 안내하고 이후 다시 1차 로프에 구조로프를 묶어 보내도록 한다.

(2) 횡단로프 결착

구조대원이 진입한 경우라면 직접 주변의 수목이나 바위 등 튼튼한 지형지물을 택하여 로프를 묶을 수 있다. 그러나 요구조자가 로프를 묶어야 하는 경우라면 로프가 적절한 강 도를 견딜 수 있을 정도로 튼튼히 고정되었는지 확인할 수가 없다. 따라서 구조대원은 계 곡 건너편의 요구조자가 주 로프를 받으면 주변의 튼튼한 지형지물을 골라 로프를 3번 이 상 감고 매듭도 3번 이상 하여 확실히 고정되도록 조치하고 로프를 강하게 당겨 강도를 확

인한다. 요구조자 측의 로프가 완전히 고정된 것으로 판단되면 역시 튼튼한 지형지물을
선택하여 로프가 처지지 않도록 강하게 당겨 묶는다.

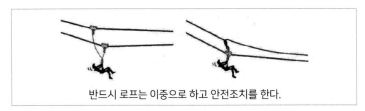

반드시 로프는 이중으로 하고 안전조치를 한다.

그림 4-22 횡단 로프를 이용한 수평 구출 방법

(3) 진입

① 설치된 로프를 활용하여 요구조자가 있는 지점으로 이동한다. 이때 도하하는 구조대
원은 반드시 별도의 보조로프를 결착하고 진입하여야 한다.

② 요구조자가 대기하고 있는 곳에 도착하면 제일 먼저 로프의 결착 상태를 확인한다.
조금이라도 강도에 문제가 있다고 판단되면 로프를 풀어 다시 결착해야만 한다. 로
프가 이상 없이 잘 고정되어 있다면 보조로프를 풀어 다른 지지물에 결착하고 대기
중인 대원들에게 구조에 필요한 장비를 요청한다.

③ 요구조자와 동일한 숫자의 안전벨트와 헬멧, 도르래는 반드시 필요하며 부상자가 있
다면 바스켓 들것과 응급처치에 필요한 물품을 요청한다.

④ 필요한 장비는 가방에 넣거나 바스켓 들것에 싣고 짧은 보조로프로 묶은 다음 반대
편 끝에는 도르래를 달아 주 로프에 연결한다. 그리고 이 장비들을 진입한 대원이 당
길 수 있도록 보조로프에 묶는다. 장비의 반대편에도 또 하나의 보조로프를 묶어 계
곡 양편에서 구조대원들이 서로 당길 수 있도록 한다.

(4) 구출

1) 들것 활용 구출

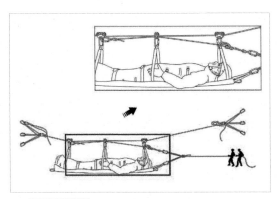

그림 4-23 들것을 이용한 요구조자의 구출

부상을 입은 요구조자가 영아인 경우에는 바스켓 들것에 눕히고 들것에서 이탈하지 않도록 요구조자를 들것에 묶어야 한다. 요구조자를 들것에 결착하는 방법은 CHAPTER 01을 참고한다.

2) 안전벨트 착용 구출

① 부상이 없는 요구조자에게는 헬멧과 안전벨트를 착용시키고 도르래와 카라비너를 부착하여 주 로프에 연결한 다음 보조로프를 묶어 당기도록 하여 구출한다.

② 한 번에 한 명씩 구출하는 것을 원칙으로 하지만 어린이인 경우 공포감으로 인하여 불안정한 상태를 초래할 수 있으므로 보호자나 구조대원이 동행하며 구출하도록 한다.

③ 물 흐름이 급하지 않은 계곡이라면 굳이 공중을 가로지를 필요 없이 계곡 양쪽을 따라 로프를 설치하고 물 흐름을 따라 자연스럽게 이동시켜 구출할 수도 있다. 이때에도 헬멧과 안전벨트 착용은 필수이며 [그림 4-19]와 같이 물 흐름을 거스르지 않도록 주의하여 로프를 설치한다.

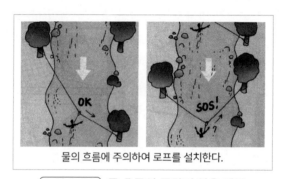

물의 흐름에 주의하여 로프를 설치한다.

그림 4-24　물 흐름이 급하지 않은 계곡

(5) 철수

　구조활동이 종료된 후에는 현장에 진입한 구조대원이 철수한다. 철수하기 전에 현장에 장비나 물품이 남겨져 있지 않은지 다시 한번 확인하고 장비를 먼저 보낸 다음 한 명씩 철수한다. 이때 반드시 로프를 계곡 건너편에서 회수할 수 있도록 로프 매듭법을 바꿔야 한다.

02 구출 및 운반 ★★★ 2013 서울 소방교, 2016 부산 소방교

① 사고 현장에서 요구조자를 구조하는 경우 요구조자의 구명에 필요한 기본 응급처치를 취하고 구출하는 것을 원칙으로 한다.

② 요구조자가 의식이 없거나 추락, 충돌 등으로 큰 충격을 받은 경우에는 신체에 이상이 있는 것으로 가정하고 척추를 고정하는 응급처치를 취하여야 한다.

③ 현장에 화재나 폭발 또는 유독가스 누출 등의 급박한 위험이 있거나 가벼운 부상만을 입은 요구조자가 있는 경우에는 먼저 현장에서 이동시키는 조치를 취하게 되는데 이러한 경우라도 최대한 요구조자의 신체가 보호될 수 있도록 조치하여야 한다.

④ 요구조자를 긴급히 이동시킬 때 가장 큰 위험성은 척추 손상을 악화시킬 수 있다는 것이다. 그러나 긴급한 상황에서는 일단 생명을 구하는 것이 순서이다.

⑤ 요구조자를 긴급히 이동시켜야 하는 경우에는 신체의 일부가 아닌 전체(제2경추)를 잡아당겨야 한다. 요구조자를 새우처럼 구부리게 하는 것은 좋지 않다. 요구조자가 바닥에 누워있을 경우 목이나 어깨 부위의 옷깃을 잡아끄는 것이 좋다.

1 1인 운반

(1) 끌기 2016 대구 소방교

급박한 상황에서 단거리를 이동하는 경우에 사용하는 방법이다. 요구조자의 두부 손상에 주의하여야 한다.

1) 요구조자 끌기

화재 현장이나 위험 물질이 누출된 곳 등 긴급한 상황에서 의식이 없는 환자를 단거리 이동시킬 때 사용하는 방법으로 '소방관 끌기'라고도 한다. 요구조자의 머리가 바닥이나 계단에 부딪히지 않도록 각별히 신경써야 한다.

그림 4-25 요구조자 끌기

2) 담요를 이용한 끌기

담요에 요구조자를 누이고 한쪽 끝을 끄는 방법으로 부상 정도가 심한 요구조자를 이동시킬 때 사용한다. 구조대원의 허리에 무리가 갈 수 있으며 머리가 장애물에 부딪힐 수도 있으므로 주의해서 이동해야 한다.

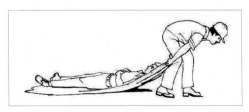

그림 4-26 담요 끌기

3) 경사 끌기

경사 끌기는 의식이 없거나 움직일 수 없는 요구조자를 계단이나 경사로 아래로 이동시킬 때 사용하는 방법이다. 요구조자의 머리가 땅에 부딪히지 않도록 구조대원이 팔로 지탱하면서 끌고 나간다. 요구조자의 팔을 가볍게 묶으면 장애물에 부딪혀 손상되는 것을 방지할 수 있다.

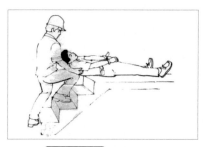

그림 4-27 경사 끌기

(2) 업기

1) 소방관 운반

공기호흡기를 착용한 상태에서 요구조자를 업을 수 있기 때문에 '소방관 운반'이라고 부른다. 비교적 큰 힘을 들이지 않고 장거리를 이동할 수 있는 방법이지만 숙달되기까지는 많은 연습이 필요하다.

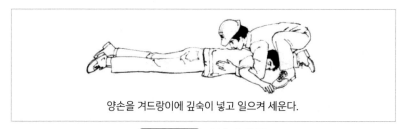

양손을 겨드랑이에 깊숙이 넣고 일으켜 세운다.

그림 4-28 소방관 운반

① 양손을 요구조자의 겨드랑이에 넣어 깊숙이 끼운다.
② 요구조자를 무릎 위에 올린 다음 등 뒤로 단단히 쥐고 선 자세를 취한다.
③ 오른팔로 요구조자를 잡고 왼팔로 요구조자의 오른팔을 머리 위로 올리면서 상체를 끌어들인다.
④ 요구조자의 손을 잡은 상태에서 자세를 낮추어 자연스럽게 어깨에 걸치도록 한다.
⑤ 오른손을 요구조자의 다리 사이로 넣어 요구조자의 오른팔을 잡는다.
⑥ 허리를 펴고 다리에 힘을 주면서 일어선다.
⑦ 요구조자를 내려놓을 때에는 순서를 반대로 하면 된다.

요구조자를 일으켜 세워 업는다.

그림 4-29 소방관 운반

2) 끈 업기(pack strap)

① 로프나 슬링, 기타의 끈을 이용해서 비교적 용이하게 요구조자를 업을 수 있다.

② 요구조자의 손목을 묶어서 빠지지 않게 하는 방법이 있다.

③ 슬링을 둥글게 묶어서 요구조자의 겨드랑이와 엉덩이를 지나게 하고 구조대원의 어깨에 걸쳐 매는 방법이 있다.

④ 구조대원의 두 손이 자유롭기 때문에 사다리를 잡거나 다른 일을 할 수 있다.

⑤ 업고 운반하는 동안 요구조자의 다리가 끌리지 않도록 주의한다.

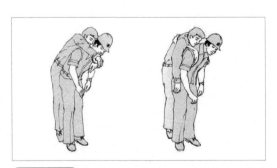

그림 4-30 끈을 이용해서 요구조자를 업는 방법

2 2인 운반

(1) 들어 올리기

① 구조자의 손으로 안장을 만들고 요구조자를 앉혀 운반하는 방법은 안장을 만들어 앉히면 요구조자가 비교적 편안함을 느낄 수 있지만 의식이 없는 요구조자에게는 사용할 수 없다.

② 요구조자의 등 뒤로 손을 넣어 들어 올리는 방법이 있다. 등 뒤로 손을 넣어 들어 올릴 때에는 서로의 어깨를 잡고 반대쪽 손은 서로 손목을 잡아야 안전하게 이동시킬 수 있다.

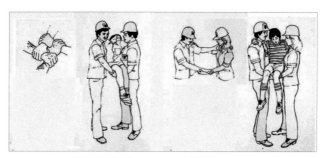

그림 4-31) 2인 구조 들어 올리기

(2) 의자 활용 이동

① 계단이나 골목과 같이 협소한 장소에서 요구조자에게 무리를 주지 않고 이동시킬 수 있는 방법이다.

② 의자를 약간 뒤로 젖히고 가장 편안한 자세로 의자를 들어 올린다.

③ 접히는 의자는 안전을 위하여 사용하지 않는다.

④ 의식이 없는 요구조자는 균형을 잃고 의자에서 떨어질 수 있으므로 의자에 가볍게 묶어 주는 것이 좋다.

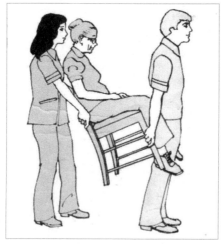

그림 4-32) 의자 활용법

CHAPTER 03

특수 진입

01 호흡 및 신체 보호의 중요성 ★★★★★

사고 현장은 구조대원의 진입이 용이한 장소도 있지만 높은 장소나 지하 등 근접하기가 매우 곤란한 장소가 존재한다. 이처럼 현장에서는 지형지물, 시설 등 악조건 속에서 때로는 농연, 전기, 유독가스 혹은 산소 결핍 등 요구조자는 물론 구조대원의 건강에 직접 영향을 미치는 여러 가지의 장애 요인이 발생한다. 따라서 구조훈련은 모든 상황에 대한 결과를 예측 가능할 수 있도록 사고 유형별 사안에 따른 진입과 구출 요령을 숙달하지 않으면 안 된다.

1 산소 결핍과 일산화탄소 중독

구조대원이 진입하는 장소는 화재 현장일 수도 있고 유독가스가 누출된 장소일 수도 있다. 사전에 유독가스가 누출된 것을 인지한 경우에는 이에 대응하여 호흡기의 보호 및 제독, 환기 등의 적절한 조치를 취하게 되지만 오히려 화재 현장에서는 이를 소홀히 여기는 경향이 있다.

① 화재 현장에서는 다량의 연기가 발생한다. 연기는 크기 0.1~1.0μ의 고체 미립자(주로 탄소 입자, 분진)이며 수평으로 0.5~1m/s, 수직으로는 화재 초기에 1.5m, 중기 이후에는 3~4m의 속도로 확산된다.

② 같은 연기가 가득 차게 되면 우선 시야 차단에 따른 공포감을 느끼고 행동이 둔화되며 신체적 자극을 받아 고통을 겪게 된다. 그러나 무엇보다도 연기가 가지는 위험 요인은 연기 속에 포함된 연소 생성 가스들의 독성이다.

③ 불은 산소를 소모하며 이산화탄소를 발생시킨다. 이산화탄소 자체는 허용농도 5,000ppm의 독성이 거의 없는 기체이지만 한정된 공간에서 다량의 이산화탄소가 발생하면 20% 농도에서 의식을 상실하고 결국 산소 부족으로 질식하게 된다.

우리나라에서는 유해물질의 허용 농도를 노동부 고시로 규정하고 있다.
허용 농도는 TWA(Time Weighted Average)로 나타내며 1일 작업시간 동안의 시간 가중 평균 농도, 즉 8시간 최대 노출허용치를 말한다.

1) 산소 결핍(Hypoxia)의 위험성

연소가 진행되기 위해서는 산소가 필요하며 그 부산물로 독성 물질이 생성되거나 산소 농도가 저하된다. 공기 중의 산소 농도가 18% 이하에 이르게 되면 숨이 가빠진다. 산소 결 핍에 따른 신체적 반응은 다음 표와 같다.

표 4-1   산소 부족 시 발생하는 신체적 증상

산소 농도	증상
21%	–
17%	산소 부족을 보충하기 위해 호흡이 증가하며 근육운동에 장애를 받는 경우도 있다.
12%	어지러움, 두통, 급격한 피로를 느낀다.
9%	의식불명
6%	호흡부전과 이에 동반하는 심정지로 몇 분 이내에 사망한다.

2) 일산화탄소 중독

① 화재 현장에서 발생하는 거의 대부분의 사망사고는 일산화탄소 중독에 의하여 발 생한다. 이 무색무취의 가스는 화재 시 거의 반드시 발생하며 환기가 불충분하여 불 완전 연소가 일어나는 경우 더욱 대량으로 발생한다.

② 일산화탄소는 산소와의 친화력이 헤모글로빈의 210배에 이르고 1% 농도에서도 의 식을 잃고 사망에 이르는 극히 유독한 기체이다. **일산화탄소의 IDLH는 1,200ppm 이다.** [Immediately Dangerous to Life and Health : 건강과 생명에 직접 위험 을 미치는 수준]

③ 일산화탄소의 농도가 500ppm 이상인 경우 위험하며 농도가 1% 이상인 경우에는 아 무런 육체적 증상이 없이 의식을 잃고 사망할 수 있으며 그 이하의 농도에서도 장시 간 노출되면 안전하지 않다.

④ 흡입된 일산화탄소가 혈액 속의 헤모글로빈이 결합되면 이것은 아주 느린 속도로 없 어진다. 응급처치는 순수한 고압 산소를 투여하는 것이며 일단 위급한 상황을 넘기 더라도 두뇌나 신경의 이상이 3주 이내에 나타나기 시작한다. 따라서 빠른 시간 내에 일산화탄소 중독에서 회복되더라도 다시 연기가 있는 곳에 들어가서는 안 된다.

그 밖에 화재 현장에서는 다음과 같은 유독가스가 발생한다.

| 표 4-2 | 화재 현장에서 발생하는 유독가스 |

종류	발생 조건	허용 농도(TWA)
일산화탄소(CO)	불완전 연소 시 발생	50ppm
암모니아(NH_3)	열경화성 수지, 나일론 등의 연소 시 발생	25ppm
시안화수소(HCN)	우레탄, 나일론, 폴리에틸렌, 고무, 모직물 등의 연소	10ppm
염화수소(HCl)	플라스틱, PVC	5ppm
아황산가스(SO_2)	중질유, 고무, 황화합물 등의 연소 시 발생	5ppm
포스겐 ($COCl_2$)	프레온 가스와 불꽃의 접촉	0.1ppm

2 진한 연기 진입

공기호흡기를 활용하여 지하 공간이나 고층 건물에 진입할 때에는 반드시 통제요원이 있어야 한다. 일반적으로 소규모 구조현장에서는 이를 간과하는 경우가 많지만 이는 매우 중요한 사항으로 이를 소홀히 하면 자칫 중대한 인명 피해를 불러올 수도 있다.

(1) 통제요원의 배치

① 통제요원은 진입구에서 어느 대원이 공기호흡기를 착용했고 압력은 얼마였는지, 진입하려고 하는 장소는 몇 층이고 몇 시에 진입했는지를 기록하여야 한다.

② 이를 토대로 예상되는 공기소모시간을 산출하고 만약 공기소모시간이 임박해도 진입한 대원이 현장에서 빠져나오지 않고 연락이 없는 경우 즉시 지휘관에게 보고하여 구조요원을 투입한다.

(2) 진입 대원의 안전 확인

① 현장에 진입하는 구조대원 역시 자신의 공기호흡기에 대한 이상 유무와 충전된 공기량을 확인하고 휴대용 조명등, 무전기, 검색봉 등의 장비를 휴대하고 진입하여야 한다.

② 공기호흡기를 착용했을 때에는 반드시 2인 1조로 활동하여야 돌발 상황에 대처할 수 있다.

③ 긴 터널이나 대규모 지하가와 같이 진입할 통로가 길거나 구조가 복잡한 구조물인 경우에는 유도로프를 휴대하고 한쪽 끝은 출입구에 묶은 후에 진입하여 탈출로를 확보한다.

④ 화재진압을 하는 대원의 역방향으로 진입하지 않도록 주의하여야 한다. 강력한 주수나 고압 송풍에 의하여 농연과 열기가 밀려올 수 있기 때문이다.

02 진입 기술 ★★★

1 사다리 진입

① 건축 현장이나 우물, 하천 등 수직 공간에 사다리를 내려 진입 및 퇴로를 안전하게 확보할 수 있는 방법이다.

② 사다리는 구조대원의 위치에 따라 안전하게 충분한 공간을 확보하고 로프의 신축성을 고려하여 작업한다.

③ 사다리를 기구 묶기에 의한 방법으로 결착하고 확보로프를 잡아 아래로 내린다.

④ 이때 로프를 잡는 대원은 사다리의 중량 때문에 자세가 불안전해질 염려가 있으므로 확보를 철저히 하여야 한다.

2 수직 맨홀 진입 　2014 부산 소방장

급수 탱크나 정화조, 맨홀 등의 수직 공간에서 가스가 누출되거나 도장 작업 중 질식하는 등의 사고가 적지 않게 발생한다. 이처럼 출입구가 좁고 유독가스에 의한 질식 위험이 높은 장소에 진입하는 대원들은 안전 확보에 각별한 주의가 필요하다.

(1) 진입 및 탈출

폐쇄 공간에 진입하는 경우 항상 공기호흡기를 장착하여야 하지만 입구가 협소하여 공기호흡기를 장착한 상태에서는 진입이 불가능한 경우가 있다. 이러한 경우에는 진입하는 대원은 면체만을 장착하고 공기호흡기 용기는 로프에 묶어 진입하는 대원과 함께 내려주도록 한다.

① 대원은 안전로프를 매고 호흡기의 면체만을 장착한 후 맨홀을 통과하여 묶어 내려진 본체를 장착하고 진입한다.

② 탈출 시에는 진입의 역순으로 맨홀의 내부에서 호흡기 본체를 벗고 밖으로 나온 후에 면체를 벗는다.

절반 매듭
말뚝 매듭
공기호흡기와 용기 결착하기
확보 자세

　그림 4-33　폐쇄 공간 진입법

(2) 요구조자의 구출

① 협소한 공간에서 작업할 때에는 환기 및 호흡 보호에 유의하여야 한다. 환기가 곤란한 경우 예비 용기를 투입, 개방하여 신선한 공기를 공급하는 방안을 강구한다.

② 질식한 요구조자가 있으면 보조호흡기를 착용시키고 신속히 구출한다.

③ 요구조자는 원칙적으로 바스켓 들것에 결착하고 맨홀 구조기구를 이용하여 구출하며 특히 추락 등 신체적 충격을 받았거나 받았을 것으로 의심되는 환자는 보호 조치를 완벽히 한 후에 구출한다.

④ 장비가 부족하거나 긴급한 경우에는 로프에 결착하여 인양하거나 구조대원이 껴안아 구출하는 방법을 택하고 외부의 대원과 협력하여 인양한다.

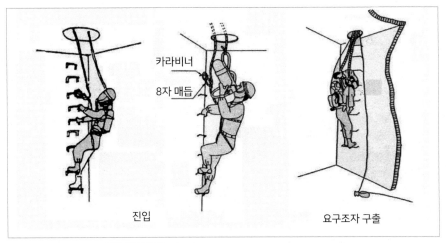

카라비너
8자 매듭
진입
요구조자 구출

[그림 4-34] 폐쇄 공간에서 요구조자 구출 방법

3 수평 갱도 진입

① 최근 지하철이나 터널 등 대규모 수평공간에서 차량 충돌이나 화재, 유독가스 누출 등의 사고가 자주 발생하고 있다. 이러한 사고로 인한 전원 차단 등으로 내부 조명이 부족하고 농연 등에 의한 시야 차단 및 질식 등의 우려가 높아 환기와 조명에 유의하여야 한다.

② 내부 구조가 복잡하여 사고가 발생한 장소나 출구를 찾기 어려우므로 진입하는 대원은 미리 현장 도면이나 당해 시설의 정보 등을 수집한 다음 구조활동에 임하여야 한다.

③ 현장에 진입하는 대원은 반드시 2인 이상으로 조를 편성하여 진입하며 안전요원에게 이름과 진입하는 시간을 알려주고 안전벨트나 신체에 유도로프를 결착하여야 한다.

④ 안전요원은 현장에 진입한 대원의 이름과 진입 시간, 공기호흡기의 잔량 등을 꼼꼼히 기록하여 만약 통신이 두절되거나 공기소모 예상시간이 경과하였음에도 탈출하

지 않았다면 즉시 구조작업을 중지시키고 긴급구조팀의 투입이나 필요한 안전조치를 취하여야 한다.

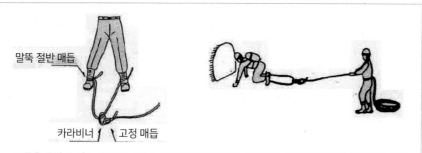

말뚝 절반 매듭

카라비너   고정 매듭

※ 몸을 돌릴 수 없는 좁은 공간에서 요구조자를 구출하는 경우에는 뒤에서 로프로 끌어내야 하기 때문에 유도로프를 발목에 결착한다.

[그림 4-35] 폐쇄 공간에서 요구조자 구출 방법(1)

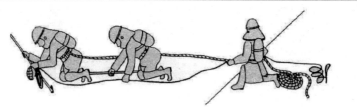

※ 농연 속에서는 자세를 낮추고 진입한다. 선진입자에게 유도로프를 결착하여 후진입자가 이를 잡고 진입할 수 있도록 한다.

[그림 4-36] 폐쇄 공간에서 요구조자 구출 방법(2)

PART 4 응용구조훈련
적중예상문제

01 맨홀구조 등 들것을 수직 상태로 유지하는 경우 끌어올려지는 부분의 매듭으로 옳은 것은?

① 두겹 8자 매듭   ② 나비 매듭

③ 피셔맨 매듭   ④ 까베스땅 매듭

 해설

> **들것 결착(요구조자 결착)**
> **– 수직 상태를 유지하는 경우**
> 맨홀과 같이 좁은 공간에서 요구조자를 구출하는 경우에는 들것을 수직으로 이동시켜야 한다. 이때 요구조자의 이탈을 방지하기 위해 들것에 결착하는 방법이다.
> ① 요구조자의 결착 방법은 수평 상태를 유지할 때와 같지만 받침판에 요구조자의 발을 정확히 위치시키는 데 더욱 신경 써야 한다.
> ② 두겹 8자 매듭 로프는 들것의 상단에만 결착한다.
> ③ 결착된 들것에는 유도로프를 설치하여 인양 및 하강을 용이하게 한다.

02 사다리를 이용한 응급 하강의 요령과 관계없는 것은?   2018 소방교

① 2~3층 정도의 높이에서 다수의 요구조자를 연속으로 하강시켜 구출하는 방법이다.

② 요구조자가 있는 창문의 상단 위로 가로대가 5개 정도 올라오도록 사다리를 설치하고 확실히 고정한다.

③ 로프를 사다리 최하부의 가로대를 통하게 하고 사다리를 거쳐 선단보다 2~3개 밑의 가로대 위에서 뒷면을 통해 로프를 내려 양 끝을 바로매기로 연결한다.

④ 로프에 약 2.0m 간격으로 세겹 고정 매듭을 만든다.

해설

사다리를 이용한 응급 하강

2~3층 정도의 높이에서 다수의 요구조자를 연속으로 하강시켜 구출하는 방법이다. 요구조자의 안전과 원활한 작업을 위해서는 사다리를 지지하는 대원과 로프를 확보하는 대원, 유도하는 대원이 필요하다.

① 요구조자가 있는 창문의 상단 위로 가로대가 5개 정도 올라오도록 사다리를 설치하고 확실히 고정한다.

② 로프를 사다리 최하부의 가로대를 통하게 하고 사다리를 거쳐 선단보다 2~3개 밑의 가로대 위에서 뒷면을 통해 로프를 내려 양 끝을 바로매기로 연결한다.

③ 로프에 약 2.5m 간격으로 8자 매듭을 만든다.

④ 확보로프의 신축성을 고려하여 안전을 확보하고 1명씩 차례대로 하강시켜 구출한다. 무리한 속도로 하강시키지 말고 차분하고 안전하게 실시한다.

03 요구조자를 업고 하강할 때 하강기와 안전벨트의 하단 고리에 결착하는 장비로 가장 알맞은 것은?

① 카라비너　　　　　　　　　② 스톱 하강기

③ 퀵드로　　　　　　　　　　④ 그리그리

해설

요구조자와 함께 하강하기(업고 하강하기)

- 요구조자의 체중 분산

① 요구조자를 업고 하강할 때에는 요구조자의 체중을 구조대원이 지탱해야 하기 때문에 체력적인 부담이 크다.

② 경사가 완만한 슬랩(평판)에서는 문제가 되지 않지만 고층 건물의 수직 벽면이나 오버행에서는 몸이 뒤로 젖혀지면서 자세를 잡기가 매우 어렵고 부상을 당할 위험도 높다. 이러한 문제점을 해결하는 방법은 요구조자의 체중을 구조대원이 직접 감당하지 말고 주 로프에 적절히 분산시키는 것이다.

③ 일반적으로 하강기는 안전벨트의 하단 고리에 카라비너를 이용해서 결착하지만 요구조자를 업고 하강할 때에는 퀵드로를 이용하는 것이 좋다. 먼저 안전벨트를 착용하고 슬링을 이용해서 요구조자를 업는다. 안전벨트의 하단 고리에 퀵드로를 결착하고 하강기를 끼운 다음 구조 대원의 가슴 부분을 지나는 슬링에도 퀵드로를 끼우고 하강기의 고리에 건다. 2개의 퀵드로에 의해 연결지점이 분산되고 요구조자의 체중이 직접 주 로프에 걸리게 돼서 구조대원의 활동이 용이하게 된다.

04 응용구조훈련에서 들것 하강하기 요령으로 옳지 않은 것은?

① 들것을 매달고 하강하는 구조대원은 반드시 2인 이상이어야 한다.

② 들것이 바닥에 닿으면 구조대원은 요구조자 위에 내려서지 않도록 주의하여 하강한다.

③ 옥상에서 2인의 구조대원이 개인로프의 양 끝에 두겹 8자 매듭을 이용하여 고리를 만든 다음 카라비너를 이용하여 안전벨트에 개인로프를 결착하고 요구조자가 있는 직상층까지 하강한다.

④ 요구조자의 들것에 결착된 2개소의 로프에 퀵드로를 연결하고 각각을 구조대원의 개인로프에 연결한다. 이때 들것이 기울어지지 않도록 각별히 주의한다.

> **해설**
>
> **응용구조훈련**
> **– 들것 하강하기**
> 부상을 입은 요구조자를 들것에 결착하고 하강시켜 구조하는 방법이다. 들것을 매달고 하강하는 구조대원은 반드시 2인 이상이어야 한다.
> ① 먼저 2명의 대원이 요구조자가 있는 층에 진입하여 요구조자를 들것에 결착한다.
> ② 옥상에서 2인의 구조대원이 개인로프의 양 끝에 두겹 8자 매듭을 이용하여 고리를 만든 다음 카라비너를 이용하여 안전벨트에 개인로프를 결착하고 요구조자가 있는 직상층까지 하강하여 정지하고 8자 매듭이 되어 있는 고리를 요구조자 측 구조대원에게 내려준다.
> ③ 요구조자의 들것에 결착된 2개소의 로프에 카라비너를 연결하고 각각을 구조대원의 개인로프에 연결한다. 이때 들것이 기울어지지 않도록 각별히 주의한다.
> ④ 구조대원은 들것을 매달고 조심스럽게 하강한다. 하강하는 구조대원 2인은 서로 속도를 맞추어 들것이 유동하지 않도록 한다.
> ⑤ 들것이 바닥에 닿으면 구조대원은 요구조자 위에 내려서지 않도록 주의하여 하강한다.

05 응용구조훈련에서 요구조자 묶어 내리기로 하강시키고자 할 때의 요령으로 옳지 않은 것은?

① 앉아매기로 요구조자를 결착한다.

② 요구조자 위치에 지지점을 만들어 카라비너를 끼우고 하강기를 결합한다.

③ 요구조자가 결착된 로프를 하강기에 통과시키고 지상으로 내려준다. 지상의 유도원은 로프를 당겨 요구조자가 매달릴 수 있도록 한다.

④ 요구조자를 현수로프에 매달리게 한 다음 지상에서 유도원이 로프를 당겼다가 서서히 놓아주면서 속도를 조절하여 하강시킨다.

해설

요구조자 하강시키기

– 묶어 내리기

들것이나 안전벨트 등 구조장비가 갖추어지지 않은 상황에서 로프만으로 요구조자를 구출하는 방법이다. 요구조자에게 신체적 고통을 가하고 추가 손상을 입힐 우려가 높으므로 긴급한 경우 이외에는 활용하지 않도록 한다.

① 세겹 고정 매듭으로 요구조자를 결착한다.

② 요구조자 위치에 지지점을 만들어 카라비너를 끼우고 하강기를 결합한다.

③ 요구조자가 결착된 로프를 하강기에 통과시키고 지상으로 내려준다. 지상의 유도원은 로프를 당겨 요구조자가 매달릴 수 있도록 한다.

④ 요구조자를 현수로프에 매달리게 한 다음 지상에서 유도원이 로프를 당겼다가 서서히 놓아주면서 속도를 조절하여 하강시킨다.

⑤ 지상 유도원은 로프로 확보하여 넘어지지 않도록 하고 로프를 놓치지 않도록 주의해야 한다.

06 응용구조훈련에서 경사 하강시키기와 관련된 내용으로 옳지 않은 것은?

① 상층의 보조요원은 로프의 절단이나 지지점의 파손 등 안전사고에 대비하여 별도의 보조로프를 들것에 결착하고 하강 속도에 맞춰 풀어준다.

② 들것이 하강하는 직하 부분의 지상에 바위나 수목 등 장애물이 있어 수직으로 하강시키기 곤란한 경우에 사용하는 방법이다.

③ 상층에 위치한 대원이 하강기를 이용하여 로프를 풀어서 하강시킨다. 이 방법을 사용하면 들것이 하강하는 지점은 로프의 1/3~1/4 부분이 된다.

④ 지지점과의 거리가 너무 멀면 로프가 처지면서 오히려 들것이 직하 방향으로 내려온다. 이러한 경우에는 들것에 유도로프를 묶고 당겨서 장애물을 벗어나게 해준다.

해설

경사 하강시키기

들것이 하강하는 직하 부분의 지상에 바위나 수목 등 장애물이 있어 수직으로 하강시키기 곤란한 경우에 사용하는 방법이다.

① 상층의 보조요원은 로프의 절단이나 지지점의 파손 등 안전사고에 대비하여 별도의 보조로프를 들것에 결착하고 하강 속도에 맞춰 풀어준다.

② 지상에 위치한 대원이 하강기를 이용하여 로프를 풀어서 하강시킨다. 이 방법을 사용하면 들것이 하강하는 지점은 로프 1/3~1/4 부분이 된다.

③ 지지점과의 거리가 너무 멀면 로프가 처지면서 오히려 들것이 직하 방향으로 내려온다. 이러한 경우에는 들것에 유도로프를 묶고 당겨서 장애물을 벗어나게 해준다.

07 불은 산소를 소모하고 이산화탄소를 발생시킨다, 이산화탄소 허용 농도와 의식을 상실하는 농도를 바르게 연결한 것은?

① 500ppm, 15%   ② 2,500ppm, 15%

③ 3,500ppm, 20%   ④ 5,000ppm, 20%

 해설

산소 결핍과 일산화탄소 중독
불은 산소를 소모하며 이산화탄소를 발생시킨다. 이산화탄소 자체는 허용농도 5,000ppm의 독성이 거의 없는 기체이지만, 한정된 공간에서 다량의 이산화탄소가 발생하면 20% 농도에서 의식을 상실하고 결국 산소 부족으로 질식하게 된다.

Part 4

이용구조단면

08 공기 중 산소의 부족으로 의식불명 상태에 빠지게 되는 산소 농도로 옳은 것은?

① 17%   ② 12%   ③ 9%   ④ 6%

 해설

산소 부족 시 발생하는 신체적 증상

산소 농도	증상
21%	–
17%	산소 부족을 보충하기 위해 호흡이 증가하며, 근육 운동에 장애를 받는 경우도 있다.
12%	어지러움, 두통, 급격한 피로를 느낀다.
9%	의식불명
6%	호흡부전과 이에 동반하는 심정지로 몇 분 이내에 사망한다.

09 산소 농도 부족으로 숨이 가빠지는 농도로 옳은 것은?

① 13%   ② 15%   ③ 18%   ④ 20%

 해설

산소 결핍(Hypoxia)의 위험성
연소가 진행되기 위해서는 산소가 필요하며, 그 부산물로 독성 물질이 생성되거나 산소 농도가 저하된다. 공기 중의 산소 농도가 18% 이하에 이르게 되면 숨이 가빠진다.

정답   **05** ①   **06** ③   **07** ④   **08** ③   **09** ③

10 화재 현장에서 환기가 불충분하여 불완전연소가 일어나는 경우 발생되는 독성가스로 옳은 것은?

① 이산화탄소   ② 일산화탄소

③ 이산화질소   ④ 이황화탄소

 해설

일산화탄소 중독
① 화재 현장에서 발생하는 거의 대부분의 사망사고는 일산화탄소 중독에 의하여 발생한다. 이 무색무취의 가스는 화재 시 거의 반드시 발생하며 환기가 불충분하여 불완전연소가 일어나는 경우 더욱 대량으로 발생한다.
② 일산화탄소는 산소와의 친화력이 헤모글로빈의 210배에 이르고 1% 농도에서도 의식을 잃고 사망에 이르는 극히 유독한 기체이다. 일산화탄소의 IDLH(Immediately Dangerous to Life and Health : 건강과 생명에 직접 위험을 미치는 수준)는 1,200ppm이다.
③ <u>일산화탄소의 농도가 500ppm 이상인 경우 위험하며 농도가 1% 이상인 경우에는 아무런 육체적 증상이 없이 의식을 잃고 사망할 수 있으며, 그 이하의 농도에서도 장시간 노출되면 안전하지 않다.</u>

11 화재 현장에서 발생하는 유독가스 중 허용 농도(TWA)가 가장 낮은 것은?

① 일산화탄소   ② 시안화수소

③ 아황산가스   ④ 포스겐

 해설

화재 현장에서 발생하는 유독가스

종류	발생 조건	허용 농도(TWA)
일산화탄소(CO)	불완전 연소 시 발생	50ppm
암모니아(NH_3)	열경화성 수지, 나일론 등의 연소 시 발생	25ppm
시안화수소(HCN)	우레탄, 나일론, 폴리에틸렌, 고무, 모직물 등의 연소	10ppm
염화수소(HCl)	플라스틱, PVC	5ppm
아황산가스(SO_2)	중질유, 고무, 황화합물 등의 연소 시 발생	5ppm
포스겐($COCl_2$)	프레온가스와 불꽃의 접촉	0.1ppm

12 프레온가스와 불꽃의 접촉으로 발생되는 유독가스로 옳은 것은?

① 암모니아　　　② 시안화수소　　　③ 아황산가스　　　④ 포스겐

 해설

> **11 해설 참조**

13 화재 현장에서 발생하는 유독가스 중 일산화탄소의 허용 농도로 옳은 것은?

① 50ppm　　　② 40ppm　　　③ 30ppm　　　④ 20ppm

 해설

> 화재 현장에서 발생하는 유독가스 중 일산화탄소의 허용 농도는 50ppm이다.

14 통제요원이 화재 현장 진입구에서 기록할 사항으로 관계가 적은 것은?

① 공기호흡기 착용 여부　　　　　② 공기호흡기 압력
③ 진입 장소와 진입 시간　　　　　④ 함께 진입하는 사람

 해설

> **농연 진입**
> **– 통제요원의 배치**
> 통제요원은 진입구에서 어느 대원이 ① 공기호흡기를 착용했는지, ② 압력은 얼마였는지, ③ 진입
> 하려고 하는 장소는 몇 층인지, ④ 몇 시에 진입했는지를 기록하여야 한다.

15 수직 맨홀 진입에 관한 내용으로 옳지 않은 것은?　　　2014 부산 소방장

① 대원은 안전로프를 매고 호흡기의 면체만을 장착한 후 맨홀을 통과하여 묶어 내려진
　본체를 장착하고 진입한다.
② 탈출 시에는 진입의 역순으로 맨홀의 내부에서 호흡기 본체를 벗고 밖으로 나온 후에
　면체를 벗는다.
③ 환기가 곤란한 경우 예비용기를 투입하여 신선한 공기를 공급한다.
④ 질식한 요구조자가 있으면 공기호흡기를 착용시키고 신속히 구출한다.

해설

수직 맨홀 진입

– 진입 및 탈출

폐쇄 공간에 진입하는 경우 항상 공기호흡기를 장착하여야 하지만 입구가 협소하여 공기호흡기를
장착한 상태에서는 진입이 불가능한 경우가 있다. 이러한 경우에는 진입하는 대원은 면체만을 장
착하고, 공기호흡기 용기는 로프에 묶어 진입하는 대원과 함께 내려주도록 한다.

① 대원은 안전로프를 매고 호흡기의 면체만을 장착한 후 맨홀을 통과하여 묶어 내려진 본체를 장
착하고 진입한다.

② 탈출 시에는 진입의 역순으로 맨홀의 내부에서 호흡기 본체를 벗고 밖으로 나온 후에 면체를
벗는다.

– 요구조자의 구출

① 협소한 공간에서 작업할 때는 환기 및 호흡보호에 유의하여야 한다. 환기가 곤란한 경우 예비
용기를 투입, 개방하여 신선한 공기를 공급하는 방안을 강구한다.

② 질식한 요구조자가 있으면 보조호흡기를 착용시키고 신속히 구출한다.

③ 요구조자는 원칙적으로 바스켓 들것에 결착하고 맨홀구조기구를 이용하여 구출하며, 특히 추락
등 신체적 충격을 받았거나 받았을 것으로 의심되는 환자는 보호조치를 완벽히 한 후에 구출한다.

④ 장비가 부족하거나 긴급한 경우에는 로프에 결착하여 인양하거나 구조대원이 껴안아 구출하는
방법을 택하고 외부의 대원과 협력하여 인양토록 한다.

16 폐쇄 공간인 수평 갱도에 진입하는 구조대원의 발목에 결착하는 매듭으로 옳은 것은?

① 말뚝 매듭　　　　　　　　　② 말뚝 절반 매듭

③ 옭매듭　　　　　　　　　　　④ 두겹 옭매듭

 해설

폐쇄 공간에서 요구조자 구출방법

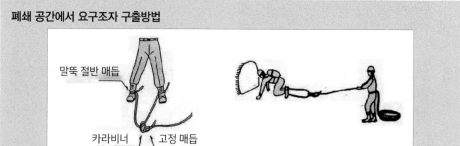

PART 5

구조기술
(소방교, 소방장, 소방위)

CHAPTER 01
일반 구조활동

01 구조활동

① 119 구조대가 활동하는 현장 중에서 가장 많은 구조 건수를 차지하는 것은 벌 관련 사고나 동물 관련 사고 현장이지만 구조 인원으로 보면 교통사고가 가장 많은 비중을 차지한다. 특히 구조 건수 대비 구조 인원 비율이 높은 것은 승강기 사고가 차지하고 있다.

② 아래 표에서 보듯 실제로 119구조대가 가장 많이 출동하게 되는 경우는 벌 관련 사고와 기타 사고, 즉 사소한 안전조치나 출입문·기구 등에 신체일부가 끼이는 사고, 기타 전기·가스 차단 등 위험요인의 제거 및 안전조치 등 다양한 사고유형으로 나타났다.

2020년도 사고유형별 구조건수 및 구조인원 현황(전국)

구분	벌집제거	화재	동물포획	안전조치	교통사고	잠금장치	승강기	자살추정	자연재난	위치추적	기타
처리건수	133,131	89,251	82,771	81,362	62,481	49,223	21,006	19,230	18,784	14,212	94,293
구조인원	1,043	2,307	619	5,325	15,332	14,350	18,934	3,862	1,277	2,200	21,465

③ 사고의 유형이 다양한 만큼 그에 대처하는 구출방법은 일률적으로 적용하기가 매우 어렵다. 따라서 이러한 사고현장에는 구조현장에서 일반적으로 적용되는 원칙을 숙지하고, 평소 경험을 살려 그때그때 현장의 상황에 따라 대응할 수밖에 없다.

④ 사고의 내용과 현장상황을 정확히 파악한 후 다양한 요소를 고려여 사전판단을 하고 이에 따른 구출방법을 결정하고, 장비를 선정한다. 또한 전기나 가스사고와 같이 따로 전문적인 기관이 있는 경우에는 관계기관에 연락하는 등 사전에 필요한 조치를 취하여야 한다.

⑤ 현장에 도착한 후에는 즉시 현장의 상황을 재확인하고 관계자로부터 구체적인 사고 상황을 청취한 후 판단을 보완하여 상황에 맞는 적절한 구조 방법을 결정하고 필요

한 장비를 준비한다.

③ 인명 구조의 목적은 요구조자의 안전한 구출이지만 그렇다고 구조대원 자신의 안전을 도외시하는 현장 활동은 요구조자와 구조대원 모두에게 위험을 초래할 수 있다.

④ 구조현장에 도착하면 일반인의 접근을 차단하고 구조대원이 작업할 수 있는 공간을 확보하기 위하여 경계구역을 설정하고 전기·가스 등의 차단, 위험물의 제거·이동, 작동 중인 기계·기구의 완전 정지 등 위해 요인을 제거한 후에 구조활동에 임하도록 한다.

02 | 화재 현장 검색 및 구조 ★★★★

구조대원을 포함하여 모든 소방관이 가장 많이 활동하게 되는 사고 현장은 화재 장소이다. 오늘날 대부분의 화재는 인명 피해가 적은 내화 구조 건물의 화재이지만 아무리 작은 화재라도 진화 작전의 성공 여부와는 별도로 화재 건물을 철저히 검색하여야 한다. 겉보기에 작은 규모의 화재가 발생한 건물일지라도 짙은 연기 속에서 탈출하지 못한 사람이 있을 수 있기 때문이다.

1 건물 내부 검색

(1) 외부 관찰

① 현장에 먼저 도착한 진압대원들이 화재 규모를 판단하고 진압 준비를 하는 동안 구조대원들은 가능한 한 건물 전체와 그 주변을 검색하여야 한다.

② 세심한 관찰을 통해서 화재의 규모와 건물의 손상 여부, 진입 경로와 소요시간 등을 예측할 수 있다.

③ 건물에 진입하기 전에 선택 가능한 탈출 경로(창문, 출입문, 옥외계단 등)를 미리 정해 놓고 건물에 진입한 후에는 창문의 위치를 자주 확인하도록 한다.

④ 이것이 대원들의 위치 선정을 위한 기준이 될 수 있기 때문이다.

(2) 질문을 통한 정보 확인

① 화재 건물을 빠져나온 사람이 있으면 화재 지점과 범위, 그리고 건물 내부에 생존해 있을지도 모를 요구조자에 대한 정보를 파악하기 위하여 질문을 한다. 이웃 사람들은 거주자들의 방 위치와 복장을 알 수 있기 때문에 다른 사람들이 발견될 수 있는 정보를 제공해 줄 수 있다.

② 요구조자의 숫자와 위치에 대한 정보는 현장지휘관과 모든 대원들에게 전파하여 검

색 활동에 참고하도록 한다.

③ 가능한 한 모든 정보를 확인하되 전체 건물의 수색이 완료될 때까지 모든 거주자들이 탈출했다고 추측하는 것은 금물이다.

(3) 1차 검색과 2차 검색 2012 소방위

검색에는 두 가지 중요한 목적이 있다.

① 요구조자의 발견(인명 구조를 위한 검색)과

② 화재 규모에 대한 정보(화재 범위에 대한 탐색)를 얻는 것이다.

건물 화재 시의 요구조자 검색은 1차 검색과 2차 검색으로 나누어진다.

1) 1차 검색(Primary Search)

1차 검색은 화재가 진행되는 도중에 검색 작업이 진행되는 것을 말하며 생명의 위험에 처한 사람을 신속히 발견해 내는 것이 목적이다. 때로는 1차 검색이 극히 불리한 상황에서 진행되지만 그럼에도 불구하고 신속하고 빈틈없이 이루어져야 한다. 대원들은 가능한 한 빨리 요구조자들의 위치를 파악하여야 한다. 가능하다면 인명 검색과 함께 새로이 발견되는 상황들에 대하여도 보고한다.

① 반드시 2명 이상의 대원이 조를 이루어(Two in, Two out) 검색하는 원칙을 지켜야 서로의 안전을 책임지고 신속히 검색 작업을 진행할 수 있다.

② 검색을 진행할 때에는 화재 건물의 내부 상황에 따라 똑바로 서거나 포복 자세를 취한다. 연기가 엷고 열이 약하면 걸으면서 수색하는 것이 용이하지만 연기가 짙은 경우에는 포복 자세를 취함으로서 시야를 확보할 수 있고 물체에 걸려 넘어지거나 계단 사이로 추락하는 것을 방지할 수 있다. 포복 자세로 계단을 오를 때에는 머리부터, 내려갈 때에는 다리부터 내려가는 것이 안전하다.

※ 정전이나 짙은 연기로 시야가 확보되지 않을 때에는 자세를 낮추고 벽을 따라 진행하며 계단에서는 자세를 낮추고 손으로 확인하며 나아간다.

그림 5-1 폐쇄 공간에서 요구조자 구출 방법

③ 검색이 진행되는 동안 연기와 화재의 확산을 막기 위해서 아직 불이 붙지 않은 장소의 문은 닫는다. 생존자들이 쉽게 빠져나오고 걸려 넘어지는 위험을 줄이기 위해서 계단이나 출입구 복도에 필요하지 않은 장비를 놓지 않도록 한다.

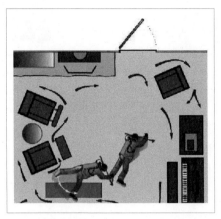

그림 5-2 실내의 검색 동선

④ 건물을 검색할 때 구조대원은 인기척에 계속 귀를 기울이면서 각 방을 빈틈없이 검색한다. 가능한 한 화점 가까운 곳에서 검색을 시작해서 진입한 문 쪽으로 되돌아가면서 하나하나 확인한다. 이 방법은 가장 큰 위험에 놓여있는 사람들에게 가장 신속하게 접근하기 위한 것이다. 화점에서 멀리 떨어진 사람들은 상대적으로 위험도가 덜하기 때문에 구조대원이 접근할 때까지 기다릴 수 있는 여유가 있다.

⑤ 화장실이나 욕실, 다락방, 지하실, 베란다, 침대 밑이나 장롱 속, 캐비닛 등 의식을 잃은 요구조자나 아이들이 숨어있을 만한 장소를 빠짐없이 검색하여야 한다. 먼저 후미진 곳을 검색하고 방의 중심부로 이동한다. 앞이 보이지 않으면 손과 발의 촉감을 이용하여 검색하고 검색봉이나 장비의 자루 부분들을 이용해서 최대한 수색 반경을 넓힌다.

⑥ 단전과 농연으로 시야가 방해를 받는다면 현장지휘관에게 보고해서 배연을 시킬 수 있도록 조치하고 손과 발로 더듬어 가면서 검색을 진행한다.

⑦ 현장에 투입된 대원들은 현장지휘관과 계속 무선 연락을 유지하며 배연이나 조명, 기타 필요한 조치가 있으면 즉시 요청하도록 한다. 특히 여러 가지 이유로 검색하지 못하는 장소가 있으면 즉시 보고하여 다른 조치를 취할 수 있도록 한다. 어떠한 이유로든 검색이 중지된다면 지휘관은 최대한 빨리 조치를 취하여 검색 작업이 재개될 수 있도록 조치하여야 한다.

※ 손과 발, 또는 장비를 이용해서 검색 범위를 넓힌다.

그림 5-3 폐쇄 공간에서 요구조자 검색 범위 넓히기

2) 2차 검색(Secondary Search)

① 2차 검색은 화재가 진압되어 환기 작업이 완료되고 위험 요인이 다소 진정된 후에 대원들을 진입시킨다.

② 2차 검색은 빈틈없이 살피면서 공을 들여야 하는 작업으로 또 다른 생존자를 발견하고 혹시 존재할지도 모르는 사망자를 확인하는 작업이다.

③ 2차 검색은 신속성보다는 꼼꼼함이 필요하다.

④ 1차 검색 때에 발견하지 못한 공간이나 위험성을 확인해야 하기 때문에 절대 소홀히 할 수 없는 작업이다.

⑤ 1차 검색과 마찬가지로 좋은 소식이든 나쁜 소식이든 새로이 확인되는 사항이 있으면 즉시 보고한다.

(4) 다층 빌딩 검색

① 고층 빌딩을 검색할 때에는 ① 불이 난 층, ② 바로 위층, ③ 최상층이 가장 중요한 검색장소이다.

② 연기와 열기 그리고 불의 확산 때문에 이곳에 있는 요구조자들이 가장 위험하다.

③ 이 층들에 대한 검색을 우선해야 한다. 생존자들의 대부분이 이 층에서 발견된다.

④ 그 이후에 다른 층들을 검색한다.

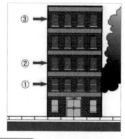

그림 5-4 다층 건물의 검색 순서

2 검색 방법

(1) 복도와 통로

중앙 복도를 사이에 두고 방이나 사무실이 늘어서 있는 경우

① 검색조는 복도의 양쪽 모두를 검색할 수 있도록 편성한다.

② 2개의 조를 편성하면 각 조는 복도의 한쪽 면을 담당할 수 있다.

③ 만약 인원이 부족하여 한 조밖에 편성할 수 없다면 복도의 한쪽 면을 따라가며 검색한 후 다른 쪽을 따라 되돌아오며 검색하는 방법을 택한다.

(2) 검색의 진행 방향

① 첫 번째 방에 들어간 구조대원들은 한쪽으로 방향을 잡고 입구로 다시 돌아 나올 때까지 계속 벽을 따라 진행한다.

② 구조대원들이 처음 들어갔던 입구를 통해 나오는 것은 성공적인 검색의 아주 중요한 요건이다.

③ 요구조자를 발견하여 안전한 곳으로 이동시키거나 다른 요인으로 중도에 방에서 나와야 할 때에는 들어간 방향을 되짚어 나온다.

④ 단 한 가구가 거주하는 단층집에서부터 거대한 고층 건물에 이르기까지 대부분의 건물들은 이와 같은 방법을 사용해서 검색하게 된다.

(3) 작은 방이 많은 곳을 검색할 때

① 대부분의 경우 작은 방을 검색하는 적절한 방법은 한 대원이 검색하는 동안 다른 대원은 문에서 기다리는 것이다.

② 서로 간에 어느 정도 지속적인 대화가 이루어져야 검색 방향을 잡기가 수월해진다. 검색하는 대원은 문에서 기다리는 대원에게 검색 과정을 계속 보고해야 한다.

③ 해당 방의 검색이 완료되면 두 대원은 복도에서 합류하고 방문을 닫은 후 문에다 검색이 완료된 곳이라는 표시를 한다.

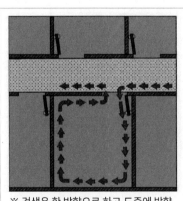

※ 검색은 한 방향으로 하고 도중에 방향을 바꾸지 않는다.

그림 5-5 실내의 검색 동선

④ 그리고 옆의 방을 검색하는데 이때에는 각 대원의 역할을 바꾸어 진행한다.

비교적 작은 방을 검색할 때 이 방법을 사용하면 두 명이 함께 검색할 때보다 속도도 빨라진다. 구조대원의 불안감을 줄이고 방 안에서 길을 잃을 가능성도 낮출 수 있기 때문이다.

(4) 표시 방법

① 검색중이거나 검색이 완료된 장소를 표시하는 방법으로는 특별히 제작한 표시물을 문의 손잡이에 걸어둔다.

② 분필이나 크레용으로 문에 표시하는 등 여러 가지가 있지만 어떤 방법이든지 검색 작업에 참여하는 전체 구조대원이 명확히 알고 있는 방법이어야 한다.

③ 다음과 같이 현재 검색이 진행 중인 곳

그림 5-6 탐색 중인 장소의 표시 방법

과 검색이 완료된 곳을 따로 표시하면 구조대원이 길을 잃었을 때 그들을 찾기 위한 좋은 단서가 될 수 있다.

3 대원의 안전

구조대원들은 검색하는 동안 항상 자신의 안전을 염두에 두어야 한다. 또한 현장지휘관은 검색과 구조작업에서 대원들이 직면하게 되는 위험성을 늘 염두에 두고 있어야 한다. 안전하지 못한 구조작업은 요구조자들 뿐만 아니라 대원들에게도 심각한 위험을 초래 할 수 있다.

(1) 건물 탐색 시의 안전

1) 안전을 위한 장비

로프는 대표적인 구조장비이다. 유도로프는 어둡고 극히 위험한 상황에서 탈출로를 안내하는 기능을 한다. 구조대원들은 현장에 진입하기 전에 조명기구와 무전기, 파괴도구, 기타 개인 보호장비(공기호흡기, 인명구조 경보기 등)를 완벽히 갖추어야 한다.

2) 검색 중의 안전

고층 빌딩을 검색하는 도중 연기나 단전으로 시야가 제약을 받는다면 통로의 안전에 대하여 계속적으로 손으로 더듬거나 장비로 두들겨가면서 확인하여 주의를 기울여야 한다. 화재로 손상된 마루나 엘리베이터 통로, 계단 등이 중요한 위험 요소가 된다.

3) 문을 개방할 때(화재 건물을 검색하는 과정에서 닫힌 문을 열 때에는 특히 조심해야 한다.)

① 내부의 열기를 가늠하기 위해서 문의 맨 위쪽과 손잡이를 점검한다. 만약 문이 뜨겁다면 방수 개시 준비가 될 때까지 문을 열어서는 안 된다.

② 문을 열고자 하는 경우에는 문의 정면에 위치하면 안 된다. 한쪽 측면에 서서 몸을 낮추고 천천히 문을 열어야 한다. 문 뒤에 화재가 발생했다면 몸을 낮춤으로서 열기와

연기가 머리 위로 지나도록 할 수 있다.

③ 안쪽으로 열리는 문이 잘 열리지 않는다면 요구조자가 문 안쪽에 쓰러져 있을 가능성이 있기 때문에 발로 차서 강제로 문을 열려고 해서는 안 된다. 문은 천천히 조심스럽게 개방하고 그 앞에 전개되는 현장에 요구조자가 있는지를 확인해야 한다.

(2) 갇혔거나 길을 잃은 경우 2011 부산 소방교, 2013 부산 소방장

화재 현장에서는 항상 예외적인 상황이 발생한다. 화재 건물 속에 갇히거나 길을 잃을 수 있다. 예상치 못한 건물 붕괴나 문이 잠기는 경우, 유도로프를 놓치는 경우 등이 위험 상황을 초래하는 계기가 된다.

※ 위험에 처했을 때에는 인명구조 경보기를 작동시킨다.

그림 5-7

1. 침착성 유지	① 방향을 잃은 대원은 침착함을 유지해야 한다. ② 자제력을 잃는 것은 곧 그 대원이 정상적인 판단을 하지 못하는 상황을 유발하고 흥분과 공포감으로 공기 소모를 정상치 이상으로 급격히 상승시킬 수 있다. ③ 가능한 한 처음 검색을 시작했던 방향을 기억해 내어 되돌아가야 한다. 그것이 불가능하다면 건물의 출구를 찾거나 적어도 화재 현장을 벗어날 출구만큼은 찾아내야 한다.
2. 도움 요청	① 근처에 있을지도 모를 다른 대원이 들을 수 있도록 큰 소리로 도움을 요청해야 한다. ② 출구를 찾을 수 없다면 비교적 안전하다고 생각되는 장소로 대피해서 인명구조 경보기(PASS)를 작동시킨다. ③ 창문이 있다면 창턱에 걸터앉아서 인명구조 경보기를 틀거나 손전등을 사용하거나 팔을 흔들어서 지원을 요청하는 신호를 보낼 수 있다. ④ 창문 밖으로 물건을 던져서 구조를 요청하는 신호를 보낼 수 있지만 방화복이나 헬멧 등 보호장비를 던져서는 안 된다.
3. 이동이 불가능한 경우	① 붕괴된 건물에 갇히거나 주변으로 이동할 수 없을 만큼 부상을 입었다면 생명에 지장이 없는 장비들을 포기하여야 한다. ② 즉각적으로 인명구조 경보기를 작동시키고 냉정을 유지하면서 산소 공급량을 극대화시켜야 한다.
4. 위험한 현장에서 탈출	**1) 소방호스를 이용한 탈출** ① 다른 대원의 도움을 받지 못하고 혼자서 탈출해야 하는 경우 가장 손쉬운 방법은 소방호스를 따라서 나가는 것이다. ② 다른 대원이 위치를 알 수 있도록 큰 소리를 외치고 커플링의 결합 부위를 찾아서 숫 커플링이 향하는 쪽으로 기어 나간다. ③ 암커플링이 향하는 방향은 관창 쪽이 되어 화점으로 향하게 된다.

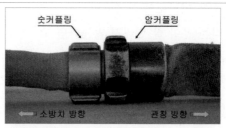

※ 커플링을 찾으면 탈출할 방향을 알아낼 수 있다.

2) 소방호스를 발견하지 못한 경우

① 소방호스를 찾지 못한 경우에는 한쪽 벽에 도달할 때까지 똑바로 기어나간다.
② 그 다음 벽을 따라서 한 방향으로 진행하며 도중에 방향을 바꾸지 않도록 한다.
③ 가능하면 벽이나 창문을 파괴한다.

3) 더 이상 움직일 수 없거나 의식이 흐려지는 경우

① 지쳐서 더 이상 움직일 수 없게 되거나 의식이 흐려지면 랜턴이 천장을 비추도록 한다. 천장을 비추는 전등 빛은 다른 구조대원들이 용이하게 발견할 수 있다.
② 출입문 가운데나 벽에 누워서 발견되기 쉽게 한다.
③ 구조대원은 벽을 따라서 진입하기 때문에 벽 주변에 있으면 발견이 용이하다.
④ 음향구조 경보기의 경보음은 벽이 음향을 반사하여 가청 효과를 극대화시킨다.

(3) 공기호흡기의 이상

공기호흡기의 고장이나 공기의 소모는 매우 위험한 상황을 초래할 수 있다. 이러한 경우에는 공기 소모를 최소화하면서 위험지역으로부터 신속히 벗어나야 한다. 장비나 신체에 이상이 있다고 느껴지면 즉시 인명구조 경보기를 작동시켜 다른 대원이 쉽게 찾을 수 있도록 한다.

1. 침착성 유지	① 당황하게 되면 호흡이 빨라지고 공기 소모량이 많아진다. ② 일단 동작을 멈추고 자세를 낮추어 앉거나 포복 자세로 엎드린다. ③ 어떤 경로를 통하여 이 장소에 도달했는지를 기억해 낸다. ④ 다른 대원들의 대화나 신호, 호스나 장비에서 발생하는 소리, 사고 장소에서 발생하는 소음 등에 주의를 기울인다.
2. 공기 소모량 최소화	① 공기가 얼마 남지 않았다면 건너뛰기 호흡법(Skip Breathing)을 활용한다. ② 건너뛰기 호흡은 남은 공기를 효과적으로 이용하는 긴급상황 시의 대처 방법이다. ③ 먼저 평소처럼 숨을 들이쉬고 내쉬어야 할 때까지 숨을 참고 있다가 내쉬기 전에 한 번 더 들이마신다. 들이쉬는 속도는 평소와 같이 하고 내쉴 때에는 천천히 하여 폐 속의 이산화탄소 농도를 조절한다. ④ 대원이 고립 시 가장 오래 버틸 수 있는 호흡법은 카운트 호흡법을 고려할 수 있다. 카운트 호흡법은 숨을 들이 마시고, 참고, 내뱉는 것을 각각 5초씩 하는 방법이다.
3. 양압조정기의 고장	① 양압조정기가 손상을 입어 공기 공급이 중단되었을 경우에는 바이패스 밸브를 열어 면체에 직접 공급되도록 한다. ② 최근 보급되는 공기호흡기는 면체에 적색으로 표시된 바이패스 밸브가 있다. 바이패스 밸브를 열어 숨을 들이쉰 후 닫고 다음번 호흡 시에 다시 열어 준다.

03 일반 사고 구조활동 ★★

1 건물 내 감금 사고

(1) 단순한 내부 진입

① 단순 감금일 경우라면 관리실의 마스터키를 사용하여 개방하는 것을 최우선적으로 고려한다. 재산 피해를 최소화하고 최대한의 안전을 도모할 수 있는 방법이기 때문이다.

② 두 번째로는 전문 열쇠 수리공에게 의뢰하는 방법인데 내부에 긴급히 구조해야 할 사람이 없거나 별도의 안전조치가 필요하지 않은 경우에 한한다.

③ 열쇠 수리공을 부를 수 없고 상황이 긴급하여 자물쇠나 출입문을 파괴하여야 하는 경우 경첩 부분을 파괴하는 등 가장 재산 손실이 적은 방법을 택하고 현관문 파괴기나 에어건을 이용하는 경우 실내에 있는 사람의 안전에 유의하여야 한다.

④ 진입하고자 하는 장소가 3층 이하의 저층이라면 아래층에서 사다리를 사용하여 진입하는 것을 우선적으로 고려하겠지만 이러한 경우에도 사다리를 펼칠 장소의 안전을 고려해야 한다.

⑤ 사고 발생 장소가 고층인 경우 인접 실에서 베란다를 따라 진입하거나 상층에서 로프하강으로 진입할 수도 있다. 어느 경우에나 안전조치에 신경써야 함은 물론이지만 특히 진입고자 하는 부분(주로 베란다 측 창문)이 잠겨있지는 않은지, 잠겨있다면 어떻게 열고 진입할 것인지를 충분히 검토하여야 한다.

(2) 특이 상황에 대한 대처

① 실내에 정신이상이나 자살기도자 등 심신이 불안한 요구조자가 있다면 사전에 충분한 대화를 통하여 구조대원이 내부에 진입한다는 사실을 주지시켜야 하고, 필요하다면 정신과 전문의 등 관련 전문가를 통하여 설득 작업을 하도록 한다.

② 범죄와 관련된 경우라면 반드시 경찰관의 입회 및 진입 요청이 있어야 하며 현장에 출동한 구조대장 단독으로 판단하지 말고 상급 지휘관에게 보고하고 지휘를 받아야 한다.

③ 어느 경우에나 조급한 마음을 먹지 말고 요구조자의 안전을 최대한 고려하면서 신중하게 접근하도록 한다.

(3) 구출

① 내부에 환자 등 요구조자가 있으면 신속히 병원으로 이송한다.

② 거동이 불편한 환자가 있고 내부계단이나 엘리베이터 이용이 불가능한 상황이라면

곤돌라를 이용하거나 고가 · 굴절 사다리차의 지원을 받도록 하고 건물 구조상 이러한 장비의 사용이 불가능하면 부득이 로프기술을 활용하여 창문으로 구조한다.

③ 자살 행동이나 가스 누출 등 추가적인 위험 요인이 있다면 이러한 위해 요인의 제거가 가장 먼저 이루어져야 함은 물론이고 범죄와 관련된 경우라면 현장 보존에도 유의하여야 한다.

2 신체가 낀 사고

① 요구조자가 어린이인 경우 부모는 물론이고 주변의 군중까지도 감정이 흥분되므로 이들의 언행에 좌우됨이 없이 냉정하게 판단하여 행동하고 요구조자인 어린이는 신체의 고통과 함께 정신적 충격도 크기 때문에 보호자가 구조활동 과정에 참여하여 요구조자를 안정시켜야 한다.

② 현장에 보호자가 없으면 구급대원, 특히 여자 구급대원의 도움을 받는 것이 효과가 크다.

③ 하수도관, 흄관(Hume pipe) 등에 끼어 빠지지 않는 경우에는 주위 상황을 고려하여 구출 방법을 결정하지만 요구조자의 신체에 기름이나 비눗물을 사용하여 자연스럽게 빠져나올 수 있도록 하는 것도 좋은 방법이다.

④ 기타의 경우 요구조자에게 상해가 없고 가급적 시설물의 피해가 적은 방법을 택하여야 하며 절단이나 제거 과정에서 절단된 물체가 튕겨져 나오거나 지지물이 붕괴되면서 발생할 수 있는 2차 사고에 유의하여야 한다.

3 기계공작물 사고

자주 발생하는 사고 중의 하나가 기계 · 기구의 체인, 기어, 롤러 등의 회전 부분에 신체 일부가 끼이는 사고이다. 이러한 경우 무작정 신체를 잡아당기거나 기계를 역회전시켜서 오히려 손상을 가중시키는 경우가 있다.

먼저 엔진을 끄거나 전원을 차단하여 동력을 끊고 부상의 정도와 기계의 구조를 면밀히 살피고 안전한 구조방법을 결정해야 한다. 부상 부위와 부상의 정도에 따라 지혈 등 응급처치를 병행한다.

(1) 사고의 형태

1) 날카로운 물체

① 요구조자의 신체 일부분이 프레스 기계나 각종 커터 등의 날카로운 물체에 끼인 경우 요구조자는 대량의 출혈과 큰 통증을 호소한다. 심하면 신체의 일부가 절단되는 경우까지도 발생한다.

② 이러한 경우에는 지혈 및 소독 등 응급처치를 병행하면서 손상 부분이 최소화 될 수 있도록 주의를 기울여야 한다. 특히 절단된 신체 부위를 신속히 병원으로 이송하면 접합 수술이 가능한 경우도 많으므로 요구조자의 구조 못지않게 절단된 신체 부분의 회수에도 노력한다.

2) 압좌상

① 인쇄기의 롤러나 대형 기어와 같이 둔중한 물체에 끼이거나 무거운 물체에 장시간 깔린 경우에는 육안으로는 대수롭지 않은 부상처럼 보이지만 오히려 골격, 근육, 혈관 등에 광범위하게 손상을 입어 구출 후에도 회복이 쉽지 않은 경우가 많다.

② 이와 같이 비교적 긴 시간 동안 신체 조직이 외부의 압박을 받아서 유발되는 손상을 압좌상이라 하며 직접적인 연부조직 손상뿐만 아니라, 연부조직의 혈액 순환을 차단하고 심한 조직 손상을 초래한다.

(2) 구조활동

① 요구조자를 구출하기 위해서 기계, 장비 등을 무리하게 절단·파괴하는 경우 오히려 부상과 고통을 가중시킬 수 있다. 따라서 순차적으로 분해 또는 해체하는 것이 손상을 최소화할 수 있는 방법이다.

② 기계 장치의 구조 및 작동 원리에 대한 이해 없이는 쉽게 분해하기 곤란한 경우가 많으므로 정비기술자를 찾아 해체하는 것이 바람직하고 상황이 긴급한 경우에는 힌지(경첩)나 축, 링크 등 취약 부분을 찾아 절단·해체한다.

③ 기어나 롤러는 구동축에 나사나 키, 핀 등으로 고정된 경우가 많다. 이때에는 고정나사나 키를 제거하면 쉽게 이탈시킬 수가 있고 축과 일체로 제작되었거나 용접 등의 영구적인 방법으로 고정된 경우에는 축받이 부분(베어링)을 해체하는 것이 용이하다.

④ 열처리된 축이나 스프링은 대단히 강도가 높다. 절단하고자 하는 부분의 직경이 클 경우에는 유압 절단기의 날이 파손될 우려가 높고 직경이 작거나 얇은 경우에는 절단물이 튕겨 안전 사고가 발생할 수 있으므로 주의하여야 한다.

전문 구조기술

01 | 자동차 사고 구조 ★★★★★

1 자동차 사고의 일반적 특성

우리나라는 교통사고 왕국이라는 오명을 들을 정도로 많은 교통사고가 발생한다. 최근의 교통사고 통계에 의하면 2000년에 29만여 건을 정점으로 차츰 줄어드는 추세에 있기는 하지만 매년 구조·구급대의 출동 순위는 교통사고가 최상위를 차지하고 있다. 자동차 사고가 발생하면 요구조자는 심각한 부상을 입는 경우가 많기 때문에 안전하고 신속한 구조활동이 매우 중요하다.

(1) 자동차 사고의 일반적 특성

① 구조대원이 가장 빈번하게 출동하게 되는 현장은 벌 관련 사고, 화재사고 등이지만 구조 인원은 교통사고 현장이 가장 많다.

② 자동차 사고는 출동 건수에 비해 구조 인원이 많으며 여타의 사고현장과는 다른 몇 가지 특성을 가지고 있다.

ⓐ 현장 접근이 용이하고 활동공간이 넓다.

수난사고나 산악사고와 달리 사고 발생 현장에 접근하기가 용이하고 구조활동에 장애가 되는 환경적인 요인이 적은 편이다.

ⓑ 출동 장애 요인이 많다.

자동차 사고가 발생하면 주변의 차량이 정체되어 현장 접근이 지연되는 경우가 많다. 특히 출·퇴근 러시아워에 사고가 발생하면 현장 접근이 심각하게 지연된다.

ⓒ 사상자가 발생한다.

교통사고는 거의 대부분의 경우에 사상자가 발생하고 경우에 따라서는 예상보다 훨씬 심각한 상황이 전개되는 경우도 있다.

ⓓ 2차 사고의 발생 위험이 높다.

사고로 차량이 손상되면 연료가 누출되어 화재나 폭발이 발생하기도 하며, 적재된 위험물질이 누출되는 등 2차 사고가 발생할 위험성이 높다.

ⓔ "재난" 수준의 대형 사고가 발생할 수도 있다.

버스 등 대중교통 수단의 사고나 위험물질 적재 차량에서 사고가 발생하면 많은 사상자가 발생하는 "재난" 수준의 사고가 발생할 수도 있다.

2 자동차 사고 대응

(1) 사전 대응

구조대원들은 다양한 사고에 대응할 수 있도록 항상 체력과 기술을 연마하여야 하며 특히 자동차 사고의 경우에는 많은 사람들이 용이하게 접근하여 관찰할 수 있는 도로상에서 발생하는 만큼 신속한 현장 도착이 더욱 중요하다.

1) 도로 상황의 파악

평소 관할 구역 내의 간, 지선 도로 현황과 병목 구간 공사 중인 도로, 건설 현장 등 출동에 필요한 도로 현황을 면밀히 파악해 두어야 한다.

2) 교통 흐름의 파악

구조대는 거리상의 최단 경로를 이용해서 출동하는 것이 아니라 최소시간으로 현장에 접근할 수 있는 길을 택하는 것이 중요하다. 평소 시기별, 시간대별 교통의 흐름도 파악하고 있어야 한다.

(2) 현장 상황의 파악

① 구조대원이 사고현장으로 출동하라는 지시를 받았을 때 사고에 관한 유효한 모든 정보를 파악해야 하며 가능한 한 모든 대원에게 사고 차량의 유형이나 대수, 사상자의 수, 부상 정도, 위험물을 적재한 차량이 있는지의 여부와 그로 인한 특별한 사전 조치의 필요 여부 등을 미리 알려주어야 한다.

② 출동하기 전에 유효한 정보를 파악하게 되면 필요한 장비를 미리 준비하고 인접 소방서나 유관 기관의 지원을 요청하는 등 상황에 대처할 수 있는 능력을 배가시킬 수 있다.

③ 현장에 도착하기 전에 신고자로부터 또는 유ㆍ무선 통신망을 활용해서 파악 가능한 사항은 대체로 다음과 같다.

ⓐ 사고장소, 대상 : 자동차만의 사고인가?, 다른 요인이 결합된 복합적인 사고인가?

ⓑ 사고 차량의 상태 : 정면충돌, 추돌 혹은 전복인가? 화재가 발생했는가? 등의 상황

ⓒ 요구조자의 상황 : 요구조자는 몇 명 정도인가? 사상자가 있는가? 부상자는 심각한 상태인가? 차량에 깔리거나 끼인 사람이 있는가? 등

(3) 출동 도중에 취할 조치들

구조대원이 현장에 도착할 때까지 사고와 관련된 정보를 전혀 파악할 수 없는 경우도

있다. 이때에는 다음과 같은 상황을 고려하여 발생 가능한 최대 규모의 사고를 염두에 두고 있어야 한다. 물론 출동하는 도중에도 유·무선 통신망을 활용하여 계속적으로 최대한 많은 현장 정보를 파악하여야 한다.

1) **도로의 상황** : 교통량, 도로 폭, 도로 포장 여부 등

도로 또는 교통 상황에 따라 출동 경로를 변경하여 가장 신속히 현장에 도착할 수 있는 길을 선택한다.

2) **지형** : 높은 곳, 낮은 곳, 지반의 강약, 주변의 가옥 밀집도 등

주변의 지형을 고려하여 구조대원이 접근할 경로를 선택하고 상황에 따라 주변 지역을 차단하거나 주민을 대피시킬 수 있도록 지원을 요청한다.

3) **철도와 관계된 사고**

역 구내 여부, 고가궤도 또는 지하철인가를 판단하고 고압선의 차단 여부와 환기 시설의 상태를 주목한다.

(4) 구조에 필요한 장비의 준비

사고의 개략적인 내용이 파악되면 사고의 양상, 사고 발생 시간대의 관내 도로·교통 상황, 기상 조건 등 구조활동에 필요한 여러 가지 요인을 확인하고 필요한 구조장비를 준비하여 이후 전개되는 구조활동에 지장이 없도록 조치하여야 한다. 만약 필요한 장비가 없는 경우 유관 기관이나 업체에 지원을 요청한다.

1) **현장의 안전을 확보하기 위한 장비**

도로에는 많은 차량이 고속으로 통행하기 때문에 항상 안전사고에 주의해야 한다. 유도 표지, 경광봉, 호각 등이 안전을 확보하기 위해 사용된다.

2) **구출을 위한 장비**

① 유압 구조 장비(유압 전개기, 유압 절단기, 유압 램)

유압 구조장비는 큰 힘을 발휘하면서도 유압 엔진과 작동 부분이 분리되어 있어 진동이나 압력이 차체나 요구조자에게 전달되지 않는다. 따라서 도어의 해체나 계기판에 의한 신체의 압박 해소, 차체의 절단 또는 파괴 분해에 광범위하게 사용한다.

② 에어백 세트

휴대와 사용이 간편하며 압축공기로 작동됨에 따라 안전성이 높다. 고중량의 물체를 들어 올릴 수 있기 때문에 전복된 차량을 고정하거나 압착된 부분을 벌릴 때 많이 사용한다.

③ 이동식 윈치

휴대와 설치가 간편한 이동식 윈치는 계기판, 페달에 의한 신체의 압박 해소에 사용

한다.

④ 동력 절단기 또는 가스 절단기

손상된 차량 부근에서 동력 절단기나 가스 절단기 등 불꽃이 발생하는 장비를 사용하면 누출된 연료에 착화되거나 요구조자에게 화상을 입힐 우려가 있으므로 특별한 주의가 필요하다. 부득이 해당 장비를 사용하게 되는 경우에는 누출된 연료를 제거하고 경계관창을 배치하며 요구조자를 보호할 수 있는 안전조치를 취한 후 작업하도록 한다.

3) 차량인양

전복된 차량 내에 요구조자가 있는 경우 굳이 차량을 복구하려 하지 말고 인명구조에 필요한 조치를 먼저 취하여야 한다.

① 전복된 차량 : 크레인, 윈치 또는 견인 차량 등을 이용하여 복구한다.

② 수중에서 전복된 차량의 인양 : 잠수 장비를 이용하여 수중 구조 및 수색 작업을 펼치고 차량의 인양이 필요한 경우에는 인양 크레인이나 견인 차량을 이용한다.

3 안전조치 2011 부산 소방장, 2012 경북 소방장, 2016 부산 소방교, 2018 소방장

(1) 현장 파악

현장 상황을 파악하는 것은 구조작업을 효율적이고 성공적으로 수행하는 필수 조건이 된다. 현장 파악은 구조대원이 현장에 처음 도착하는 순간부터 시작하여야 한다. 무턱대고 현장에 접근하기보다는 현장과 그 주변을 주의 깊게 관찰함으로서 구조대원의 안전을 확보하고 구조작업의 실마리를 잡아갈 수 있게 된다.

1) 구조차량의 주차

사고 현장에 도착한 후에는 구조차량을 조심스럽게 주차시켜야 한다. 즉 구조대원이나 장비가 쉽게 도달할 수 있을 만큼 가깝게 주차시키는 것이 좋지만 너무 가까운 나머지 구조활동에 장애를 주어서는 안 된다.

구조차량은 지나가는 차량들로부터 현장을 보호하기 위하여 일시적으로나마 방벽 역할을 하고 후속 차량들이 구조차량의 경광등을 보고 사고 장소임을 인식할 수 있도록 사고 장소의 후면에 주차하는 것이 좋다. 그렇지만 가능하다면 다른 차량들의 교통 흐름을 막지 않도록 최소한 한 개 차로의 통행로는 확보하는 것이 좋다.

① 직선도로인 경우 2018 소방장

일반적인 상황이라면 구조대원이 활동할 수 있도록 15m 정도의 공간을 확보하고 주차한다. 구조차량의 경광등이 통행하는 차량들에게 사고가 발생했음을 알려주고 주의를 촉구하게 되지만 안전을 위하여 칼라콘 등으로 유도표지를 설치하고 경광봉을 든 경계요원을 배치한다.

유도표지의 설치 범위는 도로의 제한 속도와 비례한다. 즉 시속 80km인 도로에서 사고가 발생한 경우 사고 지점의 후방 15m 정도에 구조차량이 주차하고 후방으로 80m 이상 유도표지를 설치한다.

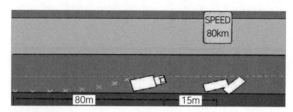

그림 5-8 직선도로 구조차량의 주차 유도표지 설치

② 곡선도로인 경우 2014 경남 소방장, 2017 소방위

곡선도로에서는 구조차량의 주차 위치를 더욱 신중하게 고려하여야 한다. 곡선 부분을 지나서 주차하게 되면 통행하는 차량들이 직선 구간에서는 구조차량을 발견하지 못하고 회전한 직후 구조차량과 마주치게 되므로 추돌사고가 발생할 확률이 높다. 따라서 구조차량은 최소한 곡선 구간이 시작되는 지점에는 주차하여야 한다.

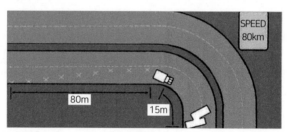

※ 곡선도로에서 사고가 발생한 경우 곡선 시작 부분에 주차하고 후방으로 80m 이상 유도표지를 설치한다.

그림 5-9 곡선도로 구조차량의 주차 유도표지 설치

2) 교통 통제

교통사고 현장에서 차량을 통제하는 것은 부상자와 구조대원을 2차 충돌 사고로부터 보호하기 위한 것이기 때문에 현장에 도착한 즉시 시행해야 할 사항이다. 주변 지역의 교통 흐름을 제한하고 통제함으로서 사고 현장을 보호할 뿐만 아니라 구조차량의 접근을 용이하게 하고 다른 운전자들의 불편을 최소화할 수 있다.

경광봉이나 깃발, 호각, 간이분리대 등 적절한 경고 장비를 이용해서 사고 현장으로 접근하는 차량들에게 양방향으로 신호를 보낼 수 있도록 한다.

3) 현장에 접근하기 전에 조사할 사항

구조대원들은 현장에 도착하기 전에 무선통신을 통해서 계속적인 정보를 얻을 수 있지만 항상 정보가 정확한 것은 아니어서 현장에 도착하면 예상치 못한 일들과 마주치게 된다. 따라서 구조대원은 구조작업에 앞서 사고 현장을 정확히 파악하여야 한다.

① 다른 차량들에 의한 위험성이 있는가?

② 어떤 차종에서 발생한 사고이며 얼마나 많은 차량이 사고와 관련되어 있는가?

③ 차량들이 흩어져 있는 정확한 위치는 어디이며 차량의 손상 정도는 어떠한가?

④ 화재가 발생했는가? 혹은 잠재적인 화재위험이 있는가?

⑤ 유독물이나 폭발물 등 다른 위험물질이 있는가?

⑥ 차량의 엔진이 동작 중인가? 전기나 누출된 가스에 의한 위험 요인은 없는가?

⑦ 추가적인 구조장비나 물자가 필요한가?

4) 구조작업을 위한 상황 파악

① 사고 차량의 확인

ⓐ 구조대원은 사고 현장에서 어떤 조치를 취하기에 앞서 정확한 상황 판단을 해야 한다.

ⓑ 구조대원들은 차량 주변 지역을 관찰하고 사고 현장의 전 지역을 자세히 살펴보아야 한다.

ⓒ 사고 차량 안팎에 있는 사고자의 숫자를 파악하고 부상의 정도를 파악해야 한다.

ⓓ 구조대원은 차량 상태와 필요한 조치 그리고 도사리고 있는 위험 요인들도 파악한다.

ⓔ 각 차량별로 1명씩 전담 구조대원을 지정하는 것이 좋지만 구조대원이 부족한 경우에는 구조대장이 대원들에게 조사할 차량과 주변 지역을 명확히 지정해 주고 보고를 받도록 한다.

그림 5-10 사고 차량과 주변 지역의 확인

② 주변 지역의 확인

대원들이 각 차량을 확인하는 동안 제3의 구조대원이 현장 주변 지역을 수색하도록 한다. 일반적인 도로에서는 한눈에 사고 장소 주변 지역을 확인할 수 있지만 숲길이거나 절벽 부근 제방길 등에서 발생한 사고인 경우에는 차량으로부터 멀리 떨어진 곳에 튕겨 나간 요구조자가 있을 수도 있다.

③ 요구조자의 상태 파악

ⓐ 구급대원이나 응급처치 교육을 받은 구조대원은 요구조자의 부상 정도와 같힌 상태를 등급별로 분류하고 구조대장은 그 분류에 따라 구조 우선순위를 결정한다.

ⓑ 대부분의 경우 중상자의 구조가 경상자보다 우선되어야 하지만 차량에 화재가 발생했거나 생명을 위태롭게 할 다른 위험 요인이 있다면 그 차량의 탑승자를 최우선적으로 구조한다.

ⓒ 요구조자가 차량에 갇혀있지 않다면 구조를 위한 작업 공간을 확보하기 위해 그 요구조자를 먼저 운반하도록 한다. 대원들은 모든 조사가 끝나면 구조대장에게 결과를 보고해야 한다.

(2) 사고 차량의 안정화

현장 파악이 완료되면 사고 차량이 움직이지 않도록 고정한다. 이것은 차량 손상의 확대, 요구조자의 부상 악화 또는 구조대원의 부상 방지를 위해 반드시 조치해야 할 사항이다. 가장 적절한 고정 방법은 바퀴에 고임목을 설치하고 차량과 지면 사이에는 단단한 버팀목을 대는 것이다. 사고 차량과 지면의 접촉 면적을 최대한 넓게 하면 차량의 흔들림은 최소화된다.

1) 바퀴 고정하기

간혹 구조대원들이 차량을 흔들어서 균형이 유지되고 있는지를 시험하려고 한다. 그러나 사고 장소의 지반이 연약하거나 제방, 벼랑 등에서는 살짝 건드리는 것만으로도 차량이 움직일 수 있기 때문에 이러한 행동은 금지하여야 한다.

그림 5-11 경사면에 주차된 차량의 고임목

대부분의 경우 사고 차량은 똑바로 서 있다. 그러나 차량의 바퀴가 모두 지면에 닿아있다고 하더라고 고정 작업은 반드시 필요하다. 사고 차량을 고정함으로서 상하좌우 흔들림을 최소화할 수 있다.

① 차량이 평평한 지면 위에 있다면 바퀴의 양쪽 부분에 고임목을 댄다.

차량이 많이 손상되지 않았다면 핸드브레이크나 변속기어로 차량을 고정할 수 있지만 반드시 바퀴에 고임목을 대서 완전하게 고정해야 한다. 고임목은 바퀴의 양쪽 부분에 모두 넣어야 한다.

② 경사면에 놓인 차량은 바퀴가 하중을 받는 부분에 고임목을 댄다.

그림 5-12 차체에 고임목을 대는 방법

2) 흔들림 제어

사고 차량이 상하 또는 좌우로 흔들리는 경우에는 차체를 고정하기 위하여 에어백이나 버팀목, 로프 등을 이용해서 고정할 수 있다.

① 에어백   2014 경기 소방교, 부산 소방장, 2018 소방장

에어백은 전복된 차량을 지탱하는데 사용한다. 설치가 간편하고 고하중을 들어 올릴 수 있지만 안정감이 부족하기 때문에 버팀목으로 받쳐주어야 한다. 에어백을 사용할 때에는 다음 안전수칙을 준수해야 한다.

ⓐ 에어백은 단단한 표면에 놓는다.

ⓑ 에어백을 겹쳐서 사용할 때에는 2층을 초과하지 않도록 한다. 작은 백을 위에 놓고 큰 백을 아래에 놓는다.

ⓒ 에어백을 사용할 때에는 반드시 충분한 버팀목을 준비해서 에어백이 팽창되는 것과 동시에 측면에서 버팀목을 넣어준다.

ⓓ 공기는 천천히 주입하고 지속적으로 균형 유지에 주의한다.

ⓔ 날카롭거나 뜨거운 표면에 에어백이 직접 닿지 않게 한다.

ⓕ 자동차는 물론이고 어떤 물체든 에어백만으로 지탱해서는 안 된다. 에어백이 필요한 높이까지 부풀어 오르면 버팀목을 완전히 끼우고 공기를 조금 빼내서 에어백과 버팀목으로 하중이 분산되도록 한다.

※ 에어백은 반드시 버팀목과 함께 사용한다.

그림 5-13 에어백과 버팀목

② 나무 버팀목

사각형 나무토막을 상자처럼 쌓아 올려서 차량을 고정 시킬 수 있다. 최근에는 계단형 또는 조립식 블록 형태로 만들어진 규격 제품도 생산되고 있다.

※ 버팀목 아래로 손이 들어 가지 않도록 주의한다.

그림 5-14 버팀목 사용

ⓐ 차량과 버팀목이 단단히 밀착될 때까지 버팀목을 쌓아 올린다. 이때 구조대원의 신체 일부가 조금이라도 차체 밑으로 들어가지 않도록 주의한다. 예기치 못하게 차량 이 주저앉으면서 손이나 신체에 부상을 입을 수도 있다. 손을 보호하기 위해서는 차량 밑 부분과 일정한 거리를 유지하면서 다른 나무토막을 이용해서 버팀목을 밀어 넣는다.

ⓑ 요구조자의 신체가 차량에 깔리거나 차량 바깥으로 나와 있는 경우 차량의 균형 유지 에 더욱 주의하여 조금의 흔들림도 없도록 완전히 고정한다.

ⓒ 차량과 버팀목의 밀착도를 높이기 위해서 작은 나무조각이나 쐐기를 이용할 수 있다.

ⓓ 측면으로 기울어진 차량은 넘어지지 않도록 버팀목을 대거나 로프로 고정한다.

(3) 차량의 위험 요인 제거 2018 소방장

1) 누출된 연료의 처리

모든 차량은 그 차량을 운행하기 위한 연료를 탑재하고 있다. 연료가 안전하게 처리될 때까지 차량 주변에서 화기 사용을 엄금하고 화재가 발생하면 신속히 진압할 수 있도록 소화기 또는 경계관창을 배치한 후에 구조작업에 임하도록 한다.

① 액체 연료

휘발유나 경우와 같이 액체 연료인 경우에는 모래나 흡착포를 이용해서 누출된 연료 를 흡수시켜 처리하는 것이 좋다. 사용된 모래나 흡착포는 완전히 수거해서 소각 또 는 전문 업체에 처리를 위탁한다.

② 기체 연료

ⓐ 일부 승용차나 택시, 승합차는 LPG를 연료로 사용한다. 기체 연료는 특성상 신속히 공기 중에서 기화하며 극히 적은 농도(LPG의 폭발 범위는 대략 2~10% 정도이다.)에서도 폭발할 수 있다.

ⓑ 가스가 누출되는 것이 확인되면 주변에서 화기 사용을 금지하고 사람들을 대피시킨다. 가스가 완전히 배출될 때까지 구조작업을 연기하는 것이 좋지만 긴급한 경우라면 고압 분무 방수를 활용해서 가스를 바람 부는 방향으로 희석시키면서 작업하도록 한다.

ⓒ 현장에 접근하는 구조대원은 반드시 바람을 등지고 접근하며 구조차량도 사고 장소보다 높은 지점으로 풍상 측에 위치하여야 한다.

2) 에어백 `2018 소방장`

① 에어백 시스템은 차량에 충격을 가하면 돌발적으로 작동하여 구조대원이나 요구조자에게 위협이 될 수 있다. 에어백은 322km/h의 엄청난 속력으로 팽창하면서 요구조자나 구조대원에게 충격을 가할 수 있다.

② 일반적인 차량은 전원이 제거된 후에도 10초 내지 10분간 에어백을 동작시킬 수 있다. 따라서 에어백이 부착된 차량에서 구조작업을 할 때에는 배터리 케이블을 차단하고 잠시 대기하는 것이 좋다.

③ 배터리의 전원을 차단할 때에는 − 선부터 차단한다. 차량의 프레임에 − 접지가 되어 있으므로 + 선부터 차단하다 전선이 차체에 닿으면 스파크가 발생하기 때문이다. 그러나 일부 에어백은 차량의 배터리와 별도로 동작하기 때문에 각별한 주의가 필요하다.

4 구조활동

차량에서의 요구조자를 구출하는 과정은 두 가지 형태가 있다.

① 요구조자에게서 장애물을 제거하는 것

장애물 제거는 핸들이나 좌석, 도어, 유리창 등 차량의 구성 부분들을 부수고 해체하여 구조활동에 적합한 환경을 만드는 것이다. 요구조자 주변의 장애물을 모두 제거하고 구출할 수 있다면 장애물이 있는 상태에서 구출하는 것보다 구조활동이 용이하고, 요구조자가 추가 손상을 입을 우려도 작을 것이다. 따라서 구조대원들은 최대한 요구조자 주변의 장애물을 제거하여 요구조자를 안전하게 구출할 수 있는 환경을 만들어야 한다.

② **장애물에서 요구조자를 구출하는 것**

장애물의 구조나 크기, 주변의 위험 요인 등 현장 상황에 따라서 더 이상 장애물을 제거할 수 없는 경우에는 현 상태에서 가장 용이하게 요구조자를 구출할 수 있는 방법을 강구해야 한다.

③ 어느 경우에나 구출과정에서 요구조자에게 심각한 2차 손상을 가져올 수 있으므로 현재 파악된 상황뿐만 아니라 예상되는 추가 손상도 고려해야 한다.

(1) 유리창의 파괴, 제거 2013 서울 소방장

일반적으로 차량 내에 있는 요구조자에게 접근하는 방법은 다음의 3가지이다.

① 차량의 문을 연다.   ② 차량의 유리를 파괴한다.   ③ 차체를 절단한다.

단순한 접근 방법을 택할수록 구조작업은 순조롭게 진행된다. 차량의 손상이 심해서 요구조자에게 접근하기가 쉽지 않다면 구조는 지연되고 사고 위협은 더욱 가중된다. 우선 차문을 열려고 시도하는 것이 순리이지만 열리지 않는다면 창문을 여는 것이 두 번째로 택할 방법이 된다.

파괴된 차문을 열거나 차 지붕을 제거하는 등 구조작업을 전개하기 위해서 유리창을 파괴, 제거해야 할 경우도 많다. 유리창을 자르기 전에 가능하면 요구조자를 모포나 방화복 등으로 감싸서 추가 부상을 입지 않도록 해야 한다.

1) 차량 유리의 특성

유리창의 일부가 파손된 경우에는 완전히 제거하여 유리 조각에 의한 부상을 방지하여야 하지만 유리창이 완전한 경우에도 유리창을 파괴, 제거하는 것이 요구조자의 구출에 필수적인 경우가 많다. 유리를 안전하게 파괴하기 위해서는 차량에 사용되는 두 가지 유리의 특성을 파악할 필요가 있다.

① 안전유리 (Safety Glass)

이 유리는 유리판 두 장을 겹치고 그 사이에 얇은 플라스틱 필름을 삽입, 접착한 것이다. 이 유리는 전면의 방풍유리(Wind Shield)에 사용되며 일부 차량은 뒷 유리창에도 사용한다. 이 유리에 충격을 가하면 중간의 필름층 때문에 유리가 흩어지지 않고 붙어있게 된다. 이 유리는 파편으로 운전자와 승객이 부상당하는 것을 막기 위해서 사용한다.

② 강화 유리 (Tempered Glass)

열처리된 강화 유리는 측면 도어의 유리창과 후면 유리창에 사용된다. 이 유리는 충격을 받으면 유리면 전체에 골고루 금이 가도록 열처리되었다. 즉 충격을 받으면 전체가 작은 조각들로 분쇄된다. 따라

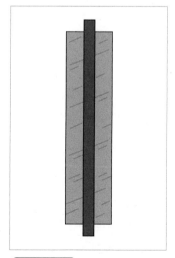

그림 5-15 안전유리의 구조

서 일반 유리와 같이 길고 날카로운 조각들이 생기지 않아 유리 파편에 의한 부상 위험이 줄어든다. 반면 분쇄된 유리 조각에 의해 손이나 노출된 피부에 작은 손상을 입을 수 있고 특히 눈에 유리 조각이 박힐 수도 있다.

2) 유리창 파괴 장비

① 안전장비

유리창을 제거할 때는 날카로운 파편에 손이나 발, 눈에 부상을 입을 가능성이 높다. 헬멧에 있는 전면 실드는 눈을 완전히 보호할 수 없으며 면장갑에는 작은 유리 파편이 붙게 된다. 눈을 보호하기 위해서는 반드시 별도의 고글을 착용하고 장갑은 손목까지 보호되는 가죽장갑을 착용한다.

② 파괴 장비

ⓐ 센터 펀치

스프링이 장착된 펀치로 열처리 유리를 파괴할 때 사용한다. 유리창에 펀치 끝을 대고 누르면 안으로 눌려 들어갔다 튕겨 나오면서 순간적인 충격을 주어 유리창을 깨뜨린다.

그림 5-16 센터 펀치

ⓑ 차 유리 절단기

톱날 부분으로 안전유리를 잘라서 제거할 수 있다. 도구 뒷부분으로 유리창 모서리에 충격을 가하여 구멍을 뚫고 톱날 부분을 넣어 잘라낸다.

그림 5-17 차 유리 절단기

ⓒ 기타 장비들

전문적인 유리창 제거 장비가 없을 때에는 도끼나 드라이버, 커플링스패너 등을 이용해서 유리창을 파괴할 수 있다. 이러한 장비를 사용할 때에는 요구조자에게 손상을 입히지 않도록 각별한 주의가 필요하다.

3) 유리창 파괴 방법

① 전면 유리 제거하기

전면의 안전유리는 깨어져 흩어지지 않기 때문에 파괴 도구로 내려치는 것만으로는 유리창을 파괴할 수 없다. **가장 좋은 방법은 차 유리 절단기를 이용해서 유리창을 톱으로 썰어내듯 절단하는 것이다.** 만약 이 장비가 없다면 손도끼를 이용해서 유리창을 차근차근 절단해 낸다.

ⓐ 차 유리 절단기의 끝부분으로 전면 유리창의 양쪽 모서리를 내려쳐서 구멍을 뚫는다.

ⓑ 차 유리 절단기를 이용해서 유리창의 세로면 양쪽을 아래로 길게 절단한다. 그런 다음 절단된 세로면에 연결된 맨 아래쪽을 절단한다. 절대로 절단 과정에서 차 위에 올라서

거나 손으로 유리창을 누르지 않도록 주의한다.

ⓒ 유리창 절단이 완료되면 유리창의 밑 부분을 부드럽게 잡아당겨 위로 젖힌다. 그러면 유리창은 자연스럽게 벌어지기 시작하고 결국 차 지붕 위로 젖혀 올릴 수 있게 된다.

ⓓ 유리창을 떼어 안전한 곳에 치우고 창틀에 붙은 파편도 완전히 제거한다.

※ 앞 유리는 A, B 지점을 타격한 후 U자 형태로 잘라낸다.

[그림 5-18] 전면 유리 제거하기

※ 테이프를 붙이고 센터 펀치로 찌른다.

[그림 5-19] 측면 유리 제거하기

② 측면 유리 제거하기

열처리된 유리를 사용하는 측면이나 후면 유리창은 비교적 간단한 방법으로 제거할 수 있다. 이 유리창들은 모서리 부분을 날카롭고 뾰족한 도구로 강하게 치면 쉽게 파괴할 수 있다. 센터 펀치를 사용할 때에는 한 손은 버팀대 역할을 해서 구조대원의 손이 유리창 안으로 끼어 들어가지 않도록 조심한다.

ⓐ 깨어진 유리창이 요구조자나 구조대원에게 손상을 입히지 않도록 유리창에 테이프를 붙인다. 다른 방법으로는 판매되는 끈끈이 스프레이를 뿌리는 것이다. 이 스프레이는 유리창에 끈끈한 막을 형성시켜 유리가 조각조각으로 떨어지지 않도록 해 준다.

ⓑ 센터 펀치를 유리창의 모서리 부분에 대고 누르면 펀치 끝이 튕기면서 유리창에 충격을 가하여 유리창이 깨지게 된다. 센터 펀치를 사용할 때에는 손 위치에 주의하여 펀치를 잡은 손이 유리창 속으로 뚫고 들어가지 않도록 주의해야 한다.

ⓒ 유리가 깨어지면 위쪽에 손을 넣어 차 밖으로 조심스럽게 들어낸다. 만약 유리가 테이프에 붙어있지 않고 조각조각으로 깨어지면 손을 안쪽에 넣어 차 바깥으로 털어낸다.

※ 유리창을 바깥으로 떼어낸다.

그림 5-20 측면 유리 제거하기

(2) 신체가 끼인 요구조자

때때로 요구조자의 상체가 핸들에 눌리거나 발이 페달에 끼는 경우가 있다. 유압 장비를 이용하여 차량을 해체하거나 계기판을 밀어낼 수도 있지만 다음과 같은 방법으로 비교적 간단하게 처리할 수도 있다.

1) 발이 페달에 끼인 경우

① 잘 늘어나지 않는 스테틱 로프나 슬링 테이프를 준비하고 한쪽 끝을 페달에 단단히 묶는다.

② 차문을 거의 다 닫은 상태에서 반대쪽 로프 끝을 창틀에 묶는다.

③ 차문을 천천히 열면 로프가 당겨지면서 페달을 당기게 되고 이때 벌어진 틈으로 요구조자의 발을 빼낼 수 있다.

※ 페달에 로프를 묶고 반대쪽 끝은 창틀에 묶은 다음 문을 바깥쪽으로 젖힌다.

그림 5-21 발이 페달에 끼인 경우

2) 핸들이나 계기판에 상체가 눌린 경우

차량이 전면에서 충격을 받은 경우 요구조자의 신체가 계기판이나 핸들과 좌석 사이에 끼어있는 경우가 많이 발생한다. 가장 손쉬운 방법은 좌석 조정 레버로 의자를 뒤로 이동시키는 것이지만 차량이 심하게 파손되었을 때에는 이 방법은 사용할 수 없다.

이때에는 핸들에 체인을 감고 윈치 또는 유압 전개기를 이용하여 당기거나 유압 전개기 또는 유압 램으로 밀어내는 방법을 사용 할 수 있다. 체인으로 핸들을 감아 당기는 방법은 다음과 같다.

① 수동식 윈치와 체인 2개를 준비한다.

② 체인 1은 핸들을 감고 전면 유리창 밖을 통해 빼낸다.

③ 체인 2는 차량 하단 견인줄을 거는 고리에 걸고 후드(보닛) 위로 체인을 올린다.

④ 체인 1, 2를 이동식 윈치에 연결한다. 차량과 체인이 닿는 부분에는 압력을 분산시키기 위하여 나무 받침목을 대준다. 요구조자의 상태를 살피며 윈치를 천천히

※ 핸들에 체인을 감는다.

그림 5-22 핸들이나 계기판에 상체가 눌린 경우

당긴다. 윈치 대신 유압 전개기를 최대한 벌려서 체인을 감고 전개기를 닫으면 동일한 효과를 얻을 수 있다.

(3) 운전석 의자 분리하기

차량 중에는 해치백(Hatch Back) 스타일, 즉 뒷문을 위로 잡아당겨 여는 방식이 있다. 주로 RV(Recreation Vehicle) 나 SUV(Sport Utility Vehicle) 차량이 해당되는데 이런 종류

의 차량은 차문이 열리지 않으면 사고 상황에 따라서 뒷문을 열고 진입해서 요구조자가 앉아있는 의자 자체를 떼어낼 수 있다.

1) 뒷좌석 의자 분리하기

뒷문을 열고 뒷좌석 의자를 분리한다. 절단기로 연결 부분을 절단할 수도 있고 스패너로 볼트를 풀어내도 된다. 이때 차량이 흔들려서 요구조자에게 추가적인 부상을 입히지 않도록 조심한다. 일반 스패너나 멍키스패너 보다는 볼트 머리에 꼭 들어맞는 6각 스패너가 작업하기 편리하다.

6각 스패너가 편리하다.

그림 5-23 뒷좌석 의자 분리하기

2) 운전석 의자 분리하기

차량 뒷부분의 의자를 모두 제거했으면 운전석 의자를 분리한다. 먼저 의자에 요구조자를 고정하여 움직이지 않도록 한다. 의자 전면 좌우에 있는 볼트를 먼저 풀어내고 뒤쪽 볼트를 푼다. 일부 차량의 경우 볼트에 커버가 씌워져 있거나 변속기 커버에 가려져 보이지 않는다. 드라이버나 지렛대 등을 이용해서 커버를 벗기고 볼트를 풀어내면 된다.

그림 5-24 운전석 의자를 분리하는 방법

3) 의자 들어내기

볼트를 모두 풀어냈으면 차내에 공구나 볼트, 장식물 등 장애물이 남아 있는지 다시 한 번 확인한다. 안전벨트가 채워져 있으면 잘라낸다. 요구조자를 의자에 앉힌 채로 뒤로 약간 기울이면서 그대로 뒷문을 통해서 빼내면 된다. 구출하기 전에 요구조자에게 경추보호대를 채우고 머리를 헤드 레스트에 고정하면 경추보호에 도움이 된다.

5 사고 차량의 해체

※ 차량에 충격을 가하지 않는다.

그림 5-25 차 문틈을 벌리는 방법

(1) 차 문틈을 벌리는 방법

① 요구조자에게 심각한 부상이 없고 차량 손상도 경미하지만 문이 열리지 않는 경우에 유압 전개기를 이용해서 차 문을 강제로 벌려 여는 방법이다. 차량에 가해지는 손상을 줄일 수 있지만 요구조자를 구출하기가 불편하다.

② 차량의 문이 열리지 않으면 대부분의 구조대원은 문손잡이 쪽의 틈새에 전개기를 넣어 벌리려고 시도한다. 그러나 이 틈새는 매우 좁기 때문에 전개기의 팁을 넣기가 매우 어렵다. 구조대원이 전개기를 넣고자 몇 번이나 반복하여 차량에 충격을 가하게 되면 차 안에 있는 요구조자에게 충격이 전달될 수 있고 구조 작업이 지연되는 것을 보면서 공포감을 가지게 될 수도 있다.

※ 지렛대를 넣고 벌린 다음 유압 전개기를 이용해서 문을 연다.

그림 5-26 차 문틈을 벌리는 방법

③ 차량의 손상을 줄이기 위해서 부득이 문 틈새를 벌려 문을 열고자 한다면 먼저 지렛대나 구조도끼 또는 헬리건바(Halligan-type bar) 등을 문틈에 넣고 비틀어 전개기 끝

이 들어갈 수 있을 만큼 틈새를 넓혀야 한다. 전개기 끝이 문틈에 걸리면 전개기를 벌려서 틈을 확대하고 전개기를 닫아서 다시 밀어 넣기를 반복한다. 한 번에 완전히 열려고 무리하게 벌리면 팁이 빠져나올 수 있으므로 주의한다.

(2) 도어를 절단하는 방법

차량이 많이 손상되었거나 요구조자가 심한 부상을 입었다면 차 문을 완전히 절단, 제거하여야 구조 작업이 신속하고 응급처치도 용이하다. 일반적으로 유압 펌프에는 동시에 2개의 장비를 연결하여 사용할 수 있다. 전개기와 절단기를 함께 사용하거나 절단과 전개가 하나의 장비로 가능한 콤비툴을 이용해서 작업한다.

※ 펜더를 전개기로 압축한다.

그림 5-27 도어를 절단하는 방법 1

※ 전개기로 틈을 벌린다.

그림 5-28 도어를 절단하는 방법 2

1) 경첩 노출시키기

차 앞문의 경첩은 펜더(fender;바퀴를 덮고 있는 부분)에 가려져 있다. 먼저 전개기로 펜더를 압축하면 펜더가 찌그러지면서 경첩 부분이 노출된다. 이 틈새에 다시 전개기를 넣어 절단기가 들어갈 수 있을 만큼 충분히 벌린다.

2) 경첩 절단하기

① 차 문의 경첩이 노출되면 절단기를 넣어 절단한다. 절단 도중에는 장비에 강한 힘이 가해지므로 작업에 임하는 대원은 균형을 잘 유지해야 한다.

② 만약 절단기가 비틀어지면 무리하게 바로잡지 말고 잠시 절단 작업을 중지하고 절단 상태를 다시 한번 확인하도록 한다.

③ 유압이 가해지는 동안에는 손으로 장비를 바로잡기가 불가능하다.

3) 문 떼어내기

경첩과 전선, 기타 연결된 부분을 다 절단하면 문을 떼어낼 수 있다. 문이 쉽게 제거되지 않으면 틈새에 다시 한번 전개기를 넣어 벌려서 차체에서 문이 분리되도록 한다. 떼어낸

문은 구조작업에 지장을 받지 않는 안전한 곳으로 치워두어야 한다. 앞문이 제거되면 뒷문의 경첩은 완전히 노출되므로 절단기로 뒷문의 경첩을 자르고 전개기로 벌려서 문을 떼어낸다.

(3) 지붕을 제거하는 방법

요구조자를 구출하거나 응급처치를 위하여 차 지붕 전체를 들어내야 하는 경우도 있다. 차 지붕을 들어내기 위해서는 유리창을 먼저 제거하여야 한다. 도어를 열면 차체를 둘러싸고 있는 부위를 필러(Pillar)판넬이라 부르며 앞문 쪽을 A필러, 가운데 부분을 B필러, 뒷문 쪽을 C필러 라고 부른다.

1) 지붕을 접어 올리기

① 먼저 지붕 위에 절단된 앞 유리창이 올려져 있거나 기타 장비가 있으면 완전히 제거한다.

② 절단기로 A필러와 B필러를 모두 절단한다. 필러는 차에 바짝 붙여 절단하는 것이 좋다. 기둥이 길게 남아 있으면 구조작업할 때 장애를 받게 된다.

③ 절단기로 뒷좌석 부분의 지붕 좌우를 조금씩 잘라주고 두 명의 대원이 양옆에서 지붕을 잡아 뒤로 젖히면 쉽게 접혀진다. 지붕을 뒤로 젖히기 전에 요구조자를 모포나 방화복으로 감싸서 낙하물로 인한 부상을 방지한다.

필러 판넬
사이드 실 판넬

그림 5-29 필러 판넬의 위치

※ A, B필러를 절단한다.

그림 5-30 A, B필러 판넬

※ 지붕을 뒤로 접어 올린다.

그림 5-31 지붕을 접어 올리기

그림 5-32 지붕을 제거한 차량

2) 지붕 제거하기

지붕을 제거하는 방법은 접어 올리는 방법과 유사하다. 다만 A, B필러는 물론이고 C필러까지 절단하여 지붕을 완전히 분리한다. 4명의 대원이 각 귀퉁이를 잡고 들어 올려 안전한 곳으로 이동시킨다.

(4) 계기판(Dash Board or Center Fascia)을 밀어내는 방법

차량이 강한 정면 충격을 받으면 계기판이 밀려들어와 운전자 또는 탑승자를 압박하게 된다. 이때에는 유압 램을 이용하여 계기판을 밀어내는 것이 좋다.

1) 프레임 밀어내기

※ 유압 램으로 프레임을 밀어내고 모서리에는 나무토막을 끼워둔다.

그림 5-33 프레임 밀어내기

① 가장 효과적으로 계기판을 밀어내는 방법이다.
② 유압 램을 A필러와 사이드씰 사이에 설치한다.
③ 유압 램은 2개를 준비하여 각각 운전석과 조수석에 함께 설치하는 것이 효과적이다.
　 램을 서서히 확장시키면 계기판이 밀려나가고 요구조자를 구출할 수 있다.

④ 계기판이 밀려나면 사이드 실 판넬의 모서리를 조금 절개하고 나무토막을 끼워 넣어 램을 제거해도 계기판을 지탱할 수 있도록 한다.

2) 계기판 밀어내기

사용할 수 있는 유압 램이 하나뿐이라면 램을 좌석과 계기판 사이에 놓고 확장시켜서 계기판이 밀려나가도록 한다. 램이 확장되면서 미끄러지거나 플라스틱으로 만들어진 계기판을 뚫을 수 있으므로 계기판에는 나무토막을 대서 램이 직접 닿지 않게 하는 것이 좋다.

※ 램이 미끄러지지 않도록 나무토막을 대고 확장시킨다.

그림 5-34 계기판 밀어내기

6 구출 및 이동

① 차량 사고로 충격을 받은 부상자는 구급대원이 현장에 도착하기 전까지는 이동시키지 않는 것이 원칙이지만 요구조자나 구조대원의 생명이 위험할 때에는 이러한 원칙은 무시할 수 있다.
② 화재, 가연성 기체나 액체, 절벽에서의 차량의 요동 혹은 다른 직접적 위험으로부터 상황이 위급하다면 요구조자를 신속하게 다른 장소로 옮겨야 한다.
③ 현장에 구조대원이나 요구조자에게 특별한 위험이 없는 상황이라면 사고 차량에서 부상자를 구출하는 것은 다음의 3단계 순서로 진행한다.

차량 사고 현장 부상자 구출 3단계	
1단계 응급처치	① 응급처치는 구출작업 이전 또는 작업 중이나 구출 후를 막론하고 계속 진행되어야 한다. 그러나 가장 좋은 것은 구출작업이 약간 지연된다 하더라도 응급구조사가 구조 과정에 참여하여 부상 정도를 확인하고 필요한 응급처치를 취한 다음 구조하는 것이다. ② 먼저 기도를 확보하고 혈압과 생체 징후를 확인한 후 환자의 상태에 따라 심폐소생술 또는 경추·척추의 보호, 심각한 출혈을 제어하는 등의 즉각적인 응급처치가 필요하지만 사고 현장에서 이러한 조치를 실시하는 것이 곤란한 경우도 많다. 그러나 이는 환자의 구명을 위해 매우 중요한 사항이므로 가능한 한 현장에서 최선의 응급처치가 이루어질 수 있도록 하여야 한다.

	차량 사고 현장 부상자 구출 3단계	
2단계 구출	① 구출 활동은 요구조자에게 접근해서 응급처치를 완료하고 환자의 상태가 안정된 후에 실시한다. ② 요구조자를 구출할 때에는 외상이 없더라도 반드시 경추 및 척추보호대를 착용시키는 것이 원칙이다. ③ 다만 위험 물질 적재 차량의 화재 사고와 같이 화재나 폭발, 기타 긴급한 위험 요인에 직접 노출되어 있는 경우에는 응급처치에 앞서 현장에서 이동·구출하는 예외적인 조치를 취할 수도 있다. ④ 차량의 구조물과 잔해 등 다른 방해물이 제거되면 환자를 차량으로부터 구급차로 이동시킬 준비를 하고 추가 부상을 입지 않도록 보호한다.	[보호대 착용] ※ 외상이 없더라도 경추보호대와 척추보호대를 착용시킨다. [척추고정판 이용] ※ 척추고정판에 눕힌 후 이동한다.
3단계 이동	① 환자의 이동은 단순히 들것으로 구급차로 운반하는 경우일 수도 있지만, 급경사면을 오르거나 하천을 건너야 하는 등 이송에 어려움이 있는 경우도 있다. 이러한 경우에는 환자를 들것에 확실히 고정하고 보온에도 주의를 기울여야 한다. ② 구급차로 이송한 후에도 계속 요구조자의 상태를 주시하여 필요한 응급처치를 취하여야 한다. 필요하면 통신망을 이용하여 전문의의 도움을 받도록 하고, 병원으로 이송하기 전에 가까운 응급의료센터에 연락을 취하여 즉시 필요한 처치를 받을 수 있도록 조치하여야 한다.	

02 수난사고 구조 ★★★★

수난사고는 출동 전에 사고의 내용과 발생 장소, 지역적 특성, 시간, 기상 조건 등을 정확히 파악하여야 하고 구조방법 및 현장에 투입할 대원을 지정하고 임무를 분담시킨다.

또한 요구조자가 많거나 육지와 먼 거리에서 발생한 사고일 경우 관계 기관이나 다른 구조대의 지원이 필요한지도 판단하여야 한다.

현장에 도착한 후에는 관계자로부터 사고의 개요 등을 파악하고 요구조자의 상태와 현지의 기상 여건, 대원의 안전 확보 가능성을 재확인하고 구조작업에 임하도록 한다.

1 수상구조

물에 빠진 사람을 보았을 때 이를 구조하려고 시도하는 것은 인간의 본능적 행동이다. 그러나 그 본능적으로 취하는 행동이 반드시 무리가 없고 성공한다고는 말할 수 없다. 그저 구조해 보겠다는 생각으로 무작정 행동하다가 구조하려던 사람마저 위험에 처하게 되는 상황이 빈번하게 발생하기 때문이다.

물에 빠진 사람을 구출할 때에는 다음 4가지 원칙을 명심한다.

> ① 던지고 ⇨ ② 끌어당기고 ⇨ ③ 저어가고 ⇨ ④ 수영한다.

즉 가능한 한 구조자가 직접 물에 들어가지 말고 장대나 노 등 잡을 수 있는 물체를 익수자(溺水者)에게 건네주거나 로프, 구명대 등을 던져서 잡을 수 있도록 하는 방법을 시도하고 이러한 방법이 불가능할 때에는 보트 등을 이용 수상으로 직접 접근하는 것이며 구조대원이 수영해서 구조하는 것은 최후로 선택하는 구조방법이다.

상당한 수영 실력이 있는 구조대원일지라도 별도의 전문적인 수중구조 훈련을 받지 않았으면 맨몸으로 요구조자를 구출한다는 것이 매우 어려운 일임을 명심해야 한다.

(1) 구조대원의 신체를 이용하는 방법

1) 기본적 구조

① 물에 빠진 사람이 손이 닿을 수 있는 거리에 있을 경우 구조자는 엎드린 자세에서 몸의 상부를 물 위로 펴고 요구조자에게 손을 내민다.

② 손이 물에 빠진 사람에게 미치지 않는 경우 구조자는 그 자세를 반대로 한다. 즉 기둥이나 물건 등을 단단히 붙잡은 채 몸을 물 속에 넣어 두 다리를 쭉 펴게 되면 요구조자가 그 다리를 잡고 나올 수 있다.

③ 어느 경우나 구조대원이 몸을 충분히 지지할 수 있어야 요구조자가 잡아당길 때 물에 빠지지 않고 안전하게 구조할 수 있다.

※ 요구조자가 잡을 수 있도록 신체를 뻗는다.

[그림 5-35] 구조대원의 신체를 이용하는 방법

2) 도구를 이용한 신체 연장

요구조자와의 거리가 멀어서 손으로 붙잡기가 곤란한 경우에는 그 주위에 있는 물건 중 팔의 길이를 연장하는데 쓰일 수 있는 도구를 이용하여 신체의 길이를 연장시킬 수 있다. 구조대원의 경우 검색봉을 이용할 수도 있고 주변에 마땅한 도구가 없을 때에는 옷을 벗어 로프로 대용할 수도 있다.

3) 인간사슬 구조(The human chain)

구조대원이 손을 맞잡고 물에 빠진 사람을 구조하는 이 방법은 물살이 세거나 수심이

얕아 보트의 접근이 불가능한 장소에서 적합한 방법이다.

※ 도구를 이용하는 방법

그림 5-36 도구를 이용한 신체 연장

① 4~5명 또는 5~6명이 서로의 팔목을 잡아 쇠사슬 모양으로 길게 연결한다.

② 서로를 잡을 때는 손바닥이 아니라 각자의 손목 위를 잡아야 연결이 끊어지지 않는다.

③ 첫 번째 사람은 물이 넓적다리 부근에 오는 곳까지 입수하고 요구조자 가장 가까이 접근하는 사람은 허리 정도의 깊이까지 들어가 구조한다. 이때 체중이 가벼운 사람이 사슬의 끝부분에 위치하도록 한다.

④ 만약 물의 깊이가 얕더라도 유속이 빠르거나 깊이가 가슴 이상인 때에는 인간사슬로 구조할 수 있는지를 신중히 판단하여야 한다.

⑤ 인간사슬을 만든 상태에서 이동하여야 하는 경우에는 물 속에서는 발을 들지 말고 발바닥을 끌면서 이동하여야 균형을 잃고 넘어지는 사태를 방지할 수 있다. 이 구조방법은 하천이나 호수에서도 응용할 수 있다.

그림 5-37 인간사슬 구조

(2) 구명환과 로프를 이용한 구조

물에 빠진 사람을 구조하기 위하여 만들어낸 최초의 기구는 구명환(Ring buoy)이었다. 요구조자는 수중에서 부력을 받는 상태이기 때문에 구명환에 연결하는 로프는 일반 구조용 로프보다 가는 것을 사용해도 구조활동이 가능하다.

① 요구조자와의 거리를 목측하고 로프의 길이를 여유있게 조정한다.

② 구조자가 요구조자를 향하여 반쯤 구부린 자세로 선다.

③ 오른손잡이일 경우 오른손에 구명환을 쥐고 왼손에 로프를 잡으며 왼발을 어깨 넓이만큼 앞으로 내민다. 이때 왼발로 로프의 끝부분을 밟아 고정시킨다.

④ 구명환을 던질 때에는 풍향, 풍속을 고려하여야 하며 일반적으로 바람을 등지고 던지는 것이 용이하다.

⑤ 구명환이 너무 짧거나 빗나가서 요구조자에게 미치지 못한 경우에는 재빨리 회수하여 다시 시도하며 물 위에서 요구조자에게 이동시키려고 해서 시간을 낭비하지 않는다. 이러한 이유로 요구조자보다 조금 멀리 던져서 요구조자 쪽으로 이동시키는 것이 보다 용이할 수 있다.

⑥ 요구조자가 구명환을 손으로 잡고 있을 때에 빨리 끌어낼 욕심으로 너무 강하게 잡아당기면 놓칠 수 있으므로 속도를 잘 조절해야 한다.

[그림 5-38] 구명환 던지는 방법

(3) 구조 튜브(Rescue Tube) 활용 구조

① 레스큐 튜브는 부력이 높은 재질로 튜브처럼 만들어 요구조자가 붙잡고 떠 있도록 하는 장비이다. 크기가 좀 더 작고 모양이 둥근 레스큐 캔(Rescue Can)도 있지만 사용법은 대체로 동일하다.

② 구조대원이 이러한 장비를 휴대하면 맨몸으로 수영하여 접근할 때보다 속도는 느리지만 심리적인 안정감을 주고 구조활동에 도움을 준다.

③ 요구조자가 멀리 있을 때에는 끈을 이용해서 구조대원의 어깨 뒤로 메고 다가간다. 이때 자유형과 평영을 모두 사용할 수 있다. 요구조자가 가까이 있을 때에는 튜브를 가슴에 안고 다가간다. 구조대원의 판단에 따라 앞이나 뒤에서 접근한다.

1) 의식이 있는 요구조자

의식이 있는 요구조자에게는 앞에서 튜브를 내밀어주는 방법을 많이 사용한다. 튜브의 연결 끈 반대쪽을 내밀어주어 잡도록 한 다음, 요구조자를 안전지대로 끌고 이동한다.

2) 의식이 없거나 지친 요구조자

① 요구조자의 뒤로 돌아 접근하며 이때 튜브는 구조대원의 앞에 두고 양 겨드랑이에

끼운다.

② 구조대원이 요구조자의 양 겨드랑이를 아래서 위로 잡아 감고 튜브가 두 사람 사이에 꽉 끼이도록 한다.

③ 요구조자를 뒤로 젖혀 수평 자세를 취하도록 한다. 이때 두 사람의 머리가 서로 부딪치지 않게 조심하고 배영의 다리차기를 이용하여 이동한다.

3) 엎드린 자세의 요구조자

요구조자의 얼굴이 물 밑을 향하고 있을 때에 사용하는 방법이다. 요구조자의 전방으로 접근한 다음 두 사람 사이에 튜브를 한일자로 펼쳐놓는다. 손목 끌기 방법을 응용해서 요구조자를 뒤집고 튜브가 요구조자의 등 뒤, 어깨 바로 밑 부분으로 가도록 한다.

요구조자의 손목을 잡고 있던 팔로 요구조자의 어깨와 튜브를 동시에 위에서 아래로 잡아 감는다. 상황에 따라 요구조자를 튜브로 감아 묶을 수도 있다. 요구조자를 끌면서 횡영 자세로 안전지대까지 이동한다.

(4) 구조로켓

손으로 던질 수 있는 거리보다 먼 경우에는 로프발사기(구조로켓환)를 이용한다.

구명부환이 없는 경우에는 구명조끼나 목재 등 물에 뜰 수 있고 주변에서 쉽게 구할 수 있는 물체를 연결해서 던져도 된다.

※ 구조로켓의 발사 모습. 로켓이 물에 닿으면 자동으로 구명환이 펼쳐진다.

그림 5-39 구조로켓

(5) 구명보트에 의한 구조

구명보트가 요구조자에게 접근할 때 무엇보다도 중요한 것은 익수자에게 붙잡을 것을 빨리 건네주어 가능한 한 물 위에 오래 떠 있을 수 있게 하는 것이다. 만일 요구조자가 뒤집힌 보트나 부유물, 목재 등을 잡고 있을 경우에는 안전을 고려하여 천천히 구조하여도 무방하지만, 긴급한 상황에서는 먼저 로프를 연결한 구명환 등을 건네주어 오래 떠 있도록 조치한다.

① 보트는 바람을 등지고 요구조자에게 접근하는 것이 좋다. 강풍이 불 때 맞바람을 맞고 접근하게 되면 구명보트에 요구조자가 부딪혀 다칠 우려가 있다. 요구조자가 흘러가는 방향으로 따라가면서 구조하는 것이 보다 용이하다. 그러나 풍향과 풍속, 유속, 익수자의 위치 등 고려해야 할 여건이 많으므로 일률적으로 적용하는 것은 곤란하다.

② 요구조자가 격렬하게 허우적거릴 때에는 너무 가까이 접근하지 말고 먼저 구명환 또는 노 등 붙잡을 수 있는 물체를 건네준다.

③ 작은 보트로 구조할 때에 좌우 측면으로 요구조자를 끌어올리면 보트가 전복될 우려가 있으므로 전면이나 후면으로 끌어올리는 것이 안전하다.

④ 모터보트인 경우 요구조자가 스크류에 다칠 수 있으므로 보트의 전면이나 측면으로 끌어올리는 것이 적합하며 이 경우 보트가 한쪽 방향으로 기울어지지 않도록 주의한다.

⑤ 요구조자가 의식이 있고 기력이 충분하다고 판단되는 경우에는 무리하게 보트로 끌어올리려고 시도하지 말고 매달고(끌고) 육지로 운행하는 방안도 강구한다.

※ 작은 보트에서는 후면으로 끌어올린다.　※ 먼저 요구조자가 붙잡을 수 있는 것을 건네준다.　※ 상황에 따라 요구조자를 매달고 갈 수도 있다.

그림 5-40

(6) 요구조자가 가라앉은 경우 (육안 식별이 불가능한 경우)

1) 익수자의 소생 가능성

물에 빠진 사람이 가라앉았다고 해서 즉시 사망하는 것은 아니다. 비록 호흡과 맥박이 멎은 임상적 사망상태인 사람도 신속히 구조하여 심폐소생술을 시행하면 소생 가능성이 있다. 요구조자의 회복 가능성은 구조 및 응급처치의 신속성과 비례한다.

일반적으로 심장 박동이 정지된 후 심폐소생술의 시행 없이 4분 정도 경과하면 뇌손상이 시작되고, 5~6분 경과 시 영구적인 뇌손상을 받으며 10분 이상 경과되면 뇌손상으로 사망하는 것으로 알려져 있다. 그러나 이것은 절대적인 기준이 아니며 요구조자의 나이가 적을수록, 수온이 낮을수록 소생 가능성이 높아진다. 따라서 구조대원은 요구조자의 생존 가능성을 포기하지 말아야 한다.

2) 요구조자 수색 요령

동일 지점이 아닌 여러 위치에 있는 목격자로부터 발생 위치를 청취하고 목격자의 위치와 육지의 목표물은 선으로 그어 그 선의 교차되는 지점을 수색의 중심으로 한다. 이러한 사항을 기초로 경과 시간, 유속, 풍향, 하천 바닥의 상태 등을 종합적으로 고려하여 수색 범위를 결정한다.

① 수색 범위 내를 X자 형태로 세밀히 수색한다.

② 요구조자가 가라앉아 있다고 예상되는 구역을 접근하면서 수면에 올라오는 거품이나 부유물 등을 찾는다.

③ 바닥이 검은 경우 요구조자의 사지가 희미하게 빛나 상당히 깊은 수중에서도 물에 빠진 사람을 찾아낼 수 있는 경우가 많다.

④ 바닥이 흰모래 등으로 되어 있는 경우 익수자의 검은 머리털이나 옷 색깔을 보고 찾을 수 있다.

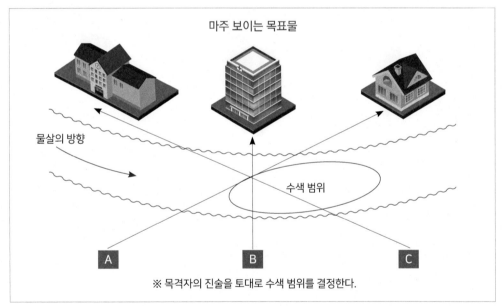

그림 5-41 요구조자 수색 요령

신체 회수(Body Recovery)

물에 빠진 사람을 소생시킬 희망이 전혀 없더라도 시체만이라도 건지려고 애쓰는 것이 우리의 정서이다. 신체의 비중이 물의 비중보다 커지면 곧 물밑으로 가라앉는다. 그리고 어떤 장애물에만 걸리지 않는다면 부패작용으로 생긴 가스에 의하여 부력이 체중보다 커서 곧 수면으로 다시 떠올라 온다. 그러나 언제나 떠오르는 것은 아니며 밑바닥의 수온이 대단히 낮은 깊은 호수 같은 곳에서는 시체가 다시 떠올라오지 않는 경우도 있다. 낮은 수온이 시체의 부패를 억제하기 때문이다.

(7) 직접 구조

1) 구조기술

① 의식이 있는 요구조자 2014 경기 소방장

ⓐ 요구조자가 의식이 있을 때에 가장 많이 사용되는 방법은 '가슴잡이'이다. 구조대원은 요구조자의 후방으로 접근하여 오른손을 뻗어 요구조자의 오른쪽 겨드랑이를 잡아 끌 듯이 하며 위로 올린다. 가능하면 요구조자의 자세가 수평을 유지하도록 하는 것이 좋다.

ⓑ 이와 동시에 구조대원의 왼팔은 요구조자의 왼쪽 어깨를 나와 오른쪽 겨드랑이를 감아 잡는다. 이어 힘찬 다리차기와 함께 오른팔의 동작으로 요구조자를 수면으로 올리며 이동을 시작한다. 그러나 요구조자가 물 위로 많이 올라올수록 구조대원이 물 속으로 많이 가라앉아 호흡이 곤란할 수도 있음을 유의하여야 한다.

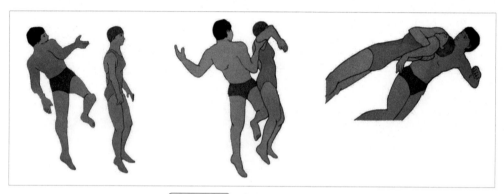

그림 5-42 직접 구조 가슴잡이

② 의식이 없는 요구조자

요구조자가 의식을 잃었을 때 구조하는 방법으로 'ⓐ 한 겨드랑이 끌기 ⓑ 두 겨드랑이 끌기 ⓒ 손목 끌기'가 있다. 이 방법은 요구조자가 수면에 떠 있거나 수중에 가라앉은 경우 모두 활용할 수 있다.

ⓐ 한 겨드랑이 끌기는 구조대원이 요구조자의 후방으로 접근하여 한쪽 손으로 요구조자의 같은 쪽 겨드랑이를 잡는다. 이때 구조대원의 손은 겨드랑이 밑에서 위로 끼듯이 잡고 요구조자가 수면과 수평을 유지하도록 하고 횡영 동작으로 이동을 시작한다.

ⓑ 두 겨드랑이 끌기도 같은 방법으로 하되 구조대원이 두 팔을 모두 사용하는 것이 다르다. 요구조자의 자세가 수직일 경우에는 두 팔로 겨드랑이를 잡고 팔꿈치를 요구조자의 등에 댄다. 손으로는 끌고 팔꿈치로는 미는 동작을 하여 요구조자의 자세가 수면과 수평이 되도록 이끈다. 두 겨드랑이 끌기에서는 팔 동작을 하지 않는 배영으로 이동한다.

이 두 기술은 번갈아 가며 사용하기도 하는데 일반적으로 먼 거리를 이동할 때에는 한 겨드랑이 끌기를 사용한다.

그림 5-43 직접 구조 겨드랑이 끌기

ⓒ 손목 끌기는 주로 요구조자의 전방으로 접근할 때 사용한다. 구조대원은 오른손으로 요구조자의 오른손을 잡는다. 만약 요구조자의 얼굴이 수면을 향하고 있을 때에는 하늘을 향하도록 돌려놓는다. 이때에는 요구조자를 1m 이상 끌고 가다가 잡고 있는 손을 물 밑으로 큰 반원을 그리듯 하며 돌려서 얼굴이 위로 나오도록 한다.

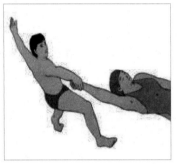

그림 5-44 직접 구조 손목 끌기

2) 인공호흡

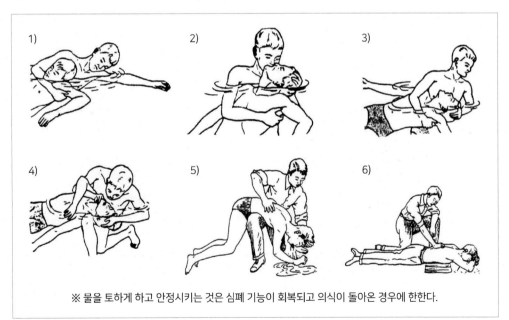

※ 물을 토하게 하고 안정시키는 것은 심폐 기능이 회복되고 의식이 돌아온 경우에 한한다.

그림 5-45 겨드랑이 끌기 및 인공호흡

요구조자의 호흡이 멎었을 때에는 수면 위로 구조하는 즉시 물 표면에서 인공호흡을 시작하고 물 밖으로 옮기는 동안 계속 실시하여야 한다. 이 경우 물을 토하게 하기 위해서 인공호흡이 지체되어서는 안 된다. [그림 5-45]는 요구조자의 구조 요령을 설명한 것이다. 의식이 회복되더라도 반드시 의사의 진찰을 받을 수 있도록 즉시 병원으로 이송하여야 한다. 특히 체온이 급격하게 떨어질 수 있으므로 체온 유지에 힘써야 한다.

(8) 요구조자로부터 이탈

올바른 방법으로 접근하면 요구조자에게 안길 위험은 없다. 그러나 만일 안겼을 때 신속히 빠져나오지 못하면 함께 물 속에 빠지게 된다.

물에 빠진 사람을 껴안으면, 상대를 물 속으로 밀어 넣더라도 수면으로 나와 숨을 쉬려 한다. 구조대원이 당황해서 수면으로 나오려 하면 요구조자도 수면으로 나오려 하므로 쉽게 빠져나올 수 없다. 요구조자에게 안겼을 때 그대로 물 속으로 잠수하면 물에 빠진 사람은 수면으로 나오려고 몸부림친다. 요구조자의 손이 느슨해지면 이를 이용해서 빠져나와 뒤로 돌아 접근한다.

1) 가슴 밀어내기

① 요구조자가 구조대원을 잡으려고 할 때 구조대원은 요구조자로부터 머리를 멀리하고 물 속으로 잠수하여 한 손이나 두 손을 이용하여 요구조자의 가슴을 밀어낸다.

② 이 때 요구조자의 가슴을 미는 손은 완전히 펴진 상태를 유지하여야 한다.

③ 가슴을 밀어내어 요구조자로부터 멀어진 후에는 다시 물 위로 올라와 요구조자의 상태를 살필 수 있도록 한다.

[그림 5-46] 가슴 밀어내기(좌)와 빗겨나기(우)

2) 빗겨나기

요구조자가 구조대원을 붙잡지 못하게 하면서도 구조 목적을 달성할 수 있는 방법이다.

① 요구조자가 구조대원을 잡으려고 내민 팔들 중의 하나 아래로부터 팔꿈치 바로 위를 엄지손가락을 안쪽에 대고 움켜쥔다. 이 동작은 요구조자의 왼쪽에서 오른쪽으로 또는 오른쪽에서 왼쪽으로 잡게 된다. 그 상태 그대로 구조대원이 옆으로 돌아 요구조자와 대면한다.

② 요구조자의 팔을 빨리 올려 머리 위로 넘기고 겨드랑이 밑으로 빠져나와 요구조자의 뒤로 돈다.

③ 구조대원은 자유로운 손으로 요구조자의 턱을 붙잡을 때까지는 팔을 놓지 않는다.

④ 이 동작은 처음에는 땅에서 연습하고 다음에는 가슴 깊이의 물에서 연습하여 익숙해지도록 하고 마지막으로 깊은 물에서 연습하도록 한다.

3) 풀기

구조대원이 요구조자에게 붙잡힌 경우 구조 또는 풀기를 시도한다.

① 먼저 요구조자의 체구가 작거나 안전지대까지의 거리가 짧다면 수영으로 이동하는 방법을 택할 수 있다.

② 요구조자가 앞에서 머리를 잡고 있는 경우

양발 엇갈려 차기나 횡영 다리차기를 사용하는 것이 적당하다.

③ 구조대원이 요구조자 앞에서 붙잡혔을 경우

일단 요구조자를 밀치거나 요구조자와 함께 잠수하여 앞목 풀기를 시도할 수 있다.

뒤에서 잡혔을 때　　　앞에서 잡혔을 때　　　입수와 풀기

그림 5-47　요구조자를 풀어내는 방법

④ 요구조자가 앞이나 뒤에서 구조대원을 잡는 경우

ⓐ **먼저 한 번의 큰 숨을 들이쉰 다음 턱을 앞가슴에 붙이고 옆으로 돌린다.**

ⓑ **이어 어깨를 올리고 다리 먼저 입수하는 방법으로 물 속으로 내려간다.**

ⓒ **물 속으로 내려가는 동시에 자신의 팔을 요구조자의 팔꿈치나 윗 팔의 아래쪽에 붙이고 세차게 위쪽으로 밀친다.**

ⓓ **이때 풀기를 완전히 성공할 때까지 턱은 끌어당긴 상태를 유지하여야 한다.**

ⓔ 요구조자의 팔을 밀치며 앞목 풀기와 뒷목 풀기를 시도할 때 구조대원의 뒤통수 쪽에 있는 팔을 먼저 밀치는 것이 효과적일 수 있다.

ⓕ 일단 풀기에 성공하면 요구조자로부터 멀리 떨어져 물 위로 올라온 후에 요구조자의 상태를 파악하고 후방으로 접근하여 구조를 시도하여야 한다.

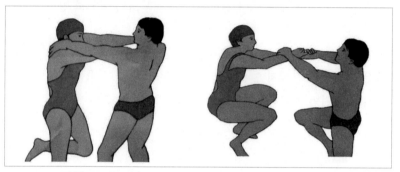

그림 5-48 팔을 잡혔을 때(좌), 손목을 잡혔을 때(우)

⑤ 요구조자에게 팔이 잡혔을 경우

요구조자가 팔을 잡았을 때에는 잡히지 않은 손을 이용하여 요구조자의 어깨를 물 아래로 누른다. 이때 자신의 무게로 요구조자를 누르기 위해 다리차기를 이용하여 물 위로 올라오는 동작을 취하는 것이 유리하다.

⑥ 요구조자에게 손목을 잡혔을 경우

먼저 잡히지 않은 손으로 자신의 잡힌 손을 잡고 위로 힘차게 뽑아 올리는 동작을 취한다. 이후 요구조자로부터 멀리 떨어져 후방 접근을 시도하여 다음 구조를 준비 하도록 한다.

2 빙상사고 구조 2017 소방장

일반적으로 빙상사고는 해빙기의 얼음이 깨지면서 익수하는 경우가 대부분이다. 빙상 사고 발생 시 구조방법은 얼음의 상태에 따라서 달라진다.

① 얇은 얼음의 경우 가장 바람직한 구조는 헬리콥터를 이용하여 구조하는 것이나 출동 시간이 많이 소요되는 것이 단점이다.

② 얇은 얼음의 범위가 넓어 접근이 힘든 경우 복식사다리를 이용하는 방법을 강구한다.

ⓐ 이때 자세는 사다리 하단부를 복부로 누른 상태를 취하고 다른 구조대원은 사다리를 지지하며 최대한 얼음과 접촉하는 면적을 넓게 하여 얼음이 깨지는 것을 막는다.

ⓑ 만약 사다리를 2단까지 전개해도 요구조자에게 미치지 않을 경우 구명환을 요구조자 에게 던져 당긴 후 요구조자가 최말단의 가로대를 붙잡고 사다리 위로 나올 수 있도록 한다.

ⓒ 만약 요구조자의 상태가 악화되어 자력으로 사다리 위로 오를 수 없는 경우 구조대원
이 직접 사다리 위를 낮은 자세로 접근하여 구조한다.

③ 두꺼운 얼음일 경우 신속한 접근이 가장 중요하며 반드시 구명로프를 연결한 구명환
등의 구조장비를 휴대하고 접근하여야 한다. 이때 얼음에 미끄러지지 않고 견고한
지지점을 확보하기 위해 아이젠을 필히 착용하여야 한다.

④ 사고 현장에 접근하는 모든 구조대원은 건식 잠수복(드라이슈트) 또는 구명조끼를
착용하고 가급적 접근이 가능한 장소까지 최대한 접근한다. 얼음 속으로 잠수해야
하는 경우 반드시 건식 잠수복을 착용해야 하며 유도로프를 설치하여 수중에서 길을
잃지 않도록 한다.

3 수중구조 기술

물에 빠진 차량에서 요구조자를 수색하는 구조활동 중에 수중활동도 상당한 비중을 차
지한다. 수중에서는 육상보다 많은 제약요인이 있기 때문에 평소 잠수기술의 습득과 체력
관리는 물론이고 기초적인 물리이론도 숙지하고 있어야 한다.

(1) 잠수 물리 | 2012 서울 소방장, 2013 경북 소방장, 2016 경기 소방교

1) 밀도

밀도란 단위 부피에 대한 질량의 비율을 말한다. 물의 밀도는 약 $9,800N/m^3$이며 공기의
밀도는 약 $12N/m^3$에 불과하다(817배). 따라서 수중에서는 빛의 전달, 소리의 전달, 열의
전달 등 여러 가지 측면에서 대기 중과 많은 차이를 보이며 특히 높은 밀도 때문에 많은
저항을 받아 행동에 제약을 받고 체력 소모가 크다.

2) 빛의 전달 및 투과

물 속에서는 빛의 굴절로 인하여 물체가 실제보다 25% 정도 가깝고 크게 보인다.

물의 색깔

물의 색깔은 여러 요인의 영향을 받는다. 예를 들면, 적도의 해수는 짙은 파랑색인 반면에 고위도 해역
의 해수는 남색이다. 이러한 차이는 주로 고위도 해역에 플랑크톤의 생물이 더 많이 존재하기 때문이며,
플랑크톤이 국부적으로 일정 해역에서 번성하면 '적조'나 '녹조' 현상이 발생한다.

해수를 컵에 담고 보아도 파란색을 띄지는 않는다. 파장이 가장 짧은 청색광선이 깊이 파고 들어가 산
란되어 바다가 파랗게 보이는 것이다. 색깔은 수심이 깊어질수록 흡수된다. 환경에 따라 다르지만 대체
로 빨간색은 15~20m의 수심에서 사라지며, 노랑색은 20m 수심에서 사라진다.

3) 소리의 전달

수중에서는 대기보다 소리가 4배 정도 빠르게 전달되기 때문에 소리의 방향을 판단하기 어렵다. 수중에서는 말을 할 수 없으므로 손동작이나 몸짓을 사용하여 의사를 전달하기도 하며 수중에서도 사용 가능한 기록판에 글씨나 그림을 그리기도 한다.

전문적인 산업잠수에서 유·무선 시스템을 이용한 수중 통화장치를 이용하여 직접 대화가 가능하여 이런 시스템은 레저스포츠 다이빙에도 많이 보급되어 있다.

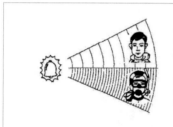

공기 중 속도가 340m/sec 양쪽 귀에 전달되는 소리의 시간차로 방향을 알 수 있다.

소리의 속도는 공기보다 수중에서 약 4배 빠르게 전달된다. (1,550m/sec)

그림 5-49 수중에서의 소리 전달

4) 열의 전달 [2014 경기 소방교]

물은 공기보다 약 25배 빨리 열을 전달한다. 따라서 우리가 물 속에서 활동을 하게 되면 쉽게 추워진다는 것을 알 수 있다. 물 속에서 활동할 때에는 체온 손실을 막을 수 있는 잠수복이 반드시 필요하며 수온에 따라 적절한 잠수복을 선택하여야 한다.

5) 수압

일반적으로 해수면에서의 기압은 대체로 높이 10.33m, 밑면적 $1cm^2$인 물(담수)기둥의 밑바닥이 받은 압력과 같다. 물 1ℓ의 무게는 1kg이므로 그 물기둥의 부피를 계산하여 무게를 산출하면 1.033ℓ의 부피에 1.033kg이 된다. 이것을 1대기압(atm)이라고 하며 영국식 단위계인 Psi(Pound per Square Inch)로는 14.7Psi이다.

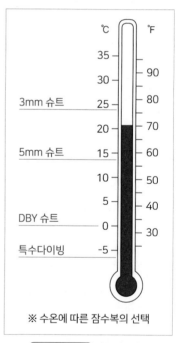

※ 수온에 따른 잠수복의 선택

그림 5-50 열의 전달

대기압 : 1Atm = $1.033kg/cm^2$ = 14.7Psi = 101,325Pa = 1.01325bar

---

우리가 수중으로 들어가면 기압과 수압을 동시에 받게 된다. 이렇게 수중에서 실제로 받는 압력을 절대압이라 한다. 즉, 물 속 10m에서는 2기압 상태에 놓이게 된다.

6) 부력

부력이란 부피에 해당하는 물의 무게만큼 뜨는 성질로서 그것을 조절할 수 있다면 물 속으로 잠수하는데 있어서 아주 편리하다.

어떤 물체의 무게가 물 속에서 차지하는 부피에 해당하는 물의 무게보다 가벼우면 그 물체는 물에 뜨게 된다. 이것을 **양성 부력**이라 하고, 반대로 물의 무게보다 **무거우면 가라앉게 되며, 이것을 음성 부력**이라고 한다. 이 두 현상을 적절히 조절하여 뜨지도 가라 앉지도 않을 때 중성 부력을 가진다고 하며 "부력을 조절한다."라고 표현한다.

폐 속의 공기량
공기통 속의 공기량
다이버의 체중
잠수복의 종류
중량 벨트
중성 부력
음성 부력
양성 부력

그림 5-51 부력의 세 가지 형태

7) 공기 소모 [2013 서울 소방장, 2014 경기 소방교, 2016 서울 소방교]

① 바닷물에서는 수심 매 10m(33피트) 마다 수압이 1기압씩 증가되며 다이버는 물 속의 압력과 같은 압력의 공기로 호흡을 하게 된다. **이것은 수심 20m에서 다이버는 수면에서 보다 3배나 많은 공기를 호흡에 사용한다는 뜻이다.** 즉 다이버가 수면에서 1분에 15ℓ의 공기가 필요하다면 20m에서는 45ℓ의 공기가 필요하다.

② 일반적으로 사용하는 80CuFt 공기통은 2,265ℓ의 공기를 압축하여 사용한다. [CuFt 는 입방피트로 피트법을 사용하는 국가에서 용량의 단위로 사용한다. 다이빙에 사용하는 알루미늄 탱크는 상용압력이 211kg/cm²(3,000psi) 이고 80CuFt 탱크에 충전하면 2,265ℓ가 된다.] 이것은 대기 중에서 정상적인 성인 남자가 약 150분 정도 호흡할 수 있는 공기량이다.

③ 이 공기량은 얕은 수영장에서라면 거의 2시간에 걸쳐 다이버가 호흡할 수 있는 양이지만 수심 20m에서는 50분 정도밖에 호흡할 수 없다. 안전을 위한 공기의 여분을 764ℓ 라고 가정한다면 다이버는 1,500ℓ 를 사용할 수가 있다.

④ 수심별로 다이버가 소모하는 공기량과 소모되는 시간은 다른 조건을 무시한 상황에서 다음 표와 같다.

표 5-1 수심과 공기 소모량의 관계

수심(m)	절대압력(atm)	소모 시간(분)	공기 소모율(ℓ/분)
0	1	100	15
10	2	50	30
20	3	33	45
30	4	25	60
40	5	20	75

(2) 잠수장비의 구성 및 관리

1) 기본 장비

① 수경(Mask)

수경을 선택할 때 가장 중요한 부분은 수경 내에 반드시 코가 들어가 수경압착에 대한 방지를 할 수 있는 것으로 자기 얼굴에 잘 맞고 사용하는데 불편하지 않아야 한다. 수경을 사용한 후에는 민물로 깨끗이 씻은 후 습기를 완전히 제거하고 케이스에 넣어 직사광선에 의한 노출을 피하고 그늘지고 건조한 곳에 보관하여야 한다.

② 숨대롱(Snorkel)

수면에서 숨대롱을 사용하여 공기통의 공기를 아낄 수 있으며 물 밑을 관찰함과 동시에 수면에서 쉽게 수영할 수 있게 해준다. 숨대롱은 간단하면서도 호흡 저항이 적고 물을 빼기가 쉬워야 한다. 내부의 물을 쉽게 배출시킬 수 있도록 배수밸브가 부착된 것을 많이 사용한다. 보관할 때는 수경과 분리하여 민물에 씻어서 그늘지고, 건조한 곳에 보관한다.

③ 오리발(Fins)

오리발은 물에서 기동성과 효율성을 높여주고 최소의 노력으로 많은 추진력을 제공해 준다. 오리발을 사용함으로서 다이버들은 수영을 할 때보다 손을 자유롭게 움직일 수 있다. 오리발은 자기 발에 맞고 잘 벗겨지지 않는 것을 선택한다. 사용 후에는 햇빛을 피하여 민물로 씻어서 보관하여야 하며 장기간 보관 시에는 고무 부분에 분가루나 실리콘 스프레이를 뿌려 두는 것이 좋다.

④ 잠수복(Suit) 2014 경남 소방장, 2017 소방교

　　ⓐ 물 속에서는 열 손실이 아주 빠르기 때문에 차가운 물 속이 아니더라도 체온을 보호해 주어야 한다.

　　ⓑ 바닷가나 해저에서 입을 수 있는 상처로부터 몸을 보호해 주고 비상 시에는 잠수복이 양성 부력이므로 체력 소모를 줄여 준다.

　　ⓒ 잠수복은 신체와 잠수복 사이에 물이 들어오는 습식(wet suit)과 물을 완전히 차단하여 열의 손실을 막아주는 건식(dry suit)이 있다.

　　ⓓ 보편적으로 수온이 24℃ 이하에서는 발포고무로 만든 습식 잠수복을 착용하고, 수온이 13℃ 이하로 낮아지면 건식 잠수복을 착용하도록 권장한다.

　　ⓔ 사용한 후에는 깨끗한 물로 씻어서 직사광선을 피해서 말리며, 옷걸이에 걸어서 보관하는 것이 바람직하다.

⑤ 모자(Hood), 신발(Booth), 장갑(Glove)

수중에서 머리는 잘 보호되어야 하며, 특히 열 손실이 많은 부위이기 때문에 차가운 물 속에서는 반드시 보온을 해야 한다. 잠수신발과 잠수장갑은 잠수복과 같은 네오프렌으로 된 것을 주로 사용하며 손발의 보호 및 보온 기능을 한다. 사용 후에는 민물로 깨끗이 씻어 말리고 접어서 보관하지 않는다.

2) 부력 장비

① 중량 벨트(Weight Belt)

사람의 몸은 물 속에서 거의 중성 부력을 갖게 되나 잠수복을 착용하므로 잠수복의 원단과 스타일에 따라 부력이 더 증가된다. 따라서 다이버는 적당한 무게의 중량 벨트를 착용해야 한다. 본인에게 알맞은 중량 벨트의 선택 방법은 모든 장비를 착용한 상태에서 눈높이에 수면이 위치하도록 하는 것이다. 이때 호흡을 하게 되어도 수면이 눈높이에서 크게 이탈되지 않고 아래위로 움직임을 알 수 있다. 이것은 잠수 활동 시 매우 중요한 기술이다.

② 부력조절기(BC, Buoyancy Compensator)

　　ⓐ 수면에서 휴식을 위한 양성 부력을 제공해 주며 비상 시에는 구조장비 역할까지 담당할 수 있다.

　　ⓑ 잠수복과 중량 벨트의 조화로 부력이 중성화되었으나, 잠수복의 네오프렌은 기포로 형성되었기 때문에 수압을 받으면 그 부피가 줄어들어 부력이 저하된다. 이때 부력조절기 안에 공기를 넣어주면 자유롭게 부력을 조절할 수 있게 된다.

그림 5-52 부력조절기

ⓒ 부력조절기는 아주 질긴 재질을 사용하여 제작된 것이다. 강한 충격에도 찢어지지 않기 때문에 부력조절기가 터지지는 않을까 불안해할 필요는 없다. 사용 후 깨끗한 물로 씻어야 하고, 내부도 물로 헹구어서 공기를 넣어 통풍이 잘되는 곳에서 말려야 한다.

3) 호흡을 위한 장비

① 공기통(Tank)

ⓐ 실린더(Cylinder), 렁(Lung), 봄베(Bombe), 탱크(Tank) 등 다양한 명칭으로 불리는 공기통은 고압에서 견딜 수 있고 가벼운 소재로 제작되며 알루미늄 합금을 많이 사용한다.

ⓑ 공기통 맨 윗 부분에 용량, 재질, 압력, 제품 일련번호, 수압 검사날짜 및 수압 검사표시, 제조사 명칭 등이 표시되어 있다.

ⓒ 수압 검사는 처음 구입 후 5년 만에, 이후에는 3년마다, 육안검사는 1년마다 검사하는 것을 권장한다. 고압가스 안전관리법에서는 신규검사 후 10년까지는 5년마다, 10년 경과 후에는 3년마다 검사를 받도록 규정하고 있다.

ⓓ 공기통은 매년 내부의 습기 및 기름 찌꺼기 유무 등을 점검하고 운반할 때나 보관할 때에는 공기통이 손상되지 않도록 주의한다. 장기간 보관할 때 공기통에 공기를 50bar로 압축하여 세워두고, 다음번 사용할 때에는 공기통을 깨끗이 비우고 새로운 공기를 압축하여 사용한다.

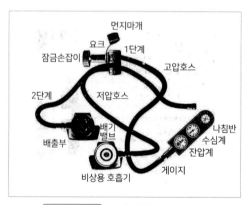

그림 5-53 호흡기(Regulator)

② 호흡기(Regulator)

ⓐ 호흡기는 고압의 공기통에서 나오는 공기를 다이버에게 주변의 압력과 같게 조절하여 주는 장치이다. 따라서 다이버는 호흡기로 물 속에서 편안히 공기로 숨을 쉴 수 있다.

ⓑ 호흡기는 2단계에 걸쳐 압력을 감소시킨다. 처음 단계에서는 탱크의 압력을 9~11bar(125~150psi)까지 감소시키고, 이 중간 압력은 두 번째 단계를 거쳐 주위의 압력과 같아지게 된다.

ⓒ 비상용 보조호흡기는 옥토퍼스(Octopus)라고 부른다.

ⓓ 호흡기뿐만 아니라 모든 잠수장비는 사용 후에 깨끗한 물로 씻어야 한다.

ⓔ 특히 호흡기는 민물(강) 잠수는 깨끗한 물로 세척만으로 좋을 수 있으나, 바닷가에 접한 소방서(구조대)는 사용 빈도에 따라서 1년에 한 번 정도는 전체 분해 후 청소, 소모품 교환을 하는 일명 "오버홀(overhaul)"을 하는 것을 권장한다. (전문기관에 의뢰)

4) 계기 및 보조장비

① 계기

ⓐ 압력계(Pressure Gauge)

압력계는 잠수 활동에 있어서 필수적인 장비이다. 이것은 공기통에 남은 공기의 압력을 측정한다고 하여 잔압계라고도 한다. 이것은 자동차의 연료계기와 마찬가지로 공기통에 공기가 얼마나 있는가를 나타내주는 호흡기 1단계와 고압호스로 연결하여 사용한다.

ⓑ 수심계(Depth Gauge)

수심계는 주변 압력을 측정하여 수심을 표시하는 것이다. 수심계에는 현재의 수심과 가장 깊이 들어간 수심을 나타내는 바늘이 2개가 있다. 수심은 m, 또는 feet로 표시한다.

ⓒ 나침반(Compass)

수중 활동 시에는 방향 감각을 잃어버릴 위험성이 있다. 이때 나침반은 중요한 장비가 된다.

ⓓ 다이브 컴퓨터(Dive Computer)

다이버에게 최대 수심과 잠수 시간을 계산하여 감압에 대한 정보를 알려주는 것이다. 또한 다이브 컴퓨터는 다이버의 공기 소모율을 계산하여 최대 잠수 가능 시간과 비교하여 현재의 공기압으로 활동 가능 시간을 나타내며 기타 잠수에 필요한 여러 가지 정보를 제공한다.

② 보조장비(Accessories)

기타 보조장비로는 칼, 신호기구, 잠수용 깃발, 수중랜턴, 잠수표 등이 있다.

(3) 수중활동 중의 주의사항

1) 압력평형

① 잠수 중 변화하는 수압에 적응하기 위해 신체 또는 장비와의 공간에 들어 있는 기체 부분의 압력을 수압과 맞춰주는 것으로 흔히 "이퀄라이징" 또는 "펌핑"이라고 부른다.

② 귀의 압력 균형은 하강이 시작되면 곧 코와 입을 막고 가볍게 불어 준다. 압력을 느낄 때마다 수시로 불어주며 숙달되고 나면 마른침을 삼키거나 턱을 움직여 압력평형을 해준다.

③ **압력평형이 잘되지 않으면 약간 상승하여 실시하고 다시 하강한다.** 이때 무리하게

귀의 압력 균형을 하거나 통증을 무시하고 잠수하면 고막이 손상을 입을 수 있다.

④ 상승 중에는 절대로 코를 막고 불어주면 안 된다.

2) 수경압착

수압을 받아 수경이 얼굴에 밀착되어 통증을 느낄 수 있다 이때 수경 내의 압력을 유지하기 위해서 수경의 테두리를 가볍게 누르고 코를 통해 수경 내부로 공기를 불어넣어 준다.

3) 잠수 및 상승

① 장비 점검

모든 구조활동에서 반드시 요구되는 사항이 사전 장비 점검이다. 개별 장비의 이상 유무와 함께 연결 부위가 적정한지, 공기압은 충분한지 등을 반드시 정해진 점검 요령에 따라 확인하여야 한다. 특히 BC의 공기 누설 여부, 탱크의 공기압, 호흡기에서 공기가 잘나오는지, 공기는 정상인지(무색, 무취인 공기가 정상적인 공기이다)를 반드시 확인하여야 한다.

② 하강 및 수중활동

ⓐ 하강 속도의 조절, 부력의 조절 및 압력평형에 대한 능력을 배양하여 급하강 및 급상승을 방지하고 사고를 예방한다.

ⓑ 반드시 2인 1조로 짝을 이루어 잠수하도록 하고 수시로 공기량을 체크하여 상승에 소요되는 공기량과 안전감압 정지에 소요되는 공기량, 상승 중 발생할 수 있는 예측하지 못했던 상황 등에 소요될 공기량 등을 남긴 채 잠수를 종료하여야 한다.

ⓒ 수면에 도착했을 때 50bar 또는 700psi가 남아 있도록 잠수계획을 세우는 것이 좋다. 불가피하게 수중에서 공기 공급이 중단되었을 경우는 몇 가지 방법의 비상 상승을 시도해야 하며 매우 위험한 방법이기 때문에 평소 철저히 연습하여 숙달되도록 한다.

③ 상승

ⓐ 잠수활동을 끝내고 상승할 때에는 잠수 시간과 공기량을 확인하고 짝에게 상승하자는 신호를 보내고 머리를 들어 위를 보며 오른손을 들어 360˚ 회전하면서 주위의 위험물을 살피며 천천히 상승한다.

ⓑ 상승 중에는 부력조절기 내의 공기와 잠수복이 팽창하여 부력이 증가하므로 왼손으로 부력조절기의 배기 단추를 잡고 위로 올려 공기를 조금씩 빼면서 분당 9m, 즉 6초에 1m를 초과하지 않는 속도로 상승한다.

ⓒ 상승 시에는 정상적인 호흡을 계속하고 비상시에는 상승할 때에 숨을 내쉬는 것이 필요하다. 이때 자기가 내쉰 공기 방울 중 작은 기포가 올라가는 것보다 느리게 상승해야 하며 수면에 가까워질수록 속도를 줄인다. 수심 5m 정도에서는 항상 5분 정도 안전 감압정지를 마치고 상승해야 한다.

(4) 안전사고 발생원인

1) 건강상의 문제

잠수는 아주 건강한 신체조건을 요하는 운동이며 신체에 특이한 스트레스를 부여한다. 호흡계통과 관련되어 의학적 기능을 상실시키는 것은 다이버의 활동 기능에 손상을 준다. 다시 말하면, 정상적인 호흡이나 혈액 순환에 영향을 미치는 건강상의 문제는 다이빙에 있어서 중대한 영향을 미칠 수 있으며 의식불명의 원인이 될 수 있는 상태는 다이빙하기에 부적당하다.

감기와 같은 일시적인 건강상의 문제가 있을 때에는 잠수활동을 연기하는 것이 좋으며, 장기간 약을 복용하는 경우에도 의사의 지시에 따라야 한다.

2) 훈련 부족

다이빙 중 특정한 활동에 대한 훈련 부족 즉, 그 활동을 정상적으로 하기 위한 지식이나 장비가 없으면 다이버에게 많은 어려움이 생길 것이다. 예를 들어 해양에서 경험이 많은 다이버일지라도 강물, 얼음 혹은 동굴 잠수에 적응하기가 쉽지 않으므로 이에 따른 특별 강습 등을 받아야 하며 경험이 많은 동반자가 필요하다.

3) 체온 저하

다이빙을 시작한 후 뒤이어 생기는 문제 중의 하나가 수중에서 지나치게 노출되는 일이다. 그로 인해 다이버는 피곤해지고 파도와 장시간의 수영, 조류에 의한 스트레스에 대처할 수 없게 된다. 체온이 내려감에 따라 차가워진 손가락을 움직이기 어려운 것처럼 뇌도 활동이 둔화되어 집중력이 떨어진다.

잠수복은 다이버에게 상처로부터의 보호뿐만 아니라 체온의 급격한 저하를 방지하지만, 아무리 좋은 잠수복도 보호에는 한계가 있으므로 이 한계를 벗어나서는 안 되고 수면 휴식 시간동안 적당한 체온 보호를 해주어야 한다.

4) 피로

물은 밀도가 높은 매체이므로 땅에서보다 수중에서의 활동에 피로를 쉽게 느끼며 이것은 다리근육을 긴장시켜 경련을 일으키고 수중에서 비능률적인 호흡과 장비의 사용은 피로를 가중시킬 수 있다. 피로한 다이버는 얕은 호흡을 하므로 산소 공급이 저하되고 만약 다이버가 무리한 활동을 그만두지 않거나 중성 부력을 유지하기 위한 행동이 제시간에 이루어지지 않으면, 다이버는 피로의 영향으로부터 다음 단계의 문제로 향하게 된다.

5) 얽힘

물 속에서 얽힘은 큰 문제가 아니다. 공기의 공급이 중단되는 경우가 아니면 다이버의 생명에는 지장이 없다. 다만, 조심스런 잠수활동으로 다이버들이 해초나 줄에 얽히는 것을 예방하는 것이 중요하다. 다이버 장비를 적절히 사용하여 장애물의 구속력을 최소화하고 짝의 도움을 받아 얽힌 것을 떼어 내거나 제거하면 된다.

6) 수면에서의 사고

대부분 사고는 심각한 수준이 아니지만 이러한 문제 중 큰 어려움은 다이버의 두려움과 충격이다. 수상에서 응급처지 만큼이나 중요한 것은 동료 다이버의 도움으로 안정시키는 것이다.

7) 환경적 상태

잠수는 날씨와 물의 상태가 좋을 때 안전하게 할 수 있다. 폭풍, 커다란 파도, 좋지 못한 시야는 좋은 다이버 조건이 아니다. 이러한 상태 하에서 물 속으로 들어간다는 것은 다이버에게 위험을 안겨준다. 특히 초보자는 날씨와 물의 상태가 좋을 때 잠수를 하도록 해야 한다.

8) 장비의 문제

장비의 기능 문제는 거의 없지만 장비의 부적절한 사용으로 인한 문제는 자주 발생하고 있다. 잘 맞지 않는 수경, 너무 조이는 잠수복, 지나친 무게, 잘 조여지지 않은 공기통의 등받이, 느슨한 오리발, 손상된 부력조절기 등이 잠수사고의 원인이 되고 있다. 다이버는 물에 들어가기 전에 자기 장비의 작동상태를 점검할 의무가 있다.

9) 부력조절의 실패

① 수중에서 다이버가 중성 부력의 조절 실수나 수면으로 올라온 후 양성 부력 확보의 실패는 잠수 시 생기는 사고의 근본적인 원인이 될 것이다.

② 잠수사고의 많은 부분이 수면사고와 관련이 있으며, 훈련이 잘된 다이버는 양성 부력의 상태에서 어려움을 당하는 일은 거의 없지만, 피로를 피하고 빠른 상승과 하강의 문제를 방지하며 입수와 출소, 수중에서의 균형 유지 등을 위해 부력의 효과적인 조절 방법을 배워야 한다.

③ **부력조절의 실패는 상승 중에 문제가 생기는데, 안전한 상승 속도인 분당 9m를 유지하기 위해서는 특히 주의를 기울여야 한다.**

④ 상승 중에는 부력조절기 내의 공기와 잠수복이 팽창하여 부력이 증가하므로 적절한 공기 방출에 세심한 주의가 필요하며 상승 시에는 정상적인 호흡을 계속하고 비상시에는 상승할 때에 숨을 내쉬는 것이 필요하다.

⑤ 계속되는 다이빙에서 부력의 조절은 부력조절기 등의 도움으로 유지되며 **비상시 필요하다면 가지고 있는 중량 벨트를 떨어뜨려 양성 부력을 시도해야 한다.**

10) 심리적 요인

① 불안과 스트레스

초보자에게 잠수 전의 불안은 이상한 것이 아니다. 다이빙 전에 지도자의 점검과 주의 깊은 배려는 불안을 덜어 준다. 잠수를 계획대로 실행하는데 방해가 된다면 안전을 취하는 것이 필요하며 상태가 심할 경우 잠수를 연기하거나 포기하는 것이 좋다.

② 공포

공포를 느끼는 상태는 다이버에게 매우 위험한 요소로 작용한다. 작은 문제가 스트레스 등과 더불어 불안함이 증가되고 결국에는 완전히 흥분 상태가 된다. 공포는 별안간 발생하는 것이 아니라 점차적으로 발생하게 되므로 자신과 동료 사이에 불안한 상태라는 신호를 주고받아 위험을 인식하는 즉시 다이빙을 멈추고 수면이나 해변으로 이동하여 흥분된 긴장 상태를 완화시켜야 한다.

11) 공기 공급의 차단

① 스쿠버 다이빙에서 가장 중요한 것은 공기 공급이 중단되지 않도록 하는 것이다. 반드시 잠수 전 장비 및 공기량을 점검하고 잠수 중 자주 잔압계를 확인하여 남은 공기량을 확인해야 한다.

② 상승에 소요되는 공기량과 안전감압 정지에 소요되는 공기량, 상승 중 발생할 수 있는 예측하지 못했던 상황 등에 소요될 공기량 등을 남긴 채 잠수를 종료하고 상승하는 것이 필요하다. 불가피하게 수중에서 공기 공급이 중단되었을 경우는 몇 가지 방법의 비상 상승을 시도해야 한다.

(5) 긴급상황에서의 조치

1) 비상 수영 상승

수중에서 호흡기가 고장나거나 공기가 떨어졌을 때 안전하게 수영해서 수면으로 상승하는 방법이다.

① 수심이 얕을수록 쉽게 할 수 있으며 보통 15~20m 이내의 수심에서는 용이하게 성공할 수 있다.

② 먼저 비상 상태임을 인지하고 최대한 노력하여, 에너지를 소비하지 않고 상승하는 마음가짐을 가진다.

③ 가능한 한 천천히 올라오는 것이 좋으나 그럴 여유가 없는 긴급한 상황이므로 정상보다 빨리 올라온다. 상승하는 도중에는 폐 속에서 팽창되는 공기가 저절로 빠져나갈 수 있도록 고개를 뒤로 젖혀 기도를 열어주어야 한다.

④ 오른손은 위로 올리고 왼손은 부력조절기의 배기 단추를 눌러 속도를 줄인다.

Part 5 구조기술

⑤ 상승 중에 '아~'하고 소리를 계속 작게 내고 있으면 적당한 양의 공기가 폐에서 나가게 된다. 공기가 다했다고 호흡기를 입에서 떼어버리면 안 된다. 깊은 곳에서 나오지 않던 공기가 외부 수압이 낮아지면 조금 나올 수 있기 때문에 상승 중에 5m마다 한 번씩 호흡기를 빨아본다.

⑥ 만약 수면까지 올라갈 수 없을 것 같은 경우나 올라가는 속도를 빨리하고 싶으면 중량 벨트를 풀어버린다. 얕은 곳에 올라올수록 상승 속도를 줄인다. 팔과 다리를 활짝 벌리고 누우면 속도가 줄어든다.

⑦ 수면에 도달하면 오리발을 차면서 부력조절기에 입으로 공기를 넣고 몸을 뒤로 눕혀 안정을 취한다.

2) 비상용 호흡기(Octopus)를 이용한 상승

수중에서 공기가 떨어진 다이버가 짝의 도움을 받아 상승하는 방법이다.

그림 5-54 비상용 호흡기 사용

① 공기가 떨어진 다이버는 그 즉시 신호를 보내어 자신이 위급한 상황임을 알리고 비상용 호흡기로 공기를 공급해 줄 것을 요청한다.

② 공급자는 즉시 자신이 물고 있던 호흡기를 요청자에게 주고 자신은 자기의 비상용 호흡기를 찾아 입에 물고 호흡한다.

③ 이때 공급자는 요청자의 부력조절기 어깨끈을 오른손으로 붙잡아 멀어지는 것을 방지하며 부력조절에 신경을 써서 급상승을 방지해야 한다.

3) 짝 호흡 상승

수심이 깊고 짝이 비상용 호흡기를 가지고 있지 않은 경우에 한 사람의 호흡기로 두 사람이 교대로 호흡하면서 상승하는 방법이다.

① 비상 수영 상승을 하기에는 수심이 너무 깊고 짝 호흡을 할 줄 아는 짝이 가까이 있을 경우에만 이 방법을 택할 수 있으나 가장 힘들고 위험한 방법이다.

② 먼저 자기 짝에게 공기가 떨어졌으니 짝 호흡을 하자는 신호를 보낸다.

③ 신호를 받은 즉시 왼손을 뻗어 공기 없는 짝의 어깨나 탱크 끈을 잡고 가까이 끌어당겨서 오른손으로 자신의 호흡기를 건네준다.

④ 호흡기를 건네줄 때는 똑바로 물 수 있도록 해주고 짝이 누름단추를 누를 수 있도록 호흡기를 잡는다. 이때 공기를 주는 사람이 계속 호흡기를 잡고 있어야 한다.

⑤ 호흡은 한 번에 두 번씩만 쉰다. 호흡을 참고 있는 동안에는 계속 공기를 조금씩 내보내면서 상승한다.

⑥ 호흡의 속도는 평소보다 약간 빠르게 깊이 쉬어야 하며 너무 천천히 하면 기다리는

짝이 급해진다.

⑦ 가능한 한 상승 속도는 정상 속도(분당 9m)를 초과하지 않도록 한다.

(6) 구조

1) 자신의 구조

가끔 다이버들은 자신의 어려움을 인식하지 못하여 문제를 발생시키는 경우도 있다. 또한 도움을 요청하는 일이 창피하여 위험을 야기하는 경우도 많다. 더 큰 곤란에 빠지기 전에 다이버는 문제를 조절하고 자기 자신을 구조하기 위한 적당한 행동을 취해야 한다.

자신의 구조를 위한 행동 지침
① 멈춤 → 생각 → 조절
② 채집망, 작살 등의 불필요한 장비 및 장치는 버린다.
③ 수면에서는 안정을 위해 부력조절기를 팽창한다.
④ 심한 어려움이 시작되면 중량 벨트를 버릴 준비를 한다.
⑤ 활동을 계속하기 전에 쉬는 시간을 갖는다.
⑥ 가능한 한 시선을 멀리하고 하늘을 보면서 안정을 취하도록 한다.

2) 다이버가 수면에서 허우적거리는 경우

① 우선 지친 다이버에게 용기를 주고 부력조절기를 팽창시킨 후 중량 벨트를 떨어뜨리도록 지시한다.

② 스스로 행동을 취하지 못하면 장비로 인한 어려움이 없도록 도와주고 부력조절기를 팽창시켜 준다.

③ 다리 근육에 통증이 있을 경우(쥐가 났을 경우) 그 부위를 마사지해 주고 지친 다이버가 오리발의 끝을 잡아당기도록 한다.

④ 다이버를 이동시킬 때에는 [그림 5-55]와 같이 다이버를 바로 눕히고 공기통의 밸브 부위를 잡고 끌거나 팔을 어깨에 대고 밀어주도록 한다.

그림 5-55 지친 다이버 끌기

3) 수면에 떠서 의식이 없는 다이버의 경우

① 빨리 다가간 후 부력조절기에 공기를 넣는다. 이때 너무 많이 넣으면 다이버의 가슴이 압박되어 호흡이 곤란해지고 인공호흡이 힘들어진다.

② 대부분 엎드려 있는 자세로 있으므로 바로 누운 자세를 취해주고 중량 벨트를 풀어준다.

③ 다이버가 호흡이 멈춘 상태이면 다이버와 구조자 모두 수경과 호흡기를 벗고 인공호흡을 시작한다.

④ 계속 인공호흡을 하면서 해안이나 배로 헤엄친다. 끌고 가야 할 거리가 멀면 공기통도 풀어버린다.

4) 물속에서 의식이 없는 다이버의 경우

① 빨리 다가가 중량 벨트를 풀어준 후 다이버의 머리 부분을 잡고 수면으로 올라간다.

② 상승 중에는 다이버의 고개를 뒤로 젖혀 폐 속의 팽창된 공기가 배출되도록 한다.

③ 긴급한 경우에는 부력조절기에 공기를 넣어 상승 속도를 빨리한다.

④ 수면에 도착하면 인공호흡을 실시하면서 해안이나 배로 향한다.

(7) 잠수계획과 진행 | 2012 부산 소방장, 2013 서울 소방장

1) 잠수표의 원리

① 헨리의 법칙

ⓐ 이 법칙은 압력 하의 기체가 액체 속으로 용해되는 법칙을 설명하며 용해되는 양과 그 기체가 갖는 압력이 비례한다는 것이다.

ⓑ 예를 들어 압력이 2배가 되면 2배의 기체가 용해된다. 이 개념은 스쿠버 다이빙 때에 그 압력 하에서 호흡하는 공기 중의 질소가 체내 조직에 유입되는 과정과 관계가 있다.

ⓒ 사이다 뚜껑을 열면 녹아있던 기체가 거품이 되어 나오는 것을 보았을 것이다. 사이다는 고압의 탄산가스를 병 속에 유입시킨 것이기 때문이다.

ⓓ 이것은 잠수 후 갑작스런 상승으로 외부 압력이 급격히 저하되어 혈액 속의 질소가 거품의 형태로 변해 감압병의 원인이 되는 원리와 같다.

② 감압의 필요성

ⓐ 매 잠수 때마다 몸속으로 다량의 질소가 유입된다.

ⓑ 질소가 용해되는 양은 잠수 수심과 시간에 비례한다.

ⓒ 일정한 양을 초과해 질소가 몸속으로 유입된다면 몸속에 포화된 양의 질소를 배출하기 위하여 상승을 잠시 멈추어야 한다.

ⓓ 감압병은 상승할 때에 감압 지점에서 감압 시간을 지키지 않았을 경우 걸리게 된다.

ⓔ 무감압 한계시간 이내의 잠수를 했더라도 상승 중 규정 속도(분당 9m)를 지키지 않으면 발생할 수도 있다.

③ 할덴의 이론

ⓐ 이 이론은 용해되는 압력이 다시 환원되는 압력의 2배를 넘지 않는 한 신체는 감압병으로부터 안전하다는 이론이다.

ⓑ 오늘날 사용되는 미해군 잠수표(테이블)는 이러한 이론에 기초를 둔 것이다.

ⓒ 제한된 시간과 수심으로 정리된 테이블에 따르면 감압병을 일으키는 거품이 형성되지 않는다. 상승 속도는 유입되는 질소의 부분압력이 지나치지 않을 정도의 수준에서 지켜져야 한다.

④ 최대 잠수 가능시간(무감압 한계시간)

ⓐ 잠수 후 상승 속도를 분당 9m로 유지하면서 수면으로 상승하면 체내의 질소를 한계 수준 미만으로 만들 수 있다. 따라서 상승 중 감압정지를 하지 않고 일정의 수심에서 최대로 머물 수 있는 시간이 수심에 따라 제한되어 있다.

ⓑ 이것을 "최대 잠수 가능시간" 또는 "무감압 한계시간"이라 한다. 안전을 위해 이러한 최대 잠수 가능시간 내에 잠수를 마쳐야 한다. 잠수표는 이러한 최대 잠수 가능시간을 수심별로 나열하여 감압병을 예방하고자 만든 것이다.

표 5-2 최대 잠수 가능시간

깊이(m)	시간(분)	깊이(m)	시간(분)	깊이(m)	시간(분)
10.5	310	21.0	50	33.5	20
12.2	200	24.4	40	36.5	15
15.2	100	27.4	30	39.5	10
18.2	60	30.0	25	45.5	5

⑤ 잔류 질소

ⓐ 우리가 안전한 상승을 할지라도 체내에는 잠수하기 전보다 많은 양의 질소가 남아 있다.

ⓑ 이것을 잔류 질소라 하고 호흡에 의해 12시간이 지나야 배출된다.

ⓒ 재잠수를 위해 물에 다시 들어가는 경우 계속적으로 축적되는 질소의 영향으로 변화되는 시간과 수심을 제공하여 재잠수는 줄어든 시간 내에 마치도록 해준다.

2) 잠수에 사용되는 용어

① 실제 잠수시간

이것은 수면에서 하강하여 최대 수심에서 활동하다가 상승을 시작할 때까지의 시간을 말한다.

② 잠수계획 도표

잠수 진행 과정을 일종의 도표로 나타내어 보는 것이다. 이 잠수계획 도표를 사용하게 되면 보다 계획적이고 효율적인 잠수를 할 수 있다.

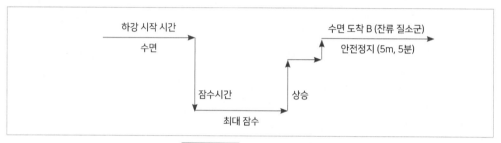

[그림 5-56] 잠수계획 도표

③ 잔류 질소군

잠수 후 체내에 녹아 있는 질소의 양(잔류 질소)의 표시를 영문 알파벳으로 표기한 것을 말한다. 가장 작은 양의 질소가 녹아 있음을 나타내는 기호는 A이다.

④ 수면 휴식시간

잠수 후 재잠수 전까지의 수면 및 물 밖에서 진행되는 휴식시간을 말한다. 12시간 내의 재잠수를 계획하는데, 가장 중요한 것은 수면 및 물 밖의 휴식 동안 몸 안에 얼마만큼 잔류 질소가 남아 있는가 하는 것이다. 수면 휴식시간을 많이 가질수록 이미 용해된 신체 내 질소는 호흡을 통해 밖으로 나간다. 다시 잠수하기 전 체내에 잔류된 질소의 양을 알아보기 위하여 새로운 잠수기호를 설정한다. 이 기호는 수면휴식 시간표를 사용하면 쉽게 찾을 수 있다.

⑤ 잔류 질소시간

체내의 잔류 질소량을 잠수하고자 하는 수심에 따라 결정되는 시간으로 바꾸어 표현한 것이다.

⑥ 감압정지와 감압시간

실제 잠수 시간이 최대 잠수 가능시간을 초과했을 때에 상승 도중 감압표상에 지시된 수심에서 지시된 시간만큼 머무르는 것을 "감압정지"라 하고, 머무르는 시간을 "감압시간"이라 한다. 그리고 감압은 가슴 정중앙이 지시된 수심에 위치하여야 한다.

⑦ 재잠수

스쿠버 잠수 후 10분 이후에서부터 12시간 내에 실행되는 스쿠버 잠수를 말한다.

⑧ 총 잠수시간

재잠수 때에 적용할 잠수시간의 결정은 총 잠수시간으로 전 잠수로 인해 줄어든 시간(잔류 질소시간)과 실제 재잠수 시간을 합하여 나타낸다.

⑨ 최대 잠수 가능 조정시간

역시 재잠수 때에 적용할 최대 잠수 가능시간의 결정은 잔류 질소시간에 따라 변한다. 따라서 최대 잠수 가능 조정시간은 최대 잠수 가능시간에서 잔류 질소 시간을 뺀 나머지 시간이다.

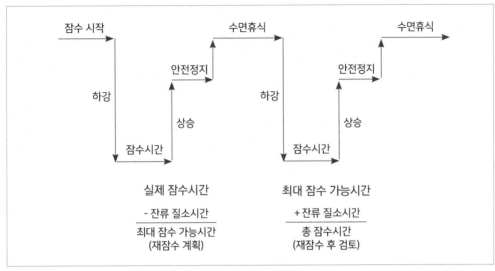

그림 5-57 잠수표에서 사용된 용어들

⑩ 안전정지

모든 스쿠버잠수 후 상승할 때에 수심 5m 지점에서 약 5분간 정지하여 상승 속도를 완화한다. 이러한 상승 중 정지를 "안전정지"라 한다. 이 안전정지 시간은 잠수시간 및 수면휴식 시간에 포함시키지 않는다. 또한 감압지시에 따른 감압과는 무관하다.

(8) 잠수병의 종류와 대응   2014 경기 소방장, 2018 소방교, 소방장

1) 질소 마취

① 수중으로 깊이 내려갈수록 호흡하는 공기의 압력이 증가함에 따라 공기 중의 질소 부분압도 증가하는데 이에 따라 고압의 질소가 인체에 마취작용을 일으킨다.

② 개인에 따라 차이는 있지만 일반적으로 수심 30m 지점 이상으로 내려가면 질소 마취의 가능성이 커진다.

③ 증세로는 몸이 나른해지고 정신이 흐려져 올바른 판단을 내릴 수 없으며 술에 취한 것과 같은 기분이 들어 엉뚱한 행동을 하게 된다.

④ 질소 마취는 후유증이 없기 때문에 질소 마취에 걸렸다 하더라도 수심이 얕은 곳으로 올라오면 정신이 다시 맑아지는데, 스포츠 다이빙에서는 30m 이하까지 잠수하지 않는 것이 좋다.

2) 산소 중독(Oxygen Toxicity)

산소는 사람이 생존하는데 가장 중요한 요소이지만 지나치게 많은 산소를 함유한 공기를 호흡하게 되면 오히려 산소 중독을 일으킨다.

① 산소의 부분압이 0.6대기압 이상인 공기를 장시간 호흡할 경우 중독되는데 부분압이 이보다 더 높으면 중독이 더 빨리된다.

② 호흡 기체 속에 포함된 산소의 최소 한계량과 최대 허용량은 산소의 함유량(%)과는 관계가 없고 산소의 부분압과 관계가 있다.

③ 인체의 산소 사용 가능 범위는 약 0.16기압에서 1.6기압 범위이다.

④ 산소 부분압이 0.16기압 이하가 되면 저산소증이 발생하고 산소 분압이 1.4~1.6 기압이 될 때 산소 중독이 나타난다. 1.4는 작업 시 분압이고 1.6은 정지 시 분압이라고 표현하는데 사실 1.6은 Contingency Pressure(우발적 사고 압력)라고 해서 우발적으로 라도 노출되어서는 안 되는 부분압이라는 의미이다.

⑤ 증세로는 근육의 경련, 멀미, 현기증, 발작, 호흡 곤란 등이며 예방법으로는 순수 산소를 사용하지 말고 반드시 공기를 사용하는 것이다.

3) 탄산가스 중독 [2017 소방위, 2018 소방교, 소방장]

① 인체는 탄산가스를 배출하고 산소를 흡입해야 하는데 잠수 중에 탄산가스가 충분히 배출되지 않고 몸속에 축적되면 탄산가스 중독을 일으킨다.

② 탄산가스 중독의 원인은 다이빙 중에 공기를 아끼려고 숨을 참으면서 호흡한다든지 힘든 작업을 할 경우에 생긴다.

③ 증세로는 호흡이 가빠지고 숨이 차며 안면 충혈과 심할 경우 실신하기도 한다. 예방법으로는 크고 깊은 호흡을 규칙적으로 하는 것이다.

4) 감압병(Decompression Sickness) [2012 경북 소방교, 2018 소방교, 소방장]

① 우리가 숨 쉬는 공기는 인체의 혈액을 통해 각 조직으로 보내진다.

② 공기는 질소와 산소가 대부분인데 이 가운데 산소는 신진대사에서 일부 소모되지만 질소는 그대로 인체에 남아있다.

③ 다이빙을 해서 수압이 증가하면 질소의 부분압이 증가되어 몸속에 녹아 들어가는 질소의 양도 증가하는데, 만약 다이버가 오랜 잠수 후 갑자기 상승하면 외부 압력이 급격히 낮아지므로 몸속의 질소가 과포화된 상태가 되고 인체의 조직이나 혈액 속에 기포를 형성하는 감압병에 걸리게 된다.

④ 감압병 증세는 80% 정도가 잠수를 마친 후 1시간 이내에 나타나며 드물게는 12~24시간 이후에 나타나기도 한다.

⑤ 증세는 신체 부위 어느 곳에 기포가 생겼는가에 따라 다르게 나타나는데 경미한 경

우 피로감, 피부 가려움증 정도지만 심한 경우 호흡 곤란, 질식, 손발이나 신체 마비 등이 일어난다.

⑥ 치료법은 재가압(re-compression) 요법으로 다이버를 고압 챔버에 넣고 다시 압력을 가해서 몸 속에 생긴 기포를 인체에 녹아들어가게 하고 천천히 감압하는 것이다. 재가압을 위해서 다이버를 물속에 다시 들어가게 하는 것은 매우 위험하다.

⑦ 감압병을 예방하는 방법은 수심 30m 이상 잠수하지 않으며, 상승 시 1분당 9m의 상승 속도를 준수하는 것이다.

5) 공기 색전증(Air Embolism) 2017 소방교, 2018 소방장

① 압력이 높은 해저에서 압력이 낮은 수면으로 상승할 때 호흡을 멈추고 있으면 폐 속의 공기는 팽창하고 결국에는 폐포를 손상시키며, 공기가 폐에서 혈관계에 들어가 혈관의 흐름을 막음으로서, 혈류를 공급받아야 되는 장기에 기능 부전을 일으켜 발생하는 질환을 통칭하여 공기 색전증이라 한다.

② 증세로는 기침, 혈포(血泡), 의식 불명 등이며 치료법은 감압병과 마찬가지로 재가압 요법을 사용해야 한다.

③ 예방법으로는 부상할 때 절대로 호흡을 정지하지 말고 급속한 상승을 하지 않으며, 해저에서는 공기가 없어질 때까지 있어서는 안 된다.

4 수중탐색(검색) 2016 부산 소방교

수중에서 익사자(익사체 포함)를 구조 및 탐색함에 있어 익사 지점을 정확히 알려준다고 해도 실제 그 지점이 아닌 경우가 대부분이다. 물체(익사자 또는 익사체)가 가라앉거나 가라앉은 뒤 수류나 파도에 의해 떠내려갈 수 있기 때문에 탐색을 시작하기 전에 가라앉은 물체가 있다고 예상되는 구역을 적절히 설정하여야 한다.

이 때 구역의 범위를 쉽게 인식할 수 있도록 부두, 방파제, 제방, 해안선 등의 지물을 이용하여 직사각형이나 정사각형으로 설정한다.

(1) 줄을 사용하지 않는 탐색 형태 2018 소방위

가장 간단한 탐색 형태는 아무런 장비나 도구 없이 탐색하는 방법이다. 이런 방법은 계획과 수행이 쉬운 반면, 줄을 이용한 방법보다 정확도가 떨어지는 단점이 있다.

1) 등고선 탐색

① 해안선이나 일정 간격을 두고 평행선을 따라 이동하며 물체를 찾는 방법으로 물체가 있는 수심과 위치를 비교적 정확하게 알고 있을 경우에 유용하다.

② 이 방법은 탐색 형태라기보다는 탐색 기술의 한 방법으로 물체가 있다고 예상되는

지점보다 바다 쪽으로 약간 벗어난 곳에서부터 시작한다. 예를 들어 해변의 경우 예상되는 지점보다 약 30m 정도 외해 쪽으로 벗어난 곳에서 해안선과 평행하게 이동하며 탐색한다.

③ 계획된 범위에 도달하면 해안선 쪽으로 약간 이동한 뒤 지나온 경로와 평행하게 되돌아가며 탐색한다.

④ 평행선과 평행선과의 거리는 시야 범위 정도가 적당하며 경사가 급한 곳에서는 수심계로 수심을 확인하며 경로를 유지할 수도 있다.

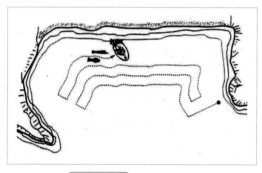

그림 5-58 등고선 탐색

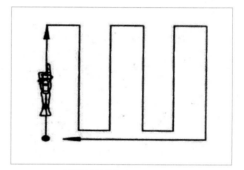

그림 5-59 U자 탐색

2) U자 탐색

탐색 구역을 "ㄹ"자 형태로 탐색하는 방법으로 장애물이 없는 평평한 지형에서 비교적 작은 물체를 탐색하는데 적합하다. 각 평행선의 간격은 시야 거리 정도가 적당하며, 수류가 있을 경우에는 수류와 평행한 방향으로 이동한다.

3) 소용돌이 탐색

비교적 큰 물체를 탐색하는데 적합한 방법으로 탐색 구역의 중앙에서 출발하여 이동 거리를 조금씩 증가시키면서 매번 한 쪽 방방으로 90°씩 회전하며 탐색한다.

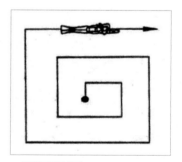

그림 5-60 소용돌이 탐색

(2) 줄을 이용한 탐색

줄을 이용하지 않는 탐색보다 정확하다. 특히 물의 흐름이 있는 곳이나 작은 물체를 찾을 때 효과적이며, 시야가 불량한 곳에서는 줄을 이용한 신호를 보낼 수 있다.

예를 들면 줄을 잡아당기는 숫자에 따라 의미를 정하는 것이다.

① 한 번 = 탐색을 시작함

② 두 번 = OK? 또는 OK!

③ 세 번 = 반대쪽에 도착했음

④ 네 번 = 이쪽으로 오라

⑤ 다섯 번 = 도와 달라

이밖에도 탐색 방법이나 환경에 따라 각자 신호를 만들어 사용할 수 있다.

1) 원형 탐색(Circling Search) 2018 소방위

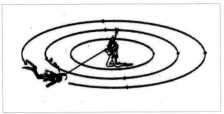

그림 5-61 원형 탐색

① 시야가 좋지 않으며 탐색면적이 좁고 수심이 깊을 때 활용하는 방법이다. 인원과 장비의 소요가 적은 반면 탐색할 수 있는 범위가 좁다.

② 탐색 구역의 중앙에서 구심점이 되어 줄을 잡고, 다른 한 사람이 줄의 반대쪽을 잡고 원을 그리며 한 바퀴 돌면서 탐색한다.

③ 출발점으로 한 바퀴 돌아온 뒤에 중앙에 있는 사람이 줄을 조금 풀어서 더 큰 원을 그리며 탐색하는 방법을 반복한다. 물론 줄은 시야 거리 만큼씩 늘려나간다.

2) 반원 탐색(Tended Search)

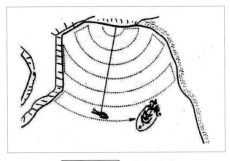

그림 5-62 반원 탐색

① 조류가 세고 탐색면이 넓을 때 사용한다.

② 원형 탐색을 응용한 형태로 해안선, 방파제, 부두 등에 의해 원형 탐색이 어려울 경우 반원 형태로 탐색한다.

③ 원형 탐색과의 차이점은 원을 그리며 진행하다 계획된 지점이나 방파제 등의 장애물을 만날 경우 줄을 늘리고 방향을 바꾸어서 반대 방향으로 전진하며 탐색한다는 것이다.

④ 정박하고 있는 배에서 물건을 떨어뜨릴 경우 가라앉는 동안 수류가 흐르는 방향으로 약간 벗어나게 되기 때문에 수류의 역 방향은 탐색할 필요가 없다. 이런 경우에 원형 탐색을 한다면 비효율적이며 수류가 흘러가는 방향만을 반원 탐색으로 탐색하는 것이 효과적이다.

3) 왕복 탐색(Jack stay Search)

① 시야가 좋고 탐색면적이 넓을 때 사용하는 방법이다.

② 탐색 구역의 외곽에 평행한 기준선을 두
줄로 설정하고, 기준선과 기준선에 수직
방향의 줄을 팽팽하게 설치한다.

③ 실제 구조활동 시는 두 명의 다이버가
동시에 같은 방향으로 이동하면서 수색
에 임한다.

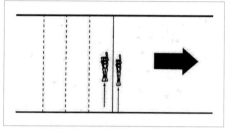

그림 5-63 왕복 탐색

④ 시야가 확보되는 않는 경우 긴급사항이
발생 시 반대에서 서로 비껴지나가는 방법은 맞지 않으며 인명구조사 1급 교육 시에
도 두 명의 다이버는 동시에 같은 방향으로 이동하며 수색하는 방법으로 교육을 실
시하고 있다.

4) 직선 탐색(Sajas Search)

① 시야가 좋지 않고 탐색면적이 넓은 지역에 사용한다.

② 탐색하는 구조대원의 인원수에 따라 광범위하게 탐색할 수 있고 폭넓게 탐색할 수
있으나 대원 상호 간에 팀워크가 중요하다.

③ 먼저 탐색할 지역을 설정하고 수면의 구조대원이 수영을 하며 수중에 있는 여러 명
의 구조대원을 이끌면서 탐색한다. 구조대원 간의 간격은 시정에 따라 적절하게 배
치한다.

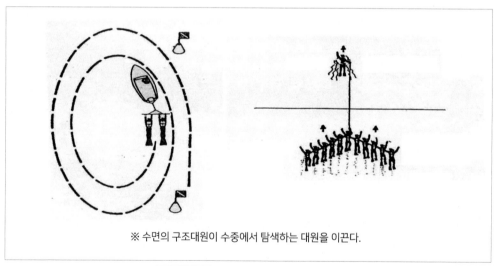

※ 수면의 구조대원이 수중에서 탐색하는 대원을 이끈다.

그림 5-64 수면과 수중의 구조대원

5 표면공급식 잠수

표면공급식 잠수란 선상이나 육상의 기체공급원(공기 또는 혼합기체)으로부터 유연하

고 견고한 생명호스를 통해 물속의 잠수사 헬멧에 기체를 지속적으로 공급해주는 방식으로 행동 범위에는 제약을 받지만 무엇보다 장시간 체류할 수 있어 효율적이다. 수상과 수중의 잠수사 간에 통화가 가능하며, 수상에서 잠수사의 수심을 정확히 측정할 수 있고, 잠수사의 모든 행동을 표면에서 지휘·통제할 수 있다.

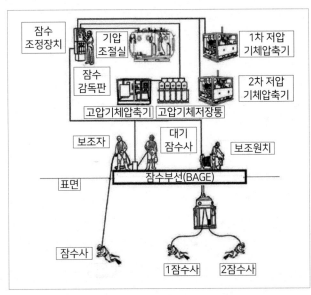

그림 5-65 표면공급식 잠수 운영 계획도

(1) 스쿠버 잠수와 표면공급식 잠수

장시간을 요하는 잠수 활동은 표면공급식 장비를 선택해야 한다. 잠수 활동에 있어서 해저 체류시간과 1일 활동시간은 준수되어야 한다. 스쿠버 잠수도 여러 장점을 가지고 있지만 반드시 비감압 잠수를 해야 한다는 원칙과 짝 잠수를 해야 한다는 것을 명심해야 한다.

표 5-3 스쿠버 잠수와 표면공급식 잠수

구분	스쿠버 잠수	표면공급식 잠수
한계 수심	① 비감압 한계시간을 엄격히 적용 ② 안전활동수심 60ft(18m)에 60분 허용 ③ 130ft(40m)에서 10분 허용 　단, 100ft(30m) 이상 잠수 시 반드시 비상기체통 또는 트윈(Twin) 기체통을 착용	① 공기잠수 시 최대 작업수심 190ft(58m) ② 60ft(18m) 이상, 침몰선 내부, 폐쇄된 공간 등에는 반드시 비상기체통을 착용
장점	① 장비의 운반, 착용, 해체가 간편해 신속한 기동성을 발휘 ② 잠수 활동 시 적은 인원이 소요됨 ③ 수평, 수직 이동이 원활함 ④ 수중활동이 자유로움	① 공기공급의 무제한으로 장시간 해저 체류가 가능 ② 양호한 수평 이동과 최대 조류 2.5노트까지 작업 가능 ③ 줄 신호 및 통화가 가능하므로 잠수사의 안전 및 잠수 활동 확인 ④ 현장 지휘 및 통제가 가능

구분	스쿠버 잠수	표면공급식 잠수
단점	① 수심과 해저 체류시간에 제한을 받음 ② 호흡 저항에 영향을 받음 ③ 지상과 통화 불가능 ④ 조류에 영향을 받음(최대 1노트) ⑤ 잠수사 이상 유무 확인 불가능 ⑥ 오염된 물, 기계적인 손상 등 신체 보호에 제한을 받음	① 기동성 저하 ② 수직 이동 제한 ③ 기체호스의 꺾임 ④ 혼자서 착용하기 불편함

03 붕괴건물 구조 ★★★★

1 건축구조물의 종류 및 특성

(1) 재료에 따른 분류

목재	• 단열, 방음 성능이 높고 가공이 용이하나 화재에 취약하므로 현재 고건축이나 단독주택 외에는 거의 사용되지 않는다.
벽돌	• 구조나 시공 방법이 간단하며, 외관이 미려하고 내화, 내구 성능이 있다. 압축력에는 강하나 풍압력, 지진 등 횡력에 약하고 건물의 높이와 면적에 따라 벽 두께가 두꺼워져 고층 건축이 곤란하며 2층 이하의 건물에 주로 쓰인다. • 주택 등의 내력벽체, 일반 건축물의 비내력벽을 구성하는 경우가 일반적이다.
블록	• 단열, 방음성이 있고 가벼우며 불연성이다. • 시공이 간편하고 대량 건축이 용이하나 강도가 약해 2층 정도가 한계이다. 창고, 공장 등 면적이 넓은 건물의 내력벽이나 RC조 건물의 칸막이 벽, 담장 등으로 많이 사용된다.
돌	• 단열, 불연성, 내구성이 우수하며 외관이 미려하다. • 압축강도는 높으나 인장강도가 크게 떨어지며 무겁고 가공이 힘들어 대규모 건축물에 사용되지 못하고 장식적으로 많이 사용된다.
철근콘크리트 (RC)	• 철근으로 뼈대를 이루고 콘크리트를 부어 넣어 일체식으로 성형한 합성구조이다. • 인장력은 철근이, 압축력은 콘크리트가 분담하여 강도가 높아 비교적 대규모 건축이 가능하다.
철골(SRC)	• RC조에 비하여 경량이고 수평력이 강하다. • Span(지름, 전장)이 긴 건축물과 고층 및 초고층 건물에 적합하지만 내화성이 취약하여 철골 단독으로는 잘 사용되지 않는다.
철골+ 철근콘크리트	• 철골로 뼈대를 하고 RC로 피복하는 방식이다. • 철골의 강도와 RC의 내화성을 함께 갖출 수 있어 초대형 고층 건축물에 적합하다.

(2) 구성양식에 따른 분류

가구식 구조 (架構式)	• 구조체인 기둥과 보를 부재의 접합에 의해서 축조하는 방법 • 목조, 철골구조 방식

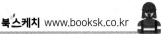

일체식 구조 (一體式)	• 기둥과 보가 하나로 성형된 것으로 라멘(Rahmen)구조라고 함 • 철근콘크리트, 철골철근콘크리트 구조 방식
조적식 구조 (組積式)	• 내력벽면을 구성하는데 있어 벽돌, 블록, 돌 등과 같은 조적재인 단일 부재를 교착재(모르타르)를 사용하여 쌓아올린 구조
입체트러스	• 트러스를 3각형, 4각형, 6각형 등의 형태로 수평, 수직 방향으로 결점을 접합하여 구조체를 일체화시켜 지지하는 구조 (트러스: 여러 개의 부재(部材)로 짜 맞추는 방식) • 주로 지붕 구조물이나 교량에 사용되는 구조 양식
현수구조 (懸垂構造)	• 모든 하중을 인장력으로 전달하게 하여 힘과 좌굴로 인한 불안정성과 허용응력을 감소시켜 지붕 및 바닥 등을 인장력을 가한 케이블로 지지하는 구조 • 주로 교량에 사용됨
막구조 (膜構造)	• 합성수지 계통의 천으로 만든 곡면으로 공간을 덮는 텐트와 같은 구조 원리를 이용하여 내면에 균일한 인장력을 분포시켜 얇은 막을 지지하는 구조 • 체육관 등과 같이 넓은 실내공간이 필요한 구조물의 지붕에 사용
곡면구조 (曲面構造)	• 철근콘크리트 등의 얇은 판이 곡면을 이루어서 외력을 받게 되는 구조로서 쉘(shell)과 돔(dome)이 있음
절판구조 (折板構造)	• 평면판을 접어서 휨 모멘트에 저항하는 강성을 높여 외력에 저항할 수 있도록 일체화시킨 구조로서 지붕 구조에 주로 사용됨

(3) 조적조 건물의 균열

1) **기초의 부동침하** : 한 건축물이 부분적으로 상이하게 침하되는 형상을 말한다. 지반이 연약하거나, 경사진 지형 또는 지하수위의 변경, 지하터널, 성토공사 후의 침하 등 다양한 원인으로 발생한다.

2) 건물 평면 입면의 불균형 및 벽의 불합리한 배치

3) 집중하중, 횡력 충격

4) 조적 벽의 길이 · 높이의 과다, 두께 및 강도의 부족

5) 시공 결함 (몰탈의 강도 부족, 이질재와의 접합부 등)

(4) 석재의 내화성

1) 석재는 불연성을 가지고 있으나 화재에 접하면 조성 광물질 별로 열팽창률이 다르고 또한 이질적 광물의 대립(大粒)을 함유한 석재는 내응력이 발생하여 스스로 파괴된다.

2) 우리나라에서 건축물의 주재료로 사용되는 화강암은 500~600℃ 정도에서 석영 성분의 팽창으로 붕괴된다.

2 철근콘크리트의 원리와 특성

(1) 성립 원리

① 보에는 [그림 5-66]과 같이 인장력(물체가 서로를 끌어당기는 힘)과 압축력이 동시에 작용한다.

② 인장력에 대응하기 위하여 콘크리트 구조체의 인장력이 일어나는 부위에 인장력이 강한 철근을 배근하고 콘크리트를 부어 넣어 일체식으로 구성하는 철근콘크리트를 사용하게 된다.

③ **압축응력은 콘크리트가**, 인장응력은 철근이 부담하여 서로 약점을 보완하고 장점을 발휘하도록 한 것이 철근콘크리트이다.

표 5-4   철근과 콘크리트의 특성

구분	인장력(Tension)	압축력(Compression)
철근	약 1.6t/cm² 이상(약 1,600kg/cm² 이상)	–
콘크리트	압축강도의 1/9 ~ 1/13 정도(약 16 ~ 23kg/cm²)	약 210kg/cm² 내외

1) 철근콘크리트의 성립 이유

① 콘크리트는 철근이 부식되는 것을 방지한다.

② 콘크리트와 철근이 강력히 철근의 좌굴(挫屈 : 꺾이거나 굽는 것, 휘어지는 것)을 방지하며, 압축응력에도 유효하게 대응한다.

③ 철근과 콘크리트는 열팽창계수가 거의 같다.

④ 내구 · 내화성을 가진 콘크리트가 철근을 피복하여 구조체는 내구성(耐久性)과 내화성(耐火性)을 가지게 된다.

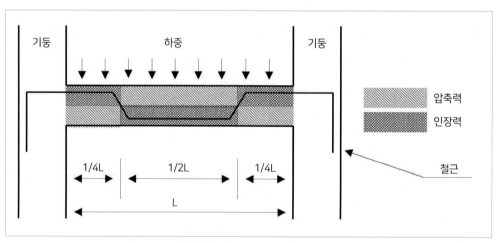

그림 5-66   보의 응력 분포

2) 콘크리트의 클리프(Creep)

콘크리트에 일정한 하중을 주면 더 이상 하중을 증가시키지 않아도 시간의 흐름에 따라 변형이 더욱 진행되는 현상을 말하며 클리프의 증가 원인은 다음과 같다.

① 재령이 적은 콘크리트에 재하시기가 빠를수록

② 물:시멘트(W/C)가 클수록

③ 대기습도가 적은 곳에 콘크리트를 건조상태로 노출시킨 경우

④ 양생이 나쁜 경우

⑤ 재하응력이 클수록

3) 콘크리트의 내구성 저하 요인

① 하중 작용 : 피로, 부동침하, 지진, 과적

② 온도 : 동결융해, 화재, 온도변화

③ 기계적 작용 : 마모

④ 화학적 작용 : 중성화, 염해(염분을 사용한 골재), 산성비

⑤ 전류작용 : 전식(電蝕 : 지하나 수중에 매몰된 금속물체에 전류가 흘러들어 부식되는 현상)

(2) 콘크리트와 화재 2014 경기 소방장, 2018 소방위

콘크리트의 시멘트에 의한 수화생성물은 온도변화에 따라 결정구조가 변화되고 경화할 때 에너지를 흡수 또는 방출한다. 따라서 콘크리트의 열 경화에 대한 Mechanism(구조, 과정)을 정확히 판단하여 열 손상을 받는 구조물에 대한 적절한 대책의 강구가 필요하다.

1) 화재에 따른 흡열 Mechanism과 손상

① 흡열 Mechanism

ⓐ 콘크리트는 200~400℃에서 모세관수 및 갤수(gel water)의 증발로 인한 강한 흡열피크가 발생한다.

ⓑ 600℃에서는 콘크리트 중의 $Ca(OH)_2$(수산화칼슘)의 분해로 인한 강한 흡열피크 발생

ⓒ 800℃에서는 콘크리트 중의 $CaCo_3$(중탄산칼슘)의 분해로 인한 흡열피크 발생

② 손상 원인

ⓐ 각 부분별 온도 차이에 의한 온도응력

ⓑ 콘크리트를 구성하는 시멘트 Paste(시멘트 몰탈) 내의 수산화칼슘[$Ca(OH)_2$] 분해

ⓒ 석회질 골재의 Calcination(煆燒 / 생석회 가루화)

ⓓ 고온에서 석영질 골재의 Phase(狀) 변화

③ 화재가 콘크리트에 미치는 영향

ⓐ 표면경도 : 균열, 가열에 따른 약화

ⓑ 균열 : 290℃에서는 표면균열, 540℃에서는 균열 심화

ⓒ 변색

－ 230℃까지는 정상

－ 290 ~ 590℃ : 연홍색이 붉은색으로 변색

- 590 ~ 900℃ : 붉은색이 회색으로 변색

- 900℃ 이상 : 회색이 황갈색으로 변색 (석회암은 흰색으로 변색)

ⓓ 굵은 골재 : 573℃로 가열 시 부재 표면에 위치한 규산질 골재에서는 Spalling 발생

[Spalling 破碎 : 부재의 모서리나 구석에 발생하는 박리와 유사한 콘크리트 표면 손상]

2) 콘크리트의 화재 성상 2014 경기 소방장, 2018 소방위

① 압축강도의 저하

ⓐ 콘크리트는 약 300℃에서 강도가 저하되기 시작하는데 힘을 받고 있지 않은 경우에 강도 저하가 더 심하게 일어나며 응력이 미리 가해진 상태에서는 온도의 영향을 늦게 받는다.

ⓑ 철근콘크리트는 강도를 유지해야 하는 주요 구조부에 주로 사용된다. 앞서 본 바와 같이 철근 콘크리트 중의 철근은 인장력을 받으며, 콘크리트는 압축력을 받는다.

ⓒ 화재 시 콘크리트의 압축강도 저하는 주요 구조부의 강도에 치명적인 영향을 미쳐 붕괴 위험성을 가져올 수 있다.

ⓓ 고온에서는 콘크리트의 압축강도가 저하되며 콘크리트 중의 철근의 부착강도는 극심하게 저하된다.

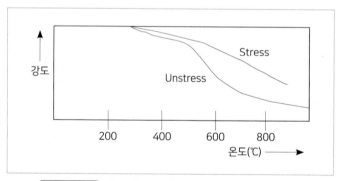

그림 5-67 콘크리트의 온도변화에 따른 강도 변화

② 탄성계수의 저하

온도가 증가됨에 따라 재료의 탄성이 저하되고 약화된다. 이는 모든 물체의 공통적인 현상이지만 힘을 받는 구조물에 있어서 탄성의 저하는 치명적인 결과를 초래할 수도 있다.

③ 콘크리트의 박리(剝離)

ⓐ 열팽창에 의한 압축응력이 콘크리트의 압축강도를 초과할 경우 박리가 일어난다.

ⓑ 박리 속도는 온도 상승 속도와 비례하며 콘크리트 중의 수분함량이 많을수록 박리발생이 용이하다.

ⓒ 구조물 내의 수증기압 상승으로 인장응력이 유발되고 박리가 발생하는 것이다.

ⓓ 콘크리트의 박리는 골재의 종류, 구조물의 형상에 따라 영향을 달리 받는다.

④ 중성화 속도의 급격한 상승

ⓐ 콘크리트가 고온을 받으면 알칼리성을 지배하고 있는 $Ca(OH)_2$가 소실되며 이에 따라 철근부동태막(부식을 방지하는 막)이 상실되어 콘크리트가 중성화된다.

ⓑ 콘크리트는 기본적으로 알칼리성을 띠고 있어 내부 철근의 산화속도를 늦춘다. 철근은 알칼리성인 콘크리트 속에서는 거의 부식되지 않는다.

ⓒ 콘크리트의 중성화(알칼리성의 상실)는 철근콘크리트의 수명을 단축시키는 근본적이고 치명적인 원인이 된다.

⑤ 열응력에 따른 균열 발생

표면온도와 콘크리트 내부의 온도 차이에 의한 열팽창률 차이에 따라 내부 응력이 발생하고 이 열응력이 콘크리트의 압축강도 보다 커지면 균열이 발생한다.

⑥ 콘크리트 신장의 잔류

화재에 따른 콘크리트의 온도가 500℃를 넘으면 냉각 후에도 잔류신장을 나타낸다.

3) 콘크리트의 폭열(爆裂)

① 콘크리트 내부에 포함된 수분이 급격한 온도 상승에 따라 수증기화하고 이 수증기가 콘크리트를 빠져나오는 속도보다 더 많이 발생할 때 콘크리트에서 폭열이 발생한다.

② 시멘트 결합수가 가열로 상실되고 조직이 해이되며, 열응력과 함께 콘크리트의 0계수 및 압축강도가 저하되고 급격한 온도상승에 따른 내부 증기압 때문에 콘크리트 일부가 폭열하는 것이다.

③ 이것은 콘크리트 배합이 잘못된 경우이거나 온도가 급격히 상승하는 경우에 볼 수 있는 현상으로 철근과 콘크리트의 열팽창 차이에 따라 철근의 부착력이 감소하여 콘크리트의 표층이 벗겨지고 파괴되는 현상이다.

④ 콘크리트가 폭열되면 잘게 부서지며 콘크리트 조각이 비산되어 주변에 피해를 초래하기도 한다.

ⓐ 콘크리트 폭열에 영향을 주는 인자

• 화재강도 (최대 온도)

• 화재의 형태 (부분 또는 전면적) / 구조물의 변형 및 구속력의 강도 결정

• 골재의 종류

• 구조형태 / 보의 단면, 슬래브의 두께

• 콘크리트의 함수량 / 굳지 않은 습윤 콘크리트는 높은 열에 의한 증기압으로 쉽게 폭열한다.

ⓑ 콘크리트의 화재 지속으로 인한 파손 깊이
- 80분 후 (800℃에서) 0~5mm
- 90분 후 (1,000℃에서) 15~25mm
- 180분 후 (1,100℃에서) 30~50mm

(3) 철의 화재 성상

1) 철의 강도와 화재 온도와의 관계

① 철은 온도에 따라 결정의 격자 형태가 바뀌는데 인장·압축강도 등 물리적 성질에 큰 영향을 받는다.

② 철 구조물은 철의 내부에서 인장·압축응력을 받고 있으며 온도의 증가에 따라 강도가 급격히 저하된다.

③ 철강 역시 온도가 높아지면 하중이 증가하지 않아도 변형율이 증가하는 Creep 현상이 발생하며 350 ~ 400℃에서 나타난다.

④ 응력이 크고 고온일수록 변형률이 크게 증가하고 파단하기까지의 시간이 짧다.

⑤ 철재는 약 870℃에서 강도가 현저히 저하되므로 고온에 노출된 철 구조물은 화재 후 재사용 여부를 신중히 검토하여야 한다.

2) 철의 화재 성상과 내화 피복(Fire Proofing)

내화 피복이란 철이 변형온도까지 도달하지 않도록 열을 차단하기 위하여 단열 성능이 우수한 피막을 입히는 것이다.

① 온도 변화에 따른 철의 강도 변화와 내화 피복

ⓐ 열에 의해 철근은 콘크리트의 구속을 받지 않고 독자적으로 신장한다.

ⓑ 노출되어 있는 철은 500℃에서 강도의 50%를 상실하고 900℃에서 0에 가깝다.

ⓒ 3cm 이상의 콘크리트로 피복된 철근은 800℃까지는 강도에 치명적인 영향을 받지 않는다.

② 내화상 필요한 피복 두께

내화 측면에서 피복의 최소한은 철근의 항복점이 약 1/2로 되는 500~600℃ 이하로 되도록 다음과 같이 정하였다.

ⓐ 주요한 기둥과 보 : 기둥과 보는 구조 내력상 주요한 부분이므로 2시간 내화를 생각해서 3cm이다.

ⓑ 벽과 슬래브 : 1시간 내화 기준인 2cm이다.

③ 내구상 필요한 피복 두께

ⓐ 경화한 콘크리트는 표면에서 공기 중 이산화탄소의 영향을 받아 서서히 알칼리성을 잃고 중성화한다.

ⓑ 좋은 콘크리트일수록 중성화 과정이 늦으며 보통 콘크리트 표면에서 4cm까지 중성화 되는데 약 110년, 5cm까지는 약 180년 정도 걸리는 것으로 알려져 있다.

④ 철골구조의 내화 피복

　　ⓐ 철골구조의 내화 피복은 ▷현장타설 공법, ▷바르는 공법, ▷붙이는 공법, ▷뿜칠 (spray) 공법, 기타 특수 공법이 있다.

　　ⓑ 현장타설 공법은 철강재를 철근콘크리트로 피복하는 일반적인 방법이며 근래 들어 암면, 질석, 석고, 퍼레이트 및 시멘트 등의 혼합물을 철강 구조에 뿜어 칠하는 spray 공법을 많이 사용한다.

　　ⓒ 벽체의 경우에는 경량 철골에 석고보드 등 방화재료를 붙여서 내화구조체를 이루는 건식 공법이 많이 사용된다.

　　ⓓ 석유화학공장 등의 외부에 노출된 철골이나 체육관 등 대공간 철재 구조물에는 내화도료 등을 칠하는 방법이 사용되기도 한다.

3 화재에 의한 건축물의 붕괴 2016 서울 소방교

(1) 붕괴의 주원인

건축물의 화재 시 열기에 의한 건축자재의 열팽창은 건물 구조의 결함을 초래하여 붕괴의 주원인으로 작용하기도 한다.

콘크리트, 철근, 벽돌, 목재와 같은 건축자재가 화염에 노출되어 가열되면 이들은 서로 다른 비율로 종적, 횡적으로 팽창하여 구조물과 상호 견고하게 결합되어 있는 자재들의 표면이 파괴되고 구조물 간의 상호협력이 상실되어 붕괴가 일어날 수 있다.

1) 부재 간의 결합력 상실

① 콘크리트나 벽돌에 비해 철재의 열팽창 계수가 매우 크기 때문에 이들 간의 접촉 부분이 파괴되는 현상이 발생한다.

② 이들 상호 간의 연결 부분이 파괴되어 건물의 골조와 벽 사이의 결합력이 상실된다.

2) 철근과 콘크리트의 결합력 상실

철근콘크리트에 있어서 콘크리트의 열팽창률이 철근에 비해 20% 작기 때문에 철근과 결합력이 상실되어 강도가 저하되고 붕괴의 원인이 된다.

3) 고온에 의한 폭열

콘크리트의 큰 열팽창과 함수율 때문에 급격한 화재 온도 즉, 1,000~1,200℃가 되면 슬래브 바닥이나 대들보 표면이 폭열하여 큰 콘크리트도 파편이 되어 비산할 수 있다.

(3) 화재 시 건물의 강도 저하

1) 내화구조 건물 화재 시 실내온도의 변화

① 철근콘크리트와 같은 내화구조 건물의 화재 시에는 기둥, 보, 바닥, 벽 등이 연소에 의하여 붕괴되지 않고 최후까지 남아있기 때문에 연소에 영향을 주는 공기 유통이 거의 일정하여 아궁이 속에 장작을 때는 것과 유사한 형태가 된다.

② 화재는 성장기, 최성기, 쇠퇴기(감쇄기)로 진행되나 화재 계속 시간은 목조건물이 30분 전후임에 비해 내화구조 건물은 2~3시간 또는 수 시간 이상 지속되기도 한다.

③ 최고 온도는 목조보다 낮아 800~1,000℃ 전후가 많고 발화 후 15분 정도면 최성기에 도달한다.

2) 콘크리트 구조체의 내부온도 변화

콘크리트 건물이 화재로 가열되면 벽과 바닥은 화재 1시간 경과 후 거리에 따라서 온도의 분포가 360~540℃ 정도에 이르며 보와 기둥은 250~600℃에 도달한다.

3) 구조재료의 열적 성상 (열에 의한 변화)

① 콘크리트가 열을 받으면 골재(모래+자갈)와 페이스트(시멘트 반죽)의 열팽창률의 차이에 의해서 콘크리트가 약화되고 온도상승에 따라 수분 증발과 시멘트 수화물 중 수산화칼슘의 분해로 골재와 페이스트 접착면이 파괴되어 강도가 저하된다.

② 콘크리트는 500℃ 이상의 온도에서는 잔존강도가 40%, 잔존 탄성계수가 20%로 감소되며 600℃에서는 1/3로 감소한다. 경험치에 의하면 철은 500℃에서 수분간만 노출되어도 지지응력이 없어지므로 건물 구조체로 사용되는 경우에는 내화피복을 하여야 한다.

4) 구조부재의 강도

기둥의 내화성능은 기둥의 단면적과 골재의 품질에 관련되며, 골재 및 시공 상태가 불량하면 압축강도 및 탄성계수가 저하되어 기둥이 붕괴된다.

4 붕괴 건축물에서의 구조작업

(1) 상황판단과 안전사고 예방

1) 현장상황의 판단

아무리 경험이 많은 지휘관이라 할지라도 대형 건축물이 붕괴된 사고 현장에 서게 되면 사고 현장이 광범위하고 복잡하기 때문에 어디서부터 구조활동을 시작해야 할지 판단을 내리기 쉽지 않다.

① 구조현장의 문제를 판단할 때는 해당 건축물의 구조와 용도, 수용 인원 등 기본적으로

검토해야 할 사항과 함께 **사고가 발생한 시간대도 중요한 변수임을 고려하여야 한다.**

② 수업시간 중에 일어난 학교의 사고는 저녁에 일어난 사고와 다르게 취급되어야 하고 호텔이나 아파트에서 발생한 사고는 주간보다는 야간에 훨씬 더 복잡하다는 것을 예상하여야 한다.

③ 구조활동 중에는 요구조자나 구경꾼 또는 구조대원에게 추가적인 위험 요인이 발생하지 않도록 사고 현장 및 주변에 대한 계속적인 관찰과 통제가 이루어져야 한다.

④ 구조작업의 진행은 눈에 보이는 대로 막무가내로 진행할 것이 아니라 현장의 목격자 및 건축전문가, 구조대원이 함께 참여하여 요구조자가 있는 위치, 구조방법 등에 대한 사전 검토를 하고 일관성 있게 진행되어야 한다.

⑤ 현장지휘관이 이전의 경험과 훈련에서 얻은 지식을 잘 활용하고 주변에서 얻을 수 있는 자료를 종합해서 논리적으로 판단하면 요구조자의 위치를 비교적 정확히 파악하고 구조에 임할 수 있을 것이다.

⑥ 모든 구조현장에 적용할 수 있는 특정한 규칙을 도출하긴 곤란하겠지만 건물 붕괴사고와 관련한 개별 구조작업을 진행하는데 있어서 필요한 표준절차는 수립할 수 있을 것이다.

2) 현장 활동의 통제

① 구조활동의 책임자는 직접 구조작업에 뛰어들지 않고 구조대 전체를 감독해야 한다.

② 안전하지 않은 상황이 진행되고 있는 지역을 관찰하고 대원들이 과로로 지치지 않도록 적절하게 대원을 교체하면서 상황 전체를 조율할 수 있다.

③ 구조작업을 운영 통제하는 것이 한 사람의 일손을 구조작업에 투입하는 것보다 훨씬 더 중요한 일이다.

3) 안전사고 예방

① 구조작업은 팀워크로 뭉친 개개인의 노력으로 진행된다. 구조대원은 스스로를 주위의 다른 위험으로부터 보호하기 위해 항상 주의를 기울여야 하며 동시에 팀원 전체의 안전에 대한 추가적인 위험을 야기할 수 있는 상황 변화를 항상 숙지하고 있어야 한다. 이것은 구조현장의 책임자뿐만 아니라 모든 대원에게 다 적용된다.

② 2차 붕괴의 가능성은 종종 실제로 나타나며 1차 붕괴보다 더 비극적인 결과를 가져올 수도 있다. 붕괴된 건물로부터 피해자를 구출하는 노력은 구조대원이 희생자보다도 더 큰 위험에 직면하게끔 한다.

③ 붕괴된 건물의 위험지역에서 작업하는 대원이 한두 명에 불과할 때라도 다른 대원들이 필요한 장비를 가지고 현장의 안전을 확보해 주어야 원활한 구조작업이 가능하다. 대원의 안전확보를 최우선 순위에 두어야 하는 것이다.

④ 건물의 붕괴로 요구조자가 깔려있는 것을 목격한 구조대원이나 구경꾼들은 종종 위험한 지역에 뛰어 들어가 생각 없이 구조장비도 없는 채로 서둘러 잔해를 치우는 행태를 보인다. 만일 피해자가 잔해 위에 있어 쉽게 구출된다면 다행이지만 불행히도 추가 붕괴가 발생한다면 요구조자는 물론이고 구조대원과 주변의 구경꾼까지도 심각한 위험에 빠지게 될 것이다.

⑤ 현장 상황이 변하거나 새로운 정보가 수집되면 구조작업에 대한 판단내용도 바뀌어야 한다. 현장 책임을 맡은 지휘관은 면밀한 검토 하에 새로운 전략을 결정해서 신속히 대응해야 한다.

(2) 건물의 붕괴 징후

건물 붕괴의 가능성은 소방전략을 세우는데 중요한 고려사항이다. 만일 붕괴를 유발하는 요인이 단순하고 명백하여 쉽게 알 수 있는 것이라면 문제는 크게 줄어들 것이다. 그러나 붕괴의 가능성이 명백히 드러나는 경우는 거의 없다.

① 일반적인 주거(단독주택이나 고층 아파트)에서는 구조대원들을 위험하게 할 만큼 심각한 붕괴는 매우 드물게 일어난다.

② 2층 이상의 건물이 철근콘크리트가 아니고 단순히 조적(벽돌)조 건물인 경우 화열로 약해진 벽체가 소화용수를 머금어 심각하게 강도가 저하될 수 있다. 벽체가 철근콘크리트조인지 벽돌조에 단순히 시멘트를 바른 것인지 정확히 파악할 필요가 있다.

③ 기둥이 없고 넓은 개방영역을 가지고 있는 상업적 건물에서는 건물의 결함이 종종 발견된다. 전체 건물이나 주요 부분은 안전하지 못할 수 있다. 벽은 갈라졌거나 간신히 지탱하고 있을 수 있고, 바닥이나 지붕은 적절한 지지대가 없을 수 있다.

④ 처음 건축 당시에는 적절한 구조로 건축된 건물도 이후 시간의 경과로 인한 노후현상이나 예전에 발생한 화재 등으로 인해 강도가 약화되어 위험할 수 있다.

⑤ 진행되고 있는 화재에서 나온 누적열의 영향은 빔, 기둥, 지지대, 그리고 벽을 약하게 할 수 있다. 이러한 상황이 현장 도착 시에는 뚜렷하지 않기 때문에 모든 구조대원은 지붕이나 바닥, 기대고 있는 벽, 벽 밖으로 나온 빔, 그리고 없어진 내부 구조나 기둥에 주의해야 한다.

화재에서 경계하여야 할 건물 붕괴 징후 2018 소방위
• 벽이나 바닥, 천장 그리고 지붕 구조물에 금이 가거나 틈이 있을 때 • 벽에 버팀목을 대 놓는 등 불안정한 구조를 보강한 흔적이 있을 때 • 엉성한 벽돌이나 블록, 건물에서 석재가 떨어져 내릴 때 • 석조 벽 사이의 모르타르가 약화되어 기울어질 때 • 건축 구조물이 기울거나 비틀어져 보일 때 • 대형 기계장비나 집기 등 무거운 물체가 있는 아래층의 화재

- 건축 구조물이 화재에 오랫동안 노출되었을 때
- 비정상적인 소음(삐걱거리거나 갈라지는 소리 등)이 날 때
- 건축 구조물이 벽으로부터 물러났을 때

무량판 구조(Flat slab)

바닥보가 전혀 없이 바닥판만으로 구성하고 그 하중을 직접 기둥에 전달하는 구조이다. 이 형식의 slab 두께는 15cm 이상으로 하고 기둥 상부(capital)는 깔대기 모양으로 확대하여 그 위에 드롭 패널을 설치하거나, 계단식으로 이중 보강하여 바닥판을 지지한다. Flat slab의 장점은 구조가 간단하여 공사비가 저렴하고 실내 공간 이용률이 높으며, 고층 건물의 층높이를 낮게 할 수 있다는 것이다. 하지만 주두의 철근층이 여러 겹이고 바닥판이 두꺼워서 고정하중이 커지며, 뼈대의 강성을 기대하기 힘들다. Slab와 기둥 사이의 보를 생략한 구조라서 큰 집중하중이나 편심하중 수용 능력이 적고, 특히 횡력에 저항하는 내력에 약하여 코어와 같이 강성이 큰 내횡력 구조가 있어야 튼튼한 구조로 설계할 수 있다.

(3) 붕괴가 예상될 때의 조치 `2018 소방교`

① 건물이 붕괴될 가능성이나 징후가 관찰되면 즉시 안전조치를 취해야 한다.

② 우선 건물 안에서 작업하고 있는 모든 대원들을 즉시 건물 밖으로 철수시키고 건물의 둘레에 붕괴 안전지역을 설정한다.

③ 일반적으로 붕괴 안전지역은 건물 높이의 1.5배 이상으로 한다.

④ 대원은 물론이고 소방차도 이 붕괴 안전지역 밖으로 이동해야 한다.

⑤ 건물에 방수를 해야 할 필요가 있으면 무인 방수장치를 설치한다. 무인 방수장치를 설치했으면 대원들은 즉시 붕괴지역 밖으로 철수한다.

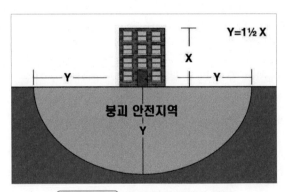

그림 5-68 붕괴 안전지역의 설정

(4) 붕괴의 유형과 빈 공간의 형성 `2014 서울 소방장`

1) 경사형 붕괴(Lean-to collapse)

① 이 유형의 붕괴는 마주보는 두 외벽 중 하나가 결함이 있을 때 발생한다.

② 결함이 있는 외벽이 지탱하는 건물 지붕의 측면 부분이 무너져 내리면 삼각형의 공간이 발생하며 이렇게 형성된 빈 공간에 요구조자들이 갇히는 경우가 많다.

③ 파편이 지지하고 있는 벽을 따라 빈 공간으로 진입하는 것이 붕괴 위험도 적고 구조활동도 용이하다.

2) 팬케이크형 붕괴(Pancake collapse)

① 이 유형의 붕괴는 마주보는 두 외벽에 모두 결함이 발생하여 바닥이나 지붕이 아래로 무너져 내리는 경우에 발생한다.

② 이를 '팬케이크형 붕괴'라고 하며 '시루떡처럼 겹쳐졌다'라는 표현을 쓰기도 한다.

③ 팬케이크형 붕괴에 의해 형성되는 공간은 다른 경우에 비해 협소하며 어디에 형성될는지 파악하기가 곤란하다.

④ 생존자가 발견될 것으로 예측되는 공간이 거의 생기지 않는 유형이지만 잔해 속에 생존자가 있다고 가정하고 구조활동에 임하여야 한다.

그림 5-69 경사형 붕괴(좌)와 팬케이크형 붕괴(우)

3) V자형 붕괴(V-shaper collapse)

① 가구나 장비, 기타 잔해 같은 무거운 물건들이 바닥 중심부에 집중되었을 때 V자형의 붕괴가 일어날 수 있다.

② 이 유형의 붕괴에서는 양 측면에 생존 공간이 만들어질 수 있는 가능성이 높다.

③ V자형 공간이 형성된 경우 벽을 따라 진입할 수 있으며 잔해 제거 및 구조작업을 하기 전에 대형 잭이나 버팀목으로 붕괴물을 안정시킬 필요가 있다.

4) 캔틸레버형(Cantilever) 붕괴

① 켄틸레버형 붕괴는 각 붕괴의 유형 중에서 가장 안전하지 못하고 2차 붕괴에 가장 취약한 유형이다.

② 건물에 가해지는 충격에 의하여 한쪽 벽판이나 지붕 조립 부분이 무너져 내리고 다른 한쪽은 원형을 그대로 유지하고 있는 형태의 붕괴를 말한다.

③ 요구조자가 생존할 수 있는 장소는 각 층들이 지탱되고 있는 끝부분 아래에 생존 공간이 생길 가능성이 많다.

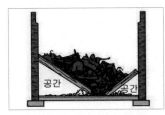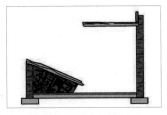

그림 5-70 V자형 붕괴(좌)와 켄틸레버형 붕괴(우)

5 손상된 시설물에 의한 위험

건물이 붕괴되면 반드시 전기, 수도, 가스, 하수구 등의 파손을 초래한다. 이러한 시설물이 파괴되면 피해자와 구조대원의 안전에 심각한 문제를 야기할 수 있기 때문에 구조대원은 시설물의 각종 공급선 패턴을 이해하고, 사고 자체에 대한 지식을 가지고 있어야 한다.

(1) 물

① 파손된 상·하수도 파이프로부터 흘러나온 물은 지하실과 다른 곳을 침수시켜 갇혀 있는 사람들을 위험하게 할 수 있다.

② 구조대원은 수도계량기 개폐밸브나 노상차단밸브를 이용하여 물의 흐름을 차단할 수 있지만 대형 수도관을 차단하여야 하는 경우에는 관계 기관의 기술자에게 의뢰해야 한다.

③ 구조지역으로 흘러드는 물을 차단하는 방법으로 모래주머니나 흙 등으로 임시제방을 쌓고 균열된 틈으로 흘러드는 물은 방수포 등을 이용해서 막도록 한다.

④ 수도관 일부에 난 구멍으로 물이 분출되어 구조작업을 방해하면 목봉(쐐기)을 이용해서 구멍을 막고 방수복을 덮어 임시로 조치할 수도 있다.

(2) 가스시설

손상된 건물의 지하실이나 인근 부분에서 발생할 수 있는 가스누출은 폭발의 위험을 안고 있다. 구조대원은 다음과 같은 안전수칙에 따라 주의 깊게 관찰해야 한다.

가스시설 누출 안전수칙

1. 성냥이나 다른 불꽃을 이용하여 가스누출이 의심되는 곳을 관찰하거나 불꽃이나 충격이 발생되는 구조장비(동력절단기, 산소절단기, 방화문 파괴총 등)를 사용하지 않는다.
2. 누출된 가스에는 절대로 점화하지 않는다. 일단 점화된 경우에는 가스를 차단하거나 인명구조를 위하여 긴급한 필요가 있는 경우가 아니면 점화된 가스를 끄지 않는다. 점화되지 않은 누출가스가 더욱 위험하다.
3. 가스 누설지역에서는 공기호흡기를 사용하고 공기충전기는 누출 장소에서 멀리 떨어진 곳에 설치한다.
4. 구조대원이 직접 대형 가스공급관로를 차단하지 않도록 한다. 이러한 조치는 반드시 관계 전문가가 하도록 한다. 구조대원은 건물 내 각 구역의 가스차단 밸브 위치를 파악하고 구조활동상 필요한 구역 내의 밸브를 차단하는 정도의 안전조치를 취한다.

(3) 전기

통전선은 구조대원이나 갇혀있는 사람들에게 치명적인 위험이 된다.

통전선이 있는 곳에서의 주의사항
1. 확실하게 전류가 끊겼다고 판단할 수 없는 한 모든 전선에 전기가 흐른다고 생각하라. 전선이 스파크가 생기지 않는다고 해서 전류가 흐르지 않는다고 할 수 없다.
2. 전선은 숙련된 전문요원에 의해 적절한 절차에 따라 조치되어야 한다.
3. 전선 근처에 있는 수영장에 가까이 가지 마라. 수영장이 전선만큼이나 위험할 수 있다.
4. 고압전선을 자르려고 시도하지 말고, 고압전선은 전문가에게 의뢰한다. 전선 절단기는 일반적인 가정용 저전압이 흐르는 전선을 자를 때만 이용한다.
5. 손상된 건물의 전기공급은 보통 계량기나 퓨즈박스 근처에 있는 마스터 스위치로 차단한다.

(4) 하수구

① 깨어진 하수구는 침수와 가스누출의 문제를 야기한다. 하수구에서 흘러나온 가스는 유독할 뿐만 아니라 폭발성이 있기 때문에 불꽃이 있어서는 안 된다.

② 구조대원은 가스로 오염된 하수구가 있는 지역에서 구조할 때는 반드시 공기호흡기를 장착하고 활동해야 한다.

6 인명 탐색

붕괴사고가 일어난 현장에서 요구조자가 매몰되거나 갇혀있는 경우에는 요구조자의 위치를 신속하고 정확하게 파악하는 것이 구조활동의 성패를 좌우하는 가장 중요한 요소로 작용한다.

(1) 구조의 4단계   2014 소방위, 2016 서울 소방장, 2017 소방위

1) 단계 1 : 신속한 구조

① 신속한 구조는 현장에 도착 당시 바로 눈에 뜨이는 사상자를 구조하는 즉각적인 대응이다.

② 이 구조작업은 위치가 분명하게 파악되고 구조방법을 신속히 결정할 수 있는 요구조자에게만 적용된다.

2) 단계 2 : 정찰

① 정찰은 건물이 튼튼하게 보호받을 수 있는 부분, 특히 비상대피시설, 계단 아래의 공간, 지하실, 지붕 근처, 부분적으로 무너진 바닥 아래의 공간, 파편에 의해 닫혀진 비상구가 있는 방 등 어느 정도 안전이 보장받을 수 있는 곳에 갇혀있는 사람들이나 심각한 부상으로 자력 탈출이 불가능한 요구조자의 위치를 파악하는 수색 단계이다.

② 수색작업은 절대로 생략할 수 없는 중요한 사항이며 3단계의 진행과 동시에 이루어 져야 한다.

3) 단계 3 : 부분 잔해 제거

1단계와 2단계 과정에서 인명구조와 수색활동을 위해 일부의 잔해물은 제거되었지만 본격적인 구조작업을 위해서 제거하여야 할 잔해물을 신중히 선정하고 조심스럽게 작업을 시작한다.

잔해물 제거 시 종합적 고려 사항
① 실종자가 마지막으로 파악된 위치 ② 잔해물의 위치와 상태 ③ 건물의 붕괴 과정에서 이동되었을 것으로 예상되는 지점 ④ 붕괴에 의해서 형성된 공간 ⑤ 요구조자가 보내는 신호가 파악된 곳 ⑥ 요구조자가 갇혀있을 곳으로 예상되는 위치

4) 단계 4 : 일반적인 잔해 제거

① **4단계의 잔해 제거는 구조작업에 필요한 다른 모든 방법을 동원하고 나서 실시되는 최후 작업이다.** 아직도 실종 중인 사람이 있거나 도저히 요구조자에게 도달할 수 없는 경우 조직적으로 해당 영역을 들어내는 방식으로 진행한다. 이 작업은 극도로 주의하며 신속하게 진행해야 한다.

② 구조대원은 특히 모든 형태의 파괴 장비를 사용할 때 진동이나 붕괴 등에 의한 추가 손상에 각별히 주의하여야 하며 적절한 사전 경고를 통하여 불의의 사고를 예방하여 야 한다.

(2) 탐색 기법

1) 육체적 탐색

육체적 탐색작업은 구조대원의 감각과 신체적 능력을 이용해서 인명을 탐색하는 방법이다. 대부분의 사고 현장에서 탐색장비를 투입하기 전에 최초로 시도되는 탐색지만 탐색장비를 투입할 수 없는 상황에서는 유일한 탐색 방법이 될 수도 있으므로 절대 그 중요성을 간과할 수 없다.

시각	요구조자가 있을 만한 공간을 면밀히 살펴보고 신체의 일부, 옷가지, 소지품 등 요구조자의 존재 유무 단서가 될 만한 것을 찾는다.
청각	큰 소리로 부르고 반응이 있는지 듣는다. 이 방법을 사용하기 전에 주변을 통제하여 정숙을 유지하도록 조치하고 붕괴물에 귀를 대어 요구조자의 응답이나 두드리는 소리가 들리는지 확인한다.
촉각	시야가 미치지 않는 좁은 공간에는 검색봉이나 긴 장대 등을 조심스럽게 넣어 탐색한다.

Part 5 구조기술

2) 인명구조견 탐색

인명 탐색을 위해 특수 훈련을 받은 구조견을 활용한다. 인명구조견을 투입하면 단시간에 넓은 지역을 탐색하여 요구조자의 위치를 파악할 수 있다. 또한 구조견은 사람이 진입하기에는 너무 좁거나 불안정한 지역에서도 활용할 수 있다.

3) 기술적 탐색

훈련된 구조대원이 요구조자의 음성이나 체온, 진동 등을 탐지하는 전문 탐색장비를 이용하여 요구조자를 탐색하는 방법이다.

(3) 탐색장비의 활용

1) 탐색활동

① 1단계 : 현장 확보

가능한 최대한 구조대원, 구경꾼, 희생자의 안전과 보호를 확보할 수 있도록 조치한다.

② 2단계 : 초기 평가

ⓐ 건물 관계자와 유관 기관을 통해 붕괴 건축물에 대한 정보를 모아 분석한다.

ⓑ 현장 지휘본부를 설치한다.

ⓒ 작업목표를 설정한다.

○ 사고장소 접근 경로

○ 구조계획 수립 및 우선사항 결정

○ 물자 및 인원 배분

○ 주민, 자원봉사자 등이 시도한 구조작업의 관리

ⓓ 각 구조대별 임무 할당

ⓔ 상황의 재평가 및 필요한 조정 시행

③ 3단계 : 탐색 및 위치 확인

붕괴구조물 내 공간에 있는 생존자 존재의 징후 및 그 반응 파악을 위해 일련의 특정한 기술을 이용하여 탐색을 수행한다.

④ 4단계 : 생존자에 접근

생존자가 위치할 것으로 추정되는 공간으로 접근할 통로를 마련하고 들어가는 단계이다.

⑤ 5단계 : 응급처치

요구조자의 생존 가능성을 높이기 위해 구출작업 전에 기초 구명조치를 시행한다.

⑥ 6단계 : 생존자 구출(Extricate the Victim)

요구조자가 2차 부상을 입지 않도록 주변의 장애물을 걷어 내거나, 필요하다면 지주를 받치고, 깔린 신체 부위에 추가 압력이 가해지지 않도록 한다. 탐색활동 시 붕괴된 구조물 내에서 단 하나의 위험 요인이 발견된 경우라도 완전히 제거하여야 한다.

2) 탐색 진행

① 1차 탐색(육체적 탐색)

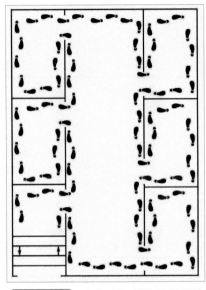

그림 5-71 방이 많은 건물의 탐색법

건축물이 외관상 완전히 붕괴된 경우라도 그 내부에는 요구조자가 비교적 자유로이 움직일 수 있는 넓은 공간이 형성되는 경우가 있다. 현장 지휘자는 해당 구역 주변에서 조용히 하고 모든 작업을 중지할 것을 지시한 다음 "이 소리가 들리면 도와달라고 외치거나 무언가를 두드리세요."라고 외친다.

ⓐ 방이 많은 건물

▷ 방이 많은 곳을 탐색하는 기본 요령은 오른쪽으로 가고, 오른쪽으로 진행하는 것이다.

▷ 건물 진입 후 접근 가능한 모든 구역이 탐색될 때까지 오른쪽 벽을 눈으로 확인하거나 손으로 짚으며 진행하다가 시작점으로 돌아온다.

▷ 탈출할 필요가 있거나 진입한 방향을 기억할 수 없다면 돌아서서 왼쪽 손으로 같은 벽을 짚거나 눈으로 확인하면서 탈출한다.

ⓑ 넓은 공지 (선형 탐색)

강당이나 넓은 거실, 구획이 없는 사무실에서는 선형 탐색법을 이용한다. 3~4m 간격으로 개활구역을 가로질러 일직선으로 대원들을 펼친다. 반대편에 이르기까지 전체 공간을 천천히 진행한다.

ⓒ 주변 탐색

▷ 이 탐색법은 붕괴구조물 상부에서의 잔해더미 탐색이 불가능하거나 안전하지 못할 때 사용하면 효과적이다.

▷ 구조대원 4명이 탐색지역 둘레로 균일한 거리로 위치를 잡고 적절한 탐색을 실시한 후 각자 시계방향으로 90° 회전한다.

▷ 이 절차는 모든 대원들이 4회 이동이 끝날 때까지(자기의 처음 위치로 돌아올 때까지) 반복한다.

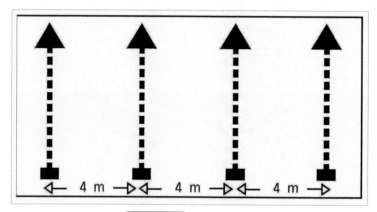

그림 5-72 선형 탐색법

② 2차 탐색(탐색장비를 활용한 탐색)

ⓐ 탐색장비를 적절하게 선택하고 활용하여 요구조자 탐지시간을 최대한 단축시켜 생존확률을 높인다.

ⓑ 요구조자가 들어서는 안 될 부적절한 언급을 삼가고, 말할 때에는 긍정적 어조로 해야 한다. 요구조자들은 구조신호에 귀를 기울이고 있다.

ⓒ 요구조자는 최악의 상황에서 생존하려고 사투를 벌이고 있다. 이들을 찾아 구출해 낼 가능성에 대해 긍정적 자세를 취함으로써 생존 가능성을 높일 수 있다.

ⓓ 현장에 진입한 구조대원이 요구조자와 의사를 교환할 수 있는 첫 번째 사람이 될 수도 있다. 그러므로 자신감과 희망을 가지도록 하는 것이 중요하다.

▷ 자신이 구조대원임을 확인시키고, 구조될 것이라는 확신을 심어주고 차분한 음성으로 대화한다.

▷ 요구조자의 이름, 성별, 나이, 부상의 유형 및 정도 등을 확인한다.

▷ 가능한 한 신속하게 응급처치를 시행한다.

▷ 다른 요구조자들이 있는지 여부와 그들의 상태에 관하여 물어보고, 주변에 다른 요구조자들이 있으면 구조작업이 진행 중임을 알린다.

7 구조기술

(1) 잔해에 터널 뚫기 2011 경기 소방교

요구조자가 거대한 잔해더미 속에 매몰되어서 잔해를 하나씩 제거해 나가기엔 시간이 턱없이 부족할 경우에는 터널을 뚫는 것이 거의 유일한 선택이다. 터널을 만드는 과정은 느리고 위험하기 때문에 요구조자에게 접근할 다른 수단이 없는 경우에만 선택하도록 한다.

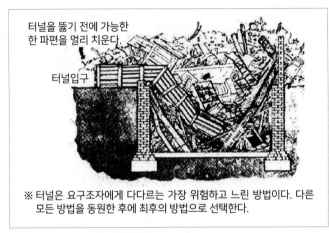

터널을 뚫기 전에 가능한 한 파편을 멀리 치운다.

터널입구

※ 터널은 요구조자에게 다다르는 가장 위험하고 느린 방법이다. 다른 모든 방법을 동원한 후에 최후의 방법으로 선택한다.

그림 5-73 잔해에 터널 뚫기

1) 터널의 형태

① 터널은 구조대원이 요구조자를 구출하기에 충분한 크기로 뚫어야 한다.

② 폭이 75cm 정도이고 높이가 90cm 정도인 터널이 굴착과 구조활동에 적당한 크기인 것으로 알려져 있다.

③ 터널에서 갑자기 방향 전환을 하게 만드는 것은 좋지 않다. 가능하다면 터널은 벽을 따라서 혹은 벽과 콘크리트 바닥 사이에 만들어져 필요한 프레임을 단순화시키는 것이 좋다.

④ 수직 샤프트를 만드는 것도 수직 방향 또는 사선 방향으로 접근하기 위한 터널 뚫기의 한 형태이다. 이러한 방식의 터널은 표면에서 잔해를 제거한 후 땅을 뚫고 만들게 되며 지하실 벽의 갈라진 틈에 도달하기 위해서 사용된다.

2) 굴착 시의 주의사항

① 터널이 물이나 가스공급관, 고압선이 빌딩에 들어가는 지점으로 뚫고 내려가지 않도록 주의하고 물을 머금은 자갈이나 토양층도 피해야 한다.

② 부득이 작업 중 가스관이나 수도관 고압선 등의 장애물이 있는 곳을 통과하게 되면

전문가의 참여하에 차단, 절단 등의 조치 후 추가 위험을 막기 위해 절단면을 봉쇄하도록 한다.

③ 대형 가스 또는 수도관에서는 압력이 매우 크므로 흐름이 차단되지 않고서는 절단하지 않도록 하고 특히 상수도의 주류를 막는 것은 바람직하지 못한데, 이는 화재진압을 위한 물의 공급마저 차단할 수 있기 때문이다.

④ 작업 중 만나는 전기선은 전기가 흐르지 않는다고 증명될 때까지는 모두 통전 중이라고 가정하고 전문가에게 차단하도록 의뢰한다.

3) 버팀목

① 작업이 진행됨에 따라 사고를 예방하기 위하여 터널 안의 모든 것에 버팀목을 대는 것이 좋다. 조심스러운 버팀목 대기에 소요되는 시간은 붕괴된 터널을 다시 만드는 데 걸리는 시간과 비교하여 볼 때 낭비되는 것이 아니다.

② 버팀목 대기의 정확한 패턴이라는 것은 있을 수 없다. 버팀 작업에 쓰일 버팀목의 크기는 작업의 성격과 사용 가능한 장비에 의해 결정된다. 버팀목이 어느 정도의 하중을 받게 되는지 파악하기 어렵기 때문에 가벼운 것보다는 무거운 버팀목을 사용하는 것이 더 안전하다.

③ 잔해 터널을 뚫을 때에 구조대원은 지속적으로 주 버팀목, 빔, 대들보, 그리고 무더기의 움직임과 터널의 붕괴를 야기할 수 있는 요동을 주시하여야 한다.

④ 잔해 무더기가 클 경우 땅에 샤프트를 박아 넣는 것이 유리할 수도 있다. 만일 필요한 만큼의 깊이를 박았다면 수평 샤프트를 끼우고 잔해 안의 빈 공간에 다다르도록 틈이 있는 곳을 찾아 들어간다.

⑤ 묻혀있는 수도관이나, 하수도관, 전선이 다치지 않도록 계속 주의해야 한다. 그리고 나서 터널을 수평으로 뚫고 요구조자를 구조한다.

⑥ 비록 외관상 붕괴된 건물의 잔여 구조물이 튼튼한 것으로 보여도 샤프트의 측면이 항상 지주로 잘 받쳐야 하며 버팀목이 안전하게 제자리에 끼워져야 한다.

(2) 벽 뚫기

1) 벽의 파괴

① 대형 건물의 벽과 바닥을 절단할 때 구조물을 가장 빠르고 안전하게 자를 수 있는 위치를 확인한다.

② 벽을 절단하면, 구조대원은 지지대나 기둥이 손상되지 않았는지를 확인해야 한다.

③ 건물이 심하게 흔들리고 큰 균열이 발생한 경우에도 다른 부분은 멀쩡하게 보일 수 있다.

④ 벽을 절단하기 전에 약간의 충격을 주고 건물의 흔들림이 추가적인 균열의 발생 여

부 등 안전도를 확인해보아야 한다.

⑤ 콘크리트를 제외한 모든 벽과 바닥을 절단하는 가장 좋은 방법은 작은 구멍을 내고 그것을 점차 확대시키는 것이다. 그러나 콘크리트의 경우는 제거될 부분의 모서리부터 잘라 들어가는 것이 좋다.

⑥ 강화콘크리트가 사용되었다면, 콘크리트 절단톱이나 절단 토치로 잘라낸 후 한 조각씩 제거해야 한다. 만일 가스절단기를 사용한다면 폭발성 가스가 있는지 확인하고, 가연성 물질에 인화되지 않도록 주의하고 소화기를 가까이에 두어야 한다.

2) 지주 설치

① 지주는 예상되는 최대 하중을 견딜 수 있을 만큼의 강도가 있어야 한다.

② 지주가 어느 만큼의 무게를 견뎌내야 하는지, 그리고 목재 기둥이 어느 만큼의 무게를 견딜 수 있을지 추산하기는 쉽지 않지만 아래와 같은 기본 요소를 고려하여 결정한다.

PLUS TIPS 지주 설치 기본 요소

ⓐ 같은 크기의 나무 기둥은 지주가 짧을수록 더 큰 하중을 견딜 수 있다.
ⓑ 같은 단면을 가지는 직사각형 기둥보다는 정방형 기둥이 더 큰 하중을 견딘다.
ⓒ 만일 기둥의 끝이 깨끗하게 절단되어 고정판과 상부 조각에 꼭 맞게 끼워진다면 더 많은 힘을 받을 수 있다.

③ 지주는 항상 필요하다고 생각되는 것보다 강하게 만들어야 하며 크기는 지지해야 할 벽과 바닥의 무게, 그 높이에 따라 결정한다. 지주 아래에는 쐐기를 박아 넣되 기둥이 건물의 무게를 지탱할 수 있을 때까지 박아 넣어야 한다.

④ 쐐기를 꽉 조일 필요는 없는데 이는 꽉 조인 쐐기가 벽이나 바닥을 밀어내어 건물의 손상을 더할 수 있기 때문이다.

(3) 벽의 제거

구조대원은 벽을 제거하기 전에 제거작업이 건물 전체에 위험을 가져오거나 건물을 약화시킬지에 대해 신중하게 생각해보아야 한다. 특정 위치에 도달하기 위해 벽 전체의 제거가 필요한 경우, 갇혀있는 사람들의 안전이 우선적으로 고려되어야 한다.

1) 벽 허물기

① 인접한 건물에도 버팀목을 대고 파편 비산방지 조치를 한 후, 건물이 부분 부분으로 나뉘어 안전하게 허물어질 수 있도록 해야 한다.

② 위에서부터 작업을 하여 벽을 한 조각씩 허물고 큰 망치(Hammer), 지렛대, 기타 다

른 장비들을 이용하여 작업한다.

③ 건물을 위에서부터 아래로 해체할 때, 작업은 한 층씩 조직적으로 이루어져야 한다. 또 건물의 상층부에서의 작업은 아랫부분에 영향을 미치기 전에 끝내야 한다.

2) 벽 무너뜨리기

① 전체 벽이나 일부분이 만일 다른 구조물에 나쁜 영향을 주거나 구조작업을 위험하게 한다면 차량이나 윈치에 부착된 케이블로 벽을 당겨서 넘어뜨려야 한다.

② 벽이 무너질 것이라면, 그 붕괴 방향도 고려하여야 한다. 벽이 무너지는 방향을 통제하기 위해서 벽이 얼마나 약화되었는지를 파악하고 만일 명백하게 약화된 곳이 없다면, 충분한 만큼의 조각을 적절한 위치에서 잘라내어 그 조각이 한 번 작업할 때마다 원하는 방향으로 가능한 한 많이 떨어질 수 있도록 한다.

③ 케이블이나 로프를 이용하여 벽을 무너뜨릴 때에는 벽에 구멍만 내는 것이 아니라 힘이 제대로 전달되어 벽 전체를 무너뜨릴 수 있도록 안전하게 꽉 감아야 한다. 케이블은 벽이 무너질 때 사람이나 장비가 손상 받지 않을 만큼 충분히 길게 연장한다.

(4) 잔해 처리

① 사상자의 위치가 정확하게 알려졌을 때는 삽이나 곡괭이, 망치 등 수공구만을 사용하는 것이 안전하다. 잔해 속에서 신체 일부분이 있는 것을 발견하는 경우가 드물지 않기 때문이다.

② 장비, 특히 곡괭이가 희생자에게 상처를 주지 않도록 조심하면서 사용하여야 한다. 피해자 주위에 있는 잔해는 직접 손으로 제거하고 잔해를 처리하는 구조대원들은 작은 부상을 입지 않기 위해 장갑을 끼어야 한다.

③ 잔해는 바구니에 담아 떨어진 장소로 옮기도록 한다. 제거되는 파편이나 건물의 일부 속에 다른 사상자가 없다고 확신할 수 있을 때에는 크레인, 굴삭기, 불도저 등을 잔해 제거 작업에 이용하여 부상자들의 위치에 빠르게 접근하고 작업을 방해할 수 있는 건물의 추가 붕괴를 막는다.

④ 중장비는 구조대원의 통제에 따라 사용되어야 한다.

⑤ 도로상에 잔해 무더기를 쌓아야 하는 경우 교통에 장애를 주지 않도록 하고 처리장으로 이동해야 하는 경우 모든 잔해는 출처를 표시하여 운반한다.

04 | 헬기 활용 구조 2015 대구 소방교 ★★★

회전익 항공기 즉 헬기는 저공비행이 가능하고 공중 선회 · 정지비행(hovering)이 가능하여 지상에서 접근하기 곤란한 곳에서 발생하는 긴급구조 상황에서 높은 효용성을 발휘한다. 헬기는 희생자가 긴박한 도움이 요청되는 지역에 응급의료진이나 구조대원을 빠르게 파견할 수 있는 능력을 갖추고 있으며 각종 장비나 혈액, 약품, 기타 물품들도 육상의 교통 상황에 영향을 받지 않고 원하는 지역으로 신속하게 이동시킬 수도 있다.

1 헬기(회전익 항공기)의 활용

① 구조작업에서 헬기가 하는 가장 중요한 역할은 생존자를 즉각적으로 구하고, 구조활동 전반의 통제 · 지시자로서 역할을 할 수 있다는 점이다. 생존자를 인양할 수도 있고 구조장비를 투하하기도 하며, 생존자에게 필요한 상황을 개선시켜주면서 필요로 하는 것을 신속히 제공할 수 있다.

② 공중에서 정지하며 머무를 수 있어 부차적인 작업을 할 필요성이 줄어들게 되며, 따라서 구조작업 시간을 절약할 수 있게 된다. 기상 조건이 허락한다면 헬기가 결빙된 호수나 하천에서 더욱 효과적인 구조작업을 할 수 있다.

③ 이러한 이점이 많은 반면 상대적으로 위험 요인도 많으므로 헬기의 특성을 잘 이해하고 안전수칙을 준수하는 것이 매우 중요하다.

(1) 헬기 안전수칙

모든 구조대원들은 많은 사람들이 헬기 주위에서 일을 하거나 헬기 내에서 작업을 하다가 희생된다는 것을 숙지하여야 한다. 구조대원들은 지상으로부터 지시를 받고, 탑승자들은 비행 중의 안전수칙을 알아야 한다. 이러한 습관은 안전하고 효과적인 항공 운항을 할 수 있게 한다.

1) 잠재적 위험 요인

① 헬기의 주회전익(Main rotor)는 290~330/rpm으로 회전하며 꼬리쪽 회전익(Tail rotor)은 1,500~1,800/rpm의 고속으로 회전하여 회전 여부가 육안으로 관찰되지 않는 경우가 있다. 따라서 이러한 특성을 잘 알고 회전익 부근으로 접근하지 않도록 하여야 한다.

② 헬기의 특성상 고공과 저공에서의 인양 능력에 차이가 있으며, 운항은 일기에 많은 영향을 받는다는 점도 염두에 두어야 한다. 따라서 헬기를 이용할 때에는 운항지휘자(조종사)의 지시를 항상 따라야 한다.

헬기를 이용한 구조작업시 안전수칙
1. 항상 조종사의 가시권 내에서 헬기에 타거나 내려야 한다.
2. 조종사의 신호가 있기 전까지는 헬기에 다가가서는 안 된다.
3. 조종사의 허가 없이는 기체 내로 들어가서는 안 되며, 탑승 시에는 머리를 숙인 자세로 올라타고 내려야 한다.
4. 꼬리 부분의 날개에 위험성이 있기 때문에 뒤쪽으로 접근하는 것은 엄금한다.
5. 이륙하거나 착륙할 때 모든 사람들은 기체로부터 떨어져 있어야 한다.
6. 모자는 손에 들거나 끈을 단단히 조이고 착용하여야 하며 가벼운 재킷이나 조끼를 입어야 한다. 로터의 하항풍에 모자가 날려서 무의식적으로 이를 잡으려다가 사고가 발생할 수도 있다.
7. 들것이나 우산, 스키 등 긴 물체는 날개에 닿지 않도록 수평으로 휴대한다.

2 헬기의 착륙 지점

(1) 착륙 장소의 선정

① 구조대원들은 조종사가 그 헬기의 성능과 한계를 가장 잘 알고 있다는 사실을 명심한다.

② 조종사는 기체와 탑승자의 안전을 끝까지 책임져야 할 의무가 있으므로 조종사의 결정은 최종적이고 반드시 따라야 하는 것이다.

③ 헬기 조종에 관련된 구조대원은 어떠한 조건이 헬기 착륙에 좋은 지점인지를 알고 있어야 한다. 만약 모든 탑승자가 이러한 상황을 다 알고 있다면 조종사의 임무는 쉬워지고 모든 구조작업을 효과적으로 진행할 수 있을 것이다.

④ 헬기 출동을 요청한 경우 무엇보다도 가장 먼저 해야 할 일은 착륙 예정지점을 정찰하고 평가하는 것이다. 적합한 착륙 지점을 선택하는 데에는 몇 가지 고려할 사항이 있다.

⑤ 중요한 고려사항은 바람, 가시도, 야간인 경우에는 표면의 빛, 안전성, 그리고 통신 등이다.

헬리포트나 헬리패드가 없는 장소에서 착륙장을 선정 시 고려사항
1. 수직 장애물이 없는 평탄한 지역(지면경사도 8° 이내)을 선정한다.
2. 고압선, 전화선 등 장애물이 없는 곳을 선정한다.
3. 착륙 장소와 장애물과의 경사도가 12° 이내로 이착륙이 가능한 곳을 선정한다.
4. 이착륙 경로(Flight Path) 30m 이내에 장애물이 없어야 한다.
5. 깃발, 연기, 연막탄 등으로 헬기 착륙을 유도한다.
6. 헬기의 바람에 날릴 우려가 있는 물체는 고정시키거나 제거하고 가능하면 먼지가 날리지 않도록 표면에 물을 뿌려둔다.
7. 착륙 지점 주변의 출입을 금지하며 경계요원을 배치한다.

(2) 헬기 유도

① 헬기의 착륙을 유도하기 위해서는 수신호를 익혀두어야 한다.

② 현장에서 헬기를 유도하는 요원은 헬멧을 착용하고 보호안경을 착용한다.

③ 주변의 장애물 등을 고려하여 착륙 장소로부터 충분히 떨어져 있고 헬기에서 잘 관측할 수 있는 곳을 택한다.

④ 유도 시에는 바람을 등지고 서서 헬기가 정면에서 바람을 맞을 수 있도록 유도한다.

⑤ 야간의 경우 조명은 필수적이다. 조명이 잘 갖추어져 있는 곳은 조종사의 지각을 도와준다. 그러나 구조대원 개인적으로는 조명등 사용을 조심하여야 한다.

⑥ 강한 불빛을 헬기 진행 방향의 왼쪽으로 비추거나 조종사에게 직접적으로 빛을 비추는 것은 금지해야 한다.

⑦ 현장에 자동차가 있는 경우 헤드라이트를 이용하여 착륙 지점을 비추면 좋다.

(3) 조종사가 고려해야 할 점

① 조종사가 제일 먼저 고려해야 할 사항은 바람이 부는 방향이다.

② 바람의 방향과 가시도는 착륙하려고 할 때에 고려해야 할 요인 중 다른 어떤 것보다도 가장 중요한 요인이다.

③ 바람의 조건을 평가한 후에, 조종사는 착륙 지점의 주변에 위치한 사물들을 살펴야 한다.

④ 조종사들은 활주 예정지에 높은 수목이나 전압선, 빌딩이 놓여 있는 것을 매우 싫어한다. 본질적인 위험이 도사리고 있기 때문이다. 사물에 부딪힐 위험성이 있을 뿐만 아니라 장벽에 착륙할 수밖에 없는 상황이 돌발할 수도 있다.

⑤ 가능하다면, 착륙은 맑은 공기 속에서 맞바람으로 해야 한다. 따라서 조종사는 이 두 가지 조건이 가장 적합하게 조화를 이룬 곳을 선택하려고 한다. 착륙 지점이 더 확 트였을 때 착륙 조건은 더욱 좋아진다.

⑥ 다른 중요한 요인은 착륙 지점 지표면의 상황이다. 수평을 이루고 있는 보도나 딱딱한 지표면이 더 좋다. 바람에 날리는 물체들은 회전익에 자극을 주어 엔진에 충격을 주게 된다. 이럴 경우 엔진 손상을 받을 가능성이 높다.

⑦ 바람직하지는 않지만, 헬기는 모래층에 착륙할 수 있다. 이러한 경우 모래가 바람에 날려 조종사의 시계에 장애를 주기도 하고, 엔진의 마모를 가져오기도 한다. 오히려 젖은 땅에 착륙하는 것이 모래밭에 착륙하는 것보다는 문제가 덜 발생한다.

3 공중구조 작업

헬기가 공중에서 구조작업을 펼칠 때에는, 다른 구조작업과 달리 특별히 신경을 써야 할 몇 가지 사항이 있다. 긴급구조상황에서 헬기는 다음과 같은 사항을 신경 써야 한다.

긴급구조상황에서 헬기구조대의 고려사항
1. 사고에 대하여 올바르게 인식하고 재빠르게 대처한다.
2. 올바른 응급처치방법을 통하여 생명을 구하고 연장시킨다.
3. 다른 재해가 오기 전 가능한 한 신속히 구조, 운반 등 필요한 작업을 실시한다.

(1) 이송 중의 흔들림

헬기에 의한 이송 중에는 사상자가 어느 정도 요동을 받게 된다. 육상에서의 긴급수송에서 나타나는 요동과 비교할 때 도로의 고도와 굴곡과 같은 다른 요인들을 고려할 필요가 있다. 육상의 긴급수송과 비교하여 헬기는 농촌이나 멀리 떨어진 시설에서는 덜 위험하고 대도시 이동보다는 해롭다.

① 거친 이동, 갑작스러운 진동 등은 환자에는 불편이 가중되며 환자의 상태를 심각하게 악화시킬 수 있다.

② 가능하다면 이륙 전에 공기튜브를 삽입하고 정맥주사를 실시해야 한다. 이러한 응급처치는 헬기의 교란과 요동 때문에 실시하기 어렵기 때문이다.

③ 소음과 진동은 상호 의사소통과 신체의 반응 체크를 방해한다. 환자의 머리를 앞으로 하여 의료진이나 구조대원에 의해 환자의 관찰이 항상 가능하도록 해야 한다.

④ 날개회전에 의해 공중에서 많은 먼지가 발생하면 보호밴드와 노출 부위의 처치를 더욱 신중하게 해야 한다.

⑤ 들것을 헬기 외부에 부착하는 경우 환자를 더욱 잘 보호하여야 한다. 환자를 담요 등으로 완전히 보온조치하고 얼굴과 눈은 터빈 바람에 의해 날리는 이물질로부터 보호되도록 한다.

⑥ 환자의 손이나 담요 등이 장치 바깥으로 나가지 않도록 한다.

(2) 의료적인 문제 `2016 경기 소방교`

① 헬기는 일반 비행기에 비하여 저공비행하기 때문에 고도와 관계된 의료문제는 그리 심각한 편은 아니다. 일반적으로 1,000ft(300m) 이하 고도에서 환자의 산소 공급은 육상에서의 긴급 후송에서와 같이 다룬다. 그러나 부상의 종류에 따라 기압의 영향을 받을 수 있으므로 주의하여야 한다.

② 갈비뼈 골절로 부목을 대고 움직이지 못하는 환자는 고도에 따른 기압 변화로 부목 강도가 영향을 받기 때문에 세심한 배려가 필요하다. 특히 쇼크방지용 하의(MAST)를 착용한 환자는 고도가 높은 곳에서는 MAST 내의 공기가 팽창하여 필요 이상의 압력을 받게 되므로 수시로 압력계를 확인하고 압력을 적정한 수준으로 조절하여야 한다.

③ 흉부 통증과 기흉(pneumothorax) 환자는 가능한 한 육상으로 이송하도록 한다. 높

은 고도에서는 환자에게 육상에서와 같은 충분한 공기를 공급하지 못한다. 고도가 높아져 기압이 낮아짐에 따라 가슴막 내의 공기가 팽창하여 흉곽 용량이 감소하기 때문이다.

④ 순환기 계통에 영향을 주는 심한 출혈, 심장병, 빈혈, 기타 질병으로 고통받는 환자들을 비행기로 이송할 때에는 세심하게 관찰해야 한다.

⑤ 고도가 높아짐에 따라 공기는 적어지고 산소의 양도 희박해진다. 5,000ft(1.5km) **상공에서 허파에는 해수면상의 약 80% 정도의 공기만이 공급될 수 있다.** 따라서 육상에서 순환기 질병을 가진 환자들은 고도 증가에 따라 추가적인 질병을 얻게 된다.

⑥ 사상자를 항공편으로 후송해야 하는 경우 조종사들은 가능한 한 지표 가까이 비행하여야 한다. 환자의 고통이 심해지고 호흡 곤란, 경련, 의식 저하 등이 나타나면 저공 비행을 해야 한다. 산소 공급으로 다소 고통을 완화할 수 있다.

4 탐색과 구조작업

헬기는 가장 효과적인 SAR(Search and Rescue) 장비이다. 공중정지와 선회는 구조작업과 탐색에 적합하다. 특히 작은 목표물을 찾을 때나, 자세한 지형과 해수면을 파악할 때 유용하다. 또한 헬기에는 기중장치(Hoist)와 케이블이 장착되어 있어 상공에 정지비행하면서 구조작업을 수행할 수 있다.

(1) 탐색 절차

① 실종자를 찾을 때 항공기로부터의 탐색은 일반적으로 300ft(90m) 이하, 시속 60마일 이하에서 실시된다.

② 공중 관찰은 지루하고 피곤한 일이기 때문에 이러한 임무는 의욕이 큰 사람에게 주어져야 한다. 장시간 주의를 집중하는 동안 특히 기류가 불안할 때 멀미를 일으킬 수 있기 때문에 가능하면 경험이 풍부한 대원이 담당하는 것이 좋다.

③ 요구조자가 외투를 벗거나 외형을 바꿀 수 있다는 것을 염두에 두어야 한다. 어린이들은 대피해 있거나 불안과 혼돈으로 숨어 있을 수 있다.

④ 구조를 기다리거나 협조하지 않으면 거친 지형 속에서 실종자를 찾기가 불가능할 수도 있다. 따라서 구조대는 특별한 사람이나 물체를 수색하는 데에 주의를 집중해야 한다.

(2) 사상자 구조

① 헬기는 착륙하거나 기중장치(Hoist)를 통해 구조활동을 수행하지만 산악과 같이 높은 고도에서는 헬기의 부양 능력이 저하되기 때문에 착륙 가능한 지역이 있으면 착

류하여 구조를 실시한다. 헬기를 공중 선회 시키고 생존자를 끌어올리는 것은 많은 엔진 파워를 필요로 할 뿐 아니라 항공기와 생존자 양쪽에 큰 피해를 줄 수 있다.

② 대도시를 지나는 고속도로에서의 긴급 헬기 수송은 큰 잠재력을 가지고 있다. 헬기가 직접 육상 차량으로 막혀있는 사고 현장에 접근할 수 있기 때문에 육상에서의 혼잡을 피할 수 있다. 끊어진 고속도로에서 사고 현장을 지나는 도로에는 차량이 없어서 헬기의 착륙에는 훌륭한 장소가 된다. 필요하면 경찰관에게 사고자가 대피할 때까지 차량통제를 요청할 수도 있다.

③ 상공에서의 대피를 위한 장소를 선택할 때 고려해야 하는 요인은 좁은 지역, 거친 지형 그리고 급경사도 허용된다는 점을 제외하고는 일반적으로 헬기 착륙장과 같다. 한편 주회전익과 꼬리쪽 회전익을 위한 여유 공간이 충분해야 한다는 점이 매우 중요하다. 왜냐하면 조종사는 풍향 변화가 있을 때 항공기를 돌려야 하기 때문이다. 바람 조건과 공기 밀도는 구조활동에 영향을 미치지만 전적으로 조종사가 판단할 문제이다.

④ 비행 중인 항공기는 정전기를 띠기 때문에 헬리콥터와 지상에 있는 사람이 접촉하기 전에 정전기를 제거해야 한다. 가장 효과적인 접지 방법은 금속제 호이스트 케이블 또는 바스켓을 지표면에 살짝 접촉시키는 것이다.

5 화재 진압 작업

화재 진압 대원과 장비를 운반하고 요구조자와 거주민을 대피시키는 데에 있어 헬기는 매우 효과적인 능력을 발휘한다.

(1) 지붕 착륙

빌딩 위에 완비된 헬기장이 없거나 지붕이 지지하는 힘보다 무게가 무거울 경우에 헬기는 상공에서 서서히 선회할 것이다. 헬기는 매우 무거워서 이러한 경우를 위한 설계가 되어 있지 않은 지붕에 심대한 손상을 준다. 능숙한 조종사는 지붕 위의 매우 짧은 거리를 선회하면서 착륙에 따르는 위험 부담 없이 목적을 이룰 수 있다.

(2) 지상 착륙

가장 좋은 방법은 화재 현장 가까이 착륙하여 화재 진압에 영향을 줄 수 있는 소음이나 혼란을 피하는 길이다. 이러한 경우 임시 헬기장과 화재 지역 사이의 길에는 구경꾼이나 군중이 통제되어야 한다.

(3) 화재 규모의 파악

① 헬기는 명령의 중심으로서 진화작업 참여자들에게 타오르는 빌딩의 불길, 열, 연기,

그리고 기타 상태를 관찰할 수 있는 기회를 제공한다.

② 진압요원들이 화재 지역에 늦게 도착할 경우 공중의 관찰자가 먼저 화재 규모를 판단할 수 있다. 이들은 화재가 난 층을 파악할 수 있고 해당 면적을 추산할 수 있으며 외부로 화염이 올라가는 속도를 볼 수 있다. 인접한 지붕에서 화재를 찾아낼 수 있으며 아래에 있는 사람들에게 물체가 떨어짐을 알릴 수도 있다.

③ 헬기는 산불 진압에도 대단히 유용하다. 이는 화염의 범위가 금방 드러나고 화재 진압 대원과 장비가 가장 효과적인 곳에 쉽게 배치될 수 있기 때문이다.

(4) 인원과 장비의 운반

① 헬기는 엘리베이터가 불안하거나 작동하지 않는 빌딩 또는 화재 발생층 접근이 너무 지연될 경우 대원과 장비를 건물의 옥상으로 옮길 수 있다.

② 대원들이 화재 진압을 위해 옥상으로 투입할 때 모든 대원들은 호흡장비, 진입장비, 그리고 수관과 관창을 완전히 갖추어야 한다.

③ 수관을 직접 빌딩 옥상이나 산지 경사면으로 운반할 수도 있다. 이러한 방법은 손으로 수관을 연장하는 것보다 훨씬 빠르다. 그러나 연결 부위에 과중한 힘이 가해져 수관이 손상되지 않도록 주의를 기울여야 한다.

6 헬기 활용 인명구조 요령 2014 울산 소방교

(1) 구조활동의 원칙

1) 일반 사항

헬기를 활용하여 인명구조 활동을 전개할 때에는 출동 각대와 유기적 연계에 의한 조직 활동을 원칙으로 하며 다음 사항에 유의한다.

인명구조 활동 시 유의사항
1. 항공기의 운항은 항공운항규정에 따른다.
2. 구조활동 현장은 활동상 장애가 많으므로 현장지휘관은 현장 통제를 철저히 한다.
3. 관할대는 항공대와 무선통신을 확보한다.
4. 항공구조 활동 방침은 각 지휘자를 통하여 전 대원에게 주지시킨다.
5. 요구조자 및 구조대원에 대한 2차 재해 예방에 주의를 기울인다.
6. 구조장비는 점검을 확실히 하여 활동상 안전을 확보한다.
7. 헬기는 엔진의 소음이 크므로 수신호를 병행하여 의사전달을 명확히 한다.
8. 저공비행이나 선회 비행 시 기자재 등이 날아갈 우려가 있으므로 주의한다.

2) 활동 방침

현장 지휘본부장은 다음 사항에 유의하여 활동 방침을 결정하고, 지휘본부장이 현장에 도착하지 않은 경우는 현장 구조대장의 의견을 들어 운항지휘자가 결정한다.

현장 지휘자의 활동 방침 결정 사항
1. 헬기의 성능과 대원의 기술 및 보유장비를 고려하여 구조방법을 결정한다.
2. 응원 요청 여부는 사고 규모와 요구조자의 수를 판단하여 시기를 놓치지 않도록 신속히 결정한다.
3. 구조활동 중 상황 변화에 의해 헬기 활동에 지장이 예측되는 경우는 곧바로 활동 방침을 변경하고 전 대원에게 주지시킨다.
4. 타 기관의 항공대와 동시에 구조활동을 전개하는 경우에는 확실한 연락과 조정을 취하여야 한다.

3) 정보 수집

출동대원은 적극적으로 정보를 수집하고, 수집된 정보는 활동 중인 전 대원에게 주지시킨다.

① 운항지휘자는 현장 상공에서 사고 실태와 주변 상황을 지휘본부장에게 보고한다.

② 지휘본부장은 지상의 사고 상황을 운항지휘자에게 연락한다.

③ 운항지휘자는 요구조자의 위치를 확인하여 현장 부근의 지형, 기상, 구조활동상의 장애 및 활동 위험 등 저해 요인을 파악하여 지휘본부장에게 보고한다.

(2) 기본 구조활동 요령

1) 강하

헬기가 착륙하지 못하는 경우 구조대원이 직접 현장으로 강하하게 되는데 이때에는 활동 현장에서 가장 가깝고 안전한 장소를 선택하되 다음 사항을 주의한다.

① 강하 장소의 지형지물 및 장애물 등을 충분히 확인한다.

② 강하하는 구조대원은 경험이 풍부한 대원 중에서 선발하며 활동에 필요한 최소 인원으로 한다.

그림 5-74 호이스트를 이용한 하강

③ 강하하기 전에 긴급 시 탈출 방법을 확보하여 둔다.

④ 강하하는 방법은 레펠이나 호이스트(Hoist)를 이용하는 등 현장 상황에 맞는 방법을 선택한다.

2) 구조활동

구조활동은 현장의 위험 요인을 제거하고 2차 재해 방지에 필요한 조치를 취한 후 다음 요령으로 한다.

① 구조대원은 요구조자의 부상 유무와 정도를 파악하여 악화 방지에 필요한 조치를 취

한다. 특히 추락한 환자의 경우 특별한 외상이 없더라도 경추 및 척추 보호대를 착용 시키는 것을 원칙으로 한다.

② 요구조자가 다수인 경우 중증환자를 우선하고 노인 및 어린이의 순으로 하며 기내에 수용 가능한 인원의 결정은 운항지휘자가 한다.

③ 육상에서 요구조자를 인양할 때 단거리일 경우 안전벨트를 착용시켜 인양하거나 구 조낭으로 이송할 수도 있지만, 요구조자가 부상을 입었거나 장거리를 이송해야 하 는 경우 바스켓 들것을 이용하여 헬기 내부로 인양하는 것을 원칙으로 한다.

※ 들것이 흔들리지 않도록 지상에서 로프로 잡아 주어야 한다.
※ 들것과 호이스트를 연결하는 로프는 가급적 짧게 하는 것이 좋다.

그림 5-75 호이스트를 이용한 하강

④ 요구조자를 들것으로 인양할 때에는 들것과 호이스트(Hoist)의 고리를 연결하는 로프의 길이를 가급적 짧게 하는 것이 좋다. 로프가 너무 길면 호이스트를 모두 감 아올려도 들것이 헬기 아래에 위치하게 되어 헬기 내부로 들것을 옮길 수 없는 경우 가 발생한다. 또한 한 귀퉁이에 로프를 결착하고 지상대원이 들것이 인양되는 속도 에 맞추어 서서히 풀어주어 들것의 흔들림이나 회전을 방지하도록 한다.

(3) 사고 종류별 활동 요령

1) 고층 빌딩 화재

① 운항지휘자는 풍압에 의한 화재의 영향, 요구조자의 상태 및 주변 상황을 정확히 파 악하여 항공구조 활동의 가능 여부를 판단한다.

② 헬기에 의한 구조는 다른 기자재·지물 등의 활용에 의한 구조방법을 검토한 후에 안 전을 확보할 수 있는 장소에서 실시한다.

③ 지상의 지휘본부장과 면밀한 연락을 취해 항공구조에 대한 지원과 함께 안전을 저해

하는 일체의 활동을 금지한다.

④ 요구조자가 필사적으로 구조를 요청하고 있는 경우에는 헬기에서 구조로프, 와이어 사다리 등을 직접 강하시키는 것보다는 구조대원을 먼저 진입시켜 현장을 통제한 후에 구조하도록 한다.

⑤ 옥상 진입대원은 지휘본부와 연락을 긴밀히 하여 다음의 활동을 전개한다.

ⓐ 옥상으로 피난한 요구조자를 안전한 장소로 유도

ⓑ 부상자가 있는 경우 응급처치

ⓒ 헬기 착륙이 가능한 경우 헬기유도와 요구조자 통제

ⓓ 헬기를 활용한 옥상구조

ⓔ 구조장비를 활용한 지상 또는 하층으로 구조

ⓕ 상황에 따라 옥탑을 개방하고 배연구를 설정

ⓖ 하층부 인명검색 및 피난 유도

⑥ 운항지휘자는 필요에 따라 헬기를 상공에 대기시켜 상황 변화 또는 구조 완료 시에 진입한 대원의 탈출 수단을 확보한다.

2) 고속도로

① 항공구조활동을 전개할 때에는 현장의 2차 재해를 방지하기 위해 반대 차선을 포함하여 전체의 통행을 금지한다.

② 운항지휘자는 사고 개요 및 고속도로상과 인근 도로의 교통 상황 및 외부 진입의 가능 여부에 관한 정보를 수집하여 현장지휘관에게 통보한다.

③ 구조대원은 사고 장소 부근의 안전한 장소에 강하하여 현장으로 진입하는 것을 원칙으로 한다.

④ 교통사고 시에는 부상자가 다수 발생할 가능성이 높으므로 현장에 투입하는 구조대원은 응급구조사 등 응급처치 자격을 가진 대원으로 한다.

3) 수난 구조

① 구조활동은 항공대 및 육상 · 수상구조대 등의 종합 연계 활동을 원칙으로 한다.

② 소방정이 운행할 수 있는 경우에는 수상구조활동을 우선 고려한다.

③ 해안 또는 하천 공지 등의 구급차가 진입할 수 있는 장소에 신속히 임시 착륙장을 설치한다.

④ 강풍이나 높은 파도 등 악천후의 경우 구조대원의 강하는 2차 재해 위험성이 높으므로 충분한 안전 확보 후 실시한다.

⑤ 요구조자에게는 확성기 등을 이용하여 구조활동에 필요한 사항을 알려준다.

⑥ 요구조자가 별다른 의지물 없이 맨몸으로 물에 떠 있는 경우 헬기가 접근하면 회전

익의 풍압으로 파도가 발생하여 위험에 빠질 수 있다. 가
능한 한 신속히 구명환이나 구명조끼 등 붙잡을 수 있는
것을 요구조자 가까이 투입한다.

⑦ 구조대원이 강하할 수 없는 경우에는 요구조자에게 구조
기구의 결속 요령 등을 알려주고 안전을 확인하면서 구
조한다.

⑧ 요구조자가 다수인 경우에는 구조낭 등을 활용하여 효
율적으로 구조한다. 이때 헬기의 요동이나 풍압에 의해
구조낭의 출입구가 열리지 않도록 확실하게 안전조치
를 취한다.

⑨ 요구조자가 항공기의 풍압 등에 의한 2차 부상을 당하지 않도록 주의한다.

⑩ 장마철 하천의 유량 증가로 인하여 유속이 빠르고 탁류인 경우 유목(流木), 토석(土
石) 등에 부상을 입지 않도록 주의한다.

그림 5-76
구조낭을 활용한 구조활동

4) 산악 구조

① 구조활동은 관할 구조대와 연계하여 실시한다.

② 운항지휘자는 기상 상태를 확인하고 장시간 운항에 대비한다.

③ 강하한 구조대원은 항공기 비행시간을 고려하여 신속히 활동한다. 요구조자의 위치,
상태 및 현장 주변 상황을 신속히 파악하여 항공구조 가·부를 신속히 결정한다.

④ 구조대원이 암반 및 급경사에 하강하는 경우 호이스트 사용을 원칙으로 한다.

⑤ 회전익의 풍압에 의한 낙석 위험이 있으므로 저공비행은 피한다.

⑥ 요구조자를 발견하지 못한 경우 상공에서 방송을 하여 요구조자의 반응을 확인하고
심리적 안정을 도모한다.

7 헬기유도 수신호

엔진 시동
오른손을 들어 돌림

이륙
오른손을 뒤로 하고,
왼손가락으로
이륙 방향 표시

공중 정지
주먹을 쥐고 팔을
머리로 올림

상승
손바닥을 위로 팔을
뻗고 위로 움직임을
반복

하강
손바닥을 아래로
팔을 뻗고 아래로
움직임을 반복

우선회
왼팔은 수평으로,
오른팔을 머리까지
위로 움직임

좌선회
오른팔은 수평으로,
왼팔을 머리까지
위로 움직임

전진
손바닥은 몸쪽으로,
팔로 끌어당기는
동작을 반복

후진
손바닥을 바깥쪽으로,
팔로 밀어내는
동작 반복

화물 투하
왼손은 밑으로,
오른손을 왼손 쪽으로
자르듯 움직임

착륙
바람을 등지고 서서
몸 앞에 두 팔을
교차시킴

엔진 정지
목을 베는 듯한
동작을 반복

그림 5-77

8 헬기 접근방법

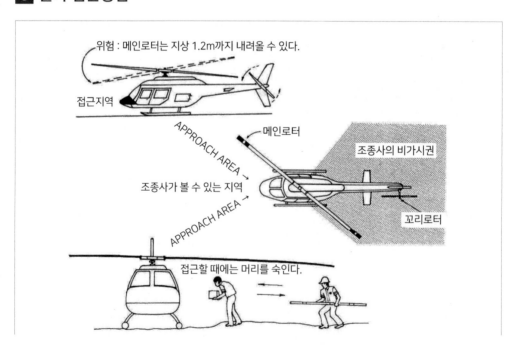

※ 숙달된 훈련과 경험을 바탕으로 안전수칙을 지키고 정확하게 대처하면 안전하고 효과적인
  구조활동을 펼칠 수 있다.

그림 5-78 헬기 접근 방법

9 주요 항공구조장비의 종류와 제원

(1) 외부 구조인양기(AS365N2용)(호이스트)

표 5-5 구조인양기 제원

구 분		외부용(AS365N2용)
인양 능력		• 600LBS (275.4kg)
작동 원리		• 전기적 모터

케이블 길이		• 300ft
		• 케이블 구간별 색깔 표시
		  – 후크~3m : 적색
		  – 중간 부분 : 도색하지 않음
		  – 후크 반대 방향 끝~4.5m : 적색

케이블 구성		• 7×19＝133가닥 (외경 0.68inch)
용량 및 냉각시간		• 250LBS(10회)↘ ⇒ 1 cycle이며, 2 cycle마다 45분간 냉각시간 적용 • 600LBS(6회) ↗
사용 횟수 계기		• 없음(각종 구조 · 훈련 중 사용 횟수를 기록유지 필요)
정비 시간	사용 기간	• 3개월, 1년, 18개월, 4년, 5년, 10년 검사
	사용 횟수	• 25회, 50회, 100회, 250회, 500회, 1,000회 검사
장착 위치		• 항공기 우측 후방기체문 전방 상단
케이블 속도		• 0~0.75m/sec (150ft/min)

(2) 구조망

① 수난, 화재사고 현장 다량의 요구조자를 구조하기 위한 구조장비이다.

② 외부 화물인양기에 연결하여 사용한다.

③ 크기는 대, 중, 소형으로 분류되며, 3인용(중형)의 경우 높이 170~190cm, 무게 35kg 내외, 길이 10~16m, 탑승 인원 1~3명이다.

④ 요구조자 탑승 시 반드시 보조로프를 연결하여 안전을 유지한다.

⑤ 구조낭의 문이 항공기 후미 방향으로 향하도록 화물인양기에 연결한다.

⑥ 인터폰, 수신호로 기내 유도자와 상호 연락을 긴밀히 유지한다.

⑦ 육상, 수상에서 사용이 가능하다.

⑧ 점검 사항

    ⓐ U볼트의 조임 상태를 점검한다.

    ⓑ 주 · 보조로프의 파손 유무와 길이를 조정하여 날림을 방지한다.

    ⓒ 철 구조물의 균열 및 부식 상태를 점검한다.

    ⓓ 철 구조물과 로프의 연결 상태를 점검한다.

    ⓔ 구조낭문의 개폐용 연결고리(카라비너)의 상태를 확인한다.

(3) 구조용 의자(Rescue Seat)

① 항공기가 착륙할 수 없는 장소에서 요구조자를 인양하는 구조장비이다.

② 최고 탑승 인원은 3명이다.

③ 수상에서 사용 시 물에 뜰 수 있도록 부력장치를 부착하였다.

④ 구조대원이나 요구조자가 주변 색깔과 쉽게 구분할 수 있도록 적색 부력장치를 부착하였다.

⑤ 장애물 지역에서 사용 시 다리를 접어서 내릴 수 있다.

⑥ 요구조자를 안전하게 인양하기 위한 안전벨트가 설치되어 있다.

⑦ 구조인양기를 내릴 때 바람에 날리지 않도록 일정한 중량 12kg(부력장치 포함)을 유지해야 한다.

⑧ 사용 전 다리의 작동 상태와 안전벨트의 파손 유무를 확인해야 한다.

⑨ 탑승 시 구조인양기 후크와 구조용 의자의 연결 부분을 잡지 않도록 주의해야 한다.

⑩ 탑승자는 다리를 모으고 하향풍에 의한 흔들림을 최소로 한다.

⑪ 안전벨트를 완전히 장착하며, 안전벨트 후크가 잠겼는지 확인한다.

⑫ 시선은 항상 기내 유도자를 보면서 수신호로 상호 의사를 전달한다.

⑬ 항공기 비상 시 행동을 염두에 두며 인양기를 내릴 때 신체의 충격 완화를 위해 허리와 무릎을 약간 굽힌 상태에서 발 앞꿈치 부분으로 사뿐히 착지하도록 한다.

⑭ 탑승할 요구조자 수는 1회 1~3명까지 인양이 가능하기 때문에 요구조자 수에 따라 접어진 의자를 펼쳐 사용할 수 있다.

⑮ 구조용 의자를 탑승한 상태에서 인양 시 하향풍에 의해 회전이 되어 의식을 잃지 않도록 하며 기내 유도자는 탑승자를 기내로 안전하게 끌어 들여 의식 유무를 관찰한다.

⑯ 육상 · 수상 · 산악사고 현장에서 공통으로 사용할 수 있다.

⑰ 인양기를 내리고 올릴때 장갑을 착용한 오른손으로 인양기 케이블을 가볍게 잡아 흔들림과 장력을 유지하여 충격을 방지할 수 있다.

(4) 요구조자용 벨트(Horse Collar)

① 구조용 의자(Rescue seat)와 같은 용도로 사용하며 의식이 있고, 척추 등의 손상이 없는 요구조자에게만 사용한다.

② 요구조자의 가슴에 걸어서 1명만 인양할 수 있다.

③ 요구조자를 안전하게 인양하기 위한 안전벨트가 부착되어 있다.

④ 무게가 2kg이며 육상(산악) 및 해상(수상)에서 사용이 가능하다. 특히 산악사고 현장에서 장애물이 없는 충분한 공간이 있을 때만 사용이 가능하다.

⑤ 목표물에 접근 전 과다하게 인양기를 내릴 때 항공기 속도에 의해 뒤로 날려 헬기 주 · 보조 날개에 감길 수 있다.

(5) 구조용 바구니(Rescue Basket)

① 구조용 의자(Rescue seat)와 같은 용도로 사용할 수 있다.

② 육 · 수상에서 움직일 수 없는 요구조자를 구조인양할 때 사용하는 구조장비이다.

③ 1명만 탑승할 수 있으며 수상에서 사용할 때는 부력장치를 부착하여 사용하면 물에 뜰 수 있게 하고 항공구조대원이나 요구조자가 쉽게 발견하여 탑승할 수 있는 효과적인 장비이다.

④ 구조인양 시 하향풍에 의한 흔들림과 회전방지를 위해 장갑을 오른손에 끼고 구조인양기 케이블을 가볍게 지지해 준다.

⑤ 육 · 수상에서 사용 가능하며 산악구조 시 장애물이 없는 지역에서도 사용이 가능하다.

05 항공기 사고 구조 ★★★

1 항공기 사고의 개요

(1) 항공기 사고의 구분

'항공기 사고'라 함은 항공기 운항에 있어 안전을 저해하는 여러 현상에 의해 인명 또는 재산에 피해를 준 사태가 발생했음을 의미한다. 항공기에 승객이 탑승한 직후부터 이륙하여 착륙 후 탑승자 전원이 항공기에서 안전하게 내릴 때까지의 전 과정을 '운항'이라고 하는데 이러한 운항 중에 발생하게 되는 이상사태는 다음 세 가지로 나뉜다.

1) 항공기 사고(Aircraft Accident)

항공기의 추락, 공중 또는 지상에서의 충돌, 화재 발생, 엔진이나 기체의 폭발 및 불시착 등과 같은 규모가 큰 이상 사태에 의하여 탑승자나 제3자가 사망, 행방불명, 중상을 당하거나 기체 또는 지상 시설 등이 크게 손상됐을 때 이를 '항공기 사고'라고 한다.

2) 운항 중 사건(Inaccident)

항공기가 지상에서 활주 중 다른 항공기나 기타 구조물과 가벼운 충돌을 하는 경우, 공중에서 사고의 발생 가능성이 있는 여러 가지 상황들이라고 볼 수 있는 near miss(위기일발)나 기체 시스템의 고장 등으로 긴급 착륙을 하는 경우 또는 공항에서의 항공교통관제(ATC) 규칙을 위반하는 행위 등과 같은 이상 사태를 말한다. 즉 항공기가 운행 준비 상태 또는 운항 중에 탑승자나 제 3자에게 가벼운 손상 또는 지상의 시설을 파손, 기타 안전운항에 영향을 미칠 정도의 위반행위 등 항공기 사고 보다 가벼운 이상 사태를 '운항 중 사건'으로 분류한다.

3) 운항 장애(Irregularity)

운항 준비 상태 또는 운항 중에 발생한 항공기 사고와 운항 중 사건보다 가벼운 이상 사태를 '운항 장애'라고 한다. 예를 들면, 착륙장치(Landing gear)의 타이어가 펑크가 나서 지상 활주가 불가능할 때 지상에서 출발했다가 사정에 의하여 회항하는 경우 또는 대체 비행장에 착륙하는 경우 등이다.

2 항공기 사고 인명구조

① 항공기 화재사고에서 속도는 생명을 구하는데 있어서 가장 중요한 요인이 된다.
② 사고 현장에서 부상당해 있거나 갇혀있는 사람을 구할 때 성공과 실패를 결정하는 것은 바로 이 '속도' 즉 신속함이다.
③ 어떤 경우에도 훈련의 비효율성이나 훈련 부족이 묵과되어서는 안 되며, 이는 매우

위험하다.

④ 항공기 구조에 수반되는 구조상의 문제는 숙련, 용기, 팀워크, 신체적 강인함, 그리고 정신적 민첩함이 요구된다.

(1) 고충격 추락(충돌)

고충격은 항공기가 지상과 정면충돌 했을 때 발생한다. 추락의 결과 거의 모든 탑승객이 사망하고 뒤틀린 잔해, 파편, 그리고 화재를 초래하게 된다. 대부분의 탑승자를 구조하지 못하게 되며, 이 경우 화재진압은 기본적으로 인접 지역으로의 확산 방지, 희생자 확인, 그리고 사고 원인을 규명하기 위한 조사원들을 돕는 증거 확보를 주요 목적으로 한다.

(2) 저충격 추락(충돌)

① 저충격 추락에서는 잘 훈련된 구조대원들이 희생자를 구출할 수 있는 가능성이 높으며, 동체가 상대적으로 원형 그대로 유지된다.

② 충돌력이 낮기 때문에 높은 생존율이 기대되며, 만일 화재가 탈출을 막지만 않는다면 탑승객 중 상당수가 치명적이지 않는 부상을 입게 될 것이므로 인명구조가 최우선이다.

③ 가능한 한 신속히 화재를 진압해야 하며 소방력이 부족한 최악의 경우라도 최소한 희생자들이 빠져나올 때까지 화재가 확산되지 않도록 해야 한다.

(3) 추락사고

① 항공기 탑승자는 몇 가지 다른 유형의 위험에 노출된다. 화재가 일어나면 많은 양의 열과 유독가스가 발생한다.

② 탑승자의 생존은 소방대가 동체에 영향을 주는 화염을 얼마나 잡아내느냐, 그리고 어떤 경우에는 내부로의 화염 진출을 막아내도록 하는 비행기 진입부의 소화작업을 얼마나 성공적으로 하느냐에 달려있다.

③ 구조대원, 비행기 동체, 그리고 노출된 희생자들은 분무주수나 홈 소화약제로 보호하여야 한다.

④ 희생자들은 구조물이 분리된 틈이나 화재를 동반하지 않은 객실부의 붕괴된 틈새에 간혀있을 수 있다.

⑤ 사고 현장 혹은 폭발로부터 나온 파편들은 부상자를 만들 수 있고, 충돌 시의 감속은 탑승객이 부상당하도록 할 수도 있다.

⑥ 부서진 비행기 잔해가 종종 건물을 치고 지나가는 경우가 있으며, 이 때 지상의 부상자들은 신속한 도움이 필요하게 된다. 보통 이러한 사고에서 나타나는 비행기에 의한 절단면과 많은 양의 화염은 혼란을 가중시킨다.

(4) 탑승객 구조

1) 동체 외부의 요구조자

① 생존자 구조는 가장 먼저 해야 할 일이다.

② 일단 구조가 이루어졌거나 또는 불가능하다고 판단되었을 경우, 가장 좋은 방법은 사고 현장으로부터 모든 잉여인원을 명확하게 하는 것이다.

③ 구조대원이 최종 추락에 의해 멀리 던져졌거나 추락하면서 부서진 부분의 내부에 갇힌 피해자를 지나칠 수도 있다. 그러므로 수색작업은 완벽하게 이루어져야 한다.

④ 틈새에 있는 사람이 움직이지 않는다고 해서 죽었다고 단정하여서는 안된다. 항공기 사고에서 의식 잃은 생존자가 많은 비율을 차지한다는 사실은 일단 육안으로는 죽은 것처럼 보이는 사람도 신속한 도움이 필요한 경우가 많다는 것을 의미한다.

⑤ 항공기에서 탈출한 생존자는 구조대원에게 아직 비행기 안에 있는 사람의 수나 위치에 대해 알려줄 수 있을 것이다.

⑥ 모든 승무원과 승객이 탈출하는 것을 당연하게 생각지 말아야 한다. 비행기 전체에 대한 완전한 수색작업이 이루어져야 한다.

2) 내부 생존자 구출

① 먼저 한 사람의 구조대원만이 비행기 안에 진입해야 한다.

② 다른 대원들은 진입한 선두 대원이 상황을 판단할 때까지 기다려야 한다. 바깥에 있는 대원은 동체 진입을 준비하고 있는 동안 소방호스와 기타 구조장비를 챙겨야 한다.

③ 그들은 일어날 수 있는 화재나 폭발 위험을 다른 대원들에게 알리는 역할을 해야 한다. 이 절차는 구조 문제의 범위를 결정하는 '최초 판단'의 일부를 구성한다.

④ 진입하여 상황을 판단한 후에 가장 중요한 임무는 그들을 옮기기 위해 부상 탑승자들의 상태와 위치를 파악하는 일이다.

⑤ 비행기 내부는 대체로 복도가 38cm(18인치) 폭으로 되어 있으며 비상탈출구는 가로 44cm, 세로 65cm(가로 19인치, 세로 26인치) 정도로 되어 있다. 이처럼 좁은데다가 동체의 뒤틀림이나 파손으로 인해 더욱 협소해진 공간 때문에 골절된 부상자의 구조가 방해받을 수 있다. 그러므로 구조대원들은 이러한 어려움에 적응해야 한다.

⑥ 비행기 내부에 화재가 일어났으면 소방호스를 펼쳐 구출작업이 이루어지는 동안 화염을 제어한다.

⑦ 상황이 통제할 수 없는 지경이면 승객이 신속히 옮겨져야 한다. 만일 갈라진 틈새에 끼거나 장애물이 있어 불가능한 경우, 구조대원은 사람들이 갇혀있는 곳으로 불이 다가오지 않도록 해야 한다.

3) 응급처치

① 모든 생존자에게는 응급조치가 이루어져야 한다. 실제 외상이 없다고 하더라도, 대다수의 생존자는 어느 정도 충격 때문에 고통을 받고 있을 것이다. 이러한 유형의 사고에서는 심각한 골절이나 열상이 흔하다.

② 피해자가 방금 경험한 공포나 극도의 스트레스에 의해 심장마비나 뇌출혈이 일어날 수 있으니 주의한다. 만일 화재나 폭발위험이 있다면, 부상자는 여러 가지 구급조치가 이루어지기 전에 안전한 장소로 옮겨져야 한다.

③ 시간이 허락한다면, 모든 전기 스위치를 끄고 배터리와의 연결도 차단한다. 이는 기화된 연료가 전기 스파크에 의해 점화되는 것을 방지한다.

④ 구조를 가능하게 하기 위해 어떤 조치가 취해지지 않았다면, 비행기 잔해의 어떤 부분도 이동시켜서는 안 된다.

⑤ 비행기가 두 동강 났다면, 전기 케이블은 손상되었거나 끊어졌을 것이다. 이 경우 만일 스위치를 끄고 배터리 연결을 차단하지 않으면, 비행기 잔해의 아주 작은 움직임도 기화된 연료를 점화할 수 있는 불꽃을 일으킬 수 있다.

(5) 사상자 확인

① 항공기 사고의 조사관은 잔해 내부에 모든 탑승객 위치를 중요하게 고려하여 그들이 살았는지 죽었는지를 확인해야 한다. 만일 화재가 일어나지 않았다면, 확인된 모든 사망자는 책임 있는 담당자가 옮기라는 허가를 내줄 때까지 그대로 두어야 한다.

② 생존 징후가 있다면 물론 그 생존자를 비행기로부터 구출하는데 전력을 기울여야 하며 응급처치가 이루어져야 한다. 가능하다면 좌석 배정 상황이나 사상자가 발견된 위치를 표시할 수 있는 문건을 만들어야 한다.

③ 사망이 명백한 사람은 시신이 불에 탈 염려가 있지 않은 한 다른 곳으로 옮겨져서는 안 된다. 좌석 위치에 대한 정보와 관련 수화물 및 소지품이 희생자에 대한 유일한 정보를 제공하는 경우가 많기 때문이다.

④ 사망했거나 부상한 사람들의 정확한 위치를 표시하는데 도움이 되도록 잔해 내에서 희생자와 그 위치 양쪽에 꼬리표를 붙인다. 희생자의 신체가 여러 곳에서 부분으로 발견되었을 때는 각각의 신체 부위에 꼬리표를 붙이고 기록해야 한다. 사체가 잔해로부터 멀리 떨어져 발견되었을 때는 주변 땅에 말뚝을 박고 그 위에 꼬리표를 붙인다.

(6) 일반 진입 절차

① 모든 항공기는 승객과 승무원이 타고 내리기 위해 만든 문이 있다. 강제 진입을 시도하기 전에 항상 먼저 이러한 진입 지점을 통해 진입을 시도한다.

Part 5

구조기술

② 문은 동체 한쪽이나 양쪽에 있으나 보통은 왼쪽에 있다. 문은 바깥쪽으로 열리며 안에서 빗장에 의해 잠겨진다. 일반적으로 문은 바깥이나 안에서 열 수 있도록 하는 핸들이나 그 밖의 장치가 있다.

(7) 비상구

① 비상구는 특히 충격에 의해 통상의 진입구가 잠겼거나 화재가 발생하는 등의 신속한 구조가 필요할 경우 중요하다.

② 비상구는 제트기의 출현으로 고속, 고도, 고압을 견딜 수 있도록 비행기의 구조물이 더 튼튼해진 이후 동체 표면을 뚫고 들어가는 강제 진입이 거의 불가능해짐에 따라 더욱 중요한 위치를 차지하게 되었다.

③ 여객기는 일반 출입구와는 별도로 하나 이상의 비상구를 가지고 있다. 비상구의 수는 탑승 가능 여객 수에 따라 달라진다. 이 비상구는 충격을 받아도 잠기지 않고 비행기 내·외부에서 쉽게 찾아서 개방할 수 있도록 설치한다.

④ 어떤 기종에서는 눈에 띄는 색으로 넓은 띠를 칠하여 모든 문과 해치, 그리고 외부에서 작동 가능한 창문을 표시하기도 한다. 그러나 이러한 규제에도 불구하고 외부에서 비상구를 찾거나 개방하는 것이 용이한 것은 아니다.

(8) 비상 진입

① 구조대원이 잔해의 부분을 통해서는 신속한 진입이 어렵다고 판단할 경우가 있다.

② 문이나 해치가 추락의 충격으로 잠겼을 경우, 경첩 부분을 자르거나 프레임 주위를 뚫어서 강제로 개방한다.

③ 창문을 파괴하는 경우에는 장애물을 만나는 일이 대체로 적은 편이다. 어떤 기종에서는 창문을 깨고 동체 안으로 진입할 때 파괴하는 부분을 외부에 표시하기도 하지만 대부분은 이러한 표시가 없다.

④ 창문을 파괴할 때에는 도끼의 날카로운 끝으로 창문 모서리를 강하게 타격하여 전체 부분을 약하게 하는 긴 금을 만든다. 창문 각 모서리에 생긴 구멍으로 플렉시글라스(Plexiglas)나 플라스틱 조각들을 제거할 수 있게 해준다.

⑤ 플렉시글라스는 뜨거운 상태에서는 자르기가 어렵다. 이 경우 이산화탄소 소화기를 뿌리면 급격히 냉각되어 도끼 등으로 쉽게 파괴할 수 있게 된다.

⑥ 플렉시글라스나 플라스틱의 큰 조각을 제거하는 가장 좋은 방법은 철판 절단용 날을 장착한 동력절단기를 이용하는 것이다. 절단 깊이를 조절하여 창문을 뚫고 잘라낼 수 있도록 한 후, 프레임에 가까운 쪽으로 창문을 절단한다.

⑦ 비행기의 측면으로 강제 진입을 시도하는 것은 동체의 하부에 중점 설치되는 전기줄과 연료, 산소, 유류 등의 파이프라인 때문에 위험하다.

06 엘리베이터 사고 구조 ★★★★★

1 개요

① 엘리베이터(영국 등 일부 국가에서는 리프트(lift)라 부른다)는 사람 또는 화물을 동력을 사용하여 상하 수직으로 수송하는 장치이기 때문에 안전성이 가장 중요한 과제이다.

② 소방활동에 필요한 엘리베이터는 일정 규모 이상의 빌딩에 비상용 엘리베이터를 설치하도록 건축법령에 의무화되어 있다. 뿐만 아니라 미약하기는 하지만 우리나라에서도 지진이 발생하며 최근 그 강도 및 빈도가 증가하고 있는 추세로서 설계 시부터 고려하여야 하며, 지진이 많이 발생하는 외국에서는 엘리베이터의 내진성 강화를 의무화하고 있기도 하다.

③ 엘리베이터를 최초로 설치 후 완성검사 이후에는 연 1회의 정기검사를 받아야 안전시설로서 확인이 되지만, 동작 횟수가 많고 사람을 수송하는 도중 기계장치의 고장이 발생할 때 중대한 사고가 발생할 수 있다.

2 엘리베이터의 구조 2013 서울 소방장, 2016 서울 소방교, 2017 소방위

(1) 엘리베이터의 종류

엘리베이터는 용도·전원(電源)·속도·권양기·운전방식 등에 따라 여러 가지로 구분된다.

① 현재의 엘리베이터는 거의 권상기 쉬브와 로프 사이의 마찰력으로 구동하는 트랙션 타입을 사용하고 있고, 이외에도 유압 엘리베이터가 있다.

② 유압 엘리베이터는 승강로 상부에 기계실을 설치할 필요가 없는 이점이 있지만 플런져 길이에 제한이 있기 때문에 행정 20m 이하의 자동차용, 침대용, 승용 등으로 사용되고 있다.

(2) 구조

엘리베이터는 다음과 같이 구성되어 있다.

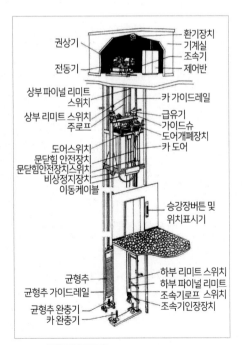

그림 5-79 엘리베이터의 구조

Part 5

구조기술

① 엘리베이터에서 운반물을 싣는 상자 부분인 케이지(cage) 또는 카(car)

② 케이지를 상하로 작동시키는 **권양기(捲揚機)**, 가이드 레일(안내궤도)

③ 권양기의 부하(負荷)를 경감시키기 위하여 케이지의 무게와 상대적으로 매달려 움직이는 카운터웨이트

④ 케이지와 카운터웨이트를 연결하여 권양기의 회전바퀴에 걸리는 와이어로프(wire rope)

1) 기계실

① 권양기 (권상기, 트랙션머신)

트랙션타입의 권양기는 전동기, 전자브레이크, 감속기 쉬브 등으로 구성되어 있고, 종류는 다음과 같다.

▷ 교류 기어드 권양기(AC기어식)

▷ 직류 기어드 권양기(DC기어식)

▷ 직류 기어리스 권양기(DC무기어식)

② 제어기기 : 수전반, 제어반, 릴레이반 등으로 구성되어 있다.

▷ **층상 선택기(floor selector)** : 정지할 층을 선택해 감속 신호를 보내주는 장치로 위치 표시기에 카 위치를 표시하는 기능도 있다.

③ 조속기(governor)

엘리베이터의 속도를 항상 감시하고 있다가 속도가 비정상적으로 증가하는 경우, 다음 두 가지 동작으로 속도를 제어한다.

▷ 제1동작 : 엘리베이터의 속도가 정격속도의 1.3배(정격속도가 매분 45m/min 이하의 엘리베이터에 있어서는 매분 63m/min)를 넘지 않는 범위 내에서 과속 스위치를 끊어, 전동 기회로를 차단함과 동시에 전자브레이크를 작동시킨다.

▷ 제2동작 : 정격속도의 1.4배(정격속도가 매분 45m/min 이하의 엘리베이터에 있어서는 매분 68m/min)를 넘지 않는 범위 내에서 비상정지장치를 움직여 확실히 가이드레일을 붙잡아 카의 하강을 제지한다.

2) 카(car)

카실은 대부분 불연재로 만들어져 있고, 카 내의 승객이 바깥과 접촉되지 않는 구조로 되어 있지만 밀폐 구조는 아니므로 간혔을 때 질식될 염려는 전혀 없다.

① 카틀 및 카바닥 : 강재로 구성된 카의 상부 틀은 로프에 매달리게 되어 있고, 하부 틀에 비상정지 장치가 설치되어 있다(상부 틀에 설치되어 있는 것도 있다). 카틀 상하좌우에는 카가 레일에 붙어 움직이기 위한 가이드슈 또는 가이드롤러가 설치되어 있다.

② 카실(실내벽, 천정, 카도어) : 실내벽에는 조작반과 카내 위치표시기가, 천정에는 조명등, 정전등, 비상구출구 등이 설치되어 있다. **자동개폐식문 끝에는 사람이나 물건에 접촉되면 문을 반전시키는 세이프티 슈(safety shoe)가 설치되어 있어 틈에 끼이는 사고를 방지하고 있다.** 문은 수동식도 있으므로 운전 중에 문을 열면 엘리베이터는 급정지하기 때문에 주행 중에는 절대로 문에 몸을 기대거나 접촉해서는 안 된다.

③ 문개폐장치(door operator) : 문을 자동 개폐시키는 전동장치로, 전원을 끊으면 비상시에는 문을 손으로 여는 것도 가능하다.

④ 카 상부 점검용 스위치 : 카 상부에는 보수 및 점검 작업의 안전을 위하여 저속운전용 스위치나 작업등용 콘센트가 설치되어 있다.

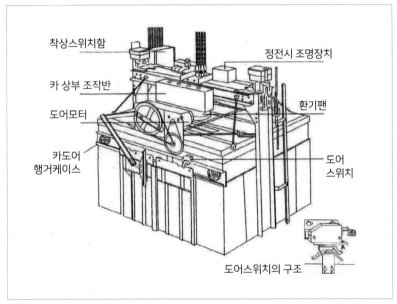

[그림 5-80] 카 상부의 구조

3) 승강로

① 레일 : 카와 균형추의 승강을 안내하기 위한 레일로 각각 승강로 벽에 견고하게 부착되어 있다.

② 로프(와이어로프) : 카와 균형추를 매달고 있는 메인로프, 조속기와 카를 연결하는 조속기로프 등이 있으며, 각각 로프소켓 등으로 고정되어 있다.

③ 균형추 : 카와 균형추는 로프에 두레박 식으로 연결되어 있다. 승강행정이 높은 것은 로프의 불균형을 시정하기 위해, 균형로프 또는 균형체인을 설치하는 경우도 있다.

④ 이동케이블 : 승강로 내의 고정배선과 카의 기기를 전기적으로 연결하는 것으로 "테일코드"라고도 부른다.

4) 승강장

① 도어틀 : 승강장에 있는 출입구 틀로서 상부와 양측부의 3방면으로 구성되어 있다. 상부에는 승강장도어용 레일이 설치되어 있는데 레일의 문이 닫히는 끝부분에 인터록 스위치가 설치되어 있다.

② 승강장도어 : 승강장도어는 행거에 의하여 문의 레일에 매달리고, 하부는 문턱의 홈을 따라서 개폐된다. 승강장도어 뒷면에는 카도어와 연계되어 움직이는 연동장치가 설치되어 있다. 모든 층(혹은 특정층)의 승장도어에는 비상해제장치가 설치되어 있어, 특수한 해제키를 사용해 승강장 측에서 도어를 여는 것이 가능하다.

③ 승강장버튼 : 카를 부르는데 사용되는 버튼으로써 도어가 있는 층에서 카가 정지하고 있을 때 이 버튼을 누르면 문이 곧바로 열린다.

④ 위치표시기 : 인디케이터(indicator)라고도 말한다. 램프의 점등 또는 디지털 방식으로 카가 위치한 층을 표시한다.

(3) 엘리베이터의 안전장치 　2011 부산 소방교, 소방장, 2012 경북 소방장, 2016 소방위

① 엘리베이터는 안전성 · 신뢰성에 특히 주의를 기울여야 하며, 과속 · 과주행에 대해서는 이중안전장치가 있다.

② 와이어로프의 강도는 최대 하중의 10배 이상의 안전율로 설치하기 때문에 와이어로프 절단사고가 일어날 확률은 희박하다.

③ 기계적 결함으로 로프가 끊어져도 평소 이동 속도의 1.4배 이상에서 작동되는 브레이크 장치로 인해 추락하지는 않는다.

④ 엘리베이터 통로 바닥에는 브레이크도 작동하지 않는 최악의 경우에 대비해 충격을 최소화할 수 있는 충격 완화 장치가 있어 영화에서처럼 밧줄이 끊어져 엘리베이터가 낙하하는 장면이 실제 발생할 가능성은 그리 높지 않다.

⑤ 엘리베이터의 각종 안전장치에는 다음과 같은 것들이 있다.

엘리베이터의 안전장치 　2011 경북 소방장, 부산 소방교, 2013 소방위	
1) 전자브레이크 (magnetic brake)	• 엘리베이터의 운전 중에는 브레이크슈를 전자력에 의해 개방시키고 정지시에는 전동기 주회로를 차단시킴과 동시에 스프링 압력에 의해 브레이크슈로 브레이크 휠을 조여서 엘리베이터가 확실히 정지하도록 한다.
2) 조속기(governor)	• 카의 속도를 일정하게 유지한다.
3) 비상정지장치 (safety device)	• 만일 로프가 절단된 경우라든가, 그 외 예측할 수 없는 원인으로 카의 하강 속도가 현저히 증가한 경우에, 그 하강을 멈추기 위해, 가이드레일을 강한 힘으로 붙잡아 엘리베이터 몸체의 강하를 정지시키는 장치로 조속기에 의해 작동된다.
4) 리미트 스위치 (limit switch)	• 최상층 및 최하층에 근접할 때에, 자동적으로 엘리베이터를 정지시켜 과주행을 방지한다.

5) 파이널 리미트 스위치 (final limit switch)	• 리미트 스위치가 어떤 원인에 의해서 작동하지 않을 경우, 안전확보를 위해 모든 전기회로를 끊고 엘리베이터를 정지시킨다.
6) 완충기(buffer)	• 어떤 원인으로 카가 중간층을 지나치는 경우, 충격을 완화시키는 것으로 통상 정격속도가 60m/min 이하의 경우는 스프링 완충기를, 60m/min을 초과하는 것에는 유압완충기를 사용한다.
7) 도어 인터록 스위치 (door interlock switch)	• 모든 승강도어가 닫혀있지 않을 때는 카가 동작할 수 없으며, 카가 그 층에 정지하고 있지 않을 때는 문을 열 수가 없도록 하기 위해 승장도어의 행거케이스 내에 스위치와 자물쇠가 설치되어 있다. • 엘리베이터의 안전상 비상정지 장치와 더불어 중요한 장치이다. 또한 비상해제장치 부착 인터록 스위치는 특별한 키로 해제하여 승장 측에서 문을 열 수 있도록 되어 있다. 또 카도어를 손으로 열 때(이 인터록 스위치에 손이 닿을 경우는) 손으로 인터록을 벗겨 승장도어를 열 수가 있도록 되어 있다.
8) 통화설비 또는 비상벨	• 카 내에 빌딩관리실을 연결하는 엘리베이터 전용 통화설비(인터폰) 혹은 비상벨이 설치되어 있다.
9) 정전등	• 정전 시에는 승객을 불안감을 완화시키기 위하여 곧바로 카 내에 설치된 정전등이 점등된다. 이 정전등은 바닥 면에 1룩스 이상의 밝기를 유지하도록 되어 있는데 조도 유지 시간은 보수회사 및 구조대의 이동시간 등을 고려할 때 1시간 이상이 적당하다
10) 각층 강제 정지장치	• 심야 등 한산한 시간에 승객을 대상으로 한 범죄를 예방하기 위한 것으로써 이 장치를 가동시키면 목적층에 도달하기까지 각층에 순차로 정지하면서 운행할 수 있다.

3 구조활동 요령

(1) 사전 판단

① 엘리베이터 사고는 전원 차단이나 기기 고장에 의하여 카가 정상적인 위치에 정지하지 않거나 문이 열리지 않는 사고가 대부분이다. 엘리베이터의 구조상 추락에 의한 사고 발생 가능성은 높지 않다.

② 엘리베이터 내부에 응급환자나 노약자 등이 갇힌 긴급상황이 아니라면 여유를 가지고 상황을 파악하여 가장 안전한 구조방법을 찾도록 한다.

③ 사고가 발생한 대상 건물의 구조와 용도, 사고 형태 및 사고 발생 후의 경과 시간, 요구조자의 수 등을 확인하고 구조방법을 구상한다.

(2) 도착 시의 행동

① 현장에 도착하면 사고의 종류(추락인가? 감금인가? 끼었는가? 등), 사고 원인(기계 결함인가? 정전인가?), 긴급성의 유무, 요구조자의 수 등을 다시 한번 확인하고 현장을 확인한 후 적절한 구조방법을 선택한다.

② 카가 중간에 정지하여 움직이지 않는 경우 기계실로 진입하여 수동조작으로 카를 상·하 이동 조작하여 구출한다. 카 문이 열리지 않으면 엘리베이터 마스터키로 문을

여는 방법이 가장 용이하지만 상황에 따라 유압장비나 에어백 등으로 강제로 문을 열거나 카 상부로 진입하는 방법을 선택할 수도 있다.

(3) 구조활동 요령

구출 작업 시에는 카가 멈춘 위치에 따라서 승객이나 구출자가 승강로 바닥으로 추락할 위험이 있기 때문에, 각별히 주의할 필요가 있다.

1) 정전 혹은 기계적 결함으로 인해 정지한 경우

① 정전 시에는 곧바로 카 내의 정전등이 점등된다. 정전이 단시간 내 복구 가능할 때는 (인터폰으로 또는 직접 승장 측에서) 곧 복구됨을 승객에게 알려 안심시킨다. 전원이 복구되면 어떤 층의 버튼을 누르더라도 엘리베이터는 통상 동작하기 시작한다.

② 정전으로 엘리베이터가 정지한 사례를 보면 80% 이상이 승강장이 있는 근처인 것으로 밝혀졌다. 이러한 경우는 승객이 스스로 카도어를 열게 할 경우 카도어와 연동되어 움직이는 승장도어가 동시에 열리게 되어 쉽게 밖으로 구출할 수 있다.

③ **이 경우에도 탈출 중에 전원이 복구되어 카가 움직일 수 없도록 하기 위해 기계실에서 엘리베이터의 전원을 차단하는 것이 안전상 필요하다.**

④ 먼저 엘리베이터 마스터키를 사용하여 1차 문을 열고 승객에게 2차 문을 개방토록 한다. 승강장도어, 카도어가 정위치에서 열리지 않을 경우 카의 문턱과 승장의 문턱과의 거리 차를 확인한 후 60cm 이내에서 위 또는 아래에 있을 때에는 [그림 5-82]와 같이 구출할 수 있다.

⑤ 카의 문턱이 승장의 문턱보다 60cm 이상 높거나 120cm 미만일 경우에는 승강장에서 접는 사다리 등을 카 내로 넣어 구출한다. 승객이 직접 잠금장치를 벗겨내는 것이 곤란한 경우나, 카의 문턱과 승장의 문턱과의 격차가 심한 경우에는 원칙적으로는 보수회사의 기술진을 기다리는 것이 좋지만, 상황이 긴급한 경우에는 카의 구출구를 열고 직상 층으로 구출한다.

※ 마스터키를 이용한 1차 문 개방(좌)　　　　※ 내부에서 승객에 의한 2차 문 개방(우)

[그림 5-81] 엘리베이터 문을 개방하는 방법

※ 승강장과 카의 높이 차이가 60cm 미만인 경우에는 승객이 직접 탈출할 수 있다.

그림 5-82 승객의 구출

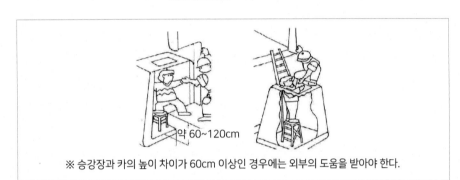

※ 승강장과 카의 높이 차이가 60cm 이상인 경우에는 외부의 도움을 받아야 한다.

그림 5-83 엘리베이터 구조(외부 도움)

⑥ 승강장에서 도어를 열기 위한 해제 장치는 반드시 모든 층에 설치해야 한다는 규정이 없기 때문에 이를 최하층, 최상층, 기준층 등에 설치하고 있는 경우도 있다. 이때 카가 정지한 근처의 승장도어를 여는 것은, 그곳에 해제 장치가 없으면 어렵기 때문에 가장 가까운 상층의 승장 측 도어를 마스터키로 열어 줄사다리 등을 사용해 카 위에 올라타고, 자물쇠를 개방하여 승장도어를 연다.

⑦ 만약 이 방향측의 도어에 해제 장치가 설치되어 있지 않는 경우에는, 지렛대나 유압식 구조기구, 에어백 등을 이용하여 정지 위치 근처의 승장도어 슈(문턱의 홈 부분)를 파괴하거나 틈을 확보하여 구출한다. 또한 유압식 엘리베이터에 있어서는 밸브의 조작에 의해 바닥 높이를 조정하여 구출하는 방법도 있다.

2) 권양기의 수동조작(수권조작)에 의한 구출

승객이 잠금장치를 벗기는 것이 곤란한 경우나, 카 문턱과 승장의 문턱과의 거리 차가 큰 경우에는, 보수회사의 기술자가 고장을 고치기까지 기다리는 것이 원칙이지만 긴급한 경우에는 기어가 있는 권양기에 한하여 2인 이상의 훈련된 요원에 의해 다음의 방법으로 구출한다. 그러나 위험을 동반하기 때문에 미리 충분히 기술 훈련으로 경험을 쌓는 것이 필요하다.

① 카가 정지된 위치에서 가장 가까운 상·하층에 구조대원을 대기시키고 기계실에 2명 이상의 구조대원이 진입한다.

② 주전원 스위치를 차단하고 전층의 승장도어가 닫혀있는 것을 확인한다.

③ 인터폰으로 승객에게 카도어가 닫혀있는가를 확인하고, 엘리베이터를 수동으로 움직이는 취지를 알린다.

④ 기계실에 진입한 구조대원 중 1인은 모터샤프트 또는 플라이휠에 터닝핸들을 끼워서, 양손으로 확실히 잡는다. 다른 구조대원은 전자브레이크에 브레이크 개방레버를 세팅한다.

⑤ 터닝핸들을 조작하는 대원의 신호에 따라 다른 대원이 브레이크를 조금씩 개방한다. 터닝핸들을 좌, 또는 우측의 가벼운 방향으로 돌려서 카를 움직인다. 또한 비상해제장치가 있는 승장까지의 거리가 매우 먼 경우는 반대방향(무거운 방향)으로 돌려도 좋다. 터닝핸들이 흔들릴 수 있기 때문에 반회전 정도마다 브레이크를 건다.

⑥ 핸들과 브레이크를 조작하는 대원은 반드시 "개방", "정지"를 복명·복창하여 오조작에 의한 사고를 방지한다.

⑦ **승객의 수에 따라 브레이크를 개방하는 것만으로도 카가 움직이는 경우도 있기 때문에 주의를 요한다.**

⑧ 기계실에서 카의 위치를 확인하면서 비상해제장치가 붙어있는 층의 근처까지 카를 움직인다. 이동거리를 알 필요가 있을 때는 권상기의 쉬브에 표시를 붙여, 표시가 이동한 거리를 측정한다.

⑨ 개방레버 및 터닝핸들을 벗긴다.

⑩ 앞에 서술한 방법에 따라서 승객을 구출한다. 작업에 있어서는 카도어, 승강장도어의 모든 문이 닫혀있는가를 확인하여야 하며, 구출 중에 전원이 복구되어도 엘리베이터가 움직이지 않도록 전원스위치가 확실히 차단되었는지를 확인해야 한다.

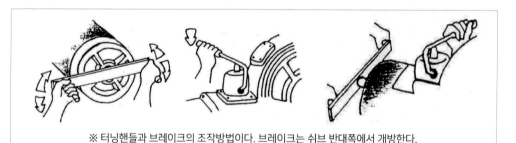

※ 터닝핸들과 브레이크의 조작방법이다. 브레이크는 쉬브 반대쪽에서 개방한다.

그림 5-84) 브레이크 쉬브 조작

3) 화재가 발생한 경우

① 빌딩 내에서 화재가 발생한 경우, 화재 원인이 엘리베이터의 기계실이나 승강로에서 떨어진 장소에 있을지라도 승강로의 구조상 굴뚝과 같은 역할을 하기 때문에 열과 연기의 통로가 될 수 있다.

② 소화작업에 수반하는 전원 차단 등으로 승객이 갇히게 될 우려가 있기 때문에, 피난에는 엘리베이터를 이용하지 않고 계단을 이용해야 한다.

③ **빌딩 내의 카는 모두 피난층으로 집합시켜, 도어를 닫고 정지시켜 두는 것이 원칙이다.** 그러나 비상용 엘리베이터는 소화활동으로 사용하는 것이 있을 수 있기 때문에 제한을 하지 않도록 한다.

④ 화재 시 관제운전장치가 부착된 엘리베이터는 감시실 등에 설치된 관제스위치를 조작하는 것에 의해 자동적으로 특정 피난층에 되돌려, 일정시간 후에 도어를 닫고 운전을 정지하도록 되어 있다.

⑤ 엘리베이터 기계실에서 화재가 발생해 확대되고 있을 때에는 전기화재에 적응한 소화기 등을 사용해서 소화에 주력함과 더불어 카 내의 승객과 연락을 취하면서 엘리베이터용 주전원 스위치를 차단한다. 전원스위치는 기계실의 출입문 근처에 있을지라도 그 스위치에 접근할 수 없다.

⑥ 엘리베이터의 승강로에 화재가 발생한 경우, 승강로에는 가연물은 거의 없기 때문에 카 내에 대량의 가연물을 가지고 있지 않는 한 엘리베이터 자체의 피해는 크지 않을 수 있다.

4) 지진이 발생한 경우

① 주행 중인 카는 가장 가까운 층에서 정지, 승객이 피난 후 도어를 닫고 전원스위치를 차단한다. 엘리베이터는 지진에 의해 멈추는 수가 있기 때문에, 층간에서 갇히게 되는 것을 방지하기 위해 피난용으로 사용하지는 않는다.

② 지진 시 관제운전장치가 부착된 엘리베이터는 지진감지기가 작동하면 자동적으로 카를 가장 가까운 층에 이동시켜 일정 시간 후에 도어를 닫고 운전을 정지하도록 되어 있다.

③ 지진 후는 운전 재개에 앞서 진도 3정도 상당의 경우는 관리기술자, 진도 4정도 이상의 경우는 엘리베이터 전문기술자의 점검과 이상 유무의 확인이 필요하다.

④ 승객이 갇히게 된 경우는 앞에 서술한 순서에 따라 구출하지만, 구출 완료 후는 상기의 점검·확인이 끝날 때까지 운전을 중지해 둔다.

갇힘 사고의 원인

① **이용자에 의한 것**
- 조작 미숙 : 비상정지버튼의 오조작, 기타 조작반상의 버튼이나 스위치의 오조작
- 불필요 행동 : 카 내에서 뛰거나, 주행 중 도어를 열려고 하거나, 비상정지버튼을 고의로 누름
- 부주의 : 도어에 물건을 끼움, 정원 · 중량 초과 등

② **관리 측의 미비에 의한 것**
- 청소 불량 : 승강도어 · 카도어의 문턱 홈에 쓰레기로 가득함
- 취급 불량 : 주전원 스위치 차단
- 건물기기 불량 : 전원 휴즈 절단, 전원 불량 등

07 추락사고 구조 ★★

추락사고는 건설현장, 산악, 맨홀 등의 장소에서 자주 발생한다. 일단 추락사고가 발생하면 외상이 없어 보여도 두부 손상이나 경추, 척추의 손상 또는 골절 등 심각한 신체적 장해를 입을 수 있으므로 구조활동 시 응급처치에 각별한 주의를 기울여야 한다.

1 사고 인지 시의 행동

① 추락사고가 발생하면 추락사고가 발생한 장소의 위치와 구조, 요구조자의 수 등을 우선 파악하며 만약 건물이나 공사장에서 발생한 사고라면 사고 발생 장소가 기존 건물인지, 공사 중인 건물인지를 확인하여야 한다.

② 공사 중인 건물인 경우 작업장소의 붕괴나 현장 주변의 각종 장비, 장애물들로 인하여 추가적인 위험 요인이 있기 때문이다.

③ 산악이나 교량에서 발생한 사고인 경우 현장에 접근하기가 쉽지 않을 수 있으므로 접근 가능한 경로를 확인한다.

④ 다음으로는 사고자가 추락한 높이나 깊이, 부상 정도를 파악하여 구조방법과 사용할 장비를 선정한다.

2 도착 시의 행동

① 현장에 도착하면 즉시 현장 관계자로부터 입수 가능한 모든 정보를 수집하여 부상 정도의 확인, 상태, 위험 요소 등을 고려 후 적정한 구출방법을 선정하고, 장비를 선택한다.

② 구조작업을 수행할 대원을 지정할 때에는 정신적, 육체적 적합성을 고려하여 대원의 임무를 분담한다.

표 5-6 구조장비의 선택 기준

장비명	활용 분야	비고
사다리차, 공중작업차, 사다리	옥외에서의 진입, 구출	높은 곳
들것	요구조자(부상자) 신체 묶기	척추 보호용 들것
구조로프, 도르래, 카라비너	대원의 진입, 구출, 기타	
가스측정기구	맨홀이나 지하 등 폐쇄공간의 가스, 산소농도측정	

3 안전조치

(1) 작업 전의 준비

① 구조대원은 반드시 헬멧, 안전벨트를 착용하고 안전로프를 설치한다. 현장에 진입하는 대원뿐 아니라 구조활동을 보조하는 대원들까지 모두 착용하여야 한다.

② 작업 장소의 위험 요인을 확인하고 대비를 하여야 한다. 공사장이나 산악에서 추락사고가 발생하면 주위의 토석 붕괴, 공사용 장비의 도괴 또는 낙하 등의 위험성이 높다. 맨홀이나 지하에 추락한 경우에는 유독가스나 가연성 가스의 발생 및 체류, 산소결핍, 감전 등의 위험 요인이 있고, 드물긴 하지만 지하용수에 의한 침수가 발생할 수도 있다.

③ 구조대원이 작업할 발판 및 구조장비, 로프 등을 설치할 각 부분의 강도를 충분히 확인한 후 작업공간의 확보를 위하여 주변의 장비 등을 정리하고 구조활동에 필요한 인원 이외에는 접근시키지 않는다.

④ 작업에 사용되는 장비는 현장 주변의 안전한 장소에서 준비한다.
　예 구조용 들것 만들기, 로프 매듭, 기구의 조립 등

(2) 구조활동

① 매달아 올리거나 내리는 경우 로프는 두 줄로 설치한다. 도르래를 사용하는 경우에는 별도로 구조로프를 연결하여 안전을 확보한다.

② 현장에 있는 작업용 바스켓, 로프 등을 사용하는 경우에는 충분히 강도를 확인하는 외에 별도의 보강 조치를 한다.

4 추락사고 구출

(1) 일반적인 추락사고

1) 요구조자의 위치로 진입

① 당해 건물 또는 인접 건물 내 시설을 이용한다.

② 공사용 발판, 가설계단 등의 공사용 시설을 이용한다.

③ 사다리차, 공중작업차를 이용한다.

④ 거는 사다리, 로프 등을 이용한다.

⑤ 현장의 작업용 기계를 이용한다.

2) 요구조자의 보호

① 요구조자에게 외상이 없더라도 경추, 척추 보호대를 착용시킨다. 급박한 상황이 아니라면 전문 응급처치 교육을 받은 구급대원이 시행한다.

② 들것은 척추 보호가 가능한 것을 사용한다.

③ 벨트 또는 로프(개인)로 들것에 요구조자를 고정시켜 이동 중 들것에서 탈락하는 일이 없도록 조치한다.

3) 요구조자의 구출

① 안전한 통로가 있는 경우에는 들어서 운반한다.

② 매달아 올리거나 내리는 경우의 운반은 견고한 지점을 이용하여 로프, 윈치, 사다리 등의 구조기구와 사다리차 및 공중작업차, 기타 현장에서 조달할 수 있는 장비를 적극 활용하도록 한다.

(2) 지하 공사 현장 추락사고

구조대원의 진입은 가설계단, 트랩 등을 이용하고 이러한 것이 없는 경우에는 적재 사다리, 구조로프를 이용한다. 로프를 이용하여 진입할 때에는 맨홀구조기구를 활용하거나 앉아 매기 하강, 사다리 인양구조 등으로 한다.

(3) 수직 맨홀, 우물 추락사고

맨홀이나 우물에 추락하는 경우 공간이 협소하여 활용 가능한 장비의 선택이나 구조대원의 현장 진입 등 구조활동에 많은 장애를 받게 된다. 특히 유독가스에 의한 질식이나 감전사고 등에도 주의해야 한다.

① 진입은 맨홀구조기구를 활용하며 상황에 따라 적재 사다리를 활용할 수도 있다.

② 진입하는 대원은 물론이고 요구조자에게도 반드시 공기호흡기를 착용시킨다.

③ 공기호흡기를 착용할 수 없는 협소한 공간인 경우 밸브를 연 다량의 공기통을 현장에 투입하여 신선한 공기를 공급한다.

④ 요구조자의 보호에 주의하며 구출한다.

(4) 기타의 추락사고

① 시트파일(Sheet Pile)이 빠진 구멍, 강바닥, 물이 마른 우물 등에 대해서는 사고의 상황, 요구조자의 상태에 따라 기자재, 구출방법을 결정하여 구출활동을 전개한다.

② 파일이 뽑힌 구멍으로 추락한 경우 요구조자의 위치까지 굴착하여 구출하는 방법도 검토하며 이러한 경우 구멍으로 흙이 무너져 들어가거나 굴착으로 주위의 토사가 붕괴되는데 충분히 주의하여야 한다.

08 붕괴사고 구조 ★★★ 2016 전북 소방장

붕괴사고는 대체로 토사 붕괴(산사태, 절벽 붕괴)와 도괴(건물, 공작물), 적하물 도괴 등으로 분류할 수 있다.

1 사고 인지 시의 행동

① 붕괴사고가 발생하면 현장의 지형, 건물의 상황, 요구조자의 상황 등 내용을 확인한다.
② 현장의 기계, 장비를 이용할 것인가, 특수차량을 이용할 것인가, 구조대의 장비를 이용할 것인가 등의 구출방법과 사용 기자재를 선정한다.

2 도착 시의 행동

현장에 도착하면 사고 발생 장소 및 주변 여건을 정확히 확인하고 요구조자의 상태 및 활용 가능한 기자재, 응원 요청의 필요 여부 등 종합적인 상황을 판단하여 구출방법을 결정한다.

3 구출행동

(1) 토사 붕괴

① 부근의 목재, 판넬 등을 활용하여 재붕괴를 방지할 수 있는 조치를 취한다.
② 현장의 지휘 장소는 재붕괴의 염려가 없는 곳을 선택한다.
③ 굴착된 토사는 매몰 장소에서 가능한 한 먼 곳으로 운반한다.
④ 추가 붕괴의 위험성이 있는 장소이거나 요구조자의 매몰 지점을 정확히 모르는 경우에는 삽이나 곡괭이 등을 활용하지 말고 맨손이나 판자 등을 이용하여 신중히 제거한다.

(2) 도괴

① 주위에서의 재붕괴, 미끄러져 떨어지는 등 2차 재해 발생 방지 조치를 취한다.
② 비교적 소규모 또는 경량의 도괴물에는 에어백이나 유압장비를 이용한다.
③ 기타 경우에는 도괴개소의 범위를 확인하고 도괴물에 직접 작용하고 있는 물체와 상

부의 장애물을 제거한다.

④ 도괴물을 들어 올리거나 제거하는 것은 주위의 상황에 주의하면서 천천히 한다.

(3) 구조활동 시의 주의사항

① 현장 부근은 Fire Line을 설치하고 경계구역을 설정하여 관계자 외의 출입을 금지하고 붕괴 장소 부근에 무거운 장비를 설치하지 않도록 한다.

② 침수, 누수, 유독가스 등의 발생에 주의한다.

③ 사용 가능한 기계, 장비 및 작업원의 보충에 관해서는 현장책임자와 긴밀한 연락을 하여야 한다.

④ 작업이 장시간 소요되는 경우에는 교대요원을 준비시킨다.

⑤ 요구조자의 소재가 불명확한 경우 현장 및 인근 지역 주변까지 통제한 후 지중 음향 탐지기나 영상탐지기 등 인명탐색장비를 활용한다.

⑥ 장비 활용이 불가능한 경우 요구조자의 이름을 불러보아 대답 또는 토사의 미세한 움직임 등을 살펴보는 방법도 있다. 상황에 따라 구조견을 활용하는 방안도 검토한다.

4 사고의 발생 원인과 굴착

(1) 붕괴사고의 원인

붕괴사고는 집중호우, 지진, 택지조성, 건설 및 공사 현장에서 발생하지만 주된 원인은 아래 표와 같다.

표 5-7 붕괴사고의 주원인

사고 구분	원인
토사 붕괴	• 함수량의 증가로 흙의 단위용적 중량의 증가 • 균열의 발생과 균열로 움직이는 수압 • 굴착에 따른 흙의 제거로 지하공간의 형성 • 외력, 지진, 폭발에 의한 진동
건축물 붕괴	• 해체작업 현장에서의 오조작, 점검 불량 • 물품의 불안정한 적재, 기계의 진동 등 • 자동차 충돌에 의한 가옥, 담의 도괴

(2) 굴착 깊이와 경사도

굴착공사 시 굴착의 길이가 1.5m를 넘는 경우에는 토사 붕괴 방지 조치(판자 등으로 지지판을 설치)를 하든가 [표 5-8]과 같이 토질에 따라 굴착 깊이에 맞는 안전한 경사 이하가 되도록 정해져 있다.

표 5-8 토질에 따른 굴착 깊이		
토질	굴착면의 깊이	굴착면의 경사
암반 또는 견고한 점토	5m 미만	90°
	5m 이상	75°
기타 지역	2m 미만	90°
	2~5m	75°
	5m 이상	60°
모래가 많은 토질	5m 미만	35°
폭발 등으로 붕괴하기 쉬운 지역	2m 미만	35°

(3) 인명구조견 활용

① 붕괴 현장이나 산악 등에서 실종된 요구조자를 수색할 때에 인명구조견을 활용할 수 있다. 인명구조견(Rescue Dog)은 인간에 비교하여 특별히 발달된 후각으로 최첨단 장비로도 불가능한 요구조자 또는 실종자의 위치를 신속하고 정확하게 탐색하는 임무를 수행하는 특수 훈련된 사역견이다.

② 인명구조견은 산악구조견, 재해구조견(건물 붕괴), 설상구조견, 수중구조견 등으로 구분된다.

③ 현재 국내에서는 삼성생명 부설 삼성생명구조견센터와 사단법인 한국인명구조견협회에서 인명구조견을 보유하고 있으며, 중앙119구조본부와 부산 항공대, 강원도 소방본부 특수구조대, 전남 순천소방서, 제주 제주소방서 등에서 구조견센터의 대여견을 받아 활용하고 있다.

④ 인명 구조 활동의 행동 지침서 역할을 하는 UN의 '국제 수색 구조 가이드라인'에는 인명구조견이나 핸들러(구조견 운용자)가 인명 구조 활동 중 부상을 당했을 경우 구조를 요하는 사람을 보다 최우선적으로 이들을 먼저 치료, 처치하게 되어있다.

⑤ 구조 활동에서 수색 초기에 인명구조견을 진입시키도록 되어 있다.

1) 구조견의 능력

① 냄새를 맡는 능력은 인간의 수천 배(3,000~6,000배)에 이르며, 특히 초산은 4만 배 특히 염산은 1백만 배로 희석해도 식별할 수 있고, 또한 지방산에 대한 식별력은 보다 뛰어나 인간이 감각하는 1백만 분의 1 이하의 농도에서도 판별이 가능하다.

② 길에 버려진 성냥개비 한 개의 냄새로 버린 사람을 찾아낼 수 있다. 부유취 냄새로 바람의 방향을 알고 사람 냄새를 맡아 추적할 때에 조난자의 냄새를 맡는 거리는 500m~1km에 달한다.

③ 청각도 뛰어나 개의 가청 범위도 인간보다도 훨씬 넓다. 인간은 1초에 2만 5천의 진

동음밖에는 듣지 못하는데 비하여 개의 경우는 8만~10만의 진동음도 감청이 가능하다. 음의 강약에 대해서는 인간의 10배나 뛰어나며 음원의 방향정위에 있어서도 인간의 16방향제에 비해 개의 경우는 그 배인 32방향의 구별이 가능하다.

④ 일정 단계의 훈련을 마친 개는 보다 향상된 기능을 갖게 되어 기계나 인간의 힘으로 처리할 수 없는 어려운 상황에서도 그 뛰어난 능력을 발휘하며 인간에게 도움을 줄 수 있다.

2) 구조견의 활용 범위

① 산악지역 조난자의 구조

② 수중 구조 · 물속에서 흘러나오는 특수한 체취 습득

③ 눈 속 매몰자 구조(눈 아래 약 7m 정도까지 탐색 가능)

④ 건물 붕괴 시 냄새 추적으로 사람의 위치 파악

⑤ 산악 지대의 행방불명자, 방향 추적으로 구조

3) 구조견 활용 시 고려할 사항

육안과 첨단 구조장비로도 탐지가 불가능한 실종자를 구조견은 찾아낼 수가 있다. 그러나 구조견도 생물이기에 당일의 컨디션과 작업 여건에 따라 구조 성공률이 크게 차이가 날 수 있다. 인명구조견을 초기 수색에 활용해야 성공률을 높일 수 있다.

인명구조견 활용 시 원칙	
① 신속한 구조출동	실종자의 생존 가능성이 높아진다.
② 정확한 제보	제보 없는 실종자를 구조견이 찾을 수는 없다.
③ 현장에서의 우선 투입	구조대원이 수색한 지역을 구조견이 뒤이어 수색하게 되면 구조대원의 냄새가 지면이나 공중에 남아 유혹취로 작용되어 실종자 수색이 불리해진다.

09 | 가스사고 안전조치 ★★★

1 가스의 분류

(1) 연료용 가스

1) 석유가스

① 원유생산 또는 석유의 정제과정에서 생산되는 가스를 석유가스라 한다. 대표적인 것이 액화석유가스(LPG ; Liquefied Petroleum Gas)로서 프로판과 부탄, 프로필렌, 부틸렌 등을 주성분으로 하는 저급 탄화수소의 혼합물이다. 일반적으로 LPG라 할 때에는 프로판과 부탄을 말한다.

② LPG는 온도의 변화에 따라 쉽게 액화 또는 기화시킬 수 있다. 0℃, 1atm에서 1kg을 기화시키면, 프로판은 약 509ℓ의 가스가 된다.(약 509배)

③ LPG는 무색, 투명하고 냄새가 거의 없기 때문에 누설되면 쉽게 알 수 있도록 공기 중의 1/200 상태에서도 냄새를 느낄 수 있도록 부취(腐臭)를 섞는다.

2) 천연가스

지하의 천연가스전에서 채취·생산되는 가스를 천연가스라 하며 대표적인 것이 메탄(CH_4)을 주성분으로 한 가스를 냉각시킨 LNG(Liquefied Natural Gas)이다. LNG와 LPG의 특성은 아래 표와 같다.

표 5-9 LNG와 LPG의 특성 비교

구분	주성분	비중	액화온도	열량(㎥)	폭발범위	용도
LNG	메탄	0.6	−162℃	10,500kcal	5.3~14.0	취사용
LPG	프로판	1.5	−42℃	24,000kcal	2.2~9.5	취사용
	부탄	2.0	−0.5℃	30,000kcal	1.9~8.5	자동차, 공업용

(2) 고압가스

가스는 통상적으로 압축가스, 액화가스, 용해가스의 3가지 종류로 분류되기도 하고 가스의 성질에 따라 가연성 가스, 조연성 가스, 불연성 가스로 분류되기도 하며 인체에 유해한 위험성 여부에 따라 독성, 비독성 가스로 분류되기도 한다.

표 5-10 가스의 분류

구분	분류	성질	종류
가스 상태에 따른 분류	압축가스	상온에서 압축하여도 액화하기 어려운 가스로 임계온도(기체가 액체로 되기 위한 최고 온도)가 상온보다 낮아 상온에서 압축시켜도 액화되지 않고 단지 기체 상태로 압축된 가스를 말함	수소, 산소, 질소, 메탄 등
	액화가스	상온에서 가압 또는 냉각에 의해 비교적 쉽게 액화되는 가스로 임계온도가 상온보다 높아 상온에서 압축시키면 비교적 쉽게 액화되어 액체 상태로 용기에 충전하는 가스	액화암모니아, 염소, 프로판, 산화에틸렌 등
	용해가스	가스의 독특한 특성 때문에 용매를 추진시킨 다공물질에 용해시켜 사용되는 가스로 아세틸렌가스는 압축하거나 액화시키면 분해 폭발을 일으키므로 용기에 다공 물질과 가스를 잘 녹이는 용제(아세톤, 디메틸포름아미드 등)를 넣어 용해시켜 충전함	아세틸렌
연소성에 따른 분류	가연성 가스	산소와 결합하여 빛과 열을 내며 연소하는 가스를 말하며 수소, 메탄, 에탄, 프로판 등 32종과 공기 중에 연소하는 가스로서 폭발 한계 하한이 10% 이하인 것과 폭발 한계의 상·하한의 차가 20% 이상인 것을 대상으로 함	메탄, 에탄, 프로판, 부탄, 수소 등

Part 5 구조기술

구분	분류	성질	종류
연소성에 따른 분류	불연성 가스	스스로 연소하지도 못하고 다른 물질을 연소시키는 성질도 갖지 않는 가스	질소, 아르곤, 이산화탄소 등 불활성 가스
	조연성 가스	가연성 가스가 연소되는 데 필요한 가스. 지연성 가스라고도 함	공기, 산소, 염소 등
독성에 따른 분류	독성 가스	공기 중에 일정량 존재하면 인체에 유해한 가스 · 허용 농도가 200ppm 이하인 가스	염소, 암모니아 일산화탄소 등 31종
	비독성 가스	공기 중에 어떤 농도 이상 존재하여도 유해하지 않는 가스	산소, 수소 등

2 고압가스 안전관리법의 내용

(1) 고압가스

「고압가스 안전관리법 시행령」 제2조에서는 고압가스를 다음과 같이 규정하고 있다.

① 상용의 온도에서 압력(게이지압력)이 1MPa 이상이 되는 압축가스로서 실제로 그 압력이 1MPa 이상이 되는 것 또는 섭씨 35도의 온도에서 압력이 1MPa 이상이 되는 압축가스(아세틸렌가스를 제외한다.)

② 섭씨 15도의 온도에서 압력이 0Pa을 초과하는 아세틸렌가스

③ 상용의 온도에서 압력이 0.2MPa 이상이 되는 액화가스로서 실제로 그 압력이 0.2MPa 이상이 되는 것 또는 압력이 0.2MPa이 되는 경우의 온도가 섭씨 35도 이하인 액화가스

④ 섭씨 35도의 온도에서 압력이 0Pa을 초과하는 액화가스 중 액화시안화수소 · 액화브롬화메탄 및 액화산화에틸렌가스

(2) 가스용기의 도색(「고압가스 안전관리법 시행규칙」 별표24)

① 용기의 상단부에 폭 2cm의 백색(산소는 녹색)의 띠를 두 줄로 표시하여야 한다.

② "의료용" 표시 - 각 글자마다 백색(산소는 녹색)으로 가로 · 세로 5cm로 띠와 가스 명칭 사이에 표시하여야 한다.

표 5-11 가스용기의 도색 방법 2016 서울 소방교, 대구 소방교

가스 종류	도색의 구분		
	가연성가스, 독성가스	의료용	그 밖의 가스
액화석유가스	밝은 회색	–	–
수소	주황색	–	–
아세틸렌	황색	–	–
액화암모니아	백색	–	–

액화염소	갈색	–	–
그 밖의 가스	회색	회색	회색
산소	–	백색	녹색
액화탄산가스	–	회색	청색
헬륨	–	갈색	–
에틸렌	–	자색	–
질소	–	흑색	회색
아산화질소	–	청색	–
싸이크로프로판	–	주황색	–
소방용용기	–	–	소방법에 따른 도색

3 가스 누설 시 조치요령

(1) LPG의 누설 시 조치

① LPG는 공기보다 무거워 낮은 곳에 고이게 되므로 특히 주의한다.

② 가스가 누설되었을 때는 부근의 착화원이 될 만한 것은 신속히 치우고, 중간밸브를 잠그고 창문 등을 열어 환기시킨다.

③ 용기의 안전밸브에서 가스가 누설될 때에는 용기에 물을 뿌려서 냉각시킨다.

④ 용기밸브가 진동, 충격에 의하여 누설된 경우에는 부근의 화기를 멀리하고 즉시 밸브를 잠근다.

⑤ 배관에서 누설되면 즉시 용기에서 가까운 밸브를 잠근다.

(2) 도시가스의 누설 시 조치

① 가스가 누설되면 즉시 공급자에게 연락하여 후속 조치를 받아야 한다.

② 가스가 누설되었을 때는 부근의 착화원이 될 만한 것은 신속히 치우고, 중간밸브를 잠그고 창문 등을 열어 환기시킨다.

③ 배관에서 누설되는 경우 누출 부분 상부의 밸브를 잠근다.

4 가스화재의 소화 요령

액화가스의 기화는 흡열 반응으로 용기 또는 배관에서 누설, 착화되는 되는 경우에도 용기나 배관은 냉각되어 있는 경우가 많다. 누출, 체류 중인 가스는 작은 불씨에도 폭발할 위험성이 높지만 연소 중인 가스는 오히려 폭발 위험이 낮다는 사실을 염두에 두어야 한다. 따라서 밸브가 파손되지 않았거나 파손된 부분을 차단할 수 있는 경우, 엄호주수를 받으면서 가스 차단을 우선 시도하여야 한다.

가스를 차단할 수 없고 주변에 연소될 위험도 없다면 굳이 화재를 소화하기보다는 안전하게 태우는 방안을 강구하는 것이 좋다. 가스 누출을 차단할 수 없는 상황에서 섣불리 불꽃만을 소화한다면 누출된 가스에 의하여 2차 폭발이 발생할 우려가 있기 때문이다.

(1) LPG의 소화 요령

① 누설을 즉시 멈추게 할 수 없을 경우에는, 폭발이 발생할 위험이 있으므로 연소하고 있는 가스 소화는 신중히 판단한다.

② 접근하여 직접 소화해야 하는 경우에는 분말소화기 및 이산화탄소 소화기를 사용하는 것이 효과적이고 초순간진화기도 효과를 발휘한다.

③ 분출 착화인 경우에는 분말소화기로 분출하고 있는 가스의 근본으로부터 순차적으로 불꽃을 선단을 향하여 소화하는 것이 효과적이다.

④ 이산화탄소 소화기는 가능한 한 근접하여 가스의 강한 방출압력으로서 연소면의 끝부분부터 점차 불꽃을 제어한다.

⑤ 고정되지 않은 가스용기에 봉상으로 대량 방수하면 용기가 쓰러져 더 큰 위험을 불러올 수 있으므로 주의하여야 한다.

(2) 도시가스의 소화 요령

① LNG는 배관망을 통하여 공급된다. 따라서 누설된 LNG가 착화된 경우에는 누설원을 차단해야 한다. 가스 누출 규모에 따라 인근 지역을 방화경계구역으로 설정하고 주민을 대피하게 한다. 또한 지하에 매설된 배관에서 누출되는 상황이라면 관계 기관에 신속히 연락을 취하여 조치하여야 한다.

② 가스가 누설, 확산된 상황에서는 화재를 진압하더라도 누설된 가스가 부근의 공기 중에 확산, 체류하여 재차 발화할 우려가 있으므로 상황에 따라 누설된 가스를 전부 연소시키는 방법이 효과적인 경우도 있다.

5 가스누출사고 시 인명구조

(1) 사용 장비

1) 구조장비

① 유독가스 검지기, 가연성 가스 측정기 등 각종 측정기

② 방열복, 공기호흡기 등 보호장비

③ 누출을 차단할 수 있는 쐐기, 목봉, 테이프 등

④ 요구조자 상황에 맞는 각종 구조기구

2) 장비의 현지조달

구조대가 가지고 있는 장비에는 종류와 수량에 한도가 있기 때문에 필요하면 사업소, 가스사업자, 전기사업자 등의 관계자로부터 필요한 장비를 조달 또는 준비시키도록 한다.

① 측정기구
② 방폭구조의 회중전등, 베릴륨동합금제 등의 방폭용 안전공구
③ 방폭구조의 송풍기 등 기계기구
④ 파이프렌치 등 공구류
⑤ 실린더(봄베), 탱크로리 등 누출물 회수장비

(2) 구출방법

① 출동 도중에 사고가 발생한 장소와 누출된 가스의 종류 및 특성, 주변의 위험 요인 및 요구조자의 수 등 필요한 정보를 파악하고 가스관계자에게 연락을 취하여 공조활동할 수 있는 체계를 갖춘다.

② 현장에 도착하면 풍향과 풍속, 지형, 누출량 및 경과시간 등을 파악하여 가스 확산 범위를 예측하고 신속히 경계구역을 설정한다. 경계구역 내 주민들을 신속히 대피할 수 있도록 조치하고 교통을 차단한다. 가연성 가스인 경우 전기기구 및 화기 취급을 금지하도록 필요한 안내방송을 실시한다.

③ 가스폭발로 인한 화재, 건물 붕괴 등 유발사고가 있는 경우 그에 따르는 적절한 조치를 취하고 2차 재해를 방지하도록 한다.

④ 인명구조

ⓐ 가스누출지역에서 활동하는 모든 인원은 반드시 공기호흡기를 장착하고 작업시간이 장기화할 것에 대비 누출가스로부터 안전한 지역에 공기충전기를 설치한다.

ⓑ 폭발 등 우려가 장소에 있는 요구조자에 대해서는 흡연, 조명기구 스위치 조작, 기타 폭발의 불씨가 되는 행위를 금지시킨다.

ⓒ 일산화탄소 중독, 산소결핍 등의 요구조자에 대하여는 움직여서 상태가 더 악화 될 우려가 있으므로 안정시키는데 노력하고 신선한 공기를 공급한다.

ⓓ 화상 부위를 오염된 장갑 등으로 만지지 않고 찬물로 냉각하여 고통을 줄이고 손상이 악화되지 않도록 한다.

ⓔ 열이나 유독가스에 의한 호흡기 손상의 우려가 있는 환자는 외형상 이상을 확인할 수 없어도 신속히 전문 의료기관에 이송한다.

Part 5 구조기술

10 암벽사고 구조 ★★★

1 산악의 기상 특성

(1) 기온 변화 2014 서울 소방장

① 산악에서의 기온은 고도차에 의해 영향을 받는다. 고도가 높을수록 산의 기온은 내려가며 100m마다 0.6℃가 내려간다. 또한 우리나라의 기온은 일교차가 심한 편인데 보통 하루 중 오전 4시에서 6시 사이의 온도가 가장 낮고 오후 2시의 온도가 가장 높다.

② 같은 온도에서도 추위와 더위를 더 심하게 느끼는 경우가 있다. 이를 체감온도라 하는데 같은 기온이라 할지라도 풍속의 변화에 따라 느끼는 온도가 달라진다.

체감온도(℃) = $13.12 + 0.6215 \times T - 11.37 \times V0.16 + 0.3965 \times V0.16 \times T$

① 영하 10℃에서 풍속이 5m/s일 때 체감온도는 영하 13℃이지만 풍속이 시속 30m/s가 되면 체감온도가 영하 20℃까지 떨어져 강한 추위를 느끼게 된다.
② 체감온도 10℃~-10℃에는 추위에 따른 불편함이 늘어나므로 긴 옷이나 따뜻한 옷을 착용한다.
③ -10℃~-25℃이면 노출된 피부에서 매우 찬 기운이 느껴지고 시간이 경과하면 저체온증에 빠질 위험이 있으며, -25℃~-40℃이면 10~15분 사이에 동상에 걸릴 수도 있다.

(2) 눈

① 평지에서 보다 산의 눈은 극히 위험하다. 평지와는 달리 산에서 눈의 위험성은 적설량을 기준할 수 없다. 산의 눈은 바람으로 인하여 때로는 지형(地形)을 변화시키고 온 산의 등산로를 모두 덮기 때문에 평상시에 자주 다니던 산길도 길을 찾지 못하고 조난을 당하는 수가 있다.

② 눈사태는 적설량과 눈의 질(質) 그리고 기온과 지형, 지표면의 경사각에 의해서 일어난다. 통계상으로 눈사태는 경사가 31~55° 사이에서 제일 많이 발생한다. 등산 또는 비박 시에는 이런 경사가 있는 좁은 골짜기는 피하는 것이 좋다.

③ 일반적으로 생각하기에는 눈 속에 빠지면 어떻게든 헤어 나올 것 같지만 실은 그렇지 못하다. 눈은 가볍고 사람의 몸은 무거워 저절로 가라앉고 움직이는 동안의 눈은 부드럽지만 눈의 흐름이 정지되는 즉시 콘크리트처럼 단단하게 굳어 빠져나올 수 없게 된다. 산행 시 경사가 급한 곳은 언제고 피하는 것이 좋다. 눈이 50cm 이상 쌓이면 걷기가 어렵고 그 이상이 되면 스키를 타지 않는 한 목숨이 위태롭다.

1) 표층 눈사태

눈이 내려 쌓이게 되면 눈은 표면의 바람과 햇볕, 기온에 의해 미세하게 다시 어는 현상이 발생한다. 이를 크러스트(Crust)라 하는데 이 위에 폭설이 내려 쌓이면 크러스트된 이전의 눈과 새로운 눈 사이에 미세한 층이 발생하고 눈의 무게를 이기지 못할 정도가 되면 결국 눈이 흘러내리게 된다. 이런 눈사태를 표층 눈사태라고 한다.

2) 전층 눈사태

대량의 눈이 쌓인 지역에 기온이 올라가면 눈의 접착력이 약해지면서 눈의 밑바닥에서 슬립이 일어나 눈이 무너져 내리게 되는데 이를 전층 눈사태라 한다. 기온이 올라가 적설의 밑바닥이나 급한 비탈, 또는 슬랩면에서 눈 녹은 물이 흐르고 있는 상태가 가장 위험하다.

3) 눈처마(Cornice) 붕괴

눈 쌓인 능선에서 주의할 것이 눈처마의 붕괴이다. 눈처마는 바위 등 돌출 부분이 발달하여 밑으로 수그러지며 공기층의 공동이 생기게 되므로 눈으로 보고 판단하는 부분보다 훨씬 뒤의 선에서 붕괴된다.

(3) 기상 변화 2016 서울 소방장

1) 기압 변화

지표면의 평균 기압은 1,013hPa이지만 10m를 오를 때마다 대략 1.1hPa이 내려가고 기압 27hPa이 내려갈 때마다 비등점이 1℃씩 낮아진다.

2) 구름

① 구름은 기상 변화와 밀접한 관계가 있기 때문에 산에서 날씨 변화를 예측해 볼 수 있다.

② 일반적으로 고기압권 내에서 날씨가 좋으면 대게 적운(뭉게구름)이 끼고, 비 오는 날에는 난층운(비구름)과 적란운(소나기구름)이 낀다.

③ 서쪽 하늘을 바라볼 때 권운(새털구름)이 나타나고 그 뒤로 고적운(양떼구름)이 뒤따르면서 점차 구름이 많아지면 저기압이 접근하는 징조로서 하산을 서둘러야 한다.

3) 비

산에서는 소나기를 만나는 경우도 많다. 계곡으로 빗물이 몰려들기 때문에 물살이 빠르고 유량도 급히 불어난다. 일반적으로 유속이 빠른 물이 무릎 높이를 넘으면 위험하므로 코스를 바꾸거나 물이 빠질 때까지 기다려야 한다.

4) 안개

① 산에서 만나는 안개는 입자가 더 크고 짙은 것이 특징이다.

② 산에서 안개를 만나면 활동을 중지하고 한 자리에 머물러야 한다. 산안개는 바람과

해에 의해 쉽게 걷힌다.

③ 산에서 안개가 심하거나 일몰이나 눈이 쌓여 지형을 분간하기 힘든 경우 자신은 어떤 목표물을 향하여 전진하고 있다고 생각하고 있지만 사실은 큰 원을 그리며 움직여 결국 출발 지점에 도착하는 경우가 있다. 이를 "링반데룽(Ringwanderung)" 또는 "환상방황"이라 한다. 이때에는 지체 없이 방향을 재확인하고 휴식을 충분히 취하며 안개나 강설이 걷힐 때까지 기다려야 한다.

5) 번개 [2016 경기 소방교]

번개는 고적운과 적란운 그리고 태풍이 있을 때 일어난다. 통계상으로 번개는 바람이 약하고 기온이 높은 오후에 많이 발생하는데 그 시간을 보면 아래 표와 같다.

표 5-12 번개의 발생 시간대

발생 순위	많이 발생하는 시간대	비교
1	16시 ~ 17시	제일 많다.
2	15시 ~ 16시	다음으로 많다.
3	14시 ~ 15시	그 다음으로 많다.
4	23시 ~ 24시	적다.
5	3시 ~ 4시	가장 적다.

① 양떼구름, 소나기구름 그리고 태풍이 있을 때는 반드시 번개가 있다는 것을 알고 쇠붙이는 몸에서 분리(分離), 절연(絕緣)시키고 쇠붙이가 있는 곳에서 멀리 피하는 것이 안전하다.

② 대피할 때에는 반드시 낮은 곳으로 이동하고 거기서도 벼락이 치는 각도를 생각해야 한다.

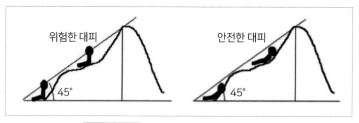

그림 5-85 번개가 칠 때의 대피 요령

6) 일출 · 일몰시간의 변화

산에서의 일출 · 일몰은 평지와 차이가 있다. 특히 깊은 계곡에서의 일출 시간은 30분~1시간 정도 늦고, 일몰시간은 30분~1시간 정도 빠르다. 따라서 산에서 행동할 때에는 반드시 일출 · 일몰시간을 파악하고 1~2시간 전에 활동을 종료하는 것이 좋다.

(4) 저체온증(Hypothermia) 2010 부산 소방장

① 체온이 35℃ 정도로 내려가면, 피로감과 사고력이 저하되고 졸려오는 현상이 나타나며, 보행이 불규칙하고 말의 표현이 부정확하게 된다.

② 체온이 30℃ 내외로 떨어지면 경련이 일어나고 혈색이 창백해지면서 근육이 굳어지고 맥박이 고르지 못하면서 의식이 흐려지는데 이때는 매우 위험한 상태가 된다.

③ 체온이 떨어지는 저체온증(Hypothermia)은 추운 겨울뿐 아니라 여름철에도 일어날 수 있으며 고산지대가 아닌 평지에서도 등산복이 비바람이나 눈에 젖은 것을 계속 입고 있을 때 일어날 수도 있다.

④ 젖은 옷은 마른 옷보다 우리 몸의 열을 240배나 빨리 빼앗아 간다. 체내에서 2g의 수분이 외부로 증발하면 약 1℃의 열이 손실된다. 특히 면직물 소재의 내의(일반적으로 입는 러닝셔츠, 팬티 등)는 젖으면 잘 마르지 않기 때문에 등산용으로는 적합하지 않다. 산악구조대원들 사이에서는 면직물로 된 속옷을 "죽음의 의상"이라고 까지 부른다.

⑤ 저체온증을 예방하기 위해서는 등산 전 충분한 휴식과 영양 섭취, 방수 방풍 의류 준비, 비상용 비박 장비의 준비, 폭풍설을 만났을 때의 적절한 비박, 몸의 열 생산을 계속 유지하기 위한 운동 등을 해야 할 것이다.

⑥ 저체온증에 걸렸으면 악천후로부터 환자를 대피시키고 따뜻한 슬리핑 백에 수용하여 더 이상의 열 손실을 방지하고 뜨거운 음료를 마시게 한다. 현장에 대피할 곳이 없으면 다른 대원들이 환자를 에워싸서 체열의 저하를 방지한다. 일단 이렇게 조치하고 증상이 심하다고 판단되었을 때는 지체 없이 하산하여 병원으로 이송하여 치료를 받게 한다.

2 암벽등반 기술

암벽등반은 암벽 표면에 나있는 틈새나 돌기 등을 손으로 잡고, 발로 디디며 오르기 때문에 암벽등반에서는 항상 추락이 예상되는 것이지만 추락 상황에 적절히 대비했는가에 따라서 가벼운 부상에 그칠 수도 있고, 치명적인 사고를 당할 수 있다. 따라서 아무런 장비도 사용하지 않고, 암벽을 혼자서 오르는 것은 매우 위험한 행동으로 두 사람 이상이 등반을 해야만 안전하다. 항상 2인 1조 이상으로 등반하는 것을 원칙으로 한다.

(1) 암벽등반 장비와 사용법

표 5-13 등반장비의 명칭

일반적인 명칭	자주 사용되는 명칭
로프(rope)	밧줄, 자일(seil), 꼬드(corde)

일반적인 명칭	자주 사용되는 명칭
카라비너(carabiner)	비나, 스냅링(snapring)
프렌드(friends)	캠(camming chock), SLDC
쥬마(jumar)	등강기, 유마르(jumar), 어센더(ascender)

1) 암벽화

① 암벽의 상태에 따라 기능이 서로 다른 암벽화를 몇 켤레 준비하면 그 선택 여하에 따라서 암벽등반을 좀 더 용이하게 할 수 있다. 예를 들어 슬랩(Slab;30~70° 정도 비탈진 암벽면) 등반처럼 마찰력이 주된 목적이라면 부드러운 암벽화가 좋다. 암벽화는 맨발이나 혹은 얇은 양말 한 켤레를 신고 발가락이 펴진 상태에서 꼭 맞는 것이 좋다.

② 수직벽이나 약간 오버행(Overhang;90°를 넘는 암벽면, '하늘벽'이라고도 한다.) 진 훼이스(Face;바위면)에서는 홀드(Hold;암벽등반 시 손으로 잡을 수 있는 바위의 돌출 부분)의 모양에 따라 선택한다.

③ 홀드의 돌기가 손끝 정도만 걸리는 각진 것이라면 뻣뻣한 암벽화가 좋으며, 이것도 발에 꼭 맞게 신어야 한다. 부드러운 암벽화일지라도 발가락이 약간 굽어질 정도로 꼭 맞게 신으면 작은 돌기의 홀드에서 뻣뻣한 것보다 더욱 효과적일 수 있다.

2) 안전벨트

① 안전벨트는 추락이 항상 예상되는 암벽등반에서 등반자가 추락할 때 가해지는 충격이 몸의 한 곳에 집중되지 않고 분산되게 함으로서 등반자를 안전하게 보호해 주며, 로프와 등반자 그리고 확보물과 등반자를 안전하게 연결해 주는 장비이다.

② 상하일체형 안전벨트와 하체형 안전벨트 등이 있으나 **구조활동 시에는 상하일체형을 사용해야 한다.**

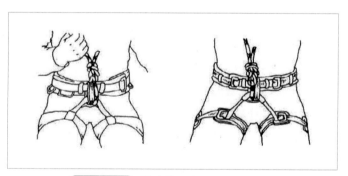

그림 5-86 안전벨트에 로프를 묶는 법

3) 로프 2016 경북 소방교

로프(Rope)는 등반자의 추락을 잡아 주거나, 하강할 때 사용되는 중요한 등반 장비이다. 등반용으로 가장 많이 사용되는 로프는 직경 10~10.5mm, 길이 60m 정도로 충격력이 작은 다이내믹 계열의 로프이다. 11mm 로프 1m는 72~80g 정도이다.

4) 하강기(확보기)

하강기는 말 그대로 하강할 때 쓰이는 장비이다. 여러 종류가 있지만 일반적인 구조활동에 많이 사용되는 8자 하강기(확보기)가 기능적인 면에서나 안전성 면에서 효율적이다. 이외에도 구조용 하강기나 스톱, 그리그리, 랙 등 다양한 장비가 있고 이의 활용도 점점 증가하는 추세이다.

5) 카라비너

카라비너(Carabiner)는 등반할 때 없어서는 안 될 중요한 장비 중의 하나이다. 여닫는 곳이 있는 이 쇠고리는 밖에서 안으로는 열리지만, 안에서 밖으로는 열리지 않도록 만들어져 등반자, 확보물, 로프, 장비 등을 안전하고 빠르게 연결할 수 있게 하는 장비이다.

6) 확보물 2018 소방교

| 너트 | 프렌드 | 피톤(하켄) |

그림 5-87 여러 가지 확보물

① 확보물은 등반자가 추락했을 때 제동시키는 일종의 지지점이다.
② 암벽에 망치로 두드려 박는 볼트(bolt)나 피톤(piton) 등은 고정확보물이라 하고 바위가 갈라진 틈새(crack)에 설치하는 너트(nuts)나 프렌드(friends)류는 유동확보물이라고 한다. 특히 유동확보물은 크랙의 형태와 크기에 따라 다양한 장비를 활용하게 되며 구조활동 중에 대원들이 직접 설치하게 될 경우도 많으므로 그 사용방법을 정확히 알아두어야 한다.

(2) 매듭

암벽등반에서는 로프나 보조 끈(Sling)들의 사용이 필수적인데, 이때 안전한 매듭으로 서로 연결하거나 다른 장비들과 연결하게 된다. 매듭은 사소한 것 같지만 매우 중요하다. 매듭이 풀어지면 곧 사고로 이어지기 때문이다. 매듭 방법은 매우 다양하지만 암벽등반에

Part 5
구조기술

필수적인 몇 가지만을 완전히 익혀두면 된다.

3 암벽구조기술

사고자와 확보자가 있는 곳에 따라 구조 방법을 다르게 해야 할 필요가 있다. 그러나 암벽에서 구조는 상당히 어렵고 위험하기 때문에 암벽등반 기술이 능숙해야 함은 당연한 일이다. 특히 바람이 불거나 암벽에 장애물이 많은 경우 로프를 설치하기도 어렵다. 따라서 **구조활동에 앞서 1~2명의 대원이 먼저 하강하면서 로프를 펴 주고 밑에서 확보를 보면** 안전하게 구조활동에 임할 수 있다.

구조대 단독으로 인명구조가 불가능한 경우 다른 등산객이나 전문 산악인의 도움을 요청하고, 신속한 접근이 곤란한 장소에는 헬기를 지원 요청하는 등 현장상황과 구조여건에 맞는 다양한 방법을 강구하고 훈련하여야 한다.

(1) 로프에 매달린 사람의 구조 2013 소방위

등반 또는 하강 도중 추락하여 의식이 없이 로프에 매달려 있는 사람을 구조하는 방법이다. 바닥이 평평하고 충분한 공간이 있다면 추락자가 매달린 로프를 풀어 바닥으로 천천히 하강시키는 방법이 좋지만 공간이 협소하거나 험난하다면 요구조자가 매달린 곳까지 직접 접근해야 한다.

① 상부에서 접근할 때에는 요구조자가 매달린 로프와 별도로 구조용 로프를 설치하고 구조대원이 요구조자에게 직접 하강하여 접근한다. 아래에서 접근하는 경우에는 암벽등반 기술을 활용한다.

② 구조대원의 양손을 사용할 수 있도록 하강기를 고정한다.

③ 퀵드로나 데이지 체인, 개인로프 등을 이용하여 요구조자를 구조대원의 안전벨트에 결착한다.

④ 안전하게 확보되어 있는지 다시 한번 확인하고 요구조자가 매달려 있는 로프를 절단한다. 절단 대상인 로프를 혼동하면 치명적인 사고가 발생하므로 극히 주의를 기울여야 한다.

⑤ 고정시킨 하강기를 풀고 구조대원이 요구조자와 함께 하강한다.

(2) 매달아서 내리는 방법

① 구조대원은 상부에서 자신의 몸을 확보하고 요구조자에게 안전벨트를 착용시켜 로프로 하강시키는 방법이다.

② 요구조자 구출기술을 응용하여 8자 하강기나 스톱, 그리그리 등의 장비를 이용해서 속도를 조절하며 하강시킨다.

③ 이러한 장비가 없는 경우에는 카라비너에 절반 말뚝 매듭(Italian hitch, Half clove)을 활용한다.

(3) 업고 하강하는 방법

※ 로프에 매달려서 하강하는 방법(좌), 직접 제동을 걸며 하강하는 방법(우)

그림 5-88 요구조자 업고 하강하기

① 긴 슬링을 엮어서 요구조자를 업는다.
② 구조대원의 신체에 단단히 고정한다. 특히 요구조자가 의식이 없는 경우 상체가 뒤로 젖혀지지 않도록 주의한다.
③ 로프 하강기술을 이용하여 천천히 하강한다. 구조대원에게 하강로프를 결착하고 상부에서 제동을 걸어 하강시키는 방법과 요구조자를 업은 구조대원이 직접 제동을 잡고 하강하는 방법이 있다.

(4) 들것을 이용한 구출

1) 3줄 로프로 구출하기

3명의 구조대원이 로프를 설치하고 요구조자를 들것으로 하강시켜 구출하는 방법으로 직접 요구조자를 하강시키는 A, B 대원의 체력부담이 크다.

① 1명의 대원(C)이 암벽등반 기술을 이용하여 요구조자 위치에 접근한다. 현장에 도착하면 3개의 로프를 설치한다. 가운데 로프 ⓐ는 들것 고정 및 하강용이고 좌우의 ⓑ, ⓒ는 구조대원용이다.
② 2명의 대원(A, B)이 산악구조용 들것(2개로 분리되는 형태)을 휴대하고 현장에 진입한다. 먼저 진입한 대원이 로프를 설치하였으므로 쥬마 등반이 편리하다.
③ 확보물에 들것을 고정한 후 요구조자를 누이고 단단히 고정한다.
④ 다른 확보물에 카라비너를 설치하고 하강기를 건 다음 로프 ⓐ를 통과시켜 들것에

연결한다.

⑤ 구조대원 A, B는 들것의 고리와 자신의 안전벨트를 퀵드로나 데이지 체인 또는 짧은 로프를 이용해서 연결한다. 하강 자세를 취했을 때 무리가 없도록 길이를 조절하고 로프 ⓑ와 ⓒ를 이용해 하강을 준비한다.

⑥ 구조대원 C는 자신의 신체를 확실히 확보하고 로프 ⓐ를 잡는다. 구조대원 A, B의 하강 속도에 맞춰 로프를 풀어준다. 구조대원 A, B는 서로 의사를 교환하고 장애물을 피해가며 하강한다.

들것을 휴대하고 사고 장소로 진입한다.

추락 방지를 위해 확보 조치를 취한다.

들것을 고정하고 요구조자를 누인다.

구조대원과 들것을 연결한다.

하강 자세를 취한다.

속도를 맞추어 천천히 하강한다.

그림 5-89 3줄 로프로 구조하기

2) 1줄 로프로 구출하기

전반적인 구조기법은 3줄 로프 하강과 비슷하나 로프를 1줄만 설치하고 들것과 구조대원이 같이 하강하는 방법이다. 구조대원과 요구조자의 하강을 A가 전담하게 되므로 B, C는 요구조자의 보호에만 전념할 수 있는 반면 A에게 거의 모든 부담이 지워지는 단점이 있다.

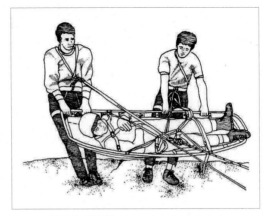

그림 5-90 1줄 로프로 하강하기

① 확보물에 하강기를 연결하고 하강 로프를 통과시킨다. 하강로프에 들것을 연결하고 구조대원 B, C가 좌, 우로 벌려 선다.

② 요구조자를 들것에 결착하고 구조대원 B, C도 들것의 카라비너와 데이지 체인을 이용하여 하강로프에 결착한 후 들것을 잡고 일어선다.

③ 구조대원 A는 하강 로프를 풀어 들것과 B, C를 하강시킨다. B, C는 들것이 장애물에 닿지 않도록 하며 하강한다.

3) 1인이 구출하기

전반적으로 1줄 로프 구조기법과 유사하나 들것과 함께 1명의 대원이 하강하는 방법이다.

(5) 로프바스켓 엮기

들것이 없을 때 로프를 엮어 들것처럼 만드는 방법이다.

그림 5-91 1인이 구출하기

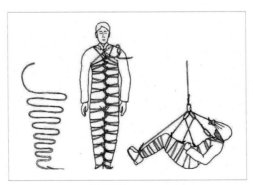

그림 5-92 로프바스켓

11 위험물질의 표지와 식별 방법 ★★★

1 위험물질 표시의 이해 2013 서울 소방교

① 기본적인 교육을 받은 구조대원이라면 소방법상의 위험물에 대한 대처가 가능할 것이고 산업안전 관리자라면 산업안전보건법 규정에 의한 유해물질을 처리할 수 있는 지식이 있겠지만 자신이 담당하는 분야의 물질이 아닌 경우 초기 대응에 상당한 곤란을 겪을 수밖에 없다. 더욱이 누출 또는 연소 중인 물질이 무엇인지 파악하지 못한 상태라면 더욱 난감한 상황에 빠지고 말 것이다.

② 위험물질의 표시는 알아보기 쉽도록 최대한 단순화하되 그 취급방법에 관한 구체적인 정보를 표시할 수 있어야 한다.

③ 현재 우리나라에서 채택하고 있는 방법이 이러한 요구에 완전히 부응하지는 못하지만 각 관련 법령에서 정하고 있는 표시방법을 숙지하면 어느 정도 취급 및 안전조치에 필요한 기본적인 정보는 파악이 가능할 것이다.

PLUS TIPS

- LC(Lethal Concentration) : 대기 중 유해물질의 치사 농도(ppm)
- TD(Toxic Dose) : 사망 이외의 바람직하지 않은 독성작용을 나타낼 때의 투여량
- LD(Lethal Dose) : 실험동물에 대하여 24시간 내 치사율로 나타낼 수 있는 투여량(mg/kg)
  ※ '경구투여 시 LD50≤25mg/kg(rat)'이라는 의미는 '쥐를 대상으로 실험했을 때 쥐의 몸무게 1kg당 25mg에 해당하는 양을 먹였을 경우 실험대상의 50%가 사망했다'는 의미임.
- IDLH(Immediately Dangerous to life and Health) : 건강이나 생명에 즉각적으로 위험을 미치는 농도
- TLV(Threshold Limit Value), TWA(Time Weighted Average) : 작업장에서 허용되는 농도

2 위험물질의 표시방법 2013 경기 소방장

(1) 유해화학물질 관리법, 산업안전보건법

표 5-14 유해 그림

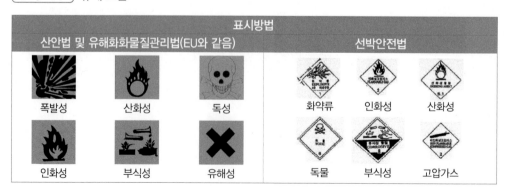

표시방법	
산안법 및 유해화학물질관리법(EU와 같음)	**선박안전법**
폭발성 / 산화성 / 독성 / 인화성 / 부식성 / 유해성	화약류 / 인화성 / 산화성 / 독물 / 부식성 / 고압가스

① 유해화학물질 관리법에서는 인체 및 환경에 유해한 화학물질들에 대하여 유해 그림으로 표시하고 있다. 이는 누구든지 유독물을 취급하거나 유독물에 접근하는 경우 주의를 할 수 있도록 하고 유독물의 취급 과정에서 피해를 최소화할 수 있게 하기 위한 것으로서 사고 시의 수습에 필요한 자료로서의 의미보다는 일상 취급 과정에서의 주의를 기울이기 위한 것이다.

② 유독물을 보관 · 저장 또는 진열하는 장소와 운반차량에 "유독물"을 문자로 표시하여야 하고 유독물의 용기나 포장에는 유독물의 유해 그림, 유해성, 취급 시 주의사항 등을 표시하도록 하고 있다.

③ 유독물의 유해 그림은 국민건강 및 환경상의 위해를 예방하기 위하여 건강장해, 환경유해, 물리적 위험 등을 기준으로 분류한 고독성, 유독성 등 황색 바탕에 흑색 그림으로 되어있다.

(2) 국제적으로 통용되는 위험물질 표지 2013 경기 소방장

1) 미국 교통국(Department Of Transportation) 수송표지

DOT로 약칭되는 미국 교통국에서 위험물질을 운송할 때 부착하도록 하는 표지(Placard)이다. 도로, 철도, 해운, 항공 등 수송 수단을 막론하고 위험물질에 이 표지를 붙이도록 하고 있으며 외국 수출 · 입 물품들도 이 규정을 적용받으므로 이에 대한 지식이 필요하다.

DOT는 마름모꼴 표지에 숫자와 그림, 색상으로 표시하며 숫자는 물질의 종류(division of class)를 나타내고, 색상은 특성을 나타낸다.

표 5-15

각 표지의 색상이 가지는 의미 2017 소방위, 2018 소방위			
빨간색	가연성(Flammable)	녹색	불연성(Non-Flammable)
주황색	폭발성(Explosive)	파란색	금수성(Not Wet)
노란색	산화성(Oxidizer)	백색	중독성(Inhalation)

표 5-16 DOT placard

Division of Class	Hazard	Placard
1	폭발성 물질 (Explosive)	EXPLOSIVE 1.1A 1
2	가스 (Gases)	FLAMMABLE GAS 2 NON-FLAMMABLE GAS 2 INHALATION HAZARD 2 OXYGEN 2

Division of Class	Hazard	Placard
3	액체 물질 (Liquids)	
4	고체 물질 (Solids)	
5	산화제 (Oxdizer)	
6	중독성 물질 (Poisons)	
7	방사능 물질 (Radioactive)	
8	부식성 물질 (Corrosives)	

2) 미국 방화협회(NFPA) 표시법

① 고정 설치된 위험물(Fixed Storage)에 대한 표시방법이다.

② 마름모 형태의 도표인 위험식별 시스템은 물질의 누출 또는 화재와 같은 비상 상태에서 각 화학물질의 고유한 위험과 위험도 순위를 한눈에 알 수 있도록 해 준다.

③ 이 방법은 화학약품의 유해성을 확인하고자 하는 목적이 아니고 소방대의 비상 작업에 필요한 전술상의 안전조치 수립에 필요한 지침의 역할과 함께 이 물질에 노출된 사람의 생명 보호를 위한 즉각적인 정보를 현장에서 제공해 준다. 또한 위험물질에 대한 전문적인 지식이 부족한 사람이라도 그 특성과 취급상의 위험 요인을 한눈에 파악할 수 있도록 해 주는 것이다.

④ 도표는 해당 화학물질의 "인체 유해성", "화재 위험성", "반응성", "기타 중요한 특

성"을 나타내고 특별한 위험성이 없는 "0"에서부터 극도의 위험을 나타내는 "4"까지 다섯 가지 숫자 등급을 이용하여 각 위험성의 정도를 나타낸다.

⑤ 마름모형 도표에서 왼쪽은 청색으로 인체 유해성을, 위쪽은 적색으로 화재 위험성을, 오른쪽은 황색으로 반응성을 나타낸다. 특히 하단부는 주로 물과의 반응을 표시하기 위해 사용되는데 "W"는 물의 사용이 위험하다는 것을 나타내고 산화성 화학물질은 ○, ×로 표시하기도 한다.

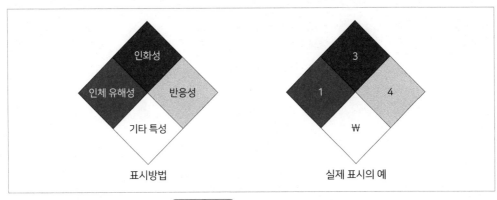

그림 5-93 NFPA 704 표시법

3) 기타

ANSI(American National Standard Institute), OSHA(Occupational Safety and Health Act) 등에서 규정한 표지로 국제적으로 통용된다.

그림 5-94 ANSI 표시법

3 화학물질 세계조화 시스템(GHS : Globally Harmonized System)

(1) GHS의 의미

화학물질 세계조화시스템(GHS)은 화학물질의 안전한 사용, 운송, 폐기를 위해 국제적으로 이해하기 쉽게 설명된 화학물질 분류체계와 위험물 표시를 전 세계에 하나의 공통된 시스템으로 운영하여 화학물질에 노출된 사람과 환경을 보호하기 위한 인프라를 구축하는 사업이다.

(2) 우리나라의 도입 계획

GHS의 국내 도입에 따라 기존 유해물질로 분류되던 물질이 유독물로 표시되는 물질이 다수 발생하게 되며, 유해성 표시방법도 우리나라는 7개의 그림을 사용해 왔으나 GHS 하에서는 [표 5-17]과 같이 9개의 그림으로 분류하여 표시한다.

표 5-17 국내 표시법과 GHS 심벌의 비교 2014 경기 소방교

현행				GHS 표시방법				
폭발성	인화성	산화성	부식성	폭발성	인화성	산화성	부식성	
환경 유해성	독성, 변이원성, 발암성	유해성		환경 유해성	독성	발암성, 변이원성, 생식독성	자극성	고압가스

4 유해물질사고 대응 절차

(1) 격리 및 방호

① 유해물질이 누출된 경우 최대한 신속하게 현장을 격리해야 한다.

② 이것은 누출된 위험물의 확산을 방지하고 오염을 차단하기 위한 조치이다.

③ 비닐테이프나 로프 등을 이용해서 오염구역을 표시하고 주변의 시민을 대피시킨다.

④ 오염이 의심되는 사람이 있으면 현장에서 오염을 제거할 수 있는 조치를 시행하고 (탈의·세척 등), 신속히 의료기관으로 이송하여 적절한 치료를 받을 수 있도록 한다.

(2) 현장 상황 파악

① 구조대원은 실제 상황에서 현장 상황을 정확히 파악하는 것이 중요하다. '어떤 물질이 누출되었는가?, 이 물질이 실제로 화학적·물리적으로 위험성을 가지고 있는가?, 오염장소에서 보호복 없이 생존할 수 있는가?, 요구조자가 존재하는가?' 등을 판단해야 한다. 때로는 위험한 상황으로 신고되었지만 실제로는 그렇지 않은 경우도 있다.

② 선착대가 수명의 사망자가 있는 것 같다고 보고하는 경우에는 그 누구도 방화복과 공기호흡기를 착용하지 않은 상태에서 현장에 진입하면 안 된다. 반면 5~15분간 오염물질에 노출되었는데 모두 생존해 있다면 현장이 치명적이지 않다고 판단할 수 있다.

③ 요구조자 구조활동은 일단 위험 지역에서 이동시키는 것이 주목적이므로 다른 구조

절차를 생략하고 신속히 조치한다. 일단 오염지역을 벗어나면 오염제거 조치를 취하고 필요에 따라 다른 사람들과 격리하여 응급처치를 취한다.

(3) 현장관리

현장지휘관은 교통통제, 응급처치 등을 위해서 필요하면 경찰이나 적십자, 유독물질을 취급하는 전문기관의 협조를 구한다. 긴급구조 대응계획에는 이러한 유관 기관의 목록과 연락처가 포함되어 있다.

(4) 경계구역 설정

① 사고 현장에서 구조활동에 임하는 대원이 활동에 불필요한 제약을 받지 않고 2차 재해를 방지하기 위하여 오염방지와 구조활동에 필요한 범위를 정하여 경계구역을 설정한다.

② 경계구역의 범위는 관련 전문기관이나 화학구조대에서 누출된 유해물질의 종류와 양, 지형 및 기상 상황을 고려하여 결정하지만 현장 파악이 곤란하거나 전문 대응요원이 아직 도착하지 않은 경우에 미국 교통국(DOT)에서는 최소한 330feet(100m)를 경계구역으로 정하도록 권고하고 있다.

③ 이 거리는 현장 상황을 고려하여 유동적으로 결정할 문제이며 도로를 차단할 수 있다면 차단하고 그것이 여의치 못하면 최소한 100m를 유지하여야 한다.

④ 경계구역은 위험 지역(Hot Zone), 경고 지역(Worm Zone), 안전 지역(Cold Zone)으로 구분한다.

위험 지역 (Hot Zone)	– 사고가 발생한 장소와 그 부근으로서 누출된 물질로 오염된 지역을 말하며 붉은색으로 표시한다. – 구조와 오염제거 활동에 직접 관계되는 인원 이외에는 출입을 엄격히 금지하고 구조대원들도 위험 지역에 머무는 시간을 최소화하여야 한다.
경고 지역 (Worm Zone)	– 요구조자를 구조하고 안전조치를 취하는 등 구조활동을 위한 공간으로 노란색으로 표시한다. 이 지역 안에 구조활동에 필요한 각종 장비를 설치하고 필요한 지원을 수행한다. – 경고지역에는 제독·제염소를 설치하고 모든 인원은 이곳을 통하여 출입하도록 해야 한다. 제독·제염을 마치기 전에는 어떠한 인원이나 장비도 경고 지역을 벗어나서는 안 된다
안전 지역 (Cold Zone)	– 지원인력과 장비가 머무를 수 있는 공간으로 녹색으로 표시한다. – 이곳에 대기하는 인원들도 오염의 확산에 대비하여 개인보호장구를 소지하고 풍향이나 상황의 변화를 주시하여야 한다

(5) 인명구조

① 오염된 지역에서 요구조자를 구출하는 것은 구조대원 역시 오염될 가능성이 있기 때문

에 상당한 위험성을 내포하고 있다. 그러나 요구조자를 오염지역에서 이동시키는 것만
으로도 생존 가능성이 매우 높아지기 때문에 구조작업은 반드시 시행할 조치이다.

② 문제는 누출된 위험물질의 정확한 특성이 파악되지 않았거나 적절한 보호장비가 없
는 경우이다. 그러나 미국 육군 생화학전 사령부(SBCCOM)에서 소방장비의 방호성
능에 관하여 연구한 바에 의하면 매우 치명적인 군용화학물질(신경작용제, 수포작
용제)에 노출된 현장에서 방화복과 공기호흡기를 착용한 경우 생존확률이 매우 높은
것으로 조사되었다.

③ 실험은 고농도의 가스가 살포된 장소에서 3분간 탐색하고 요구조자가 생존해 있는
저농도 환경에서 30분간 구조작업을 하는 것(3/30Rule)으로 가정하였다.

④ 이것은 실제 상황에서 생존자와 사망자가 동시에 존재하는 장소에 방화복과 공기호
흡기를 착용하고 아무런 이상 없이 구조작업에 임할 수 있으며, 모든 요구조자가 사
망한 장소에서도 같은 장비로 3분 이상 작업할 수 있음을 의미한다.

(6) 누출물질에 대한 조치

유해물질들에 대한 조치는 다음과 같다. 이는 보편적인 초동대응 조치이므로 완벽한 대
응은 관련 전문기관이나 화학구조대에서 조치한다.

1) 유독성 물질

① 독극물과 유독성 가스는 사람과 자연에 큰 피해를 준다. 독성물질이 퍼지는 경로는
다양하기 때문에 발견자는 무조건 전문 진료를 받도록 한다.

② 유독물질을 보관, 사용하거나 이송하는 경우에는 관련 법규에 따라 독극물임을 표시
하도록 규정되어 있다.

③ 유독성 물질이 누출된 사고임이 판명된 경우 현장활동에 임하는 대원들의 안전에 유
의하고 사고가 더 이상 확산되지 않도록 누출된 물질의 차단과 처리에 중점을 둔다.

2) 부식성 물질

① 부식성 물질에 의한 누출사고는 주로 황산이나 염산, 수산화나트륨(가성소다)에 의
하여 발생한다.

② 염산은 증기압이 높고 강한 부식성과 독성이 강하기 때문에 대응에 각별히 주의가
필요하다.

③ 대부분의 경우 대량의 물로 신속히 세척하여 중화시키는 것이 유효하지만 대량으로
누출된 경우 2차 오염으로 심각한 피해를 입힐 수 있으므로 모래나 흙 등으로 둑을
쌓아서 누출을 차단하는 방법을 강구한다. 화학적 방법에 의한 중화는 반드시 관련
전문가와 협의가 필요하다.

3) 폭발물

① 폭발물로 의심되는 물질 또는 폭발 우려가 있는 상황이라면 주변 사람들을 신속히 대피시켜야 한다. 특히 주의해야 하는 상황이 화재로 시작되는 폭발이다. 화재가 발생한 트럭에 폭발물질이 적재되어 있다면 물로 화재를 진압하고 현장에는 꼭 필요한 인원만 접근하도록 한다.

② 폭발물로 의심되는 물체가 있다면 전문 폭탄처리반이 올 때까지 현장을 차단하고 대기하며 핸드폰이나 무전기 같은 전자장비를 주변에서 사용하지 않는다. 폭파 협박 또는 폭발물에 의한 테러가 의심되는 물체가 발견된 경우에는 안전거리를 설정한다.

4) 기타 물질들에 대한 조치

① 최초 대응자가 모든 화학물질에 적합한 조치를 취할 수는 없다. 어떤 형태로든 위험물질과 관련된 사고가 발생하면 사고 장소를 통제하고 경계구역 내에서 인명을 대피시키는 것이 최우선 과제이다.

② 위험물 처리에 관한 전문교육을 받지 않은 사람은 화학물질의 종류를 파악하려고 노력하기보다는 전문가의 도착을 기다리며 현장을 차단하는 것이 더 옳은 선택이 된다. 특히 시각이나 후각, 촉각 등으로 위험물질의 종류를 판별하려고 해서는 안 된다.

(7) 대피, 철수

① 유독물질이 대량으로 누출되거나 폭발의 위험이 있을 때에는 주변 시민을 신속히 대피시켜야 하며 상황에 따라서 소방대의 철수까지도 고려할 수 있다.

② 대피와 철수를 고려할 때 참고할 수 있는 정보는 미국 교통국에서 발행하는 유해물질 방재 핸드북(ERG) 이지만 실제 상황에 그대로 적용하기는 어렵다. 따라서 현장의 누출물질과 누출 규모에 대한 정보를 파악하는 것은 매우 중요하다.

③ 대피장소는 가능한 한 현장에서 멀리 떨어진 학교나 병원 등으로 정하고 세부 절차와 계획은 각 소방관서의 긴급구조 대응계획에 수립되어 있으므로 이를 참고한다.

④ 대피장소에서는 창문을 닫고 TV나 라디오를 청취하면서 정보를 얻는다. 필요하면 대피한 시민들에게 현장 상황을 적절히 알려서 불안감을 해소시켜 준다.

5 개인 방호복 2016 소방위, 2017 소방교

현장에 출동하는 대원들은 개인 방호장비를 착용하여 유독물질에 의한 위험을 최소화한다. 미국의 경우 NFPA 1991 'Encapsulated Suit Specifications'과 환경보호국(EPA), 직업안전위생관리국(OSHA)등의 규정에서 개인 방호복을 A, B, C, D의 4등급으로 구분하고 있다.

A급 방호복	- A급 방호장비는 분진이나 증기, 가스 상태의 유독물질을 차단할 수 있는 최고등급의 방호장비이다. - 착용자뿐만 아니라 공기호흡기까지를 차폐할 수 있는 일체형 구조이며 내부의 압력을 높여 외부의 공기와 접촉하지 않도록 한다. - IDLH(건강이나 생명에 즉각적으로 위험을 미치는 농도) 농도의 유독가스 속으로 진입할 때나 피부에 접촉하면 손상을 입을 수 있는 유독성 물질을 직접 상대하며 작업하는 경우에 사용한다.
B급 방호복	- B급 방호장비는 헬멧과 방호복, 공기호흡기로 구성된다. 위험물질의 비산에 의하여 손상을 입을 수 있는 액체를 다룰 경우 사용한다. - 장갑과 장화가 방호복과 일체형인 경우도 있고 분리된 장비도 있다. 분리된 장비를 사용할 때에는 손목과 발목, 목, 허리 등을 밀폐하여 유독물질이 방호복 안으로 들어오지 못하게 해야 한다.
C급 방호복	- C급 방호장비는 B급과 호흡보호장비에서 차이가 있다. - C급 방호장비는 방독면과 같은 공기정화식 호흡보호장비를 사용한다.
D급 방호복	- D급 방호장비는 호흡보호장비 없이 피부만을 보호하는 수준이다. 소방대원의 경우 헬멧과 방화복, 보안경, 장갑을 착용한 상태가 D급에 해당한다. - 위험이 없는 Cold Zone에서 활동하는 대원만 D급 방호복을 착용한다.

6 제독(Decontamination : Decon)

오염은 직접 오염과 2차 오염의 2가지 형태로 확산된다. 오염물질과 직접 접촉한 사람에게 오염이 발생하고 이 사람과 접촉하는 다른 사람에게 2차 오염이 발생하는 것이다. 오염을 방지하고 정화하는 조치를 제독 또는 제염이라고 한다. 일반적으로 유독물질의 경우 '제독'이라는 표현을 사용하고, 방사능 물질의 경우에는 '제염'이라고 한다.

(1) 비상 제독

① 긴급상황에서는 소방호스를 이용하여 물 또는 세척제를 뿌려서 오염물질을 제거한다. 대부분의 오염물질은 물로 60 ~ 90%까지 제독이 가능하다.

② 신경계 작용물질 중독은 오염된 의복을 벗고 신선한 공기에 15분 동안 노출한다.

③ 유독물질에 의한 테러 등으로 많은 사람을 동시에 제독할 필요성이 있는 경우에는 소방차 사이를 일정 부분을 구획하여 통로를 만들고 이곳을 소방차로 분무 방수하면서 오염된 사람들을 통과하게 하면서 제독한다.

(2) 제독소

① 오염자 및 제독 작업에 참여한 대원의 제독을 위하여 제독소를 설치한다. 제독소는 Worm Zone 내에 위치하며 경계구역 설정과 동시에 설치하여야 한다.

② 전용 장비를 이용하여 제독소를 설치할 수 있지만 수손방지막을 활용하여 간이제독소를 설치할 수 있다. 40mm 또는 65mm 수관으로 땅에 적당한 크기의 구획을 만들고 그 위를 수손방지막으로 덮으면 오염물질이 밖으로 흐르지 않도록 할 수 있다.

③ 제독소 내부는 오염지역에 가까운 구획부터 Red trap, Yellow trap, Green trap의 3단계로 구획하고 Red trap에서부터 제독을 시작한다. 구획의 크기는 제독 인원에 비례하여 결정한다.

ⓐ Red trap 입구에 장비수집소를 설치하고 손에 들고 있는 장비를 이곳에 놓도록 한다. 장비는 모아서 별도로 제독하거나 폐기한다.

ⓑ 방호복을 입은 상태에서 물을 뿌려 1차 제독(Gross Decon)을 한다.(Red trap)

ⓒ Yellow trap으로 이동하여 솔과 세제를 사용하여 방호복의 구석구석(발바닥, 사타구니, 겨드랑이 등)을 세심하게 세척한다.

ⓓ 습식제독작업이 끝나면 Green trap으로 이동해서 동료의 도움을 받아 보호복을 벗는다.

ⓔ 마지막으로 공기호흡기를 벗는다. 보호복의 종류에 따라 공기호흡기를 먼저 벗어야 하는 경우도 있다. 보호복과 장비는 장비수집소에 보관한다.

ⓕ 현장 여건에 따라 샤워장으로 이동하여 탈의하고 신체 구석구석을 씻도록 한다.

ⓖ 휴식을 취하면서 건강 상태를 확인한다.

7 누출 물질의 처리

(1) 화학적 방법 `2017 소방교`

1) 흡수(Absorption)

주로 액체 물질에 적용하는 방법이다. 누출된 물질을 스펀지나 흙, 신문지, 톱밥 등의 흡수성 물질에 흡수시켜 회수한다. 2 이상의 서로 다른 물질을 동시에 흡수시키고자 하는 경우에는 화학반응에 따르는 위험성이 없는지 확인하여야 한다.

2) 유화처리(Emulsification)

유화제를 사용하여 오염물질의 친수성을 높이는 방법으로 처리한다. 주로 기름(Oil)이 누출되었을 경우에 사용하며, 특히 원유 등의 대량 누출 시에 적용한다. 환경오염 문제로 논란이 될 수 있다.

3) 중화(Neutralization)

주로 부식성 물질에 사용하는 방법이다. 중화 과정에서 발열이나 유독성 물질생성, 기타 위험성이 발생할 수 있으므로 화학자의 검토가 필요하고 위험을 감소시키기 위해서 오염물질의 양보다 적게 조금씩 투입하여야 한다.

4) 응고(Solidification)

오염물질을 약품이나 흡착제로 흡착, 응고시켜 처리할 수 있다. 오염물질의 종류와 사용된 약품에 따라 효과가 달라진다. 응고된 물질은 밀폐, 격납한다.

Part 5 구조기술

5) 소독(Disinfection)

주로 장비나 물자, 또는 환경 정화를 위해 표백제나 기타 화학약품을 사용해서 소독한다. 사람의 경우에는 화학약품을 사용하는 것보다 물로 세척하는 것이 더 효과적이다.

(2) 물리적 방법

1) 흡착(Adsorption)

활성탄과 모래는 일반적으로 널리 사용되는 흡착제이다. 대부분의 화학물질을 사용하는 장소에는 기본적으로 활성탄이나 모래를 비치하고 있다.

2) 덮기(covering)

고체, 특히 분말 형태의 물질은 비닐이나 천 등으로 덮어서 확산을 방지한다. 휘발성이 약한 액체에도 적용할 수 있다.

3) 희석(Dilution)

오염물질의 농도를 낮추어 위험성을 줄이는 방법이다. 가스가 누출된 장소에 신선한 공기를 불어넣거나 수용성 물질에 대량의 물을 투입하는 방법을 사용한다.

4) 폐기(Disposal)

장비나 물품에 오염이 심각하여 제독이 곤란하거나 처리비용이 과도하게 소요되는 경우에는 해당 물품을 폐기한다.

5) 밀폐, 격납(Overpacking)

오염물질을 드럼통과 같은 밀폐 용기에 넣어 확산을 차단하는 방법이다.

6) 세척, 제거(Removal)

오염된 물질과 장비를 현장에서 세척하거나 제거한다. 제거된 물질은 밀폐 용기에 격납한다.

7) 흡입(Vacuuming)

고형 오염물질은 진공청소기로 흡입, 청소하여 위험성을 줄일 수 있다. 일반 가정용 진공청소기는 미세분말을 통과시키기 때문에 분말 오염물질에는 적용할 수 없다. 정밀 제독을 위해서는 고효율미립자 필터를 사용한 전용 진공청소기를 사용한다.

8) 증기 확산(Vapor Dispersion)

실내의 오염농도를 낮추기 위해 창문을 열고 환기시킨다. 고압송풍기를 이용하면 보다 효과적으로 오염물질을 분산시켜 빠른 시간에 농도를 낮출 수 있다.

PART 5 구조기술
적중예상문제

01 구조활동 현황 중 구조 인원이 가장 많은 비중을 차지한 것은?

① 동물 관련 사고   ② 교통사고
③ 승강기사고   ④ 기계·기구사고

 해설

> **구조활동 현황**
> 119 구조대가 활동하는 현장 중에서 가장 많은 구조 건수를 차지하는 것은 벌 관련 사고나 동물 관련 사고 현장이지만 구조 인원으로 보면 교통사고가 가장 많은 비중을 차지한다. 특히 구조 건수 대비 구조 인원 비율이 높은 것은 승강기 사고가 차지하고 있다.

02 화재 현장 검색 및 구조와 관련해서 건물 내부 검색 시 외부 관찰 사항으로 옳은 것은?

① 현장에 도착한 구조대원들은 화재 규모를 판단하고 내부 진입을 시도한다.
② 세심한 관찰을 통해서 화재의 규모와 건물의 손상 여부, 진입 경로와 소요시간 등을 예측할 수 있다.
③ 건물에 진입한 후에는 선택 가능한 탈출 경로(창문, 출입문, 옥외계단 등)를 미리 정해 놓고 건물에 진입 중에도 창문의 위치를 자주 확인하도록 한다.
④ 현장에 도착한 진압대원들은 먼저 건물 전체와 그 주변을 검색하여야 한다.

해설

> **건물 내부 검색(외부 관찰)**
> ① 현장에 먼저 도착한 진압대원들이 화재 규모를 판단하고 진압 준비를 하는 동안 구조대원들은 가능한 한 건물 전체와 그 주변을 검색하여야 한다.
> ② 세심한 관찰로 화재의 규모와 건물의 손상 여부, 진입 경로와 소요시간 등을 예측할 수 있다.
> ③ 건물에 진입하기 전에 선택 가능한 탈출 경로(창문, 출입문, 옥외계단 등)를 미리 정해 놓고 건물에 진입한 후에는 창문의 위치를 자주 확인하도록 한다.
> ④ 이것이 대원들의 위치 선정을 위한 기준이 될 수 있기 때문이다.

🔁 **정답**   **01** ②   **02** ②

Part 5
구조기술

03 2차 검색 시 적용되어야 하는 방법과 관계가 적은 것은?

① 2차 검색은 화재가 진압되어 환기 작업이 완료되고 위험 요인이 다소 진정된 후에 대원들을 진입시킨다.

② 2차 검색은 빈틈없이 살피면서 공을 들여야 하는 작업으로 사망자보다는 또 다른 생존자를 발견하는 데 초점을 두고 꼼꼼히 검색을 실시한다.

③ 1차 검색 때에 발견하지 못한 공간이나 위험성을 확인해야 하기 때문에 절대 소홀히 할 수 없는 작업이다.

④ 2차 검색은 신속성보다는 꼼꼼함이 필요하다.

 해설

1차 검색과 2차 검색

– 2차 검색(Secondary Search)

① 2차 검색은 화재가 진압되어 환기 작업이 완료되고 위험 요인이 다소 진정된 후에 대원들을 진입시킨다.

② 2차 검색은 빈틈없이 살피면서 공을 들여야 하는 작업으로 또 다른 생존자를 발견하고 혹시 존재할지도 모르는 사망자를 확인하는 작업이다.

③ 2차 검색은 신속성보다는 꼼꼼함이 필요하다.

④ 1차 검색 때에 발견하지 못한 공간이나 위험성을 확인해야 하기 때문에 절대 소홀히 할 수 없는 작업이다.

⑤ 1차 검색과 마찬가지로 좋은 소식이든 나쁜 소식이든 새로이 확인되는 사항이 있으면 즉시 보고한다.

04 다층 빌딩 검색에 있어 검색의 우선순위를 바르게 나타낸 것은?

① 불이 난 층 – 바로 위층 – 최상층　　② 불이 난 층 – 최상층 – 바로 위층

③ 바로 위층 – 불이 난 층 – 최상층　　④ 바로 위층 – 최상층 – 불이 난 층

해설

다층 빌딩 검색

① 고층 빌딩을 검색할 때에는 ① 불이 난 층, ② 바로 위층, ③ 최상층이 가장 중요한 검색장소이다.

② 연기와 열기 그리고 불의 확산 때문에 이곳에 있는 요구조자들이 가장 위험하다.

③ 이 층들에 대한 검색을 우선해야 한다. 생존자들의 대부분이 이 층에서 발견된다.

④ 그 이후에 다른 층들을 검색한다.

05 작은 방이 많은 곳을 인명 검색할 때 요령으로 옳지 않은 것은?

① 대부분의 경우 작은 방을 검색하는 적절한 방법은 한 대원이 검색하는 동안 다른 대원은 문에서 기다리는 것이다.

② 서로 간에 어느 정도 지속적인 대화가 이루어져야 검색 방향을 잡기가 수월해진다.

③ 규모가 작은 방인 경우 벽을 따라 두 대원의 마주보며 검색하여 신속히 검색을 마친다.

④ 해당 방의 검색이 완료되면 두 대원은 복도에서 합류하고 방문을 닫은 후 문에다 검색이 완료된 곳이라는 표시를 한다.

 해설

작은 방이 많은 곳을 검색할 때의 검색방법

① 대부분의 경우 작은 방을 검색하는 적절한 방법은 한 대원이 검색하는 동안 다른 대원은 문에서 기다리는 것이다.

② 서로 간에 어느 정도 지속적인 대화가 이루어져야 검색 방향을 잡기가 수월해진다. 검색하는 대원은 문에서 기다리는 대원에게 검색 과정을 계속 보고해야 한다.

③ 해당 방의 검색이 완료되면 두 대원은 복도에서 합류하고 방문을 닫은 후 문에다 검색이 완료된 곳이라는 표시를 한다.

④ 그리고 옆의 방을 검색하는데 이때에는 각 대원의 역할을 바꾸어 진행한다.

06 건물 내 인명 검색 시 문을 개방할 때 주의사항으로 옳지 않은 것은?

① 내부의 열기를 가늠하기 위해서 문의 맨 아래쪽과 손잡이를 점검한다.

② 문을 열고자 하는 경우에는 문의 정면에 위치하면 안 된다.

③ 한쪽 측면에 서서 몸을 낮추고 천천히 문을 열어야 한다.

④ 안쪽으로 열리는 문이 잘 열리지 않는다면 요구조자가 문 안쪽에 쓰러져 있을 가능성이 있기 때문에 강제로 문을 열려고 해서는 안 된다.

해설

건물 탐색 시 문을 개방할 때 주의사항

① 내부의 열기를 가늠하기 위해서 문의 맨 위쪽과 손잡이를 점검한다. 만약 문이 뜨겁다면 방수 개시 준비가 될 때까지 문을 열어서는 안 된다.

② 문을 열고자 하는 경우에는 문의 정면에 위치하면 안 된다. 한쪽 측면에 서서 몸을 낮추고 천천히 문을 열어야 한다. 문 뒤에 화재가 발생했다면 몸을 낮춤으로서 열기와 연기가 머리 위로 지나도록 할 수 있다.

③ 안쪽으로 열리는 문이 잘 열리지 않는다면 요구조자가 문 안쪽에 쓰러져 있을 가능성이 있기 때문에 발로 차서 강제로 문을 열려고 해서는 안 된다. 문은 천천히 조심스럽게 개방하고 그 앞에 전개되는 현장에 요구조자가 있는지를 확인해야 한다.

정답   **03** ②   **04** ①   **05** ③   **06** ①

07 자동차 사고 구조와 관련한 안전조치로 알맞은 것은?

2011 부산 소방장, 2012 경북 소방장, 2016 부산 소방교, 2018 소방장

① 현장 파악은 구조대원이 현장에 처음 도착하는 순간부터 시작하여야 한다.
② 신속하고 안전한 구조활동을 위해 양방향의 통행을 차단하는 것을 우선 고려한다.
③ 구조차량은 사고 장소의 전면에 주차하는 것이 좋다.
④ 구조차량은 가능하면 사고 차량과 가까이 접근시켜 장비 이동 등을 용이하게 한다.

 해설

자동차 사고 구조
– 안전조치
(1) 현장 파악
　현장 상황을 파악하는 것은 구조작업을 효율적이고 성공적으로 수행하는 필수 조건이 된다. 현장 파악은 구조대원이 현장에 처음 도착하는 순간부터 시작하여야 한다. 무턱대고 현장에 접근하기보다는 현장과 그 주변을 주의 깊게 관찰함으로서 구조대원의 안전을 확보하고 구조작업의 실마리를 잡아갈 수 있게 된다.
　1) 구조차량의 주차
　　사고 현장에 도착한 후에는 구조차량을 조심스럽게 주차시켜야 한다. 즉 구조대원이나 장비가 쉽게 도달할 수 있을 만큼 가깝게 주차시키는 것이 좋지만 너무 가까운 나머지 구조활동에 장애를 주어서는 안 된다.
　　구조차량은 지나가는 차량들로부터 현장을 보호하기 위하여 일시적으로나마 방벽 역할을 하고 후속 차량들이 구조차량의 경광등을 보고 사고 장소임을 인식할 수 있도록 사고 장소의 후면에 주차하는 것이 좋다. 그렇지만 가능하다면 다른 차량들의 교통 흐름을 막지 않도록 최소한 한 개 차로의 통행로는 확보하는 것이 좋다.

08 곡선도로(제한 속도 80km)에서 차량 사고 시 구조차량의 주차 위치 및 주의사항으로 알맞은 것은?

① 구조차량은 최소한 곡선 구간이 시작되는 지점에는 주차하여야 한다.
② 구조차량은 사고 차량과 15m의 구조공간을 두고 60m 후방에 유도표지 설치한다.
③ 곡선 부분을 지나서 사고차량의 후방에 구조차량을 주차한다.
④ 곡선 부분을 지나서 사고차량의 전방에 구조차량을 주차한다.

 해설

안전조치
– 구조차량의 주차(곡선도로인 경우)
곡선도로에서는 구조차량의 주차 위치를 더욱 신중하게 고려하여야 한다. 곡선 부분을 지나서 주차하게 되면 통행하는 차량들이 직선 구간에서는 구조차량을 발견하지 못하고 회전한 직후 구조차량과 마주치게 되므로 추돌사고가 발생할 확률이 높다. 따라서 구조차량은 최소한 곡선 구간이 시작되는 지점에는 주차하여야 한다.

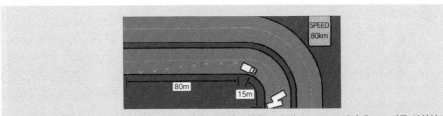

※ 곡선도로에서 사고가 발생한 경우 곡선 시작 부분에 주차하고 후방으로 80m 이상 유도표지를 설치한다.

09 제한 속도가 100km인 도로에서의 차량 사고 현장(직선도로)에 구조대의 출동 시 사고 차량과 유도표지와의 거리는 몇 미터가 적정한가? 2018 소방장

① 95m

② 115m

③ 125m

④ 135m

해설

제한 속도 수치에 구조대원의 활동 공간 15m를 합한다.
- 제한 속도가 100km인 경우 : 100 + 15 = 115m
- 제한 속도가 80km인 경우 : 80 + 15 = 95m

10 도로에서 차량 사고 시 에어백을 사용하여 흔들림 제어를 하고자 할 때 옳지 않은 것은? 2014 부산 소방장, 경기 소방교, 2018 소방장

① 에어백을 겹쳐서 사용할 때에는 3층을 초과하지 않도록 한다.

② 에어백이 팽창되는 것과 동시에 측면에서 버팀목을 넣어준다.

③ 자동차는 물론이고 어떤 물체든 에어백만으로 지탱해서는 안 된다.

④ 작은 백을 위에 놓고 큰 백을 아래에 놓는다.

정답 **07** ① **08** ① **09** ②

Part 5 구조기술

해설

흔들림 제어

– 에어백

에어백은 전복된 차량을 지탱하는데 사용한다. 설치가 간편하고 고하중을 들어 올릴 수 있지만 안정감이 부족하기 때문에 버팀목으로 받쳐주어야 한다. 에어백을 사용할 때에는 다음 안전수칙을 준수해야 한다.

ⓐ 에어백은 단단한 표면에 놓는다.

ⓑ 에어백을 겹쳐서 사용할 때에는 2층을 초과하지 않도록 한다. 작은 백을 위에 놓고 큰 백을 아래에 놓는다.

ⓒ 에어백을 사용할 때에는 반드시 충분한 버팀목을 준비해서 에어백이 팽창되는 것과 동시에 측면에서 버팀목을 넣어준다.

ⓓ 공기는 천천히 주입하고 지속적으로 균형 유지에 주의한다.

ⓔ 날카롭거나 뜨거운 표면에 에어백이 직접 닿지 않게 한다.

ⓕ 자동차는 물론이고 어떤 물체든 에어백만으로 지탱해서는 안 된다. 에어백이 필요한 높이까지 부풀어 오르면 버팀목을 완전히 끼우고 공기를 조금 빼내서 에어백과 버팀목으로 하중이 분산되도록 한다.

11 차량의 전면 안전유리를 제거 시 사용되는 파괴 장비로 옳은 것은?

① 차 유리 절단기

② 센터 펀치

③ 커플링스패너

④ 도끼+드라이버

 해설

유리창 파괴 장비

① 안전장비

유리창을 제거할 때는 날카로운 파편에 손이나 발, 눈에 부상을 입을 가능성이 높다. 헬멧에 있는 전면 실드는 눈을 완전히 보호할 수 없으며 면장갑에는 작은 유리 파편이 붙게 된다. 눈을 보호하기 위해서는 반드시 별도의 고글을 착용하고 장갑은 손목까지 보호되는 가죽장갑을 착용한다.

② 파괴 장비

ⓐ 센터 펀치

스프링이 장착된 펀치로 열처리 유리를 파괴할 때 사용한다. 유리창에 펀치 끝을 대고 누르면 안으로 눌려 들어갔다 튕겨 나오면서 순간적인 충격을 주어 유리창을 깨뜨린다.

ⓑ 차 유리 절단기

톱날 부분으로 안전유리를 잘라서 제거할 수 있다. 도구 뒷부분으로 유리창 모서리에 충격을 가하여 구멍을 뚫고 톱날 부분을 넣어 잘라낸다.

ⓒ 기타 장비들

전문적인 유리창 제거 장비가 없을 때에는 도끼나 드라이버, 커플링스패너 등을 이용해서 유리창을 파괴할 수 있다. 이러한 장비를 사용할 때에는 요구조자에게 손상을 입히지 않도록 각별한 주의가 필요하다.

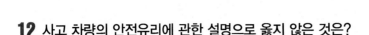

12 사고 차량의 안전유리에 관한 설명으로 옳지 않은 것은?

① 이 유리는 유리판 두 장을 겹치고 그 사이에 얇은 플라스틱 필름을 삽입, 접착한 것이다.

② 이 유리는 주로 전면의 방풍유리(Wind Shield)에 사용된다.

③ 이 유리는 파편으로 운전자와 승객이 부상당하는 것을 막기 위해서 사용한다.

④ 이 유리는 충격을 받으면 유리면 전체에 골고루 금이 가도록 열처리되었다.

 해설

차량 유리의 특성
① 안전유리(Safety Glass)
이 유리는 유리판 두 장을 겹치고 그 사이에 얇은 플라스틱 필름을 삽입, 접착한 것이다. 이 유리는 전면의 방풍유리(Wind Shield)에 사용되며 일부 차량은 뒷 유리창에도 사용한다. 이 유리에 충격을 가하면 중간의 필름층 때문에 유리가 흩어지지 않고 붙어있게 된다. 이 유리는 파편으로 운전자와 승객이 부상당하는 것을 막기 위해서 사용한다.
② 강화 유리(Tempered Glass)
열처리된 강화 유리는 측면 도어의 유리창과 후면 유리창에 사용된다. 이 유리는 충격을 받으면 유리면 전체에 골고루 금이 가도록 열처리되었다. 즉 충격을 받으면 전체가 작은 조각들로 분쇄된다. 따라서 일반 유리와 같이 길고 날카로운 조각들이 생기지 않아 유리 파편에 의한 부상 위험이 줄어든다. 반면 분쇄된 유리 조각에 의해 손이나 노출된 피부에 작은 손상을 입을 수 있고 특히 눈에 유리 조각이 박힐 수도 있다.

13 사고 차량의 에어백과 관련한 주의사항으로 옳지 않은 것은?

① 배터리 케이블을 차단하고 잠시 대기하는 것이 좋다.

② 전원을 차단한 후에도 10초 내지 10분간 에어백을 동작시킬 수 있다.

③ 배터리의 전원을 차단할 때에는 + 선부터 차단한다.

④ 일부 에어백은 차량의 배터리와 별도로 동작하기 때문에 각별한 주의가 필요하다.

해설

에어백
① 에어백 시스템은 차량에 충격을 가하면 돌발적으로 작동하여 구조대원이나 요구조자에게 위협이 될 수 있다. 에어백은 322km/h의 엄청난 속력으로 팽창하면서 요구조자나 구조대원에게 충격을 가할 수 있다.
② 일반적인 차량은 전원이 제거된 후에도 10초 내지 10분간 에어백을 동작시킬 수 있다. 따라서 에어백이 부착된 차량에서 구조작업을 할 때에는 배터리 케이블을 차단하고 잠시 대기하는 것이 좋다.
③ 배터리의 전원을 차단할 때에는 − 선부터 차단한다. 차량의 프레임에 − 접지가 되어 있으므로 + 선부터 차단하다 전선이 차체에 닿으면 스파크가 발생하기 때문이다. 그러나 일부 에어백은 차량의 배터리와 별도로 동작하기 때문에 각별한 주의가 필요하다.

⊕ 정답　　　　　　　**10** ①　**11** ①　**12** ④　**13** ③

Part 5

구조기술

14 사고 차량의 지붕을 제거하여 요구조자를 구조할 때 주의사항으로 옳지 않은 것은?

① 유리창을 우선 제거하여야 한다.
② 필러는 차에 적당한 거리를 두고 절단한다.
③ 절단기로 뒷좌석 부분의 지붕 좌우를 조금씩 잘라 준다.
④ 도어를 열어 필러가 들어나도록 준비한다.

 해설

지붕 제거하기
요구조자를 구출하거나 응급처치를 위하여 차 지붕 전체를 들어내야 하는 경우도 있다. 차 지붕을 들어내기 위해서는 유리창을 먼저 제거하여야 한다. 도어를 열면 차체를 둘러싸고 있는 부위를 필러(Pillar)판넬이라 부르며 앞문 쪽을 A필러, 가운데 부분을 B필러, 뒷문 쪽을 C필러 라고 부른다.
1) 지붕을 접어 올리기
　① 먼저 지붕 위에 절단된 앞 유리창이 올려져 있거나 기타 장비가 있으면 완전히 제거한다.
　② 절단기로 A필러와 B필러를 모두 절단한다. 필러는 차에 바짝 붙여 절단하는 것이 좋다. 기둥이 길게 남아 있으면 구조작업할 때 장애를 받게 된다.
　③ 절단기로 뒷좌석 부분의 지붕 좌우를 조금씩 잘라주고 두 명의 대원이 양옆에서 지붕을 잡아 뒤로 젖히면 쉽게 접혀진다. 지붕을 뒤로 젖히기 전에 요구조자를 모포나 방화복으로 감싸서 낙하물로 인한 부상을 방지한다.

15 계기판(Dash Board or Center Fascia) 밀어내기에 사용되는 구조장비로 적당한 것은?

① 유압 전개기　　　　　　　② 유압 절단기
③ 유압 램　　　　　　　　　④ 콤비툴

 해설

계기판(Dash Board or Center Fascia) 밀어내기
차량이 강한 정면 충격을 받으면 계기판이 밀려들어와 운전자 또는 탑승자를 압박하게 된다. 이때에는 유압 램을 이용하여 계기판을 밀어내는 것이 좋다.

16 차량 사고의 요구조자 구출 및 이동에 관한 설명으로 옳지 않은 것은?

① 차량 사고로 충격을 받은 부상자는 구급대원이 현장에 도착하기 전까지는 이동시키지 않는 것이 원칙이다.
② 요구조자나 구조대원의 생명이 위험할 때에는 이동금지의 원칙은 무시할 수 있다.
③ 요구조자를 구출할 때에는 외상이 없는 경우 경추 및 척추보호대를 생략할 수도 있다.
④ 구출 활동은 요구조자에게 접근해서 응급처치를 완료하고 환자의 상태가 안정된 후에 실시한다.

해설

구출 및 이동

① 차량 사고로 충격을 받은 부상자는 구급대원이 현장에 도착하기 전까지는 이동시키지 않는 것이 원칙이지만 요구조자나 구조대원의 생명이 위험할 때에는 이러한 원칙은 무시할 수 있다.

② 화재, 가연성 기체나 액체, 절벽에서의 차량의 요동 혹은 다른 직접적 위험으로부터 상황이 위급하다면 요구조자를 신속하게 다른 장소로 옮겨야 한다.

③ 현장에 구조대원이나 요구조자에게 특별한 위험이 없는 상황이라면 사고 차량에서 부상자를 구출하는 것은 다음의 3단계 순서로 진행한다.

차량 사고 현장 부상자 구출 3단계	
1단계 응급처치	① 응급처치는 구출작업 이전 또는 작업 중이나 구출 후를 막론하고 계속 진행되어야 한다. 그러나 가장 좋은 것은 구출작업이 약간 지연된다 하더라도 응급구조사가 구조 과정에 참여하여 부상 정도를 확인하고 필요한 응급처치를 취한 다음 구조하는 것이다. ② 먼저 기도를 확보하고 혈압과 생체 징후를 확인한 후 환자의 상태에 따라 심폐소생술 또는 경추·척추의 보호, 심각한 출혈을 제어하는 등의 즉각적인 응급처치가 필요하지만 사고 현장에서 이러한 조치를 하는 것이 곤란한 경우도 많다. 그러나 이는 환자의 구명을 위해 매우 중요한 사항이므로 가능한 한 현장에서 최선의 응급처치가 이루어질 수 있도록 하여야 한다.
2단계 구출	① 구출 활동은 요구조자에게 접근해서 응급처치를 완료하고 환자의 상태가 안정된 후에 실시한다. ② 요구조자를 구출할 때에는 외상이 없더라도 반드시 경추 및 척추보호대를 착용시키는 것이 원칙이다. ③ 다만 위험 물질 적재 차량의 화재 사고와 같이 화재나 폭발, 기타 긴급한 위험 요인에 직접 노출되어 있는 경우에는 응급처치에 앞서 현장에서 이동·구출하는 예외적인 조치를 취할 수도 있다. ④ 차량의 구조물과 잔해 등 다른 방해물이 제거되면 환자를 차량으로부터 구급차로 이동시킬 준비를 하고 추가 부상을 입지 않도록 보호한다.
3단계 이동	① 환자의 이동은 단순히 들것으로 구급차로 운반하는 경우일 수도 있지만, 급경사면을 오르거나 하천을 건너야 하는 등 이송에 어려움이 있는 경우도 있다. 이러한 경우에는 환자를 들것에 확실히 고정하고 보온에도 주의를 기울여야 한다. ② 구급차로 이송한 후에도 계속 요구조자의 상태를 주시하여 필요한 응급처치를 취하여야 한다. 필요하면 통신망을 이용하여 전문의의 도움을 받도록 하고, 병원으로 이송하기 전에 가까운 응급의료센터에 연락을 취하여 즉시 필요한 처치를 받을 수 있도록 조치하여야 한다.

⊙ 정답　　　　　　　　　　　　　　　**14** ②　**15** ③　**16** ③

17 물에 빠진 사람을 구출할 때의 4가지 원칙을 바르게 나타낸 것은?

① 던지고 ⇨ 저어가고 ⇨ 끌어당기고 ⇨ 수영한다.
② 던지고 ⇨ 끌어당기고 ⇨ 저어가고 ⇨ 수영한다.
③ 저어가고 ⇨ 던지고 ⇨ 수영하고 ⇨ 끌어당긴다.
④ 저어가고 ⇨ 수영하고 ⇨ 던지고 ⇨ 끌어당긴다.

 해설

물에 빠진 사람을 구출할 때에는 다음 4가지 원칙을 명심한다.

① 던지고 ⇨ ② 끌어당기고 ⇨ ③ 저어가고 ⇨ ④ 수영한다.

18 물에 빠진 요구조자를 구조하는 방법 중 하나인 인간사슬 구조의 내용으로 옳은 것은?

① 물의 깊이가 얕더라도 유속이 빠르거나 깊이가 어깨 이상인 때에는 인간사슬로 구조할 수 있는지를 신중히 판단하여야 한다.
② 첫 번째 사람은 물이 넓적다리 부근에 오는 곳까지 입수하고 요구조자 가장 가까이 접근하는 사람은 어깨 정도의 깊이까지 들어가 구조한다.
③ 4~5명 또는 5~6명이 서로의 팔을 잡아 쇠사슬 모양으로 길게 연결한다.
④ 체중이 가벼운 사람이 사슬의 끝부분에 위치하도록 한다.

해설

인간사슬 구조(The human chain)
구조대원이 손을 맞잡고 물에 빠진 사람을 구조하는 이 방법은 물살이 세거나 수심이 얕아 보트의 접근이 불가능한 장소에서 적합한 방법이다.
① 4~5명 또는 5~6명이 서로의 팔목을 잡아 쇠사슬 모양으로 길게 연결한다.
② 서로를 잡을 때는 손바닥이 아니라 각자의 손목 위를 잡아야 연결이 끊어지지 않는다.
③ 첫 번째 사람은 물이 넓적다리 부근에 오는 곳까지 입수하고 요구조자 가장 가까이 접근하는 사람은 허리 정도의 깊이까지 들어가 구조한다. 이때 체중이 가벼운 사람이 사슬의 끝부분에 위치하도록 한다.
④ 만약 물의 깊이가 얕더라도 유속이 빠르거나 깊이가 가슴 이상인 때에는 인간사슬로 구조할 수 있는지를 신중히 판단하여야 한다.
⑤ 인간사슬을 만든 상태에서 이동하여야 하는 경우에는 물 속에서는 발을 들지 말고 발바닥을 끌면서 이동하여야 균형을 잃고 넘어지는 사태를 방지할 수 있다. 이 구조방법은 하천이나 호수에서도 응용할 수 있다.

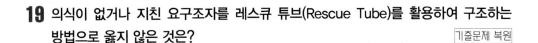
19 의식이 없거나 지친 요구조자를 레스큐 튜브(Rescue Tube)를 활용하여 구조하는 방법으로 옳지 않은 것은?　기출문제 복원

① 요구조자의 뒤로 돌아 접근한다.
② 튜브는 구조대원의 앞에 두고 양 겨드랑이에 끼운다.
③ 요구조자를 앞으로 젖혀 수평 자세를 취하도록 한다
④ 배영의 다리차기를 이용하여 이동한다.

 해설

레스큐 튜브(Rescue Tube) 활용 구조
① 레스큐 튜브는 부력이 높은 재질로 튜브처럼 만들어 요구조자가 붙잡고 떠 있도록 하는 장비이다. 크기가 좀 더 작고 모양이 둥근 레스큐 캔(Rescue Can)도 있지만 사용법은 대체로 동일하다.
② 구조대원이 이러한 장비를 휴대하면 맨몸으로 수영하여 접근할 때보다 속도는 느리지만 심리적인 안정감을 주고 구조활동에 도움을 준다.
③ 요구조자가 멀리 있을 때에는 끈을 이용해서 구조대원의 어깨 뒤로 메고 다가간다. 이때 자유형과 평영을 모두 사용할 수 있다. 요구조자가 가까이 있을 때에는 튜브를 가슴에 안고 다가간다. 구조대원의 판단에 따라 앞이나 뒤에서 접근한다.
1) 의식이 있는 요구조자
　의식이 있는 요구조자에게는 앞에서 튜브를 내밀어주는 방법을 많이 사용한다. 튜브의 연결 끈 반대쪽을 내밀어주어 잡도록 한 다음, 요구조자를 안전지대로 끌고 이동한다.
2) 의식이 없거나 지친 요구조자
　① 요구조자의 뒤로 돌아 접근하며 이때 튜브는 구조대원의 앞에 두고 양 겨드랑이에 끼운다.
　② 구조대원이 요구조자의 양 겨드랑이를 아래서 위로 잡아 감고 튜브가 두 사람 사이에 꽉 끼이도록 한다.
　③ 요구조자를 뒤로 젖혀 수평 자세를 취하도록 한다. 이때 두 사람의 머리가 서로 부딪치지 않게 조심하고 배영의 다리차기를 이용하여 이동한다.

20 요구조자가 물속에 가라앉은 경우 수색 요령으로 옳지 않은 것은?

① 바닥이 검은 경우 요구조자의 사지가 희미하게 빛나 상당히 깊은 수중에서도 물에 빠진 사람을 찾아낼 수 있는 경우가 많다.
② 바닥이 흰모래 등으로 되어 있는 경우 익수자의 검은 머리털이나 옷 색깔을 보고 찾을 수 있다.
③ 요구조자가 가라앉아 있다고 예상되는 구역을 접근하면서 수면에 올라오는 거품이나 부유물 등을 찾는다.
④ 수색 범위 내를 나선형 형태로 세밀히 수색한다.

⊙ **정답**　　　　　　　　　　　　　　　　　**17** ②　**18** ④　**19** ③

해설

요구조자 수색 요령

동일 지점이 아닌 여러 위치에 있는 목격자로부터 발생 위치를 청취하고 목격자의 위치와 육지의 목표물은 선으로 그어 <u>그 선의 교차되는 지점을 수색의 중심으로 한다.</u> 이러한 사항을 기초로 경과 시간, 유속, 풍향, 하천 바닥의 상태 등을 종합적으로 고려하여 수색 범위를 결정한다.

① 수색 범위 내를 X자 형태로 세밀히 수색한다.
② 요구조자가 가라앉아 있다고 예상되는 구역을 접근하면서 수면에 올라오는 거품이나 부유물 등을 찾는다.
③ 바닥이 검은 경우 요구조자의 사지가 희미하게 빛나 상당히 깊은 수중에서도 물에 빠진 사람을 찾아낼 수 있는 경우가 많다.
④ 바닥이 흰모래 등으로 되어 있는 경우 익수자의 검은 머리털이나 옷 색깔을 보고 찾을 수 있다.

21 의식이 있는 요구조자를 직접 구조하는 구조기술로 가장 많이 사용되는 것은?

기출문제 복원

① 한 겨드랑이 끌기
② 손목 끌기
③ 가슴잡이
④ 두 겨드랑이 끌기

 해설

의식이 있는 요구조자

ⓐ 요구조자가 의식이 있을 때에 가장 많이 사용되는 방법은 '가슴잡이'이다. 구조대원은 요구조자의 후방으로 접근하여 오른손을 뻗어 요구조자의 오른쪽 겨드랑이를 잡아 끌 듯이 하며 위로 올린다. 가능하면 요구조자의 자세가 수평을 유지하도록 하는 것이 좋다.
ⓑ 이와 동시에 구조대원의 왼팔은 요구조자의 왼쪽 어깨를 나와 오른쪽 겨드랑이를 감아 잡는다. 이어 힘찬 다리차기와 함께 오른팔의 동작으로 요구조자를 수면으로 올리며 이동을 시작한다. 그러나 요구조자가 물 위로 많이 올라올수록 구조대원이 물 속으로 많이 가라앉아 호흡이 곤란할 수도 있음을 유의하여야 한다.

22 의식이 없는 요구조자를 직접 구조하는 요령으로 옳지 않은 것은?

2014 소방위

① 한 겨드랑이 끌기는 구조대원이 요구조자의 후방으로 접근하여 한쪽 손으로 요구조자의 같은 쪽 겨드랑이를 잡는다.
② 두 겨드랑이 끌기에서는 팔 동작을 하지 않는 배영으로 이동한다.
③ 일반적으로 먼 거리를 이동할 때에는 손목 끌기를 사용한다.
④ 손목 끌기는 주로 요구조자의 전방으로 접근할 때 사용한다.

해설

> **의식이 없는 요구조자**
>
> 요구조자가 의식을 잃었을 때 구조하는 방법으로 'ⓐ 한 겨드랑이 끌기 ⓑ 두 겨드랑이 끌기 ⓒ 손목 끌기'가 있다. 이 방법은 요구조자가 수면에 떠 있거나 수중에 가라앉은 경우 모두 활용할 수 있다.
>
> ⓐ 한 겨드랑이 끌기는 구조대원이 요구조자의 후방으로 접근하여 한쪽 손으로 요구조자의 같은 쪽 겨드랑이를 잡는다. 이때 구조대원의 손은 겨드랑이 밑에서 위로 끼듯이 잡고 요구조자가 수면과 수평을 유지하도록 하고 횡영 동작으로 이동을 시작한다.
>
> ⓑ 두 겨드랑이 끌기도 같은 방법으로 하되 구조대원이 두 팔을 모두 사용하는 것이 다르다. 요구조자의 자세가 수직일 경우에는 두 팔로 겨드랑이를 잡고 팔꿈치를 요구조자의 등에 댄다. 손으로는 끌고 팔꿈치로는 미는 동작을 하여 요구조자의 자세가 수면과 수평이 되도록 이끈다. 두 겨드랑이 끌기에서는 팔 동작을 하지 않는 배영으로 이동한다.
>
> 이 두 기술은 번갈아 가며 사용하기도 하는데 일반적으로 먼 거리를 이동할 때에는 한 겨드랑이 끌기를 사용한다.
>
> ⓒ 손목 끌기는 주로 요구조자의 전방으로 접근할 때 사용한다. 구조대원은 오른손으로 요구조자의 오른손을 잡는다. 만약 요구조자의 얼굴이 수면을 향하고 있을 때에는 하늘을 향하도록 돌려 놓는다. 이때에는 요구조자를 1m 이상 끌고 가다가 잡고 있는 손을 물 밑으로 큰 반원을 그리듯 하며 돌려서 얼굴이 위로 나오도록 한다.

23 요구조자가 앞이나 뒤에서 구조대원을 잡는 경우 가장 먼저 해야 하는 행동은?

① 다리 먼저 입수하는 방법으로 물 속으로 내려간다.

② 자신의 팔을 요구조자의 팔꿈치나 윗 팔의 아래쪽에 붙이고 세차게 위쪽으로 밀친다.

③ 구조대원의 뒤통수 쪽에 있는 팔을 먼저 밀치는 것이 효과적일 수 있다.

④ 한 번의 큰 숨을 들이쉰 다음 턱을 앞가슴에 붙이고 옆으로 돌린다.

해설

> **풀기**
>
> – 요구조자가 앞이나 뒤에서 구조대원을 잡는 경우
>
> ⓐ 먼저 한 번의 큰 숨을 들이쉰 다음 턱을 앞가슴에 붙이고 옆으로 돌린다.
>
> ⓑ 이어 어깨를 올리고 다리 먼저 입수하는 방법으로 물 속으로 내려간다.
>
> ⓒ 물 속으로 내려가는 동시에 자신의 팔을 요구조자의 팔꿈치나 윗 팔의 아래쪽에 붙이고 세차게 위쪽으로 밀친다.
>
> ⓓ 이때 풀기를 완전히 성공할 때까지 턱은 끌어당긴 상태를 유지하여야 한다.
>
> ⓔ 요구조자의 팔을 밀치며 앞목 풀기와 뒷목 풀기를 시도할 때 구조대원의 뒤통수 쪽에 있는 팔을 먼저 밀치는 것이 효과적일 수 있다.
>
> ⓕ 일단 풀기에 성공하면 요구조자로부터 멀리 떨어져 물 위로 올라온 후에 요구조자의 상태를 파악하고 후방으로 접근하여 구조를 시도하여야 한다.

정답   **20** ④   **21** ③   **22** ③   **23** ④

24 빙상사고로 인한 익수자를 구조하는 방법으로 옳지 않은 것은? 2017 소방장

① 얇은 얼음의 범위가 넓어 접근이 힘든 경우 복식사다리를 이용하는 방법을 강구한다.

② 얇은 얼음의 경우 헬리콥터를 이용한 구조는 시도할 수 없다.

③ 두꺼운 얼음일 경우 신속한 접근이 가장 중요하며 반드시 구명로프를 연결한 구명환 등의 구조장비를 휴대하고 접근하여야 한다.

④ 만약 사다리를 2단까지 전개해도 요구조자에게 미치지 않을 경우 구명환을 요구조자에게 던져 당긴 후 요구조자가 최말단의 가로대를 붙잡고 사다리 위로 나올 수 있도록 한다.

 해설

빙상사고 구조

일반적으로 빙상사고는 해빙기의 얼음이 깨지면서 익수하는 경우가 대부분이다. 빙상사고 발생 시 구조방법은 얼음의 상태에 따라서 달라진다.

① 얇은 얼음의 경우 가장 바람직한 구조는 헬리콥터를 이용하여 구조하는 것이나 출동 시간이 많이 소요되는 것이 단점이다.

② 얇은 얼음의 범위가 넓어 접근이 힘든 경우 복식사다리를 이용하는 방법을 강구한다.
　　ⓐ 이때 자세는 사다리 하단부를 복부로 누른 상태를 취하고 다른 구조대원은 사다리를 지지하며 최대한 얼음과 접촉하는 면적을 넓게 하여 얼음이 깨지는 것을 막는다.
　　ⓑ 만약 사다리를 2단까지 전개해도 요구조자에게 미치지 않을 경우 구명환을 요구조자에게 던져 당긴 후 요구조자가 최말단의 가로대를 붙잡고 사다리 위로 나올 수 있도록 한다.
　　ⓒ 만약 요구조자의 상태가 악화되어 자력으로 사다리 위로 오를 수 없는 경우 구조대원이 직접 사다리 위를 낮은 자세로 접근하여 구조한다.

③ 두꺼운 얼음일 경우 신속한 접근이 가장 중요하며 반드시 구명로프를 연결한 구명환 등의 구조장비를 휴대하고 접근하여야 한다. 이때 얼음에 미끄러지지 않고 견고한 지지점을 확보하기 위해 아이젠을 필히 착용하여야 한다.

④ 사고 현장에 접근하는 모든 구조대원은 건식 잠수복(드라이슈트) 또는 구명조끼를 착용하고 가급적 접근이 가능한 장소까지 최대한 접근한다. 얼음 속으로 잠수해야 하는 경우 반드시 건식 잠수복을 착용해야 하며 유도로프를 설치하여 수중에서 길을 잃지 않도록 한다.

25 수중구조 기술의 잠수 물리 설명으로 옳지 않은 것은?

2012 서울 소방장, 2013년 경북 소방장, 2016 경기 소방교

① 물 속에서는 빛의 굴절로 인하여 물체가 실제보다 25% 정도 가깝고 크게 보인다.

② 수중에서는 대기보다 소리가 4배 정도 빠르게 전달되기 때문에 소리의 방향을 판단하기 어렵다.

③ 물은 공기보다 약 25배 빨리 열을 전달한다.

④ 물 속 10m에서는 3기압 상태에 놓이게 된다.

해설

수중구조 기술

– 잠수 물리

1) 빛의 전달 및 투과
물 속에서는 빛의 굴절로 인하여 물체가 실제보다 25% 정도 가깝고 크게 보인다.

2) 소리의 전달
수중에서는 대기보다 소리가 4배 정도 빠르게 전달되기 때문에 소리의 방향을 판단하기 어렵다.

3) 열의 전달
물은 공기보다 약 25배 빨리 열을 전달한다. 따라서 우리가 물 속에서 활동을 하게 되면 쉽게 추워진다는 것을 알 수 있다.

4) 수압
일반적으로 해수면에서의 기압은 대체로 높이 10.33m, 밑면적 1cm^{2}인 물(담수)기둥의 밑바닥이 받은 압력과 같다. 물 1ℓ의 무게는 1kg이므로 그 물기둥의 부피를 계산하여 무게를 산출하면 1.033ℓ의 부피에 1.033kg이 된다. 이것을 1대기압(atm)이라고 하며 영국식 단위계인 psi(Pound per Square Inch)로는 14.7psi이다.

> 대기압 : 1atm = 1.033kg/cm^2 = 14.7psi = 101,325Pa = 1.01325bar

우리가 수중으로 들어가면 기압과 수압을 동시에 받게 된다. 이렇게 수중에서 실제로 받는 압력을 절대압이라 한다. 즉, 물 속 10m에서는 2기압 상태에 놓이게 된다.

---

26 수중인명 구조작업 시 수심 20m에서의 공기 사용량은 수면보다 몇 배가 되는가?

> 2013 서울 소방장, 2014 경기 소방교, 2016 서울 소방교

① 2배 　　　　　　　　　　② 2.5배

③ 3배 　　　　　　　　　　④ 3.5배

해설

수중에서 공기 소모
바닷물에서는 수심 매 10m(33피트) 마다 수압이 1기압씩 증가되며 다이버는 물 속의 압력과 같은 압력의 공기로 호흡을 하게 된다. 이것은 수심 20m에서 다이버는 수면에서 보다 3배나 많은 공기를 호흡에 사용한다는 뜻이다. 즉 다이버가 수면에서 1분에 15ℓ의 공기가 필요하다면 20m에서는 45ℓ의 공기가 필요하다.
※ 수면 : 1기압, 수심 10m 마다 1기압씩 증가되므로 1기압 + 2기압 = 3기압 즉 수면보다 3배의 공기가 필요하다는 의미가 된다.

☞ **정답** 　　　　　　　　　　　　　　　　　**24** ② 　**25** ④ 　**26** ③

27 수면에서 공기 소모량이 15L인 경우 수심 30m에서 공기 소모율은?

2013 서울 소방장, 2016 부산 소방교

① 75L/분   ② 60L/분   ③ 45L/분   ④ 30L/분

 해설

수심과 공기 소모량의 관계

수심(m)	절대압력(atm)	소모 시간(분)	공기 소모율(ℓ/분)
0	1	100	15
10	2	50	30
20	3	33	45
30	4	25	60
40	5	20	75

28 수중 구조장비 중 공기통과 관련된 내용으로 옳지 않은 것은?

① 수압 검사는 처음 구입 후 5년 만에, 이후에는 3년마다, 육안검사는 1년마다 검사하는 것을 권장한다.

② 고압가스 안전관리법에서는 신규검사 후 10년까지는 5년마다 검사를 받도록 하고 있다.

③ 고압가스 안전관리법에서는 10년 경과 후에는 3년마다 검사를 받도록 규정하고 있다.

④ 장기간 보관할 때 공기통에 공기를 100bar으로 압축하여 세워두고, 다음번 사용할 때에는 공기통을 깨끗이 비우고 새로운 공기를 압축하여 사용한다.

해설

호흡을 위한 장비
– 공기통(Tank)
ⓐ 실린더(Cylinder), 렁(Lung), 봄베(Bombe), 탱크(Tank) 등 다양한 명칭으로 불리는 공기통은 고압에서 견딜 수 있고 가벼운 소재로 제작되며 알루미늄 합금을 많이 사용한다.
ⓑ 공기통 맨 윗부분에 용량, 재질, 압력, 제품 일련번호, 수압 검사날짜 및 수압 검사표시, 제조사 명칭 등이 표시되어 있다.
ⓒ 수압 검사는 처음 구입 후 5년 만에, 이후에는 3년마다, 육안검사는 1년마다 검사하는 것을 권장한다. 고압가스 안전관리법에서는 신규검사 후 10년까지는 5년마다, 10년 경과 후에는 3년마다 검사를 받도록 규정하고 있다.
ⓓ 공기통은 매년 내부의 습기 및 기름 찌꺼기 유무 등을 점검하고 운반할 때나 보관할 때에는 공기통이 손상되지 않도록 주의한다. 장기간 보관할 때 공기통에 공기를 50bar로 압축하여 세워두고, 다음번 사용할 때에는 공기통을 깨끗이 비우고 새로운 공기를 압축하여 사용한다.

29 수중활동 중의 주의사항 중 압력평형에 관한 내용으로 옳지 않은 것은?

① 귀의 압력 균형은 하강이 시작되면 곧 코와 입을 막고 가볍게 불어 준다.

② 압력을 느낄 때마다 수시로 불어준다.

③ 압력평형이 잘되지 않으면 약간 상승하여 실시하고 다시 하강한다.

④ 상승 중에도 압력이 느껴지면 코를 막고 불어준다.

 해설

수중활동 중의 주의사항
– 압력평형
① 잠수 중 변화하는 수압에 적응하기 위해 신체 또는 장비와의 공간에 들어 있는 기체 부분의 압력을 수압과 맞춰주는 것으로 흔히 "이퀄라이징" 또는 "펌핑"이라고 부른다.
② 귀의 압력 균형은 하강이 시작되면 곧 코와 입을 막고 가볍게 불어 준다. 압력을 느낄 때마다 수시로 불어주며 숙달되고 나면 마른침을 삼키거나 턱을 움직여 압력평형을 해준다.
③ 압력평형이 잘되지 않으면 약간 상승하여 실시하고 다시 하강한다. 이때 무리하게 귀의 압력 균형을 하거나 통증을 무시하고 잠수하면 고막이 손상을 입을 수 있다.
④ 상승 중에는 절대로 코를 막고 불어주면 안 된다.

30 수중구조활동 중 잠수 및 상승과 관련된 내용으로 옳은 것은?

① 수면에 도착했을 때 10bar가 남아 있도록 잠수계획을 세우는 것이 좋다.

② 머리를 들어 위를 보며 오른손을 들어 180° 회전하면서 주위의 위험물을 살피며 천천히 상승한다.

③ 상승 중에는 부력이 감소하므로 왼손으로 부력조절기의 단추를 잡고 공기를 조금씩 주입하면서 상승한다.

④ 자기가 내쉰 공기 방울 중 작은 기포가 올라가는 것보다 느리게 상승해야 하며 분당 9m, 즉 6초에 1m를 초과하지 않는 속도로 상승한다.

해설

잠수 및 상승

1) 하강 및 수중활동
ⓐ 하강 속도의 조절, 부력의 조절 및 압력평형에 대한 능력을 배양하여 급하강 및 급상승을 방지하고 사고를 예방한다.
ⓑ 반드시 2인 1조로 짝을 이루어 잠수하도록 하고 수시로 공기량을 체크하여 상승에 소요되는 공기량과 안전감압 정지에 소요되는 공기량, 상승 중 발생할 수 있는 예측하지 못했던 상황 등에 소요될 공기량 등을 남긴 채 잠수를 종료하여야 한다.
ⓒ 수면에 도착했을 때 50bar 또는 700psi가 남아 있도록 잠수계획을 세우는 것이 좋다. 불가피하게 수중에서 공기 공급이 중단되었을 경우는 몇 가지 방법의 비상 상승을 시도해야 하며 매우 위험한 방법이기 때문에 평소 철저히 연습하여 숙달되도록 한다.

2) 상승
ⓐ 잠수활동을 끝내고 상승할 때에는 잠수 시간과 공기량을 확인하고 짝에게 상승하자는 <u>신호를 보내고 머리를 들어 위를 보며 오른손을 들어 360° 회전하면서 주위의 위험물을 살피며 천천히 상승한다.</u>
ⓑ 상승 중에는 부력조절기 내의 공기와 잠수복이 팽창하여 부력이 증가하므로 왼손으로 부력조절기의 배기 단추를 잡고 위로 올려 공기를 조금씩 빼면서 분당 9m, 즉 6초에 1m를 초과하지 않는 속도로 상승한다.
ⓒ 상승 시에는 정상적인 호흡을 계속하고 비상시에는 상승할 때에 숨을 내쉬는 것이 필요하다. 이때 자기가 내쉰 공기 방울 중 작은 기포가 올라가는 것보다 느리게 상승해야 하며 수면에 가까워질수록 속도를 줄인다. 수심 5m 정도에서는 항상 5분 정도 안전 감압정지를 마치고 상승해야 한다.

31 수중구조작업 중 부력조절 실패와 관련한 내용으로 옳은 것은?

① 수중에서 다이버가 양성 부력의 조절 실수나 수면으로 올라온 후 양성 부력 확보의 실패는 잠수 시 생기는 사고의 근본적인 원인이 될 것이다.
② 상승 시에는 정상적인 호흡을 계속하고 비상시에는 상승할 때에 숨을 내쉬는 것이 필요하다.
③ 부력조절의 실패는 상승 중에 문제가 생기는데, 안전한 상승 속도인 분당 6m를 유지하기 위해서는 특히 주의를 기울여야 한다.
④ 상승 중에는 부력조절기 내의 공기와 잠수복의 부력이 감소하므로 적절한 공기 주입에 세심한 주의가 필요하다.

해설

부력조절의 실패
① 수중에서 다이버가 중성 부력의 조절 실수나 수면으로 올라온 후 양성 부력 확보의 실패는 잠수 시 생기는 사고의 근본적인 원인이 될 것이다.
② 잠수사고의 많은 부분이 수면사고와 관련이 있으며, 훈련이 잘된 다이버는 양성 부력의 상태에서 어려움을 당하는 일은 거의 없지만, 피로를 피하고 빠른 상승과 하강의 문제를 방지하며 입수와 출소, 수중에서의 균형 유지 등을 위해 부력의 효과적인 조절 방법을 배워야 한다.

③ 부력조절의 실패는 상승 중에 문제가 생기는데, 안전한 상승 속도인 분당 9m를 유지하기 위해서는 특히 주의를 기울여야 한다.

④ 상승 중에는 부력조절기 내의 공기와 잠수복이 팽창하여 부력이 증가하므로 적절한 공기 방출에 세심한 주의가 필요하며 상승 시에는 정상적인 호흡을 계속하고 비상시에는 상승할 때에 숨을 내쉬는 것이 필요하다.

⑤ 계속되는 다이빙에서 부력의 조절은 부력조절기 등의 도움으로 유지되며 비상시 필요하다면 가지고 있는 중량 벨트를 떨어뜨려 양성 부력을 시도해야 한다.

32 수중구조작업 중 비상용 호흡기(Octopus)를 이용한 상승 시 주의사항으로 옳지 않은 것은?

① 공기가 떨어진 다이버는 그 즉시 신호를 보내어 자신이 위급한 상황임을 알리고 비상용 호흡기로 공기를 공급해 줄 것을 요청한다.

② 공급자는 즉시 비상용 호흡기를 찾아 요청자에게 주고 요청자가 심리적 안정을 가질 수 있도록 한다.

③ 공급자는 요청자의 부력조절기 어깨끈을 오른손으로 붙잡아 멀어지는 것을 방지한다.

④ 부력조절에 신경을 써서 급상승을 방지해야 한다.

🔔 **해설**

비상용 호흡기(Octopus)를 이용한 상승
수중에서 공기가 떨어진 다이버가 짝의 도움을 받아 상승하는 방법이다.
① 공기가 떨어진 다이버는 그 즉시 신호를 보내어 자신이 위급한 상황임을 알리고 비상용 호흡기로 공기를 공급해 줄 것을 요청한다.
② 공급자는 즉시 자신이 물고 있던 호흡기를 요청자에게 주고 자신은 자기의 비상용 호흡기를 찾아 입에 물고 호흡한다.
③ 이때 공급자는 요청자의 부력조절기 어깨끈을 오른손으로 붙잡아 멀어지는 것을 방지하며 부력조절에 신경을 써서 급상승을 방지해야 한다.

⊙ **정답**   **30** ④ **31** ② **32** ②

33 수중구조작업 중 짝 호흡 상승 시 주의사항과 관계가 없는 것은?

① 신호를 받은 즉시 왼손을 뻗어 공기 없는 짝의 어깨나 탱크 끈을 잡고 가까이 끌어당겨서 오른손으로 자신의 호흡기를 건네준다.

② 호흡기를 건네줄 때는 똑바로 물 수 있도록 해주고 짝이 누름단추를 누를 수 있도록 호흡기를 잡는다. 이때 공기를 주는 사람이 계속 호흡기를 잡고 있어야 한다.

③ 호흡은 한 번에 두 번씩만 쉰다. 호흡을 참고 있는 동안에는 계속 공기를 조금씩 내보내면서 상승한다.

④ 가능한 한 상승 속도는 정상 속도보다 조금 빠르게 상승하나 분당 12m를 초과하지 않도록 한다.

 해설

짝 호흡 상승

수심이 깊고 짝이 비상용 호흡기를 가지고 있지 않은 경우에 한 사람의 호흡기로 두 사람이 교대로 호흡하면서 상승하는 방법이다.

① 비상 수영 상승을 하기에는 수심이 너무 깊고 짝 호흡을 할 줄 아는 짝이 가까이 있을 경우에만 이 방법을 택할 수 있으나 가장 힘들고 위험한 방법이다.

② 먼저 자기 짝에게 공기가 떨어졌으니 짝 호흡을 하자는 신호를 보낸다.

③ <u>신호를 받은 즉시 왼손을 뻗어 공기 없는 짝의 어깨나 탱크 끈을 잡고 가까이 끌어당겨서 오른손으로 자신의 호흡기를 건네준다.</u>

④ 호흡기를 건네줄 때는 똑바로 물 수 있도록 해주고 짝이 누름단추를 누를 수 있도록 호흡기를 잡는다. 이때 공기를 주는 사람이 계속 호흡기를 잡고 있어야 한다.

⑤ 호흡은 한 번에 두 번씩만 쉰다. 호흡을 참고 있는 동안에는 계속 공기를 조금씩 내보내면서 상승한다.

⑥ 호흡의 속도는 평소보다 약간 빠르게 깊이 쉬어야 하며 너무 천천히 하면 기다리는 짝이 급해진다.

⑦ <u>가능한 한 상승 속도는 정상 속도(분당 9m)를 초과하지 않도록 한다.</u>

34 잠수표의 원리에서 헨리의 법칙과 관계가 없는 것은? 2012 부산 소방장, 2013 서울 소방장

① 이 법칙은 압력 하의 기체가 액체 속으로 용해되는 법칙을 설명한 것이다.

② 용해되는 양과 그 기체가 갖는 압력이 반비례한다는 것이다.

③ 이 개념은 스쿠버 다이빙 때에 그 압력 하에서 호흡하는 공기 중의 질소가 체내 조직에 유입되는 과정과 관계가 있다.

④ 잠수 후 갑작스런 상승으로 외부 압력이 급격히 저하되어 혈액 속의 질소가 거품의 형태로 변해 감압병의 원인이 된다.

해설

잠수표의 원리

– 헨리의 법칙

ⓐ 이 법칙은 압력 하의 기체가 액체 속으로 용해되는 법칙을 설명하며 용해되는 양과 그 기체가 갖는 압력이 비례한다는 것이다.

ⓑ 예를 들어 압력이 2배가 되면 2배의 기체가 용해된다. 이 개념은 스쿠버 다이빙 때에 그 압력 하에서 호흡하는 공기 중의 질소가 체내 조직에 유입되는 과정과 관계가 있다.

ⓒ 사이다 뚜껑을 열면 녹아있던 기체가 거품이 되어 나오는 것을 보았을 것이다. 사이다는 고압의 탄산가스를 병 속에 유입시킨 것이기 때문이다.

ⓓ 이것은 잠수 후 갑작스런 상승으로 외부 압력이 급격히 저하되어 혈액 속의 질소가 거품의 형태로 변해 감압병의 원인이 되는 원리와 같다.

35 수중인명구조 작업 시 감압의 필요성에 대한 설명으로 옳은 것은?

① 질소의 용해되는 양은 잠수 수심과 시간에 제곱에 비례한다.

② 일정한 양을 초과해 질소가 몸속으로 유입된다면 몸속에 포화된 양의 질소를 배출하기 위하여 잠수를 잠시 멈추어야 한다.

③ 무감압 한계시간 이내의 잠수를 했더라도 상승 중 규정 속도(분당 6m)를 지키지 않으면 발생할 수도 있다.

④ 매 잠수 때마다 몸속으로 다량의 질소가 유입된다.

 해설

감압의 필요성

ⓐ 매 잠수 때마다 몸속으로 다량의 질소가 유입된다.

ⓑ 질소가 용해되는 양은 잠수 수심과 시간에 비례한다.

ⓒ 일정한 양을 초과해 질소가 몸속으로 유입된다면 몸속에 포화된 양의 질소를 배출하기 위하여 상승을 잠시 멈추어야 한다.

ⓓ 감압병은 상승할 때에 감압 지점에서 감압 시간을 지키지 않았을 경우 걸리게 된다.

ⓔ 무감압 한계시간 이내의 잠수를 했더라도 상승 중 규정 속도(분당 9m)를 지키지 않으면 발생할 수도 있다.

36 재잠수와 관련된 것으로 빈칸에 들어갈 내용으로 알맞은 것은?

> 스쿠버 잠수 후 (　　)분 이후에서부터 (　　)시간 내에 실행되는 스쿠버 잠수를 말한다.

① 10 - 10　　　　　　② 10 - 12　　　　　　③ 30 - 10　　　　　　④ 30 - 12

 해설

재잠수
스쿠버 잠수 후 10분 이후에서부터 12시간 내에 실행되는 스쿠버 잠수를 말한다.

37 빈칸에 들어갈 내용으로 알맞은 것은?

> 실제 잠수 시간이 최대 잠수 가능시간을 초과했을 때에 상승 도중 감압표상에 지시된 수심에서 지시된 시간만큼 머무르는 것을 "(　　　　)"라 하고, 머무르는 시간을 "(　　　　)"이라 한다. 그리고 감압은 (　　　　)이 지시된 수심에 위치하여야 한다.

① 감압정지 – 감압시간 – 가슴 정중앙
② 감압시간 – 감압정지 – 가슴 정중앙
③ 감압정지 – 감압시간 – 호흡기 부분
④ 감압시간 – 감압정지 – 호흡기 부분

해설

감압정지와 감압시간
실제 잠수 시간이 최대 잠수 가능시간을 초과했을 때에 상승 도중 감압표상에 지시된 수심에서 지시된 시간만큼 머무르는 것을 "감압정지"라 하고, 머무르는 시간을 "감압시간"이라 한다. 그리고 감압은 가슴 정중앙이 지시된 수심에 위치하여야 한다.

38 잠수병 중 산소 중독과 관련된 내용으로 옳지 않은 것은?

① 산소 분압이 1.4~1.6기압이 될 때 산소 중독이 나타난다.
② 호흡 기체 속에 포함된 산소의 최소 한계량과 최대 허용량은 산소의 부분압과는 관계가 없고 산소의 함유량(%)과 관계가 있다.
③ 인체의 산소 사용 가능 범위는 약 0.16기압에서 1.6기압 범위이다.
④ 산소 부분압이 0.16기압 이하가 되면 저산소증이 발생한다.

해설

산소 중독(Oxygen Toxicity)

산소는 사람이 생존하는데 가장 중요한 요소이지만 지나치게 많은 산소를 함유한 공기를 호흡하게
되면 오히려 산소 중독을 일으킨다.

① 산소의 부분압이 0.6대기압 이상인 공기를 장시간 호흡할 경우 중독되는데 부분압이 이보다 더
높으면 중독이 더 빨리된다.

② 호흡 기체 속에 포함된 산소의 최소 한계량과 최대 허용량은 산소의 함유량(%)과는 관계가 없
고 산소의 부분압과 관계가 있다.

③ 인체의 산소 사용 가능 범위는 약 0.16기압에서 1.6기압 범위이다.

④ 산소 부분압이 0.16기압 이하가 되면 저산소증이 발생하고 산소 분압이 1.4~1.6기압이 될 때
산소 중독이 나타난다. 1.4는 작업 시 분압이고 1.6은 정지 시 분압이라고 표현하는데 사실 1.6
은 Contingency Pressure(우발적 사고 압력)라고 해서 우발적으로 라도 노출되어서는 안 되는
부분압이라는 의미이다.

⑤ 증세로는 근육의 경련, 멀미, 현기증, 발작, 호흡 곤란 등이며 예방법으로는 순수 산소를 사용하
지 말고 반드시 공기를 사용하는 것이다.

39 다음의 증상과 관계가 깊은 것은?

2017 소방위, 2018 소방교, 소방장

> 호흡이 가빠지고 숨이 차며 안면 충혈과 심할 경우 실신하기도 한다.

① 산소 중독   ② 공기 색전증
③ 질소 마취   ④ 탄산가스 중독

해설

탄산가스 중독

① 인체는 탄산가스를 배출하고 산소를 흡입해야 하는데 잠수 중에 탄산가스가 충분히 배출되지
않고 몸속에 축적되면 탄산가스 중독을 일으킨다.

② 탄산가스 중독의 원인은 다이빙 중에 공기를 아끼려고 숨을 참으면서 호흡한다든지 힘든 작업
을 할 경우에 생긴다.

③ 증세로는 호흡이 가빠지고 숨이 차며 안면 충혈과 심할 경우 실신하기도 한다. 예방법으로는 크
고 깊은 호흡을 규칙적으로 하는 것이다.

정답   **36** ②   **37** ①   **38** ②   **39** ④

40 수중구조작업 중 압력이 높은 해저에서 압력이 낮은 수면으로 상승할 때 호흡을 멈추고 있으면 폐포가 손상을 입는 잠수병으로 옳은 것은? `기출문제 복원`

① 감압병
② 질소 마취
③ 공기 색전증
④ 탄산가스 중독

 해설

공기 색전증(Air Embolism)

① 압력이 높은 해저에서 압력이 낮은 수면으로 상승할 때 호흡을 멈추고 있으면 폐 속의 공기는 팽창하고 결국에는 폐포를 손상시키며, 공기가 폐에서 혈관계에 들어가 혈관의 흐름을 막음으로서, 혈류를 공급받아야 되는 장기에 기능 부전을 일으켜 발생하는 질환을 통칭하여 공기 색전증이라 한다.

② 증세로는 기침, 혈포(血泡), 의식 불명 등이며 치료법은 감압병과 마찬가지로 재가압 요법을 사용해야 한다.

③ 예방법으로는 부상할 때 절대로 호흡을 정지하지 말고 급속한 상승을 하지 않으며, 해저에서는 공기가 없어질 때까지 있어서는 안 된다.

41 수중탐색의 내용 중 다음과 가장 관련 깊은 것은?

> 해안선이나 일정 간격을 두고 평행선을 따라 이동하며 물체를 찾는 방법으로 물체가 있는 수심과 위치를 비교적 정확하게 알고 있을 경우에 유용하다.

① U자 탐색
② 등고선 탐색
③ 소용돌이 탐색
④ ㄹ자 탐색

해설

등고선 탐색

① 해안선이나 일정 간격을 두고 평행선을 따라 이동하며 물체를 찾는 방법으로 물체가 있는 수심과 위치를 비교적 정확하게 알고 있을 경우에 유용하다.

② 이 방법은 탐색 형태라기보다는 탐색 기술의 한 방법으로 물체가 있다고 예상되는 지점보다 바다 쪽으로 약간 벗어난 곳에서부터 시작한다. 예를 들어 해변의 경우 예상되는 지점보다 약 30m 정도 외해 쪽으로 벗어난 곳에서 해안선과 평행하게 이동하며 탐색한다.

③ 계획된 범위에 도달하면 해안선 쪽으로 약간 이동한 뒤 지나온 경로와 평행하게 되돌아가며 탐색한다.

④ 평행선과 평행선과의 거리는 시야 범위 정도가 적당하며 경사가 급한 곳에서는 수심계로 수심을 확인하며 경로를 유지할 수도 있다.

42 장비나 도구 없이 수중탐색을 하는 방법 중 비교적 큰 물체를 탐색하는데 적합한 탐색 방법은?

① 원형 탐색
② 소용돌이 탐색
③ U자 탐색
④ 등고선 탐색

 해설

소용돌이 탐색
비교적 큰 물체를 탐색하는데 적합한 방법으로 탐색구역의 중앙에서 출발하여 이동 거리를 조금씩 증가시키면서 매번 한 쪽 방방으로 90°씩 회전하며 탐색한다.

43 시야가 좋지 않으며 탐색면적이 좁고 수심이 깊을 때 활용하는 줄을 이용한 탐색 방법으로 가장 적당한 것은? 2018 소방위

① 반원 탐색
② 원형 탐색
③ 왕복 탐색
④ 직선 탐색

 해설

줄을 이용한 탐색
– 원형 탐색(Circling Search)
① 시야가 좋지 않으며 탐색면적이 좁고 수심이 깊을 때 활용하는 방법이다. 인원과 장비의 소요가 적은 반면 탐색할 수 있는 범위가 좁다.
② 탐색 구역의 중앙에서 구심점이 되어 줄을 잡고, 다른 한 사람이 줄의 반대쪽을 잡고 원을 그리며 한 바퀴 돌면서 탐색한다.
③ 출발점으로 한 바퀴 돌아온 뒤에 중앙에 있는 사람이 줄을 조금 풀어서 더 큰 원을 그리며 탐색하는 방법을 반복한다. 물론 줄은 시야 거리 만큼씩 늘려나간다.

44 표면공급식 잠수의 장점이 아닌 것은?

① 공기공급의 무제한으로 장시간 해저 체류가 가능하다.
② 양호한 수평 이동과 최대 조류 2.5노트까지 작업 가능하다.
③ 줄 신호 및 통화가 가능하므로 잠수사의 안전 및 잠수 활동 확인이 가능하다.
④ 수중활동이 자유롭다.

해설

스쿠버 잠수와 표면공급식 잠수

구분	스쿠버 잠수	표면공급식 잠수
한계 수심	① 비감압 한계시간을 엄격히 적용 ② 안전활동수심 60ft(18m)에 60분 허용 ③ 130ft(40m)에서 10분 허용 　단, 100ft(30m) 이상 잠수 시 반드시 비상기체통 또는 트윈(Twin) 기체통을 착용	① 공기잠수 시 최대 작업수심 190ft(58m) ② 60ft(18m) 이상, 침몰선 내부, 폐쇄된 공간 등에는 반드시 비상기체통을 착용
장점	① 장비의 운반, 착용, 해체가 간편해 신속한 기동성을 발휘 ② 잠수 활동 시 적은 인원이 소요됨 ③ 수평, 수직 이동이 원활함 ④ 수중활동이 자유로움	① 공기공급의 무제한으로 장시간 해저 체류가 가능 ② 양호한 수평 이동과 최대 조류 2.5노트까지 작업 가능 ③ 줄 신호 및 통화가 가능하므로 잠수사의 안전 및 잠수 활동 확인 ④ 현장 지휘 및 통제가 가능
단점	① 수심과 해저 체류시간에 제한을 받음 ② 호흡 저항에 영향을 받음 ③ 지상과 통화 불가능 ④ 조류에 영향을 받음(최대 1노트) ⑤ 잠수사 이상 유무 확인 불가능 ⑥ 오염된 물, 기계적인 손상 등 신체 보호에 제한을 받음	① 기동성 저하 ② 수직 이동 제한 ③ 기체호스의 꺾임 ④ 혼자서 착용하기 불편함

45 건축구조물의 종류 및 특성 중 석재의 내화성과 관련된 내용으로 옳지 않은 것은?

① 석재는 불연성을 가지고 있으나 화재에 접하면 조성 광물질 별로 열팽창률이 다르다.

② 건축물의 주재료로 사용되는 화강암은 500~600℃ 정도에서 붕괴된다.

③ 화강암의 경우 석영 성분의 팽창으로 붕괴된다.

④ 이질적 광물의 대립을 함유한 석재는 내응력이 발생하여 파괴되는 것을 억제한다.

해설

건축구조물의 종류 및 특성
– 석재의 내화성
1) 석재는 불연성을 가지고 있으나 화재에 접하면 조성 광물질 별로 열팽창률이 다르고 또한 이질적 광물의 대립(大粒)을 함유한 석재는 내응력이 발생하여 스스로 파괴된다.
2) 우리나라에서 건축물의 주재료로 사용되는 화강암은 500~600℃ 정도에서 석영 성분의 팽창으로 붕괴된다.

46 철근콘크리트의 성립 이유를 설명한 것 중 적절하지 않은 것은?

① 콘크리트와 철근이 강력히 철근의 좌굴을 방지한다.

② 콘크리트와 철근이 압축응력에도 유효하게 대응한다.

③ 철근과 콘크리트는 열팽창계수가 약 2배이다.

④ 내구 · 내화성을 가진 콘크리트가 철근을 피복하여 구조체는 내구성과 내화성을 가지게 된다.

 해설

철근콘크리트의 성립 이유

① 콘크리트는 철근이 부식되는 것을 방지한다.

② 콘크리트와 철근이 강력히 철근의 좌굴(挫屈 : 꺾이거나 굽는 것, 휘어지는 것)을 방지하며, 압축응력에도 유효하게 대응한다.

③ 철근과 콘크리트는 열팽창계수가 거의 같다.

④ 내구 · 내화성을 가진 콘크리트가 철근을 피복하여 구조체는 내구성(耐久性)과 내화성(耐火性)을 가지게 된다.

47 콘크리트에 일정한 하중을 주면 더 이상 하중을 증가시키지 않아도 시간의 흐름에 따라 변형이 더욱 진행되는 현상을 무엇이라 하는가?

① 벤딩　　　　② 클리프　　　　③ 프레싱　　　　④ 싱킹

 해설

콘크리트의 클리프(Creep)

콘크리트에 일정한 하중을 주면 더 이상 하중을 증가시키지 않아도 시간의 흐름에 따라 변형이 더욱 진행되는 현상을 말하며 클리프의 증가 원인은 다음과 같다.

① 재령이 적은 콘크리트에 재하시기가 빠를수록

② 물:시멘트(W/C)가 클수록

③ 대기습도가 적은 곳에 콘크리트를 건조상태로 노출시킨 경우

④ 양생이 나쁜 경우

⑤ 재하응력이 클수록

48 화재로 인한 콘크리트의 변색과 관련해서 바르게 짝지어진 것은?

① 230℃까지는 정상 – 800℃ 이상 황갈색으로 변색
② 230℃까지는 정상 – 900℃ 이상 황갈색으로 변색
③ 330℃까지는 정상 – 800℃ 이상 황갈색으로 변색
④ 330℃까지는 정상 – 900℃ 이상 황갈색으로 변색

 해설

콘크리트의 화재 성상
1) 변색
   – 230℃까지는 정상
   – 290~590℃ : 연홍색이 붉은색으로 변색
   – 590~900℃ : 붉은색이 회색으로 변색
   – 900℃ 이상 : 회색이 황갈색으로 변색 (석회암은 흰색으로 변색)
2) 굵은 골재 : 573℃로 가열 시 부재 표면에 위치한 규산질 골재에서는 Spalling 발생
   [Spalling 破碎 : 부재의 모서리나 구석에 발생하는 박리와 유사한 콘크리트 표면 손상]

49 콘크리트의 화재 성상에서 압축강도의 저하를 설명한 것 중 옳은 것은?

2014 경기 소방장, 2018 소방위

① 콘크리트는 약 300℃에서 강도가 저하되기 시작한다.
② 철근콘크리트 중의 철근은 압축력을 받으며, 콘크리트는 인장력을 받는다.
③ 화재 시 콘크리트의 인장강도 저하는 주요 구조부의 강도에 치명적인 영향을 미쳐 붕괴 위험성을 가져올 수 있다.
④ 고온에서는 콘크리트의 인장강도가 저하되며 콘크리트 중의 철근의 부착강도는 극심하게 저하된다.

해설

콘크리트의 화재 성상
– 압축강도의 저하
ⓐ 콘크리트는 약 300℃에서 강도가 저하되기 시작하는데 힘을 받고 있지 않은 경우에 강도 저하가 더 심하게 일어나며 응력이 미리 가해진 상태에서는 온도의 영향을 늦게 받는다.
ⓑ 철근콘크리트는 강도를 유지해야 하는 주요 구조부에 주로 사용된다. 앞서 본 바와 같이 철근콘크리트 중의 철근은 인장력을 받으며, 콘크리트는 압축력을 받는다.
ⓒ 화재 시 콘크리트의 압축강도 저하는 주요 구조부의 강도에 치명적인 영향을 미쳐 붕괴 위험성을 가져올 수 있다.
ⓓ 고온에서는 콘크리트의 압축강도가 저하되며 콘크리트 중의 철근의 부착강도는 극심하게 저하된다.

50 건물의 붕괴가 예상될 때 안전지역의 설정 범위로 알맞은 것은?

2013 경기 소방장, 2018 소방교

① 건물 높이의 1배 이상으로 한다.
② 건물 높이의 1.5배 이상으로 한다.
③ 건물 높이의 2배 이상으로 한다.
④ 건물 높이의 2.5배 이상으로 한다.

 해설

붕괴가 예상될 때의 조치
① 건물이 붕괴될 가능성이나 징후가 관찰되면 즉시 안전조치를 취해야 한다.
② 우선 건물 안에서 작업하고 있는 모든 대원들을 즉시 건물 밖으로 철수시키고 건물의 둘레에 붕괴 안전지역을 설정한다.
③ 일반적으로 붕괴 안전지역은 건물 높이의 1.5배 이상으로 한다.
④ 대원은 물론이고 소방차도 이 붕괴 안전지역 밖으로 이동해야 한다.
⑤ 건물에 방수를 해야 할 필요가 있으면 무인 방수장치를 설치한다. 무인 방수장치를 설치했으면 대원들은 즉시 붕괴지역 밖으로 철수한다.

51 마주보는 두 외벽에 모두 결함이 발생하여 바닥이나 지붕이 아래로 무너져 내리는 경우의 붕괴 형태는?

기출문제

① 경사형 붕괴   ② 팬케이크형 붕괴
③ V자형 붕괴   ④ 캔틸레버형 붕괴

해설

붕괴의 유형과 빈 공간의 형성
– 팬케이크형 붕괴(Pancake collapse)
① 이 유형의 붕괴는 마주보는 두 외벽에 모두 결함이 발생하여 바닥이나 지붕이 아래로 무너져 내리는 경우에 발생한다.
② 이를 '팬케이크형 붕괴'라고 하며 '시루떡처럼 겹쳐졌다'라는 표현을 쓰기도 한다.
③ 팬케이크형 붕괴에 의해 형성되는 공간은 다른 경우에 비해 협소하며 어디에 형성될는지 파악하기가 곤란하다.
④ 생존자가 발견될 것으로 예측되는 공간이 거의 생기지 않는 유형이지만 잔해 속에 생존자가 있다고 가정하고 구조활동에 임하여야 한다.

52 붕괴의 유형 중 2차 붕괴에 가장 취약한 형태의 붕괴로 옳은 것은?

① 경사형 붕괴
② 팬케이크형 붕괴
③ V자형 붕괴
④ 캔틸레버형 붕괴

 해설

붕괴의 유형과 빈 공간의 형성
– 캔틸레버형(Cantilever) 붕괴
① 켄틸레버형 붕괴는 각 붕괴의 유형 중에서 가장 안전하지 못하고 2차 붕괴에 가장 취약한 유형이다.
② 건물에 가해지는 충격에 의하여 한쪽 벽판이나 지붕 조립 부분이 무너져 내리고 다른 한쪽은 원형을 그대로 유지하고 있는 형태의 붕괴를 말한다.
③ 요구조자가 생존할 수 있는 장소는 각 층들이 지탱되고 있는 끝부분 아래에 생존 공간이 생길 가능성이 많다.

53 인명 탐색 시 '구조의 4단계' 순서를 바르게 나타낸 것은?

2014 소방위, 2016 서울 소방장, 2017 소방위

① 신속한 구조 ⇨ 정찰 ⇨ 일반적인 잔해 제거 ⇨ 부분 잔해 제거
② 신속한 구조 ⇨ 정찰 ⇨ 부분 잔해 제거 ⇨ 일반적인 잔해 제거
③ 정찰 ⇨ 일반적인 잔해 제거 ⇨ 부분 잔해 제거 ⇨ 신속한 구조
④ 정찰 ⇨ 부분 잔해 제거 ⇨ 일반적인 잔해 제거 ⇨ 신속한 구조

 해설

인명 탐색
– 구조의 4단계
신속한 구조 ⇨ 정찰 ⇨ 부분 잔해 제거 ⇨ 일반적인 잔해 제거

54 탐색 진행 중 육체적 탐색으로 강당이나 넓은 거실, 구획이 없는 사무실에서 이용하는 탐색 방법으로 알맞은 것은?

① 주변 탐색
② 원형 탐색
③ 선형 탐색
④ 사선 탐색

해설

탐색 진행
– 넓은 공지 (선형 탐색)
강당이나 넓은 거실, 구획이 없는 사무실에서는 선형 탐색법을 이용한다. 3~4m 간격으로 개활구역을 가로질러 일직선으로 대원들을 펼친다. 반대편에 이르기까지 전체 공간을 천천히 진행한다.

55 구조기술의 벽 뚫기 중 지주 설치와 관련한 내용으로 옳지 않은 것은?

① 같은 크기의 나무 기둥은 지주가 짧을수록 더 큰 하중을 견딜 수 있다.
② 같은 단면을 가지는 정방형 기둥보다는 직사각형 기둥이 더 큰 하중을 견딘다.
③ 기둥의 끝이 깨끗하게 절단되어 고정판과 상부 조각에 꼭 맞게 끼워진다면 더 많은 힘을 받을 수 있다.
④ 지주 아래에는 쐐기를 박아 넣되 기둥이 건물의 무게를 지탱할 수 있을 때까지 박아 넣어야 한다.

해설

벽 뚫기
– 지주 설치
① 지주는 예상되는 최대 하중을 견딜 수 있을 만큼의 강도가 있어야 한다.
② 지주가 어느 만큼의 무게를 견뎌내야 하는지, 그리고 목재 기둥이 어느 만큼의 무게를 견딜 수 있을지 추산하기는 쉽지 않지만 아래와 같은 기본 요소를 고려하여 결정한다.

Plus Tip	지주 설치 기본 요소 ⓐ 같은 크기의 나무 기둥은 지주가 짧을수록 더 큰 하중을 견딜 수 있다. ⓑ 같은 단면을 가지는 직사각형 기둥보다는 정방형 기둥이 더 큰 하중을 견딘다. ⓒ 만일 기둥의 끝이 깨끗하게 절단되어 고정판과 상부 조각에 꼭 맞게 끼워진다면 더 많은 힘을 받을 수 있다.

③ 지주는 항상 필요하다고 생각되는 것보다 강하게 만들어야 하며 크기는 지지해야 할 벽과 바닥의 무게, 그 높이에 따라 결정한다. 지주 아래에는 쐐기를 박아 넣되 기둥이 건물의 무게를 지탱할 수 있을 때까지 박아 넣어야 한다.
④ 쐐기를 꽉 조일 필요는 없는데 이는 꽉 조인 쐐기가 벽이나 바닥을 밀어내어 건물의 손상을 더 할 수 있기 때문이다.

😀 정답   **52** ④   **53** ②   **54** ③   **55** ②

56 구조작업 현장에서의 헬기 유도 요령으로 옳지 않은 것은?

① 유도 시에는 바람을 마주보고 서서 헬기가 바람을 후면으로 맞으며 접근할 수 있도록 유도한다.

② 강한 불빛을 헬기 진행 방향의 왼쪽으로 비추거나 조종사에게 직접적으로 빛을 비추는 것은 금지해야 한다.

③ 야간의 경우 조명은 필수적이다. 그러나 구조대원 개인적으로는 조명등 사용을 조심하여야 한다.

④ 현장에 자동차가 있는 경우 헤드라이트를 이용하여 착륙 지점을 비추면 좋다.

 해설

헬기의 착륙 지점

– 헬기 유도

① 헬기의 착륙을 유도하기 위해서는 수신호를 익혀두어야 한다.

② 현장에서 헬기를 유도하는 요원은 헬멧을 착용하고 보호안경을 착용한다.

③ 주변의 장애물 등을 고려하여 착륙 장소로부터 충분히 떨어져 있고 헬기에서 잘 관측할 수 있는 곳을 택한다.

④ 유도 시에는 바람을 등지고 서서 헬기가 정면에서 바람을 맞을 수 있도록 유도한다.

⑤ 야간의 경우 조명은 필수적이다. 조명이 잘 갖추어져 있는 곳은 조종사의 지각을 도와준다. 그러나 구조대원 개인적으로는 조명등 사용을 조심하여야 한다.

⑥ 강한 불빛을 헬기 진행 방향의 왼쪽으로 비추거나 조종사에게 직접적으로 빛을 비추는 것은 금지해야 한다.

⑦ 현장에 자동차가 있는 경우 헤드라이트를 이용하여 착륙 지점을 비추면 좋다.

57 헬기 인명구조에 있어 의료적인 문제로 옳지 않은 것은? 2016 경기 소방교

① 일반적으로 1,000ft(300m) 이하 고도에서 환자의 산소 공급은 육상에서의 긴급 후송에서와 같이 다룬다.

② 흉부 통증과 기흉(pneumothorax) 환자는 가능한 한 육상으로 이송하도록 한다.

③ 쇼크방지용 하의(MAST)를 착용한 환자는 고도가 높은 곳에서는 MAST 내의 공기가 수축하여 필요 이하의 압력이 되므로 수시로 압력계를 확인하고 압력을 적정한 수준으로 조절하여야 한다.

④ 환자의 고통이 심해지고 호흡 곤란, 경련, 의식 저하 등이 나타나면 저공비행을 해야 한다.

🔔 해설

공중구조 작업
– 의료적인 문제
① 헬기는 일반 비행기에 비하여 저공비행하기 때문에 고도와 관계된 의료문제는 그리 심각한 편은 아니다. 일반적으로 1,000ft(300m) 이하 고도에서 환자의 산소 공급은 육상에서의 긴급 후송에서와 같이 다룬다. 그러나 부상의 종류에 따라 기압의 영향을 받을 수 있으므로 주의하여야 한다.
② 갈비뼈 골절로 부목을 대고 움직이지 못하는 환자는 고도에 따른 기압 변화로 부목 강도가 영향을 받기 때문에 세심한 배려가 필요하다. 특히 쇼크방지용 하의(MAST)를 착용한 환자는 고도가 높은 곳에서는 MAST 내의 공기가 팽창하여 필요 이상의 압력을 받게 되므로 수시로 압력계를 확인하고 압력을 적정한 수준으로 조절하여야 한다.
③ 흉부 통증과 기흉(pneumothorax) 환자는 가능한 한 육상으로 이송하도록 한다. 높은 고도에서는 환자에게 육상에서와 같은 충분한 공기를 공급하지 못한다. 고도가 높아져 기압이 낮아짐에 따라 가슴막 내의 공기가 팽창하여 흉곽 용량이 감소하기 때문이다.
④ 순환기 계통에 영향을 주는 심한 출혈, 심장병, 빈혈, 기타 질병으로 고통받는 환자들을 비행기로 이송할 때에는 세심하게 관찰해야 한다.
⑤ 고도가 높아짐에 따라 공기는 적어지고 산소의 양도 희박해진다. 5,000ft(1.5km) 상공에서 허파에는 해수면상의 약 80% 정도의 공기만이 공급될 수 있다. 따라서 육상에서 순환기 질병을 가진 환자들은 고도 증가에 따라 추가적인 질병을 얻게 된다.
⑥ 사상자를 항공편으로 후송해야 하는 경우 조종사들은 가능한 한 지표 가까이 비행하여야 한다. 환자의 고통이 심해지고 호흡 곤란, 경련, 의식 저하 등이 나타나면 저공비행을 해야 한다. 산소 공급으로 다소 고통을 완화할 수 있다.

58 헬기를 이용한 기본 구조활동 요령으로 옳은 것은? [2013 울산 소방교]

① 추락한 환자의 경우 특별한 외상이 없더라도 경추 보호대를 착용시키는 것을 원칙으로 한다.
② 요구조자가 부상을 입었거나 장거리를 이송해야 하는 경우 바스켓 들것을 이용하여 헬기 내부로 인양하는 것을 원칙으로 한다.
③ 요구조자가 다수인 경우 어린이를 우선하고 중증환자 및 노인 순으로 하며 기내에 수용 가능한 인원의 결정은 운항지휘자가 한다.
④ 요구조자를 들것으로 인양할 때에는 들것과 호이스트(Hoist)의 고리를 연결하는 로프의 길이를 적당히 조절한다.

🔔 **해설**

헬기 기본 구조활동 요령
구조활동은 현장의 위험 요인을 제거하고 2차 재해 방지에 필요한 조치를 취한 후 다음 요령으로 한다.
① 구조대원은 요구조자의 부상 유무와 정도를 파악하여 악화 방지에 필요한 조치를 취한다. 특히 추락한 환자의 경우 특별한 외상이 없더라도 경추 및 척추 보호대를 착용시키는 것을 원칙으로 한다.
② 요구조자가 다수인 경우 중증환자를 우선하고 노인 및 어린이의 순으로 하며 기내에 수용 가능한 인원의 결정은 운항지휘자가 한다.
③ 육상에서 요구조자를 인양할 때 단거리일 경우 안전벨트를 착용시켜 인양하거나 구조낭으로 이송할 수도 있지만, 요구조자가 부상을 입었거나 장거리를 이송해야 하는 경우 바스켓 들것을 이용하여 헬기 내부로 인양하는 것을 원칙으로 한다.
④ 요구조자를 들것으로 인양할 때에는 들것과 호이스트(Hoist)의 고리를 연결하는 로프의 길이를 가급적 짧게 하는 것이 좋다.

59 헬기를 이용한 산악구조 시 주의사항으로 옳지 않은 것은?

① 운항지휘자는 기상 상태를 확인하고 장시간 운항에 대비한다.
② 강하한 구조대원은 항공기 비행시간을 고려하여 신속히 활동한다.
③ 구조대원이 암반 및 급경사에 하강하는 경우 로프를 이용한 레펠 하강을 원칙으로 한다.
④ 회전익의 풍압에 의한 낙석 위험이 있으므로 저공비행은 피한다.

🔔 **해설**

사고 종류별 활동요령
– 산악 구조
① 구조활동은 관할 구조대와 연계하여 실시한다.
② 운항지휘자는 기상 상태를 확인하고 장시간 운항에 대비한다.
③ 강하한 구조대원은 항공기 비행시간을 고려하여 신속히 활동한다. 요구조자의 위치, 상태 및 현장 주변 상황을 신속히 파악하여 항공구조 가·부를 신속히 결정한다.
④ 구조대원이 암반 및 급경사에 하강하는 경우 호이스트 사용을 원칙으로 한다.
⑤ 회전익의 풍압에 의한 낙석 위험이 있으므로 저공비행은 피한다.
⑥ 요구조자를 발견하지 못한 경우 상공에서 방송을 하여 요구조자의 반응을 확인하고 심리적 안정을 도모한다.

60 헬기유도 수신호를 순서대로 바르게 설명한 것은?

① 엔진 시동 – 전진 – 상승 – 공중 정지
② 엔진 시동 – 이륙 – 공중 정지 – 상승
③ 공중 정지 – 우선회 – 공중 정지 – 상승
④ 공중 정지 – 전진 – 후진 – 상승

해설

엔진 시동	이륙	공중 정지	상승
오른손을 들어 돌림	오른손을 뒤로 하고 왼손가락으로 이륙 방향 표시	주먹을 쥐고 팔을 머리로 올림	손바닥을 위로 팔을 뻗고 위로 움직임을 반복

61 항공기 사고 시 내부 생존자 구출과 관련한 내용으로 알맞지 않은 것은?

① 비행기 내부는 대체로 복도가 38cm 폭으로 되어 있다.
② 비상탈출구는 가로 44cm, 세로 65cm 정도로 되어 있다.
③ 먼저 구조대원 두 사람이 한 조가 되어 비행기 안에 진입해야 한다.
④ 상황이 통제할 수 없는 지경이면 승객이 신속히 옮겨져야 한다.

정답   **58** ②   **59** ③   **60** ②

Part 5

구조기술

해설

탑승객 구조

– 내부 생존자 구출

① 먼저 한 사람의 구조대원만이 비행기 안에 진입해야 한다.

② 다른 대원들은 진입한 선두 대원이 상황을 판단할 때까지 기다려야 한다. 바깥에 있는 대원은 동체 진입을 준비하고 있는 동안 소방호스와 기타 구조장비를 챙겨야 한다.

③ 그들은 일어날 수 있는 화재나 폭발 위험을 다른 대원들에게 알리는 역할을 해야 한다. 이 절차는 구조 문제의 범위를 결정하는 '최초 판단'의 일부를 구성한다.

④ 진입하여 상황을 판단한 후에 가장 중요한 임무는 그들을 옮기기 위해 부상 탑승자들의 상태와 위치를 파악하는 일이다.

⑤ 비행기 내부는 대체로 복도가 38cm(18인치) 폭으로 되어 있으며 비상탈출구는 가로 44cm, 세로 65cm(가로 19인치, 세로 26인치) 정도로 되어 있다. 이처럼 좁은데다가 동체의 뒤틀림이나 파손으로 인해 더욱 협소해진 공간 때문에 골절된 부상자의 구조가 방해받을 수 있다. 그러므로 구조대원들은 이러한 어려움에 적응해야 한다.

⑥ 비행기 내부에 화재가 일어났으면 소방호스를 펼쳐 구출작업이 이루어지는 동안 화염을 제어한다.

⑦ 상황이 통제할 수 없는 지경이면 승객이 신속히 옮겨져야 한다. 만일 갈라진 틈새에 끼이거나 장애물이 있어 불가능한 경우, 구조대원은 사람들이 갇혀있는 곳으로 불이 다가오지 않도록 해야 한다.

62 엘리베이터의 카에 대한 설명으로 옳은 것은?

① 카실은 대부분 불연재로 만들어져 있고, 카 내의 승객이 바깥과 접촉되지 않는 구조로 되어 있는 밀폐 구조이므로 장시간 갇혔을 때 질식될 염려가 있다.

② 자동개폐식문 끝에는 사람이나 물건에 접촉되면 문을 반전시키는 도어 오퍼레이터 (door operator)가 설치되어 있어 틈에 끼이는 사고를 방지하고 있다.

③ 문개폐장치는 문을 자동 개폐시키는 전동장치로, 전원을 끊으면 문을 손으로 열 수 없도록 안전장치가 되어 있다.

④ 카틀 및 카바닥 : 강재로 구성된 카의 상부 틀은 로프에 매달리게 되어 있고, 하부 틀에 비상정지 장치가 설치되어 있다.

 해설

엘리베이터의 구조

– 카(car)

카실은 대부분 불연재로 만들어져 있고, 카 내의 승객이 바깥과 접촉되지 않는 구조로 되어 있지만 밀폐 구조는 아니므로 갇혔을 때 질식될 염려는 전혀 없다.

① **카틀 및 카바닥** : 강재로 구성된 카의 상부 틀은 로프에 매달리게 되어 있고, 하부 틀에 비상정지 장치가 설치되어 있다(상부 틀에 설치되어 있는 것도 있다). 카틀 상하좌우에는 카가 레일에 붙어 움직이기 위한 가이드슈 또는 가이드롤러가 설치되어 있다.

② **카실 (실내벽, 천정, 카도어)** : 실내벽에는 조작반과 카내 위치표시기가, 천정에는 조명등, 정전등, 비상구출구 등이 설치되어 있다. 자동개폐식문 끝에는 사람이나 물건에 접촉되면 문을 반전시키는 세이프티 슈(safety shoe)가 설치되어 있어 틈에 끼이는 사고를 방지하고 있다. 문은 수동식도 있으므로 운전 중에 문을 열면 엘리베이터는 급정지하기 때문에 주행 중에는 절대로 문에 몸을 기대거나 접촉해서는 안 된다.
③ **문개폐장치(door operator)** : 문을 자동 개폐시키는 전동장치로, 전원을 끊으면 비상시에는 문을 손으로 여는 것도 가능하다.
④ **카 상부 점검용 스위치** : 카 상부에는 보수 및 점검 작업의 안전을 위하여 저속운전용 스위치나 작업등용 콘센트가 설치되어 있다.

63 승강기와 관련된 내용을 설명한 것으로 옳지 않은 것은?

2011 부산 소방교, 소방장, 2012 경북 소방장, 2016 소방위

① 엘리베이터는 안전성·신뢰성에 특히 주의를 기울여야 하며, 과속·과주행에 대해서는 이중안전장치가 있다.
② 와이어로프의 강도는 최대 하중의 10배 이상의 안전율로 설치하기 때문에 와이어로프 절단사고가 일어날 확률은 희박하다.
③ 기계적 결함으로 로프가 끊어져도 평소 이동 속도의 1.6배 이상에서 작동되는 브레이크 장치로 인해 추락하지는 않는다.
④ 엘리베이터 통로 바닥에는 브레이크도 작동하지 않는 최악의 경우에 대비해 충격을 최소화할 수 있는 충격 완화 장치가 있다.

🔊 해설

엘리베이터의 안전장치
① 엘리베이터는 안전성·신뢰성에 특히 주의를 기울여야 하며, 과속·과주행에 대해서는 이중안전장치가 있다.
② 와이어로프의 강도는 최대 하중의 10배 이상의 안전율로 설치하기 때문에 와이어로프 절단사고가 일어날 확률은 희박하다.
③ 기계적 결함으로 로프가 끊어져도 평소 이동 속도의 1.4배 이상에서 작동되는 브레이크 장치로 인해 추락하지는 않는다.
④ 엘리베이터 통로 바닥에는 브레이크도 작동하지 않는 최악의 경우에 대비해 충격을 최소화할 수 있는 충격 완화 장치가 있어 영화에서처럼 밧줄이 끊어져 엘리베이터가 낙하하는 장면이 실제 발생할 가능성은 그리 높지 않다.

64 엘리베이터의 카가 중간에 정지하여 움직이지 않는 경우 가장 적당한 구조활동으로 알맞은 것은?

① 기계실로 진입하여 수동조작으로 카를 상·하 이동 조작하여 구출한다.
② 엘리베이터 도어를 마스터키로 열고 사다리 등을 이용하여 구조한다.
③ 유압장비나 에어백 등으로 강제로 문을 열고 카의 위치에 따라 요구조자의 탈출방법을 달리한다.
④ 카의 정지위치 상층의 도어를 개방하고 카 상부로 구조대원이 진입하여 구조활동을 전개한다.

 해설

엘리베이터 사고 시 구조활동 요령
– 도착 시의 행동
① 현장에 도착하면 사고의 종류(추락인가? 감금인가? 끼었는가? 등), 사고 원인(기계 결함인가? 정전인가?), 긴급성의 유무, 요구조자의 수 등을 다시 한번 확인하고 현장을 확인한 후 적절한 구조방법을 선택한다.
② 카가 중간에 정지하여 움직이지 않는 경우 기계실로 진입하여 수동조작으로 카를 상·하 이동 조작하여 구출한다. 카 문이 열리지 않으면 엘리베이터 마스터키로 문을 여는 방법이 가장 용이하지만 상황에 따라 유압장비나 에어백 등으로 강제로 문을 열거나 카 상부로 진입하는 방법을 선택할 수도 있다.

65 엘리베이터의 정전 혹은 기계적 결함으로 인해 정지한 경우의 내용으로 옳은 것은?

① 탈출 중에 전원이 복구되어 카가 움직일 수 없도록 하기 위해 기계실에서 엘리베이터의 전원을 차단하는 것이 안전상 필요하다.
② 구조대원은 엘리베이터 마스터키를 사용하여 1차 문과 2차 문을 차례로 개방토록 한다.
③ 카의 문턱과 승장의 문턱과의 거리 차를 확인한 후 80cm 이내에서 위 또는 아래에 있을 때에는 승객이 직접 탈출할 수 있다.
④ 카의 문턱이 승장의 문턱보다 80cm 이상 높거나 150cm 미만일 경우에는 승강장에서 접는 사다리 등을 카 내로 넣어 구출한다.

해설

엘리베이터 사고 시 구조활동 요령
– 정전 혹은 기계적 결함으로 인해 정지한 경우
① 정전 시에는 곧바로 카 내의 정전등이 점등된다. 정전이 단시간 내 복구 가능할 때는 (인터폰으로 또는 직접 승장 측에서) 곧 복구됨을 승객에게 알려 안심시킨다. 전원이 복구되면 어떤 층의 버튼을 누르더라도 엘리베이터는 통상 동작하기 시작한다.

② 정전으로 엘리베이터가 정지한 사례를 보면 80% 이상이 승강장이 있는 근처인 것으로 밝혀졌다. 이러한 경우는 승객이 스스로 카도어를 열게 할 경우 카도어와 연동되어 움직이는 승장도어가 동시에 열리게 되어 쉽게 밖으로 구출할 수 있다.

③ 이 경우에도 탈출 중에 전원이 복구되어 카가 움직일 수 없도록 하기 위해 기계실에서 엘리베이터의 전원을 차단하는 것이 안전상 필요하다.

④ 먼저 엘리베이터 마스터키를 사용하여 1차 문을 열고 승객에게 2차 문을 개방토록 한다. 승강장도어, 카도어가 정위치에서 열리지 않을 경우 카의 문턱과 승장의 문턱과의 거리 차를 확인한 후 60cm 이내에서 위 또는 아래에 있을 때에는 아래 그림과 같이 구출할 수 있다.

⑤ 카의 문턱이 승장의 문턱보다 60cm 이상 높거나 120cm 미만일 경우에는 승강장에서 접는 사다리 등을 카 내로 넣어 구출한다. 승객이 직접 잠금장치를 벗겨내는 것이 곤란한 경우나, 카의 문턱과 승장의 문턱과의 격차가 심한 경우에는 원칙적으로는 보수회사의 기술진을 기다리는 것이 좋지만, 상황이 긴급한 경우에는 카의 구출구를 열고 직상 층으로 구출한다.

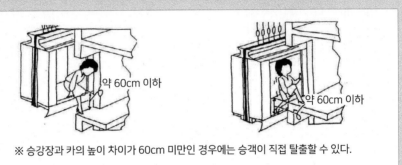

약 60cm 이하

약 60cm 이하

※ 승강장과 카의 높이 차이가 60cm 미만인 경우에는 승객이 직접 탈출할 수 있다.

66 빌딩 내에서 화재가 발생한 경우의 엘리베이터 안전수칙으로 옳지 않은 것은?

① 화재 원인이 엘리베이터의 기계실이나 승강로에서 떨어진 장소에 있을지라도 승강로의 구조상 굴뚝과 같은 역할을 하기 때문에 열과 연기의 통로가 될 수 있다.

② 빌딩 내의 카는 모두 피난층으로 집합시켜, 도어를 닫고 정지시켜 두는 것이 원칙이다.

③ 관제운전장치가 부착된 엘리베이터는 감시실 등에 설치된 관제스위치를 조작하는 것에 의해 자동적으로 특정 피난층에 되돌려, 일정시간 후에 도어를 닫고 운전을 정지하도록 되어 있다.

④ 비상용 엘리베이터도 정전을 대비해 사고 초기 이후에는 그 사용을 제한하여야 한다.

> **해설**
>
> **엘리베이터 사고 시 구조활동 요령**
> **– 화재가 발생한 경우**
> ① 빌딩 내에서 화재가 발생한 경우, 화재 원인이 엘리베이터의 기계실이나 승강로에서 떨어진 장소에 있을지라도 승강로의 구조상 굴뚝과 같은 역할을 하기 때문에 열과 연기의 통로가 될 수 있다.
> ② 소화작업에 수반하는 전원 차단 등으로 승객이 갇히게 될 우려가 있기 때문에, 피난에는 엘리베이터를 이용하지 않고 계단을 이용해야 한다.
> ③ 빌딩 내의 카는 모두 피난층으로 집합시켜, 도어를 닫고 정지시켜 두는 것이 원칙이다. 그러나 비상용 엘리베이터는 소화활동으로 사용하는 것이 있을 수 있기 때문에 제한을 하지 않도록 한다.
> ④ 화재 시 관제운전장치가 부착된 엘리베이터는 감시실 등에 설치된 관제스위치를 조작하는 것에 의해 자동적으로 특정 피난층에 되돌려, 일정시간 후에 도어를 닫고 운전을 정지하도록 되어 있다.
> ⑤ 엘리베이터 기계실에서 화재가 발생해 확대되고 있을 때에는 전기화재에 적응한 소화기 등을 사용해서 소화에 주력함과 더불어 카 내의 승객과 연락을 취하면서 엘리베이터용 주전원 스위치를 차단한다. 전원스위치는 기계실의 출입문 근처에 있을지라도 그 스위치에 접근할 수 없다.
> ⑥ 엘리베이터의 승강로에 화재가 발생한 경우, 승강로에는 가연물은 거의 없기 때문에 카 내에 대량의 가연물을 가지고 있지 않는 한 엘리베이터 자체의 피해는 크지 않을 수 있다.

67 추락사고 구조출동 시 각지 시의 우선 파악해야 하는 사항으로 옳은 것은?

① 사고자가 추락한 높이나 깊이를 확인한다.
② 부상 정도를 파악하여 구조방법과 사용할 장비를 선정한다.
③ 발생한 장소의 위치와 구조, 요구조자의 수를 확인한다.
④ 공사장에서 발생한 사고라면 사고 발생 장소가 기존 건물인지, 공사 중인 건물인지를 확인한다.

> **해설**
>
> **추락사고 구조**
> **– 각지 시의 행동**
> ① 추락사고가 발생하면 추락사고가 발생한 장소의 위치와 구조, 요구조자의 수 등을 우선 파악하며 만약 건물이나 공사장에서 발생한 사고라면 사고 발생 장소가 기존 건물인지, 공사 중인 건물인지를 확인하여야 한다.
> ② 공사 중인 건물인 경우 작업장소의 붕괴나 현장 주변의 각종 장비, 장애물들로 인하여 추가적인 위험 요인이 있기 때문이다.
> ③ 산악이나 교량에서 발생한 사고인 경우 현장에 접근하기가 쉽지 않을 수 있으므로 접근 가능한 경로를 확인한다.
> ④ 다음으로는 사고자가 추락한 높이나 깊이, 부상 정도를 파악하여 구조방법과 사용할 장비를 선정한다.

68 토사 붕괴사고의 주원인과 관계가 먼 것은?

2016 전북 소방장

① 균열의 발생과 균열로 움직이는 수압

② 물품의 불안정한 적재, 기계의 진동 등

③ 굴착에 따른 흙의 제거로 지하공간의 형성

④ 함수량의 증가로 흙의 단위용적 중량의 증가

🚨 **해설**

사고의 발생 원인과 굴착

– 붕괴사고의 주원인

사고 구분	원인
토사 붕괴	• 함수량의 증가로 흙의 단위용적 중량의 증가 • 균열의 발생과 균열로 움직이는 수압 • 굴착에 따른 흙의 제거로 지하공간의 형성 • 외력, 지진, 폭발에 의한 진동
건축물 붕괴	• 해체작업 현장에서의 오조작, 점검 불량 • 물품의 불안정한 적재, 기계의 진동 등 • 자동차 충돌에 의한 가옥, 담의 도괴

69 인명구조견의 구조능력에 관한 내용으로 옳지 않은 것은?

① 냄새를 맡는 능력은 인간의 수천 배(3,000~6,000배)에 이른다.

② 음원의 방향정위에 있어서도 인간의 16방향제에 비해 개의 경우는 그 배인 32방향의 구별이 가능하다.

③ 음의 강약에 대해서는 인간의 20배나 뛰어나다.

④ 부유취 냄새로 바람의 방향을 알고 사람 냄새를 맡아 추적할 때에 조난자의 냄새를 맡는 거리는 500m~1km에 달한다.

⊙ **정답**   **66** ④   **67** ③   **68** ②

해설

구조견의 능력

① 냄새를 맡는 능력은 인간의 수천 배(3,000~6,000배)에 이르며, 특히 초산은 4만 배 특히 염산은 1백만 배로 희석해도 식별할 수 있고, 또한 지방산에 대한 식별력은 보다 뛰어나 인간이 감각하는 1백만 분의 1 이하의 농도에서도 판별이 가능하다.

② 길에 버려진 성냥개비 한 개의 냄새로 버린 사람을 찾아낼 수 있다. 부유취 냄새로 바람의 방향을 알고 사람 냄새를 맡아 추적할 때에 조난자의 냄새를 맡는 거리는 500m~1km에 달한다.

③ 청각도 뛰어나 개의 가청 범위도 인간보다도 훨씬 넓다. 인간은 1초에 2만 5천의 진동음밖에는 듣지 못하는데 비하여 개의 경우는 8만~10만의 진동음도 감청이 가능하다. 음의 강약에 대해서는 인간의 10배나 뛰어나며 음원의 방향정위에 있어서도 인간의 16방향제에 비해 개의 경우는 그 배인 32방향의 구별이 가능하다.

④ 일정 단계의 훈련을 마친 개는 보다 향상된 기능을 갖게 되어 기계나 인간의 힘으로 처리할 수 없는 어려운 상황에서도 그 뛰어난 능력을 발휘하며 인간에게 도움을 줄 수 있다.

70 연료용 가스 중 천연가스의 주성분으로 옳은 것은?

① 메탄
② 에탄
③ 프로판
④ 부탄

 해설

연료용 가스

– 천연가스

지하의 천연가스전에서 채취·생산되는 가스를 천연가스라 하며 대표적인 것이 메탄(CH_4)을 주성분으로 한 가스를 냉각시킨 LNG(Liquefied Natural Gas)이다.

71 가스 상태에 따른 분류 중 용해가스인 것은?

① 염소
② 아세틸렌
③ 질소
④ 암모니아

🔔 **해설**

구분	분류	성질	종류
가스 상태에 따른 분류	압축가스	상온에서 압축하여도 액화하기 어려운 가스로 임계온도(기체가 액체로 되기 위한 최고 온도)가 상온보다 낮아 상온에서 압축시켜도 액화되지 않고 단지 기체 상태로 압축된 가스를 말함	수소, 산소, 질소, 메탄 등
	액화가스	상온에서 가압 또는 냉각에 의해 비교적 쉽게 액화되는 가스로 임계온도가 상온보다 높아 상온에서 압축시키면 비교적 쉽게 액화되어 액체 상태로 용기에 충전하는 가스	액화암모니아, 염소, 프로판, 산화에틸렌 등
	용해가스	가스의 독특한 특성 때문에 용매를 추진시킨 다공 물질에 용해시켜 사용되는 가스로 아세틸렌가스는 압축하거나 액화시키면 분해 폭발을 일으키므로 용기에 다공 물질과 가스를 잘 녹이는 용제(아세톤, 디메틸포름아미드 등)를 넣어 용해시켜 충전함	아세틸렌
연소성에 따른 분류	가연성 가스	산소와 결합하여 빛과 열을 내며 연소하는 가스를 말하며 수소, 메탄, 에탄, 프로판 등 32종과 공기 중에 연소하는 가스로서 폭발 한계 하한이 10% 이하인 것과 폭발 한계의 상·하한의 차가 20% 이상인 것을 대상으로 함	메탄, 에탄, 프로판, 부탄, 수소 등
연소성에 따른 분류	불연성 가스	스스로 연소하지도 못하고 다른 물질을 연소시키는 성질도 갖지 않는 가스	질소, 아르곤, 이산화탄소 등 불활성가스
	조연성 가스	가연성 가스가 연소되는 데 필요한 가스. 지연성 가스라고도 함	공기, 산소, 염소 등
독성에 따른 분류	독성 가스	공기 중에 일정량 존재하면 인체에 유해한 가스·허용 농도가 200ppm 이하인 가스	염소, 암모니아 일산화탄소 등 31종
	비독성 가스	공기 중에 어떤 농도 이상 존재하여도 유해하지 않는 가스	산소, 수소 등

➡️ **정답**   **69** ③   **70** ①   **71** ②

72 산악에서의 기온은 고도차에 의해 영향을 받게 되는데 고도가 100m 높아질 때마다 내려가는 온도를 바르게 나타낸 것은?

2014 서울 소방장

① 0.6℃   ② 0.7℃   ③ 0.8℃   ④ 0.9℃

 해설

> **산악의 기상 특성**
> **- 기온 변화**
> ① 산악에서의 기온은 고도차에 의해 영향을 받는다. 고도가 높을수록 산의 기온은 내려가며 100m마다 0.6℃가 내려간다. 또한 우리나라의 기온은 일교차가 심한 편인데 보통 하루 중 오전 4시에서 6시 사이의 온도가 가장 낮고 오후 2시의 온도가 가장 높다.
> ② 같은 온도에서도 추위와 더위를 더 심하게 느끼는 경우가 있다. 이를 체감온도라 하는데 같은 기온이라 할지라도 풍속의 변화에 따라 느끼는 온도가 달라진다.

73 눈사태에 관한 설명으로 옳지 않은 것은?

기출문제 복원

① 산에서 눈의 위험성은 적설량을 기준으로 측정하고 눈사태에 대비한 적설량에 주의를 기울인다.
② 통계상으로 눈사태는 경사가 31~55° 사이에서 제일 많이 발생한다.
③ 눈이 50cm 이상 쌓이면 걷기가 어렵고 그 이상이 되면 스키를 타지 않는 한 목숨이 위태롭다.
④ 눈 속에 빠지면 눈은 가볍고 사람의 몸은 무거워 저절로 가라앉고 움직이는 동안의 눈은 부드럽지만 눈의 흐름이 정지되는 즉시 콘크리트처럼 단단하게 굳어 빠져나올 수 없게 된다.

 해설

> **산악의 기상 특성**
> **- 눈**
> ① 평지에서 보다 산의 눈은 극히 위험하다. 평지와는 달리 산에서 눈의 위험성은 적설량을 기준할 수 없다. 산의 눈은 바람으로 인하여 때로는 지형(地形)을 변화시키고 온 산의 등산로를 모두 덮기 때문에 평상시에 자주 다니던 산길도 길을 찾지 못하고 조난을 당하는 수가 있다.
> ② 눈사태는 적설량과 눈의 질(質) 그리고 기온과 지형, 지표면의 경사각에 의해서 일어난다. 통계상으로 눈사태는 경사가 31~55° 사이에서 제일 많이 발생한다. 등산 또는 비박 시에는 이런 경사가 있는 좁은 골짜기는 피하는 것이 좋다.
> ③ 일반적으로 생각하기에는 눈 속에 빠지면 어떻게든 헤어 나올 것 같지만 실은 그렇지 못하다. 눈은 가볍고 사람의 몸은 무거워 저절로 가라앉고 움직이는 동안의 눈은 부드럽지만 눈의 흐름이 정지되는 즉시 콘크리트처럼 단단하게 굳어 빠져나올 수 없게 된다. 산행 시 경사가 급한 곳은 언제고 피하는 것이 좋다. 눈이 50cm 이상 쌓이면 걷기가 어렵고 그 이상이 되면 스키를 타지 않는 한 목숨이 위태롭다.

74 산악에서의 기상 변화에 관한 내용으로 옳지 않은 것은? 2016 서울 소방장

① 10m를 오를 때마다 대략 1.1hPa이 내려가고 기압 27hPa이 내려갈 때마다 비등점이 1℃씩 낮아진다.

② 서쪽 하늘을 바라볼 때 권운(새털구름)이 나타나고 그 뒤로 고적운(양떼구름)이 뒤따르면 점차 구름이 많아지면 고기압이 접근하는 징조로서 하산을 서둘러야 한다.

③ 산에서 안개를 만나면 활동을 중지하고 한 자리에 머물러야 한다. 산안개는 바람과 해에 의해 쉽게 걷힌다.

④ 산에서 안개가 심한 경우 목표물을 향하여 전진하고 있다고 생각하고 있지만 사실은 큰 원을 그리며 움직여 결국 출발 지점에 도착하는 경우가 있다. 이를 "환상방황"이라 한다.

🔔 해설

기타 기상 변화

1) 기압 변화
지표면의 평균 기압은 1,013hPa이지만 10m를 오를 때마다 대략 1.1hPa이 내려가고 기압 27hPa이 내려갈 때마다 비등점이 1℃씩 낮아진다.

2) 구름
① 구름은 기상 변화와 밀접한 관계가 있기 때문에 산에서 날씨 변화를 예측해 볼 수 있다.
② 일반적으로 고기압권 내에서 날씨가 좋으면 대게 적운(뭉게구름)이 끼고, 비 오는 날에는 난층운(비구름)과 적란운(소나기구름)이 낀다.
③ 서쪽 하늘을 바라볼 때 권운(새털구름)이 나타나고 그 뒤로 고적운(양떼구름)이 뒤따르면서 점차 구름이 많아지면 저기압이 접근하는 징조로서 하산을 서둘러야 한다.

3) 비
산에서는 소나기를 만나는 경우도 많다. 계곡으로 빗물이 몰려들기 때문에 물살이 빠르고 유량도 급히 불어난다. 일반적으로 유속이 빠른 물이 무릎 높이를 넘으면 위험하므로 코스를 바꾸거나 물이 빠질 때까지 기다려야 한다.

4) 안개
① 산에서 만나는 안개는 입자가 더 크고 짙은 것이 특징이다.
② 산에서 안개를 만나면 활동을 중지하고 한 자리에 머물러야 한다. 산안개는 바람과 해에 의해 쉽게 걷힌다.
③ 산에서 안개가 심하거나 일몰이나 눈이 쌓여 지형을 분간하기 힘든 경우 자신은 어떤 목표물을 향하여 전진하고 있다고 생각하고 있지만 사실은 큰 원을 그리며 움직여 결국 출발 지점에 도착하는 경우가 있다. 이를 "링반데룽(Ringwanderung)" 또는 "환상방황"이라 한다. 이때에는 지체 없이 방향을 재확인하고 휴식을 충분히 취하며 안개나 강설이 걷힐 때까지 기다려야 한다.

75 기상 변화 중 번개에 관한 내용으로 옳지 않은 것은?

① 통계상으로 번개는 바람이 약하고 기온이 높은 오전에 많이 발생한다.

② 대피할 때에는 반드시 낮은 곳으로 이동하고 거기서도 벼락이 치는 각도를 생각해야 한다.

③ 양떼구름, 소나기구름 그리고 태풍이 있을 때는 반드시 번개가 있다는 것을 알고 대피한다.

④ 16시~17시에 가장 많이 발생한다.

 해설

기상 변화

– 번개

번개는 고적운과 적란운 그리고 태풍이 있을 때 일어난다. 통계상으로 번개는 바람이 약하고 기온이 높은 오후에 많이 발생하는데 그 시간을 보면 아래 표와 같다.

번개의 발생 시간대

발생 순위	많이 발생하는 시간대	비교
1	16시 ~ 17시	제일 많다.
2	15시 ~ 16시	다음으로 많다.
3	14시 ~ 15시	그 다음으로 많다.
4	23시 ~ 24시	적다.
5	3시 ~ 4시	가장 적다.

① 양떼구름, 소나기구름 그리고 태풍이 있을 때는 반드시 번개가 있다는 것을 알고 쇠붙이는 몸에서 분리(分離), 절연(絶緣)시키고 쇠붙이가 있는 곳에서 멀리 피하는 것이 안전하다.

② 대피할 때에는 반드시 낮은 곳으로 이동하고 거기서도 벼락이 치는 각도를 생각해야 한다.

76 암벽등반 장비와 관련된 내용으로 옳지 않은 것은?

① 구조활동 시에는 상하일체형 안전벨트를 사용해야 한다.

② 쥬마는 등반자, 확보물, 로프, 장비 등을 안전하고 빠르게 연결할 수 있게 하는 장비이다.

③ 하강기는 일반적인 구조활동에 많이 사용되는 8자 하강기(확보기)가 기능적인 면에서나 안전성 면에서 효율적이다.

④ 등반용으로 가장 많이 사용되는 로프는 직경 10~10.5mm, 길이 60m 정도로 충격력이 작은 다이내믹 계열의 로프이다.

해설

암벽등반 장비와 사용법

1) 안전벨트
① 안전벨트는 추락이 항상 예상되는 암벽등반에서 등반자가 추락할 때 가해지는 충격이 몸의 한 곳에 집중되지 않고 분산되게 함으로서 등반자를 안전하게 보호해 주며, 로프와 등반자 그리고 확보물과 등반자를 안전하게 연결해 주는 장비이다.
② 상하일체형 안전벨트와 하체형 안전벨트 등이 있으나 구조활동 시에는 상하일체형을 사용해야 한다.

2) 로프
로프(Rope)는 등반자의 추락을 잡아 주거나, 하강할 때 사용되는 중요한 등반 장비이다. 등반용으로 가장 많이 사용되는 로프는 직경 10~10.5mm, 길이 60m 정도로 충격력이 작은 다이내믹 계열의 로프이다. 11mm 로프 1m는 72~80g 정도이다.

3) 하강기(확보기)
하강기는 말 그대로 하강할 때 쓰이는 장비이다. 여러 종류가 있지만 일반적인 구조활동에 많이 사용되는 8자 하강기(확보기)가 기능적인 면에서나 안전성 면에서 효율적이다. 이외에도 구조용 하강기나 스톱, 그리그리, 랙 등 다양한 장비가 있고 이의 활용도 점점 증가하는 추세이다.

4) 카라비너
카라비너(Carabiner)는 등반할 때 없어서는 안 될 중요한 장비 중의 하나이다. 여닫는 곳이 있는 이 쇠고리는 밖에서 안으로는 열리지만, 안에서 밖으로는 열리지 않도록 만들어져 등반자, 확보물, 로프, 장비 등을 안전하고 빠르게 연결할 수 있게 하는 장비이다.

77 로프에 매달린 사람의 구조와 관련된 내용으로 옳지 않은 것은? <u>2013 소방위</u>

① 상부에서 접근할 때에는 요구조자가 매달려 있는 로프를 활용하여 접근하고, 요구조자는 도르레를 이용한 별도의 구조 로프 설치하여 구조한다.
② 구조대원의 양손을 사용할 수 있도록 하강기를 고정한다.
③ 퀵드로나 데이지 체인, 개인로프 등을 이용하여 요구조자를 구조대원의 안전벨트에 결착한다.
④ 안전하게 확보되어 있는지 다시 한번 확인하고 요구조자가 매달려 있는 로프를 절단한다.

해설

암벽구조기술

– 로프에 매달린 사람의 구조

등반 또는 하강 도중 추락하여 의식이 없이 로프에 매달려 있는 사람을 구조하는 방법이다. 바닥이 평평하고 충분한 공간이 있다면 추락자가 매달린 로프를 풀어 바닥으로 천천히 하강시키는 방법이 좋지만 공간이 협소하거나 힘난하다면 요구조자가 매달린 곳까지 직접 접근해야 한다.

① 상부에서 접근할 때에는 요구조자가 매달린 로프와 별도로 구조용 로프를 설치하고 구조대원이 요구조자에게 직접 하강하여 접근한다. 아래에서 접근하는 경우에는 암벽등반 기술을 활용한다.

② 구조대원의 양손을 사용할 수 있도록 하강기를 고정한다.

③ 퀵드로나 데이지 체인, 개인로프 등을 이용하여 요구조자를 구조대원의 안전벨트에 결착한다.

④ 안전하게 확보되어 있는지 다시 한번 확인하고 요구조자가 매달려 있는 로프를 절단한다. 절단 대상인 로프를 혼동하면 치명적인 사고가 발생하므로 극히 주의를 기울여야 한다.

⑤ 고정시킨 하강기를 풀고 구조대원이 요구조자와 함께 하강한다.

78 위험물질의 농도에 관한 약어를 바르게 나타낸 것은? 2013 서울 소방교

① IDLH : 작업장에서 허용되는 농도

② LD : 실험동물에 대하여 12시간 내 치사율로 나타낼 수 있는 투여량(mg/kg)

③ LC : 대기 중 유해물질의 치사 농도(ppm)

④ TLV : 건강이나 생명에 즉각적으로 위험을 미치는 농도

 해설

위험물질 농도 관련 약어

• LC(Lethal Concentration) : 대기 중 유해물질의 치사 농도(ppm)

• TD(Toxic Dose) : 사망 이외의 바람직하지 않은 독성작용을 나타낼 때의 투여량

• LD(Lethal Dose) : 실험동물에 대하여 24시간 내 치사율로 나타낼 수 있는 투여량(mg/kg)

　※ '경구투여 시 LD50≤25mg/kg(rat)'이라는 의미는 '쥐를 대상으로 실험했을 때 쥐의 몸무게 1kg당 25mg에 해당하는 양을 먹었을 경우 실험대상의 50%가 사망했다'는 의미임.

• IDLH(Immediately Dangerous to life and Health) : 건강이나 생명에 즉각적으로 위험을 미치는 농도

• TLV(Threshold Limit Value), TWA(Time Weighted Average) : 작업장에서 허용되는 농도

79 유해화학물질 관리법, 산업안전보건법에서의 유독물 표시방법으로 옳은 것은? 2013 경기 소방장

① 흑색 바탕 - 백색 그림　　② 황색 바탕 - 흑색 그림

③ 적색 바탕 - 흑색 그림　　④ 녹색 바탕 - 적색 그림

해설

위험물질의 표시방법

유독물의 유해 그림은 국민건강 및 환경상의 위해를 예방하기 위하여 건강장해, 환경유해, 물리적 위험 등을 기준으로 분류한 고독성, 유독성 등 황색 바탕에 흑색 그림으로 되어있다.

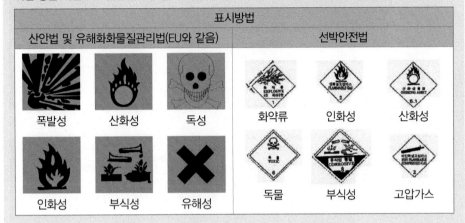

표시방법					
산안법 및 유해화학물질관리법(EU와 같음)			선박안전법		
폭발성	산화성	독성	화약류	인화성	산화성
인화성	부식성	유해성	독물	부식성	고압가스

80 국제적으로 통용되는 미국 교통국 수송표지의 위험물질 표지의 색상으로 옳지 않은 것은?

2013 경기 소방장, 2017 소방위, 2018 소방위

① 빨간색 - 가연성 ② 주황색 - 금수성
③ 노란색 - 산화성 ④ 백색 - 중독성

해설

각 표지의 색상이 가지는 의미

각 표지의 색상이 가지는 의미			
빨간색	가연성(Flammable)	녹색	불연성(Non-Flammable)
주황색	폭발성(Explosive)	파란색	금수성(Not Wet)
노란색	산화성(Oxidizer)	백색	중독성(Inhalation)

정답 77 ① 78 ③ 79 ② 80 ②

81 다음 내용과 가장 관련이 깊은 것은?

> 화학물질의 안전한 사용, 운송, 폐기를 위해 국제적으로 이해하기 쉽게 설명된 화학물질 분류체계와 위험물 표시를 전 세계에 하나의 공통된 시스템으로 운영하여 화학물질에 노출된 사람과 환경을 보호하기 위한 인프라를 구축하는 사업이다.

① DOT   ② GHS

③ IDLH   ④ ANSI

 해설

GHS의 의미
화학물질 세계조화시스템(GHS)은 화학물질의 안전한 사용, 운송, 폐기를 위해 국제적으로 이해하기 쉽게 설명된 화학물질 분류체계와 위험물 표시를 전 세계에 하나의 공통된 시스템으로 운영하여 화학물질에 노출된 사람과 환경을 보호하기 위한 인프라를 구축하는 사업이다.

82 유해물질 사고 현장에서 현장 파악이 곤란하거나 전문 대응요원이 아직 도착하지 않은 경우에 미국 교통국(DOT)에서 권고하고 있는 경계구역의 최소한의 거리는?

① 60m   ② 80m

③ 100m   ④ 120m

해설

유해물질사고 대응 절차
– 경계구역 설정
① 사고 현장에서 구조활동에 임하는 대원이 활동에 불필요한 제약을 받지 않고 2차 재해를 방지하기 위하여 오염방지와 구조활동에 필요한 범위를 정하여 경계구역을 설정한다.
② 경계구역의 범위는 관련 전문기관이나 화학구조대에서 누출된 유해물질의 종류와 양, 지형 및 기상 상황을 고려하여 결정하지만 현장 파악이 곤란하거나 전문 대응요원이 아직 도착하지 않은 경우에 미국 교통국(DOT)에서는 최소한 330feet(100m)를 경계구역으로 정하도록 권고하고 있다.
③ 이 거리는 현장 상황을 고려하여 유동적으로 결정할 문제이며 도로를 차단할 수 있다면 차단하고 그것이 여의치 못하면 최소한 100m를 유지하여야 한다.
④ 경계구역은 위험 지역(Hot Zone), 경고 지역(Worm Zone), 안전 지역(Cold Zone)으로 구분한다.

⊖ 정답   **81** ②   **82** ③

PART 6

현장 안전관리
(소방교, 소방장, 소방위)

CHAPTER 01

안전관리의 기본

01 | 안전관리의 목표 ★★★

　소방활동을 전개하는 화재 현장은 예측할 수 없는 다양한 위험 요소가 존재하는 곳이다. 위험 요소와 상황의 변화가 현저하여 안전하게 소방업무를 수행할 수 있는 "안전한계"를 구체적으로 어디까지 설정하는가 하는 기준을 정하는 것이 매우 곤란하기 때문에 지휘자는 물론이고 대원 각자도 항상 안전에 대하여 주의를 기울이고 불안전한 요인이 없는지 확인하며 임무를 수행하여야 한다.

　이와 같이 임무 자체에 위험성을 수반하는 경우에 어떠한 방법으로 안전한 활동을 보장할 수 있는가 하는 안전관리의 방법이 중시된다. 즉 안전관리는 그 자체가 목적이 아니지만 조직목적을 달성하기 위한 과정으로서 임무의 완벽한 수행을 전제로 하는 적극적 행동대책이라고 정의할 수 있다.

1 소방안전관리의 특성 `2012 소방위, 2017년 소방장`

① 소방의 안전관리는 일반기업에서 시행하는 안전관리와는 근본적으로 다른 의미를 갖는다. 예를 들면 일반 기업체에서 시행하는 공사의 경우 안전관리는 모든 것에 우선하는 고려 대상으로서 사전에 공사 공법, 필요 장비, 작업 순서 등에 대하여 면밀한 계획이 수립되고 「안전제일」의 표어를 붙인 공사 현장에서는 공정표에 의하여 공사가 진행된다. 또한 공사의 진척과 더불어 안전대책에도 최대한의 주의를 기울여 모든 감독자와 작업자에게 작업의 내용을 사전에 주지시켜 예측되는 위험성은 모두 배제하도록 노력하고, 안전조치를 선행하여 공사의 진행을 조절하고 있다.

② 화재 현장에 있는 소방대원이 연소 중인 건물 내부의 정보를 사전에 완전히 파악하고 소방활동에 임할 수 있는 경우는 거의 없다고 보아도 무방할 것이다. 내부에 진입하여 상황을 파악할 때에도 농연과 열기 때문에 생각한 것과 같이 용이하지 않다. 따라서 현재 어디서 어떻게 연소되고 있으며 어디로 연소가 확대되는지, 요구조자의 상황은 어떠한지 등의 기본적인 상황도 파악할 수 없는 경우가 허다하다.

③ 안전한 소방활동에 필요한 정보를 확인하기 위하여 소방활동을 지연시키면 화재는 점점 확대되어 요구조자나 그 주위의 위험도 급속히 악화될 것이 분명하다. 이러한 피해의 확대 방지와 인명 위험의 배제를 위하여 소방대는 상황 파악과 병행하여 인명검색, 구조, 연소 저지 등의 활동을 진행시키는 것이다.

④ 소방활동은 사전 예측과 통제가 가능한 공사 현장의 작업진행 과정과는 판이하게 다르며 소방대의 활동이 화재의 진행을 따라가는 것이 보통이므로 가능한 한 빨리 화재를 소방의 통제하에 두고 활동하도록 하여야 하는 것이다.

⑤ 소방활동은 재해의 진압과 안전의 확보를 동시에 진행시켜야하는 특수성을 가지고 있다.

2 안전관리 지향

① 소방활동 현장에서 발생하는 사고의 원인은 대부분 불안전한 현장 상황 혹은 대원의 불안전한 행동 등 잠재된 위험 요인에 의하여 발생하는 것으로 불가항력적인 외부요인에 의한 사고 발생은 그 예가 드물다.

② 소방업무를 수행하는 과정에서 사고가 발생하면 본인과 그 가족의 고통은 물론이고 상사와 동료들에게도 걱정과 괴로움을 주게 되지만 사회적으로도 많은 손실을 가져온다.

③ 사고가 발생하면 원인을 규명하고 대응책을 수립하게 되지만 사고 방지를 위해서는 단편적인 대응책보다는 화재 현장에 내재하는 잠재적 위험 요인으로 눈을 돌려 이러한 요인을 확인하고 배제할 수 있는 능력을 기르는 것을 우선해야 한다.

④ 잠재적 위험 요인을 배제하기 위해서는 우선 현장의 위험성에 대한 감각, 감수성을 길러 위험 요소를 올바르게 예지, 예측하여 이것에 사전 계획된 안전대책을 적용시켜 필요한 준비를 취하도록 해야 한다. 이와 같은 방법이 안전관리의 지향인 것이다.

3 소방안전관리의 특성 [2017 소방장]

일체성·적극성	– 화재 현장에서 소방활동은 안전관리와 면밀하게 일체되어 있는 경우가 많다. 예를 들면, 화재 현장에서 화재가 발생한 건물로부터 호스를 분리하여 연장한다고 하는 것은 낙하물이나 화재에 의한 복사열로부터 호스의 손상 방지를 도모하기 위한 것이지만 결과적으로 효과적인 소방활동을 전개할 수 있음으로서 대원 자신의 안전을 보호하는 결과를 얻을 수 있는 것이다.
특이성·양면성	– 소방활동은 임무 수행과 안전확보의 양립이 요구되고 있다. – 위험성을 수반하는 임무 수행이 전제된 때에 안전관리 개념이 성립된다. – 화재 현장의 위험을 확인한 후에 임무수행과 안전확보를 양립시키는 특이성·양면성이 있다.
계속성·반복성	– 안전관리에는 끝이 없으므로 반복하여 실행하여야 한다. – 소방활동의 안전관리는 출동에서부터 귀소하기까지 한순간도 끊임없이 계속된다. – 평소의 교육, 훈련이나 기기 점검 등도 안전관리상 중요한 요소이다.

02 안전관리 대책수립 ★★

- '대책'의 사전적 의미는 '사건이나 사고에 대응하여 세우는 방책, 계획'이지만 단순히 대책을 제시하는 것만으로 문제가 해결되는 경우는 거의 없다.
- 제시된 대책이 그대로 실행되지 못하는 경우와 조직의 기능에 그대로 적용시킬 수 없는 경우도 있고, 대책 자체에 문제가 있는 경우도 있다.
- 대책이라고 하는 것은 제시된 대책을 실행함으로서 문제로 지적된 각 요소를 해결할 수 있어야 하는 것이다.

1 조직적 대책 `2018 소방장`

안전관리의 조직적 대책은 화재출동 및 훈련, 연습 시에 있어서 명령 및 책임체제를 명확히 하고 안전규칙과 활동기준을 정하여 안전대책을 추진하는 것이다.
① 안전관리 담당 부서의 설치
② 안전책임자 및 요원의 제도화
③ 훈련, 연습 실시 및 안전관리에 관한 규칙 제정 등

2 장비적 대책

소방활동의 효율화, 안전화를 추진하기 위하여 소방대가 사용하는 기기, 기자재 등의 적정한 활용, 현장 특성에 맞는 장비개발, 개량에 의한 안전·경량화 등과 적정한 유지 관리가 중요하다.
① 개인장구의 정비 : 공기호흡기, 방호복, 안전모, 개인로프, 손전등 등
② 훈련용 안전기구의 정비 : 안전매트, 안전네트, 로프보호대, 훈련용 인형 등
③ 소방용 기구의 점검·정비 : 차량, 통신장비, 진압·구조·구급장비 등

3 교육적 대책

안전교육은 '할 수 있다'라는 인식을 몸에 지니고, 반복 숙달로 익숙해진 능력이 안전의식이나 안전행동으로 나타나 실행에 옮길 수 있도록 하는 것이다. 따라서 화재진압 또는 인명구조 등의 교육·훈련 과정에서 지속적·반복적인 교육을 실시함으로서 실전에 응용할 수 있도록 세심하고 면밀한 주의가 필요하다.
① 안전관리 교육 : 일상교육, 특별교육, 기관교육
② 소속기관의 안전담당자에 대한 교육
③ 학교연수에 의한 안전교육 : 기본교육, 전문교육

④ 자료의 활용 : 동종·유사 사고의 방지를 도모하기 위하여 각종 사고 사례를 분석하여 소방활동 자료로서 활용하고 위험예지 훈련 등을 통하여 안전수준의 향상을 기하도록 한다.

 위험예지 훈련

특정한 현장 상황을 설정하고 작업 중에 발생할 수 있는 위험 요인을 발견·파악하여 그에 따른 대책을 강구함으로서 동일 또는 유사한 상황에서 사전에 위험 요인을 제거할 수 있도록 하는 훈련

4 안전관리체계 확립

조직에는 조직목표가 있다. 또한 그 목표의 달성을 위하여 조직의 존재가 필요하다. 따라서 조직은 목표 달성을 도모하기 위하여 반드시 일정한 인원 구성에 의해 조직 체계를 갖추게 된다. 조직화 및 체계화를 하는 이유는 적정하고 효율적으로 주어진 목적을 달성하기 위한 것이다.

(1) 현장 활동 시의 안전관리체계

① 화재 및 각종 사고 현장에서 활동할 때 지휘관은 지휘계통을 확립하고 각자의 책임을 명확히 하여야 한다.

② 현장지휘관은 항상 상황변화를 추측하고 전반적인 상황추이를 냉정히 판단하고 활동환경을 확보하며 부대활동 안전유지에 만전을 기울인 전술을 결정하여야 임무를 다하는 것이다.

③ 지휘관은 평소부터 대원에 대하여 기자재 및 장비의 적정한 운용에 대하여 교육을 실시하여 소방활동 시에는 최선의 상태로 활용될 수 있도록 관리를 철저히 해야 한다.

④ 혼란한 현장은 사고 발생 위험이 높다. 대원의 행동 파악에 국한하지 말고 활동 환경, 기자재 활용 등의 상황을 정확히 파악하여 위험이 예측될 때는 적절한 조치를 강구할 책무가 있다.

⑤ 각 대원은 평소 체력 및 기술 연마를 통하여 어떠한 상황에 직면하여도 적절히 대처할 수 있는 판단력, 행동력을 배양하여 현장 활동 시의 안전확보를 위하여 스스로 노력하여야 한다.

(2) 훈련·연습 시 안전관리체계

① 각종 화재에 대응할 강인한 대원을 육성하기 위하여 활동 기술 습득, 지휘능력 향상을 기본으로 실전적 훈련을 추진하는 것이다. 또한 훈련·연습은 실제 화재에 있어서 사고를 방지하기 위한 유일한 기회이다.

② 강도 높은 실전적 훈련이라고 하더라도 실제 화재와는 근본적으로 다른 것이다. 훈련에는 자연 발생적인 위기감과 긴박감이 없고, 만들어진 약속마다의 상황 판단과 행동에 한계가 있다. 그래서 실제 화재와 같이 안전한계 최대의 행동은 없고 훈련에 있어서의 안전은 확보되어 있는 것이다. 또한 안전을 보장할 수 없는 위험한 훈련을 하여서는 아니 되며 사고를 발생시키지 않는 것이 전제이다. 훈련에 있어서 부상자가 발생하는 것은 이점에서 예외적인 것이다.

③ 훈련 또는 연습 시에는 계획 단계부터 시설, 장소, 환경 및 기자재 등에 대하여 사전점검으로 안전 여부를 확인하고 지휘체계를 확립하여 안전관리체계를 유지할 수 있도록 하여야 한다. 훈련 또는 연습 시의 안전관리 주체는 지휘관과 대원 모두이며 기본적으로는 화재활동 시의 지휘체제에 준하여 하는 것이 원칙이다.

④ 사전계획의 단계로부터 안전관리상 문제점을 발견하여 훈련, 연습 계획에 덧붙여 실시할 때에는 이 문제점을 제거할 수 있는 조치를 취하고, 훈련의 특성상 문제점을 제거하여서는 소기의 목적을 달성할 수 없는 경우 안전장비를 충분히 활용하고 훈련 단계마다 안전관리 담당자를 배치하여 훈련한다. 또한 훈련 종료 후 문제점을 재검토하여 다음의 훈련 혹은 소방활동 시 안전관리에 반영하여야 한다.

CHAPTER 02

현장활동 안전관리

01 | 위험 요인 ★★★

사고의 일반적 양상은 물건의 충돌 또는 접촉에 의하여 발생하는 것이고, 그 요인은 인적, 물적, 환경적 요인 또는 이들 상호 간의 불안전한 행위·상태에 있을 때 일어나는 것이다. 이와 같이 볼 때 이론적으로는 이들 위험 요인을 사전에 제거하면 사고는 일어나지 않을 것이다.

1 사고 발생의 기본적 모델

사고 발생은 환경적·인적·물적 위험 요인에 의하여 발생하거나 이들의 결합에 의하여 발생하고 불가항력에 의한 사고란 거의 없다.

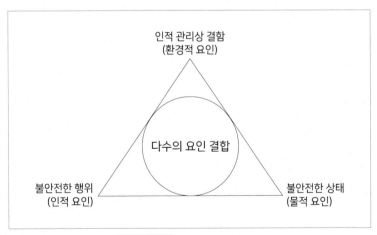

그림 6-1 사고 발생의 모델

2 위험 요인 분석

(1) 환경적 요인

기상조건, 기후, 현장 부근의 입지 조건 등 환경이 불안전한 경우 사고 위험이 증가한다.

구분	위험 요인
자연환경 등	기후, 기상 등의 불량 : 비, 바람, 서리, 냉해, 연기, 유해가스 등
훈련(직업)환경	• 정리 · 정돈의 불량 : 불용품의 방치, 정리 · 정돈 불량, 흠결 • 협상배치 불량 : 협소, 지형, 요철, 불비, 난잡 • 설비의 불량 : 소음, 조명, 환기, 경보 등

(2) 인적 요인(불안전한 행위)

사고 발생 조건을 유발시킬 우려가 있고 사람의 행동이나 행위 또는 안전한 상태를 불안전한 상태로 변하게 하는 행동이나 행위가 사고 발생 요인이 된다.

구분	위험 요인
모른다.	안전행위에 대한 지식 부족 : 교육 불충분, 이해 및 기억 불충분, 망각
할 수 없다.	• 능력 부족으로 완전하게 실행할 수 없음 : 기능 미숙, 작업량 과다, 어려움 • 능력은 있지만 완전하게 발휘할 수는 없음 : 심신 부조화, 환경의 불량, 조건의 부적합
하지 않는다.	• 안전행위에 대하여 지식은 있지만 실행하지 않음 : 상황 파악의 오류, 무의식, 고의 • 규율 준수에 잘못이 있음 : 무의식(의식 저하), 고의, 수줍음

(3) 물적 요인(불안전한 상태)

건물이나 시설, 설비 등의 미비, 결함이 있는 경우나 기능 불량이 있을 때 사고 발생 위험이 높다.

구분	위험 요인
장소, 시설, 설비, 기자재, 장비, 피복	• 상태의 불량 : 강도 부족, 강도 저하(노화, 부식, 손괴, 소손) • 기능의 불량 : 기능 저하, 고장 • 구조의 불비 : 조작, 취급 불량 • 흠결 등 : 설계 불량, 재질 불량

3 위험 요인 회피 능력배양

위험 요인을 피하기 위해서는 대원 스스로 위험한 현상을 관찰하고 위험 요인을 예측하여 이에 대한 감수성을 키워야 하며, 다음 능력을 익히고 실천하여야 한다.

① 외적 위험 요인 예지능력 : 대원 스스로 과거의 경험과 지식에 의하고 오감 등으로 판단하여 주위에 있는 위험 요인을 발견해내는 능력
② 내적 위험 요인 통제능력 : 자기 내면에 있는 위험 요인 즉, 자기중심적인 사고나 감정을 올바른 방향으로 통제할 수 있는 능력
③ 실행능력 : 외적 · 내적 위험 요인을 판단하고 이것을 행동으로 실행하는 능력

4 건강과 체력의 유지

① 소방업무는 모든 작업 중에서도 가장 위험하고 가장 힘든 일에 속한다고 할 수 있다. 화재를 진압하고 장애물을 제거하며 무거운 장비를 운반하고 요구조자를 구출하는 등의 소방업무는 강한 근력과 심폐지구력이 필요하다.

② 모든 소방대원은 일반인들과 같이 단순한 평소의 건강관리 차원에서가 아니라 주어진 업무를 충분히 수행할 수 있도록 체력을 강화하고 유지할 수 있도록 체계적인 체력훈련 프로그램을 운영하여야 한다.

③ 체력단련 프로그램에는 근력 강화를 위한 웨이트 트레이닝과 심폐지구력 향상을 위한 유산소 운동, 신체의 유연성을 강화하기 위한 스트레칭 등이 포함되도록 구성하고 일과시간 중에 규칙적으로 시행하여야 한다.

안전관리 10대 원칙
① 안전관리는 임무 수행을 전제로 하는 적극적 행동대책이다.
② 화재 현장은 항상 위험성이 잠재하고 있으므로 안일한 태도를 버리고 항상 경계심을 게을리하지 말라.
③ 지휘자의 장악으로부터 벗어난다는 것은 중대한 사고에 연결되는 것이므로 독단적 행동을 삼가고 적극적으로 지휘자의 장악 안에 들어가도록 하라.
④ 위험에 관한 정보는 현장 전원에게 신속하고 철저하게 주지시키도록 하라. 위험을 먼저 안 사람은 즉시 지휘본부에 보고하고 긴급 시는 주위에 전파하여 위험을 사전 방지토록 하라.
⑤ 흥분, 당황한 행동은 사고의 원인이 되므로 어떠한 상황에서도 냉정, 침착성을 잃지 않도록 하라.
⑥ 기계, 장비에 대한 기능, 성능 한계를 명확히 알고 안전조작에 숙달토록 하라.
⑦ 안전확보의 기본은 자기방어이므로 자기 안전은 자기 스스로 확보하라.
⑧ 안전확보의 첫걸음은 완벽한 준비에서 시작된다. 완전한 복장과 장비를 갖추고 안정된 마음으로 정확히 행동에 옮겨라.
⑨ 안전확보의 전제는 강인한 체력, 기력에 있으므로 평소 체력, 기력 연마에 힘쓰라.
⑩ 사고 사례는 생생한 산 교훈이므로 심층 분석하여 행동지침으로 생활화시키도록 하라.

02 구조현장의 안전관리 ★★★

1 구조활동 일반

> 화재 이외의 구조작업으로는 기계, 건물, 공작물, 전기, 교통사고, 수난, 풍수해 및 산악 등지에서 사고가 발생하며, 일반적으로 활동 환경이 열악하고 행동장애가 많으므로 2차적인 재해 발생에 의한 대원의 부상 위험성이 높다.

① 구조장비의 성능한계를 초과하여 사용하면 장비의 오작동, 고장 등으로 사고의 위험

이 있으므로 장비의 정확한 작동 방법과 제원, 성능을 파악하고 취급에 숙달하여야 한다.

② 윈치 등을 이용하여 로프를 설치하는 경우 로프의 인장력을 초과하여 당기게 되기 쉬우며 이 경우 로프가 절단되거나 지지물의 파손, 붕괴 등 뜻하지 않은 사고가 발생할 우려가 있다. 로프가 지나친 장력을 받지 않도록 주의해야 하며 아울러 지지물 파손 등에 의한 2차 사고를 방지하기 위하여 안전한 장소를 선정한다.

③ 구조활동을 위해 설치한 로프나 와이어, 유압호스 등에 대원이 걸려 넘어지기도 하고, 설치된 장비가 작동하지 않는 경우 오히려 장애물이 될 수도 있음을 주의한다. 특히 야간에는 조명기구를 설치하여 사고 방지에 노력한다.

④ 현장에 설치한 장비가 쓰러져 대원이 부상당할 위험이 있으므로 잘 정리 · 정돈하여 둔다. 장시간 구조활동을 전개할 때에는 피로가 누적되어 주의력이 산만해지고 장비 등에 걸려 넘어져 부상당할 우려가 있으므로 장시간 작업자는 교대할 수 있도록 조치한다.

2 자동차 사고

사고 발생에 따라서 차체가 파손, 변형되면 불안정한 상태가 되고 구조활동 시는 요구조자의 부상 부위 악화 방지에도 주의하여야 하므로 신중한 행동이 요구된다. 또한 작업 장소가 일반적으로 좁기 때문에 대원 행동이 제한되기도 하고 활용할 수 있는 장비가 제한되는 등 활동장애 요인이 많다.

① 출동한 차량은 주행하는 일반차량으로부터 2차적 사고를 방지할 수 있는 장소에 주차하고 작업 장소 후면에 경광등 또는 반사 표지판을 설치하여 구조활동 중임을 표시한다.

② 일반차량이 주행하는 도로에서는 작업할 때에는 불의의 접촉사고가 발생하여 부상당할 위험이 높으므로 사고가 발생한 차선 밖으로 나가지 않도록 조심하고 로프 등으로 활동 구역을 설정한다.

③ 구조활동 중에 사고 차량이 움직이지 않도록 확실히 고정한다.

④ 사고 차량으로부터 누설된 연료나 오일에 인화하여 대원 및 요구조자가 화상을 입을 위험이 있으므로 사고 차량의 엔진 정지 및 배터리 단자를 제거하는 등의 안전조치를 한다. 가스 절단기 등 불꽃이 발생하는 장비를 사용할 때에는 주변의 가연물을 제거하고 소화기 또는 경계관창을 배치하여 화재에 대비토록 한다.

⑤ 파괴된 유리창에 붙어있는 유리 조각은 완전히 제거하고 파손된 금속 등 예리한 부분

은 안쪽으로 꺾어놓은 후 천 등으로 덮어 활동 중 접촉에 의한 사고 방지를 도모한다.

⑥ 화물차의 경우 적재물이 낙하 또는 붕괴하여 대원이 부상을 입거나 활동에 장애를 받을 수 있으므로 사전에 제거, 고정 등 확실한 조치를 취한다.

3 수난사고

(1) 육상에서의 구조

> 수난사고일지라도 연안이나 하천가, 교량의 하부 등지에서 사고가 발생하면 구조할 수 있는 거점을 육상에서 두게 되지만, 발판이 불안정한 장소가 거점이 되는 경우에는 넘어지거나 물속에 빠질 위험이 있다.

① 연안, 방파제 위에서는 발 앞의 울퉁불퉁한 장애물 등의 유무를 확인하여 넘어지거나 빠지지 않도록 주의한다.

② 사다리차를 활용하여 구조할 경우는 회전 등에 의해 대원이 부상당할 위험이 있으므로 평탄하고 지반의 견고한 장소를 선정하여 부서한다.

③ 연안 등에서 요구조자에게 구명환을 투입하는 경우에는 신체의 균형에 주의하고 안정된 자세로 행하며 필요에 따라 로프로 몸을 확보한다.

④ 물속에는 금속 등의 위험한 물품과 부유물 등 행동상 장애물이 있으므로 맨발로 입수하지 않도록 하여 부상 방지에 주의한다.

⑤ 익수된 요구조자에게 주의하지 않고 접근하면 물속으로 끌려 들어갈 우려가 있으므로 요구조자의 후면으로부터 신중히 접근한다. 또한 이 경우 구조원은 구명재킷 또는 부환에 확보로프를 연결하여 안전을 확보한다.

(2) 배에 의한 구조

> 작은 선박은 파도의 영향을 받아 크게 동요되고 대원의 이동, 요구조자의 수용 등에서 배의 균형이 깨지면서 대원이나 장비가 물속으로 빠질 위험이 있다.

① 승선하는 대원은 구명조끼를 착용하고, 물속에 빠지는 경우에도 쉽게 신발을 벗고 수영할 수 있도록 간편한 복장을 착용하는 등 사전 대비를 취한다.

② 승선할 때 물속으로 빠지지 않도록 몸의 균형을 유지하면서 서서히 체중을 이동한다.

③ 승선 중 대원이 이동할 때는 자세를 낮추고, 지지물을 잡는 등 물속으로 빠지지 않도록 주의한다.

④ 야간과 짙은 안개 속에서는 항해 중인 선박과 충돌할 우려가 있으므로 등화 및 확성

Part 6 현장 안전관리

기 등으로 항해 중인 선박에 주의를 환기한다.

⑤ 운항 중에는 횡파를 받아 전복할 우려가 있으므로 파도와 직각으로 부딪히지 않도록 항해에 주의한다.

⑥ 작은 선박 위에서 요구조자를 직접 구조하는 경우에는 선수나 선미 측에서 신체를 끌어 올리고 배의 균형 유지에 주의한다. 상황에 따라 부환 등을 사용한다.

⑦ 배 한 척에 요구조자를 인도할 때는 불안정한 측면을 피하여 배 후미에 끌어 올린다.

(3) 잠수구조

> 잠수활동은 물의 속도, 수온, 수심, 수중 시계 저하 및 장애물 등에 의해 육체적인 피로, 정신적, 생리적인 부담이 크고 직접 대원의 생명에 관한 위험이 잠재하고 있으므로 대원 상호 간에 연계가 필요하다.

① 잠수활동 중에는 활동 구역 주변에 경계선을 배치하여 감시를 강화하고 확성기, 부표, 적색등, 기타 등화 등으로 일반 항해선에 잠수활동 중에 있는 것을 주지시키고 활동 구역에 부근으로 진입하지 않도록 통제한다.

② 잠수대원은 수시로 압력계를 확인하고 스쿠버장비 고장 등 긴급 시에는 짝에게 알려 상대의 호흡기를 사용하여 상호 호흡하거나, 상대방의 비상용 호흡기를 사용하여 규정의 속도로 부상한다.

③ 잠수 중 어망 등의 장애물에 걸린 경우에는 동료에게 알리고 냉정히 행동한다. 또한 잠수할 때는 수중의 장애물을 제거할 수 있도록 스쿠버나이프를 반드시 휴대한다.

④ 잠수대원은 스쿠버장비를 사용하여 잠수 중 긴급 부상할 때에는 감압증을 방지하기 위하여 반드시 숨을 쉬면서 부상한다.

⑤ 잠수대원이 선박에 접근하는 경우에는 승선원과 연락을 취해 스크류가 정지된 상태임을 확인하여 사고 방지에 유의한다.

⑥ 폐수 등으로 오염된 현장에서 잠수활동을 할 경우에는 구조활동 종료 후 맑은 물로 신체를 세척한다.

⑦ 잠수활동 종료 후에는 잠수시간, 잠수 심도에 따라 체내가스 감압을 위하여 규정의 휴식 시간에 따라 휴식을 취한다.

⑧ 잠수대원은 다음과 같은 질병 또는 피로 등 신체적·정신적 이상이 있을 때는 잠수하지 않는다.

    ⓐ 중풍, 두통, 소화기계 질환 또는 질환에 의해 몸 조절이 나쁜 자(눈병, 치통 등 국부적인 것도 포함)

    ⓑ 외상, 피부병, 기타 피부에 이상이 있는 자

ⓒ 피로가 현저한 자

ⓓ 정신적 부담, 동요 등이 현저한 자

⑨ 잠수대원은 잠수 중 사고 방지를 위한 조치를 숙지할 것

 ⓐ 잠수기구 고장에 대응한 조치

 ⓑ 잠수 장애의 배제 또는 사고 발생 시 조치

 ⓒ 수압 감압에 대응하는 조치 등

4 건물, 공작물

(1) 공통 사항

> 건물 부대시설 또는 공작물 사고에서 요구조자는 도괴물이나 공작물의 틈에 끼어 탈출이 곤란한 경우가 많이 발생한다. 작업 위치도 불안정하고 좁은 장소에서 발생하므로 활동상 장애가 많고 대원의 2차적 사고 발생 위험도 높다.

① 발코니, 베란다 등은 외관상 견고하게 보여도 쉽게 무너지는 경우가 있으므로 진입 전에 갈고리 등으로 끌어당기기도 하고 연장한 사다리를 흔들어서 강도를 확인한다.

② 철제 트랩 등은 부식하여 무너지기 쉽게 되어있는 경우가 있으므로 한 계단씩 강도를 확인하면서 오르내린다. 무거운 장비를 휴대한 경우 가급적 다른 통로를 이용한다.

③ 로프 확보지점으로서 활용하는 창틀과 기둥 등은 강도 부족으로 빠지거나 떨어지는 위험이 있으므로 가능한 한 로프를 결속하기 전에 끌어당기는 등 방법으로 강도를 확인한다. 로프의 경유점은 2개소 이상으로 한다.

④ 작업장소가 높고 협소한 경우는 대원 간에 부딪혀서 추락하거나 로프에 휘감기는 등의 위험이 있으므로 진입하는 대원은 필요한 최소한으로 제한하고 장비를 정리하여 활동 공간을 확보한다.

⑤ 좁은 복도와 계단에서 들것을 이용하여 요구조자를 운반할 경우 들것을 놓쳐 발에 떨어뜨리기도 하고 허리에 부딪혀서 부상당할 위험이 있으므로 대원 상호 간에 신호를 하고 발 앞을 확인하면서 행동한다.

(2) 도괴 시

> 건물, 공작물 도괴 현장은 부주의한 파괴 또는 도괴물을 들어 올릴 때 2차적인 도괴와 전체 붕괴 등의 위험성이 있으므로 대원의 구출행동은 신중을 기해야한다.

① 도괴 현장에서는 구조활동 중에 유리 조각이나 함석판 등의 예리한 물체에 부상당할

으로 덮어둔다.

② 도괴 현장에는 못, 볼트 등을 대원이 밟아 찔릴 위험이 있으므로 안전화를 신고 산란물 위를 부주의하게 걷지 않는다.

③ 대원이 도괴물 위를 넘어가는 경우 넘어지거나 무너지는 등의 위험이 있으므로 발 앞의 강도, 안정도 등을 확인한 후 체중을 걸친다.

④ 도괴물을 파괴하여 제거할 경우 파괴할 때 충격으로 예상외의 장소가 붕괴하여 대원이 부상당할 위험이 있으므로 주위 상황을 확인하면서 서서히 힘을 가한다.

⑤ 모래, 먼지 등이 부유하는 장소에는 눈과 호흡기를 보호하기 위하여 방진안경, 방진마스크 등을 활용한다.

(3) 높은 곳에서의 활동

> 높은 곳에서 활동할 때는 대원이 떨어지거나 파괴물 혹은 기자재 등의 낙하에 의한 대원의 부상 위험이 있으므로 안전로프를 결착하여 낙하를 방지하고 아래쪽에는 출입을 규제하는 등의 안전조치를 취할 필요가 있다.

① 사다리차의 사다리에서 곤돌라 등의 불안정한 장소로 옮길 경우 미끄러지기거나 균형을 잃기도 하고 혹은 공포심 등으로 신체가 생각지도 않게 움직여 추락할 위험이 있으므로 로프를 사다리에 묶든지 견고한 지지물에 결속하고 진입할 장소에 설치된 발판의 안정도를 확인한다.

② 높은 곳에 있어서의 구조활동은 일반적으로 활동공간이 좁고 장소가 한정되어 있는 것이 많으므로 낙하 위험이 있는 기자재는 로프 등으로 낙하 방지 조치를 취한다. 또한 아래쪽의 낙하 예측 범위에 경계구역을 설정하고 감시요원을 배치하여 출입을 규제한다.

(4) 지하공작물

> 건물, 공작물 지하 부분 및 낮은 곳에 있어서 구조활동은 일반적으로 어둡고 협소하여 활동이 힘들고 큰 장비는 활용이 어려우므로 공간을 고려하여 장비를 선택하여야 한다. 또한 환기가 불충분하거나 유독물질이 체류하는 경우가 많으므로 호흡 보호에 만전을 기해야 한다.

① 공사 현장에서의 구조활동은 지반, 기자재 등에 걸려 넘어지기도 하고 추락할 위험이 있으므로 주의한다.

② 낮은 곳으로 내리는 구조기자재는 잘못하여 떨어뜨릴 위험이 있으므로 확실히 결속하여 수납 주머니에 넣는 등 낙하에 의한 대원의 부상 방지를 도모한다. 또한 수직의 상·하수관 등의 장소에서 작업을 할 경우는 활동 장소의 직하에 위치하지 않도록 하고 상호연락을 긴밀히 한다.

③ 좁은 계단과 어두운 지하실 내에서는 대원이 넘어지거나 추락할 위험성이 있으므로 갈고리 등을 유효하게 활용하여 안전을 확인한다.

④ 현장에서 조달한 기자재, 크레인 등을 활용할 때는 관계자로부터 성능, 강도를 확인한다. 전문적 지식, 기술을 필요로 하는 것은 작업순서와 소방대와의 연계 요령을 이해시킨 후 관계자에게 실시한다.

⑤ 폐쇄된 지하공간으로 진입할 때에는 반드시 공기호흡기를 착용한다.

5 산소결핍 사고

① 산소가 결핍되어 있는 경우 농도에 따라 다르지만 단 한 번만의 호흡으로도 의식을 잃을 수 있으므로 내부 진입 시 반드시 공기호흡기를 장착하고 면체 사이에 틈이 발생하지 않도록 세심한 주의를 기울인다.

② 산소결핍 여부를 측정할 때는 반드시 공기호흡기를 장착하고 맨홀 등의 주변에서 개구부를 향하여 순차적으로 행하고 산소결핍 상태를 나타난 때는 조기에 경계구역을 설정한다. 또한 산소결핍 여부의 측정과 병행하여 가연성 가스의 유무에 대해서도 확인하여 폭발 위험이 있을 때는 송풍기 등으로 가연성 가스를 제거하면서 구조활동을 개시한다.

③ 진입대원은 맨홀 등의 입구가 좁은 장소에서 요구조자에게 공기호흡기를 장착시키고 구출하는 경우 보조자와 연계 불능 등으로 면체가 이탈하지 않도록 주의한다.

④ 좁은 장소에서 여러 개의 로프를 취급하는 경우 로프를 잘못 당기면 진입한 대원이 넘어져 공기호흡기 면체가 벗겨질 우려가 있으므로 구출로프, 확보로프를 목적별로 구분하여 대원별로 지정하는 등 사용 로프를 명확히 구별한다.

⑤ 지하수조 내에서는 대원 상호 간 또는 장애물 등에 부딪히거나 넘어져 면체가 벗겨져 유독가스를 흡입할 우려가 있으므로 조명기구를 사용하고 대원 간 상호 신뢰와 의사전달을 명확히 한다.

⑥ 의식이 혼미한 요구조자는 진입한 대원에 의지하여 돌발적인 행동을 취할 수도 있으므로 면체가 이탈되지 않도록 주의를 기울인다.

6 폭발사고

> 가연성 가스 또는 인화성 위험물에 의한 폭발사고는 건물, 공작물 등 파괴와 붕괴에 의하여 강도 저하를 일으켜 불안정한 상태인 경우가 많고 대원의 부주의한 행동에 의해 재붕괴 등 2차적인 재해가 발생할 위험성이 있다.

① 폭발에 의해 붕괴된 지붕, 기둥, 교량 등은 갈고리 등으로 강도를 확인하면서 행동한다. 붕괴위험이 있는 기둥 등은 진입하기 전에 제거하거나 로프 등으로 고정한다.

② 구조활동을 위하여 대원이 왕래하는 장소에 유리 조각, 철근 등이 돌출하고 있을 때는 장갑을 착용하고 예리한 부분은 갈고리 등으로 제거하든지 구부려 두고 필요에 따라 천 등으로 덮어 조치한다.

③ 폭발사고 현장에는 비산물, 독극물에 의한 부상사고를 방지하기 위하여 방화복 • 방열복과 방수화를 사용한다.

④ 2차 폭발의 우려가 있을 때는 경계구역을 설정하여 인화방지 조치 및 가스의 희석 • 배출 등 안전조치를 취한다. 경계구역 내로 진입할 때에는 콘크리트 벽체 등을 방패로 하여 조심스럽게 접근하며 필요한 최소한의 인원만 진입하도록 통제한다.

7 전기관계 사고

> 감전사고 또는 전기설비 부근에서 발생한 사고 시에는 구조대원이 넘어지거나 부딪힐 때 전력선에 접촉할 가능성이 매우 높으므로 안전로프 등을 설치하여 전선이나 전기기기에 접근하지 않도록 조치하고 반드시 전원차단 여부를 확인하여야 한다.

① 모든 전선은 전력이 차단된 것이 확인되기 전까지는 통전중인 것으로 가정하고 행동한다.

② 활동장소 부근에 전기설비 통전부가 있는 경우 활동대원이 잘못하여 감전될 우려가 있으므로 관계자 등에게 전원을 차단시키고 절연 고무장갑 등을 착용하며 스위치 등 노출부에 접촉하지 않도록 주의한다.

③ 옥외에서 수직으로 내려간 전선은 통전하고 있는 경우가 있으므로 부주의하게 접근하지 말고 전력회사의 직원에게 전원을 차단시킨 후 행동한다.

④ 통전상태에 있는 요구조자는 전원을 차단한 후 구조한다. 긴급 경우는 내전의 성능 범위 내에서 안전을 확보하여 행동한다.

⑤ 침수된 변전실에서 구조활동을 할 경우는 먼저 전력회사 직원을 통하여 개폐기 등

전원차단을 확인하여야 한다.

⑥ 고압선 주변에서 사다리차를 사용하는 경우 사다리 또는 작업 중인 대원이 전선에 접촉할 위험이 있으므로 전력회사에 송전 정지를 요청하고, 사다리 위의 대원과 기관원과의 연락을 긴밀히 하여 전선과 안전거리를 두고 활동한다.

⑦ 철탑, 철주 위에서 발생한 사고 시 등반 전에 고압선, 저압선 모두 송전이 정지되어 있는 것을 확인하고 전선에 접촉하지 않도록 주의한다.

8 산악사고

(1) 공통 사항

> 산악지역 구조활동은 장시간, 장거리 활동으로 체력소모가 많으며 급경사면이나 수풀, 계곡 등에서의 행동으로 위험요인이 많다. 특히 대원의 발 부상은 치명적으로 보행에 곤란을 초래하여 동료 대원에게 부담을 주게 되므로 안전에 충분한 배려가 필요하다.

① 등산길을 선행하는 대원은 후속 대원에게 나뭇가지가 튕기거나 낙석, 붕괴, 낙하 등 위험을 알린다. 수풀에서 행동할 때에는 나뭇가지가 튕겨 되돌아올 경우를 대비하여 보호안경을 사용한다.

② 등산길에서는 계단 차이, 요철 등에 주의하고 도로의 가장자리 부분이 붕괴되거나, 발을 잘못 디뎌 추락하는 사고를 방지하기 위하여 등산로 중앙이나 산 쪽으로 보행한다.

③ 지지점으로 활용할 나무나 바위 등은 강도를 확인하고 가급적 2개소 이상의 지지점을 확보한다.

④ 장시간 활동할 경우는 휴식과 교대를 번갈아 하여 피로경감, 주의력, 집중력 지속에 노력한다.

⑤ 급경사면의 등산길에 낙석위험이 있는 경우는 헬멧 등을 장착함과 동시에 반드시 위쪽을 주의하면서 행동한다. 또한 낙석이 발생한 때는 큰소리로 아래쪽의 대원에게 알리고 경사면의 직하를 피해 횡방향으로 피한다.

(2) 여름 산

> 여름의 산악구조 활동은 겨울철과 비교하여 행동하기 쉽지만 더위와 장시간 활동에 의한 행동으로 피로가 축적되기 쉽고 날씨 급변에 의한 사고의 발생위험이 있다.

① 활동 중 천둥이나 번개가 발생하면 낙뢰사고의 위험이 있으므로 산 정상, 능선에서

세를 취한다.

② 직사열광을 받으며 장시간 활동할 경우 열사병 등을 방지하기 위하여 나무그늘 등의 시원한 장소에서 휴식을 취하며 수분을 보급한다.

③ 대원은 독사, 곤충 등으로부터 신체를 보호하기 위하여 노출부가 없도록 하고 풀숲과 수림에 들어가지 않도록 한다.

④ 여름은 손에 땀이 나서 기자재를 낙하시킬 위험이 있으므로 손에 땀을 닦아 미끄럼 방지에 주의를 한다. 또한 경사면의 위, 아래에 대원이 있는 경우 상호 안전을 확인한다.

(3) 겨울 산

> 겨울의 산악구조 활동은 적설과 결빙으로 활동 중 미끄러져 추락하거나 쌓인 눈이 붕괴되는 등 위험성이 높으므로 장비를 안전하게 설치하고 겨울 산의 기상조건을 충분히 고려하여 행동한다.

① 눈이 얼어붙은 등산길에는 크램폰(아이젠) 등으로 미끄럼을 방지하고 상황에 따라서는 대원 상호 간 로프로 확보한다.

② 바람, 눈 등으로 시계가 나쁜 경우 아래쪽을 보지 못할 수 있으므로 지형도, 컴퍼스를 활용하여 목표가 된 산의 특징, 지형 등을 비교하여 현재 위치를 확인한다.

③ 방한복, 식량, 개인장비 등을 완전히 준비하고 대원의 체력을 고려한 보행속도를 유지하여 대열을 흐트러뜨리지 않는다.

④ 겨울 산은 청정하여도 햇볕이 미치지 않는 경사면에는 동결되어 있는 곳이 있으므로 보폭을 작게 하여 넘어지거나 추락하지 않도록 주의한다.

⑤ 눈 쌓인 경사면에서 행동할 경우 경사면 전반을 보고 넘는 위치에 감시원을 배치한다. 감시원은 눈이 무너질 위험을 확인하면 경적 등으로 알려 항상 횡방향으로 퇴로를 확보하여 둔다.

9 항공기 사고

> 항공기 사고는 추락이나 활주로에서의 오버런 등에 의해 기체가 파손되어 불안정한 상태가 되어 있는 것이 많고 부주의하게 행동하면 2차 화재가 발생하기 쉽다. 특히 연료 등의 누출이 있는 경우는 화재발생 위험 제거와 병행하여 구조활동을 실시하여야 한다.

① 소방대가 공항 내에 진입할 때는 반드시 공항 관계자의 유도에 따라서 진입하고, 화재발생 위험을 예측하여 풍상, 풍횡 측으로 부서함을 원칙으로 한다.

② 불티를 발하는 기자재는 원칙적으로 사용하지 않는다. 부득이 사용할 때에는 소화기를 준비하거나 경계관창을 배치한다.

③ 기내에서 활동하고 있을 때는 별도의 출입구에 연락원을 배치하여 화재 등 긴급사태 발생에 대비한다.

④ 엔진이 가동 중인 기체에 접근할 때는 급·배기에 의한 사고를 방지하기 위하여 기체에 횡으로 접근한다. 이 경우 기체의 크기에 따라 다르지만 여객기의 경우 엔진꼬리 부분에서 약 50m, 공기 입구에서 약 10m 이상의 안전거리를 확보한다.

⑤ 프로펠러기와 헬리콥터는 엔진가동 중은 물론이고, 정지 중에도 프로펠러와 회전날개로부터 일정거리를 유지하여 행동한다.

⑥ 누출되어 있는 연료와 윤활유가 연소할 우려가 있으므로 고무장갑, 방수화 등으로 신체를 보호한다.

10 토사붕괴 사고

토사붕괴 사고는 가옥 등이 매몰되는 광범위한 지역이 매몰되는 경우와 굴삭공사 현장 또는 터널 내 등 부분 붕괴사고가 있고, 특이한 사례로써 콘크리트 공장의 모래 집적 장소에서 놀고 있던 어린이가 생매장된 사례도 있다. 또한 구조활동 중 재붕괴의 우려가 크고 토사가 무거워 작업이 진척되지 않아 장시간 걸리기도 하고 활동 장소가 좁아 구조인원이 제한되는 등 2차적인 위험요인이 많이 있다.

① 붕괴된 토사와 나무 위에서는 발이 빠지기도 하고 미끄러져 넘어질 우려가 있으므로 발판을 안정시키면서 행동한다.

② 토사를 제거할 때는 2차 붕괴가능성을 충분히 고려하고 재붕괴 위험이 있는 장소는 말뚝 및 방수시트 등으로 안정을 확보하면서 작업을 개시한다.

③ 활동 중에는 반드시 감시원을 배치하고 대원은 2차적인 토사붕괴 발생에 대비 토사붕괴 방향과 직각의 방향에서 퇴로를 확보하여 둔다.

④ 유출된 토사 등은 손 앞에서부터 순차적으로 제거하여 활동의 장애가 없는 장소에 운반하고 활동공간을 확보하여 행동한다.

⑤ 활동이 장시간에 미칠 경우는 피로누적으로 주의력 산만에 의한 사고를 방지하기 위해 일정 시간을 정해 작업대원을 정기적으로 교체하여 주고 인접 구조대 등에 응원을 요청하여 교대요원을 확보한다.

⑥ 붕괴현장의 토사와 가옥 등은 물을 함유하여 예상 이상으로 무거운 경우가 많으므로 요추 등 손상방지에 주의하여 작업한다.

⑦ 삽과 해머 등을 사용할 때는 파손, 낙하 등의 사고를 방지하기 위해 항상 주위 상황을 확인하여 부주의로 떨어뜨리지 않도록 조심한다.

03 안전사고 예방을 위한 현장활동 요령 ★★

1 안전관리 예방적 행동

> 안전사고의 예방은 누가 시켜서 어쩔 수 없이 하는 것이 아니라 대원 스스로가 행동으로 예방하여야 하며 요구조자, 동료 대원과 자신은 물론 각종 장비를 얼마나 잘 관리하고 활용하여 사용하는 것과 사전 위험요인을 제거하고 안전하게 활동하는 습관을 들이느냐에 따라서 사고 발생률을 현저하게 줄일 수 있다.

(1) 일상생활 속 무언의 의사표현

우리가 재난현장에서 같이 활동하는 팀원들끼리의 일상생활 속에서도 운동이나 취미활동을 하고 많은 대화를 함으로써 함께 하는 무의식중에도 호흡을 맞춤으로 현장활동 시에도 서로의 눈빛만으로도 무엇을 원하는지를 확인할 수 있다. 이런 모든 것은 안전사고를 예방할 수 있는 기능을 가지고 있다.

(2) 장비의 특성 및 사용법 철저 숙지

① 각종 재난현장에서 사용하는 많은 구조장비들의 특성과 사용법에 대하여 점검시간과 훈련들을 통하여 습득하여야만 실제의 재난현장에서 발생할 수 있는 안전사고를 예방할 수 있다. 또한 어떤 문제점의 발생 시 그 문제점에 대하여 대처할 수 있는 능력을 보유하게 된다.

② 돌발적인 문제점에 대하여 대처능력이 없는 경우 갑자기 당황하고 특히 주변에 보는 눈이 많을 경우 더욱 당황하여 장비를 조작하거나 무리하게 작동하여 오히려 안전사고를 발생시키는 원인을 제공하게 된다.

(3) 2인 1조 활동 기본적 복수 편성 운영

모든 재난현장에서는 1인 행동을 절대 금지하고 최소 2인 1조 단위로 편성 운영하여야만 한다. 조원의 부상이나 돌발적인 사고 등으로 문제점이 발생할 때 경미한 것은 스스로 해결할 수도 있고 혼자서 해결이 안 되는 부득이한 경우에는 외부로 지원요청을 하는 등으로 조치를 취할 수 있으며 장비의 운반, 관리 등을 원활히 수행할 수 있다.

2 안전한 현장활동 – 기본 준수사항

(1) "사망자" 용어의 사용 금지

① 현행법상 사망에 대한 판정은 의사자격증을 가진 사람이 확인하고, 계측기에 의한 사망으로 판정할 수 있는 징후가 일치해야만 사망으로 인정하고 있다.

② 여러 재난현장에서 사고 등으로 사망된 것으로 추정되는 부상자를 발견하여 그에 따른 조치를 하는 경우가 있는데 비록 객관적인 판단에 사망을 한 것으로 추정할 수 있다고 하더라도 모든 응급처치 등을 포함한 일련의 행동은 부상자에 준하여 처치하여야만 추후 발생할 수 있는 그 가족 등으로부터의 이의 제기에 대비할 수 있다.

(2) 사고 현장에서 부정적 용어 사용금지

교통사고 등 각종 사고로 출동 시 주변의 구경하는 사람들로 인하여 구조작업에 상당한 지장이 초래되고 있는 바, 동원 가능한 인원으로 하여금 안전거리를 충분하게 이탈하도록 해야 한다. 환자의 상태가 어떠한 경우라고 하더라도 현장활동 대원이 요구조자의 생사 여부를 판단하여 "요구조자가 사망하였다", "이것은 잘못되었잖아" 하는 등의 사망을 결정하거나 대원들이 실시한 작업 관련 내용에 대하여 부정적인 말투로 이야기하면 안 된다. 진행방법의 견해 차이로 나타난 작업에 대하여 들은 외부 사람으로 하여금 작업자들이 잘못하였거나 잘못한 것처럼 오해의 소지가 발생할 수 있다. 추후 법적인 책임소재의 우려도 있으므로, 부정적인 용어의 사용을 금하여야 한다.

(3) 현장의 물품 접촉 금지

주변 물건은 가급적 그대로 방치

현장의 물품은 보존한다.

그림 6-2 물품 보존

① 사고 시 현장 주변에 흩어져 있는 소지품을 통하여 사고자의 신원과 연락처 등을 확

인하는 경우가 있다.

② 소방대원의 복장을 제대로 갖추지 않은 상태에서 행동하거나 사고자의 소지품을 구조차량이나 개인 장비함 등에 보관하게 되면 절도행위로 오인 받을 수도 있으므로 각별히 조심하여야 한다.

③ 현금이나 고가의 물품이 사고 장소에 방치된 경우에는 가급적 손대지 않도록 하고 경찰공무원에게 보존을 요청하도록 한다.

④ 화재진압이나 구조활동을 위하여 부득이한 경우에는 사진을 촬영하거나 주위 사람의 확인을 받은 후 이를 안전히 보관하여 경찰공무원이나 관계자에게 인계하도록 한다.

(4) 요구조자의 동의(명시적, 묵시적)

① 요구조자에 대한 보호 측면과 추후 발생될 수 있는 구조활동상의 자격 시비 등 민·형사상의 문제점을 예방하기 위하여 의식이 있는 경우에는 명시적인 방법으로, 의식이 없는 경우에는 묵시적인 동의를 적용하여 상대의 동의를 구하되 자신의 소속과 자격, 현장상황을 설명하고 요구조자로부터 동의를 얻도록 한다.

② 119신고에 따른 출동의 경우가 아니고 출동이나 귀소 중에 발견하거나 주변의 일반인들에 의하여 구두로 통보되었을 때는 각별한 주의를 하여 위 사항의 선행절차를 거친 후 시행하는 것이 바람직하다.

(5) 위험지역 이동 시 손목 파지법

① 일반적으로 위험지역을 통과하거나 위험한 장소를 혼자서의 힘으로 이동하기가 곤란할 때에 서로 서로 손을 잡아 추락이나 부상을 당하지 않도록 보호하면서 이동하는 경우가 있다. 이런 경우 서로의 손을 악수하듯 마주 잡는 경우가 흔하다.

② 이러한 손목 자세는 위쪽 방향의 사람의 손은 역삼각형 형태이며 아래쪽 방향의 사람의 손은 정삼각형 형태의 자세로 조그만 실수에도 미끄러지듯이 손과 손이 빠져나간다.

③ 이처럼 발생되는 사고를 예방하고 부상을 줄이기 위해서는 악수법이 아닌 손목 파지법을 사용하는 것이 좋다. 혼자의 잘못으로 완벽한 보호가 못 되었다고 하더라도 또 한 사람의 의지에 의하여 추락을 방지하고 예방할 수 있다.

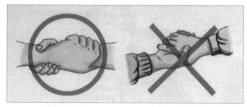

그림 6-3) 서로 손목을 잡는다.

3 안전한 현장활동 - 건물 내 진입

(1) 개인장비 착용 철저

① 안전관리의 기본은 대원 개개인의 자기관리에 있지만 평소에 자신의 체력과 정신력 및 담력, 구조기술 연마를 위해 노력하여야 한다.

② 현장상황에 따라 적응할 수 있는 복장의 철저한 착용과 적응장비 등을 준비하여야 하고 마모되었거나 노후로 손상된 개인장비는 즉시 교체하여야 한다. 조그마한 문제 가 발생되더라도 현장활동을 하지 못하는 어려움과 자신의 신체에 심한 위험을 초래 하는 결과를 초래하게 될 수 있다.

③ 사용하는 장비 중 혼자서 사용하는 장비가 아닌 두 사람 이상의 팀이 함께 사용하는 장비를 사용할 때에는 팀원들 스스로 일사불란한 신속한 행동으로 대처하여야 한다.

(2) 출입문을 열 때의 자세

① 모든 현장에서의 활동 시 출입문 등을 통과하는 경우가 있는데 사고 발생 이유가 정 확히 확인된 경우를 제외하고는 평소에 문의 온도를 측정하는 습관을 가져야 한다. 확인되지 않은 출입문의 개방 시에는 급격한 공기유입으로 인한 역화(back draft)사 고나 기타 탈출로의 차단 등으로 인한 안전사고에 대비하여야 한다.

② 온도를 측정할 때에도 손바닥을 이용하여 온도를 측정하지 말고 손등을 접촉시키 면 불의의 감전 사고에도 신체의 반사작용으로 안전하게 보호될 수 있다.

손등을 이용하여 문의 온도를 측정

[그림 6-4] 화재장소에서는 문을 급격히 열지 않는다.

(3) 조명기구 사용

① 사고 현장이 어둡거나 야간인 경우에 내부 조명을 위하여 이동식 조명등을 설치하거 나 소형 랜턴, 플래시 등을 사용하게 된다. 이때 미리 조명기구를 켜는 것이 아니라 내부가 어두운 것을 확인하고 나서 조명기구의 스위치를 넣는 경우가 대부분이다.

② 사람의 눈이 밝음에 적응하는 데는 1~3분 정도가 소요되지만 암순응, 즉 어둠에 적응

하는 데에는 10~20분 정도의 시간이 소요되기 때문에 위험요인을 쉽게 발견하지 못하게 된다.

③ 밀폐된 실내에 가스가 체류하고 있으면 이런 조명 기구의 스위치 조작 시 발생하는 스파크에도 점화, 폭발사고를 일으킬 우려가 있다.

④ 조명기구의 스위치는 현장에 진입하기 전에 켜고 현장을 이탈한 후에 끄는 것을 원칙으로 한다.

그림 6-5 조명기구 사용

4 안전한 현장활동 – 현장활동, 교육·훈련 시

(1) 발을 끌면서 이동하기

① 공기호흡기나 기타 호흡장비를 착용하였을 때는 시야가 좁아져서 자신의 발이 어디쯤 있는지 장애물이 어디쯤 있는지 확인하기가 매우 어렵다. 이러한 경우 발을 높이 들고 걷게 되면 장애물에 부딪혀 넘어지거나 맨홀 등에 빠지는 상황이 발생할 수도 있다.

② 시야가 협소하고 조명이 충분하지 못한 경우에는 발을 지면에 밀착시키고 끌듯이 이동하면 안전사고를 예방할 수 있다.

(2) 복식사다리 이용 시의 주의사항

① 복식사다리를 사용하는 경우 반드시 고리를 걸고 로프로 결착한 후에 활동을 하여야 한다.

② 복식사다리가 완전히 결착되지 않은 경우 충격이나 상부의 하중으로 인하여 연장된 사다리가 내려오면 사다리에서 활동하는 대원의 추락이나 사다리를 지지하는 대원의 손에 심각한 부상을 입게 된다.

③ 평소 훈련 시에 반드시 사다리의 완전 고정상태를 확인하도록 하여 현장활동 시의 안전을 도모한다.

(3) 셔터 파괴 시의 주의사항

① 고정된 셔터를 절단, 제거할 때에 셔터의 좌·우측 지지 부분의 틈을 파괴하거나 동력절단기 등으로 절단한 후 파손되지 않은 셔터를 절단된 부분인 옆으로 빼는 것을 원칙으로 한다.

② 셔터를 옆으로 빼낼 수 없는 경우에는 셔터 기둥 및 상단 몸체의 붕괴에 따른 안전거리를 고려하여 현장에서 활동하는 대원 쪽인 건물 바깥쪽으로 당기지 말고 건물 내로 밀어 안으로 무너지도록 조치한다.

③ 바깥으로 당겨야 할 경우에는 상단 몸체가 붕괴될 충분한 안전거리를 확보한 후 작업하여야 하며 안전거리가 확보되지 않으면 상단 몸체가 활동 중인 대원을 덮치게 됨을 명심하여야 한다.

(4) 로프 하강 시 안전조치

① 로프를 이용한 하강 시 안전벨트와 카라비너, 8자 하강기 등의 장비와 로프의 결합은 장비를 당겨 결합 여부를 확인해야 한다. 그리고 건물 외벽으로 이탈 전 상단의 로프와 결착된 장비가 일직선으로 된 후 건물에서 이탈하게 되면 장비의 노후나 마모로 인한 파손과 충격으로 인한 추락의 위험과 안전사고를 예방할 수 있다.

② 하강을 시작하기 전에는 큰 소리로 "하강 준비 끝"이라고 외쳐서 안전요원과 주변의 이목을 집중시키도록 한다.

③ 하강 지점에는 상층에서 장비나 파손된 유리창 등이 낙하하여 부상을 입을 위험이 상존하기 때문에 하강을 마친 대원은 먼저 신속히 하강 지점에서 물러선 후에 로프에서 장비를 빼내야 한다. 이후에 "하강 완료"라고 소리쳐서 다른 대원이 하강을 준비할 수 있도록 한다.

(5) 구조활동 시 이중안전조치 원칙 준수

로프를 이용한 횡단 인명구조 활동 시 보조로프를 사용하지 않고 긴급하다는 명분 아래 주 로프만 사용하여 인명구조 활동에 임하는 바 주 로프의 결함이나 손상, 파손 등으로 치명적인 안전사고가 발생할 수 있다. 따라서 직접 인명구조에 사용되는 로프는 반드시 2겹으로 설치하고 2개소 이상의 장소에 결착, 고정한다.

(6) 로프를 이용한 요구조자 결착

단독으로 요구조자를 구출하여 업거나 손으로 붙잡고서 이동하는 경우에 계단이나 사다리를 통하여 탈출하게 되는 경우, 요구조자가 등에서 미끄러져 내려가거나 추락하는 등

의 위험한 상황이 발생할 수 있다. 이런 경우엔 개인로프를 이용한 1인 업어내리기 방법을
이용하면 이동에 용이하고 안전하여 2차 사고를 예방할 수 있다.

(7) 중량물을 들어 올리는 경우

① 사고 현장에서는 사전 준비 없이 갑자기 무거운 장비를 이동시키거나 장애물을 들어
올리게 되는 경우가 많다. 이런 상황에서 능력이 부족하거나 자신이 없음에도 주변
의 시선을 의식하여 "할 수 없다"거나 "못 한다"고 하지 못하고 자신의 능력 범위를
벗어나는 물체를 들어 올리게 된다.

② 이는 등이나 허리에 상당히 심각한 부상을 입을 수 있는 상황을 초래한다. 평소 충분
한 운동을 통해 체력을 배양하여야 함은 물론이지만 현장에서도 잠깐의 준비운동으
로 근육의 긴장을 풀어주어야 한다.

③ 허리만 굽혀서 물체를 들어 올리지 말고 허리와 무릎을 완전하게 굽혀 앉은 후 팔과
다리의 힘을 이용하여 물체를 들어 올리도록 한다.

④ 한 사람이 들기에 너무 크거나 무거우면 다른 사람의 도움을 받아서 들어 올리거나
옮겨야 한다.

PART 6 현장 안전관리

적중예상문제

01 다음 내용과 가장 관계 깊은 것은?

> • 사고가 발생하면 원인을 규명하고 대응책을 수립하게 되지만 사고 방지를 위해서는 단편적인 대응책보다는 화재 현장에 내재하는 잠재적 위험 요인으로 눈을 돌려 이러한 요인을 확인하고 배제할 수 있는 능력을 기르는 것을 우선해야 한다.
> • 잠재적 위험 요인을 배제하기 위해서는 우선 현장의 위험성에 대한 감각, 감수성을 길러 위험 요소를 올바르게 예지, 예측하여 이것에 사전 계획된 안전대책을 적용시켜 필요한 준비를 취하도록 해야 한다.

① 안전관리 능력　　　　　　　② 안전관리 지향

③ 안전관리 교육　　　　　　　④ 안전관리 환경

 해설

안전관리의 목표
– 안전관리 지향
① 소방활동 현장에서 발생하는 사고의 원인은 대부분 불안전한 현장 상황 혹은 대원의 불안전한 행동 등 잠재된 위험 요인에 의하여 발생하는 것으로 불가항력적인 외부요인에 의한 사고 발생은 그 예가 드물다.
② 소방업무를 수행하는 과정에서 사고가 발생하면 본인과 그 가족의 고통은 물론이고 상사와 동료들에게도 걱정과 괴로움을 주게 되지만 사회적으로도 많은 손실을 가져온다.
③ 사고가 발생하면 원인을 규명하고 대응책을 수립하게 되지만 사고 방지를 위해서는 단편적인 대응책보다는 화재 현장에 내재하는 잠재적 위험 요인으로 눈을 돌려 이러한 요인을 확인하고 배제할 수 있는 능력을 기르는 것을 우선해야 한다.
④ 잠재적 위험 요인을 배제하기 위해서는 우선 현장의 위험성에 대한 감각, 감수성을 길러 위험 요소를 올바르게 예지, 예측하여 이것에 사전 계획된 안전대책을 적용시켜 필요한 준비를 취하도록 해야 한다.

➥ **정답**　　　　　　　　　　　　　　　　　　　　**01** ②

02 안전관리 대책수립 중 조직적 대책을 모두 고르면?

2018 통합 소방장

Ⓐ 안전책임자 및 요원의 제도화   Ⓑ 훈련, 연습 실시
Ⓒ 안전관리에 관한 규칙 제정   Ⓓ 소속기관의 안전담당자에 대한 교육

① Ⓐ, Ⓒ

② Ⓐ, Ⓑ

③ Ⓐ, Ⓑ, Ⓒ

④ Ⓐ, Ⓒ, Ⓓ

해설

안전관리 대책수립

1. 조직적 대책
① 안전관리 담당 부서의 설치
② 안전책임자 및 요원의 제도화
③ 훈련, 연습 실시 및 안전관리에 관한 규칙 제정 등

2. 장비적 대책
① 개인장구의 정비 : 공기호흡기, 방호복, 안전모, 개인로프, 손전등 등
② 훈련용 안전기구의 정비 : 안전매트, 안전네트, 로프보호대, 훈련용 인형 등
③ 소방용 기구의 점검 · 정비 : 차량, 통신장비, 진압 · 구조 · 구급장비 등

3. 교육적 대책
① 안전관리 교육 : 일상교육, 특별교육, 기관교육
② 소속기관의 안전담당자에 대한 교육
③ 학교연수에 의한 안전교육 : 기본교육, 전문교육
④ 자료의 활용 : 동종 · 유사 사고의 방지를 도모하기 위하여 각종 사고 사례를 분석하여 소방활동 자료로서 활용하고 위험예지 훈련 등을 통하여 안전수준의 향상을 기하도록 한다.
※ 위험예지 훈련 : 특정한 현장 상황을 설정하고 작업 중에 발생할 수 있는 위험 요인을 발견 · 파악하여 그에 따른 대책을 강구함으로서 동일 또는 유사한 상황에서 사전에 위험 요인을 제거할 수 있도록 하는 훈련

03 다음 내용과 관련이 깊은 훈련은?

특정한 현장 상황을 설정하고 작업 중에 발생할 수 있는 위험 요인을 발견 · 파악하여 그에 따른 대책을 강구함으로서 동일 또는 유사한 상황에서 사전에 위험 요인을 제거할 수 있도록 하는 훈련

① 위험예측 훈련

② 상황설정 훈련

③ 위험예지 훈련

④ 위험 요인 제거 훈련

 해설

02 해설 참조

04 훈련 · 연습 시 안전관리체계의 내용 중 옳지 않은 것은?

① 훈련 · 연습은 실제 화재에 있어서 사고를 방지하기 위한 유일한 기회이다.

② 훈련에는 자연 발생적인 위기감과 긴박감이 없고, 만들어진 약속마다의 상황 판단과 행동에 한계가 있다.

③ 훈련 또는 연습 시의 안전관리 주체는 지휘관이며 기본적으로는 화재활동 시의 지휘체제에 준하여 하는 것이 원칙이다.

④ 훈련의 특성상 문제점을 제거하여서는 소기의 목적을 달성할 수 없는 경우 안전장비를 충분히 활용하고 훈련 단계마다 안전관리 담당자를 배치하여 훈련한다.

 해설

훈련 · 연습 시 안전관리체계
① 각종 화재에 대응할 강인한 대원을 육성하기 위하여 활동 기술 습득, 지휘능력 향상을 기본으로 실전적 훈련을 추진하는 것이다. 또한 훈련 · 연습은 실제 화재에 있어서 사고를 방지하기 위한 유일한 기회이다.
② 강도 높은 실전적 훈련이라고 하더라도 실제 화재와는 근본적으로 다른 것이다. 훈련에는 자연 발생적인 위기감과 긴박감이 없고, 만들어진 약속마다의 상황 판단과 행동에 한계가 있다. 그래서 실제 화재와 같이 안전한계 최대의 행동은 없고 훈련에 있어서의 안전은 확보되어 있는 것이다. 또한 안전을 보장할 수 없는 위험한 훈련을 하여서는 아니 되며 사고를 발생시키지 않는 것이 전제이다. 훈련에 있어서 부상자가 발생하는 것은 이점에서 예외적인 것이다.
③ 훈련 또는 연습 시에는 계획 단계부터 시설, 장소, 환경 및 기자재 등에 대하여 사전 점검으로 안전 여부를 확인하고 지휘체계를 확립하여 안전관리체계를 유지할 수 있도록 하여야 한다. 훈련 또는 연습 시의 안전관리 주체는 지휘관과 대원 모두이며 기본적으로는 화재활동 시의 지휘체제에 준하여 하는 것이 원칙이다.
④ 사전계획의 단계로부터 안전관리상 문제점을 발견하여 훈련, 연습 계획에 덧붙여 실시할 때에는 이 문제점을 제거할 수 있는 조치를 취하고, 훈련의 특성상 문제점을 제거하여서는 소기의 목적을 달성할 수 없는 경우 안전장비를 충분히 활용하고 훈련 단계마다 안전관리 담당자를 배치하여 훈련한다. 또한 훈련 종료 후 문제점을 재검토하여 다음의 훈련 혹은 소방활동 시 안전관리에 반영하여야 한다.

05 안전관리 10대 원칙에 관한 내용과 관계가 적은 것은?

① 독단적 행동을 삼가고 적극적으로 지휘자의 장악 안에 들어가도록 하라.

② 위험에 관한 정보는 현장 지휘관에게 신속하게 보고하도록 하라.

③ 안전확보의 기본은 자기방어이므로 자기 안전은 자기 스스로 확보하라.

④ 안전관리는 임무 수행을 전제로 하는 적극적 행동대책이다.

정답   **02** ③   **03** ③   **04** ③

해설

안전관리 10대 원칙

① 안전관리는 임무 수행을 전제로 하는 적극적 행동대책이다.

② 화재 현장은 항상 위험성이 잠재하고 있으므로 안일한 태도를 버리고 항상 경계심을 게을리하지 말라.

③ 지휘자의 장악으로부터 벗어난다는 것은 중대한 사고에 연결되는 것이므로 독단적 행동을 삼가고 적극적으로 지휘자의 장악 안에 들어가도록 하라.

④ 위험에 관한 정보는 현장 전원에게 신속하고 철저하게 주지시키도록 하라. 위험을 먼저 안 사람은 즉시 지휘본부에 보고하고 긴급 시는 주위에 전파하여 위험을 사전 방지토록 하라.

⑤ 흥분, 당황한 행동은 사고의 원인이 되므로 어떠한 상황에서도 냉정, 침착성을 잃지 않도록 하라.

⑥ 기계, 장비에 대한 기능, 성능 한계를 명확히 알고 안전조작에 숙달토록 하라.

⑦ 안전확보의 기본은 자기방어이므로 자기 안전은 자기 스스로 확보하라.

⑧ 안전확보의 첫걸음은 완벽한 준비에서 시작된다. 완전한 복장과 장비를 갖추고 안정된 마음으로 정확히 행동에 옮겨라.

⑨ 안전확보의 전제는 강인한 체력, 기력에 있으므로 평소 체력, 기력 연마에 힘쓰라.

⑩ 사고 사례는 생생한 산 교훈이므로 심층 분석하여 행동지침으로 생활화시키도록 하라.

06 구조현장의 안전관리 중 자동차 사고 시의 대응 내용과 관련이 없는 것은?

① 출동한 차량은 주행하는 일반차량으로부터 2차적 사고를 방지할 수 있는 장소에 주차하고 작업 장소 전면에 경광등 또는 반사 표지판을 설치하여 구조활동 중임을 표시한다.

② 구조활동 중에 사고 차량이 움직이지 않도록 확실히 고정한다.

③ 파괴된 유리창에 붙어있는 유리 조각은 완전히 제거하고 파손된 금속 등 예리한 부분은 안쪽으로 꺾어놓은 후 천 등으로 덮어 활동 중 접촉에 의한 사고 방지를 도모한다.

④ 사고 차량의 엔진 정지 및 배터리 단자를 제거하는 등의 안전조치를 한다.

 해설

자동차 사고 구조현장의 안전관리

① 출동한 차량은 주행하는 일반차량으로부터 2차적 사고를 방지할 수 있는 장소에 주차하고 작업 장소 후면에 경광등 또는 반사 표지판을 설치하여 구조활동 중임을 표시한다.

② 일반차량이 주행하는 도로에서는 작업할 때에는 불의의 접촉사고가 발생하여 부상당할 위험이 높으므로 사고가 발생한 차선 밖으로 나가지 않도록 조심하고 로프 등으로 활동 구역을 설정한다.

③ 구조활동 중에 사고 차량이 움직이지 않도록 확실히 고정한다.

④ 사고 차량으로부터 누설된 연료나 오일에 인화하여 대원 및 요구조자가 화상을 입을 위험이 있으므로 사고 차량의 엔진 정지 및 배터리 단자를 제거하는 등의 안전조치를 한다. 가스 절단기 등 불꽃이 발생하는 장비를 사용할 때에는 주변의 가연물을 제거하고 소화기 또는 경계관창을 배치하여 화재에 대비토록 한다.

⑤ 파괴된 유리창에 붙어있는 유리 조각은 완전히 제거하고 파손된 금속 등 예리한 부분은 안쪽으로 꺾어놓은 후 천 등으로 덮어 활동 중 접촉에 의한 사고 방지를 도모한다.

⑥ 화물차의 경우 적재물이 낙하 또는 붕괴하여 대원이 부상을 입거나 활동에 장애를 받을 수 있으므로 사전에 제거, 고정 등 확실한 조치를 취한다.

07 수난사고 시 배에 의한 구조 요령으로 옳지 않은 것은?

① 운항중에는 횡파를 받아 전복할 우려가 있으므로 파도와 직각으로 부딪히지 않도록 항해에 주의한다.

② 작은 선박 위에서 요구조자를 직접 구조하는 경우에는 선수나 선미 측에서 신체를 끌어 올리고 배의 균형 유지에 주의한다.

③ 배 한 척에 요구조자를 인도할 때는 불안정한 후미를 피하고 배 측면으로 끌어 올린다.

④ 승선하는 대원은 구명조끼를 착용하고, 물속에 빠지는 경우에도 쉽게 신발을 벗고 수영할 수 있도록 간편한 복장을 착용하는 등 사전 대비를 취한다.

 해설

수난사고
– 배에 의한 구조
① 승선하는 대원은 구명조끼를 착용하고, 물속에 빠지는 경우에도 쉽게 신발을 벗고 수영할 수 있도록 간편한 복장을 착용하는 등 사전 대비를 취한다.
② 승선할 때 물속으로 빠지지 않도록 몸의 균형을 유지하면서 서서히 체중을 이동한다.
③ 승선 중 대원이 이동할 때는 자세를 낮추고, 지지물을 잡는 등 물속으로 빠지지 않도록 주의한다.
④ 야간과 짙은 안개 속에서는 항해 중인 선박과 충돌할 우려가 있으므로 등화 및 확성기 등으로 항해 중인 선박에 주의를 환기한다.
⑤ 운항 중에는 횡파를 받아 전복할 우려가 있으므로 파도와 직각으로 부딪히지 않도록 항해에 주의한다.
⑥ 작은 선박 위에서 요구조자를 직접 구조하는 경우에는 선수나 선미 측에서 신체를 끌어 올리고 배의 균형 유지에 주의한다. 상황에 따라 부환 등을 사용한다.
⑦ 배 한 척에 요구조자를 인도할 때는 불안정한 측면을 피하여 배 후미에 끌어 올린다.

08 항공기 사고 시 구조현장의 안전관리에 관한 내용 중 옳지 않은 것은?

① 소방대가 공항 내에 진입할 때는 반드시 공항 관계자의 유도에 따라서 진입하고, 화재 발생 위험을 예측하여 풍상, 풍횡 측으로 부서함을 원칙으로 한다.

② 엔진이 가동 중인 기체에 접근할 때는 배기가스의 피해 방지를 위해 풍상측에서 접근한다.

③ 기내에서 활동하고 있을 때는 별도의 출입구에 연락원을 배치하여 화재 등 긴급사태 발생에 대비한다.

④ 기체의 크기에 따라 다르지만 여객기의 경우 엔진꼬리 부분에서 약 50m, 공기 입구에서 약 10m 이상의 안전거리를 확보한다.

🔵 **정답**　　　　　　　　　　　　　　**05** ②　**06** ①　**07** ③

해설

구조현장의 안전관리

– 항공기 사고

① 소방대가 공항 내에 진입할 때는 반드시 공항 관계자의 유도에 따라서 진입하고, 화재발생 위험을 예측하여 풍상, 풍횡 측으로 부서함을 원칙으로 한다.

② 불티를 발하는 기자재는 원칙적으로 사용하지 않는다. 부득이 사용할 때에는 소화기를 준비하거나 경계관창을 배치한다.

③ 기내에서 활동하고 있을 때는 별도의 출입구에 연락원을 배치하여 화재 등 긴급사태 발생에 대비한다.

④ 엔진이 가동 중인 기체에 접근할 때는 급·배기에 의한 사고를 방지하기 위하여 기체에 횡으로 접근한다. 이 경우 기체의 크기에 따라 다르지만 여객기의 경우 엔진꼬리 부분에서 약 50m, 공기 입구에서 약 10m 이상의 안전거리를 확보한다.

⑤ 프로펠러기와 헬리콥터는 엔진가동 중은 물론이고, 정지 중에도 프로펠러와 회전날개로부터 일정거리를 유지하여 행동한다.

⑥ 누출되어 있는 연료와 윤활유가 연소할 우려가 있으므로 고무장갑, 방수화 등으로 신체를 보호한다.

09 안전한 현장활동을 위한 기본준수 사항으로 옳지 않은 것은?

① 현금이나 고가의 물품이 사고 장소에 방치된 경우에는 가급적 손대지 않도록 하고 경찰공무원에게 보존을 요청하도록 한다.

② 의식이 있는 경우에만 명시적인 방법으로 요구조자로부터 동의를 얻도록 하고, 의식이 없는 경우에는 동의 절차를 생략하고 신속한 구조를 행하도록 한다.

③ 위험지역을 혼자의 힘으로 이동하기가 곤란할 때에 손목 파지법을 사용하게 되면 혼자의 잘못으로 완벽한 보호가 못 되었다고 하더라도 또 한사람의 의지에 의하여 추락을 방지하고 예방할 수가 있다.

④ 현행법상 사망에 대한 판정은 의사자격증을 가진 사람이 확인하고 계측기에 의한 사망으로 판정할 수 있는 징후가 일치해야만 사망으로 인정하고 있다.

해설

안전관리 예방적 행동

– 안전한 현장활동(기본 준수사항)

1. 현장의 물품 접촉 금지

① 현금이나 고가의 물품이 사고 장소에 방치된 경우에는 가급적 손대지 않도록 하고 경찰공무원에게 보존을 요청하도록 한다.

② 화재진입이나 구조활동을 위하여 부득이한 경우에는 사진을 촬영하거나 주위 사람의 확인을 받은 후 이를 안전히 보관하여 경찰공무원이나 관계자에게 인계하도록 한다.

2. 요구조자의 동의(명시적, 묵시적)

① 요구조자에 대한 보호 측면과 추후 발생될 수 있는 구조활동상의 자격 시비 등 민·형사상의 문제점을 예방하기 위하여 의식이 있는 경우에는 명시적인 방법으로, 의식이 없는 경우에는 묵시적인 동의를 적용하여 상대의 동의를 구하되 자신의 소속과 자격, 현장상황을 설명하고 요구조자로부터 동의를 얻도록 한다.

② 119신고에 따른 출동의 경우가 아니고 출동이나 귀소 중에 발견하거나 주변의 일반인들에 의하여 구두로 통보되었을 때는 각별한 주의를 하여 위 사항의 선행절차를 거친 후 시행하는 것이 바람직하다.

3. 위험지역 이동 시 손목 파지법

① 일반적으로 위험지역을 통과하거나 위험한 장소를 혼자서의 힘으로 이동하기가 곤란할 때에 서로 서로 손을 잡아 추락이나 부상을 당하지 않도록 보호하면서 이동하는 경우가 있다. 이런 경우 서로의 손을 악수하듯 마주 잡는 경우가 흔하다.

② 이러한 손목 자세는 위쪽 방향의 사람의 손은 역삼각형 형태이며 아래쪽 방향의 사람의 손은 정삼각형 형태의 자세로 조그만 실수에도 미끄러지듯이 손과 손이 빠져 나간다.

③ 이처럼 발생되는 사고를 예방하고 부상을 줄이기 위해서는 악수법이 아닌 손목 파지법을 사용하는 것이 좋다. 혼자의 잘못으로 완벽한 보호가 못 되었다고 하더라도 또 한 사람의 의지에 의하여 추락을 방지하고 예방할 수 있다.

10 안전한 현장활동 중 건물 내 진입 시 주의사항으로 옳지 않은 것은?

① 출입문의 온도를 측정할 때에도 손바닥을 이용하여 온도를 측정하여야 한다.

② 출입문 개방 시 급격한 공기유입으로 인한 역화(back draft)사고나 기타 탈출로의 차단 등으로 인한 안전사고를 대비하여야 한다.

③ 사람의 눈이 밝음에 적응하는 데는 1~3분 정도가 소요되지만 암순응 즉 어둠에 적응하는 데에는 10~20분 정도의 시간이 소요되기 때문에 위험요인을 쉽게 발견하지 못하게 된다.

④ 조명기구의 스위치는 현장에 진입하기 전에 켜고 현장을 이탈한 후에 끄는 것을 원칙으로 한다.

정답　08 ② 　09 ②

해설

안전한 현장활동(건물 내 진입)

1. 출입문을 열 때의 자세

① 모든 현장에서의 활동 시 출입문 등을 통과하는 경우가 있는데 사고 발생 이유가 정확히 확인된 경우를 제외하고는 평소에 문의 온도를 측정하는 습관을 가져야 한다. 확인되지 않은 출입문의 개방 시에는 급격한 공기유입으로 인한 역화(back draft)사고나 기타 탈출로의 차단 등으로 인한 안전사고에 대비하여야 한다.

② 온도를 측정할 때에도 손바닥을 이용하여 온도를 측정하지 말고 손등을 접촉시키면 불의의 감전 사고에도 신체의 반사작용으로 안전하게 보호될 수 있다.

2. 조명기구 사용

① 사고 현장이 어둡거나 야간인 경우에 내부 조명을 위하여 이동식 조명등을 설치하거나 소형 랜턴, 플래시 등을 사용하게 된다. 이때 미리 조명기구를 켜는 것이 아니라 내부가 어두운 것을 확인하고 나서 조명기구의 스위치를 넣는 경우가 대부분이다.

② 사람의 눈이 밝음에 적응하는 데는 1~3분 정도가 소요되지만 암순응, 즉 어둠에 적응하는 데에는 10~20분 정도의 시간이 소요되기 때문에 위험요인을 쉽게 발견하지 못하게 된다.

③ 밀폐된 실내에 가스가 체류하고 있으면 이런 조명 기구의 스위치 조작 시 발생하는 스파크에도 점화, 폭발사고를 일으킬 우려가 있다.

④ 조명기구의 스위치는 현장에 진입하기 전에 켜고 현장을 이탈한 후에 끄는 것을 원칙으로 한다.

정답 **10** ①

PART 7

119구조 · 구급에 관한 법률
(시행령, 시행규칙)
(소방교, 소방장, 소방위)

▷ Part 7 적중예상문제

119구조 · 구급에 관한 법률(시행령, 시행규칙)

01 | 총칙 ★★★

제1조【목적】

이 법은 화재, 재난 · 재해 및 테러, 그 밖의 위급한 상황에서 119구조 · 구급의 효율적 운영에 관하여 필요한 사항을 규정함으로써 국가의 구조 · 구급 업무 역량을 강화하고 국민의 생명 · 신체 및 재산을 보호하며 삶의 질 향상에 이바지함을 목적으로 한다.

[시행령] 제1조(목적)

이 영은 「119구조 · 구급에 관한 법률」에서 위임된 사항과 그 시행에 필요한 사항을 규정함을 목적으로 한다.

[시행규칙] 제1조(목적)

이 규칙은 「119구조 · 구급에 관한 법률」 및 같은 법 시행령에서 위임된 사항과 그 시행에 필요한 사항을 규정함을 목적으로 한다.

제2조【정의】

이 법에서 사용하는 용어의 뜻은 다음과 같다.

1. "구조"란 화재, 재난 · 재해 및 테러, 그 밖의 위급한 상황(이하 "위급상황"이라 한다)에서 외부의 도움을 필요로 하는 사람(이하 "요구조자"라 한다)의 생명, 신체 및 재산을 보호하기 위하여 수행하는 모든 활동을 말한다.
2. "119구조대"란 탐색 및 구조활동에 필요한 장비를 갖추고 소방공무원으로 편성된 단위조직을 말한다.
3. "구급"이란 응급환자에 대하여 행하는 상담, 응급처치 및 이송 등의 활동을 말한다.
4. "119구급대"란 구급활동에 필요한 장비를 갖추고 소방공무원으로 편성된 단위조직을 말한다.
5. "응급환자"란 「응급의료에 관한 법률」 제2조 제1호의 응급환자를 말한다.
6. "응급처치"란 「응급의료에 관한 법률」 제2조 제3호의 응급처치를 말한다.
7. "구급차 등"이란 「응급의료에 관한 법률」 제2조 제6호의 구급차 등을 말한다.
8. "지도의사"란 「응급의료에 관한 법률」 제52조의 지도의사를 말한다.

---

9. "119항공대"란 항공기,구조·구급을 위한 119항공대대에서 근무하는 조종사, 정비사, 항공교통관제사, 운항관리사, 119구조·구급대원을 말한다.

10. "119항공대원"이란 구조·구급을 위한 119항공대에 근무하는 조종사, 정비사, 항공교통관제사, 운항관리사, 119구조·구급대원을 말한다.

11. "119구조견"이란 위급상황에서「소방기본법」제4조에 따른 소방활동의 보조를 목적으로 소방기관에서 운용하는 개를 말한다.

12. "119구조견대"란 위급상황에서 119구조견을 활용하여「소방기본법」제4조에 따른 소방활동을 수행하는 소방공무원으로 편성된 단위조직을 말한다.

제3조【국가 등의 책무】

① 국가와 지방자치단체는 119구조·구급(이하 "구조·구급"이라 한다)과 관련된 새로운 기술의 연구·개발 및 구조·구급서비스의 질을 향상시키기 위한 시책을 강구하고 추진하여야 한다.

② 국가와 지방자치단체는 구조·구급업무를 효과적으로 수행하기 위한 체계의 구축 및 구조·구급장비의 구비, 그 밖에 구조·구급활동에 필요한 기반을 마련하여야 한다.

③ 국가와 지방자치단체는 국민이 위급상황에서 자신의 생명과 신체를 보호할 수 있는 대응능력을 향상시키기 위한 교육과 홍보에 적극 노력하여야 한다.

[시행규칙] 제2조(기술경연대회)

① 소방청장·소방본부장 또는 소방서장(이하 "소방청장 등"이라 한다)은「119구조·구급에 관한 법률」(이하 "법"이라 한다) 제3조 제1항에 따른 구조·구급 기술의 개발·보급을 위하여 기술경연대회를 개최할 수 있다.

② 제1항에 따른 기술경연대회의 운영에 필요한 구체적인 사항은 소방청장이 정한다.

제4조【국민의 권리와 의무】

① 누구든지 위급상황에 처한 경우에는 국가와 지방자치단체로부터 신속한 구조와 구급을 통하여 생활의 안전을 영위할 권리를 가진다.

② 누구든지 119구조대원·119구급대원(이하 "구조·구급대원"이라 한다)이 위급상황에서 구조·구급활동을 위하여 필요한 협조를 요청하는 경우에는 특별한 사유가 없으면 이에 협조하여야 한다.

③ 누구든지 위급상황에 처한 요구조자를 발견한 때에는 이를 지체 없이 소방기관 또는 관계 행정기관에 알려야 하며, 119구조대·119구급대(이하 "구조·구급대"라 한다)가 도착할 때까지 요구조자를 구출하거나 부상 등이 악화되지 아니하도록 노력하여야 한다.

제5조【다른 법률과의 관계】

구조·구급활동에 관하여 다른 법률에 특별한 규정이 있는 경우를 제외하고는 이 법에서 정하는 바에 따른다.

02 구조·구급 기본계획 등 ★★

> **제6조【구조·구급 기본계획 등의 수립·시행】**
>
> ① 소방청장은 제3조의 업무를 수행하기 위하여 관계 중앙행정기관의 장과 협의하여 대통령령으로 정하는 바에 따라 구조·구급 기본계획(이하 "기본계획"이라 한다)을 수립·시행하여야 한다.
>
> ② 기본계획에는 다음 각 호의 사항이 포함되어야 한다.
>
> 　1. 구조·구급서비스의 질 향상을 위한 정책의 기본방향에 관한 사항
>
> 　2. 구조·구급에 필요한 체계의 구축, 기술의 연구개발 및 보급에 관한 사항
>
> 　3. 구조·구급에 필요한 장비의 구비에 관한 사항
>
> 　4. 구조·구급 전문인력 양성에 관한 사항
>
> 　5. 구조·구급활동에 필요한 기반조성에 관한 사항
>
> 　6. 구조·구급의 교육과 홍보에 관한 사항
>
> 　7. 그 밖에 구조·구급업무의 효율적 수행을 위하여 필요한 사항
>
> ③ 소방청장은 기본계획에 따라 매년 연도별 구조·구급 집행계획(이하 "집행계획"이라 한다)을 수립·시행하여야 한다.
>
> ④ 소방청장은 제1항 및 제3항에 따라 수립된 기본계획 및 집행계획을 관계 중앙행정기관의장, 특별시장·광역시장·특별자치시장·도지사·특별자치도지사(이하 "시·도지사"라 한다)에게 통보하고 국회 소관 상임위원회에 제출하여야 한다.
>
> ⑤ 소방청장은 기본계획 및 집행계획을 수립하기 위하여 필요한 경우에는 관계 중앙행정기관의 장 또는 시·도지사에게 관련 자료의 제출을 요청할 수 있다. 이 경우 자료제출을 요청받은 관계 중앙행정기관의 장 또는 시·도지사는 특별한 사유가 없으면 이에 따라야 한다.

[시행령] 제2조(구조·구급 기본계획의 수립·시행)

① 「119구조·구급에 관한 법률」(이하 "법"이라 한다) 제6조 제1항에 따른 구조·구급 기본계획(이하 "기본계획"이라 한다)은 법 제27조 제1항에 따른 중앙 구조·구급정책협의회(이하 "중앙 정책협의회"라 한다)의 협의를 거쳐 5년마다 수립하여야 한다.

② 기본계획은 계획 시행 전년도 8월 31일까지 수립하여야 한다.

③ 소방청장은 구조·구급 시책상 필요한 경우 중앙 정책협의회의 협의를 거쳐 기본계획을 변경할 수 있다.

④ 소방청장은 제3항에 따라 변경된 기본계획을 지체 없이 관계 중앙행정기관의 장, 특별시장·광역시장·특별자치시장·도지사·특별자치도지사(이하 "시·도지사"라 한다)에게 통보하고 국회 소관 상임위원회에 제출하여야 한다.

[시행령] 제3조(구조 · 구급 집행계획의 수립 · 시행)

① 법 제6조 제3항에 따른 구조 · 구급 집행계획(이하 "집행계획"이라 한다)은 중앙 정책 협의회의 협의를 거쳐 계획 시행 전년도 10월 31일까지 수립하여야 한다.

② 집행계획에는 다음 각 호의 사항이 포함되어야 한다.

　1. 기본계획 집행을 위하여 필요한 사항

　2. 구조 · 구급대원의 안전사고 방지, 감염 방지 및 건강관리를 위하여 필요한 사항

　3. 그 밖에 구조 · 구급활동과 관련하여 중앙 정책협의회에서 필요하다고 결정한 사항

제7조【시 · 도 구조 · 구급 집행계획의 수립 · 시행】

① 소방본부장은 기본계획 및 집행계획에 따라 관할 지역에서 신속하고 원활한 구조 · 구급활동을 위하여 매년 특별시 · 광역시 · 특별자치시 · 도 · 특별자치도(이하 "시 · 도"라 한다) 구조 · 구급 집행계획(이하 "시 · 도 집행계획"이라 한다)을 수립하여 소방청장에게 제출하여야 한다.

② 소방본부장은 시 · 도 집행계획을 수립하기 위하여 필요한 경우에는 해당 특별자치도지사 · 시장 · 군수 · 구청장(자치구의 구청장을 말한다. 이하 같다)에게 관련 자료의 제출을 요청할 수 있다. 이 경우 자료제출을 요청받은 해당 특별자치도지사 · 시장 · 군수 · 구청장은 특별한 사유가 없으면 이에 따라야 한다.

③ 시 · 도 집행계획의 수립시기 · 내용, 그 밖에 필요한 사항은 대통령령으로 정한다.

[시행령] 제4조(시 · 도 구조 · 구급 집행계획의 수립 · 시행)

① 법 제7조 제1항에 따른 특별시 · 광역시 · 특별자치시 · 도 · 특별자치도(이하 "시 · 도"라 한다) 구조 · 구급 집행계획(이하 "시 · 도 집행계획"이라 한다)은 법 제27조 제2항에 따른 시 · 도 구조 · 구급정책협의회(이하 "시 · 도 정책협의회"라 한다)의 협의를 거쳐 계획 시행 전년도 12월 31일까지 수립하여야 한다.

② 시 · 도 집행계획에는 다음 각 호의 사항이 포함되어야 한다.

　1. 기본계획 및 집행계획에 대한 시 · 도의 세부 집행계획

　2. 구조 · 구급대원의 안전사고 방지, 감염 방지 및 건강관리를 위하여 필요한 세부 집행 계획

　3. 법 제26조 제1항의 평가 결과에 따른 조치계획

　4. 그 밖에 구조 · 구급활동과 관련하여 시 · 도 정책협의회에서 필요하다고 결정한 사항

03 구조대 및 구급대 등의 편성 운영 ★

제8조【119구조대의 편성과 운영】

① 소방청장 · 소방본부장 또는 소방서장(이하 "소방청장 등"이라 한다)은 위급상황에서 요구조자의 생명 등을 신속하고 안전하게 구조하는 업무를 수행하기 위하여 대통령령으로 정하는 바에 따라 119구조대(이하 "구조대"라 한다)를 편성하여 운영하여야 한다.

② 구조대의 종류, 구조대원의 자격기준, 그 밖에 필요한 사항은 대통령령으로 정한다.

③ 구조대는 행정안전부령으로 정하는 장비를 구비하여야 한다.

[시행령] 제5조(119구조대의 편성과 운영)

① 법 제8조 제1항에 따른 119구조대(이하 "구조대"라 한다)는 다음 각 호의 구분에 따라 편성 · 운영한다.

1. **일반구조대** : 시 · 도의 규칙으로 정하는 바에 따라 소방서마다 1개 대(隊) 이상 설치하되, 소방서가 없는 시 · 군 · 구(자치구를 말한다. 이하 같다)의 경우에는 해당 시 · 군 · 구 지역의 중심지에 있는 119안전센터에 설치할 수 있다.

2. **특수구조대** : 소방대상물, 지역 특성, 재난 발생 유형 및 빈도 등을 고려하여 시 · 도의 규칙으로 정하는 바에 따라 다음 각 목의 구분에 따른 지역을 관할하는 소방서에 다음 각 목의 구분에 따라 설치한다. 다만, 라목에 따른 고속국도구조대는 제3호에 따라 설치되는 직할구조대에 설치할 수 있다.

   가. 화학구조대 : 화학공장이 밀집한 지역

   나. 수난구조대 : 「내수면어업법」 제2조 제1호에 따른 내수면지역

   다. 산악구조대 : 「자연공원법」 제2조 제1호에 따른 자연공원 등 산악지역

   라. 고속국도구조대 : 「도로법」 제10조 제1호에 따른 고속국도(이하 "고속국도"라 한다)

   마. 지하철구조대 : 「도시철도법」 제2조 제3호 가목에 따른 도시철도의 역사(驛舍) 및 역 시설

3. **직할구조대** : 대형 · 특수 재난사고의 구조, 현장 지휘 및 테러현장 등의 지원 등을 위하여 소방청 또는 시 · 도 소방본부에 설치하되, 시 · 도 소방본부에 설치하는 경우에는 시 · 도의 규칙으로 정하는 바에 따른다.

4. **테러대응구조대** : 테러 및 특수재난에 전문적으로 대응하기 위하여 소방청과 시 · 도 소방본부에 각각 설치하며, 시 · 도 소방본부에 설치하는 경우에는 시 · 도의 규칙으로 정하는 바에 따른다.

② 구조대의 출동구역은 행정안전부령으로 정한다.

③ 소방청장·소방본부장 또는 소방서장(이하 "소방청장 등"이라 한다)은 여름철 물놀이 장소에서의 안전을 확보하기 위하여 필요한 경우 민간 자원봉사자로 구성된 구조대(이하 "119시민수상구조대"라 한다)를 지원할 수 있다.

④ 119시민수상구조대의 운영, 그 밖에 필요한 사항은 시·도의 조례로 정한다.

[시행규칙] 제3조(119구조대에서 갖추어야 할 장비의 기준)

① 「119구조·구급에 관한 법률 시행령」(이하 "영"이라 한다) 제5조에 따른 119구조대(이하 "구조대"라 한다) 중 특별시·광역시·특별자치시·도·특별자치도(이하 "시·도"라 한다) 소방본부 및 소방서(119안전센터를 포함한다)에 설치하는 구조대에서 법 제8조 제3항에 따라 갖추어야 하는 장비의 기본적인 사항은 「소방력 기준에 관한 규칙」 및 「소방장비관리규칙」에 따른다.

② 소방청에 설치하는 구조대에서 법 제8조 제3항에 따라 갖추어야 하는 장비의 기본적인 사항은 제1항을 준용한다.

③ 제1항과 제2항에서 규정한 사항 외에 구조대가 갖추어야 하는 장비에 관하여 필요한 사항은 소방청장이 정한다.

[시행규칙] 제4조 삭제(2021. 7. 6)

[시행규칙] 제5조(구조대의 출동구역)

① 영 제5조 제2항에 따른 구조대의 출동구역은 다음 각 호와 같다.

1. 소방청에 설치하는 직할구조대 및 테러대응구조대 : 전국
2. 시·도 소방본부에 설치하는 직할구조대 및 테러대응구조대 : 관할 시·도
3. 소방청 직할구조대에 설치하는 고속국도구조대 : 소방청장이 한국도로공사와 협의하여 정하는 지역
4. 그 밖의 구조대 : 소방서 관할 구역

② 구조대는 제1항에도 불구하고 다음 각 호의 어느 하나에 해당하는 경우에는 소방청장 등의 요청이나 지시에 따라 출동구역 밖으로 출동할 수 있다.

1. 지리적·지형적 여건상 신속한 출동이 가능한 경우
2. 대형재난이 발생한 경우
3. 그 밖에 소방청장이나 소방본부장이 필요하다고 인정하는 경우

[시행령] 제6조(구조대원의 자격기준)

① 구조대원은 소방공무원으로서 다음 각 호의 어느 하나에 해당하는 자격을 갖추어야 한다.

1. 소방청장이 실시하는 인명구조사 교육을 받았거나 인명구조사 시험에 합격한 사람

2. 국가 · 지방자치단체 및 「공공기관의 운영에 관한 법률」 제4조에 따른 공공기관의 구조 관련 분야에서 근무한 경력이 2년 이상인 사람

3. 「응급의료에 관한 법률」 제36조에 따른 응급구조사 자격을 가진 사람으로서 소방청장이 실시하는 구조업무에 관한 교육을 받은 사람

② 제1항 제1호에 따른 인명구조사 교육의 내용, 인명구조사 시험 과목 · 방법, 같은 항 제3호에 따른 구조업무에 관한 교육의 내용, 그 밖에 필요한 사항은 소방청장이 정한다.

③ 소방청장은 제1항 및 제2항에 따른 교육과 인명구조사 시험을 「소방공무원법」 제15조 제1항 또는 제2항에 따라 설치된 소방학교 또는 교육훈련기관에서 실시하도록 할 수 있다.

제9조【국제구조대의 편성과 운영】

① 소방청장은 국외에서 대형재난 등이 발생한 경우 재외국민의 보호 또는 재난발생국의 국민에 대한 인도주의적 구조 활동을 위하여 국제구조대를 편성하여 운영할 수 있다.

② 소방청장은 외교부장관과 협의를 거쳐 제1항에 따른 국제구조대를 재난발생국에 파견할 수 있다.

③ 소방청장은 제1항에 따른 국제구조대를 국외에 파견할 것에 대비하여 구조대원에 대한 교육훈련 등을 실시할 수 있다.

④ 소방청장은 제1항에 따른 국제구조대의 국외재난대응능력을 향상시키기 위하여 국제연합 등 관련 국제기구와의 협력체계 구축, 해외재난정보의 수집 및 기술연구 등을 위한 시책을 추진할 수 있다.

⑤ 소방청장은 제2항에 따라 국제구조대를 재난발생국에 파견하기 위하여 필요한 경우 관계 중앙행정기관의 장 또는 시 · 도지사에게 직원의 파견 및 장비의 지원을 요청할 수 있다. 이 경우 관계 중앙행정기관의 장 또는 시 · 도지사는 특별한 사유가 없으면 요청에 따라야 한다.

⑥ 제1항부터 제5항까지의 규정에 따른 국제구조대의 편성, 파견, 교육 훈련 및 국제구조대원의 귀국 후 건강관리와 그 밖에 필요한 사항은 대통령령으로 정한다.

⑦ 제1항에 따른 국제구조대는 행정안전부령으로 정하는 장비를 구비하여야 한다.

[시행령] 제7조(국제구조대의 편성과 운영)

① 소방청장은 법 제9조 제1항에 따라 국제구조대를 편성 · 운영하는 경우 인명 탐색 및 구조, 응급의료, 안전평가, 시설관리, 공보연락 등의 임무를 수행할 수 있도록 구성하여야 한다.

② 소방청장은 구조대의 효율적 운영을 위하여 필요한 경우 국제구조대를 제5조 제1항 제3호에 따라 소방청에 설치하는 직할구조대에 설치할 수 있다.

③ 국제구조대의 파견 규모 및 기간은 재난유형과 파견지역의 피해 등을 종합적으로 고려

하여 외교부장관과 협의하여 소방청장이 정한다.

④ 제1항부터 제3항까지에서 규정한 사항 외에 국제구조대의 편성·운영에 필요한 사항은 소방청장이 정한다.

[시행령] 제8조(국제구조대원의 교육·훈련)

① 소방청장은 법 제9조 제3항에 따른 교육훈련에 다음 각 호의 내용을 포함시켜야 한다.

　1. 전문 교육훈련 : 붕괴건물 탐색 및 인명구조, 방사능 및 유해화학물질 사고 대응, 유엔재난평가 조정요원 교육 등

　2. 일반 교육훈련 : 응급처치, 기초통신, 구조 관련 영어, 국제구조대 윤리 등

② 소방청장은 국제구조대원의 재난대응능력을 높이기 위하여 필요한 경우에는 국외 교육훈련을 실시할 수 있다.

[시행령] 제9조(국제구조대원의 건강관리)

① 소방청장은 국제구조대원을 파견하기 전에 감염병 등에 대비한 적절한 조치를 하여야 한다.

② 소방청장은 철수한 국제구조대원에 대하여 부상, 감염병, 외상 후 스트레스 장애 등에 대한 검진을 하여야 한다.

[시행규칙] 제6조(국제구조대에서 갖추어야 할 장비의 기준)

① 법 제9조 제7항에 따라 국제구조대는 다음 각 호의 장비를 갖추어야 한다.

　1. 구조 및 인양 등에 필요한 일반구조용 장비

　2. 사무통신 및 지휘 등에 필요한 지휘본부용 장비

　3. 매몰자 탐지 등에 필요한 탐색용 장비

　4. 화학전 또는 생물학전에 대비한 화생방 대응용 장비

　5. 구급활동에 필요한 구급용 장비

　6. 구조활동 중 구조대원의 안전 및 숙식 확보를 위하여 필요한 개인용 장비

② 제1항에 따른 장비의 구체적인 내용에 관하여 필요한 사항은 소방청장이 정한다.

제10조【119구급대의 편성과 운영】

① 소방청장 등은 위급상황에서 발생한 응급환자를 응급처치하거나 의료기관에 긴급히 이송하는 등의 구급업무를 수행하기 위하여 대통령령으로 정하는 바에 따라 119구급대(이하 "구급대"라 한다)를 편성하여 운영하여야 한다.

② 구급대의 종류, 구급대원의 자격기준, 이송대상자, 그 밖에 필요한 사항은 대통령령으로 정한다.

③ 구급대는 행정안전부령으로 정하는 장비를 구비하여야 한다.

[시행령] 제10조(119구급대의 편성과 운영)

① 법 제10조 제1항에 따른 119구급대(이하 "구급대"라 한다)는 다음 각 호의 구분에 따라 편성·운영한다.

    1. 일반구급대 : 시·도의 규칙으로 정하는 바에 따라 소방서마다 1개 대 이상 설치하되, 소방서가 설치되지 아니한 시·군·구의 경우에는 해당 시·군·구 지역의 중심지에 소재한 119안전센터에 설치할 수 있다.

    2. 고속국도구급대 : 교통사고 발생 빈도 등을 고려하여 소방청, 시·도 소방본부 또는 고속국도를 관할하는 소방서에 설치하되, 시·도 소방본부 또는 소방서에 설치하는 경우에는 시·도의 규칙으로 정하는 바에 따른다.

② 구급대의 출동구역은 행정안전부령으로 정한다.

[시행규칙] 제7조(119구급대에서 갖추어야 할 장비의 기준)

① 영 제10조에 따른 119구급대(이하 "구급대"라 한다) 중 소방본부 및 소방서(119안전센터를 포함한다)에 설치하는 구급대에서 법 제10조 제3항에 따라 갖추어야 하는 장비의 기본적인 사항은 「소방장비관리법 시행규칙」에 따른다.

② 소방청에 설치하는 구급대에서 법 제10조 제3항에 따라 갖추어야 하는 장비의 기본적인 사항은 제1항을 준용한다.

③ 제1항에서 규정한 사항 외에 구급대가 갖추어야 하는 장비에 관하여 필요한 사항은 소방청장이 정한다.

[시행규칙] 제8조(구급대의 출동구역)

① 영 제10조 제2항에 따른 구급대의 출동구역은 다음 각 호와 같다.

    1. 일반구급대 및 소방서에 설치하는 고속국도구급대 : 구급대가 설치되어 있는 지역 관할 시·도

    2. 소방청 또는 소방본부에 설치하는 고속국도구급대 : 고속국도로 진입하는 도로 및 인근 구급대의 배치 상황 등을 고려하여 소방청장 또는 소방본부장이 관련 시·도의 소방본부장 및 한국도로공사와 협의하여 정한 구역

② 구급대는 제1항에도 불구하고 다음 각 호의 어느 하나에 해당하는 경우에는 소방청장 등의 요청이나 지시에 따라 출동구역 밖으로 출동할 수 있다.

    1. 지리적·지형적 여건상 신속한 출동이 가능한 경우

    2. 대형재난이 발생한 경우

    3. 그 밖에 소방청장이나 소방본부장이 필요하다고 인정하는 경우

[시행령] 제11조(구급대원의 자격기준)

구급대원은 소방공무원으로서 다음 각 호의 어느 하나에 해당하는 자격을 갖추어야 한다.

다만, 제4호에 해당하는 구급대원은 구급차 운전과 구급에 관한 보조업무만 할 수 있다.

1. 「의료법」 제2조 제1항에 따른 의료인

2. 「응급의료에 관한 법률」 제36조 제2항에 따라 1급 응급구조사 자격을 취득한 사람

3. 「응급의료에 관한 법률」 제36조 제3항에 따라 2급 응급구조사 자격을 취득한 사람

4. 소방청장이 실시하는 구급업무에 관한 교육을 받은 사람

[시행령] 제12조(응급환자의 이송 등)

① 구급대원은 응급환자를 의료기관으로 이송하기 전이나 이송하는 과정에서 응급처치가 필요한 경우에는 가능한 범위에서 응급처치를 실시하여야 한다.

② 소방청장은 구급대원의 자격별 응급처치 범위 등 현장응급처치 표준지침을 정하여 운영할 수 있다.

③ 구급대원은 환자의 질병내용 및 중증도(重症度), 지역별 특성 등을 고려하여 소방청장 또는 소방본부장이 작성한 이송병원 선정지침에 따라 응급환자를 의료기관으로 이송하여야 한다. 다만, 환자의 상태를 보아 이송할 경우에 생명이 위험하거나 환자의 증상을 악화시킬 것으로 판단되는 경우로서 의사의 의료지도가 가능한 경우에는 의사의 의료지도에 따른다.

④ 제3항에 따른 이송병원 선정지침이 작성되지 아니한 경우에는 환자의 질병내용 및 중증도 등을 고려하여 환자의 치료에 적합하고 최단시간에 이송이 가능한 의료기관으로 이송하여야 한다.

⑤ 구급대원은 이송하려는 응급환자가 감염병 및 정신질환을 앓고 있다고 판단되는 경우에는 시·군·구 보건소의 관계 공무원 등에게 필요한 협조를 요청할 수 있다.

⑥ 구급대원은 이송하려는 응급환자가 자기 또는 타인의 생명·신체와 재산에 위해(危害)를 입힐 우려가 있다고 인정되는 경우에는 환자의 보호자 또는 관계 기관의 공무원 등에게 동승(同乘)을 요청할 수 있다.

⑦ 소방청장은 제2항에 따른 현장응급처치 표준지침 및 제3항에 따른 이송병원 선정지침을 작성하는 경우에는 보건복지부장관과 협의하여야 한다.

제10조의2【119구급상황관리센터의 설치 · 운영 등】

① 소방청장은 119구급대원 등에게 응급환자 이송에 관한 정보를 효율적으로 제공하기 위하여 소방청과 시·도 소방본부에 119구급상황관리센터(이하 "구급상황센터"라 한다)를 설치·운영하여야 한다.

② 구급상황센터에서는 다음 각 호의 업무를 수행한다.

1. 응급환자에 대한 안내·상담 및 지도

2. 응급환자를 이송 중인 사람에 대한 응급처치의 지도 및 이송병원 안내

> 3. 제1호 및 제2호와 관련된 정보의 활용 및 제공
>
> 4. 119구급이송 관련 정보망의 설치 및 관리·운영
>
> ③ 구급상황센터의 설치·운영, 그 밖에 필요한 사항은 대통령령으로 정한다.
>
> ④ 보건복지부장관은 제2항에 따른 업무를 평가할 수 있으며, 소방청장은 그 평가와 관련한 자료의 수집을 위하여 보건복지부장관이 요청하는 경우 제22조 제1항의 기록 등 필요한 자료를 제공하여야 한다.
>
> ⑤ 소방청장은 응급환자의 이송정보가 「응급의료에 관한 법률」 제27조 제2항 제4호의 응급의료 전산망과 연계될 수 있도록 하여야 한다.

[시행령] 제13조의2(119구급상황관리센터의 설치 및 운영)

① 법 제10조의2 제1항에 따른 119구급상황관리센터(이하 "구급상황센터"라 한다)에는 다음 각 호의 어느 하나에 해당하는 자격을 갖춘 사람을 배치하여 24시간 근무체제를 유지하여야 한다.

1. 「의료법」 제2조 제1항에 따른 의료인

2. 「응급의료에 관한 법률」 제36조 제2항에 따라 1급 응급구조사 자격을 취득한 사람

3. 「응급의료에 관한 법률」 제36조 제3항에 따라 2급 응급구조사 자격을 취득한 사람

4. 「응급의료에 관한 법률」에 따른 응급의료정보센터(이하 "응급의료정보센터"라 한다)에서 2년 이상 응급의료에 관한 상담 경력이 있는 사람

② 소방청장은 법 제10조의2 제2항 제4호에 따른 119구급이송 관련 정보망을 설치하는 경우 다음 각 호의 정보가 효율적으로 연계되어 구급대 및 구급상황센터에 근무하는 사람에게 제공될 수 있도록 하여야 한다.

1. 「응급의료에 관한 법률」 제27조 제2항 제3호에 따라 응급의료정보센터가 제공하는 「응급의료에 관한 법률 시행령」 제24조 제1항 각 호의 정보

2. 구급대의 출동 상황, 응급환자의 처리 및 이송 상황

③ 구급상황센터에 근무하는 사람은 이송병원 정보를 제공하려면 제2항 제1호에 따른 정보를 활용하여 이송병원을 안내하여야 한다.

④ 소방본부장은 구급상황센터의 운영현황을 파악하고 응급환자 이송정보제공 체계를 효율화하기 위하여 매 반기별로 소방청장에게 구급상황센터의 운영상황을 종합하여 보고하여야 한다.

⑤ 구급상황센터의 설치·운영에 관한 세부사항은 구급상황센터를 소방청에 설치하는 경우에는 소방청장이, 시·도 소방본부에 설치하는 경우에는 시·도의 규칙으로 정한다. 다만, 시·도 소방본부에 설치하는 구급상황센터의 설치·운영에 관한 세부사항 중 필수적으로 배치되는 인력의 임용, 보수 등의 인사에 관한 사항은 소방청장이 정하는 바에 따른다.

[시행령] 제13조의3(재외국민 등에 대한 의료상담 및 응급의료서비스)

① 구급상황센터는 법 제10조의2 제2항 제6호에 따라 재외국민, 영해·공해상 선원 및 항공기 승무원·승객 등(이하 "재외국민등"이라 한다)에게 다음 각 호의 응급의료서비스를 제공한다.

　1. 응급질환 관련 상담 및 응급의료 관련 정보 제공

　2. 「재외국민보호를 위한 영사조력법」 제2조제4호에 따른 해외위난상황 발생 시 재외국민에 대한 응급의료 상담 등 필요한 조치 제공 및 업무 지원

　3. 영해·공해상 선원 및 항공기 승무원·승객에 대한 위급상황 발생 시 인명구조, 응급처치 및 이송 등 응급의료서비스 지원

　4. 재외공관에 대한 의료상담 및 응급의료서비스 인력의 지원

　5. 그 밖에 구급상황센터에서 재외국민등에게 제공할 필요가 있다고 소방청장이 판단하여 정하는 응급의료서비스

② 소방청장은 구급상황센터가 제1항에 따른 응급의료서비스를 제공하는 데 필요한 경우에는 관계 기관에 협력을 요청할 수 있다.

제10조의3【119구급차의 운용】

① 소방청장등은 응급환자를 의료기관에 긴급히 이송하기 위하여 구급차(이하 "119구급차"라 한다)를 운용하여야 한다.

② 119구급차의 배치기준, 장비(의료장비 및 구급의약품은 제외한다) 등 119구급차의 운용에 관하여 응급의료 관계 법령에 규정되어 있지 아니하거나 응급의료 관계 법령에 규정된 내용을 초과하여 규정할 필요가 있는 사항은 행정안전부령으로 정한다.

[시행규칙] 제7조의2(119구급차의 배치·운용기준)

① 법 제10조의3 제2항에 따른 119구급차의 배치기준은 「소방력 기준에 관한 규칙」 별표 1 제4호에서 정하는 바에 따른다.

② 그 밖에 119구급차 차량의 성능·특성, 표식 및 도장 등 표준규격에 관한 사항은 소방청장이 정한다.

제11조【구조·구급대의 통합 편성과 운영】

소방청장 등은 제8조 제1항 및 제10조 제1항에도 불구하고 구조·구급대를 통합하여 편성·운영할 수 있다.

[시행령] 제14조(119구조구급센터의 편성과 운영)

① 소방청장 등은 효율적인 인력 운영을 위하여 필요한 경우에는 법 제11조에 따라 구조 대와 구급대를 통합하여 119구조구급센터를 설치할 수 있다.

② 시 · 도 소방본부 또는 소방서에 119구조구급센터를 설치할 때에는 시 · 도의 규칙으로 정하는 바에 따른다.

제12조【119항공대의 편성과 운영】

① 소방청장 또는 소방본부장은 초고층 건축물 등에서 요구조자의 생명을 안전하게 구 조하거나 도서 · 벽지에서 발생한 응급환자를 의료기관에 긴급히 이송하기 위하여 119항공대를 편성하여 운영한다.

② 항공대의 편성과 운영 및 업무, 그 밖에 필요한 사항은 대통령령으로 정한다.

③ 항공대는 행정안전부령으로 정하는 장비를 구비하여야 한다.

[시행령] 제15조(119항공대의 편성과 운영)

① 소방청장은 119항공대를 제5조 제1항 제3호에 따라 소방청에 설치하는 직할구조대에 설치할 수 있다.

② 소방본부장은 시 · 도 규칙으로 정하는 바에 따라 119항공대를 편성하여 운영하되, 효 율적인 인력 운영을 위하여 필요한 경우에는 시 · 도 소방본부에 설치하는 직할구조대 에 설치할 수 있다.

[시행령] 제16조(119항공대의 업무)

119항공대는 다음 각 호의 업무를 수행한다.

　　1. 인명구조 및 응급환자의 이송(의사가 동승한 응급환자의 병원 간 이송을 포함한다)

　　2. 화재 진압

　　3. 장기이식환자 및 장기의 이송

　　4. 항공 수색 및 구조 활동

　　5. 공중 소방 지휘통제 및 소방에 필요한 인력 · 장비 등의 운반

　　6. 방역 또는 방재 업무의 지원

　　7. 그 밖에 재난관리를 위하여 필요한 업무

[시행규칙] 제9조(119항공대에서 갖추어야 할 장비의 기준)

① 법 제12조 제3항에 따라 시 · 도 소방본부에 설치하는 119항공대에서 갖추어야 할 장비 의 기본적인 사항은 「소방력 기준에 관한 규칙」 및 「소방장비관리법 시행규칙」에 따른다.

② 법 제12조 제3항에 따라 소방청에 설치하는 119항공대에서 갖추어야 할 장비의 기본 적인 사항은 제1항을 준용하되, 119항공대에 두는 항공기(이하 "항공기"라 한다)는 3

대 이상 갖추어야 한다.

③ 제1항 및 제2항에서 규정한 사항 외에 119항공대가 갖추어야 하는 장비에 관하여 필요한 사항은 소방청장이 정한다.

[시행규칙] 제10조(119항공대의 출동구역)

① 119항공대의 출동 구역은 다음 각 호에 따른다.

1. 소방청에 설치된 경우 : 전국

2. 소방본부에 설치된 경우 : 관할 시 · 도

② 소방청장 또는 소방본부장은 제1항에도 불구하고 대형재난 등이 발생하여 항공기를 이용한 구조 · 구급활동이 필요하다고 인정되는 경우에는 해당 소방본부장에게 출동구역 밖으로의 출동을 요청할 수 있다.

③ 제2항에 따른 요청을 받은 소방본부장은 특별한 사유가 없으면 제2항의 요청에 따라야 한다.

[시행령] 제17조(119항공대원의 자격기준)

119항공대원은 제6조에 따른 구조대원의 자격기준 또는 제11조에 따른 구급대원의 자격기준을 갖추고, 소방청장이 실시하는 항공 구조 · 구급과 관련된 교육을 마친 사람으로 한다.

[시행령] 제18조(항공기의 운항 등)

① 119항공대의 항공기(이하 "항공기"라 한다)는 조종사 2명이 탑승하되, 해상비행 · 계기비행(計器飛行) 및 긴급 구조 · 구급 활동을 위하여 필요한 경우에는 정비사 1명을 추가로 탑승시킬 수 있다.

② 조종사의 비행시간은 1일 8시간을 초과할 수 없다. 다만, 구조 · 구급 및 화재 진압 등을 위하여 필요한 경우로서 소방청장 또는 소방본부장이 비행시간의 연장을 승인한 경우에는 그러하지 아니하다.

③ 조종사는 항공기의 안전을 확보하기 위하여 탑승자의 위험물 소지 여부를 점검하여야 하며, 탑승자는 119항공대원의 지시에 따라야 한다.

④ 항공기의 검사 등 유지 · 관리에 필요한 사항은 소방청장이 정한다.

⑤ 소방청장 및 소방본부장은 항공기의 안전운항을 위하여 운항통제관을 둔다.

(시행령) 제19조(119항공기사고조사단)

① 소방청장 또는 시 · 도지사는 항공기 사고(「항공 · 철도 사고조사에 관한 법률」 제3조 제2항 각 호에 따른 항공사고는 제외한다)의 원인에 대한 조사 및 사고수습 등을 위하여 각각 119항공기사고조사단(이하 이 조에서 "조사단"이라 한다)을 편성 · 운영할 수 있다.

② 조사단의 편성·운영, 그 밖에 필요한 사항은 소방청의 경우에는 소방청장이 정하고, 시·도의 경우에는 해당 시·도의 규칙으로 정한다.

제12조의2【119항공운항관제실 설치·운영 등】

① 소방청장은 소방항공기의 안전하고 신속한 출동과 체계적인 현장활동의 관리·조정·통제를 위하여 소방청에 119항공운항관제실을 설치·운영하여야 한다.

② 제1항에 따른 119항공운항관제실의 업무는 다음 각 호와 같다.

　1. 재난현장 출동 소방헬기의 운항·통제·조정에 관한 사항

　2. 관계 중앙행정기관 소속의 응급의료헬기 출동 요청에 관한 사항

　3. 관계 중앙행정기관 소속의 헬기 출동 요청 및 공역통제·현장지휘에 관한 사항

　4. 소방항공기 통합 정보 및 안전관리 시스템의 설치·관리·운영에 관한 사항

　5. 소방항공기의 효율적 운항관리를 위한 교육·훈련 계획 등의 수립에 관한 사항

③ 119항공운항관제실 설치·운영 등에 필요한 사항은 대통령령으로 정한다.

[시행령] 제19조의2(119항공운항관제실의 설치·운영)

① 소방청장은 법 제12조의2 제1항에 따른 119항공운항관제실에 다음 각 호의 어느 하나에 해당하는 사람을 1명 이상 배치하여 24시간 근무체제로 운영한다.

　1. 「항공안전법」 제35조 제7호의 항공교통관제사 자격증명을 받은 사람

　2. 「항공안전법」 제35조 제9호의 운항관리사 자격증명을 받은 사람

　3. 그 밖에 항공운항관제 경력이 3년 이상인 사람으로서 소방청장이 인정하는 사람

② 소방청장은 법 제12조의2 제2항 각 호의 업무를 효율적으로 수행하기 위하여 항공기의 운항정보 및 안전관리 등을 위한 시스템(이하 "운항관리시스템"이라 한다)을 구축·운영해야 한다.

③ 소방청장은 운항관리시스템이 소방청과 시·도 소방본부 간에 상호 연계될 수 있도록 관리해야 한다.

④ 제1항부터 제3항까지에서 규정한 사항 외에 제1항에 따른 119항공운항관제실의 설치·운영에 필요한 세부사항은 소방청장이 정한다.

[시행령] 제19조의3(119항공정비실의 설치·운영)

① 소방청장은 법 제12조의3 제1항에 따른 119항공정비실에 「항공안전법」 제35조 제8호의 항공정비사 자격증명을 받은 사람을 배치하여 운영한다.

② 제1항에 따른 119항공정비실의 설치·운영에 필요한 세부사항은 소방청장이 정한다.

제12조의3【119항공정비실의 설치·운영 등】

① 소방청장은 제12조 제1항에 따라 편성된 항공대의 소방헬기를 전문적으로 통합정비 및 관리하기 위하여 소방청에 119항공정비실(이하 "정비실"이라 한다)을 설치·운영할 수 있다.

② 정비실에서는 다음 각 호의 업무를 수행한다.

   1. 소방헬기 정비운영 계획 수립 및 시행 등에 관한 사항

   2. 중대한 결함 해소 및 중정비 업무 수행 등에 관한 사항

   3. 정비에 필요한 전문장비 등의 운영·관리에 관한 사항

   4. 정비에 필요한 부품 수급 등의 운영·관리에 관한 사항

   5. 정비사의 교육훈련 및 자격유지에 관한 사항

   6. 소방헬기 정비교범 및 정비 관련 문서·기록의 관리·유지에 관한 사항

   7. 그 밖에 소방헬기 정비를 위하여 필요한 사항

③ 정비실의 설치·운영, 그 밖에 필요한 사항은 대통령령으로 정한다.

④ 정비실의 인력·시설 및 장비기준 등에 필요한 사항은 행정안전부령으로 정한다.

제12조의4【119구조견대의 편성과 운영】

① 소방청장과 소방본부장은 위급상황에서 「소방기본법」 제4조에 따른 소방활동의 보조 및 효율적 업무 수행을 위하여 119구조견대를 편성하여 운영한다.

② 소방청장은 119구조견(이하 "구조견"이라 한다)의 양성·보급 및 구조견 운용자의 교육·훈련을 위하여 구조견 양성·보급기관을 설치·운영하여야 한다.

③ 제1항에 따른 119구조견대의 편성·운영 및 제2항에 따른 구조견 양성·보급 기관의 설치·운영, 그 밖에 필요한 사항은 대통령령으로 정한다.

④ 119구조견대는 행정안전부령으로 정하는 장비를 구비하여야 한다.

[시행령] 제19조의4(119구조견대의 편성·운영)

① 소방청장은 법 제12조의4 제1항에 따른 119구조견대(이하 "구조견대"라 한다)를 중앙 119구조본부에 편성·운영한다.

② 소방본부장은 시·도의 규칙으로 정하는 바에 따라 시·도 소방본부에 구조견대를 편성하여 운영한다.

③ 구조견대의 출동구역은 행정안전부령으로 정한다.

④ 제1항부터 제3항까지에서 규정한 사항 외에 구조견대의 편성·운영에 필요한 사항은 중앙119구조본부에 두는 경우에는 소방청장이 정하고, 시·도 소방본부에 두는 경우에는 해당 시·도의 규칙으로 정한다.

[시행령] 제19조의5(119구조견 양성 · 보급기관의 설치 · 운영 등)

① 소방청장은 법 제12조의4 제2항에 따라 119구조견(이하 "구조견"이라 한다)의 양성 · 보급 및 구조견 운용자의 교육 · 훈련을 위한 구조견 양성 · 보급기관을 중앙119구조본부에 설치 · 운영한다.

② 제1항에 따른 구조견 양성 · 보급기관의 설치 · 운영 및 교육 · 훈련의 내용 등에 필요한 사항은 소방청장이 정한다.

[시행규칙] 제10조의2(119구조견대에서 갖추어야 할 장비의 기준)

① 법 제12조의4 제4항에서 "행정안전부령으로 정하는 장비"란 다음 각 호의 장비를 말한다.

1. 119구조견(이하 "구조견"이라 한다) 및 구조견 운용자 출동 장비
2. 구조견 및 구조견 운용자 훈련용 장비
3. 구조견 사육 · 관리용 장비
4. 그 밖에 구조견 운용 등에 필요하다고 인정되는 장비

② 제1항에 따른 장비의 구체적인 내용에 관하여 필요한 사항은 소방청장이 정한다.

[시행규칙] 제10조의3(119구조견대의 출동구역)

① 영 제19조의2 제3항에 따른 119구조견대(이하 "구조견대"라 한다)의 출동구역은 다음 각 호와 같다.

1. 중앙119구조본부에 편성하는 구조견대 : 전국
2. 시 · 도 소방본부에 편성하는 구조견대 : 관할 시 · 도

② 제1항에도 불구하고 구조견대는 소방청장 또는 소방본부장의 요청이나 지시에 따라 출동구역 밖으로 출동할 수 있다.

---

04 구조 구급활동 등 ★★★

제13조【구조 · 구급활동】

① 소방청장 등은 위급상황이 발생한 때에는 구조 · 구급대를 현장에 신속하게 출동시켜 인명구조 및 응급처치, 그 밖에 필요한 활동을 하게 하여야 한다.

② 누구든지 제1항에 따른 구조 · 구급활동을 방해하여서는 아니 된다.

③ 소방청장 등은 대통령령으로 정하는 위급하지 아니한 경우에는 구조 · 구급대를 출동시키지 아니할 수 있다.

[시행령] 제20조(구조 · 구급요청의 거절)

① 구조대원은 법 제13조 제3항에 따라 다음 각 호의 어느 하나에 해당하는 경우에는 구조출동 요청을 거절할 수 있다. 다만, 다른 수단으로 조치하는 것이 불가능한 경우에는 그러하지 아니하다.

　1. 단순 문 개방의 요청을 받은 경우

　2. 시설물에 대한 단순 안전조치 및 장애물 단순 제거의 요청을 받은 경우

　3. 동물의 단순 처리 · 포획 · 구조 요청을 받은 경우

　4. 그 밖에 주민생활 불편해소 차원의 단순 민원 등 구조활동의 필요성이 없다고 인정되는 경우

② 구급대원은 법 제13조 제3항에 따라 구급대상자가 다음 각 호의 어느 하나에 해당하는 비응급환자인 경우에는 구급출동 요청을 거절할 수 있다. 이 경우 구급대원은 구급대상자의 병력 · 증상 및 주변 상황을 종합적으로 평가하여 구급대상자의 응급 여부를 판단하여야 한다.

　1. 단순 치통환자

　2. 단순 감기환자. 다만, 섭씨 38도 이상의 고열 또는 호흡곤란이 있는 경우는 제외한다.

　3. 혈압 등 생체징후가 안정된 타박상 환자

　4. 술에 취한 사람. 다만, 강한 자극에도 의식이 회복되지 아니하거나 외상이 있는 경우는 제외한다.

　5. 만성질환자로서 검진 또는 입원 목적의 이송 요청자

　6. 단순 열상(裂傷) 또는 찰과상(擦過傷)으로 지속적인 출혈이 없는 외상환자

　7. 병원 간 이송 또는 자택으로의 이송 요청자. 다만, 의사가 동승한 응급환자의 병원 간 이송은 제외한다.

③ 구조 · 구급대원은 법 제2조 제1호에 따른 요구조자(이하 "요구조자"라 한다) 또는 응급환자가 구조 · 구급대원에게 폭력을 행사하는 등 구조 · 구급활동을 방해하는 경우에는 구조 · 구급활동을 거절할 수 있다.

④ 구조 · 구급대원은 제1항부터 제3항까지의 규정에 따라 구조 또는 구급 요청을 거절한 경우 구조 또는 구급을 요청한 사람이나 목격자에게 그 내용을 알리고, 행정안전부령으로 정하는 바에 따라 그 내용을 기록 · 관리하여야 한다.

[시행령] 제21조(응급환자 등의 이송 거부)

① 구급대원은 응급환자 또는 그 보호자[응급환자의 의사(意思)를 확인할 수 없는 경우만 해당한다]가 의료기관으로의 이송을 거부하는 경우에는 이송하지 아니할 수 있다. 다만, 응급환자의 병력 · 증상 및 주변 상황을 종합적으로 평가하여 즉시 필요한 응

급처치를 받지 아니하면 생명을 보존할 수 없거나 심신상의 중대한 위해를 입을 가능성이 있다고 인정할 만한 상당한 이유가 있는 경우에는 환자의 이송을 위하여 최대한 노력하여야 한다.

② 구급대원은 제1항에 따라 응급환자를 이송하지 아니하는 경우 행정안전부령으로 정하는 바에 따라 그 내용을 기록·관리하여야 한다.

[시행규칙] 제11조(구조·구급요청의 거절)

① 영 제20조 제1항에 따라 구조요청을 거절한 구조대원은 별지 제1호서식의 구조 거절 확인서를 작성하여 소속 소방관서장에게 보고하고, 소속 소방관서에 3년간 보관하여야 한다.

② 영 제20조 제2항에 따라 구급요청을 거절한 구급대원은 별지 제2호서식의 구급 거절·거부 확인서(이하 "구급 거절·거부 확인서"라 한다)를 작성하여 소속 소방관서장에게 보고하고, 소속 소방관서에 3년간 보관하여야 한다.

[시행규칙] 제12조(응급환자 등의 이송 거부)

① 구급대원은 영 제21조 제1항에 따라 응급환자를 이송하지 아니하는 경우 구급 거절·거부 확인서를 작성하여 이송을 거부한 응급환자 또는 그 보호자(이하 "이송거부자"라 한다)에게 서명을 받아야 한다. 다만, 이송거부자가 2회에 걸쳐 서명을 거부한 경우에는 구급 거절·거부 확인서에 그 사실을 표시하여야 한다.

② 구급대원은 이송거부자가 제1항 단서에 따라 서명을 거부한 경우에는 이를 목격한 사람에게 관련 내용을 알리고 구급 거절·거부 확인서에 목격자의 성명과 연락처를 기재한 후 목격자에게 서명을 받아야 한다.

③ 제1항 및 제2항의 규정에 따라 구급 거절·거부 확인서를 작성한 구급대원은 소속 소방관서장에게 보고하고, 구급 거절·거부 확인서를 소속 소방관서에 3년간 보관하여야 한다.

제14조【유관기관과의 협력】

① 소방청장 등은 구조·구급활동을 함에 있어서 필요한 경우에는 시·도지사 또는 시장·군수·구청장에게 협력을 요청할 수 있다.

② 시·도지사 또는 시장·군수·구청장은 특별한 사유가 없으면 제1항의 요청에 따라야 한다.

제15조【구조·구급활동을 위한 긴급조치】

① 소방청장 등은 구조·구급활동을 위하여 필요하다고 인정하는 때에는 다른 사람

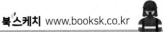

의 토지·건물 또는 그 밖의 물건을 일시사용, 사용의 제한 또는 처분을 하거나 토지·건물에 출입할 수 있다.

② 소방청장 등은 제1항에 따른 조치로 인하여 손실을 입은 자가 있는 경우에는 대통령령으로 정하는 바에 따라 그 손실을 보상하여야 한다.

[시행령] 제22조(손실보상)

① 소방청장 등은 법 제15조 제1항에 따른 조치로 인한 손실을 보상할 때에는 손실을 입은 자와 먼저 협의하여야 한다.

② 제1항에 따른 손실보상에 관한 협의는 법 제15조 제1항에 따른 조치가 있는 날부터 60일 이내에 하여야 한다.

③ 소방청장 등은 제2항에 따른 협의가 성립되지 아니하면 「공익사업을 위한 토지 등의 취득 및 보상에 관한 법률」 제51조에 따른 관할 토지수용위원회에 재결(裁決)을 신청할 수 있다.

④ 제3항에 따른 재결에 관하여는 「공익사업을 위한 토지 등의 취득 및 보상에 관한 법률」 제83조부터 제87조까지의 규정을 준용한다.

제16조【구조된 사람과 물건의 인도·인계】

① 소방청장 등은 제13조 제1항에 따른 구조활동으로 구조된 사람(이하 "구조된 사람"이라 한다) 또는 신원이 확인된 사망자를 그 보호자 또는 유족에게 지체 없이 인도하여야 한다.

② 소방청장 등은 제13조 제1항에 따른 구조·구급활동과 관련하여 회수된 물건(이하 "구조된 물건"이라 한다)의 소유자가 있는 경우에는 소유자에게 그 물건을 인계하여야 한다.

③ 소방청장 등은 다음 각 호의 어느 하나에 해당하는 때에는 구조된 사람, 사망자 또는 구조된 물건을 특별자치도지사·시장·군수·구청장(「재난 및 안전관리 기본법」 제14조 또는 제16조에 따른 재난안전대책본부가 구성된 경우 해당 재난안전대책본부장을 말한다)에게 인도하거나 인계하여야 한다.

1. 구조된 사람이나 사망자의 신원이 확인되지 아니한 때
2. 구조된 사람이나 사망자를 인도받을 보호자 또는 유족이 없는 때
3. 구조된 물건의 소유자를 알 수 없는 때

[시행규칙] 제13조(구조된 사람과 물건의 인도·인계)

① 소방청장 등이 법 제16조 제3항에 따라 특별자치도지사·시장·군수·구청장(「재난

및 안전관리 기본법」 제14조 또는 제16조에 따른 재난안전대책본부가 구성된 경우에는 해당 재난안전대책본부장을 말한다)에게 구조된 사람, 사망자 및 구조·구급활동과 관련하여 회수된 물건을 인도하거나 인계하는 경우에는 명단(신원을 확인할 수 없는 경우에는 인상착의를 기재할 수 있다) 또는 목록을 작성하여 확인한 후 함께 인도하거나 인계하여야 한다.

② 제1항에 따른 인도·인계는 구조·구급상황이 발생한 지역을 관할하는 특별자치도지사·시장·군수·구청장에게 하되, 관할 특별자치도지사·시장·군수·구청장이 분명하지 아니할 때에는 구조·구급상황 발생 현장에서 인도·인계하기 쉬운 지역의 특별자치도지사·시장·군수·구청장에게 한다.

> ### 제17조【구조된 사람의 보호】
> 제16조 제3항에 따라 구조된 사람을 인도받은 특별자치도지사·시장·군수·구청장은 구조된 사람에게 숙소·급식·의류의 제공과 치료 등 필요한 보호조치를 취하여야 하며, 사망자에 대하여는 영안실에 안치하는 등 적절한 조치를 취하여야 한다.

> ### 제18조【구조된 물건의 처리】
> ① 제16조 제3항에 따라 구조된 물건을 인계받은 특별자치도지사·시장·군수·구청장은 이를 안전하게 보관하여야 한다.
> ② 제1항에 따라 인계받은 물건의 처리절차와 그 밖에 필요한 사항은 대통령령으로 정한다.

[시행령] 제23조(구조된 물건에 대한 처리)

① 특별자치도지사·시장·군수·구청장(「재난 및 안전관리 기본법」 제14조 또는 제16조에 따른 재난안전대책본부가 구성된 경우에는 해당 재난안전대책본부장을 말한다)은 법 제18조 제2항에 따라 구조·구급과 관련하여 회수된 물건(이하 "구조된 물건"이라 한다)을 인계받은 경우 인계받은 날부터 14일 동안 해당 지방자치단체의 게시판 및 인터넷 홈페이지에 공고하여야 한다.

② 특별자치도지사·시장·군수·구청장은 구조된 물건의 소유자 또는 청구권한이 있는 자(이하 "소유자 등"이라 한다)가 나타나 그 물건을 인계할 때에는 소유자 등임을 확인할 수 있는 서류를 제출하게 하거나 구조된 물건에 관하여 필요한 질문을 하는 등의 방법으로 구조된 물건의 소유자 등임을 확인하여야 한다.

③ 특별자치도지사·시장·군수·구청장은 구조된 물건이 멸실·훼손될 우려가 있거나 보관에 지나치게 많은 비용이나 불편이 발생할 때에는 그 물건을 매각할 수 있다. 다

만, 구조된 물건이 관계 법령에 따라 일반인의 소유 또는 소지가 제한되거나 금지된 물건일 때에는 관계 법령에 따라 이를 적법하게 소유하거나 소지할 수 있는 자에게 매각하는 경우가 아니면 매각할 수 없다.

④ 제3항에 따라 구조된 물건을 매각하는 경우 매각 사실을 해당 지방자치단체의 게시판 및 인터넷 홈페이지에 공고하고, 매각방법은 「지방자치단체를 당사자로 하는 계약에 관한 법률」의 규정을 준용하여 경쟁입찰에 의한다. 다만, 급히 매각하지 아니하면 그 가치가 현저하게 감소될 염려가 있는 구조된 물건은 수의계약에 의하여 매각할 수 있다.

제19조【가족 및 유관기관의 연락】

① 구조·구급대원은 제13조 제1항에 따른 구조·구급활동을 함에 있어 현장에 보호자가 없는 요구조자 또는 응급환자를 구조하거나 응급처치를 한 후에는 그 가족이나 관계자에게 구조 경위, 요구조자 또는 응급환자의 상태 등을 즉시 알려야 한다.

② 구조·구급대원은 요구조자와 응급환자의 가족이나 관계자의 연락처를 알 수 없는 때에는 위급상황이 발생한 해당 지역의 특별자치도지사·시장·군수·구청장에게 그 사실을 통보하여야 한다.

③ 구조·구급대원은 요구조자와 응급환자의 신원을 확인할 수 없는 경우에는 경찰관서에 신원의 확인을 의뢰할 수 있다.

제20조【구조·구급활동을 위한 지원요청】

① 소방청장 등은 구조·구급활동을 함에 있어서 인력과 장비가 부족한 경우에는 대통령령으로 정하는 바에 따라 관할구역 안의 의료기관, 「응급의료에 관한 법률」 제44조에 따른 구급차 등의 운용자 및 구조·구급과 관련된 기관 또는 단체(이하 이 조에서 "의료기관 등"이라 한다)에 대하여 구조·구급에 필요한 인력 및 장비의 지원을 요청할 수 있다. 이 경우 요청을 받은 의료기관 등은 정당한 사유가 없으면 이에 따라야 한다.

② 제1항의 지원요청에 따라 구조·구급활동에 참여하는 사람은 소방청장 등의 조치에 따라야 한다.

③ 제1항에 따라 지원활동에 참여한 구급차 등의 운용자는 소방청장 등이 지정하는 의료기관으로 응급환자를 이송하여야 한다.

④ 소방청장 등은 행정안전부령으로 정하는 바에 따라 제1항에 따른 지원요청대상 의료기관 등의 현황을 관리하여야 한다.

⑤ 소방청장 등은 제1항에 따라 구조·구급활동에 참여한 의료기관 등에 대하여는 그 비용을 보상할 수 있다.

[시행령] 제24조(구조·구급활동을 위한 지원요청)

① 법 제20조 제1항에 따른 구조·구급에 필요한 인력과 장비의 지원을 요청할 때에는 팩스·전화 등의 신속한 방법으로 하여야 한다.

② 제1항 외에 의료기관에 대한 지원 요청에 필요한 사항은 보건복지부장관과 협의하여 소방청장이 정하고, 구조·구급과 관련된 기관 또는 단체에 대한 지원 요청에 관하여 필요한 사항은 관할 구역의 구조·구급과 관련된 기관 또는 단체의 장과 협의하여 소방본부장 또는 소방서장이 정한다.

[시행규칙] 제14조(구급활동 지원)

소방청장 등은 법 제20조 제1항에 따라 지원을 요청받은 의료기관에 소속된 의사가 구급활동을 지원(자원봉사인 경우를 포함한다)하는 경우에는 법 제10조의2 제1항에 따른 119구급상황관리센터나 구급차에 배치하여 응급처치를 지도하게 하거나 직접 구급활동을 하게 할 수 있다.

[시행규칙] 제15조(구조·구급활동 지원요청대상 의료기관 등의 현황관리)

① 소방청장 등은 법 제20조 제2항에 따라 관할구역 안의 의료기관 및 구조·구급과 관련된 기관 또는 단체의 현황을 관리하기 위하여 별지 제3호서식의 구조·구급 지원요청 관리대장을 작성·관리하여야 한다.

② 제1항에 따른 구조·구급 지원요청 관리대장은 전자적 처리가 불가능한 특별한 사유가 없으면 전자적 처리가 가능한 방법으로 작성·관리하여야 한다.

[시행규칙] 제16조(구조·구급활동에 필요한 조사)

소방청장 등은 구조·구급업무의 원활한 수행을 위하여 교통, 지리, 그 밖에 필요한 사항을 조사할 수 있다.

제21조【구조·구급대원과 경찰공무원의 협력】

① 구조·구급대원은 범죄사건과 관련된 위급상황 등에서 구조·구급활동을 하는 경우에는 경찰공무원과 상호 협력하여야 한다.

② 구조·구급대원은 요구조자나 응급환자가 범죄사건과 관련이 있다고 의심할만한 정황이 있는 경우에는 즉시 경찰관서에 그 사실을 통보하고 현장의 증거보존에 유의하면서 구조·구급활동을 하여야 한다. 다만, 생명이 위독한 경우에는 먼저 구조하거나 의료기관으로 이송하고 경찰관서에 그 사실을 통보할 수 있다.

제22조【구조·구급활동의 기록관리】

① 소방청장 등은 구조·구급활동상황 등을 기록하고 이를 보관하여야 한다.

② 구조·구급활동상황일지의 작성·보관 및 관리, 그 밖에 필요한 사항은 행정안전부령으로 정한다.

[시행규칙] 제17조(구조활동상황의 기록관리)

① 구조대원은 법 제22조에 따라 별지 제4호서식의 구조활동일지에 구조활동상황을 상세히 기록하고, 소속 소방관서에 3년간 보관하여야 한다. 다만, 구조차에 이동단말기가 설치되어 있는 경우에는 이동단말기로 구조활동일지를 작성할 수 있다.

② 소방본부장은 구조활동상황을 종합하여 연 2회 소방청장에게 보고하여야 한다.

[시행규칙] 제18조(구급활동상황의 기록유지)

① 구급대원은 법 제22조에 따라 별지 제5호서식의 구급활동일지(이하 "구급활동일지"라 한다)에 구급활동상황을 상세히 기록하고, 소속 소방관서에 3년간 보관하여야 한다. 다만, 구급차에 이동단말기가 설치되어 있는 경우에는 이동단말기로 구급활동일지를 작성할 수 있다.

② 구급대원이 응급환자를 의사에게 인계하는 경우에는 구급활동일지(이동단말기로 작성하는 경우를 포함한다)에 환자를 인계받은 의사의 서명을 받고, 구급활동일지(이동단말기에 작성한 경우에는 전자파일이나 인쇄물을 말한다) 1부를 그 의사에게 제출하여야 한다.

③ 구급대원은 구급활동 중 심폐정지환자에게 심폐소생술이나 심장충격기를 이용한 응급처치를 한 경우에는 별지 제6호서식의 심폐정지환자 응급처치 세부 상황표를 작성하여 소속 소방관서에 3년간 보관하여야 한다.

④ 소방본부장은 구급활동상황을 종합하여 연 2회 소방청장에게 보고하여야 한다.

[시행규칙] 제18조의2(이동단말기의 활용)

구조 · 구급대원은 구조차 또는 구급차에 이동단말기가 설치되어 있는 경우에는 구조 · 구급활동과 관련하여 작성하는 확인서, 일지 및 상황표 등을 이동단말기로 작성할 수 있다.

[시행규칙] 제19조(구조 · 구급증명서)

① 다음 각 호의 어느 하나에 해당하는 자가 구조대나 구급대에 의한 구조 · 구급활동을 증명하는 서류를 요구하는 경우에는 별지 제7호서식의 구조 · 구급증명 신청서(전자문서로 된 신청서를 포함한다)를 작성하여 소방청장 등에게 신청하여야 한다.

　　1. 인명구조, 응급처치 등을 받은 사람(이하 "구조 · 구급자"라 한다)

　　2. 구조 · 구급자의 보호자

　　3. 공공단체 또는 보험회사 등 환자이송과 관련된 기관이나 단체

　　4. 제1호부터 제3호까지에 해당하는 자의 위임을 받은 자

② 소방청장 등은 제1항에 따라 구조 · 구급증명 신청을 받은 경우에는 다음 각 호의 서류 중 관련 서류를 통하여 신청인의 신원 등을 확인한 후 별지 제8호서식의 구조 · 구급

Part 7

119구조·구급에 관한 법률(시행령, 시행규칙)

증명서를 발급하여야 한다.

1. 주민등록증, 운전면허증, 여권, 공무원증 등 본인을 확인할 수 있는 신분증
2. 위임 등을 증명할 수 있는 서류
3. 구조 · 구급자의 보험가입을 증명할 수 있는 서류
4. 그 밖에 구조 · 구급활동에 관한 증명자료가 필요함을 입증할 수 있는 서류

③ 구조 · 구급자의 보호자가 제1항에 따른 구조 · 구급증명을 신청하는 경우에는 소방청장 등은 「전자정부법」 제36조 제1항에 따른 행정정보의 공동이용을 통하여 주민등록표 등본 또는 가족관계증명서를 확인하여 보호자임을 확인하여야 한다. 다만, 신청인이 확인에 동의하지 아니하는 경우에는 그 서류를 첨부하도록 하여야 한다.

제23조【구조 · 구급대원에 대한 안전사고방지대책 등 수립 · 시행】

① 소방청장은 구조 · 구급대원의 안전사고방지대책, 감염방지대책, 건강관리대책 등 (이하 "안전사고방지대책 등"이라 한다)을 수립 · 시행하여야 한다.
② 안전사고방지대책 등의 수립에 관하여 필요한 사항은 대통령령으로 정한다.

[시행령] 제25조(안전사고방지대책)

① 소방청장은 법 제23조 제1항에 따라 구조 · 구급대원의 안전사고 방지를 위하여 안전관리 표준지침을 마련하여 시행하여야 한다.
② 제1항의 안전관리 표준지침은 구조활동과 구급활동으로 구분하되 유형별 안전관리 기본수칙과 행동매뉴얼을 포함하여야 한다.

[시행령] 제25조의2(감염병환자등의 통보대상 및 통보 방법 등)

① 질병관리청장 및 의료기관의 장은 법 제23조의2 제1항에 따라 구급대가 이송한 감염병환자등과 관련된 감염병이 다음 각 호의 어느 하나에 해당하는 경우에는 소방청장등에게 그 사실을 즉시 통보해야 한다.

1. 「감염병의 예방 및 관리에 관한 법률」 제2조 제2호에 따른 제1급감염병
2. 「감염병의 예방 및 관리에 관한 법률」 제2조 제3호 가목, 다목 또는 하목에 따른 결핵, 홍역 또는 수막구균 감염증
3. 그 밖에 구급대원의 안전 확보 및 감염병 확산 방지를 위하여 소방청장이 보건복지부, 질병관리청 등 관계 기관과 협의하여 지정하는 감염병

② 제1항에 따른 통보의 방법은 다음 각 호의 구분에 따른다.

1. 질병관리청장이 통보하는 경우 : 행정안전부령으로 정하는 감염병 발생 통보서를 정보시스템을 통하여 소방청장에게 통보
2. 의료기관의 장이 통보하는 경우 : 행정안전부령으로 정하는 감염병 발생 통보서를

정보시스템, 서면 또는 팩스를 통하여 소방청장 또는 관할 시·도 소방본부장에게 통보. 다만, 부득이한 사유로 정보시스템 등으로 통보하기 어려운 경우에는 구두 또는 전화(문자메시지를 포함한다)로 감염병환자등의 감염병명 및 감염병의 발생정보 등을 통보할 수 있다.

③ 제2항에 따라 정보를 통보받은 자는 법 및 이 영에 따른 감염병과 관련된 구조·구급 업무 외의 목적으로 정보를 사용할 수 없고, 업무 종료 시 지체 없이 파기해야 한다.

④ 소방청장은 구조·구급활동을 위하여 필요하다고 인정하는 경우에는 구급대가 이송한 감염병환자등 외에 제1항 각 호의 어느 하나에 해당하는 감염병과 관련된 감염병환자 등에 대한 정보를 「감염병의 예방 및 관리에 관한 법률」 제76조의2 제3항에 따라 제공 하여 줄 것을 질병관리청장에게 요청할 수 있다.

[시행규칙] 제19조의2(감염병환자 등의 발생 통보)

영 제25조의2 제2항 제1호 및 제2호에서 "행정안전부령으로 정하는 감염병 발생 통보서" 란 별지 제8호의2서식을 말한다.

[시행령] 제26조(감염관리대책)

① 소방청장 등은 구조·구급대원의 감염 방지를 위하여 구조·구급대원이 소독을 할 수 있도록 소방서별로 119감염관리실을 1개소 이상 설치하여야 한다.

② 구조·구급대원은 근무 중 위험물·유독물 및 방사성물질(이하 "유해물질 등"이라 한 다)에 노출되거나 감염성 질병에 걸린 요구조자 또는 응급환자와 접촉한 경우에는 그 사실을 안 때부터 48시간 이내에 소방청장 등에게 보고하여야 한다.

③ 법 제23조의2 제1항에 따른 통보를 받거나 이 조 제2항에 따른 보고를 받은 소방청장 등은 유해물질 등에 노출되거나 감염성 질병에 걸린 요구조자 또는 응급환자와 접촉한 구조·구급대원이 적절한 진료를 받을 수 있도록 조치하고, 접촉일부터 15일 동안 구 조·구급대원의 감염성 질병 발병 여부를 추적·관리하여야 한다. 이 경우 잠복기가 긴 질환에 대해서는 잠복기를 고려하여 추적·관리 기간을 연장할 수 있다.

④ 제1항에 따른 119감염관리실의 규격·성능 및 119감염관리실에 설치하여야 하는 장비 등 세부 기준은 소방청장이 정한다.

[시행규칙] 제20조(감염성 질병 및 유해물질 등 접촉보고서)

구조·구급대원이 영 제26조 제2항에 따라 근무 중 위험물·유독물 및 방사성물질에 노 출되거나 감염성 질병에 걸린 요구조자 또는 응급환자와의 접촉 사실을 소방청장 등에게 보고하는 경우에는 별지 제9호서식의 감염성 질병 및 유해물질 등 접촉 보고서를 작성하 여 보고하여야 한다.

[시행규칙] 제21조(검진기록의 보관)

소방청장 등은 다음 각 호의 자료를 구조 · 구급대원이 퇴직할 때까지 「소방공무원임용령 시행규칙」 제17조에 따른 소방공무원 인사기록철에 함께 보관하여야 한다.

　　1. 제20조에 따른 감염성 질병 · 유해물질 등 접촉 보고서 및 영 제26조 제3항에 따른 진료 기록부

　　2. 영 제27조 제1항에 따른 정기건강검진 결과서 및 같은 조 제5항에 따른 진료 기록부

　　3. 그 밖에 구조 · 구급대원의 병력을 추정할 수 있는 자료

[시행령] 제27조(건강관리대책)

① 소방청장 등은 소속 구조 · 구급대원에 대하여 연 2회 이상 정기건강검진을 실시하여야 한다. 다만, 구조 · 구급대원이 「국민건강보험법」 제52조에 따른 건강검진을 받은 경우에는 1회의 정기건강검진으로 인정할 수 있다.

② 신규채용 된 소방공무원을 구조 · 구급대원으로 배치하는 경우에는 공무원 채용신체검사 결과를 1회의 정기건강검진으로 인정할 수 있다.

③ 소방청장 등은 제1항에 따른 정기건강검진의 결과 구조 · 구급대원으로 부적합하다고 인정되는 구조 · 구급대원에 대해서는 구조 · 구급대원으로서의 배치를 중지하고 건강 회복을 위하여 필요한 조치를 하여야 한다.

④ 구조 · 구급대원은 구조 · 구급업무 수행으로 인하여 신체적 · 정신적 장애가 발생하였다고 판단하는 경우에는 그 사실을 해당 소방청장 등에게 보고하여야 한다.

⑤ 제4항에 따른 보고를 받은 소방청장 등은 해당 구조 · 구급대원이 의료인의 진료를 받을 수 있도록 조치하여야 한다.

⑥ 구조 · 구급대원의 정기건강검진 항목은 행정안전부령으로 정한다.

[시행규칙] 제22조(구조 · 구급대원의 정기건강검진 항목)

영 제27조 제6항에 따른 구조 · 구급대원의 정기건강검진 항목은 별표와 같다.

[시행규칙] 제23조(구급차 등의 소독)

소방청장 등은 주 1회 이상 구급차 및 응급처치기구 등을 소독하여야 한다.

제23조의2 【감염병환자등의 통보 등】

① 질병관리청장 및 의료기관의 장은 구급대가 이송한 응급환자가 「감염병의 예방 및 관리에 관한 법률」 제2조 제13호부터 제15호까지 및 제15호의2의 감염병환자, 감염병의사환자, 병원체보유자 또는 감염병의심자(이하 이 조에서 "감염병환자등"이라 한다)인 경우에는 그 사실을 소방청장등에게 즉시 통보하여야 한다. 이 경우 정보시스템을 활용하여 통보할 수 있다.

---

② 소방청장등은 감염병환자등과 접촉한 구조·구급대원이 적절한 치료를 받을 수 있도록 조치하여야 한다.

③ 제1항에 따른 감염병환자등에 대한 구체적인 통보대상, 통보 방법 및 절차, 제2항에 따른 조치 방법 등에 필요한 사항은 대통령령으로 정한다.

제24조【구조·구급활동으로 인한 형의 감면】

다음 각 호의 어느 하나에 해당하는 자가 구조·구급활동으로 인하여 요구조자를 사상에 이르게 한 경우 그 구조·구급활동 등이 불가피하고 구조·구급대원 등에게 중대한 과실이 없는 때에는 그 정상을 참작하여 「형법」 제266조부터 제268조까지의 형을 감경하거나 면제할 수 있다.

1. 제4조 제3항에 따라 위급상황에 처한 요구조자를 구출하거나 필요한 조치를 한 자
2. 제13조 제1항에 따라 구조·구급활동을 한 자

제13조【구조·구급활동】

① 소방청장 등은 위급상황이 발생한 때에는 구조·구급대를 현장에 신속하게 출동시켜 인명구조 및 응급처치, 그 밖에 필요한 활동을 하게 하여야 한다.

05 보칙 ★

제25조【구조·구급대원의 전문성 강화 등】

① 소방청장은 국민에게 질 높은 구조와 구급서비스를 제공하기 위하여 전문 구조·구급대원의 양성과 기술향상을 위하여 필요한 교육훈련 프로그램을 운영하여야 한다.

② 구조·구급대원은 업무와 관련된 새로운 지식과 전문기술의 습득 등을 위하여 행정안전부령으로 정하는 바에 따라 소방청장이 실시하는 교육훈련을 받아야 한다.

③ 소방청장은 구조·구급대원의 전문성을 향상시키기 위하여 필요한 경우 제2항에 따른 교육훈련을 국내외 교육기관 등에 위탁하여 실시할 수 있다.

④ 제2항 및 제3항에 따른 교육훈련의 방법·시간 및 내용, 그 밖에 필요한 사항은 행정안전부령으로 정한다.

[시행규칙] 제24조(구조대원의 교육훈련)

① 법 제25조에 따른 구조대원의 교육훈련은 일상교육훈련, 특별구조훈련 및 항공구조훈련으로 구분한다.

② 일상교육훈련은 구조대원의 일일근무 중 실시하되, 구조장비 조작과 안전관리에 관한 내용을 포함하여 구조대의 실정에 맞도록 소방청장 등이 정한다.

③ 구조대원은 연 40시간 이상 다음 각 호의 내용을 포함하는 특별구조훈련을 받아야 한다.

1. 방사능 누출, 생화학테러 등 유해화학물질 사고에 대비한 화학구조훈련
2. 하천[호소(湖沼)를 포함한다], 해상(海上)에서의 익수·조난·실종 등에 대비한 수난구조훈련
3. 산악·암벽 등에서의 조난·실종·추락 등에 대비한 산악구조훈련
4. 그 밖의 재난에 대비한 특별한 교육훈련

④ 구조대원은 연 40시간 이상 다음 각 호의 내용을 포함하는 항공구조훈련을 받아야 한다.

1. 구조·구난(球難)과 관련된 기초학문 및 이론
2. 항공구조기법 및 항공구조장비와 관련된 이론 및 실기
3. 항공구조활동 시 응급처치와 관련된 이론 및 실기
4. 항공구조 활동과 관련된 안전교육

[시행규칙] 제25조(항공구조구급대 소속 조종사 및 정비사에 대한 교육훈련)

① 법 제25조에 따른 교육훈련 중 항공구조구급대 소속 조종사 및 정비사에 대한 교육훈련은 다음 각 호의 구분에 따른다.

1. 조종사
    가. 비행교육훈련
        1) 기종전환교육훈련(신규임용자 포함)
        2) 자격회복훈련
        3) 기술유지비행훈련
    나. 조종전문교육훈련
        1) 해상생환훈련
        2) 항공안전관리교육
        3) 계기비행훈련
        4) 비상절차훈련
        5) 항공기상상황관리교육
        6) 그 밖의 항공안전 및 기술향상에 관한 교육훈련
2. 정비사
    가. 해상생환훈련
    나. 항공안전관리교육
    다. 항공정비실무교육
    라. 그 밖의 항공안전 및 기술향상에 관한 교육훈련

② 제1항에 따른 교육훈련의 세부사항은 소방청장이 정한다.

[시행규칙] 제26조(구급대원의 교육훈련)

① 법 제25조에 따른 구급대원의 교육훈련은 일상교육훈련 및 특별교육훈련으로 구분한다.

② 일상교육훈련은 구급대원의 일일근무 중 실시하되, 구급장비 조작과 안전관리에 관한 내용을 포함하여 구급대의 실정에 맞도록 소방청장 등이 정한다.

③ 구급대원은 연간 40시간 이상 다음 각 호의 내용을 포함하는 특별교육훈련을 받아야 한다.

1. 임상실습 교육훈련

2. 전문 분야별 응급처치교육

3. 그 밖에 구급활동과 관련된 교육훈련

④ 소방청장 등은 구급대원의 교육을 위하여 소방청장이 정하는 응급처치용 실습기자재와 실습공간을 확보하여야 한다.

⑤ 소방청장은 구급대원에 대한 체계적인 교육훈련을 실시하기 위해 소방공무원으로서 다음 각 호의 어느 하나에 해당하는 자격을 갖춘 사람 중 소방청장이 정하는 교육과정을 수료한 사람을 구급지도관으로 선발할 수 있다.

1. 「의료법」 제2조 제1항에 따른 의료인

2. 「응급의료에 관한 법률」 제36조 제2항에 따라 1급 응급구조사 자격을 취득한 사람

⑥ 제1항부터 제5항까지에서 규정한 사항 외에 구급대원의 교육훈련 및 구급지도관의 선발·운영 등에 필요한 세부적인 사항은 소방청장이 정한다.

제25조의2【구급지도의사】

① 소방청장등은 구급대원에 대한 교육·훈련과 구급활동에 대한 지도·평가 등을 수행하기 위하여 지도의사(이하 "구급지도의사"라 한다)를 선임하거나 위촉하여야 한다.

② 구급지도의사의 배치기준, 업무, 선임방법 등 구급지도의사의 선임·위촉에 관하여 응급의료관계 법령에 규정되어 있지 아니하거나 응급의료 관계 법령에 규정된 내용을 초과하여 규정할 필요가 있는 사항은 대통령령으로 정한다.

[시행령] 제27조의2(구급지도의사의 선임 등)

① 소방청장등은 법 제25조의2 제1항에 따라 각 기관별로 1명 이상의 지도의사(이하 "구급지도의사"라 한다)를 선임하거나 위촉해야 한다. 이 경우 의사로 구성된 의료 전문기관·단체의 추천을 받아 소방청 또는 소방본부 단위로 각 기관별 구급지도의사를 선임하거나 위촉할 수 있다.

② 구급지도의사의 임기는 2년으로 한다.

③ 구급지도의사의 업무는 다음 각 호와 같다.

　1. 구급대원에 대한 교육 및 훈련

　2. 접수된 구급신고에 대한 응급의료 상담

　3. 응급환자 발생 현장에서의 구급대원에 대한 응급의료 지도

　4. 구급대원의 구급활동 등에 대한 평가

　5. 응급처치 방법 · 절차의 개발

　6. 재난 등으로 인한 현장출동 요청 시 현장 지원

　7. 그 밖에 구급대원에 대한 교육 · 훈련 및 구급활동에 대한 지도 · 평가와 관련하여 응급의료 관계 법령에 규정되어 있지 아니하거나 응급의료 관계 법령에 규정된 내용을 초과하여 규정할 필요가 있다고 소방청장이 판단하여 정하는 업무

④ 소방청장등은 구급지도의사가 다음 각 호의 어느 하나에 해당하는 경우에는 해당 구급지도의사를 해임하거나 해촉할 수 있다.

　1. 심신장애로 인하여 직무를 수행할 수 없게 된 경우

　2. 직무와 관련된 비위사실이 있는 경우

　3. 직무태만, 품위손상이나 그 밖의 사유로 인하여 구급지도의사로 적합하지 아니하다고 인정되는 경우

　4. 구급지도의사 스스로 직무를 수행하는 것이 곤란하다고 의사를 밝히는 경우

⑤ 소방청장등은 제3항에 따른 구급지도의사의 업무 실적을 관리하여야 한다.

⑥ 소방청장등은 제3항에 따른 구급지도의사의 업무 실적에 따라 구급지도의사에게 예산의 범위에서 수당을 지급할 수 있다.

⑦ 제1항부터 제6항까지에서 규정한 사항 외에 구급지도의사의 선임 또는 위촉 기준, 업무 및 실적 관리 등과 관련하여 필요한 세부적인 사항은 소방청장이 정한다.

제26조【구조 · 구급활동의 평가】

① 소방청장은 매년 시 · 도 소방본부의 구조 · 구급활동에 대하여 종합평가를 실시하고 그 결과를 시 · 도 소방본부장에게 통보하여야 한다.

② 소방청장은 제1항에 따른 종합평가결과에 따라 시 · 도 소방본부에 대하여 행정적 · 재정적 지원을 할 수 있다.

③ 제1항에 따른 평가방법 및 항목, 그 밖에 필요한 사항은 대통령령으로 정한다.

[시행령] 제28조(구조 · 구급활동의 평가)

① 법 제26조에 따른 시 · 도 소방본부의 구조 · 구급활동에 대한 종합평가(이하 "종합평가"라 한다)는 다음 각 호의 평가항목 중 구조 · 구급 환경 특성에 맞는 평가항목을 선정하여 실시하여야 한다.

1. 구조·구급서비스의 품질관리

2. 구조·구급대원의 전문성 수준

3. 구조·구급대원에 대한 안전사고방지대책, 감염방지대책, 건강관리대책

4. 구조·구급장비의 확보 및 유지·관리 실태

5. 관계 기관과의 협력체제 구축 실태

6. 그 밖에 소방청장이 정하는 평가에 필요한 사항

② 종합평가는 서면평가와 현장평가로 구분하여 실시하되, 서면평가는 모든 시·도 소방본부를 대상으로 실시하고, 현장평가는 서면평가 결과에 따라 필요한 시·도 소방본부를 대상으로 실시한다.

③ 소방본부장은 종합평가를 위하여 시·도 집행계획의 시행 결과를 다음 해 2월 말일까지 소방청장에게 제출하여야 한다.

제27조【구조·구급정책협의회】

① 제3조 제1항에 따른 구조·구급관련 새로운 기술의 연구·개발 등과 기본계획 및 집행계획에 관하여 필요한 사항을 관계 중앙행정기관 등과 협의하기 위하여 소방청에 중앙 구조·구급정책협의회를 둔다.

② 시·도 집행계획의 수립·시행에 필요한 사항을 해당 시·도의 구조·구급관련기관 등과 협의하기 위하여 시·도 소방본부에 시·도 구조·구급정책협의회를 둔다.

③ 제1항 및 제2항에 따른 구조·구급정책협의회의 구성·기능 및 운영, 그 밖에 필요한 사항은 대통령령으로 정한다.

[시행령] 제29조(중앙 정책협의회의 구성 및 기능)

① 중앙 정책협의회는 위원장 및 부위원장 각 1명을 포함한 20명 이내의 위원으로 구성한다.

② 중앙 정책협의회 위원장은 소방청장이 되고, 부위원장은 민간위원 중에서 호선(互選)한다.

③ 위원은 다음 각 호의 사람 중에서 소방청장이 임명하거나 위촉한다.

1. 관계 중앙행정기관 소속 고위공무원단에 속하는 일반직공무원(이에 상당하는 특정직·별정직 공무원을 포함한다) 중에서 소속 기관의 장이 추천하는 사람

2. 긴급구조, 응급의료, 재난관리, 그 밖에 구조·구급업무에 관한 학식과 경험이 풍부한 사람

④ 위촉위원의 임기는 2년으로 한다.

⑤ 중앙 정책협의회의 효율적인 운영을 위하여 중앙 정책협의회에 간사 1명을 두며, 간사는 소방청의 구조·구급업무를 담당하는 소방공무원 중에서 소방청장이 지명한다.

⑥ 중앙 정책협의회는 다음 각 호의 사항을 협의·조정한다.

1. 기본계획 및 집행계획의 수립·시행에 관한 사항

2. 기본계획 변경에 관한 사항

3. 종합평가와 그 결과 활용에 관한 사항

4. 구조·구급과 관련된 새로운 기술의 연구·개발에 관한 사항

5. 그 밖에 구조·구급업무와 관련하여 위원장이 회의에 부치는 사항

[시행령] 제29조의2(중앙 정책협의회 위원의 해임 및 해촉)

소방청장은 제29조제3항 제1호 또는 제2호에 따른 위원이 다음 각 호의 어느 하나에 해당하는 경우에는 해당 위원을 해임 또는 해촉(解囑)할 수 있다.

1. 심신장애로 인하여 직무를 수행할 수 없게 된 경우

2. 직무와 관련된 비위사실이 있는 경우

3. 직무태만, 품위손상이나 그 밖의 사유로 인하여 위원으로 적합하지 아니하다고 인정되는 경우

4. 위원 스스로 직무를 수행하는 것이 곤란하다고 의사를 밝히는 경우

[시행령] 제30조(중앙 정책협의회의 운영)

① 중앙 정책협의회의 정기회의는 연 1회 개최하며, 임시회의는 위원장이 필요하다고 인정하거나 위원이 소집을 요구할 때 개최한다.

② 중앙 정책협의회의 회의는 재적위원 과반수의 출석으로 개의(開議)하고, 출석위원 과반수의 찬성으로 의결한다.

③ 중앙 정책협의회의 회의에 출석한 위원에게는 예산의 범위에서 수당과 여비를 지급할 수 있다. 다만, 공무원인 위원이 그 소관 업무와 직접적으로 관련되어 출석하는 경우에는 그러하지 아니하다.

④ 중앙 정책협의회의 업무를 효율적으로 운영하기 위하여 필요하면 중앙 정책협의회의 의결을 거쳐 분과위원회를 둘 수 있다.

⑤ 제1항부터 제4항까지에서 규정한 사항 외에 중앙협의회 운영에 필요한 사항은 중앙 정책협의회의 의결을 거쳐 위원장이 정한다.

[시행령] 제31조(시·도 정책협의회의 구성 및 기능)

① 시·도 정책협의회는 위원장 및 부위원장 각 1명을 포함한 15명 이내의 위원으로 구성한다.

② 시·도 정책협의회 위원장은 소방본부장이 되고, 부위원장은 위원 중에서 호선한다.

③ 위원은 다음 각 호의 사람 중에서 시·도지사가 임명하거나 위촉한다.

1. 해당 시·도의 구조·구급업무를 담당하는 소방정(消防正) 이상 소방공무원

2. 해당 시·도의 응급의료 업무를 담당하는 4급 이상 일반직공무원(이에 상당하는 특

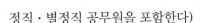

정직·별정직 공무원을 포함한다)

3. 긴급구조, 응급의료, 재난관리, 그 밖에 구조·구급업무에 관한 학식과 경험이 풍부한 사람

4. 「재난 및 안전관리기본법」 제3조 제7호에 따른 긴급구조기관과 긴급구조 활동에 관한 응원(應援) 협정을 체결한 기관 및 단체를 대표하는 사람

④ 위촉위원의 임기는 2년으로 한다.

⑤ 시·도 정책협의회의 효율적인 운영을 위하여 시·도 정책협의회에 간사 1명을 두며, 간사는 소방본부의 구조·구급업무를 담당하는 소방공무원 중에서 소방본부장이 지명한다.

⑥ 시·도 정책협의회는 다음 각 호의 사항을 협의·조정한다.

1. 시·도 집행계획 수립에 관한 사항

2. 시·도 집행계획 시행 결과 활용에 관한 사항

3. 시·도 종합평가 결과 활용에 관한 사항

4. 그 밖에 구조·구급업무와 관련하여 위원장이 회의에 부치는 사항

[시행령] 제32조(시·도 정책협의회의 운영)

시·도 정책협의회의 운영에 관하여는 제30조를 준용한다. 이 경우 "중앙 정책협의회"는 "시·도 정책협의회"로 본다.

[시행령] 제32조의 4(민감정보 및 고유식별정보의 처리)

소방청장 등은 다음 각 호의 사무를 수행하기 위하여 불가피한 경우 「개인정보 보호법」 제23조에 따른 건강에 관한 정보나 같은 법 시행령 제19조에 따른 주민등록번호, 여권번호, 운전면허의 면허번호 또는 외국인등록번호가 포함된 자료를 처리할 수 있다.

1. 법 및 이 영에 따른 구조·구급활동에 관한 사무

2. 법 제22조에 따른 구조·구급활동의 기록관리에 관한 사무

제27조의2【응급처치에 관한 교육】

① 소방청장등은 국민의 응급처치 능력 향상을 위하여 심폐소생술 등 응급처치에 관한 교육 및 홍보를 실시할 수 있다.

② 응급처치의 교육 내용·방법, 홍보 및 그 밖에 필요한 사항은 대통령령으로 정한다.

[시행령] 제32조의2(응급처치에 관한 교육)

① 법 제27조의2 제1항에 따른 응급처치에 관한 교육(이하 "응급처치 교육"이라 한다)의 내용·방법 및 시간은 별표 1과 같다.

② 소방청장등은 응급처치 교육을 효과적으로 실시하기 위하여 매년 10월 31일까지 다음 연도 응급처치 교육에 관한 계획을 수립하여야 한다. 이 경우「응급의료에 관한 법률」제14조 제2항에 따른 교육계획과 연계하여야 한다.

③ 제2항에 따른 응급처치 교육에 관한 계획에는 연령 • 직업 등을 고려한 교육대상별 교육지도안 작성 및 실습계획이 포함되어야 한다.

④ 소방청장등은 매년 3월 31일까지 전년도 응급처치 교육 결과를 분석하여 제2항에 따른 응급처치 교육에 관한 계획에 반영하여야 한다.

⑤ 소방청장등은 응급처치 교육을 실시하기 위한 장비와 인력을 갖추어야 한다.

⑥ 제5항에 따라 갖추어야 할 응급처치 교육 장비와 인력의 세부적인 사항은 소방청장이 정하여 고시한다.

[시행령] 제32조의3(응급처치에 관한 홍보)

① 소방청장등은 법 제27조의2 제1항에 따른 응급처치에 관한 홍보(이하 "응급처치 홍보"라 한다)를 효과적으로 실시하기 위하여 매년 10월 31일까지 다음 연도 응급처치 홍보에 관한 계획을 수립하여야 한다. 이 경우「응급의료에 관한 법률」제14조 제2항에 따른 홍보계획과 연계하여야 한다.

② 소방청장등은 매년 3월 31일까지 전년도 응급처치 홍보 결과를 분석하여 제1항에 따른 응급처치 홍보에 관한 계획에 반영하여야 한다.

06 벌칙

제28조【벌칙】

정당한 사유 없이 제13조 제2항을 위반하여 구조 • 구급활동을 방해한 자는 5년 이하의 징역 또는 5천만 원 이하의 벌금에 처한다.

제29조【벌칙】

정당한 사유 없이 제15조 제1항에 따른 토지 • 물건 등의 일시사용, 사용의 제한, 처분 또는 토지 • 건물에 출입을 거부 또는 방해한 자는 300만 원 이하의 벌금에 처한다.

제29조의3(「형법」상 감경규정에 관한 특례)

음주 또는 약물로 인한 심신장애 상태에서 폭행 또는 협박을 행사하여 제13조 제2항의 죄를 범한 때에는「형법」제10조 제1항 및 제2항을 적용하지 아니할 수 있다.

제30조【과태료】

① 제4조 제3항을 위반하여 위급상황을 소방기관 또는 관계 행정기관에 거짓으로 알린 자에게는 200만 원 이하의 과태료를 부과한다.

② 제1항에 따른 과태료는 대통령령으로 정하는 바에 따라 소방청장 등 또는 관계 행정기관의 장이 부과·징수한다.

[시행령] 제33조(과태료의 부과기준)

법 제30조 제1항에 따른 과태료의 부과기준은 별표 2와 같다.

[별표 2]

과태료의 부과기준(제33조 관련)

1. 일반기준

   가. 과태료 부과권자는 위반행위자가 다음의 어느 하나에 해당하는 경우에는 제2호에 따른 과태료 금액의 2분의 1의 범위에서 그 금액을 줄여 부과할 수 있다. 다만, 과태료를 체납하고 있는 위반행위자에 대해서는 그러하지 아니하다.

   1) 「질서위반행위규제법 시행령」제2조의2 제1항 각 호의 어느 하나에 해당하는 경우

   2) 위반행위를 자수한 경우

   3) 위반 이후 위반상태를 시정하거나 해소하기 위해 노력한 경우

   4) 그 밖에 위반행위의 정도, 위반행위의 동기와 그 결과 등을 고려하여 과태료를 줄일 필요가 있다고 인정되는 경우

   나. 위반행위의 횟수에 따른 과태료의 부과기준은 최근 1년간 같은 위반행위로 과태료를 부과받은 경우에 적용한다. 이 경우 위반행위에 대하여 과태료 부과처분을 한 날과 다시 같은 위반행위를 적발한 날을 기준으로 하여 위반 횟수를 계산한다.

2. 개별기준

위반행위	근거 법조문	과태료 금액(단위 : 만 원)		
		1회 위반	2회 위반	3회 이상 위반
가. 법 제4조 제3항을 위반하여 구조·구급활동이 필요한 위급상황을 거짓으로 알린 경우	법 제30조 제1항	200	400	500
나. 법 제4조 제3항을 위반하여 구조·구급활동이 필요한 위급상황인 것으로 거짓으로 알려 구급차 등으로 이송되었으나 이송된 의료기관으로부터 진료를 받지 않은 경우	법 제30조 제1항	500		

PART 7 119구조·구급에 관한 법률(시행령, 시행규칙)
적중예상문제

01 「119구조 · 구급에 관한 법률」의 목적이 아닌 것은?

① 국가와 지방자치단체의 구조 · 구급 업무 역량을 강화
② 국민의 생명 · 신체 및 재산을 보호
③ 국민의 삶의 질 향상에 이바지함
④ 화재, 재난 · 재해 및 테러, 그 밖의 위급한 상황에서 119구조 · 구급의 효율적 운영

 해설

「119구조 · 구급에 관한 법률」
제1조【목적】
이 법은 화재, 재난 · 재해 및 테러, 그 밖의 위급한 상황에서 119구조 · 구급의 효율적 운영에 관하여 필요한 사항을 규정함으로써 국가의 구조 · 구급 업무 역량을 강화하고 국민의 생명 · 신체 및 재산을 보호하며 삶의 질 향상에 이바지함을 목적으로 한다.

02 구조대의 장비를 정하는 규정으로 옳은 것은?

① 119구조 · 구급에 관한 법률
② 대통령령
③ 행정안전부령
④ 시 · 도 조례

 해설

제8조【119구조대의 편성과 운영】
① 소방청장 · 소방본부장 또는 소방서장(이하 "소방청장 등"이라 한다)은 위급상황에서 요구조자의 생명 등을 신속하고 안전하게 구조하는 업무를 수행하기 위하여 대통령령으로 정하는 바에 따라 119구조대(이하 "구조대"라 한다)를 편성하여 운영하여야 한다.
② 구조대의 종류, 구조대원의 자격기준, 그 밖에 필요한 사항은 대통령령으로 정한다.
③ 구조대는 행정안전부령으로 정하는 장비를 구비하여야 한다.

03 다음 중 특수구조대에 포함되지 않은 것은?

① 테러대응구조대   ② 지하철구조대

③ 고속국도구조대   ④ 수난구조대

 해설

[시행령] 제5조(119구조대의 편성과 운영)
① 법 제8조 제1항에 따른 119구조대(이하 "구조대"라 한다)는 다음 각 호의 구분에 따라 편성·운영한다.
  1. 일반구조대 : 시·도의 규칙으로 정하는 바에 따라 소방서마다 1개 대(隊) 이상 설치하되, 소방서가 없는 시·군·구(자치구를 말한다. 이하 같다)의 경우에는 해당 시·군·구 지역의 중심지에 있는 119안전센터에 설치할 수 있다.
  2. 특수구조대 : 소방대상물, 지역 특성, 재난 발생 유형 및 빈도 등을 고려하여 시·도의 규칙으로 정하는 바에 따라 다음 각 목의 구분에 따른 지역을 관할하는 소방서에 다음 각 목의 구분에 따라 설치한다. 다만, 라목에 따른 고속국도구조대는 제3호에 따라 설치되는 직할구조대에 설치할 수 있다.
    가. 화학구조대 : 화학공장이 밀집한 지역
    나. 수난구조대 : 「내수면어업법」 제2조 제1호에 따른 내수면지역
    다. 산악구조대 : 「자연공원법」 제2조 제1호에 따른 자연공원 등 산악지역
    라. 고속국도구조대 : 「도로법」 제10조 제1호에 따른 고속국도(이하 "고속국도"라 한다)
    마. 지하철구조대 : 「도시철도법」 제2조 제3호 가목에 따른 도시철도의 역사(驛舍) 및 역 시설
  3. 직할구조대 : 대형·특수 재난사고의 구조, 현장 지휘 및 테러현장 등의 지원 등을 위하여 소방청 또는 시·도 소방본부에 설치하되, 시·도 소방본부에 설치하는 경우에는 시·도의 규칙으로 정하는 바에 따른다.
  4. 테러대응구조대 : 테러 및 특수재난에 전문적으로 대응하기 위하여 소방청과 시·도 소방본부에 각각 설치하며, 시·도 소방본부에 설치하는 경우에는 시·도의 규칙으로 정하는 바에 따른다.
② 구조대의 출동구역은 행정안전부령으로 정한다.
③ 소방청장·소방본부장 또는 소방서장(이하 "소방청장 등"이라 한다)은 여름철 물놀이 장소에서의 안전을 확보하기 위하여 필요한 경우 민간 자원봉사자로 구성된 구조대(이하 "119시민수상구조대"라 한다)를 지원할 수 있다.
④ 119시민수상구조대의 운영, 그 밖에 필요한 사항은 시·도의 조례로 정한다.

04 인명구조견의 운영 및 육성·보급에 필요한 사항의 지정권자는?

① 소방본부장   ② 행정안전부장관

③ 소방청장   ④ 시·도지사

○ 정답   **01** ①   **02** ③   **03** ①

해설

> **[시행규칙] 제4조(인명구조견의 운영)**
> ① 소방청장 등은 각종 재난현장에서 구조활동을 보다 효율적으로 수행할 수 있도록 인명구조견을 운영할 수 있다.
> ② 소방청장은 우수한 인명구조견의 육성 · 보급을 위하여 인명구조견 양성 · 훈련시설을 설치 · 운영할 수 있다.
> ③ 제1항과 제2항에 따른 인명구조견의 운영 및 육성 · 보급에 필요한 사항은 소방청장이 정한다.

05 구조대원의 자격기준으로 옳지 않은 것은?

① 소방청장이 실시하는 인명구조사 교육을 받은 사람
② 국가 · 지방자치단체 및 공공기관의 구조 관련 분야에서 근무한 경력이 2년 이상인 사람
③ 인명구조사 시험에 합격한 사람
④ 응급구조사 자격을 가진 사람

 해설

> **[시행령] 제6조(구조대원의 자격기준)**
> ① 구조대원은 소방공무원으로서 다음 각 호의 어느 하나에 해당하는 자격을 갖추어야 한다.
>   1. 소방청장이 실시하는 인명구조사 교육을 받았거나 인명구조사 시험에 합격한 사람
>   2. 국가 · 지방자치단체 및 「공공기관의 운영에 관한 법률」 제4조에 따른 공공기관의 구조 관련 분야에서 근무한 경력이 2년 이상인 사람
>   3. 「응급의료에 관한 법률」 제36조에 따른 응급구조사 자격을 가진 사람으로서 소방청장이 실시하는 구조업무에 관한 교육을 받은 사람
> ② 제1항 제1호에 따른 인명구조사 교육의 내용, 인명구조사 시험 과목 · 방법, 같은 항 제3호에 따른 구조업무에 관한 교육의 내용, 그 밖에 필요한 사항은 소방청장이 정한다.
> ③ 소방청장은 제1항 및 제2항에 따른 교육과 인명구조사 시험을 「소방공무원법」 제15조 제1항 또는 제2항에 따라 설치된 소방학교 또는 교육훈련기관에서 실시하도록 할 수 있다.

06 국제구조대에서 갖추어야 할 장비의 기준에 포함되지 않는 구조장비는?

① 사무통신 및 지휘 등에 필요한 지휘본부용 장비
② 수중 탐지 등에 필요한 탐색용 장비
③ 구조활동 중 구조대원의 안전 및 숙식 확보를 위하여 필요한 개인용 장비
④ 화학전 또는 생물학전에 대비한 화생방 대응용 장비

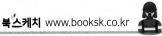

 해설

> [시행규칙] 제6조(국제구조대에서 갖추어야 할 장비의 기준)
> ① 법 제9조 제7항에 따라 국제구조대는 다음 각 호의 장비를 갖추어야 한다.
>   1. 구조 및 인양 등에 필요한 일반구조용 장비
>   2. 사무통신 및 지휘 등에 필요한 지휘본부용 장비
>   3. 매몰자 탐지 등에 필요한 탐색용 장비
>   4. 화학전 또는 생물학전에 대비한 화생방 대응용 장비
>   5. 구급활동에 필요한 구급용 장비
>   6. 구조활동 중 구조대원의 안전 및 숙식 확보를 위하여 필요한 개인용 장비

07 119항공대의 업무 수행내용으로 옳지 않은 것은?

① 화재 진압　　　　　　　　　② 장기이식환자 및 장기의 이송

③ 시·도의 긴급한 업무 수행　　④ 방역 또는 방재 업무의 지원

해설

> [시행령] 제16조(119항공대의 업무)
> 119항공대는 다음 각 호의 업무를 수행한다.
>   1. 인명구조 및 응급환자의 이송(의사가 동승한 응급환자의 병원 간 이송을 포함한다)
>   2. 화재 진압
>   3. 장기이식환자 및 장기의 이송
>   4. 항공 수색 및 구조 활동
>   5. 공중 소방 지휘통제 및 소방에 필요한 인력·장비 등의 운반
>   6. 방역 또는 방재 업무의 지원
>   7. 그 밖에 재난관리를 위하여 필요한 업무

08 119항공대의 항공기 조종사의 1일 비행시간으로 옳은 것은?

① 5시간을 초과할 수 없다.　　　② 6시간을 초과할 수 없다.

③ 7시간을 초과할 수 없다.　　　④ 8시간을 초과할 수 없다.

Part 7

119구조·구급에 관한 법률(시행령, 시행규칙)

해설

> **[시행령] 제18조(항공기의 운항 등)**
> ① 119항공대의 항공기(이하 "항공기"라 한다)는 조종사 2명이 탑승하되, 해상비행·계기비행(計器飛行) 및 긴급 구조·구급 활동을 위하여 필요한 경우에는 정비사 1명을 추가로 탑승시킬 수 있다.
> ② 조종사의 비행시간은 1일 8시간을 초과할 수 없다. 다만, 구조·구급 및 화재 진압 등을 위하여 필요한 경우로서 소방청장 또는 소방본부장이 비행시간의 연장을 승인한 경우에는 그러하지 아니하다.
> ③ 조종사는 항공기의 안전을 확보하기 위하여 탑승자의 위험물 소지 여부를 점검하여야 하며, 탑승자는 119항공대원의 지시에 따라야 한다.
> ④ 항공기의 검사 등 유지·관리에 필요한 사항은 소방청장이 정한다.
> ⑤ 소방청장 및 소방본부장은 항공기의 안전운항을 위하여 운항통제관을 둔다.

09 구조·구급요청을 거절한 경우 구조·구급요청 거절·거부 확인서를 몇 년간 보관해야 하는가?

① 2년
② 3년
③ 4년
④ 5년

해설

> **[시행규칙] 제11조(구조·구급요청의 거절)**
> ① 영 제20조 제1항에 따라 구조요청을 거절한 구조대원은 별지 제1호서식의 구조 거절 확인서를 작성하여 소속 소방관서장에게 보고하고, 소속 소방관서에 3년간 보관하여야 한다.
> ② 영 제20조 제2항에 따라 구급요청을 거절한 구급대원은 별지 제2호서식의 구급 거절·거부 확인서(이하 "구급 거절·거부 확인서"라 한다)를 작성하여 소속 소방관서장에게 보고하고, 소속 소방관서에 3년간 보관하여야 한다.

10 구조·구급증명서를 신청할 수 없는 자는?

① 공공단체
② 보험회사
③ 인명구조, 응급처치 등을 받은 사람
④ 구조·구급 신고자

해설

[시행규칙] 제19조(구조 · 구급증명서)
① 다음 각 호의 어느 하나에 해당하는 자가 구조대나 구급대에 의한 구조 · 구급활동을 증명하는 서류를 요구하는 경우에는 별지 제7호서식의 구조 · 구급증명 신청서(전자문서로 된 신청서를 포함한다)를 작성하여 소방청장 등에게 신청하여야 한다.
1. 인명구조, 응급처치 등을 받은 사람(이하 "구조 · 구급자"라 한다)
2. 구조 · 구급자의 보호자
3. 공공단체 또는 보험회사 등 환자이송과 관련된 기관이나 단체
4. 제1호부터 제3호까지에 해당하는 자의 위임을 받은 자

11 구조 · 구급대원이 근무 중 유해물질 등에 노출되거나 감염성 질병에 걸린 요구조자 또는 응급환자와 접촉한 경우에는 그 사실을 안 때부터 몇 시간 이내에 보고하여야 하는가?

① 4시간　　　　　　② 12시간
③ 24시간　　　　　　④ 48시간

해설

[시행령] 제26조(감염관리대책)
① 소방청장 등은 구조 · 구급대원의 감염 방지를 위하여 구조 · 구급대원이 소독을 할 수 있도록 소방서별로 119감염관리실을 1개소 이상 설치하여야 한다.
② 구조 · 구급대원은 근무 중 위험물 · 유독물 및 방사성물질(이하 "유해물질 등"이라 한다)에 노출되거나 감염성 질병에 걸린 요구조자 또는 응급환자와 접촉한 경우에는 그 사실을 안 때부터 48시간 이내에 소방청장 등에게 보고하여야 한다.
③ 법 제23조의2 제1항에 따른 통보를 받거나 이 조 제2항에 따른 보고를 받은 소방청장 등은 유해물질 등에 노출되거나 감염성 질병에 걸린 요구조자 또는 응급환자와 접촉한 구조 · 구급대원이 적절한 진료를 받을 수 있도록 조치하고, 접촉일부터 15일 동안 구조 · 구급대원의 감염성 질병 발병 여부를 추적 · 관리하여야 한다. 이 경우 잠복기가 긴 질환에 대해서는 잠복기를 고려하여 추적 · 관리 기간을 연장할 수 있다.
④ 제1항에 따른 119감염관리실의 규격 · 성능 및 119감염관리실에 설치하여야 하는 장비 등 세부 기준은 소방청장이 정한다.

12 구조 · 구급대원의 정기건강검진 횟수와 건강검진기록 보관 기간으로 옳은 것은?

① 연 1회 – 10년
② 연 2회 – 10년
③ 연 1회 – 퇴직 시까지
④ 연 2회 – 퇴직 시까지

 해설

[시행규칙] 제21조(검진기록의 보관)
소방청장 등은 다음 각 호의 자료를 구조 · 구급대원이 퇴직할 때까지 「소방공무원임용령 시행규칙」 제17조에 따른 소방공무원 인사기록철에 함께 보관하여야 한다.

[시행령] 제27조(건강관리대책)
① 소방청장 등은 소속 구조 · 구급대원에 대하여 연 2회 이상 정기건강검진을 실시하여야 한다.

13 구급차 및 응급처치기구 등의 소독 기간으로 옳은 것은?

① 주 2회 이상
② 주 1회 이상
③ 매월 2회 이상
④ 매월 3회 이상

 해설

[시행규칙] 제23조(구급차 등의 소독)
소방청장 등은 주 1회 이상 구급차 및 응급처치기구 등을 소독하여야 한다.

14 다음 중 구조대원의 특별구조훈련에 포함되지 않는 것은?

① 화학구조훈련
② 수난구조훈련
③ 산악구조훈련
④ 항공구조훈련

 해설

[시행규칙] 제24조(구조대원의 교육훈련)
① 법 제25조에 따른 구조대원의 교육훈련은 일상교육훈련, 특별구조훈련 및 항공구조훈련으로 구분한다.
② 일상교육훈련은 구조대원의 일일근무 중 실시하되, 구조장비 조작과 안전관리에 관한 내용을 포함하여 구조대의 실정에 맞도록 소방청장 등이 정한다.
③ 구조대원은 연 40시간 이상 다음 각 호의 내용을 포함하는 특별구조훈련을 받아야 한다.
  1. 방사능 누출, 생화학테러 등 유해화학물질 사고에 대비한 화학구조훈련
  2. 하천[호소(湖沼)를 포함한다], 해상(海上)에서의 익수 · 조난 · 실종 등에 대비한 수난구조훈련

3. 산악·암벽 등에서의 조난·실종·추락 등에 대비한 산악구조훈련
4. 그 밖의 재난에 대비한 특별한 교육훈련
④ 구조대원은 연 40시간 이상 다음 각 호의 내용을 포함하는 항공구조훈련을 받아야 한다.
　1. 구조·구난(球難)과 관련된 기초학문 및 이론
　2. 항공구조기법 및 항공구조장비와 관련된 이론 및 실기
　3. 항공구조활동 시 응급처치와 관련된 이론 및 실기
　4. 항공구조 활동과 관련된 안전교육

15 구조대원의 항공구조훈련에 포함되지 않는 것은?

① 구조·구급과 관련된 기초학문 및 이론
② 항공구조기법과 관련된 이론 및 실기
③ 항공구조활동 시 응급처치와 관련된 이론 및 실기
④ 항공구조장비와 관련된 이론 및 실기

 해설

14 해설 참조

16 구급대원이 연간 받아야 하는 특별교육훈련 시간을 바르게 나타난 것은?

① 15시간　　　　　　　　② 20시간
③ 30시간　　　　　　　　④ 40시간

 해설

[시행규칙] 제26조(구급대원의 교육훈련)
③ 구급대원은 연간 40시간 이상 다음 각 호의 내용을 포함하는 특별교육훈련을 받아야 한다.
　1. 임상실습 교육훈련
　2. 전문 분야별 응급처치교육
　3. 그 밖에 구급활동과 관련된 교육훈련

⊖ **정답**　　　　　　　　　　**12** ④　**13** ②　**14** ④　**15** ①　**16** ④

17 구급대원의 특별교육훈련 내용으로 옳지 않은 것은?

① 119구조 · 구급에 관한 법률 등

② 구급활동과 관련된 교육훈련

③ 임상실습 교육훈련

④ 전문 분야별 응급처치교육

 해설

16 해설 참조

18 구조 · 구급활동이 필요한 위급상황을 거짓으로 3회 이상 알려 위반한 경우의 벌칙으로 옳은 것은?

① 과태료 100만 원

② 과태료 200만 원

③ 과태료 400만 원

④ 과태료 500만 원

해설

위반행위	근거 법조문	과태료 금액(단위 : 만 원)		
		1회 위반	2회 위반	3회 이상 위반
가. 법 제4조 제3항을 위반하여 구조 · 구급활동이 필요한 위급상황을 거짓으로 알린 경우	법 제30조 제1항	200	400	500
나. 법 제4조 제3항을 위반하여 구조 · 구급활동이 필요한 위급상황인 것으로 거짓으로 알려 구급차 등으로 이송되었으나 이송된 의료기관으로부터 진료를 받지 않은 경우	법 제30조 제1항	500		

⊖ **정답** **17** ① **18** ④

PART 8

재난현장 표준작전 절차
(구조 분야)
소방위(소방교, 소방장 승진시험 제외)

SSG 1 현장 안전관리 공통 표준절차

1 출동지령 단계

- 사고유형을 청취 위험요소를 확인
- 사고발생 장소, 종류 및 건물(도로)상황 파악

2 출동 단계

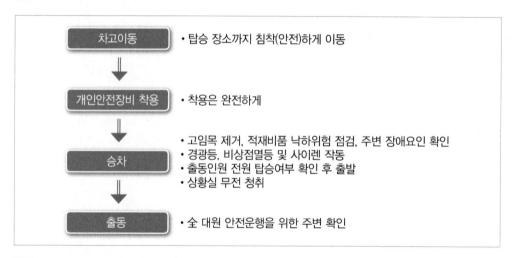

차고이동	• 탑승 장소까지 침착(안전)하게 이동
개인안전장비 착용	• 착용은 완전하게
승차	• 고임목 제거, 적재비품 낙하위험 점검, 주변 장애요인 확인 • 경광등, 비상점멸등 및 사이렌 작동 • 출동인원 전원 탑승여부 확인 후 출발 • 상황실 무전 청취
출동	• 全 대원 안전운행을 위한 주변 확인

3 현장대응 단계

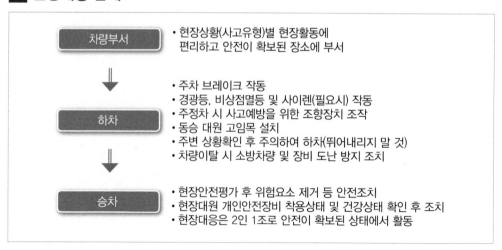

차량부서	• 현장상황(사고유형)별 현장활동에 편리하고 안전이 확보된 장소에 부서
하차	• 주차 브레이크 작동 • 경광등, 비상점멸등 및 사이렌(필요시) 작동 • 주정차 시 사고예방을 위한 조향장치 조작 • 동승 대원 고임목 설치 • 주변 상황확인 후 주의하여 하차(뛰어내리지 말 것) • 차량이탈 시 소방차량 및 장비 도난 방지 조치
승차	• 현장안전평가 후 위험요소 제거 등 안전조치 • 현장대원 개인안전장비 착용상태 및 건강상태 확인 후 조치 • 현장대응은 2인 1조로 안전이 확보된 상태에서 활동

4 복귀 단계

- 현장안전 최종확인 및 조치
- 모든 대원 및 현장대응장비 이상 유무 파악 및 조치
- 복귀 시 도로교통법 준수하여 안전운행
- 귀서 후 개인위생관리 실시(오염피복 세탁, 손 씻기 등)
  ※ 전대원 수시 현장안전평가 실시하여 위험요소 발견 시 전파 및 제거

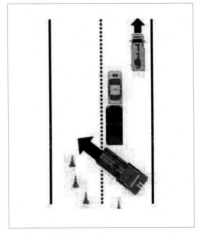

그림 8-1 도로상의 교통사고시
가급적으로 주행방향과 45˚각도로 주차

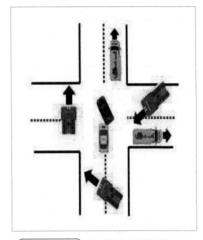

그림 8-2 교차로상 교통사고시
가급적 대원 보호토록 주차

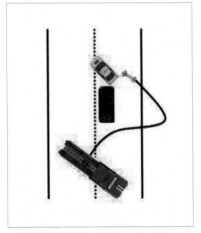

그림 8-3 도로상의 차량화재시
가급적 45˚주차, 대원보호

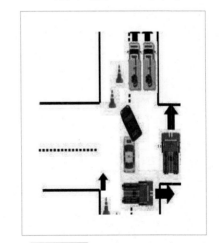

그림 8-4 교차로상 교통사고시
가급적 대원 보호토록 주차

Part 8
재난현장 표준작전절차(구조 분야)

임무별 안전관리 표준지침

SSG 2.1 | 현장지휘관

① (현장안전평가) 현장도착 시 건축물 붕괴 및 낙하물 등 위험성 현장안전평가 후 대응 방법 결정

② (상황판단) 재난현장의 종합적 정보를 취득하고 대원과 요구조자 안전을 고려하여 대응방법 결정

ⓐ 현장활동대원과 현장안전점검관으로 구분하여 임무부여

ⓑ 개인안전장비 착용상태 대원 상호 간 교차점검, 현장안전점검관 확인점검

③ 경계구역 및 안전거리 설정(Fire-Line 등 통제선 설치), 재난현장 출입통제

ⓐ 안전거리 : 유해화학물질(ERG북 활용), 건물붕괴(건물높이 이상) 등 안전조치

ⓑ 경찰 등 유관기관과 협조, 경계요원 배치, 주변 교통통제 및 통행 차단, 인근 주민대피

④ 방사능사고나 유해화학물질사고, 기타 특이사고 발생 시 관계자 및 관련전문가, 관계기관의 정보를 확보하여 활동하고 특수구조대 및 관계기관 대응부서 자원 활용

ⓐ 방사능사고 : U-rest(권역별 방사선 사고지원단)

ⓑ 유해화학물질사고 : 환경부 화학물질안전원

ⓒ 폭발물사고 : 경찰청 또는 군부대

SSG 2.2 | 현장안전점검관 2020 소방위

① (현장지휘관 보좌) 현장 소방활동 중 보건안전관리 업무이행

ⓐ 현장안전을 유지하고, 위험요소 인지 시 지휘관·대원에게 전파 및 안전조치

ⓑ 활동에 방해되거나 현장대원에 위험요소가 되는 장애물 확인 및 제거(복합적인 위험요인이 혼재하는 경우 위험이 큰 장애물부터 순차적 제거)

ⓒ 감전, 유독가스, 낙하물, 붕괴, 전락 등 위험요소에 대한 안전평가 실시

ⓓ 현장활동 중 교통사고 등 잠재된 2차 재해요인 파악

② 현장투입 대원의 개인안전장비 착용사항 점검 후 안전조치

상황별 안전관리 지침

SSG 3.1 | 화재현장

1 현장진입 시

- 진입 전 선임자 및 현장안전점검관은 진입대원의 안전장비 이상 유·무 확인 후 진입
- 연기가 있을 시 적절한 배연작업 실시
- 시야확보가 안될 시(어두운 곳) 조명기구 활용
- 화재현장 내부에서 이동할 때는 낮은 자세를 유지
- 문 개방 시 출입문 옆 벽에서 천천히 개방
- 출입문 주위는 장애물이 방치되지 않도록 조치
- 지하실에 소방호스 연장 시 여유수관 및 예비호스를 계단 상단부에 배치
- 지하실 출입구에 위치한 대원은 지하실 입구 1층 상황 감시

2 가스 누출된 실내 진입 시

- 진입 전 선임자 및 현장안전점검관은 진입대원의 안전장비 이상 유·무와 신체노출 여부를 확인 후 진입
- 실내로 공급되는 전원스위치 및 가스밸브 차단
- 정전기 방지를 위하여 철재창문, 창틀, 배수관 등에 방전조치
- 진압대원의 진입 전 적절한 환기 실시(송배풍기, 공기용기 활용)로 가스농도를 폭발 한계 이하로 조치
- 방수복 등에 의한 정전기 발생을 막기 위해 물을 적시고 진입
- 개인랜턴, 탐조등 등은 실내 진입 전 실외에서 점등 후 현장 진입
- 진입대원 신원 확인
- 공기호흡기 착용 후 가스검지기 등을 활용, 가스의 종류 및 위험범위 등을 확인
- 폭발대비 위험구역과 경계구역 설정 및 화재예방 조치
- 경계구역 내의 활동대원은 필요 최소한으로 하고, 일반인 접근 통제

3 화재현장 인명구조

유형	표준지침
공통사항	• 겨울철 빙판길 및 방수(주수)로 인해 생긴 결빙구간에 모래 및 염화칼슘 등을 뿌린 후 현장활동 및 인명구조 작업 개시
일반건물	• 대원의 안전확보를 최우선으로 하고 인명구조 활동 전개 • 급기측을 진입구로 설정(계단식 복도, 문, 창 등을 진입구로 확보) • 화재진압 완료 후에 인명검색 철저 및 잔화정리 철저 • 화재지점 상층 내부 연기질식 대비 인명검색 실시
고층건물	• 계단실로 통하는 방화문을 폐쇄하여 연기차단 및 피난경로 확보 • 건물자체에 설치된 비상용승강기 등 소방용 설비 유효하게 활용 • 화점 직하층에 활동거점을 설정하고, 필요한 기자재 집결
차량	• 불꽃을 발생시키는 구조장비 사용 자제, 유압장비 사용 • 속도제한에 비례한 거리의 후방지점에 차량 및 안전요원 배치하여 교통통제, 사고 표지판 설치 • 위험물 적재 확인 및 엔진 정지 후 작업 실시
지하	• 지하층 화재진압 시 비상구 개방 확인 • 좁은 계단으로 진입 시 필수요원만 진입
산림	• 급경사, 골짜기, 강한 바람, 구르는 바위, 쓰러지는 나무 등에 주의 • 바람을 등지고 불길이 약한 쪽으로 접근하며, 풍하측 및 경사면 위쪽 등 연소확대 방향은 피함 • 불길에 휩싸인 경우 암석지대, 개울, 움푹 파인 곳, 이미 불탄 곳으로 대피 • 소화활동 시 퇴로를 확보하고 혼자 고립되지 않도록 주의
유류 (위험물)	• 부서는 높은 곳, 풍상 또는 풍횡으로 실시 • 인접건물 연소방지 및 하천 · 하수구 등에의 위험물 유입을 방지 • 폭발위험 존재 시 안전거리를 확보하며 활동하고 관계자도 경계선 안으로 진입통제 • 가스 측정기를 통해 가스누출 검측을 선행시켜 폭발 위험성을 확인하고 진입

SSG 3.2 구조현장

1 인명검색 시

- 문을 개방하기 전 출입문에 진입표시, 문을 만져 열기를 확인하고(필요시 열화상카메라 활용) 검색완료 후 출입문에 검색완료 표시

- 실내 인명검색 시 출입구에 1명을 대기시켜 구조대원의 퇴피로 및 탈출구를 확보

- 내부진입 시 예비주수하여 낙하물 등 진입장애물을 제거

- 높은 곳에서 현장활동 시 대원의 추락방지 조치 후 활동

- 인명검색 시 개구부나 추락위험이 있는 곳은 갈고리 등 장비를 이용하여 확인 후 진입

- 실내진입 시 회전방향을 기억, 방향을 잃었다면 낮은 자세를 유지하고 벽을 짚고 출

입문이 나올 때까지 이동(소방호스 커플링의 암컷 → 수컷 방향으로 대피)

- 고층건물 진입 시 개인로프 등 휴대 후 진입
- 건물 내 이동 시 낮은 자세를 유지하고 바닥을 확인하며 벽을 따라서 이동
- 지휘자에게 현장내부에 대한 지속적 상황 보고
- 투입된 모든 현장대원을 위한 대피수단 확보
- 발화층 상층부에서 활동할 때는 주수할 수 있는 소방호스를 소지
- 검색조 교체 시 검색경로, 범위 및 내부 상황 등을 인계

2 구조장비 선택 및 활용 시

- 현장 전체의 상황을 확인, 2차 사고 등 위험성에 유의
- 조작이 간단하고, 확실한 효과가 있으며, 위험성이 적은 장비를 우선적으로 선택하되, 긴급한 상황에 맞는 장비 선택(급할 때 가장 능력이 높은 장비 선택)
- 무거운 장비 사용 시 안전사고가 발생하지 않도록 조치

3 유해화학물질 현장활동 시

- 안전장비를 갖추고 물질의 종류 및 위험범위 등을 조사
- 유출된 유해화학물질의 종류 및 성상을 파악하여 현장활동
- 예상 확산범위를 선정하여 안전통제선 설치
- 안전구역 및 위험구역의 현장활동 대원은 필요 최소한으로 투입
- 현장지휘 통제구역 및 현장활동 시에는 바람을 등지는 장소 선정
- 오염된 인력 및 장비에 대한 제염·제독 조치
- 유해화학물질 현장활동 시 신체 노출이 없도록 방호 조치 철저
- 보호장비를 착용하지 않은 대원 및 일반인은 위험지역 진입통제

4 도로상에서 현장활동 시

- 출동 중 타차량에 의한 사고 위험성이 있는지 파악
- 선착대는 상황실에 교통상황을 전파하고 교통통제를 위한 유관기관 협조 요청
- 사고 장소를 식별할 수 있도록 현장 후면 주차 후 경광등 및 비상점멸등, 사이렌을 작동
- 대원이 활동할 수 있도록 15m 정도의 공간 확보(대원들의 2차 사고로부터 보호받을 수 있도록 차량 배치)
- 지휘관은 주변의 안전 확인 후 대원 하차 지시
- 하차 후 즉시 교통흐름 제한 및 차량통제 실시(유관기관 인계 전까지) 및 고임목, 안전삼각대 등 안전장비 설치

● 속도제한에 비례한 거리의 후방지점에 차량 및 안전요원을 배치하여 교통통제, 사고 표지판 설치

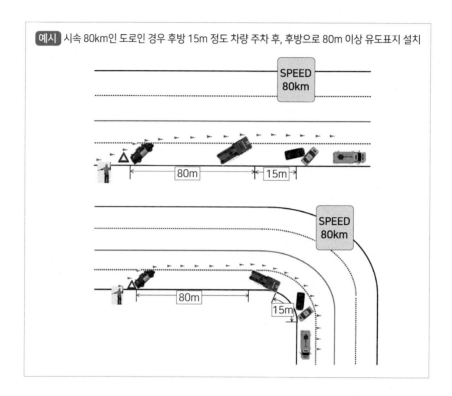

예시 | 시속 80km인 도로인 경우 후방 15m 정도 차량 주차 후, 후방으로 80m 이상 유도표지 설치

● 경사진 곳의 경우 운전원은 2차 사고를 방지할 수 있도록 조향장치를 조정하고, 동승 대원이 고임목 설치 후 운전원에게 보고

● 현장에서 활동하는 대원 모두 통제된 도로 등 방호 구역에서 벗어나지 않도록 주의

5 일반구조

유형	표준지침
구조일반	• 활동환경이 열악하고 행동장애가 많아 2차적인 재해발생에 의한 대원의 부상 위험성이 높음
	• 장비의 정확한 작동방법과 제원, 성능을 파악하고 취급 • 로프사용 시 파손되지 않도록 주의하며, 지지물 파손 등에 의한 2차 사고 방지를 위해 안전한 장소 선정 • 현장활동장비에 대원이 걸려 넘어지지 않도록 정리 · 정돈 철저 • 현장 가시거리 확보를 위해 야간에는 조명기구 활용 • 장시간 현장활동 시(체력저하에 따라 주의력이 산만해지고 부상 당할 우려가 있으므로 현장지휘관의 판단하에) 교대조를 운영

교통사고	• 현장에 흐른 유류, 오일 등으로 인한 미끄럼방지를 위해 흡착포, 모래 등을 뿌리고 작업 개시 • 차량 받침목 등으로 최대한 안정화, 고정화 조치 후 작업 실시 • 날카로운 부분은 보호조치하고, 차량 잔해물은 안전하게 제거 • 통제선으로 활동구역(Fire-Line 등)을 설정하고 사고차량 고정 • 엔진정지, 배터리 단자 제거조치(① -제거, ② +제거)를 하고 기자재의 불꽃에 주의 • 구조 장비 설치 시 2차 사고 예방 위해 안전한 장소 선정 • 하이브리드(전기) 차량에 메인전원 제거 등 접근 시 보호장비 착용 철저
맨홀, 지하탱크, 정화조 사고 등	• 현장도착 시 공기호흡기 착용 후 현장 확인(방독면 사용금지) • 밀폐된 공간에 유독가스나 가연성 가스 등이 체류, 산소부족 현상이 일어난다고 가정하고 측정장비 사용, 실내공기를 측정 후 안전조치 • 밀폐공간에서 활동하므로 공기호흡기 사용한계시간 준수 • 2차 사고 방지를 위해 로프 등으로 확보 후 진입 • 녹슬거나 삭은 계단 및 손잡이, 미끄러운 벽면에 유의 • 방폭 조명기구를 사용하여 충분한 조명을 확보 • 충분한 공기호흡기 예비용기 공급 • 현장 특성상 무전통신에 어려움이 따르므로 무전통신을 위한 대원 배치
엘리베이터 사고	• 활동 개시 전 메인전원 차단 • 갑자기 작동할 수 있으므로 스위치 임의조작 금지 • 항상 추락, 낙하물, 감전의 위험이 상존함을 인지 • 엘리베이터와 건물에 한 다리씩 걸치고 서 있는 행위 금지
전기관련 사고	• 고압선, 옥외에서 수직으로 내려가는 전선 등이 있는 경우, 활동 전 전력회사에 송전 정지 요청 • 고압선 주변에서 사다리차 사용 시 사다리 위의 대원과 기관원은 연락을 긴밀히 하여 전선과 안전거리를 두고 활동 • 전력차단이 확인되기 전까지는 통전 중인 것으로 가정하고 행동 • 절연 고무장갑 등을 착용하며 스위치 등 노출부에 접촉하지 않도록 주의 • 통전상태에 있는 요구조자는 전원을 차단한 후 구조, 긴급한 경우는 내전의 성능 범위 내에서 안전을 확보하여 행동 • 침수된 변전실에서 구조활동을 할 경우는 먼저 전력회사 직원을 통하여 개폐기 등 전원차단 및 잔류전류 확인 • 전선을 함부로 절단하지 않도록 하며, 부득이 절단 시 한선 한선 따로 절단

6 각종 파괴활동 구조

유형	표준지침
파괴 시	• 고층 파괴 시 낙하물 위험요인 제거를 위해 지상과 긴밀한 연락 유지 및 경계구역 설치 • 사다리 위에서 파괴 시 파괴부분이 안면보다 아랫부분 파괴 • 방진안경, 헬멧후드를 활용하고 파편 비산에 의한 부상 방지 • 창유리 파괴 시에 신체를 창 측면에 위치
문잠금 해체 시	• 문 개방 시는 문의 측면에 위치해 내부 상황을 확인하고 개방 • 가열된 철제문은 주수에 의한 증기 발생에 주의, 헬멧후드 착용

유리 파괴	〈보통 얇은 판유리(두께 5mm 이하)〉 • 유리의 상부에서 조금씩 파괴(파편 및 비산이 적음) • 유리에 접착테이프, 모포 등을 붙여서 외부로의 비산을 방지 • 진입로가 되는 창은 창틀에 잔존하는 유리파편을 완전히 제거 〈두꺼운 판유리(6mm 이상)〉 • 두께가 불명확한 경우 1차로 가볍게 치고 유리에서 받은 반동력으로부터 파괴에 필요한 충격력의 배분 고려 • 12mm 이상의 두꺼운 판유리는 가스절단기 또는 용접기로 급속 가열한 직후에 주수냉각을 실시해 열 파열이 생기게 해서 파괴 〈맞춤유리(합성유리)〉 • 해머로 유리를 잘게 파괴한 후 깨진 금에 칼 등을 넣어서 플라스틱 막을 절단 또는 가스절단기, 산소용접기 등으로 가열해서 절단 • 강화유리는 내충격력이 강하므로 예리한 도끼 등으로 파괴
천정 파괴	• 긴급파괴 시 이외는 전기배선의 스위치를 확인하고 실시 • 회반죽(모르타르) 도장 천장은 낙하에 주의하고 방진안경을 착용 • 천정파괴는 원칙적으로 방의 구석에서 실시하는 것을 원칙

7 건물공작물 구조

유형	표준지침
공통사항	• 건물 부대시설 또는 공작물 사고는 작업위치도 불안정하고 장소도 협소하여 활동상 장애가 많고 대원의 2차적 사고 발생 위험도 높음 • 발코니, 베란다 등은 외관상 견고하게 보여도 쉽게 무너지는 경우가 있으므로 진입 전에 갈고리 등으로 끌어당기기도 하고 연장한 사다리를 흔들어서 강도를 확인 • 철제 트랩 등은 부식 우려가 있어 한 계단씩 강도를 확인 진입 　- 무거운 장비를 휴대한 경우 가급적 다른 통로를 이용 • 로프 확보지점으로 활용하는 창틀과 기둥 등은 결속하기 전에 강도를 확인(로프의 경유점은 2개소 이상) • 작업장소가 높고 협소한 경우 장비를 최소한으로 제한하고 활동공간 확보
높은 곳에서의 활동	• 높은 곳에서 활동할 때는 대원이 떨어지거나 파괴물 등의 낙하에 대원의 부상위험이 있으므로 안전로프를 결착하여 낙하를 방지하고 아래쪽에는 출입을 규제하는 등의 안전조치 실시
지하 공작물	• 일반적으로 어둡고 협소하여 들기 힘들고 큰 장비는 활용 곤란 • 환기가 불충분하거나 유독물질에 대비, 호흡 보호에 만전 • 좁고 시야확보가 어려우므로 갈고리 등을 유효하게 활용하여 안전 확인 • 폐쇄된 지하공간으로 진입할 때에는 반드시 공기호흡기를 착용

8 수난구조

유형	표준지침
육상에서의 구조	• 연안 · 하천가 · 교량 하부 등에서 사고 발생 시 구조할 수 있는 거점이 불안정하면 물에 빠질 위험이 있음 • 사다리차를 활용하여 구조할 경우 회전 등에 의해 대원이 부상당할 위험이 있으므로 평탄하고 지반이 견고한 장소 선정 • 물속에는 금속 등의 위험한 물품과 부유물 등 장애물이 있으므로 맨발로 입수 금지 • 익수된 요구조자에 대한 접근은 구명조끼 또는 부환에 확보로프를 연결하여 안전을 확보한 후 후면으로부터 신중히 접근
선상 구조	• 승선하는 대원은 활동이 용이한 잠수복, 구명조끼 등 적정한 복장 착용 • 물살이 세거나 급류현상을 보일 시 접근을 금지하며 완만한 곳으로 돌아서 접근 • 승선 중 이동할 때는 자세를 낮추어 물속으로 빠지지 않도록 주의 • 구조현장 상황이 열악하고 사망추정 실종자 수색 등이 긴급하지 않은 경우 무리한 구조활동 자제
수중 구조	• 수중의 잠재적 위험요소를 피하기 위해 잠수에 앞서 잠수계획을 수립하고 그 한계 내에서 잠수하는 것이 그 무엇보다 중요 • 구조대원은 충분한 잠수교육 및 수준유지 훈련을 계속해야 한다. • 혼자 잠수 활동을 하지 않는다. (2인 1조 짝 시스템) • SCUBA 잠수를 하는 동안 숨을 참지 않는다. • 능력한도 내에서 잠수하며 통상 1일 3회(1인) 이상 잠수하지 않는다. • 수중구조 시 육상과 줄신호를 주기적으로 주고 받아 구조상황 전파 및 대원 안전을 확보한다. • 상승속도는 1분당 9m를(1초당 15cm) 넘지 않도록 한다. (자신이 내뱉은 공기방울보다 빠르게 상승하지 않는다.) • 매 잠수 후 상승도중 수심 5~6m 지점에서 안전정지를 3~5분간 실시한다. • 상승할 때는 위에 지나가는 배나 다른 장애물들이 없나 살피며 천천히 상승한다. • 일반적인 수중구조 활동 시 공기통 속의 공기가 50kg/cm²(700psi) 정도 남으면 상승하기 시작하며 잠수 활동 후 약간의 공기는 항상 남겨 두도록 한다. • 얼음 밑 잠수 및 폐쇄공간 수중구조 활동 시 공기통 속의 잔압은 싱글실린더 1/3법칙, 더블 실린더 1/6법칙을 준수하며 안전로프, 수중 릴 등을 이용하여 입 · 출수 지점을 숙지한다. • 얼음 밑 잠수 등 수중에서 호흡조절기가 동결 될 경우 비상호흡을 하면서 출수한다. • 얼음 밑 잠수 활동 시 영하 15℃ 이하 및 수심 20m 이하, 거리 30m 이상에서는 잠수 활동을 자제한다. • 감압병을 예방하기 위하여 잠수 후 비행기 탑승 대기시간을 준수한다. 　– 감압이 불필요한 잠수 후 → 12시간 후에 탑승 　– 감압이 필요한 잠수 후 → 24시간 후에 탑승 　– 3일 이상 연속 잠수 후 → 24시간 후에 탑승 • 돌이나 흙탕물이 같이 쓸려 내려와 시야확보가 어려운 경우 수중구조 활동은 하지 않는다. (2차 사고 발생 방지)

Part 8

재난현장 표준작전절차(구조 분야)

9 산악구조

유형	표준지침
공통사항	• 산악지역 구조활동은 장시간, 장거리 활동으로 체력소모가 많으며 급경사면이나 수풀, 계곡 등 위험요인 상존
	• 등산길에서 선행 대원은 후속 대원에게 낙석, 붕괴, 낙하 등 위험을 알림 – 수풀에서 행동할 때에는 보호안경 반드시 착용 • 지지점으로 활용할 나무나 바위 등은 강도를 확인하고 가급적 2개소 이상의 지지점을 확보 • 장시간 활동할 경우 휴식과 교대를 번갈아 하여 피로 경감 • 급경사면의 구조 시 헬멧 등을 장착하고 위쪽을 주의하면서 행동 – 또한 낙석이 발생한 때는 큰소리로 아래쪽의 대원에게 알리고 경사면의 직하를 피해 횡방향으로 대피
여름 산	• 장시간 활동할 경우 열사병 등을 방지하기 위하여 나무그늘 등의 시원한 장소에서 휴식을 취하며 수분을 공급 • 독사, 곤충 등으로부터 신체를 보호하기 위하여 노출부가 없도록 주의 • 손에 땀을 자주 닦아 미끄럼 방지에 주의하며, 경사면의 위 · 아래 대원이 있는 경우 상호 안전을 확보
겨울 산	• 적설과 결빙으로 활동 중 미끄러지지 않도록 장비를 구비하고 기상조건을 충분히 고려하여 행동
	• 눈이 얼어붙은 등산길에는 크램폰(아이젠) 등으로 미끄럼을 방지하고, 상황에 따라서는 대원 상호 간 로프를 확보 유지 • 방한복, 식량, 개인장비 등을 준비하고 대원의 체력을 고려한 보행속도를 유지하여 대열을 흐트러뜨리지 않도록 주의 • 보폭을 작게 하여 넘어지거나 추락하지 않도록 주의 • 눈 쌓인 경사면에서 행동할 경우 경사면 전반을 보는 위치에 감시원을 배치 – 감시원은 눈이 무너질 위험을 확인하면 경적 등으로 알려 항상 횡 방향으로 퇴로를 확보

10 특수구조

유형	표준지침
항공기 사고	• 공항 내에 진입할 때는 반드시 공항 관계자 유도에 따라 진입, 화재발생 위험을 예측하여 풍상, 풍횡 측으로 부서함을 원칙 • 엔진이 가동 중인 기체에 접근할 때는 급 · 배기에 의한 사고를 방지하기 위하여 기체에 횡으로 접근 – 이 경우 기체의 크기에 따라 다르지만 여객기의 경우 엔진꼬리 부근에서 약 50m, 공기 입구에서 약 10m 이상의 안전거리 확보 • 누출되어 있는 연료와 윤활유가 연소할 우려가 있으므로 보호복, 보호장구 등으로 신체를 보호

토사붕괴	• 구조활동 중 재붕괴의 우려가 크고 작업이 진척되지 않아 장시간 걸리는 등 2차적인 위험요인 상존
	• 토사 제거 시 2차 붕괴 가능성을 충분히 고려하여 재붕괴 위험이 있는 장소는 말뚝 및 방수시트 등으로 안전을 확보
	• 반드시 현장안전점검관을 배치하고, 2차 토사붕괴에 대비하여 붕괴 방향과 직각의 방향으로 퇴로를 확보
	• 일정시간을 정해 진입대원을 정기적으로 교체, 인접 구조대 등에 응원을 요청하여 교체대원 확보
폭발사고	• 폭발의 충격으로 인해 건물, 공작물 등이 불안정한 상태인 경우가 많고 재붕괴 등 2차적인 재해가 발생할 위험성이 높음
	• 붕괴된 지붕, 기둥, 교량 등은 갈고리 등으로 강도를 확인 　– 붕괴위험이 있는 경우 진입하기 전에 제거 또는 로프로 고정
	• 2차 폭발의 우려가 있을 때는 경계구역을 설정하여 인화방지 조치 및 가스의 희석 · 배출 등 안전조치
원전사고	• 대원은 옥소제를 복용하고, 필름배지에 이름표 부착
	• 현장 투입대원은 방사능보호복 및 측정장비 등 안전장비를 갖춘 후 인명구조 활동 실시 　– 개인선량계를 바깥가운의 목 부위에 부착하여 오염 방지 　– 오염 및 부분 오염 지역 진입 시 2대 이상의 선량계를 사용하여 측정, 안전성 확인 후 진입 여부 판단 　– 대원의 피폭선량 최소화 조치에 만전을 기하고 총피폭선량(누적 피폭선량)을 지속적으로 관리
	• 오염지역(Hot Zone)은 방사능보호복 및 Level A 보호복 착용
	• 위험구역 체류시간을 제한하고 손상 또는 누출이 있는 용기에는 직접 접촉 금지
	• 사용한 물은 오염된 것이므로 밀봉된 컨테이너에 저장 처리
화학테러	• 독성 및 농도에 따라 적절한 대원 방호(C→B→A급)
	• 진화, 제염, 제독에 따른 오수가 하천 등으로 유입되지 않도록 조치(희석에 의해 유해성이 상실될 수 있는 적은 양은 제외)
	• 풍상 또는 높은 곳으로 주민대피 유도
	• 현장활동 대원뿐 아니라 장비에 대해서도 제염 · 제독
생활 방사선 검출	• 신고접수 및 현장도착 시 가능한 한 상세하게 상황을 파악하여 그 내용을 원자력위원회 등 주관 · 유관기관에 통보
	• 현장 투입대원은 방사능보호복 및 측정장비 등 안전장비를 갖춘 후 인명구조 활동 및 검측 실시
	• 경찰 통제구역, 통제선(P.L), 소방 경계구역(F.L) 설치는 합동현장지휘소에서 상황판단회의 실시 후 설치 · 운영
	• 개인선량계, 탐지장비 외 현장에서 사용하는 모든 물품은 밀봉(랩, 비닐 등)
	• 작용제, 오염농도를 파악하기 전까지는 일정거리 유지 접근
	• 2차 오염방지를 위한 오염지역 출발 시 비닐카펫 등 설치 후 출입
	• 모든 현장활동은 비디오 영상 촬영, 노트북에 시간대별 활동상황 기록

11 생활안전활동

유형	표준지침
공통	• 생활안전활동은 유형이 매우 다양하고, 불안전한 경우가 많아 복합적인 위험요인이 상존 • 생활안전활동은 현장 상황에 대해 종합적으로 판단할 수 있는 여지가 있는 만큼 다양한 위험요인에 대한 사전 예측으로 사고발생 방지
벌집 제거	• 무더운 날씨에 보호복장으로 인해 작업활동상 기동성 저하 • 대부분 처마 밑, 나무 위 등 높은 환경에서 작업 • 대원이 벌에 쏘이거나 이를 피하려 할 경우 높은 위치에서 순간적으로 중심 상실 • 보호복을 입지 않은 대원 쪽으로 벌이 날아들어 공격 • 전신주 벌집의 경우 감전 우려 • 현장에 출동한 전 대원은 보호복 및 안전장구를 착용하고, 공중 작업의 경우 로프를 활용한 안전확보와 지지대 고정 • 작업 완료 후 탈의 전 안전한 장소로 이동 후 보호복 상태 확인
동물 포획	• 고양이의 경우 협소하거나 높은 공간에서 포획 작업 • 공격성이 있는 동물은 대원에게 직접 위해할 수 있는 상황 • 보호복 및 안전장구를 착용하고, 공중 작업의 경우 로프를 활용한 안전확보와 지지대 고정 • 공격성이 있는 동물은 마취 등 장비를 활용하여 포획하되, 주변으로의 2차 피해 우려 시 경찰에 요청하여 사살
고드름 등 위험시설 제거	• 고드름, 간판 등 높고 위험하고 미끄러운 환경에서 작업 • 연결된 구조물의 붕괴, 낙하물 또는 파편에 따른 2차 피해 우려 • 보호복 및 장구를 착용하고, 공중 작업의 경우 로프를 활용한 안전확보와 지지대 고정이 중요 • 2차 피해 등을 예방하기 위해 구조물 등의 결착, 낙하물에 따른 피해방지를 위한 주변 통제 등 필요

SSG 3.3 구급현장

1 근·골격계 부상방지

① (부상예방) 구급대원은 부상 예방을 위하여 노력한다.

- 가급적 힘이 적게 드는 장비를 최대한 활용한다.
- 환자의 체중을 고려하여 들어 올릴 수 있는지 판단한다.
- 단단하고 편평한 바닥 위에서 어깨 넓이로 발을 벌린다.
- 허리를 곧게 펴고 다리를 이용하여 들어올린다.
- 물체를 가능한 한 몸 가까이 붙이고, 몸을 틀거나 비틀지 않는다.
- 필요한 경우 현장 주변의 관계자, 일반인, 소방대원 등의 도움 또는 지원을 요청한다.

② (이동방법 선정) 안전하고 적절한 들것 등 이동수단을 선정한다.

- 주 들것을 최대한 활용하며, 차선으로 계단용 들것(슬라이딩 형식) 등을 활용한다.
- 들것에 환자를 안전벨트로 고정시켜 추락을 예방한다.
- 주 들것을 의자모양에서 수평으로 변형시킬 때 들것의 틈에 신체가 끼어 손상되지 않도록 한다.

사고유형별 표준작전절차

SOP 301 │ 구조 안전관리 표준작전절차

1 출동지령 단계

① 현장대응에 필요한 장비 적재

② 출동 대원은 적재함 문이 닫혀 있음을 확인 후 차량 탑승하며, 출동인원 이상 유무를 선탑자에게 보고, 선탑자는 이상 없을 시 운전원에게 출발 지시

2 구조출동 단계

① 개인안전장비 착용 및 정상작동상태 확인

　　※ 현장안전검검관(선임대원)은 현장 투입 전 추가 확인

② 사이렌을 취명하고 라이트, 경광등을 켜서 긴급출동 차량임을 알리며 안전운전

③ 교차로 진입 시 안전 확인 후 진행

④ 탑승자 전원 전·측방향 경계하며 위험성 발견 시 운전원에게 통보

⑤ 위험상황 정보 분석 및 안전한 대응방안 모색

3 현장대응 단계

① 현장작업 대원을 보호할 수 있는 방식으로 차량 부서 및 긴급탈출로 확보, 고임목 설치 확인

② 관계인에게 정보수집 시 현장 안전관련 상황 파악

③ 구조지역 설정(사고장소, 활동공간, 경계구역) 시 안전대책 확인

　　※ 활동공간은 충분하게 확보하여 안전사고 방지, 경계구역은 상황 변화에 따라 변경 가능토록 확보

④ 구조현장대응 안전대책의 우선순위

　　대원안전 ➡ 인명안전 ➡ 사고의 안정화(작업 시 안전사고 방지)

⑤ 현장안전점검관은 현장투입 대원의 장비착용 및 신체·정신 건강상태를 확인

⑥ 현장안전 확보 후 현장 진입(필요시 관계자 및 유관기관 등 전문가 동반 진입 검토)

⑦ 현장진입 대원은 2인 1조로 현장 진입

⑧ 구조장비 사용 시 안전수칙을 이행하며 작업(장비 허용능력 이내 사용)

⑨ 붕괴, 추락, 고립 등의 위험성 수시 보고

⑩ 현장대응 전문가 및 추가 인력 · 장비 지원으로 현장안전 지속 관리

4 복귀 단계

① 안전조치 사항을 유관기관(지자체, 경찰, 관계인 등)에 인계

② 대원 및 현장대응장비 안전 확인

　※ 유해화학물질 오염 여부 확인, 유해화학물질 관련 현장투입대원 추적 관리

③ 사용 장비 세척 및 소독 실시, 대원 피복 세탁 및 건조 시 감염방지 이행

SOP 302 | 전기사고 대응절차

1 사고특성 및 주의사항

① 소화수에 의한 소화 제한됨

② 전류접촉 아닌 근접만으로 감전 위험 존재

③ 변압기 절연유 폭발에 의한 위험 존재

④ 높은 위치 전기시설 낙하에 따른 부상위험 존재

⑤ 고압시설 판단 시 한전 등 유관기관 관계자와 합동작업, 전기시설로 단독 진입 금지

　※ 저압(일반가정용 전압)은 절연장비 및 보호장비 착용, 전압검전기 · 누설전류계 휴대 현장 확인

⑥ 전기시설 주변에 외상없는 사고자가 있더라도 한전 등 유관기관 지원 전까지 접근 금지(주민 및 경찰관의 무분별한 접근으로 사망사고 발생 가능)

⑦ 하이브리드 차량사고 관련 매뉴얼(SOP 308) 준수

⑧ 사고현장(철도, 울타리, 물 등) 어디든 감전사고에 주의

2 현장대응절차

① 전기사고 대응장비 확인 및 출동 중 주의사항 확인

② 한전, 전기안전공사, 경찰 등 유관기관 상황전파 확인

③ 가상 안전통제선 밖에 차량부서

④ 선착지휘관은 현장상황 판단 후 안전통제선 재설정, 현장통제 · 지휘(한전, 전기안전

공사 현장도착 시까지)

⑤ 송전선이 끊어진 화재현장은 끊어진 양쪽을 전신주 거리 이상 지역에 팻말 등으로 진입통제를 표시하여 2차 사고를 예방하고 한전에 연락하여 화재발생 구역 전원차단 여부를 확인한 후, 한국전기안전공사(유관기관) 전문가 입회하에 전기화재 적응 소화약제 사용 화재진압 실시

⑥ 지하구, 지하공동구 등에서 화재 시 맨홀 위에 소방차량을 부서하는 것을 금지하고, 구조작업 이외 맨홀 진입 금지 및 소화 시 적응 소화약제를 맨홀 속으로 도포, 젖은 담요 등으로 맨홀 뚜껑을 덮어 화재 진압 실시

⑦ 지휘관 유관기관 도착 즉시 전류차단 등 초동조치 요청, 필요시 유관기관(전기안전공사) 전문가와 전력 통제대원 지정 운용

⑧ 전원차단이 확인된 후 대원이 전기시설 접촉 시 절연장비 및 보호장비 착용, 전압검전기 및 누설전류계 휴대 현장확인(단, 전선 직접 접촉 엄금)

⑨ 인명구조, 위험차단 등 긴급대응조치 상황에도 안전조치 외에는 전기시설에 방수 및 접촉 · 접근금지(이산화탄소 등 적응성 소화약제 사용)

⑩ 지상 변압기에 발생한 화재는 보호장비를 착용하고 굴절차 등 적응성 있는 소화기로 진화할 때까지 연소상태 유지

⑪ 전원 · 냉각액 및 낙하물 위험이 있으므로 화재진압을 위해 전신주에 사다리 설치 또는 전신주 아래 진입하는 것 절대 금지

⑫ 고압설비 화재 시 유독성 연기가 발생하므로 신체보호 장비 착용, 라이트라인 등을 장착한 후 진입하며 인명검색은 손등이나 주먹을 쥐고 실시

⑬ 단순 안전사고의 경우 한전 등 유관기관 도착까지 안전통제선 설치로 2차 사고 예방, 유관기관 도착 시 조치사항 인계 후 철수

SOP 303 기계장치사고 대응절차

1 사고특성 및 주의사항

① 다양한 기계장치의 특성, 구조 등 정보 부족
② 기계장치의 동력연결 또는 이상 작동 등으로 2차 사고 위험 상존

2 현장대응절차

① 사고현장 진입 전 바지 및 상의 끝단 정리 후 진입
② 기계장치 전원차단, 동력전달장치 해제, 브레이크장치 체결 등의 사전조치 작업

③ 기계장치 조작·관리 담당자의 기술지원 등 협조

④ 작업장 보유·사용 공구 적극 활용

⑤ 가스·동력 절단기 사용 시 요구조자 보호 및 주변 착화 방지조치

⑥ 구조물의 분해·절단 등은 신중히 고려(지지대 설치 등 안전조치)

⑦ 신체에 박혀있는 물체를 제거하기 곤란할 경우, 기계장치의 해당 부분을 분해하여 신체에 붙어있는 상태로 병원 이송

SOP 304 승강기사고 대응절차

1 사고특성 및 주의사항

① 구조작업 도중 2차 사고 발생 위험 존재

② 요구조자의 패닉(폐쇄공포증, 과호흡 등) 등 극도의 심리적 불안감 사전 해소 필요

③ 사고 위치의 특수성이 구조작업의 어려움 가중

2 현장대응절차

① 승강기 고유번호 및 멈춘 위치 확인

  • 고유번호 이용 승강기 정보센터에 검색 의뢰하여 비상키 번호 확인

② 고립된 요구조자의 일반적인 정보(성별, 인원 등) 확인

③ 승강기 제조사 긴급출동대에 동시출동 요청

  • 건물 관리자 또는 승강기 보수업체 등에 고장상황 등 통보

  • 건물 관계자에게 승강기 고장을 알리는 안내방송 실시 요청

④ 기계실 수전반의 전원 차단

⑤ 승강기 내 고립 요구조자 수 및 건강상태 확인

⑥ 승강기 상태 확인, 구조방법 설정(강제개방, 수동개방, 승강기 이동, 파손 등)

  ※ 화재, 환자발생 등 긴급상황 시 승강기 강제개방

⑦ 요구조자에게 구조작업 진행사항 수시로 알려 안정 유도

⑧ 일반적 승강기 문을 통하여 구조하며, 필요시 승강기 위쪽 탈출구를 통한 구조작업도 고려

⑨ 승강기가 층과 층 사이 정지했을 경우(승강기문 안보일 때)

  • 권상기실 수전반 주전원 스위치 차단

  • 권상기실에서 브레이크를 작동시킴

  • 승강기 보수 및 관리업체와 협조하여 구조 실시

⑩ 승강기가 층과 층 사이 정지했을 경우(승강기문 보일 때)
- 승강기문을 강제로 개방하여 구조할 경우 요구조자 추락 방지 조치 후 구조

⑪ 정전으로 승강기가 정지한 경우
- 빠른 시간 내 정전 복구가 가능할 경우 설명 후 기다림
- 정전이 길어지면 일반적인 승강기구조 방법으로 구출 시도

SOP 305 | 맨홀사고 대응 절차

1 사고특성 및 주의사항

① 유해가스 체류 가능성이 큼
② 제한된 공간 · 협소한 탈출구 등으로 구조작업 어려움
③ 전기 · 가스 등 다양한 내부 시설 존재로 2차 사고 위험
④ 위험성 인지 어려움(눈에 보이지 않는 위험성 지님)
⑤ 요구조자 구조 과정에서 또 다른 2차 사고 발생 우려

2 현장대응절차

① 맨홀 내부시설 파악 위해 관계자 지원 요청
- 전선 맨홀인 경우 관계기관에 의한 전원차단 등 선 조치 후 진입
- 전기 · 가스시설 사고인 경우 한국전력 등 유관기관에 통보

② 도로상의 맨홀인 경우 교통 차단 및 관계기관 신속 전파
③ 출입통제선 설치, 관계자 외 인원 안전지역 이동 조치
④ 내부 위험요소 및 요구조자 위치 파악
⑤ 산소농도 및 유해가스 측정 통해 구조활동 방법 결정
⑥ 맨홀 내 유해가스 체류에 사전 대처(환기 및 희석)
- 공기호흡기 밸브 개방 실린더(공기통)를 넣어 공기투입
- 송 · 배풍기를 이용하여 신선한 공기 투입 또는 유해가스 배출

⑦ 안전담당관은 현장통제 안전 확인한 후 작업 진행
- 맨홀 내부에 유해가스가 존재한다고 가정 후 활동
- 폭발성가스 등 안전(정전기, 질식, 폭발 등) 대책 수립
- 유해가스 대비 개인안전장비 및 가스측정기 등 지참 후 진입 활동

⑧ 진입대원 공기호흡기 착용, 2인 1조로 구조현장 접근
⑨ 맨홀 내부검색 필요한 경우 안전로프(유도로프) 장착

⑩ 함몰지역 및 수평 형태의 통로 진입 시 2차 확보 실시

⑪ 맨홀 내 의식이 있는 요구조자가 있을 경우 별도 공기호흡기를 착용시켜 구조

⑫ 필요시 구출 위한 응급처치 실시

⑬ 의식이 없거나 외상환자의 경우 들것을 이용하여 지상으로 인양

⑭ 맨홀구조기구, KED(척추고정장치) 등 구조・구급장비를 활용하여 2차 사고 최소화

⑮ 요구조자 인양구조 시 견고한 지점 이용, 크레인 혹은 로프와 도르래, 사다리, 현장의 기계・기구 등 활용

그림 8-5 맨홀 진입 사례

SOP 306 건축물 붕괴사고 대응절차

1 사고특성 및 주의사항

① 요구조자 위치를 파악하는데 어려움이 큼

② 구조 활동에 많은 인력과 시간을 필요로 함(대기조 운영)

③ 다수 사상자가 발생할 가능성 높음

④ 2차 붕괴 위험성에 따른 구조대원 안전사고 발생 우려 큼

⑤ 붕괴에 따른 진・출입로 확보 곤란으로 인명구조에 어려움이 큼

⑥ 철근 콘크리트 등 각종 건축자재가 뒤엉켜 구조 활동에 어려움이 있으며 파괴 장비 이용에 따른 요구조자 2차 피해 우려 큼

2 현장대응절차

① 붕괴상황에 따라 유관기관과 협조체제 유지
  - 구・군청, 경찰, 전기, 가스시설 등 사고 관련 유관기관 통보
  - 붕괴건축물의 위험물 시설현황 등 파악

② 안전통제선 설정, 통제선 밖에 차량 배치

③ 현장지휘관은 신속한 상황판단 및 관계기관 전파
  - 피해정도, 사상자・요구조자 수 및 대응규모 파악

- 가스, 전기, 중장비 운용 등 관계기관 공조
- 필요한 경우, 숙련된 건축물 폭발 전문가 지원 요청

④ 현장지휘관은 건물외벽 등 추가 붕괴 징후 감시요원 배치
- 출입 통제선 · 위험경고 표시판 등 설치
- 건축물 사면에 배치하되, 내부 진입대원이 보이거나 수시 연락에 지장 없는 장소에 배치

⑤ 구조 활동에 많은 인원 · 시간이 소요되므로 효율적 자원 배분 · 관리 필요
- 교대조 편성운영 및 휴식공간 확보
- 2차 붕괴 등 비상상황에 대비한 지원팀 운영

⑥ 유관기관에 가스, 전기, 수도 등 차단 및 안전조치 요청

⑦ 추가 붕괴 예상 건축물 및 잔해물 지지
- 진동과 충격에 의해 붕괴된 건축물 2차 붕괴대비 지주로 지지

⑧ 화재발생 없어도 건물 주변에 경계관창 배치

⑨ 구조견 및 탐색장비를 활용하여 요구조자 위치를 파악한 후 구조 활동

⑩ 병원, 공장 등 건물에 방사성물질 취급설비가 있음
- 방사선량 측정기, 개인선량계 등 착용 후 현장 활동

⑪ 유독물질 누출 대비 필요시 화학보호복, 공기호흡기 등 보호장비 착용

⑫ 요구조자 구조작업 시 응급처치 우선 실시

SOP 307 | 차량사고 대응절차

1 사고특성 및 주의사항

① 교통흐름이 있는 현장 특성상 2차 사고의 위험이 큼
② 발화 및 폭발의 위험이 있음
③ 특수차량, 운송물질에 따라 대응개념의 다변화 요구됨

2 현장대응절차

① 구조차, 펌프차, 구급차 동시 출동 확인
② 현장활동대원들이 2차 사고로부터 보호받을 수 있도록 속도제한에 비례한 거리의 후방지점에(예 제한속도 80km → 80m) 차량 및 안전요원을 배치하고 교통통제 실시 (SSG1 현장안전관리 공통표준절차/3.2.4 도로상에서 현장활동 시 준용)
- 교통흐름에 따라 차량진행 방향 또는 역방향으로 사고현장 접근

③ 선착대 교통흐름 상황 전파

④ 현장도착 경찰관에게 현장 접근통제 및 교통통제 처리요청

⑤ 연료 누출 여부와 관계없이 차량 화재대비 경계관창 유지

　　● 고가도로 등 특수현장 소방용수 공급대책 신속 마련

⑥ 사고차량에 대한 안전조치(고임목, 로프 고정 등)

⑦ 위험물 운반차량 위험물 누출은 「SOP 310」 준용

⑧ 방사성물질 운반차량 방사성물질 누출은 「SOP 311」 준용

⑨ 하이브리드 차량사고 대응은 「SOP 308」 준용

SOP 308 | 하이브리드 차량사고 대응절차

1 사고특성 및 주의사항

① 차종에 따라 144V ~ 650V까지 전압이 흐르므로 감전 주의

② 엔진룸 및 차체내부에 고전압배터리와 연결되는 고압배선 주의

③ 차체하부 또는 트렁크 내에 설치되어 있는 고전압배터리 폭발 주의

④ 감전 주의사항을 제외하고는 자동차화재진압 절차를 준용

⑤ 하이브리드 차량 식별 : 차량외부의 표식을 확인

⑥ 사고차량 하체 연료 및 배터리 전해액 누출 여부를 확인하고 전해액에 접촉되지 않도록 주의

2 현장대응절차

① 도로상 "고전압 위험" 또는 "접근금지" 표시로 사고 주변 통제

② 현장대원은 공기호흡기(보안경) 및 절연장갑, 절연화 등 보호장비 착용

③ 전압 측정기를 이용하여 차량 내 고전압 누설 여부 확인 후 작업

④ 고전압 발생 방지를 위하여 배터리 메인전원 차단

　　● 배터리 메인전원 차단이 불가한 경우 시동용 배터리의(12V) 음극(−)을 분리하여 전원 차단

　　● 고전압 부품을 취급해야 할 경우 메인전원 스위치 off, 배터리 케이블 분리 후 잔류 전압 확인

⑤ 엔진이 멈추어 있어도 차량전원 확인(시동 off)

　　● 정지되어 있는 사고차량 계기판(AUTO-STOP, READY 등)에 불이 들어와 있으면 가속페달 조작 시 엔진이 재시동될 수 있음을 유의

SOP 309 | 철도사고 대응절차

1 사고특성 및 주의사항

① 대규모 사고 또는 다수의 사상자 발생 가능성 큼

② 독성물질, 위험물 등을 운반하는 경우 대형사고로 이어질 가능성 높음

③ 전기시설 등 관련시설 피해로 인한 2차 사고 우려가 큼

④ 구형 디젤기관차 발전기에 유해물질이 포함되어 있음을 주의

2 현장대응절차

① 현장상황 파악 및 다수 출동대 진입방향 지정 및 유도

- 구조차, 구급차, 각종 소방차량

② 유관기관 및 철도차량 관제센터와 사고관련 상황 공유체제 유지

- 철도청, 경찰 등 사고와 관련된 유관기관

③ 사상자 및 요구조자 수, 피해 등 신속파악, 대응규모 결정

- 사고현장 진입통제, 고압전력 차단 등 관계기관 선 조치 요청

④ 기관사, 철도관계자 등 전문기술인력과 합동 대응

- 고속철도 사고 시 관제센터에 사고지점의 단전 지시

- 화물적재, 탱크 차량은 화물의 특수성 파악(선적표 등 확인)

- 터널의 경우 규모(길이), 진입로, 터널 내 시설 등 파악

⑤ 현장지휘관 인력배치 및 차량지원 계획수립 후 상황 유지

⑥ 차량화재대비 각 방향별 경계관창 유지

⑦ 사고현장 특수성에 따른 지속적인 소방용수 공급대책 마련

⑧ 물질의 종류 · 양에 따라 대처방법 결정(방어적 대응 등)

⑨ 위험물질 운반차량 위험물 누출대응은 「SOP 312」 준용

⑩ 방사성물질 운반차량 방사성물질 누출대응은 「SOP 313」 준용

⑪ 터널 및 교량 내 사고대응

- 가장 가까운 진 · 출입로 확인, 구급차와 안전요원 배치, 자력대피 요구조자 응급처치 및 이송 실시

- 배연차, 조명차, 발전기 및 응급이송용 소방헬기 활용

- 장시간 활동에 대비하여 공기호흡기 예비용기 확보

- 터널 내 진입 시 낙하물, 고압전기시설 등에 주의

- 2인 1조 검색 및 엄호 주수 조 편성 · 운영(진입 시간 · 범위 지정)

SOP 310 | 유해화학물질사고 대응절차

1 사고특성 및 주의사항

① 폭발과 화재가 동반될 수 있어 2차 재해 위험성 큼

② 독성중독 등 대량 인명피해 및 환경오염 발생 우려가 높음

③ 피해범위가 광범위하고 매우 복잡·다양한 사고 특성을 보임

④ 유해화학물질 특성 및 성상 등 정보 부족으로 즉각 대응 어려움

⑤ 누출현장 주변 저지대 및 구획 부분 차량 배치 금지

2 현장대응절차

① 현장에 도착한 선착대는 바람을 등지고 위험구역(Hot Zone, Warm Zone, Cold Zone) 설정

② 필요한 최소 소방력 이외에는 안전장소(Cold Zone)로 재배치

③ 선착대 사고물질 정보파악 및 실시간 현장상황 전파
  - 시설관계자에게 물질에 관련 정보를 추가로 획득
  - 물질 종류 따른 중화, 제독, 진화 등 정보 파악
    (유해물질 비상대응 핸드북(ERG), 안전보건공단(MSDS) 등 지침 활용)

④ 유관기관과 현장정보 분석 후 확산범위 판단 및 위험구역 재설정
  - 유해물질 농도, 풍향, 풍속 등 측정하여 판단
  - 전문 유관기관(화학부대, 경찰 등) 지원 요청

⑤ 주민대피 조치(유해화학물질에 오염 확인)
  - 위험지역 내 주민 우선 대피조치 및 진입차단(집중관리)
  - 위험지역 관계자 외 출입 통제
  ※ 주민대피방송(시·군·구) 및 외부진입차단(경찰)

⑥ 출동대는 공기호흡기, 화학보호복 등 개인안전장비 착용

⑦ 현장진입 대원은 바람을 등지고 접근하며, 후방에 엄호주수 관창배치(물과 반응 이상 유·무 확인)

⑧ 누출 부분에 대해 누출차단 조치
  - 밸브 잠그기, 쐐기 박기, 테이프 감기 등
  - 하천·하수구 유입 방지(방제제, 누출방지둑 설치 등)

⑨ 저지대·구획 부분에 가연성증기 체류 예상 시, 분무주수로 희석

⑩ 유출된 유해화학물질 흡착포 등으로 1차 제거

⑪ 유관기관 회수차량에 의한 유독물 회수 실시(폐기물 처리업체 등)

⑫ LPG 등 가스 누출 시 냄새 · 소리 등 주의 깊게 경계

⑬ 화재로 유류 · 가스 탱크외벽 가열 시, 탱크외벽 냉각

  ● 탱크 방호가 불가하거나 이미 위험한 정도로 가열 시, 즉시 탈출

  ● 안전지대로 이동 및 현장 통제(필요시 통제선 경찰 배치 요청)

⑭ 밸브 · 배관에 화염 발생 시, 가열된 부분 우선 냉각

  ● 밸브 · 배관에서 나오는 화염을 직접 소화하려고 하지 말 것

  ● 가스가 소진되어 화염이 사라질 때까지 계속 냉각시킨 후, 공급측 부분 밸브 차단

⑮ 오염된 장비 및 인력에 대한 철저한 제독, 검사 실시

⑯ 회수된 의복 및 오염장비는 전문기관에 의뢰하여 폐기 실시

⑰ 현장활동 대원 추적관리

SOP 311 | 방사능 누출사고 대응절차

1 사고특성 및 주의사항

① 육안으로 누출 여부를 확인할 수 없으므로 관계자의 제보 없이 위험성을 인지하기 어려움

② 피폭 등 제2차 재해 발생 위험이 크고 광범위함

③ 장시간에 걸쳐 지역, 인체에 영향을 초래할 수 있음

④ 초기 누출에 위험 지역을 정확하게 판단하기 어려움

⑤ 오염된 인체 및 장비 의한 2차 오염이 발생할 수 있음

2 현장대응절차

① 선착대는 바람을 등지고 방사선 측정 후 위험구역(Hot Zone, Warm Zone, Cold Zone) 설정

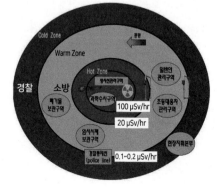

ⓐ Hot Zone

- 출입자에 대하여 방사선의 장해를 방지하기 위한 조치가 필요한 구역

- 공간 방사선량률 20μSv/h 이상 지역은 소방활동 구역이며 공간방사선량률 100μ
Sv/h 이상 지역에 대해서는 U-REST* 등 방사선전문가들이 활동하는 구역

  * 방사선사고지원단(U-REST, Ubiquitous-Regional Radiation Emergency Supporting
Team), 방사선방호 전문지식을 갖춘 초동대응활동 가능한 자원봉사조직

ⓑ Warm Zone

- 소방대원 등 필수 비상대응요원만 진입하여 활동하는 공간으로 일반인 및 차량
의 출입을 제한하기 위하여 설정하는 지역

- 공간방사선량률이 자연방사선 준위(0.1 ~0.2μSv/h) 이상 20μSv/h 미만인 지역으
로 Hot Zone과 경찰통제선 사이에 비상대응조치를 수행하기에 필요한 공간

ⓒ Cold Zone

- 경찰통제선(Police Line) 바깥 지역으로 공간방사선량률이 자연방사선 준위(0.1
~0.2μSv/h) 수준인 구역

② 방사선 사고대응 장비 추가 적재

③ 선착대는 바람을 등지고 접근, 가상 안전통제선 밖에 차량 배치

④ 관계인 및 유관기관에 사고현장 정보 수집, 실시간 신속 전파

- 전문 유관기관(군부대, 원자력관련 부서, 경찰 등) 지원 요청

- 시설관계자에게 방사선 관련 정보 추가 획득

- 상기 기준을 참고, 사고 상황·중요도, 위험도를 고려하여 현장지휘관이 전문가와
협의하여 결정

- 유관기관 협조 통제선 설치(안전지역 외 지역 경찰통제선 설치)

⑤ 현장상황 종합 판단, 신속히 주민을 대피시킴(집중관리)

- 유출 방사성 물질의 종류, 양, 성상

- 방사능 노출 사람의 수·위치, 확산범위

⑥ 출동대는 공기호흡기, 방사선 보호복 등 개인안전장비 착용

⑦ 개인선량계 착용, 개인별 피폭 선량·시간대별 기록관리

- 기록관리 담당 전담요원 지정(10명당 1명 지정)

- 대원 과다피폭 방지를 위한 교대조 운영

⑧ 현장진입 대원은 바람을 등지고 접근

⑨ 응급의료, 이송, 기록관 등 모든 현장요원은 보호장구를 착용

- 호흡기 보호(공기호흡기, 방독면 등), 피부보호(보호복 등)

Part 8

재난현장 표준작전절차(구조 분야)

⑩ 오염 가능 모든 대원과 요구조자 이름 · 주소 · 연락처 및 노출시간 · 선량을 기록, 의료진에 통보

⑪ 오염된 장비 · 의복 · 대원은 격리 관리

⑫ 오염된 장비는 전문업체에 의거 폐기 조치

⑬ 사고수습 관여한 인력 · 장비에 대해 철저히 제염, 검사 실시

⑭ 현장진입 대원에 대한 방사선 피폭선량 누적관리 실시(5년간)

⑮ 방사선에 노출된 인원 사후 추적관리 시스템에 의한 치료 및 격리 실시

▶ **방사선 관리구역** : 공간 방사선량률 100μSv/h 이상 지역

▶ **Hot Zone** : 공간 방사선량률 20μSv/h 이상 지역에 소방 구역을 설정

▶ **Warm Zone** : 공간 방사선량률이 자연방사선 이상인 지역(비상대응조치를 수행하기 위한 지역)

▶ **Cold Zone** : 자연방사선량, 통제선 바깥 지역

SOP 312 | 폭발물사고 대응절차

1 사고특성 및 주의사항

① 폭발물에 대한 정보수집이 어려움

② 폭발 시 제어방법이 없고, 피해규모가 크며 확산이 빠름

③ 다중이용시설 등 테러 시 대량 인명피해 가능성 큼

④ 무선기기 사용은 일부 폭발물의 폭발유도 가능성 있음

⑤ 테러목적인 경우 여러 개의 폭발물 설치 가능성 높음

⑥ 폭발에 이어 화재가 발생할 가능성이 있음

2 현장대응절차

① 현장 가상 안전통제선 설정, 통제선 밖에 차량 배치

② 보호장비(폭발물 방호복 등)를 착용하고 최소 소방력으로 초기대응, 그 외 안전장소 대기

③ 사고현장 정보수집 및 신속 전파
  - 유관기관(국정원, 군부대, 경찰 등)과 공동대응
  - 목격자 대상으로 추가정보 파악

④ 고위험지역 안전통제선 설치

급조 폭발물(IED) 안전거리

참고 : 월간국방과학 기술

급조폭발물 종류	최소 안전거리	급조폭발물 종류	최소 안전거리
대전차 지뢰	150m	여행가방크기 급조폭발물	600m
105mm 이하 폭탄	300m	V8 급조폭발물(승용차)	1,000m
105mm 초과 폭탄	600m	V8 급조폭발물(트럭)	2,000m
손가방크기 급조폭발물	300m		

⑤ 폭발물 사고대응 유관기관에 신속 전파, 긴밀히 협조 요청

⑥ 폭발물처리 전문팀 미도착 상태에서 안전통제선 내부로 진입 금지

⑦ 폭발에 따른 화재, 붕괴, 사상자 미 발생 시 전문기관의 검색, 대피조치, 폭발물 해체 · 폐기 등 관여 금지

⑧ 인명구조, 응급처치, 화재진화 시 추가 폭발물에 주의

- 주변과 어울리지 않는 물체에 유의
- 폭발의심 물체는 건드리지 말고, 현장지휘관에게 보고 후 전문 기관에 인계

⑨ 진입대원 공기호흡기 착용(폐쇄공간 폭발 시 대기 중 산소 농도 희박)

SOP 313 │ 수난사고 대응절차

1 사고특성 및 주의사항

① 급변하는 수중 상황에 따른 위험성 큼

② 대원 안전사고 방지를 위한 대책을 수립하여야 함

③ 광범위한 지역의 수색작업은 장기화될 가능성 있어 피로도 증가

2 현장대응절차

① 사고현장 정보수집 및 현장안전점검관 지정

② 신고자 및 목격자 진술(요구조자 정보 수집)

- 사고발생 경위, 익수 지점, 익수자 수

③ 사고현장 환경 및 위험성 파악

- 수심 및 탁도, 유속, 수류의 변화, 바닥지형, 기상, 작업가능 구조대원 수, 보유 장비

④ 수난구조 활동구역 설정 및 위치 표시(통제선, 부표 등)

- 사고현장 주변 통제선 설치 및 부표 등 위치 표시
- 목격자 진술을 토대로 유속, 기상상황 등을 감안하여 수색범위 결정

- 정확한 지점을 모를 때에는 확률 높은 구역을 설정

  ※ 해안선, 방파제, 부두, 강둑, 강변, 제방 등

⑤ 수난구조 방법 결정

- 수상구조 방법

  - 물 밖에서의 구조, 얕은 물에 걸어(뛰기)들어가 구조, 수영구조, 도구사용 구조

  ※ 물에 빠진 요구조자 구출 4원칙(던지고, 끌어당기고, 저어가고, 수영한다.)

- 수중구조 방법

  - 줄을 사용하지 않는 탐색(등고선 탐색, U자 탐색, 소용돌이 탐색)

  - 줄을 이용한 탐색(원형탐색, 반원탐색, 왕복탐색, 직선탐색)

⑥ 현장진입 전 안전점검

- 장비점검(잠수복, 구명조끼 등), 상호 의사소통(수신호 숙지) 방법 점검

- 진행방향, 비상시 대처방법, 입·출수 장소 확인

⑦ 수난구조 활동

- 자신의 한계를 알고 그 한계 범위 내에서 수난구조 활동

- 수중활동 중 짝을 유지(단독 잠수 활동 금지)

- 최대 잠수 가능시간을 넘기지 않음

깊이(m)	시간(분)	깊이(m)	시간(분)	깊이(m)	시간(분)
10.5	310	21.0	50	33.5	20
12.2	200	24.4	40	36.5	15
15.2	100	27.4	30	39.5	10
18.2	60	30.0	25	45.5	5

⑧ 사고현장 위험성 변화 수시 관찰

- 사고현장은 항상 변화하며, 그 상황에 맞게 작전을 변경해야 함

- 구조방법 중지 및 변경(기상악화, 대원 체력변화 등)

- 구조대원 및 장비 이상 유무 확인·점검

- 수중활동 대원 잠수기록표 작성

- 수중수색 중 위급상황 시 행동을 멈추고 호흡하며 판단하고 행동함

 물에 빠진 요구조자를 구출할 때의 4원칙

물에 빠진 요구조자를 구출할 때는
① 던지고 ② 끌어당기고 ③ 저어가고 ④ 수영한다.

SOP 314 산악사고 대응절차

1 사고특성 및 주의사항

① 기상변화에 따른 사고발생 위험성이 큼

② 등산 인구 증가로 다양한 유형의 산악사고 증가

③ 요구조자 위치파악 및 접근하는 데 많은 시간 소요

④ 구조장비 진입이 어렵고 대원들 체력 안배가 필요

⑤ 대원과 요구조자의 안전에 위협이 되는 구조방법 금지

⑥ 구조 작업 중 불안전한 방법이라 판단되면 즉시 중지하고 구조방법 수정

⑦ 외상환자 응급처치 및 고정으로 2차 손상방지 주의

⑧ 산악기후 특성상 저체온증에 의한 쇼크 위험성 주의

2 현장대응절차

① 사고현장 정보수집
- 신고자 진술 및 사전정보 수집
  - 요구조자 상황(사고발생 경위·지점, 요구조자 상태 및 인원수)
  - 사고현장 환경(지형, 접근로, 전문적 등반 필요성 등)
  - 유관기관 지원 요청(민간산악구조대 등)

② 수집된 정보로 사고현장 여건 및 대응판단
- 거리·소요시간, 접근 가능한 진입로 파악
- 구조장비 확인 및 점검(통신, 조명, 응급처치 장비 등)
- 악천후, 야간, 기타 조난 대비 비상물품 휴대
- 암벽 및 빙벽 등반 중 사고 시 전문 등반가 동원 요청
- 소방헬기 동원 요청

③ 진입 전 안전점검 및 적합성 검토
- 구조방법 안전성 및 작업 중 2중 안전조치
- 구조대원 투입인원 및 능력(신체상태), 보유장비 점검
- 환경 변화(기상 및 기온의 변화 등) 검토

④ 구조 활동방법 설정 및 변경
- 대원안전을 고려해 교대인원 준비 및 임무분배
- 요구조자가 암벽 또는 빙벽에 매달려 있는 경우 우회로를 통한 이동, 로프하강 등 접근

Part 8 재난현장 표준작전절차(구조 분야)

－ 우회로가 없는 경우 충분한 능력의 대원 또는 전문가 활용
　• 기상변화, 대원체력에 맞는 구조방법 설정
⑤ 요구조자 운반 및 이송대책 수립
　• 헬기접근(탑승) 가능지역 확보
　• 구조대원 피로도(체력)를 감안하여 운반계획 수립

SOP 315 매몰사고 대응절차

1 사고특성 및 주의사항

① 산사태 및 공사현장 붕괴 시 다수 사상자 발생할 가능성 큼
② 2차 붕괴 및 침하 등 대원 안전사고 발생 우려
③ 요구조자 위치 파악 및 접근 곤란
④ 토사 및 각종 건축자재 등이 뒤엉켜 구조 활동에 어려움 있으며, 중장비 및 파괴 장비 활용에 주의 필요
⑤ 제한된 공간 특성상 작업의 진행 속도가 느려 많은 인력과 시간 필요
⑥ 진·출입로 확보 곤란으로 인명구조에 어려움

2 현장대응절차

① 통제선 밖에 차량 배치
② 건물관계인, 목격자에게 사고현장 정보수집 및 관계기관 전파
　• 사고경위와 피해정도
　• 요구조자 위치 및 인원수 파악
③ 구조 활동구역 및 위험지역 위치 표시(통제선, 표시판 등)
④ 유관기관 현장지원 요청
　• 시·군청, 경찰, 전기, 가스시설, 중장비 등
⑤ 감시원 배치, 안전지역 설정 및 경보신호(휘슬신호) 숙지
　• 비상시를 대비해 작업구역에서 긴급대피 위한 안전지역 선정
　• 감시원 배치 위험상황 발견 즉시 경보신호로 안전지역 대피
⑥ 매몰구조 활동구역 설정
　• 사고현장 상황에 따라 구조 활동구역 설정
　• 1차 육체적인 탐색기법인 시각과 청각 이용
　• 전체 작업 중지시키고 정숙유지 후 요구조자와 교신 시도

- 인명구조견·탐색장비 활용 요구조자 정확한 위치 파악

⑦ 도괴·붕괴가 임박한 위험한 부분은 제거 또는 보강 및 지지

⑧ 요구조자 생존가능성을 판단하여 무리하거나 서두르지 않음(대원안전 확보 우선 조치)

⑨ 구조에 많은 인원·시간 소요되므로 효율적 자원배분 및 관리 필요

⑩ 공사현장 및 건축물 매몰지역

- 구조물의 일부를 제거할 경우 전체구조물에 대한 영향을 고려

- 필요시 숙련된 건축물 폭발 전문가 지원 요청

- 잠재적 위험성에 대하여 항상 주의

   - 건축물의 불안정성(진동과 충격에 의해 재붕괴)

   - 필요시 건축물 안전진단 전문가 지원 요청

- 지지역할 하는 수직방향 벽, 기둥에 영향을 주거나 제거하지 않음

⑪ 도로지반 및 함몰 등

- 중장비, 소방차, 대원들은 안전한 거리를 유지하여 함몰반경에 미끄러져 들어가지 않도록 하고 필요한 경우 지대를 높임

- 함몰 구멍이 매우 큰 경우 복식사다리나 요구조자를 올리기 위한 장비, 안전로프 등 활용

⑫ 산사태 등 토사 매몰지역

- 붕괴된 토사와 나무 위에서 발이 빠지거나 미끄러져 넘어질 우려가 있으므로 발판을 안정시키면서 행동

- 토사를 제거할 때 2차 붕괴 가능성을 충분히 고려하여 말뚝 및 방수시트 등으로 안전을 확보

- 반드시 현장안전점검관 배치, 2차 토사붕괴를 대비하여 붕괴 방향과 직각의 방향에서 퇴로 확보

- 붕괴현장 토사와 가옥 등은 물을 함유하여 예상보다 무거운 경우가 많으므로 요추 등 손상 주의

⑬ 쓰레기 자동집하시설(크린넷)

- 배관계통도 확보, 제어시스템 관제

- 배관 진입 시 질식사고 예방을 위해 공기정화 실시

- 필요시 관련업체 점검장비(스케이트 보드), 자체 보유장비(가스검지기, 내시경카메라 등)를 활용하여 구조 활동 전개

SOP 316 고소작업사고 대응절차

1 사고특성 및 주의사항

① 구조과정에서 공사장 작업용 발판, 고정용 못, 철선 등에 걸려 넘어지는 안전사고 발생 우려

② 날씨로 인한 구조작업의 제한(강풍, 폭우, 강설 등)

③ 요구조자의 패닉(고소공포증) 및 극도의 심리적 불안감

④ 대원과 요구조자의 안전에 위협이 되는 구조방법 금지

⑤ 안전을 심각하게 위협하는 방법이라 판단되면 즉시 중지하고 구조 방법을 변경

⑥ 외상환자의 경우 응급처치 및 고정으로 2차 손상방지

⑦ 고소 장소 특성을 감안하여 필요시 보온대책 수립(저체온증)

2 현장대응절차

① 현장통제선 설정 및 관계자 외 접근통제

② 활동 중 2차 안전사고 대비

 ● 추락사고에 대비하여 에어 매트 전개 및 사고현장 진입통제

 ● 고압전력 차단 등 관계기관에 선조치 요청

③ 낙하물 사고에 대비한 안전구역 확보

④ 사고현장 접근방법 및 구조활동방법 결정

 ● 굴절차 및 고가사다리차 이용 및 소방헬기 지원요청 검토

 ● 구조장비 외 보조장비 확인 및 점검(통신장비 및 조명장비 등)

 ● 요구조자 구조작업 시 심리적 불안감 해소를 위한 안전 확보

  - 연결된 기타 설비의 추가 붕괴, 전도 등의 우려가 있을 시 사전 로프 결착, 지지대 설치 등 안전조치 실시

SOP 317 크레인사고 대응절차

1 사고특성 및 주의사항

① 공사현장에서 사고 시 다수의 사상자가 발생할 가능성이 큼

② 2차 붕괴 및 침하 등 위험성에 따른 대원 안전사고 발생 우려

③ 요구조자의 위치 파악 및 접근 곤란

④ 토사 및 각종 건축자재 등이 뒤엉켜 구조 활동에 어려움이 있으며, 중장비 및 파괴 장비의 활용에 많은 주의가 필요

⑤ 제한된 공간의 특성상 작업 속도가 느려 많은 인력과 시간이 필요

⑥ 진·출입로 확보 곤란으로 인명구조에 어려움

2 현장대응절차

① 현장통제선 설정 및 관계자 외 접근통제

② 공사 관계인과 사고 당시 목격자 확보, 요구조자 위치 파악 주력

③ 크레인의 길이 및 사고 범위에 따른 추가 요구조자 및 주변 피해 파악

④ 추가 위험 부분 제거 또는 보강 지지

⑤ 다수 인원이 절단 작업 시 중첩되지 않도록 활동범위를 정하여 작업

⑥ 연결된 기타 설비의 추가 붕괴, 전도 등의 우려가 있을 시 사전 로프 결착, 지지대 설치 등 안전조치 실시

⑦ 교대조 편성·운영 및 휴식 공간 확보

SOP 318 교량 다중교통사고 대응절차

1 사고특성 및 주의사항

① 안개 및 연무 등으로 인한 시야 확보 곤란

② 겨울철 폭설 및 기온 하강에 의한 교량 결빙 우려

③ 사고지점 주변을 지나는 자동차 등으로 2차 사고 위험

④ 차량 및 탑승자 추락 위험 및 다수의 사상자 발생 우려

⑤ 충돌 사고로 인한 교량 붕괴 및 발화, 폭발 위험성 상존

2 현장대응절차

① 구조공간 확보를 위한 유관기관(한국도로공사, 경찰 등) 협조 요청
- 중앙분리대 개방 회차로 확보
- 진입 불가 시 반대차선 교통통제

② 기본적으로 차량진행 방향에서 속도제한에 비례한 거리의 후방지점에 차량부서 및 안전요원 배치 (예 제한속도 80km → 80m)

③ 사고지점에 통제선을 설치하여 요구조자 및 구조대원 2차 사고 발생 방지

④ 다수의 사상자 발생 시 소방헬기 즉시 출동 요청

⑤ 연료 누출 여부와 관계없이 차량 화재대비 경계관창 유지

⑥ 필요시 드론을 이용한 대형교량 교통사고 현장 전체상황 파악

⑦ 교량 내 고압선 등 감전위험 존재 여부 확인

⑧ 고압시설이라고 판단될 경우 유관기관 관계자와 합동작업 실시

⑨ 요구조자 추락 등 수난사고 발생 시 구조환경(수심, 유속, 수류의 변화, 바닥 지형) 및 사용 가능한 구조장비 등을 고려하여 대응

SOP 319 의료시설사고 대응절차

1 사고특성 및 주의사항

① 재난발생 시 거동불편 환자 등 다수의 인명피해 가능성 우려

② 의료기구에 의존하는 요구조자 구조 시 대체할 수 있는 장비(의료기관에서 보유하는 장비 등) 필요

③ 피난행동이 불편한 노인, 입원환자 등을 한정된 인원으로 대응

④ 야간, 휴일의 경우 대부분 소수 인원이 관리 · 운영함에 따라 초기대응에 취약

⑤ 노인복지시설, 정신병원 등은 요구조자의 상태(장애 등)에 따라 의사소통 곤란

2 현장대응절차

① 의료기관의 수용인원 및 입원환자 등을 파악

② 가용자원(의료기구 등) 확보 요청

③ 요구조자 특성에 따라 구조장비 및 가능한 의료보조기구를 확보하여 구조위치로 접근

④ 인명검색 중점지역(병실, 막다른 통로, 엘리베이터, 화장실, 출입구, 계단, 피난기구 설치지역 등) 확인 및 구조활동 전개

※ 신생아 등 보행이 불가능한 환자가 있는 장소 우선적으로 검색

⑤ 병원 관계자들에게 피난방법, 우선 대피장소 등의 정보를 습득

⑥ 미끄럼대, 구조대 등 건물 피난시설을 활용하여 인명구조 활동 전개

⑦ 인명구조 활동은 엄호주수를 병행하여 실시

SOP 320 생활안전활동 안전관리 표준작전절차

1 출동지령 단계

① 출동대원은 출동지령을 정확히 청취하여 현장정보를 파악

② 상황이 명확하지 않은 경우 출동을 서두르지 말고 신고자와 전화통화를 실시하여 현장상황을 확인

③ 필요 장비 및 인원을 정하고 화재·구조 등 출동공백이 발생하지 않도록 지원대책을 마련

2 출동 단계

① 도로상에서 작업이 이루어 질 경우 2차 교통사고 예방을 위하여 경찰 또는 통제차량 등 지원을 요청

② 단순 동물 포획은 시·군·구청 등 담당기관의 출동을 요청하고 시·군·구청 등의 출동이 불가한 경우 상황에 따라 조치

③ 출동대원 중 선임자가 현장지휘와 안전점검관 역할을 수행

④ 작업에 필요한 개인안전장비를 반드시 착용하고 선임자는 착용상태를 확인

⑤ 지원을 요청한 경우 서두르지 말고 지원대의 이동상황을 확인

3 현장대응 단계

① 2차 교통사고의 영향을 받지 않는 장소에 차량을 부서하고 현장상황을 확인

② 2차 교통사고의 위험이 있는 경우 무리하게 작업을 진행하지 말고 지원대의 도착을 기다리며 교통사고에 대비

③ 작업에 필요한 정보를 수집하고, 시설물 파손이 우려되는 경우 관계자에게 사전에 설명하고 동의 요청

④ 사다리 작업, 로프 작업 등 추락사고의 위험이 있는 경우 작업자의 안전확보 후 실시

⑤ 동물 포획 중 물리지 않도록 보호장구를 착용하고 동물 이송상자는 수시로 소독하여 감염사고를 예방

⑥ 동물 포획용 마취제 및 벌집 제거용 살충제 등은 즉시 사용할 수 있도록 사용법을 숙지하고 수시로 점검

⑦ 벌 쏘임 사고로 알레르기 반응 시 지체 없이 병원으로 이송

4 복귀 단계

① 현장안전 최종 확인
② 모든 대원 및 현장대응장비 이상 여부 파악
③ 출동장비 정비

SOP 321 | 벌집 제거, 동물 포획처리 절차

1 사고특성 및 주의사항

① 벌 쏘임으로 인한 과민성 쇼크, 동물에 물릴 위험 상존
② 화염사용 시 화재 발생, 공중 작업 시 추락 등 2차 피해 발생 우려
③ 동물 포획 중 난동에 따른 주민사상, 시설물 훼손 발생 우려
④ 벌집 제거 시 탈수방지 위해 충분한 수분 공급
⑤ 벌 쏘임과 동물에 물리는 피해에 대비하여 신체가 노출되지 않도록 장갑과 신발, 보호복 또는 안전장비를 작업종료까지 벗지 않음
⑥ 벌집 또는 동물을 그냥 두어도 주민의 피해가 발생하지 않을 것으로 예상되는 경우 신고자에게 안내(또는 유선통보) 후 현장 철수

2 현장대응절차

① 알레르기 반응 확인된 직원은 벌집 제거 출동 제외
② 보호복, 소방장비 등 이상 유무 확인
③ 상황실 또는 신고자와 통화로 현장상황 판단
　　ⓐ 벌집, 동물의 상황파악 필요시 추가 출동대 및 장비 지원 요청
　　　※ 벌집의 위치, 높이, 벌집 크기, 벌 종류 및 크기 등
　　ⓑ 단순 야생동물 포획신고는 유관기관(구청 및 동물 관련 기관 등)에 이첩 통보
　　ⓒ 현장주변 위험시설 존재 여부 확인
　　ⓓ 위해동물은 유관기관 · 단체(경찰, 포획단 등)에 출동 요청
④ 벌집 제거
　　ⓐ 벌집과 안전거리 충분히 두고 차량부서
　　ⓑ 벌의 공격 등 위험사항 주변 안내(현장통제)
　　ⓒ 전기 · 가스설비 등 위험시설에 형성된 벌집 제거 시 관계기관 지원요청으로 안전조치 실시 후 벌집 제거

ⓓ 재산피해가 예상되는 육안으로 확인이 불가한 지붕·기왓장 속 벌집은 관할지역 벌 퇴치 전문가 활용(내시경 사용 위치파악 후 제거)

ⓔ 벌집모양, 위치, 벌 종류 등 현장상황에 따라 제거, 역할분담, 장비준비, 안전관리 등 임무부여(2인 1조로 활동)

ⓕ 지상대원은 등반한 작업대원이 안전하도록 사다리 등 장비를 견고하게 고정

ⓖ 출동한 전 현장대원은 보호복 및 보호장구 착용
  - 보호복과 장갑·신발 연결부위에 테이프 처리
  - 안면부 플라스틱판이 없는 경우 보호안경 착용
  - 대원 상호 간 점검하여 미흡한 부분 보완

ⓗ 퇴치 스프레이를 활용하여 벌을 없앤 후 벌집 제거
  - 밀폐공간에서 퇴치 스프레이는 호흡마스크 등 안전장비를 착용 후 사용하며 화기사용은 폭발위험으로 사용 금지

ⓘ 화기사용은 화재 및 안전사고 위험, 불가피한 상황에서 최대한 안전확보 후 제한적으로 사용
  ※ 작업자의 안전을 위협하는 상황발생 시 작업 즉시 중단(전문가 활용)

ⓙ 벌 쏘임 발생 시 응급처치 후 즉시 병원 이송

[높은 곳의 벌집 제거 : 등검은말벌, 쌍살벌 등]

※ 등검은말벌은 토종 말벌보다 벌 개체 수가 많고 공격 성향이 높아 위험

[땅속의 벌집 제거 : 장수말벌, 땅벌 등]

※ 장수말벌은 독의 양이 많아 치명적, 땅벌은 침투에 강하므로 보호복 착용에 특히 주의

⑤ 현장정리 및 철수

　ⓐ 제거한 벌집을 담는 용기는 안을 볼 수 있는 말벌 전용 비닐 팩 또는 벌집 회수망
　　을 사용하고 입구가 완전히 막혔는지 확인

　ⓑ 벌집 제거 위치에 살충제 등을 살포하여 벌집 생성 예방

　ⓒ 안전통제선 밖으로 이동하여 서로 확인 후 보호 및 장비 해체

　ⓓ 현장 인근 주민에게 벌집 제거 후에도 벌이 나타날 수 있음을 안내

　ⓔ 벌집과 벌은 현장에서 파기하며 다른 용도로 사용금지

⑥ 동물 포획

　ⓐ 흥분상태 또는 위해동물은 주변의 안전을 고려하여 안전거리 확보 등 주변을 통제
　　하고 마취총, 그물망 등의 장비를 사용

　ⓑ 마취도구 사용 시 동물관계인(주인)의 동의를 구하고, 마취약품으로 인해 동물이
　　깨어나지 못할 수도 있음을 사전 고지

　ⓒ 위해동물의 흥분 등 추가 피해유발 가능성을 판단하여 관계인이 없더라도 유관기
　　관과 협조하여 마취, 사살 등 선 조치 후 인계

　ⓓ 천연기념물 포획 시 관련 기관에 통보 후 인계

　ⓔ 야생동물의 포획 시 인근 야산 등 적정 지역에 방사 조치하고 조난당하거나 부상
　　당한 경우는 관계기관(단체)에 인계

　ⓕ 포획작업 중 죽었을 경우 「폐기물 관리법」에 의거 지자체에 인계하여 소각 처리토
　　록 조치

SOP 322 위험시설물 안전조치 대응절차

1 사고특성 및 주의사항

① 연결된 다른 구조물의 추가 붕괴 등 2차 피해 발생 우려

② 무거운 유압장비 활용에 따른 균형 상실, 넘어짐 등의 사고 우려

③ 공중작업, 지지대의 불안정 등 작업환경의 위험성 상존

④ 작업환경이 위험하며, 임무수행 중 주민피해 발생 등이 예상될 경우 신고자 등 현장
　관계인에게 안내 등 주변 통제

2 현장대응절차

① 보호복, 소방장비 등 이상 유무 확인

② 상황실 또는 신고자와 통화로 현장상황 판단

- 위험시설물의 상황을 파악하여 필요시 추가 출동대 및 장비 지원 요청
- 현장주변 전기·가스 설비 등 위험시설 존재 여부를 확인하여 필요시 관련기관에 지원 요청
③ 안전조치 대상물 크기, 위치, 연결설비 등 현장상황 종합 판단, 필요시 관련기관에 지원 요청
④ 작업수행, 안전관리, 지지대 고정, 위험요소 관리 등 현장활동 대원별 임무 지정
⑤ 2차 사고 발생 대비
- 안전조치 대상물 낙하에 대비하여 주변 통제
- 연결설비의 추가 붕괴, 전도 등에 대비하여 사전 로프결착, 지지대 설치 등 안전조치
⑥ 소방장비 활용 작업 수행 및 대원 안전조치
- 작업환경에 적합한 무게, 크기, 용도의 소방장비 활용
- 로프, 매트리스 등을 활용한 현장대원 2중 안전확보

SOP 323 생활민원처리 대응절차(문 개방, 급·배수지원 등)

1 사고특성 및 주의사항

① 상수도 파열, 호우로 인한 주택·시설 침수는 감전 등 2차 사고 발생 우려
② 단순 문 개방 등으로 인한 긴급서비스 수혜 사각지대 발생
③ 통상 경보시설의 오작동에 따른 것으로 원인 및 화재유무 확인 필요

2 현장대응절차

(1) 문 개방

① 아래와 같이 긴박한 경우를 제외하고 주택이나 차량의 단순 문 개방은 민간사업자나 차량보험사에 요청토록 안내
- 어린이나 환자 등이 고립되어 있는 건물
- 가스렌지가 장시간 켜 있거나 가스가 누출되고 있는 건물
- 햇볕에 노출된 차 안에 어린이나 애완동물이 갇혀 있는 경우
- 화재가 진행 중이거나 히터(에어컨) 등이 켜져 있는 차량
② 긴급상황을 가장한 허위신고 시 과태료가 부과됨과 문 개방에 따른 파손, 훼손이 있을 수 있음을 사전에 고지하고 개방

③ 문 개방 후 관계인 확인이 가능한 현장에서는 위급한 경우를 제외하고 경찰 입회하에 개방

④ 파손이 동반되는 경우는 동의서 또는 녹취 후 안전을 고려하여 파괴를 최소로 하여 개방

⑤ 파괴장비 활용 시 파괴대상 주변과 작업대원의 안전조치

(2) 급 · 배수 지원

① 긴급 생활형 급수지원이 아닌 경우 상황실 및 현장에서 명확히 거절

② 생활용수 공급대상에게 음용수로는 사용이 불가함과 가급적 정수, 끓인 후 사용할 것을 안내

③ 침수 상황은 감전, 가스누출, 기타 화재 등 다른 위험상황이 동반됨을 유념하여 안전 장구를 착용하고 대응

④ 겨울철 작업 시 결빙 발생에 따른 차량 · 대원 미끄러짐 사고 유의

(3) 오작동 소방시설 처리

① 상황접보 및 현장출동 중 신고자와의 연락을 통해 현장상황에 대해 파악하고 화재발생이 의심될 만한 징후(불꽃, 냄새 등)가 있을 시 즉시 추가지원 요청

② 건물 내 각종 위험요인에 주의하며 건물 관계자에게 안내를 요청하고 야간에는 조명 장비를 휴대하여 시야 확보

③ 관계인이 없을 시 보안업체의 현장도착 소요시간을 파악해 잠금장치 해제 후 화재발생 여부 확인을 선행하고 경찰 또는 건물 보안업체에 처리상황을 인계

④ 오작동 원인 파악 후 안전조치 및 관계자에게 상황을 설명하고, 처리 불가 시 소방시설업체에 연락해야 함을 관계인 및 신고자에게 안내

⑤ 조치 후에는 건물 관계자에게 임시로 복구된 상황임을 주지시키고, 유사시 즉각 신고, 향후 소방시설 점검을 받아야 함을 안내

PART 8 재난현장 표준작전절차(구조분야)

적중예상문제

01 승강기사고 대응절차 중 현장도착 및 현장활동 단계에서 주의사항으로 옳지 않은 것은?

① 기계실 수전반의 전원 차단

② 일반적으로 승강기 문을 통하여 구조하는 것을 원칙으로 하며, 필요시 승강기 위쪽 탈출구를 통한 구조작업도 고려

③ 고립된 요구조자에게 구조작업 진행 상황을 수시로 알려 안정 유도

④ 승강기 제조사 긴급출동대에 동시 출동 요청

 해설

> SOP 304 승강기사고 대응절차
> – 대응절차 및 기준
> 1. 접보와 출동단계
>   ① 승강기가 멈춘 위치 확인
>   ② 고립된 요구조자의 일반적인 정보(성별, 인원 등) 확인
>   ③ 승강기 제조사 긴급출동대에 동시 출동 요청
> 2. 현장도착 및 현장활동 단계
>   ① 기계실 수전반의 전원 차단
>   ② 승강기 내 고립 요구조자의 수 및 건강상태 확인
>   ③ 승강기의 상태를 확인하고 구조방법 결정(강제 문개방, 수동 문개방, 승강기 이동, 파손 등)
>   ④ 고립된 요구조자에게 구조작업 진행 상황을 수시로 알려 안정 유도
>   ⑤ 화재 등 긴급상황 발생 시 승강기 강제 개방
>   ⑥ 일반적으로 승강기 문을 통하여 구조하는 것을 원칙으로 하며, 필요시 승강기 위쪽 탈출구를 통한 구조작업도 고려

02 맨홀사고 대응절차 중 일반적 주의사항으로 옳지 않은 것은?

① 맨홀 내부시설 파악 및 관계자 지원 협조

② 함몰지역 및 수평으로 된 형태의 통로에 진입 시 머리가 먼저 들어가고 허리에 매듭을 실시하여 확보자에게 지지하도록 함

③ 의식이 없거나 외상환자의 경우 들것을 이용하여 지상으로 인양

④ 진입대원의 지원을 위해 충분한 지상대원을 배치, 한번 진입했던 대원과 교대로 구조활동 실시하며 비상상황에 대비

정답 **01** ④

해설

SOP 305 맨홀사고 대응절차
– 일반적 주의사항
① 맨홀 내부시설 파악 및 관계자 지원 협조
  • 전선 맨홀인 경우 관계기관에 의한 전원차단 등 조치 후 진입
② 맨홀 내부탐색이 필요한 경우 안전로프(유도로프) 장착
③ 함몰지역 및 수평으로 된 형태의 통로에 진입 시 머리가 먼저 들어가고 발목에 매듭을 실시하여 확보자에게 지지하도록 함
④ 의식이 없거나 외상환자의 경우 들것을 이용하여 지상으로 인양
⑤ 진입대원의 지원을 위해 충분한 지상대원을 배치, 한번 진입했던 대원과 교대로 구조 활동 실시하며 비상상황에 대비

03 차량사고 대응절차 중 현장도착 및 현장활동 단계의 주의사항으로 옳지 않은 것은?

① 고속도로 사고 대응은 차량진행 반대 방향에서 대응할 것
② 고속도로의 경우 안전관리자 1명 별도 지정
③ 연료 누출 여부와 관계없이 차량 화재대비 경계관창 유지
④ 인명구조의 일반원칙에 의거 차량 인명구조 활동 실시

해설

SOP 307 차량사고 대응절차
– 현장도착 및 현장활동 단계
① 현장도착 시 대원들이 2차 사고로부터 보호받을 수 있도록 차량 배치
② 고속도로의 경우 안전관리자 1명 별도 지정
③ 고속도로 사고 대응은 차량진행 방향에서 대응할 것
④ 선착대는 정확한 사고 및 교통 상황 신속 전파
⑤ 안전요원 배치를 통한 교통통제 및 2차 사고 위험 방지 노력
⑥ 사고차량 식별 및 특수성에 맞는 구조 활동 계획수립 및 실시
⑦ 차량에 대한 안전조치(고임목, 개인로프 고정 등)
⑧ 연료 누출 여부와 관계없이 차량 화재대비 경계관창 유지
⑨ 인명구조의 일반원칙에 의거 차량 인명구조 활동 실시
⑩ 현장도착 경찰관 등에게 현장 접근통제 등 임무부여

04 항공기사고 대응절차 중 현장도착 및 현장활동 단계의 주의사항으로 옳지 않은 것은?

① 화재발생 시 풍상 또는 기수 측으로부터 행하는 것을 원칙으로 하나 풍향과 기체의 방향이 다른 경우 풍상 또는 풍횡으로 행함

② 화점으로 방수 시 가급적 65mm 관창에 관창수 및 관창 보조 등 3인 이상이 고속분무주수 실시

③ 항공기 내·외부에 동시 화재 발생 시 초기에 포를 다량 살포

④ 항공기 타이어에서 화재 발생 시, 진입은 측면(횡방향) 접근

> ### 해설
>
> **항공기사고 대응절차**
> **– 현장도착 및 현장활동 단계**
> ① 사고 상황 신속 파악 및 관계기관 전파
>   • 사고 형태, 항공기 상태, 승객 수 등
> ② 공항소방대 및 관계자와 긴밀한 협조체계 유지
> ③ 화재발생 대비 경계관창 배치 및 지속적인 소방용수 공급대책 마련
> ④ 항공기 내부로의 진입도 건물화재의 경우와 똑같이 처리함. 역시 투인/투아웃의 룰은 적용됨
> ⑤ 화재발생 시 풍상 또는 기수 측으로부터 행하는 것을 원칙으로 하나 풍향과 기체의 방향이 다른 경우 풍상 또는 풍횡으로 행함
> ⑥ 화점으로 방수 시 가급적 65mm 관창에 관창수 및 관창 보조 등 3인 이상이 고속분무주수 실시
> ⑦ 항공기 내·외부에 동시 화재 발생 시 초기에 포를 다량 살포
> ⑧ 화재가 발생하지 않았더라도 연료누출이 있으면 발화원 제거에 노력
>   • 누출 연료에 포 소화약제 등을 도포
>   • 엔진 냉각으로 발화원 제거(정지된 엔진도 10~30분간 연료증기 발생 가능)
> ⑨ 항공기 타이어에서 화재 발생 시, 진입은 전방 또는 후방에서 접근
>   • 휠과 직선으로(휠 축방향) 접근 금지, 소화약제는 타이어와 제동장치에만 살포(항공기 동체의 수손피해 방지)
>   • 타이어 화재 진압 시에는 반드시 헬멧 가리개 및 방화두건 착용
> ⑩ 대형항공기의 경우 내부 승객 구조 시 사다리를 이용하여 진입이 가능하며, 비상문과 출입문은 외부에 개폐장치가 있음

05 헬기사고 인명구조 및 화재 대응절차 중 주의사항으로 옳지 않은 것은?

① 진입은 항공기의 왼쪽에서만 진입할 수 있다.

② 엔진, 보조동력장치 정상적인 끄기는 주 조종사석에서만 끌 수 있다.

③ 조종사 구출은 좌석벨트 해지 손잡이를 두 방향 중에 어느 방향이든 1/4을 틀어 조종사의 안전벨트를 푼다.

④ 진입팀을 보호하기 위하여 항공기와 90° 각도로 소방차를 주차한다.

해설

헬기사고 인명구조 및 화재 대응절차

– 대응 절차 및 안전기준
① 진입은 항공기의 오른쪽에서만 진입할 수 있음
  • 항공기 내부로의 진입도 건물화재의 경우와 똑같이 처리
  • 투인/투아웃의 룰은 적용
② 각 조종석 앞의 아래쪽 구석에 있는, 캐노피 여는 손잡이를 왼쪽으로 돌려서 조종석 덮개의 잠금을 풀고 나서 캐노피 문을 최대한 들어 올림
③ 손잡이를 수평으로 뒤로 돌려서 열린 캐노피를 잠금
④ 엔진, 보조동력장치 정상적인 끄기는 주 조종사석에서만 끌 수 있음
⑤ 조종사 구출은 좌석벨트 해지 손잡이를 두 방향 중에 어느 방향이든 1/4을 틀어 조종사의 안전벨트를 품
⑥ 진입팀을 보호하기 위하여 항공기와 90° 각도로 소방차를 주차
⑦ 한 개의 소방호스를 전개하여 진압팀 보호 및 재발화에 대비

06 방사능 누출사고 현장진입대원에 대한 방사선 피폭선량 누적 관리 실시 기간은?

① 2년 　　　　　　　　　　② 3년
③ 5년 　　　　　　　　　　④ 10년

 해설

SOP 311 방사능 누출사고 대응절차

– 현장활동 종료단계
① 오염된 장비 · 의복 · 대원은 격리 관리
② 오염된 장비는 전문업체에 의한 폐기 조치
③ 사고수습에 관여한 인력 · 장비에 대해 철저히 제독, 검사 실시
④ 현장진입대원에 대한 방사선 피폭선량 누적 관리 실시(5년간)
⑤ 방사선에 노출된 인원 사후 추적관리 시스템에 의한 치료 및 격리 실시

07 수난사고 활동 중에 구조대원 자신의 위급 상황이 닥치면 제일 먼저 해야 하는 것은?

① 행동   ② 생각

③ 정지   ④ 심호흡으로 마음의 안정을 유지

 해설

> SOP 313 수난사고 대응절차
> – 사고현장 위험성 변화 관찰(중지 및 변경)
> 수난사고 활동 중에 구조대원 자신의 위급 상황이 닥치면 즉시 행동을 멈추고 심호흡으로 마음의 안정을 유지한 다음 판단하고 행동한다.
>
> > 정지(Stop) → 생각(Think) → 행동(Action)

08 제한공간에서 발생하는 가스 중 공기보다 무거운 가스는?

① 암모니아   ② 메탄

③ 황화수소   ④ 일산화탄소

 해설

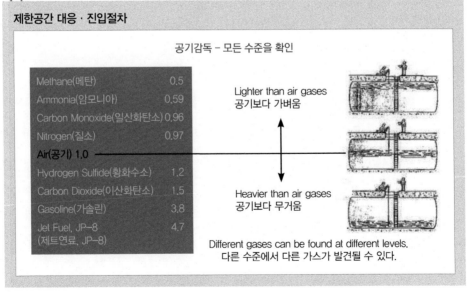

09 제한구역 대응절차에 관한 내용 중 빈칸에 들어갈 말로 알맞은 것은?

제한구역 환기 절차 : 시간당 최소 (　)회 비율로 공기 환기를 해야 한다.

① 5　　　　　　　② 10　　　　　　　③ 15　　　　　　　④ 20

 해설

제한공간 대응 · 진입절차
– **제한구역 환기 절차**
 • 공간 환기 방법 : 기계적 환기 사용(팬 Fan. 에어 혼 Air horns)
 • 시간당 최소 20회 비율로 공기 환기를 해야 함. 공기공급기가 오염되지 않아야 함

10 동물포획 시 처리 절차로 옳지 않은 것은?

① 조난당하거나 부상당한 경우는 관계 기관(단체)에 인계
② 야생동물의 포획 시 인근 야산 등 적정 지역에 방사 조치
③ 천연기념물 포획 시 관련 기관에 통보 후 적정 지역에 방사 조치
④ 포획작업 중 죽었을 경우 「폐기물관리법」에 의거 지자체에 인계하여 소각 처리토록 조치

해설

SOP 321 벌집제거, 동물 포획 · 처리 절차
– **동물포획**
① 흥분상태 또는 위해 동물은 주변의 안전을 고려하여 안전거리 확보 등 주변을 통제하고 마취총, 그물망 등의 장비를 사용
② 마취도구 사용 시 동물관계인(주인)의 동의를 구하고, 마취약품으로 인해 동물이 깨어나지 못할 수도 있음을 사전 고지
③ 위해 동물의 흥분 등 추가 피해유발 가능성을 판단하여 관계인이 없더라도 유관기관과 협조하여 마취, 사살 등 선 조치 후 인계
④ 천연기념물 포획 시 관련 기관에 통보 후 인계
⑤ 야생동물의 포획 시 인근 야산 등 적정 지역에 방사 조치하고 조난당하거나 부상당한 경우는 관계 기관(단체)에 인계
⑥ 포획작업 중 죽었을 경우 「폐기물관리법」에 의거 지자체에 인계하여 소각 처리토록 조치

11 다음은 방사능 측정 후 위험구역 설정 시 어느 부분에 해당되는가?

> 공간방사선량률이 자연방사선 준위(0.1~0.2μSv/h) 이상 20μSv/h 미만인 지역

① 방사선 관리구역　　　　　　　② Hot Zone
③ Warm Zone　　　　　　　　　④ Cold Zone

 해설

> ① 방사선 관리구역 : 공간 방사선량률 100μSv/h 이상 지역
> ② Hot Zone : 공간 방사선량률 20μSv/h 이상 지역
> ③ Warm Zone : 공간방사선량률이 자연방사선 준위(0.1~0.2μSv/h) 이상 20μSv/h 미만인 지역
> ④ Cold Zone : 경찰통제선(Police Line) 바깥 지역으로 공간방사선량률이 자연방사선 준위 (0.1~0.2μSv/h) 수준인 구역

12 다음 수중구조에 관한 설명 중 바르지 않은 것은?

① 2인 1조 시스템으로 혼자 잠수 활동을 하지 않으며, 능력 한도 내에서 1일 3회 이상 잠수하지 않는다.
② 상승 속도는 1분당 5m를 넘지 않도록 하고, 매 잠수 후 상승 도중 수심 4m 지점에서 안전정지를 2분간 실시한다.
③ 얼음 밑 잠수 활동 시 영하 15℃ 이하 및 수심 20m 이하, 거리 30m 이상에서는 잠수 활동을 자제한다.
④ 일반적인 수중구조 활동 시 공기통 속의 공기가 700psi 정도 남으면 상승하기 시작하며 잠수 활동 후 약간의 공기는 항상 남겨 두도록 한다.

해설

> 상승 속도는 1분당 9m를(1초당 15cm) 넘지 않도록 하고, 자신이 내뱉은 공기방울보다 빠르게 상승하지 않는다. 매 잠수 후 상승 도중 수심 5~6m 지점에서 안전정지를 3~5분간 실시한다.

정답　　　　　　　　　　　　　　**09** ④　**10** ③　**11** ③　**12** ②

감수자 **허종만** 교수

- 부경대학교 소방공학 전공
- 現 소방청 시험 출제위원
- 現 스터디채널 소방승진 전임 교수
- 現 창원고시학원 소방공무원 전임 교수
- 前 부산소방본부 특수구조단 수상구조대장
- 前 부산기장소방서 소방행정과장
- 前 중앙소방학교 지방전임교관

소방공무원 소방승진 시리즈

소방전술 **3** 구조

초판발행	2023년 01월 30일
편저자	소방승진연구소
감수자	허종만
펴낸곳	북스케치
출판등록	제2022-000047호
주소	경기도 파주시 문발로 211 1층(문발동)
전화	070-4821-5513
학습문의	booksk@booksk.co.kr
홈페이지	www.booksk.co.kr
ISBN	979-11-91870-51-0

정오표 | 북스케치 홈페이지 ▶ 도서정오표

소방전술 3 구조 참고 문헌 · 자료

▶ 단행본
- 2022년 중앙소방학교 공통교재
- Fire fighter's Handbook 2th Edition(NFAAA)
- Essential of Fire fighting 4th Edition(IFSTA)
- Fire Department Company Officer 7th Edition(IFSTA)
- 등산(대한산악연맹)
- 실전 산악구조(대한산악연맹)
- 암릉등반안전대책(대한산악연맹)
- 스포츠 스쿠버다이빙(풍등출판사)
- 수상인명구조(대한적십자사)
- 동계수난구조론(중앙119구조대)
- UN 국제수색구조 가이드라인(중앙119구조대)
- 사고 유형별 구조기법 서울특별시 소방방재본부)
- 산악구조, 수난구조(서울특별시소방학교)
- 해난구조 초급과정 교재(해난구조대)
- 표면공급식 잠수기술개론(한국산업잠수기술인협회)
- 엘리베이터 구조원리 및 비상탈출(한국승강기안전관리원)

▶ 기타자료
- 소방행정자료 및 통계(소방방재청)
- NFPA 1006(구조대원전문자격기준)
- 방사능 사고대비 소방활동 대응 매뉴얼(영광소방서)

▶ 웹사이트
- http://www.dnr.state.mn.us/safety/ice
- http://www.casa.go.kr/

소방 전술

 NAVER 카페 | 소방승진뽀개기 |

https://cafe.naver.com/examfile

네이버 검색창에 소승뽀를 검색하세요!

STEP 1 **소승뽀 카페 회원가입**

STEP 2 **[교재인증] 게시판에서 구매 인증**

STEP 3 **확인 후 소방전술 교재 강의 무료 열람**

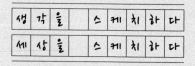

| 생 | 각 | 을 | | 스 | 케 | 치 | 하 | 다 |
| 세 | 상 | 을 | | 스 | 케 | 치 | 하 | 다 |

북스케치
www.booksk.co.kr